Studienbücher Wirtschaftsmathematik

Herausgegeben von
Prof. Dr. Bernd Luderer, Technische Universität Chemnitz

Die Studienbücher Wirtschaftsmathematik behandeln anschaulich, systematisch und
fachlich fundiert Themen aus der Wirtschafts-, Finanz- und Versicherungsmathematik
entsprechend dem aktuellen Stand der Wissenschaft.
Die Bände der Reihe wenden sich sowohl an Studierende der Wirtschaftsmathematik, der Wirtschaftswissenschaften, der Wirtschaftsinformatik und des Wirtschaftsinge-
nieurwesens an Universitäten, Fachhochschulen und Berufsakademien als auch an Leh-
rende und Praktiker in den Bereichen Wirtschaft, Finanz- und Versicherungswesen.

Jörg Meißner · Tilo Wendler

Statistik-Praktikum mit Excel

Grundlegende quantitative Analysen
realistischer Wirtschaftsdaten
mit Excel 2013

2., überarbeitete und ergänzte Auflage

 Springer Spektrum

Jörg Meißner
FB Wirtschaftswissenschaften
Hochschule für Wirtschaft und Recht
Berlin, Deutschland

Tilo Wendler
Fachbereich 3, Wirtschaftswissenschaften I
Hochschule für Technik und Wirtschaft
Berlin, Deutschland

ISBN 978-3-658-04186-1   ISBN 978-3-658-04187-8 (eBook)
DOI 10.1007/978-3-658-04187-8

Die Deutsche Nationalbibliothek verzeichnet diese Publikation in der Deutschen Nationalbibliografie; detaillierte bibliografische Daten sind im Internet über http://dnb.d-nb.de abrufbar.

Springer Spektrum
© Springer Fachmedien Wiesbaden 2008, 2015

Gedruckt auf säurefreiem und chlorfrei gebleichtem Papier.

Springer Spektrum ist eine Marke von Springer DE. Springer DE ist Teil der Fachverlagsgruppe Springer Science+Business Media
www.springer-spektrum.de

Vorwort

Das vorliegende Buch ist konzipiert als Arbeitsbuch zur fachgerechten Durchführung statistischer bzw. quantitativer Analysen realistischer Wirtschaftsdaten mit EXCEL. Hauptadressaten sind Studierende wirtschaftswissenschaftlicher Studiengänge und Praktiker aus der Wirtschaft. Für Studierende bietet die rechnerunterstützte Analyse realistischer Wirtschaftsdaten eine wesentliche Erweiterung der traditionell oft stärker rein methodenorientierten Lehr- und Übungsveranstaltungen in Richtung Anwendungs- und Werkzeugkompetenz. Für die Praktiker ist es eine Möglichkeit, durch Learning by Doing statistische Methodenkompetenz zu entwickeln, mit der sie aus einer häufig verwirrenden Vielfalt und -zahl von verfügbaren Daten möglichst wenige, sinnvolle und aussagekräftige Zahlen gewinnen können.

Behandelt werden zwölf Analysegebiete, die üblicherweise auch im Grundstudium wirtschaftswissenschaftlicher Studiengänge im deutschsprachigen Raum vermittelt werden. Soweit dieses Know-how nicht ausreichend vorhanden ist, wird auf einschlägige Lehr- und Handbücher verwiesen. Bei EXCEL werden nur die Basiskenntnisse und -fertigkeiten eines gelegentlichen Nutzers vorausgesetzt. EXCEL wurde als Werkzeug wegen seiner großen Verbreitung gewählt und weil es auch für grundlegende statistische Analysen geeignet ist, deren Datenmengen nicht zu groß und deren Anforderungen nicht zu komplex sind. Für professionelle Datenanalysen, bei denen umfangreiche Primärdaten zu erfassen und vielfältig aufzubereiten und zu analysieren sind, benötigt man in der Regel professionelle Statistik-Programme wie SPSS oder SAS.

Demonstriert wird die fachgerechte Durchführung der Analysen an Aufgaben mit gängigen Wirtschaftsthemen, realistischen Daten und plausiblen Erkenntnisinteressen, die zum Zwecke der Handhabbarkeit zwar vereinfacht und verkleinert, im Übrigen aber typisch für die Wirtschaftspraxis sind. Dabei wird der gesamte Bearbeitungsprozess behandelt, der von der begründeten Auswahl geeigneter Analysen über deren sachgerechte Durchführung bis zur fachgerechten Ergebnisinterpretation und der abschließenden Gütebeurteilung geht. EXCEL unterstützt in diesem Prozess schwerpunktmäßig die Durchführung der Analysen durch grafische Darstellungen von Daten und durch die Automatisierung umfangreicher Berechnungen und schafft so zeitlich und gedanklich Platz für die übrigen mindestens genau so wichtigen Arbeitsschritte im Transferprozess.

Die meisten Aufgaben und ihre Lösungen wurden in den letzten zehn Jahren an der ehemaligen Berlin School of Economics – jetzigen Hochschule für Wirtschaft und Recht – für die Statistik-Grundausbildung entwickelt und in entsprechenden Übungen und Tutorien am PC verwendet. Wir bedanken uns deshalb bei den zahlreichen „namenlosen" Studierenden, die durch ihre kritischen Fragen und Anmerkungen zu deren Verbesserung beigetragen haben. Unser besonderer Dank gilt den Tutoren Dipl. Ing. Sascha Petersdorf, Dipl. Ing. Erik Hagelstein und Dipl. Ing. Doreen Gnebner. Sie haben sich um die didaktische Aufbereitung der EXCEL-Lösungen und des Tutoriumsscript besonders verdient gemacht, die der Rohstoff dieses Buches sind. Alle, die uns in Zukunft Hinweise auf Fehler und Verbesserungsmöglichkeiten geben werden, schließen wir schon jetzt in unseren Dank ein.

Die vorliegende 2. Auflage wurde von Excel 2003 auf Excel 2013 umgestellt und dabei inhaltlich, daten- und layoutmäßig überarbeitet und ergänzt. Hinzugekommen sind einige neuere Excel-Funktionen sowie zwei neue Kapitel über Konzentrationsanalysen und Statistik in der Wertpapieranalyse.

Berlin, März 2014   Jörg-D. Meißner und Tilo Wendler

Inhaltsverzeichnis

Teil I
Einführung

Analyseziele und -gebiete

Aus Anwendungssicht hat die Statistik verschiedene Hauptaufgaben bzw. -zwecke und als Methodenwissenschaft mehrere große Sachgebiete, deren grobe Zuordnung die folgende Abbildung zeigt.

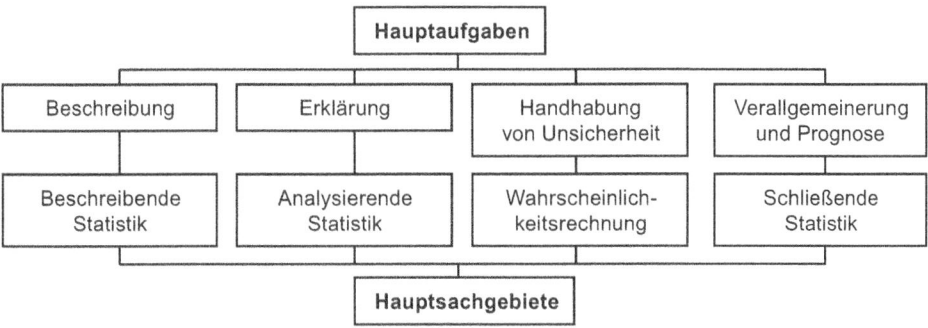

Hauptaufgaben bzw. -zwecke

Beschreibung:	Die quantitativen Aspekte von Massensachverhalten werden möglichst systematisch und kompakt durch Zahlen beschrieben und in geeigneten Formen präsentiert.
Erklärung:	Durch Zahlen beschriebene Massensachverhalte und ihre Eigenschaften werden auf ihr Zustandekommen hin untersucht und/oder mit anderen Massen/Eigenschaften in einen sinnvollen quantitativen Zusammenhang gebracht.
Handhabung von Unsicherheit:	Die Unsicherheit von Sachverhalten wird durch Wahrscheinlichkeiten und Wahrscheinlichkeitsverteilungen

J. Meißner und T. Wendler, *Statistik-Praktikum mit Excel*,
Studienbücher Wirtschaftsmathematik, DOI 10.1007/978-3-658-04187-8_1,
© Springer Fachmedien Wiesbaden 2015

modellierbar und durch Rechenregeln und bewiese-
ne Zusammenhänge (Gesetzmäßigkeiten) kalkulierbar
gemacht.

Verallgemeinerung und Prognose: Auf der Grundlage durch Zahlen „beschriebener"
und/oder „erklärter" Sachverhalte, die sich allerdings
nur auf einen Teil der insgesamt relevanten Masse
beziehen, werden darüber hinausgehende Schlüsse gezogen. Gelten die Schlüsse für die gesamte Masse, aus
der die betrachtete Teilmasse stammt, spricht man von
Hochrechnung, gelten sie für die Zukunft, von **Prognoserechnung**.

Logisch, daten- und arbeitsmäßig bestehen zwischen den genannten Zwecken folgende
Abhängigkeiten: Die zahlenmäßige Beschreibung tatsächlicher oder möglicher Sachverhalte ist Voraussetzung für deren Erklärbarkeit und beide zusammengenommen sind
in der Regel Voraussetzung, um zu Verallgemeinerungen und Prognosen zu kommen.
Aus Praxissicht dienen alle genannten Aufgaben dazu, Zahlen zu liefern, die für den jeweiligen Sach- und/oder Entscheidungszusammenhänge nötig oder sinnvoll sind. Dabei
nimmt der **Informationswert** von der Beschreibung über die Erklärung zur Verallgemei-
nerung/Prognose tendenziell zu.

Hauptsachgebiete Den Hauptzwecken lassen sich wesentliche Sachgebiete der Statistik
als Methodenwissenschaft grob zuordnen. Dabei wird die **beschreibende Statistik** in der
Fachsprache üblicherweise auch als **deskriptiv** und die **analysierende Statistik** – in Anleh-
nung an den angloamerikanischen Sprachgebrauch – häufig auch als **explorativ** bezeichnet. In dieser Bezeichnung – die auf Deutsch erforschend oder entdeckend meint – kommt
eventuell deutlicher der über die reine Beschreibung hinausgehende Analysezweck zum
Ausdruck. Grundlegende Analysearten der beschreibenden Statistik werden in den Kap. 2
bis 5, die der analysierenden Statistik in den Kap. 6 und 7 behandelt und im Kap. 13 bei der
Wertpapieranalyse teilweise wieder verwendet.

Für die beschreibende Statistik und die explorativen Datenanalyse ist charakteristisch,
dass sich ihre Ergebnisse immer nur auf die untersuchte Datenmenge beziehen und nur für
diese gültig sind. Das gilt insbesondere auch dann, wenn die betrachtete Masse nur einen
Teil der insgesamt relevanten Masse enthält, es sich also um eine Teilmasse – etwa in Form
einer Stichprobe – handelt.

Schlussfolgerungen aus den Untersuchungsergebnissen von Teilmassen, die über diese hinaus gehend im statistischen Sinne gültig sind, können in der beschreibenden und
analysierenden Statistik nicht ohne weiteres gezogen werden. Dies ist – wie die Sachge-
bietsbezeichnung treffend zum Ausdruck bringt – die Hauptaufgabe der **schließenden
Statistik**. Diese wird in der Fachsprache auch als **induktive oder inferentielle** Statistik
bezeichnet. Die besondere Leistung der schließenden Statistik für den Anwender besteht
darin, dass das mit dem Schließen verbundene Risiko quantifiziert und begrenzt werden

kann, so dass Aussagen mit statistischer Sicherheit möglich sind. Grundlegende Analysearten der schließenden Statistik werden in den Kap. 11 und 12 behandelt.

Die für die schließende Statistik nötigen Grundlagen werden in der **Wahrscheinlichkeitsrechnung** zur Verfügung gestellt. In diesem stark theoretisch geprägten Sachgebiet, das in der Fachsprache **Stochastik** heißt, werden ganz allgemein Ansätze, Rechenregeln, Wahrscheinlichkeitsverteilungsmodelle und Gesetzmäßigkeiten bereitgestellt, um vom Zufall beeinflusste Größen zu modellieren und zu kalkulieren. Die Erkenntnisse sind in der Praxis vielfältig anwendbar, um unsichere Größen zu modellieren und deren **Chancen und Risiken** zu quantifizieren. Ergänzend sind einige Wahrscheinlichkeitsverteilungsmodelle geeignet, als **Stichprobenverteilungen** zu dienen, und deshalb für die schließende Statistik unverzichtbar. Grundlegende Analysearten der Wahrscheinlichkeitsrechnung werden in den Kap. 8 bis 10 behandelt und in Kap. 13 bei der Wertpapieranalyse teilweise wieder verwendet.

Selbstverständlich bildet die hier vorgeschlagene Unterteilung nur einen groben Orientierungsrahmen. Sowohl die Aufgaben bzw. Zwecke als auch die Sachgebiete können anders gegliedert werden. Sachlogisch und vor allem in der praktischen Arbeit gehen beschreibende Statistik und explorative Datenanalyse einerseits sowie Wahrscheinlichkeitsrechnung und schließende Statistik andererseits häufig recht nahtlos ineinander über. Das ist wohl auch der Hauptgrund dafür, weshalb man analysierende Verfahren häufig zusammen mit der beschreibenden Statistik behandelt. Zum anderen gelingt die Zuordnung einiger Analysearten in dieses grobe Schema nicht ohne weiteres eindeutig und zufriedenstellend. Dies gilt etwa für die Themen „Zeitreihenanalyse" und „Prognose", die aus Anwendungssicht häufig sachlich und arbeitsmäßig zusammengehören bzw. aufeinander aufbauen. Dabei ist die Zeitreihenanalyse klar der analysierenden, die Prognoserechnung dagegen eher der schließenden Statistik zuzuordnen.

1.1   Aufgaben- und Lösungsart

Im Gegensatz zu vielen sonstigen Übungsbüchern zur Statistik, die in der Regel verschiedene Arten von Aufgaben enthalten (z. B. theoretische Aufgaben, reine Rechenaufgaben etc.), werden hier ausschließlich **Anwendungsaufgaben** behandelt, die durchgängig vom Typ „realistische Anwendungen" sind. Diese sind wie folgt charakterisiert:

- typische Wirtschaftsthemen (nicht Alltags- und Allerweltsthemen),
- konkrete Sach- oder Entscheidungssituation mit numerischen Daten,
- Sachstand und Daten zu Übungszwecken meistens vereinfacht und im Umfang verkleinert, im Kern jedoch typisch für die Wirtschaftspraxis,
- Fragestellungen des Anwenders, die im Rahmen eines systematischen Bearbeitungsprozesses beantwortet werden sollen,
- Beantwortung erfordert in der Regel die Verwendung mehrerer gängiger Ansätze.

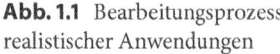

Abb. 1.1 Bearbeitungsprozess realistischer Anwendungen

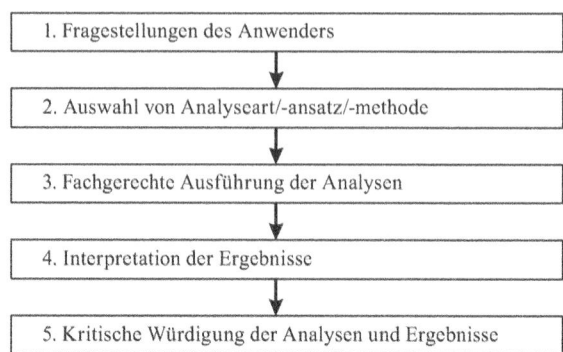

Abbildung 1.1 zeigt den Bearbeitungsprozess in der Übersicht.

Der **vollständige Bearbeitungsprozess** realistischer Anwendungen umfasst bei Verwendung mathematisch-statistischer Methoden typischerweise die oben genannten und im Folgenden kurz näher erläuterten Arbeitsschritte:

1. Das Verständnis des Wirtschaftsproblems und seine „Übersetzung" bzw. „Überführung" in eine oder mehrere adäquate statistische Aufgabenstellungen. (Worum geht es? Was soll ermittelt werden?)
2. Die begründete Auswahl eines (oder mehrerer) für die Lösung der statistischen Aufgabenstellung(en) prinzipiell und auch im vorliegenden Fall geeigneter statistischer Ansätze/Methoden/Maßgrößen. (Wie geht man am besten vor?)
3. Die sachgerechte Anwendung der ausgewählten Ansätze auf die vorliegenden Daten und die Ermittlung von korrekten Ergebnissen. (Wie ermittelt/berechnet man mit den Ansätzen korrekte Ergebnisse?)
4. Die sachgerechte Interpretation der Rechenergebnisse zur Beantwortung der wirtschaftlichen Fragestellungen. (Was bedeuten die Analyseergebnisse im Sach- bzw. Entscheidungszusammenhang?)
5. Die abschließende Würdigung der verwendeten Ansätze und ihrer Ergebnisse im Anwendungsfall. (Wie gut sind die Analysen und ihre Ergebnisse?)

Bei traditionellen Aufgaben konzentriert man sich häufig auf den 3. Arbeitsschritt, die sachgerechte Anwendung geeigneter statistischer Ansätze auf die vorliegenden Daten und die Ermittlung von korrekten Lösungen. Bei der Bearbeitung „realistischer Anwendungen" kommen vor und nach diesem bislang zentralen Arbeitsbereich jeweils zwei weitere Arbeitsschritte dazu, die überwiegend nicht rechnerischer, sondern gedanklicher Natur sind. Zum einen handelt es sich schwerpunktmäßig um „**Übersetzungsarbeiten**" zwischen dem Realproblem und seiner Abbildung in einem formalen und quantitativen Modell (Modellebene) und umgekehrt (Schritt 1 und 4). Zum anderen handelt es sich um „**Bewertungsarbeiten**", die vor und nach den eigentlichen statistischen Analysen vorzunehmen sind, um die im vorliegenden Fall jeweils am besten geeigneten Ansätze begründet auszuwählen und am Ende die Güte der damit erzielten Ergebnisse kritisch zu würdigen (Schritt 2 und 5).

Insgesamt erfordern realistische Anwendungen also einen **erweiterten Bearbeitungsprozess**. Unter im Übrigen gleich bleibenden Bedingungen führt dies in der Regel zu einer geringeren Gewichtung der reinen Methodenausführung und Ergebnisermittlung, die bei konventioneller Umsetzung sehr arbeitsaufwendig sein kann. Hier nun kann die **Rechnerunterstützung** helfen, insbesondere die Ausführung von Rechenoperationen effizienter und effektiver zu machen. Dadurch wird zeitlich und gedanklich Platz geschaffen, sich mehr als bisher den übrigen Aufgaben des für die Praxis so wichtigen **Transferprozesses** zu widmen.

1.2 Excel als Werkzeug

Rechnerunterstützung ist bei quantitativen Analysen allein aufgrund des Datenumfangs in der Regel unverzichtbar. Sie empfiehlt sich deshalb auch für eine praxisnahe Ausbildung im Bereich der quantitativen Methoden. In der Praxis werden dazu vor allem Datenbanksysteme, Tabellenkalkulations- und Statistikprogramme genutzt. Von diesen drei sind unseres Erachtens Tabellenkalkulationsprogramme für die rechnergestützte Ausbildung, Schulung und Übung im Bereich der quantitativen Methoden am besten geeignet. Datenbanksysteme enthalten in der Regel selbst für grundlegende quantitative Untersuchungen nicht ausreichende Funktionalitäten, während professionelle Statistikprogramme wie SPSS und SAS eine sehr große Vielfalt auch sehr spezifischer und komplexer Funktionen bieten, die man für grundlegende Analysen nicht benötigt. Zudem sind die genannten Systeme ohne gesonderte, oft recht umfangreiche Programmschulung nur schwer nutzbar.

Von den Tabellenkalkulationsprogrammen ist Excel das weltweit mit Abstand am häufigsten installierte Programm und gilt in diesem Segment als Standard. Als Werkzeug der individuellen Datenverarbeitung ist es auch ohne umfangreiche Schulung verständlich und der vernünftige Umgang mit dem Programm wird in der Praxis als Basisqualifikation angesehen. Es bietet einen großen Funktionsumfang und ist für vielfältige Kalkulationsaufgaben nutzbar, darunter auch für quantitative Datenanalysen.

In diesem Bereich verfügt das Programm sogar über eine beachtliche Vielfalt und -zahl von Funktionalitäten. Sie reichen in der Regel aus, um grundlegende Datenanalysen, wie sie für die Wirtschaftspraxis typisch sind, sinnvoll zu unterstützen. Je komplexer und spezifischer aber die Analyseaufgaben und je umfangreicher die Daten sind, umso mehr stößt man auch auf die Grenzen des Werkzeugs. Da die hier verwendeten Aufgaben aber nicht zu komplex und von den Daten her nicht zu umfangreich sind, werden die Grenzen von Excel hier auch nur selten erreicht.

1.3   Art und Umfang der Excel-Unterstützung

Zur Unterstützung statistischer Analysen dienen in Excel vor allem

- die Basisfunktionen zum Rechnen in Tabellen,
- graphische Darstellungen zur Visualisierung von Ausgangsdaten, Zwischen- und End-
  ergebnissen,
- der Funktionsassistent mit einer Vielzahl insbesondere statistischer Funktionen und
- die Analysefunktionen zur kompletten Durchführung bestimmter Analysen.

Dabei ist der Umfang, in dem das verfügbare Excel-Angebot sinnvoll nutzbar ist, nicht
bei allen hier behandelten Analysearten gleich. Bei einfachen Übungen, wie dies für Teile
des Kap. 5 über Verhältnis- und Indexzahlen und des Kap. 8 über das Rechnen mit Wahrscheinlichkeiten zutrifft, ist u. U. die Verwendung des Taschenrechners ähnlich effizient.

Andererseits gibt es Analysen, die ohne Excel-Unterstützung praktisch gar nicht durch-
führbar sind. Hierzu zählen etwa die nichtlineare Regression sowie die Zeitreihenanalyse
und Prognose.

Bei den meisten Analysen bewegt sich die sinnvolle Excel-Unterstützung zwischen diesen beiden Extremen, so dass sie in der Regel effektiv und effizient ist. Gibt es mehrere
Möglichkeiten, eine Aufgabe zu lösen, so wird hier diejenige gezeigt, die für den weniger
geübten Benutzer am einfachsten ist. Auf andere Möglichkeiten wird hingewiesen.

Verwendet wird Excel 2013. Diese neueste Version der Software bietet neben der seit
2007 eingeführten und inzwischen vertrauten Benutzeroberfläche samt Grafik vor allem
deutliche Erweiterungen bei den statistischen Funktionen.

1.4   Struktur und Didaktik

Jedes Kapitel enthält eine kurze Einführung in das Teilgebiet, seine grundlegenden Analysen sowie die zum exemplarischen Umsetzen der Analysen verwendeten Aufgaben.

Jede Aufgabe enthält mehrere Teilaufgaben (Aufgabenstellungen), die in der Regel den
vollständigen Bearbeitungsprozess realistischer Wirtschaftsdaten widerspiegeln. Vor den
Lösungen wird eine Lerninhaltsübersicht über die in den Teilaufgaben enthaltenen Schwerpunkte, die Lösungsart und bei rechnerunterstützter Lösung (Excel) die Unterstützungsart
(Formel, Tabellenfunktion, Analysefunktion, Graphikfunktion etc.) gegeben. Dabei sind
jeweils erstmalig behandelte statistische und rechnerunterstützte Themen in den Lernin-
haltsübersichten fett gedruckt.

Die Aufgabenlösungen beinhalten die nötigen Erläuterungen, Notationen, Formeln, Arbeitstabellen und Abbildungen, um die Lösungsprozesse und ihre Ergebnisse zu verstehen
und zu reproduzieren. Ergänzend werden die Lösungen als Excel-Dateien bereitgestellt. Jede Datei umfasst mehrere Arbeitsblätter, von denen jedes die Musterlösungen einer oder
mehrerer Teilaufgaben enthält. Am Ende jedes Kapitels gibt es Übungen (B-Aufgaben) mit
Excel-Musterlösungen zur Selbstkontrolle.

1.5   Excel-Musterlösungen als online-Dateien

Für jede Aufgabe gibt es eine Excel-Musterlösung. Das gilt nicht nur für die im Buch lösungsmäßig ausführlich beschriebenen Aufgaben, sondern auch für die Übungsaufgaben (B-Aufgaben).

Die Excel-Musterlösung dient ganz allgemein dazu, die Lösung der Gesamtaufgabe durch systematische und strukturierte Lösung ihrer **rechnerunterstützten Teilaufgaben** transparent und nachvollziehbar zu machen.

Die Excel-Musterlösung gibt es im Microsoft Excel-Format und im PDF-Format.

Die Dateien im **Excel-Format** sind besonders geeignet, rechnerunterstützte Lösungen einfach nachzuvollziehen, in dem die jeweils benutzten Daten, Funktionen, Formeln etc. angezeigt werden.

Die Dateien im **PDF-Format** sind besonders geeignet, Struktur und Ergebnisse von rechnerunterstützen Lösungen kompakt zu dokumentieren.

> ▸   Der Download der Excel-Musterlösungen im Excel- und PDF-Format erfolgt über www.wiwistat.de Benutzen Sie bitte das **Passwort „excellernen"**!

Teil II

Beschreibende Statistik und explorative Datenanalysen

Univariate Häufigkeitsanalysen

Die Analyse von Häufigkeiten ist eine Standardanalyse für **Querschnittdaten**. Das sind Daten, die eine Art „Momentaufnahme" eines Massensachverhalts darstellen. Querschnittdaten erhält man, wenn man eine **statistische Masse** betrachtet, deren Elemente sachlich, örtlich und zeitlich abgrenzbar sein müssen. Die Eigenschaften der Elemente (statistischen Einheiten) sind die **statistischen Merkmale**. Jedes Merkmal kann verschiedene Ausprägungen annehmen, die man **Merkmalswerte** nennt. Durch geeignete **Datenerhebungen** stellt man für die statistischen Einheiten die tatsächlich aufgetretenen Merkmalswerte fest, die man **Beobachtungswerte** nennt. Dabei liegen die Beobachtungswerte eines jeden Merkmals in der Regel als **Urliste** vor, in der sie so hintereinander stehen, wie sie erhoben wurden. Es ist offensichtlich, dass man Urlistendaten zweckmäßig aufbereiten muss, um daraus Informationen zu gewinnen. Die dafür geeignete grundlegende Analyseart ist die Häufigkeitsanalyse, deren gängige Ansätze die folgende Übersicht zeigt.

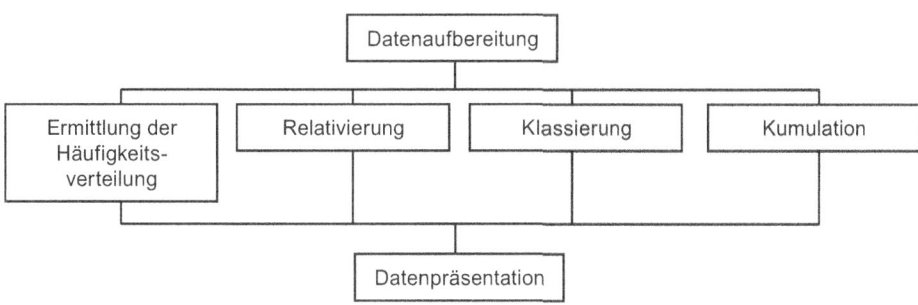

Im Zentrum steht die Ermittlung von **Häufigkeitsverteilungen,** und zwar in absoluter und relativer Form. Ihnen kann man charakteristische quantitative und strukturelle Informationen über die betrachtete Masse entnehmen. Dabei benötigt man relative Häufigkeiten vor allem für Vergleiche. Die systematische Ermittlung von Häufigkeitsverteilungen wird

J. Meißner und T. Wendler, *Statistik-Praktikum mit Excel*,
Studienbücher Wirtschaftsmathematik, DOI 10.1007/978-3-658-04187-8_2,
© Springer Fachmedien Wiesbaden 2015

für verschiedene Merkmals- und Skalenarten in Abschn. 2.1 **Aufgabe „Personalprofil"** behandelt.

Oft ist es nötig, Daten zu verdichten, in dem man sie zu Gruppen oder Klassen zusammenfasst. Bei der **Klassierung** wird auf Details verzichtet mit dem Ziel, das Typische durch weniger und gröbere Informationen herauszustellen. Die Ermittlung einer klassierten Häufigkeitsverteilung wird in Abschn. 2.2 **Aufgabe „Entgelt"** gezeigt. In Abschn. 2.3 **Aufgabe „Kaltmiete"** wird dann die Ermittlung und Verwendung von Summenhäufigkeitsverteilungen behandelt.

Da einer anwenderfreundlichen **Präsentation der Ergebnisse** statistischer Untersuchungen in der Praxis eine immer größere und zunehmend eigenständige Bedeutung zukommt, werden in allen Aufgaben die Berechnungsergebnisse nicht nur in der traditionellen Tabellenform, sondern ergänzend in gängigen und geeigneten **Diagrammtypen** visualisiert.

2.1 Aufgabe „Personalprofil"

Die Firma COMSERVE, Anbieter von Support-Dienstleistungen für Funknetze mit Sitz in Halle, ist aus der Auffanggesellschaft eines großen öffentlichen Kommunikationsunternehmens entstanden. Die neu eingesetzte Geschäftsführung will sich ein Bild über wichtige Aspekte des Personals verschaffen und hat den Assistenten damit beauftragt, einen entsprechenden Bericht zu erstellen. Dieser hat der Personaldatei Angaben über die im letzten Monat insgesamt 25 Beschäftigten entnommen, die die folgende Tabelle auszugsweise zeigt.

Pers.-Nr.	Geschlecht	Beschäftigungs-verhältnis	Leistungs-beurteilung	Alter [Jahre]
1	1	1	2	42
2	0	2	1	42
		...		
24	0	3	2	30
25	0	2	2	50

Verschlüsselungslegende

Merkmal	Merkmalswerte	Codierung
Geschlecht	Männlich	0
	Weiblich	1
Beschäftigungsverhältnis	Angestellter	1
	Beamter	2
	Arbeiter	3
	Azubi	4
	Praktikant	5
Leistungsbeurteilung	Sehr gut	1
	Gut	2
	Befriedigend	3
	Ausreichend	4
	Ungenügend	5

2.1.1 Aufgabenstellungen

1. Statistische Grundbegriffe
   a) Nennen Sie die Untersuchungs- und Erhebungsart sowie die statistische Masse (Begründung).
   b) Nennen Sie für jedes Merkmal dessen Merkmals- und Skalenart (Begründung).
   c) Was halten Sie von den vom Assistenten ausgewählten Merkmalen des Personals?
2. Bereiten Sie die Datensätze für die Merkmale „Beschäftigungsverhältnis", „Leistungsbeurteilung" und „Alter" jeweils separat auf, in dem Sie
   a) die Daten sinnvoll sortieren,
   b) die Häufigkeitsverteilung ermitteln und in einer Tabelle darstellen.
3. Stellen Sie die Häufigkeitsverteilungen jeweils in geeigneter Form graphisch dar. Nennen und begründen Sie auch kurz die verwendeten Diagrammtypen.
4. Welche Charakteristika über das Personal können Sie
   a) aus ihren Diagrammen direkt ablesen oder
   b) durch geeignete Messzahlen leicht ermitteln?

LERNINHALTSÜBERSICHT	
STATISTIK	EXCEL-UNTERSTÜTZUNG
1. Statistische Grundbegriffe a) Untersuchungs- und Erhebungsart, Masse b) Merkmals- und Skalenart c) Merkmalswürdigung	
2. Elementare Datenaufbereitungen a) Sortieren der Beobachtungswerte b) Ermittlung der Häufigkeitsverteilungen (Tabellen) - Absolut - Relativ - Überprüfung	Funktion SORTIEREN Funktion ZÄHLENWENN Formel Funktion AUTOSUMME
3. Visualisierung der Häufigkeitsverteilungen a) Diagrammtypauswahl b) Diagrammerstellung	Kreis-, Säulen-, Stabdiagramm
4. Verteilungscharakteristika a) Aus Diagrammen ablesbar b) Durch Messzahlen ermittelbar	Formeln

2.1.2 Aufgabenlösungen

1. Statistische Grundbegriffe

1.a Untersuchungs- und Erhebungsart, statistische Masse

Untersuchungsart: Querschnittdatenanalyse, da die Daten quasi eine „Momentaufnahme" des Personals – hier vom letzten Monat – darstellen.

Erhebungsart: Sekundärdatenerhebung, da die Daten in der Personaldatei vorhanden sind und nicht erstmals und spezifisch für die anstehende Untersuchung erhoben werden müssen. Vollerhebung, da sämtliche bei der Firma beschäftigten Mitarbeiter betrachtet werden.

Statistische Masse: Beschäftigte der Firma COMSERVE (sachliche Abgrenzung) in Halle (örtliche Abgrenzung) im letzten Monat (zeitliche Abgrenzung).

1.b Merkmals- und Skalenart

Statistische Merkmale werden eingeteilt in qualitative und quantitative sowie diskrete und stetige, statistische Skalen in Nominal-, Ordinal- (Reihenfolge) und Kardinalskala (metrisch). Tabelle 2.1 enthält eine Zuordnung der vorliegenden Merkmale zu den genannten statistischen Merkmals- und Skalenarten.

Tab. 2.1 Kategorisierung der Merkmale nach Merkmals- und Skalenart

Merkmalsbezeichnung	Merkmalsausprägungen	Merkmalsart	Skalenart
Geschlecht	Männlich, weiblich	Qualitativ, dichotom	Nominal
Beschäftigungsverhältnis	Angestellter, Beamter etc.	Qualitativ	Nominal
Leistungsbeurteilung [Note]	Sehr gut (1), gut (2) etc.	Qualitativ, quantitativ	Ordinal (kardinal)
Lebensalter [Jahre]	30, 42, 50 etc.	Quantitativ, diskret	Kardinal
Entgelt [Euro]	1483, 1874, 2985 etc.	Quantitativ, quasistetig	Kardinal

EXKURS zu statistischen Skalen

Auch qualitative Merkmale werden spätestens nach ihrer Erhebung zum Zwecke der elektronischen Erfassung und Verarbeitung in Zahlen transformiert. Diesen Vorgang nennt man DV-technisch Verschlüsselung. Bei der Verschlüsselung qualitativer statistischer Merkmale benutzt man in der Regel rein numerische Schlüssel, üblicherweise natürliche Zahlen. Nach der numerischen Verschlüsselung liegen alle Beobachtungswerte – gleich ob es sich um Werte qualitativer oder quantitativer Merkmale handelt – als Zahlen vor, so wie in der Ausgangsdatentabelle. Allerdings haben selbst identische Zahlen dabei eventuell unterschiedliche Bedeutung aufgrund verschiedener Messbarkeitseigenschaften ihrer Merkmale. Die unterschiedliche Bedeutung der Zahlen wird durch ihre Skalenart festgelegt und diese determiniert ihr Verarbeitungspotenzial im Rahmen der statistischen Aufbereitung und Auswertung.

Die Wirklichkeit lässt sich nicht immer eindeutig und problemlos den idealtypischen Kategorien zuordnen. Deshalb ergänzend folgende Erläuterungen:

Das **Geschlecht** ist ein besonderes qualitatives Merkmal, da es beim Menschen nur zwei Ausprägungen hat. Merkmale oder Variablen, die natürlicherweise nur zwei Werte haben oder sinnvoll auf zwei Werte reduziert sind, bezeichnet man in der Statistik als **dichotom**.

Die **Leistungsbeurteilung** nach dem in Deutschland historisch gewachsenen klassischen Notenschema kann als qualitatives oder quantitatives Merkmal oder als beides aufgefasst werden. Was die Skala angeht, bilden Noten (insbesondere in Textform, z. B. 1 = „sehr gut") in der Regel nur eine Reihenfolge ab, sind also ordinal skaliert. Bei der Verwendung von Noten für verschiedene Zwecke (z. B. Zusammenfassung von Einzelnoten, Bildung von Durchschnittsnoten) werden sie jedoch meist zur Befriedigung eines differenzierten Informationsbedarfs wie metrisch skalierte Merkmale behandelt.

Entgelte sind – wie alle Geldgrößen – diskret, da sie offiziell eine kleinstmögliche Währungseinheit haben (beim Euro etwa der Cent) und gezählt werden. Trotzdem können in Abhängigkeit der Genauigkeit der Werteerfassung und der Größe der statistischen Masse so viele mögliche Werte auftreten, dass mit den für diskrete Daten geeigneten Methoden keine effiziente und effektive Verarbeitung möglich ist. Sie werden dann für statistische Analysen sinnvollerweise wie stetige Größen behandelt und als **quasistetig** bezeichnet.

1.c Merkmalswürdigung

Geschlecht, Beschäftigungsverhältnis und das dem Lebensalter zugrunde liegende Ge-
burtsdatum gehören zu den sog. Personalstammdaten, die immer in der Personaldatei
enthalten sind und sich in der Regel nicht oder nur selten ändern. Die Geschlechtertei-
lung ist relevant im Zusammenhang mit Fragen zur Gleichstellung und Frauenförderung
im Betrieb (Frauenquote). Das Beschäftigungsverhältnis begründet rechtlich unterschiedliche Behandlungen der Mitarbeiter bei Einstellung, Entgelt, Beurteilung, Entlassung
etc. Die Verteilung nach Beschäftigungsverhältnissen ist insofern im Zusammenhang
mit Fragen für eine diesbezüglich eher differenzierende oder eher vereinheitlichende
Personalpolitik bedeutsam. Die Lebensaltersverteilung der Mitarbeiter ist eine nötige
Datengrundlage für die quantitative Personalbedarfsplanung. Das Entgelt ist im Dienstleis-
tungsbereich in der Regel der Hauptkostenfaktor und die Entgeltverteilung eine wichtige
Informationsgrundlage für eine leistungsorientierte und sozial gerechte Entgeltpolitik. Zusammenfassend kann man feststellen, dass die hier ausgewählten Personalmerkmale für
verschiedene Felder der Personalpolitik und des Personalmanagements von Bedeutung
sind.

2. Elementare Datenaufbereitungen

Die Datensätze sollen für jedes ausgewählte Merkmal zunächst sinnvoll statistisch aufbereitet werden. Im Weiteren sollen die Aufbereitungsergebnisse dann in geeigneter Form
visualisiert werden, um Charakteristika über das Personal abzulesen oder einfache Messzahlen zu ermitteln. Von daher ist es sinnvoll, für jedes ausgewählte Merkmal ein gesonder-
tes Tabellenblatt anzulegen, in dem die vorgesehenen univariaten Analysen vorgenommen
werden können (siehe Excel-Musterlösung). Wir stellen **das Anlegen eines neuen Arbeits-
blattes** und das **Kopieren von relevanten Daten** in das neu angelegte Arbeitsblatt hier
beispielhaft für das Merkmal „Alter" vor.

1. Fügen Sie Ihrer Arbeitsmappe ein neues Tabellenblatt hinzu. Wählen Sie hierzu „Ein-
   fügen/Tabellenblatt".
2. Klicken Sie doppelt auf die Registerkarte des neuen Tabellenblatts mit dem aktuellen
   Namen „Tabelle XX" und vergeben Sie einen aussagekräftigen neuen Namen wie beispielsweise „2. + 3. Alter". Bestätigen Sie die Eingabe mit der Eingabetaste und wechseln
   Sie in das Tabellenblatt mit den Ausgangsdaten zurück.
3. Markieren Sie die Daten für die Personalnummer sowie das Merkmal Alter samt der
   Überschriften und Einheiten. Hängen die zu markierenden Bereiche nicht zusammen,
   so drücken Sie die Strg-Taste und markieren nun alle gewünschten Zellen. Lassen Sie
   nach dem Markieren die Strg-Taste wieder los.
4. Wählen Sie im Menü „Bearbeiten" den Unterpunkt „Kopieren".
5. Wechseln Sie in das neue Tabellenblatt und markieren Sie die oberste linke Zelle des
   Zielbereiches. In der Musterlösung ist dies die Zelle „B3".
6. Wählen Sie im Menü den Unterpunkt „Einfügen".

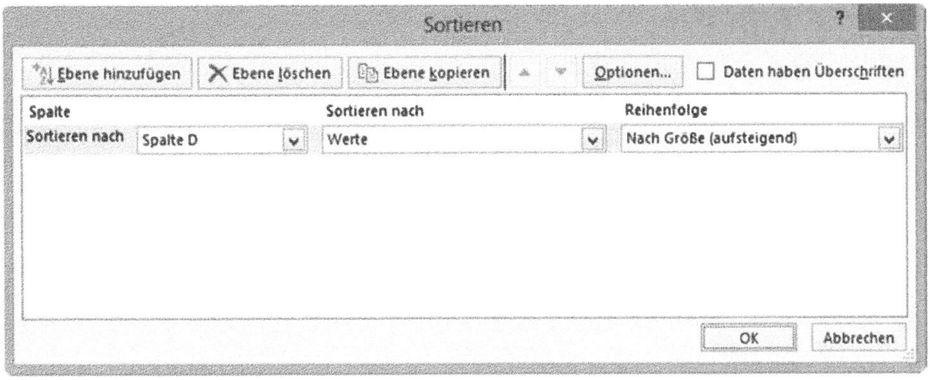

Abb. 2.1 Funktion SORTIEREN

Damit haben Sie die Werte für das Merkmal „Alter" separiert und können sie nun in einem Arbeitsblatt sinnvoll statistisch analysieren. Bei näherer Betrachtung der Ausgangsdaten wird klar, dass die darin stehenden Beobachtungswerte zum Zwecke der statistischen Analyse zunächst möglichst sinnvoll zu ordnen sind. Das geschieht in der Regel durch Sortieren.

2.a Sortieren der Beobachtungswerte

Voraussetzung für das Sortieren von Beobachtungswerten ist, dass das Merkmal **mindestens ordinal skaliert** ist. Im vorliegenden Fall ist eine unstrittige Sortierung beim Beschäftigungsverhältnis nicht möglich und entfällt deshalb. Bei den übrigen Merkmalen ist sie sinnvoll und erfolgt in der Regel nach aufsteigenden Werten. Die rechnergestützte Sortierung wird hier beispielhaft nur für das **Alter** gezeigt. Für andere Merkmale funktioniert sie analog.

Damit die Ausgangsdaten erhalten bleiben, legen Sie neben diesen eine Spalte für die sortierten Werte an, die Sie entsprechend beschriften. Kopieren Sie die Ausgangsdaten wie oben beschrieben in die neue Spalte, um sie darin zu sortieren (hier die Spalte D).

Zum Sortieren einer Datenliste gibt es in Excel verschiedene Möglichkeiten. Am einfachsten ist die Verwendung der **Sortierfunktion** in der **Symbolleiste**. Dazu markiert man die relevanten Daten und aktiviert – je nach Bedarf – das Graphiksymbol des aufsteigenden oder absteigenden Sortierens. Problematisch ist diese Vorgehensweise immer dann, wenn die zu sortierende Datenliste an weitere Werte angrenzt und/oder eine mehrzeilige Überschrift hat, wie dies hier der Fall ist. Excel erkennt dann die korrekte Struktur nicht. Wir zeigen einen Weg zum Sortieren, der bei jeder Konstellation funktioniert, in dem man die **Funktion SORTIEREN** im Menü „Daten" verwendet. Nach Aufruf der Funktion erscheint die in der Abb. 2.1 dargestellte Funktionsmaske.

Darin ist im Dialogfeld „Sortieren nach" die Spalte des Datenbereichs anzugeben, der sortiert werden soll. In der rechten oberen Ecke der Maske finden Sie die Option „Daten haben Überschriften". Deaktivieren Sie bitte diese Option und bestätigen Sie die Daten-

Tab. 2.2 Aufbauschema einer eindimensionalen Häufigkeitstabelle

Merkmalsbezeichnung [Dimension] x_j	absolute Häufigkeit Anzahl $h\left(x_j\right) = h_j$	relative Häufigkeit Anteil $f\left(x_j\right) = f_j$
...	...	...
...	...	...
Summe	n	1,00 bzw. 100 %

versorgung der Funktion mit der OK-Taste. Die Altersangaben werden nun aufsteigend sortiert. Der kleinste Wert ist 17, der größte 63.

2.b Ermittlung der Häufigkeitsverteilungen (Tabellen)

Die Häufigkeitsverteilung eines Merkmals gibt an, welche Merkmalswerte mit welcher Häufigkeit auftreten. Dabei geht man üblicherweise so vor, dass man **bei jedem Merkmalswert** die **Anzahl** der Merkmalsträger in der Masse mit dem gerade betrachteten Merkmalswert durch **zählen** ermittelt. Eine (aussagefähige) Häufigkeitsverteilung erhält man auf diesem Weg allerdings nur, wenn es auch eine gut überschaubare Anzahl von Merkmalswerten gibt, das Merkmal also **qualitativ oder diskret** ist. Bei stetigen und quasistetigen Merkmalen, die theoretisch unendlich viele Merkmalswerte haben können, ist dieses Vorgehen nicht zielführend, und man muss die Beobachtungswerte durch eine andere grundlegende Datenaufbereitungsmaßnahme verdichten, die in der nächsten Aufgabe gesondert behandelt wird.

Die Häufigkeitsverteilungen von qualitativen und quantitativen-diskreten Merkmalen werden in einer Arbeitstabelle ermittelt und dargestellt, deren Aufbauschema Tab. 2.2 zeigt.

Die Ermittlung der Werte in der Tabelle erfolgt spaltenweise von links nach rechts und innerhalb jeder Spalte in der Regel von oben nach unten. Sie wird hier für qualitative Merkmale beispielhaft am „Beschäftigungsverhältnis" und für quantitative, diskrete Merkmale am „Alter" vorgestellt. Die Unterscheidung in qualitative und quantitative Merkmale ist beim Anlegen der ersten Spalte von Bedeutung, da es sich bei den Werten qualitativer Merkmale DV-technisch um Zeichenketten, bei denen quantitativer Merkmale dagegen um Zahlen handelt.

2.b.α Merkmal Beschäftigungsverhältnis Erstellen Sie in dem entsprechenden Tabellenblatt zunächst den Kopf der Häufigkeitstabelle nach dem obigen Schema.

i. Anlegen der Merkmalswerte Bei qualitativen Merkmalen gibt es in der Regel nur eine gut überschaubare Anzahl von Merkmalswerten, die bei nominal skalierten Merkmalen häufig gemäß einer Sachsystematik, bei ordinal skalierten einer natürlichen oder gesellschaftlich akzeptierten Reihenfolge gemäß anzuordnen sind. Im vorliegenden Fall gibt es nur fünf Merkmalswerte, die in einer sinnvollen Reihenfolge von oben nach unten eingegeben oder

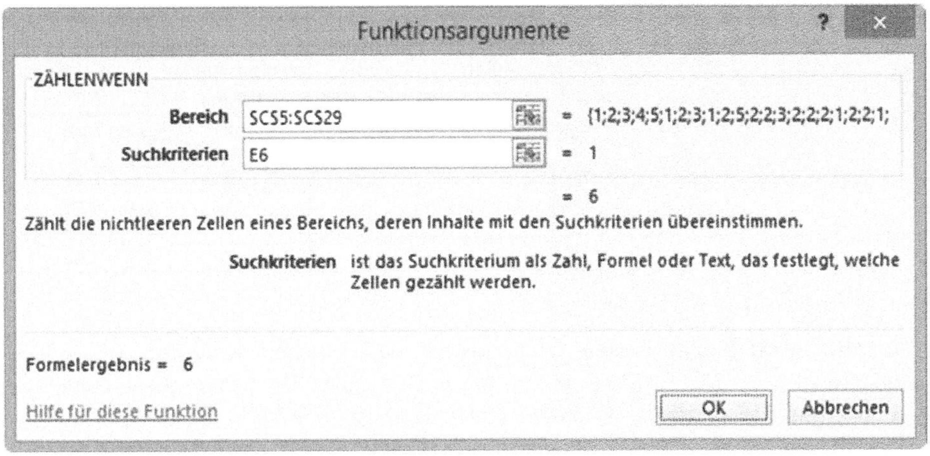

Abb. 2.2 Funktion ZÄHLENWENN

z. B. aus der Verschlüsselungslegende eingelesen werden. In der Musterlösung stehen in der Merkmalsspalte von oben nach unten Angestellter, Beamter etc.

ii. Ermittlung der absoluten Häufigkeiten Zur rechnergestützten Ermittlung der absoluten Häufigkeiten diskreter Merkmale aus einer Liste von Beobachtungswerten ist in Excel die **statistische Funktion „ZÄHLENWENN"** verfügbar. Die Funktion wird über Funktionsassistenten eingefügt. Vor dem Aufruf über das Menü „Formeln/Funktion einfügen" markieren Sie bitte in der Spalte für die absolute Häufigkeit die erste Zelle. In der Excel-Musterlösung ist dies die Zelle G6.

Nach der Aktivierung des Funktions-Assistenten erscheint die Maske „Funktion einfügen". In deren Dialogfeld „Kategorie auswählen" markieren Sie die Kategorie „Alle" oder die Kategorie „Statistik" und im Dialogfeld „Funktion auswählen" die Funktion „ZÄHLENWENN". Es erscheint die in Abb. 2.2 dargestellte Maske.

Sie enthält die zwei Funktionsargumente „Bereich" und „Suchkriterien". Im **Dialogfeld „Bereich"** ist die Adresse des Datenbereichs einzugeben, in dem die Beobachtungswerte stehen. Statt die Adresse selbst einzugeben, kann sie durch Markieren des Datenbereichs festgelegt werden. Dazu aktiviert man die Schaltfläche rechts neben dem Dialogfeld, worauf die Funktionsmaske verschwindet und das Dialogfeld übrig bleibt. Nun markiert man mit der Maus im Excel-Arbeitsblatt den relevanten Datenbereich, worauf im Dialogfeld dessen Adresse automatisch eingelesen wird. Nach erneuter Betätigung der Schaltfläche neben dem Dialogfeld verschwindet dieses und die wiederkehrende Funktionsmaske ist in dem Dialogfeld mit der Adresse des relevanten Datenbereichs versorgt. Da der Datenbereich sich bei der Ermittlung der Häufigkeiten nicht verändern darf, ist die bislang eingegebene oder eingelesene Adresse **absolut** zu setzen. Dazu setzt man das **$-Zeichen** vor die Zeilen- und Spaltennummern, was am einfachsten mit der Taste „F4" aus der Funktionsleiste der Rechnertastatur geht.

Abb. 2.3 Häufigkeitsverteilungen des „Beschäftigungsverhältnisses"

	E	F	G	H
3	**Beschäftigungsverhältnis**		**Häufigkeit**	
4	**codiert**	**decodiert**	**absolut: Anzahl**	**relativ: Anteil**
5	x_j		h(x_j)=h_j	f(x_j)=f_j
6	1	Angestellter	6	0,24
7	2	Beamter	12	0,48
8		bit	4	0,16
9	=G6/$G$11	übi	1	0,04
10		ikant	2	0,08
11	**Summe**		**25**	**1,00**

Im **Dialogfeld „Suchkriterien"** ist anzugeben, nach welchem Kriterium im o. g. Datenbereich gesucht wird. Um die Anzahl des Vorkommens des Textes „Angestellter" zu ermitteln, müssen alle Zellen der Spalte C der Musterlösung mit dem Code „1" für den Status „Angestellter" verglichen werden. Geben Sie in dem Dialogfeld also die Adresse des Suchkriteriums „1" – also der Codierung für „Angestellter" – ein. Dies ist im vorliegenden Fall die Zelle E6.

Sind beide Funktionsparameter mit korrekten Adressen versorgt, betätigen Sie die OK-Schaltfläche. Die Funktion ermittelt dann die Anzahl der Angestellten (6).

Um die absoluten Häufigkeiten der übrigen Beschäftigungsverhältnisse zu berechnen, kopieren Sie die Formel mit der **AutoAusfüllen-Funktionalität** nach unten. Setzen Sie dazu den Mauscursor auf die rechte untere Ecke des Zellcursors, der sich immer noch bei G6 befinden sollte (Vgl. Abb. 2.3). Er nimmt nun die Form eines schwarzen Kreuzes an. Kopieren Sie die gerade definierte Formel durch Ziehen der Maus bei gedrückt gehaltener linker Maustaste bis zur Zelle G10 und Sie erhalten die übrigen absoluten Häufigkeiten.

Zur Prüfung der Ergebnisse sollte man stets die Summe der absoluten Häufigkeiten ermitteln (hier in Zelle G11). Dazu markiert man alle Werte und benutzt am einfachsten die **Funktion AUTOSUMME** in der Symbolleiste „Start". Das Ergebnis muss identisch mit dem Umfang der betrachteten Masse sein.

iii. Ermittlung der relativen Häufigkeiten Zur Ermittlung der relativen Häufigkeiten steht in Excel keine statistische Funktion zur Verfügung, so dass man die folgende **Formel selbst eingeben** muss:

$$f\left(x_j\right) = h\left(x_j\right)/n.$$

Tabelle 2.3 beschreibt links allgemein und rechts für den Anwendungsfall das Vorgehen.

Abbildung 2.3 zeigt die Formel zur Berechnung der relativen Häufigkeit für die Angestellten sowie die vollständigen Häufigkeitsverteilungen.

2.b.ß Merkmal Leistungsbeurteilung Die Häufigkeitsverteilungen für die Leistungsbeurteilung ermittelt man analog. Abbildung 2.4 zeigt das Ergebnis.

Tab. 2.3 Ermittlung von relativen Häufigkeiten

Allgemein	Anwendungsfall
Aktivieren Sie die Zelle, in der die relative Häufigkeit für den ersten Merkmalswert stehen soll	Der erste Merkmalswert in der Häufigkeitstabelle ist der Wert „Angestellter". Die relative Häufigkeit der Angestellten soll hier in der Zelle H6 stehen.
Geben Sie in der Zelle ein Gleichheitszeichen ein, um Excel die Eingabe einer Formel anzuzeigen.	Geben Sie in H6 ein Gleichheitszeichen ein.
Definieren Sie den Zähler der Formel. Wählen Sie dazu mit der Maus die Zelle aus, die die absolute Häufigkeit des Merkmalswertes enthält, dessen relative Häufigkeit berechnet werden soll.	Definieren Sie den Zähler der Formel, in dem Sie mit der Maus die Zelle G6 markieren.
Geben Sie das Zeichen „/" für Division ein.	Geben Sie das Zeichen „/" für Division ein.
Definieren Sie den Nenner der Formel. Wählen Sie dazu mit der Maus die Zelle aus, in der der Stichprobenumfang steht. Sorgen Sie für einen absoluten Zellbezug, indem Sie die Zelladresse durch $-Zeichen vervollständigen.	Definieren Sie den Nenner der Formel, indem Sie mit der Maus die Zelle G11 markieren. Vervollständigen Sie die Adresse G11 durch $-Zeichen vor dem G und vor der 11, so dass Sie „=G6/$G$11" erhalten. Sie können hierfür auch die Taste F4 drücken.
Überprüfen Sie die eingegebene Formel. Die Eingabe einer korrekten Formel schließen Sie durch Betätigung der ENTER-Taste ab. Das Ergebnis der Formelausführung wird in der zuvor ausgewählten Zelle angezeigt	Überprüfen Sie die eingegebene Formel. Die Eingabe einer korrekten Formel schließen Sie durch Betätigung der ENTER-Taste ab. Das Ergebnis der Formelausführung wird in der Zelle H6 angezeigt: 0,08.
Zur Ermittlung der relativen Häufigkeiten aller anderen Merkmalswerte kopieren Sie Formel mit der AutoAusfüllen-Funktionalität.	AutoAusfüllen-Funktionalität auf die Zellen H7 bis H10 anwenden.

Abb. 2.4 Häufigkeitsverteilungen der „Leistungsbeurteilung"

	E	F	G	H
3	Leistungsbeurteilung		Häufigkeit	
4	codiert	decodiert	absolut: Anzahl	relativ: Anteil
5	x_j		$h(x_j)=h_j$	$f(x_j)=f_j$
6	1	sehr gut	2	0,08
7	2	gut	7	0,28
8	3	befriedigend	8	0,32
9	4	genügend	6	0,24
10	5	ungenügend	2	0,08
11	Summe		25	1,00

2.b.γ Merkmal Alter Die Ermittlung der Altersverteilung unterscheidet sich nur durch das Anlegen der Werte in der **Merkmalsspalte**. Hierzu geht man wie folgt vor:

i. Auswahl Gestaltungsansatz Bei quantitativen, metrisch skalierten Merkmalen gibt es in der Regel sehr viel mehr mögliche Merkmalswerte als bei qualitativen oder nur ordinal skalierten Merkmalen.

Abb. 2.5 Altersverteilung
(Auszug)

Alter [Jahre]	Häufigkeit	
	absolut: Anzahl	relativ: Anteil
x_j	$h(x_j)=h_j$	$f(x_j)=f_j$
15	0	0,00
16	0	0,00
17	1	0,04
18	0	0,00
19	0	0,00

Dadurch ergeben sich bei der Festlegung der Merkmalswerte, die in der Häufigkeitsverteilung dargestellt werden sollen, zwei grundsätzlich unterschiedliche Gestaltungsmöglichkeiten:

- Wahl der Beobachtungswerte oder
- Wahl aller systematisch möglichen und sinnvollen Werte im relevanten Wertebereich.

Welche Variante man wählt, ist vor allem von den Untersuchungszielen abhängig. Systematischer und in der Regel vielseitiger ist die zweite Möglichkeit, die deshalb generell empfohlen und auch hier benutzt wird.

ii. Festlegung des relevanten Wertebereichs Dazu ist zunächst der relevante Wertebereich sachlich und aufgrund der vorhandenen Daten sinnvoll festzulegen. Aus den sortierten Daten der 2. Teilaufgabe kennt man den kleinsten und größten vorhandenen Wert, hier 17 und 63. Sachlich weiß man, dass das Alter von Beschäftigten eine gesetzliche Unter- und Obergrenze hat, die in Deutschland z. Z. bei 15 und 65 Jahren liegt. Von daher erscheint es sinnvoll, in dem o. g. Bereich alle möglichen Alterswerte aufsteigend als Liste anzugeben.

iii. Erstellung der Merkmalswerte Excel bietet hierfür mit der **erweiterten AutoAusfüllen-Funktionalität** gute Unterstützung. Geben Sie dazu in der ersten Zelle der Merkmalspalte die Untergrenze des relevanten Wertebereichs – hier die Zahl 15 – ein. Stellen Sie dann den Mauscursor auf die rechte untere Ecke des Zellcursors, so dass dieser die Form eines schwarzen Kreuzes annimmt. Drücken und halten Sie die linke Maustaste und drücken Sie zusätzlich die Taste „Strg". Halten Sie diese ebenfalls gedrückt und bewegen Sie die Maus nach unten. Excel erhöht nun automatisch in Einerschritten die Werte. Ziehen Sie die Maus wie gerade beschrieben so lange nach unten, bis an der rechten unteren Ecke des Mauscursors die Obergrenze des relevanten Wertebereichs – die 65 – erscheint. Lassen Sie nun die Maustaste und danach die Taste „Strg" los und Sie erhalten als Ergebnis die erste Spalte der zu erstellenden Häufigkeitstabelle.

iv. Ermittlung der Häufigkeiten Die absoluten und relativen Häufigkeiten sind wie beim Merkmal „Beschäftigungsverhältnis" beschrieben zu ermitteln. Abbildung 2.5 zeigt auszugsweise das Ergebnis, nämlich die Altersverteilungen für die jüngsten Mitarbeiter (unter 20).

3. Graphische Darstellungen der Häufigkeitsverteilungen

3.a Diagrammtypauswahl

Bei **qualitativen und nominal skalierten** Merkmalen ist das **Kreis- bzw. Tortendiagramm** Standard. Es stellt die Aufteilung der gesamten statistischen Masse (hier aller Mitarbeiter) in merkmalsspezifische Teilmassen (hier nach Geschlecht oder Beschäftigungsverhältnis) besonders anschaulich dar. Da dieser Diagrammtyp flächenproportional ist, empfiehlt es sich, die Häufigkeiten der verschiedenen Merkmalswerte (Kategorien) an den Kreisseg- menten bzw. Tortenstücken zusätzlich explizit anzugeben. Im vorliegenden Fall ist beim „Geschlecht" ein Diagramm jedoch kaum nötig, da die Häufigkeitsverteilung aus maxi- mal je zwei Zahlen besteht (Größe der Masse $n = 25$, absolute und relative Häufigkeiten der Männer und Frauen). Beim Beschäftigungsverhältnis ist es dagegen sehr gut geeignet. Ein Säulendiagramm wäre hier ebenfalls möglich, ist aber nicht ganz so sinnvoll, da der An- ordnungsreihenfolge der Kategorien auf der waagerechten Achse unter Umständen eine Bedeutung zugemessen wird.

Bei **ordinal skalierten** Merkmalen wie der Leistungsbeurteilung ist das **Säulen- oder Balkendiagramm** Standard, da die Reihung der Merkmalswerte in der Anordnungsrei- henfolge der Rechtecke klar zum Ausdruck kommt. Diese Diagrammtypen sind längen- proportional, d. h. die Länge der Säule oder des Balkens repräsentiert die Häufigkeit. Eine explizite Angabe der Häufigkeiten an den Säulen oder Balken ist in der Regel nicht nötig, da sie an einer Diagrammachse ablesbar sind.

Bei **quantitativen, diskreten Merkmalen** wie dem Lebensalter ist das **Stabdiagramm** zu verwenden, da der Stab als graphisches Element den einzelnen diskreten Merkmalswer- ten ihre Häufigkeiten am genauesten zuordnet. Das Stabdiagramm ist ebenfalls längenpro- portional und eine explizite Angabe von Häufigkeiten an den Stäben ist in der Regel nicht nötig.

Bei allen Diagrammtypen ist zudem festzulegen, ob man die **absoluten oder relativen** Häufigkeiten darstellt. Dies hängt vornehmlich vom Darstellungszweck ab. In der Regel sind die relativen Häufigkeiten informativer, da sie Gegenüberstellungen und Vergleiche unterstützen, die häufig implizit oder explizit mit statistischen Zahlen gemacht werden. Wir werden deshalb überwiegend die **relativen Häufigkeiten** graphisch darstellen.

3.b Diagrammerstellung

Vorgestellt wird die rechnergestützte Visualisierung folgender Häufigkeitsverteilungen:

* Beschäftigungsverhältnis als Kreisdiagramm,
* Leistungsbeurteilung als Säulendiagramm sowie
* Lebensalter als Stabdiagramm.

Das Vorgehen zur Diagrammerstellung hat sich seit Excel 2007 grundlegend verändert. An die Stelle der ehemals recht straffen Führung durch den Diagramm-Assistenten ist ein gut strukturiertes, aber sehr flexibles Gestaltungsangebot mit sehr vielen Funktionalitäten

Abb. 2.6 Diagrammtypauswahl im Menü „Einfügen"

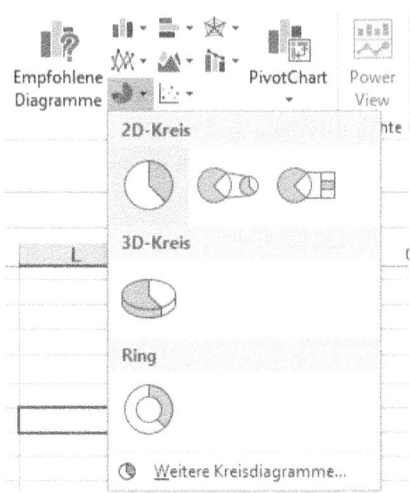

getreten. Wir besprechen deshalb nur den gängigen Grobablauf der Diagrammerstellung
und Standardoptionen der Gestaltung. Alle Diagramm- und sonstige Grafiktypen finden
Sie unter dem **Menü „Einfügen".** Wir verwenden nur **Standarddiagrammtypen,** die an
Hand ihrer Symbole leicht zu identifizieren sind.

Wir platzieren die Diagramme standardmäßig in dem Arbeitsblatt, zu dem sie inhaltlich und datenmäßig gehören. Sorgen Sie in dem entsprechenden Arbeitsblatt, in dem das
Diagramm der Häufigkeitsverteilung entstehen soll, dafür, dass Sie den Cursor – mit dem
die obere linke Ecke der Diagrammplatzierung markiert wird – auf eine Zelle setzen, die
keinen Wert enthält und in deren angrenzendem Bereich ebenfalls kein Wert zu finden
ist. In der Musterlösung kann dies z. B. die Zelle L7 sein Damit verhindern Sie, dass Excel
automatisch Datenbezüge einfügt und Einstellungen vornimmt, die oft den Benutzervor-
stellungen nicht entsprechen. Die nun folgenden Arbeitsschritte 1 bis 3 sind abhängig vom
Diagrammtyp und von der Struktur der vorliegenden Daten.

3.b.α Häufigkeitsverteilung des Beschäftigungsverhältnisses als Kreisdiagramm *i. Diagrammtyp* Wählen Sie aus dem Angebot den Typ „Kreis" und von den Untertypen den
„2D-Kreis" in der linken oberen Ecke, so wie in Abb. 2.6 dargestellt. Bestätigen Sie die Auswahl mit einem Klick auf die Schaltfläche „Weiter", und Sie erhalten ein weißes Rechteck,
das den Diagrammrahmen darstellt. Um in diesem Rahmen den ausgewählten Diagrammtyp umzusetzen, müssen Sie als nächstes die darzustellenden Daten ergänzen.

ii. Diagrammquelldaten Klicken Sie dazu mit der rechten Maustaste (Kontexttaste) auf das
weiße Rechteck und wählen Sie im sich öffnenden Menü den Punkt „Daten auswählen". Es
erscheint die in Abb. 2.7 dargestellte Dialogbox „Datenquelle auswählen".

Sie enthält drei Bereiche zur Datenversorgung: oben mittig das Dialogfeld „Diagrammdatenbereich", unten links den Dialogbereich „Legendeneinträge (Reihen) und unten
rechts den Dialogbereich „Horizontale Achsenbeschriftung" (Rubrik). Am einfachsten ist

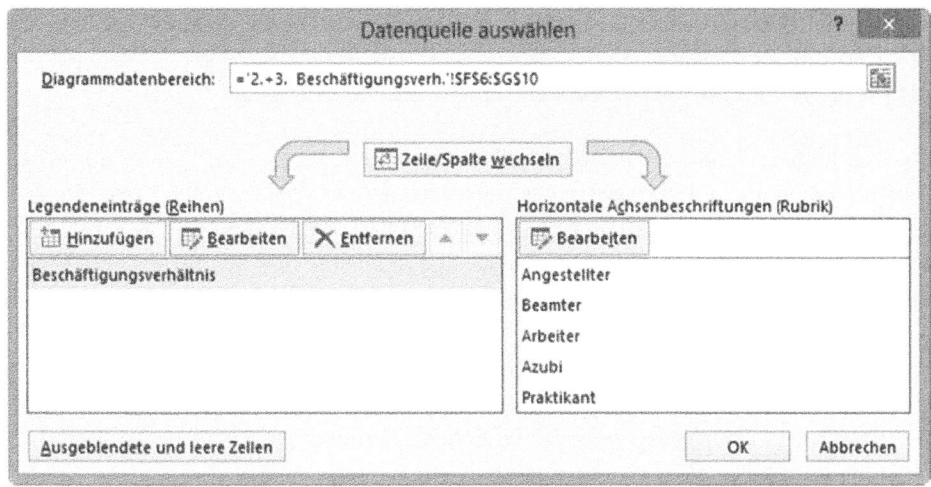

Abb. 2.7 Dialogfenster „Datenquelle auswählen"

Abb. 2.8 Vorschau auf das
Kreisdiagramm

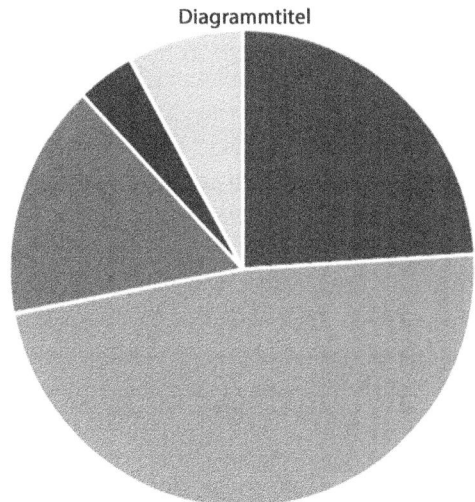

es, die im Diagramm darzustellenden Daten – also die Merkmalswerte und ihre Häufigkeiten – zusammen über eine gemeinsame Adresse im Dialogfeld „Diagrammdatenbereich"
einzulesen. Das ist immer dann möglich, wenn diese in der Häufigkeitstabelle in be-
nachbarten Spalten/Zeilen stehen und somit einen **zusammenhängenden Datenbereich**
bilden. Dies ist bei der Häufigkeitstabelle des Beschäftigungsverhältnisses der Fall (vgl.
Abb. 2.3), so dass man hier so verfahren kann. Man erhält in der Dialogbox die Adresse
der eingelesenen Daten angezeigt und in dem Diagrammrahmen eine Vorschau auf das
bislang erstellte Diagramm gemäß Abb. 2.8.

iii. Diagrammoptionen Bislang haben wir nur das Kreisdiagramm und eine Legende für die Kreissegmente. Es fehlen noch die **unverzichtbaren Beschriftungen** und eventuell zusätzlich gewünschte **Layoutänderungen**.

Überschrift bzw. Titel Aktivieren Sie in der Registerkarte „Entwurf" das Menü „Diagrammelement hinzufügen" und unter dem Menüpunkt „Diagrammtitel" die Option „Über Diagramm". Im Diagramm öffnet sich nach dieser Wahl oberhalb des Kreises die Überschriftszeile „Diagrammtitel", in die Sie eine prägnante und möglichst kurze Überschrift eingeben, z. B. „Mitarbeiter nach Beschäftigungsverhältnis".

Merkmal mit Dimension (so vorhanden) und Merkmalswerten Die Angabe des Merkmals ist hier nicht nötig, da es im Diagrammtitel bereits enthalten ist. Die Merkmalswerte – hier Angestellter, Beamter etc. – werden im Kreisdiagramm durch Segmente repräsentiert, deren Bezeichnungen Excel **standardmäßig in der Legende** darstellt.

Häufigkeiten der Merkmalswerte bzw. Zahlenwerte der Größe Nun sind noch die Häufigkeiten anzuzeigen. Man wählt hierzu wieder „Entwurf/Diagrammelement hinzufügen/Datenbeschriftungen" und dann die Option „Weitere Beschriftungsoptionen". Auf der rechten Bildschirmseite erscheint nun ein umfangreiches Optionsfenster. Dieses zeigt ausschnittweise die Abb. 2.9. In der Registerkarte „Datenbeschriftungen formatieren können im Menü „Beschriftungsoptionen" unter „Beschriftung enthält" verschiedene Optionen gewählt werden. Wir empfehlen außer den bei der Datenversorgung eingelesenen absoluten auch immer die relativen Häufigkeiten darzustellen. Dann sind die Optionen „Wert" und „Prozentsatz" anzuklicken.

Bringt man die Merkmalswerte nicht in der Legende unter, muss man sie hier durch Aktivierung der Option „Rubrikenname" berücksichtigen. Die Merkmalswerte (Kategorien) werden dann bei den zugehörigen Kreissegmenten angezeigt. Da bei dieser Beschriftungswahl etliche Beschriftungen zu jedem Kreissegment ausgewählt sind, die deutlich lesbar sein sollen und entsprechend Platz brauchen, ist es sinnvoll, sie außerhalb des Kreises zu platzieren und mit den Segmenten durch Führungslinien zu verbinden. Unter „Beschriftungsposition" kann man dies entsprechend markieren.

Damit sind alle nötigen Beschriftungen vorgenommen und die Registerkarte kann durch einen Klick auf das Kreuz oben rechts geschlossen werden.

iv. Diagrammplatzierung/Diagramm verschieben Klickt man mit der rechten Maustaste auf das Diagramm und wählt die Option „Diagramm verschieben", werden zwei Platzierungsoptionen angeboten: die Unterbringung in einem neuen und die in einem bereits vorhandenen Arbeitsblatt. Voreingestellt ist die Platzierung in einem bereits vorhandenen Arbeitsblatt unter der Option „Objekt in". Diese Option ist bei der Bearbeitung von Übungsaufgaben zu empfehlen, bei denen es in der Regel sinnvoll ist, die relevanten Daten, Tabellen, Berechnungen und Diagramme auf einem Arbeitsblatt beieinander zu haben. Möchte man ein Diagramm separat und besonders groß darstellen, so sollte man hier die Option „Neues

Abb. 2.9 Registerkarte „Datenbeschriftungen formatieren"

Datenbeschriftungen formatie... ▾ ×

BESCHRIFTUNGSOPTIONEN ▾   TEXTOPTIONEN

◇   ⬠   ▦   ▮▮

◢ BESCHRIFTUNGSOPTIONEN

Beschriftung enthält

☐ Datenreihenname

☐ Rubrikenname

☐ Wert

☑ Prozentsatz

☑ Führungslinien anzeigen

☐ Legendensymbol

Trennzeichen   ;   ▾

Beschriftungstext zurücksetzen

Beschriftungsposition

○ Zentriert

○ Am Ende innerhalb

○ Am Ende außerhalb

◉ Größe anpassen

Blatt" wählen. Wir belassen stets die voreingestellte Platzierung und schließen das Optionsfenster mit einem Klick auf die Schaltfläche „OK". Sie erhalten das in Abb. 2.10 dargestellte
Kreisdiagramm.

Diagrammentwürfe kann man nachbearbeiten. Dazu setzt man den Cursor auf die
änderungs- bzw. ergänzungsbedürftigen Stellen des Diagramms und gelangt über einen
erneuten Doppelklick in objektabhängige Menüs, die sich wiederum auf der rechten Seite

Abb. 2.10 Kreisdiagramm
der Häufigkeitsverteilung des
Merkmals „Beschäftigungsverhältnis"

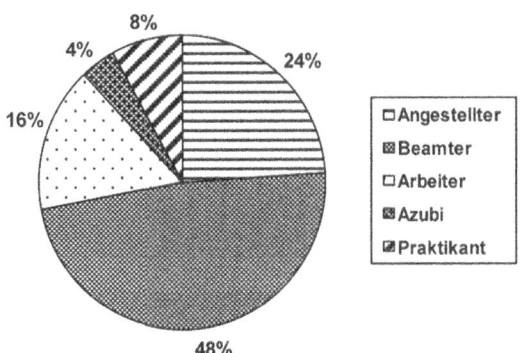

**Häufigkeitsverteilung des Merkmals
Beschäftigungsverhältnis**

☐ Angestellter
▨ Beamter
☐ Arbeiter
▩ Azubi
▤ Praktikant

8%
4%
24%
16%
48%

öffnen. Wichtige Nachbearbeitungsmöglichkeiten werden bei den anderen Diagrammtypen vorgestellt.

Bei der Erstellung weiterer Diagramme wird die hier beschriebene grundlegende Arbeitsweise als bekannt vorausgesetzt und es wird schwerpunktmäßig nur noch auf Besonderheiten eingegangen, die bei den verwendeten Diagrammtypen und den vorliegenden Datenstrukturen gesondert zu beachten sind.

3.b.ß Häufigkeitsverteilung der Leistungsbeurteilung als Säulendiagramm *i. Diagrammtyp* Man aktiviert zunächst eine beliebige leere Zelle im Tabellenblatt. Anschließend wählt man im Menü „Einfügen" den Diagrammtyp „Säule" und den einfachsten Unterdiagrammtyp „Säule (gruppiert)" in der linken oberen Ecke des Menüs, vgl. Abb. 2.11. Es wird ein leeres Diagramm eingefügt.

ii. Diagrammquelldaten Das Diagramm ist nun über einen Rechtsklick mit der Maus und die Wahl des Menüs „Daten auswählen" mit Daten zu versorgen. Es erscheint das bereits bekannte Dialogfenster (vgl. Abb. 2.7).

Dargestellt werden sollen die **Merkmalswerte und ihre relative Häufigkeiten**, die in der Häufigkeitstabelle in Abb. 2.4 allerdings nicht direkt nebeneinander stehen, sondern durch die Spalte der absoluten Häufigkeiten voneinander getrennt sind. Deshalb kann man sie nicht ohne weiteres so wie beim Kreisdiagramm gemeinsam über das Dialogfeld „Diagrammdatenbereich" der Abb. 2.12 einlesen. Vielmehr sind die auf der senkrechten Achse des Säulendiagramms darzustellenden Häufigkeiten in dem linken Dialogbereich „Legendeneinträge (Reihen)" und die auf der waagerechten Achse darzustellenden Merkmalswerte in dem rechten Dialogbereich „Horizontale Achsenbeschriftung (Rubrik)" einzugeben bzw. einzulesen.

Datenversorgung „Häufigkeiten" Im Dialogbereich „Legendeneinträge (Reihen)" legt man dafür zunächst eine Datenreihe an, in dem man die Schaltfläche „Hinzufügen" betätigt. Die

Abb. 2.11 Menü „Einfügen/Säulendiagramm"

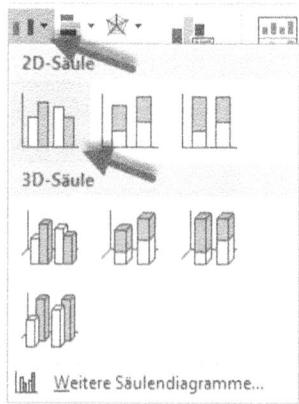

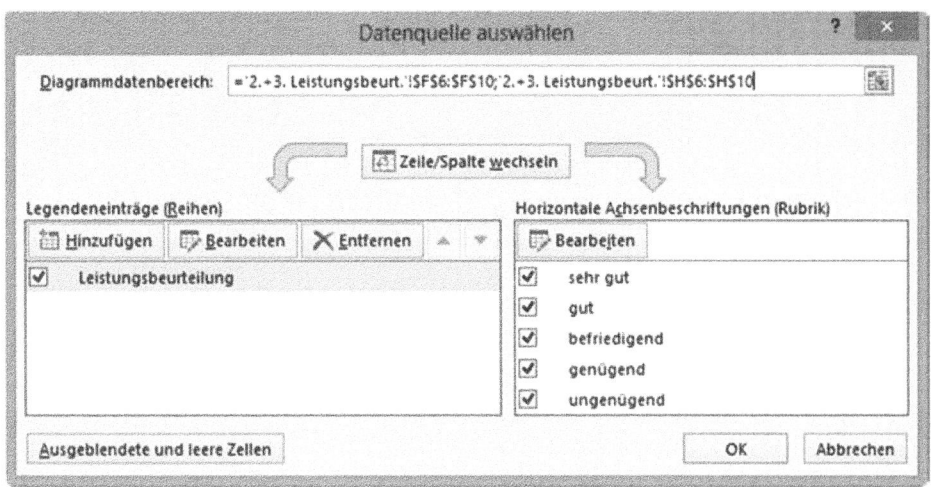

Abb. 2.12 Dialogfenster „Datenquelle auswählen" für Säulendiagramm

Abb. 2.13 Dialogfenster
„Datenreihe bearbeiten" für
Säulendiagramm

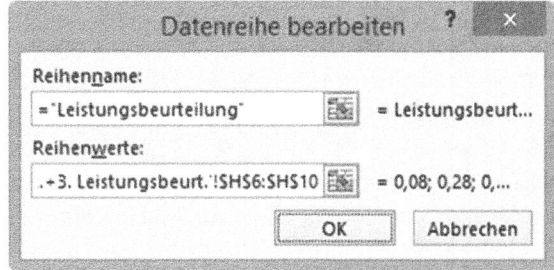

Datenreihe erscheint als Datenreihe 1 in einer Zeile unterhalb der Schaltflächen. Sodann
betätigt man die Schaltfläche „Bearbeiten", worauf die Maske „Datenreihe bearbeiten" erscheint. Diese enthält zwei Dialogfelder. Im Dialogfeld „Reihenwerte" liest man die Adresse
der darzustellenden Häufigkeiten ein, so wie in Abb. 2.13 ersichtlich. Das Dialogfeld „Reihenname" muss nur dann beschriftet werden, wenn es mehrere Datenreihen unterschiedlichen Inhalts gibt, was hier nicht der Fall ist. Man könnte den Text „Leistungsbeurteilung"
auch weglassen.

Datenversorgung „Merkmalswerte" Im Dialogbereich „Horizontale Achsenbeschriftung
(Rubrik)" aktiviert man die Schaltfläche „Bearbeiten", worauf die Maske „Achsenbeschriftungen" erscheint. In deren Dialogfeld „Achsenbeschriftungsbereich" liest man die Adresse
der darzustellenden Merkmalswerte ein. Nach Betätigung der Schaltfläche „OK" erscheint
das mit den Adressen der darzustellenden Daten versorgte Dialogfenster gemäß Abb. 2.12.

iii. und iv. Diagrammoptionen und -platzierung Im Diagramm fehlen noch die nötigen Beschriftungen: der Diagrammtitel und die Achsenbeschriftungen. Hierzu aktiviert man mit

Abb. 2.14 Registerkarte „Diagrammelement hinzufügen"

einem Klick der linken Maustaste das Diagramm. Es erscheint das Menü „Entwurf". Über
die Schaltfläche „Diagrammelement hinzufügen", die Abb. 2.14 zeigt, kann man verschiedenen Optionen zur Gestaltung des Diagramms erreichen. Im Untermenü „Diagramm-
titel/Über dem Diagramm" definiert man eine passende Überschrift, wie etwa „Häufigkeitsverteilung des Merkmals Leistungsbeurteilung" oder „Notenspiegel". Im Untermenü
„Achsentitel/Primär horizontal" wird die Bezeichnung des auf der waagerechten Achse (X-
Achse) dargestellten Merkmals mit seiner Dimension in Klammern angegeben. Dies ist hier
etwa „Leistungsbeurteilung [Note]". Im Untermenü „Achsentitel Primär vertikal" gibt man
die Bezeichnung der auf der senkrechten Achse (Y-Achse) dargestellten Größe an. Das ist
hier die relative Häufigkeit bzw. der Anteil. Will man zum einfacheren und genaueren Ablesen der Häufigkeiten die Werte zusätzlich über den Säulen angeben, aktiviert man die
Option im Untermenü „Datenbeschriftungen/Am Ende außerhalb".

Die Gestaltungsmöglichkeiten durch die übrigen Menüeinträge haben für Säulendiagramme eindimensionaler Häufigkeitsverteilungen kaum Bedeutung und werden deshalb
hier nicht behandelt. Der Entwurf ist soweit fertig und wird im Arbeitsblatt untergebracht.
Man erhält das in Abb. 2.15 dargestellte Diagramm.

Nachbearbeitung Im Gegensatz zur Ermittlung der relativen Häufigkeiten als Dezimalzahlen ist es bei ihrer Präsentation üblich, sie anwenderfreundlich in Prozent auszuweisen. Das
betrifft die Werte an der senkrechten Achse und u. U. auch die Datenbeschriftungen über
den Säulen.

Zur Transformation der Zahlen an der senkrechten Achse (Größenachse) von einer Dezimalzahl in eine Prozentangabe gehen Sie mit dem Mauscursor links neben die Achse
und drücken die rechte Maustaste (Kontexttaste). Im Kontextmenü wählen Sie die Option

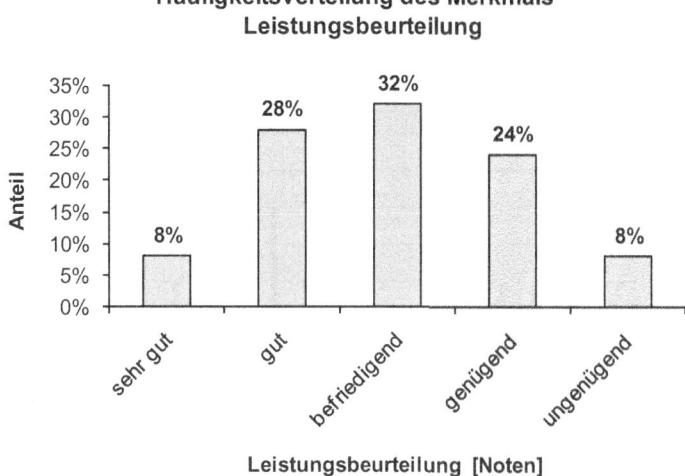

Abb. 2.15 Säulendiagramm der Häufigkeitsverteilung des Merkmals „Leistungsbeurteilung"

„Achse formatieren" und in der gleichnamigen Dialogbox in der Registerkarte „Zahlen" des Dialogfeldes „Kategorie" die Option „Prozent". Das Zahlenformat ist meist auf eine Genauigkeit von zwei Dezimalstellen voreingestellt. Diese Vorgabe können Sie im Dialogfeld „Dezimalstellen" je nach Bedarf ändern. Analog verfahren Sie mit den Werten über den Säulen (Kontextmenü).

3.b.γ Häufigkeitsverteilung des Lebensalters als Stabdiagramm *i. Diagrammtyp* Ein Stabdiagramm ist in Excel als eigenständiger Diagrammtyp nicht verfügbar. Man kann es aber in guter Näherung über ein Säulendiagramm erzeugen, dessen Säulen man im Zuge der Nachbearbeitung so schmal wie möglich macht, so dass sie wie Stäbe aussehen. Wählen Sie daher den Diagrammtyp „Säule" und den einfachsten Untertyp „Säule 2D".

ii. und iii. Diagrammquelldaten und Diagrammoptionen Datenversorgung und Diagrammoptionen sind wie bei der Leistungsbeurteilung zu handhaben, worauf hier verwiesen sei. Wir beschränken uns deshalb auf die Umgestaltung des Säulendiagramms zum Stabdiagramm.

Vom Säulendiagramm zum Stabdiagramm Man klickt dazu mit der linken Maustaste auf eine der Säulen und betätigt anschließend die rechte Maustaste (Kontexttaste). In dem sich öffnenden Kontextmenü wählt man die Option „Datenreihe formatieren", worauf sich am rechten Bildschirmrand die gleichnamige Dialogbox öffnet. Im Dialogfeld „Reihenachsenüberlappung" trägt man den Wert Null ein. Im Feld „Abstandsbreite" wird der aktuelle Abstand zwischen den Säulen angegeben. Diesen Wert vergrößert man maximal und erhält so die gewünschten sehr schmalen Säulen – also Stäbe – wie sie Abb. 2.16 zeigt. Abschließend kann man das Dialogfenster durch Klick auf das rechte obere kleine Kreuz schließen.

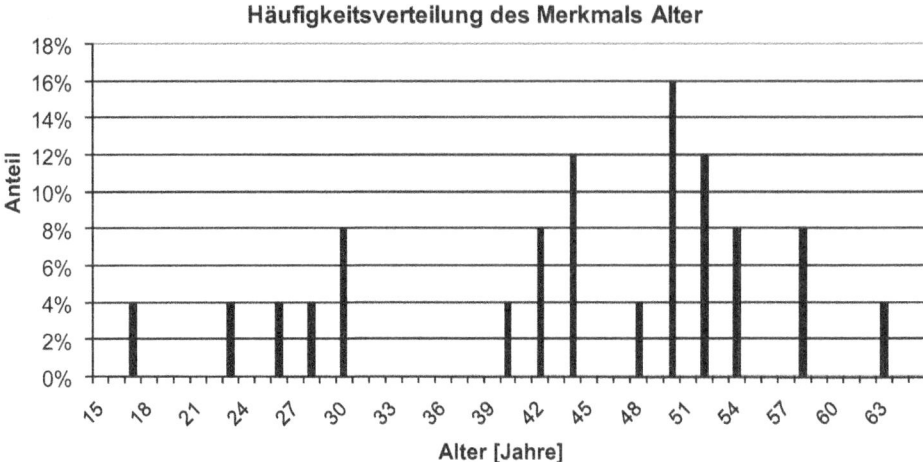

Abb. 2.16 Stabdiagramm der Häufigkeitsverteilung des Merkmals „Alter"

Obwohl dieses Diagramm der Altersverteilung inhaltlich und graphisch statistisch akkurat ist, ist es u. U. trotzdem nicht optimal. Der Nutzer ist zwar immer an richtigen, aber nicht unbedingt an sehr detaillierten Informationen interessiert, aus denen Erkenntnisse über den Massensachverhalt eventuell nicht klar und eindeutig genug hervorgehen. Von daher wäre hier ergänzend eine weitergehende Verdichtung der Daten durch Klassierung zu erwägen, wie sie im folgenden Kapitel am Beispiel des Entgeltes vorgestellt wird.

4. Statistische Charakteristika des Personals

4.a aus Diagrammen ablesbar

Kreisdiagramm des Merkmals „Beschäftigungsverhältnis" (Abb. 2.10) Das Diagramm zeigt deutlich die Anteile der einzelnen Gruppen an allen Beschäftigten. Beamte stellen mit 48 % die größte Gruppe, Azubis mit 4 % die kleinste. Die Proportionen der verschiedenen Beschäftigtengruppen werden anschaulich durch die unterschiedlich großen Kreissegmente repräsentiert.

Säulendiagramm des Merkmals „Leistungsbeurteilung" (Abb. 2.15) Das Diagramm zeigt

- die schlechteste (5) und beste (1) im Betrieb vorkommende Leistungsbeurteilung und damit implizit auch die vorhandene Leistungsspanne (von 1 bis 5).
- die Leistungsbeurteilungen, die am seltensten (1 und 5 mit jeweils 8 %) und die am häufigsten vorkommen (3 mit 32 %).

- die Leistungsverteilungsform, die eingipflig und ziemlich symmetrisch ist. Das heißt, dass die Häufigkeiten der Merkmalswerte, die kleiner (größer) als der häufigste Wert sind, annähernd gleich groß sind.

Stabdiagramm des Merkmals „Alter" (Abb. 2.16) Das Diagramm zeigt

- das Alter der jüngsten (17) und der ältesten Mitarbeiter (63) im Betrieb und damit implizit die vorhandene Alterspanne (von 17 bis 63).
- die Altersstufen, die am seltensten (17, 23, 26, etc.) und die am häufigsten (50) vorkommen.
- die Altersstufen und -bereiche, die überhaupt nicht vorkommen (z. B. 18–22, 31–39, 45–47 etc.). Insbesondere die fehlende Altersgruppe der über 30- bis unter 40-Jährigen führt zu einem deutlichen „Verteilungsloch" und damit zu einer Art „Zweiteilung" der gesamten Verteilung.
- die Altersverteilungsform, die eingipflig und nicht symmetrisch ist. Klar erkennbar ist eine Massierung der Häufigkeiten bei den älteren Mitarbeitern. Eine solche Verteilungsform bezeichnet man als linksschief.

4.b durch Messzahlen ermittelbar

Interessant sind in der Regel die Zahlenverhältnisse der Häufigkeiten von

- kleinstem und größtem Wert,
- kleinstem oder größtem Wert zum häufigsten Wert,
- Wertebereichen an den Verteilungsrändern sowie
- Wertebereichen an den Verteilungsrändern zum häufigsten Wert oder einem Wertebereich um den häufigsten Wert.

Einige solcher Messzahlen sind in den folgenden Tabellen beispielhaft zusammengestellt. Bitte beachten Sie, dass die Bezeichnung der Messzahlen abgekürzt erfolgt. Vollständig korrekt müsste es beispielsweise im ersten Fall heißen „Anzahl der Beamten im Verhältnis zur Anzahl der Angestellten".

Beschäftigungsverhältnis

Messzahl	Wert	Messzahl	Wert
Beamte/Angestellte	2,00	Beamte/Angestellte und Arbeiter	1,20
Beamte/Arbeiter	3,00	Beamte und Angestellte/Arbeiter	4,50
Angestellte/Arbeiter	1,75	Beamte u. Angestellte/Arbeiter und Azubis sowie Praktikanten	7,33

Leistungsbeurteilung

Messzahl	Wert	Messzahl	Wert
Sehr gut/ungenügend	1,00	Gut u. besser/befriedigend u. schlechter	0,56
Gut und besser/befriedigend	1,13	Befriedigend u. besser/ausreichend und schlechter	2,13

Alter

Messzahl	Faktor	Messzahl	Faktor
$x_{min}/x_{max} = 17/63$	1,00	Unter 25/über 55	0,66

2.2 Aufgabe „Entgelt"

Die Entgelte der 25 Mitarbeiter der Firma COMSERVE aus Abschn. 2.1 Aufgabe „Personalprofil" sollen statistisch aufbereitet und präsentiert werden.

2.2.1 Aufgabenstellungen

1. Ermitteln Sie aus den Beobachtungswerten durch elementare Datenaufbereitungen eine Entgeltverteilung, die Sie kurz charakterisieren.
2. Verdichten Sie die Daten sinnvoll durch Klassieren. Geben Sie die beim Klassieren benutzten Gestaltungsregeln an und stellen Sie ihr Klassierungsergebnis in einer geeigneten Tabelle dar.
3. Stellen Sie die klassierte Entgeltverteilung in geeigneter Form graphisch dar.
4. Wie gut ist Ihre Klassierung? Führen Sie dazu eine geeignete quantitative Fehleranalyse durch, mit deren Ergebnissen Sie ihre Gütebeurteilung fundieren.

LERNINHALTSÜBERSICHT

STATISTIK	EXCEL-UNTERSTÜTZUNG
1. Elementare Datenaufbereitungen	Funktion SORTIEREN Statistische Funktion ZÄHLENWENN, Formel
2. Klassieren **a) Klassierungsansatz mit Begründung** **b) Ermittlung der klassierten** **Häufigkeitsverteilungen (Tabelle)**	**Funktion HÄUFIGKEIT** **Analyse-Funktion HISTOGRAMM**
3. Visualisierung der Häufigkeitsverteilung **a) Diagrammtypauswahl** **b) Diagrammerstellung** c) Verteilungscharakteristika	**Säulendiagramm** **Analyse-Funktion HISTOGRAMM**
4. Klassierungsfehler und -güte	**Formeln, Funktion ABS**

2.2.2 Aufgabenlösungen

1. Elementare Datenaufbereitungen

Sortieren Das Sortieren von mindestens ordinal skalierten Beobachtungswerten ist in Abschn. 2.1 Aufgabe „Personalprofil", Teil 2a für das Merkmal „Alter" beschrieben, worauf hier verwiesen sei. Die Excel-Musterlösung zeigt das Ergebnis.

Häufigkeitsverteilung und ihre Charakteristika Die Ermittlung der absoluten Häufigkeiten **diskreter** Merkmale mit der statistische Funktion ZÄHLENWENN ist in Abschn. 2.1 Aufgabe „Personalprofil", im Teil 2.b ausführlich beschrieben. Für das **quasistetige** Merkmal „Entgelt" kann sie analog verwendet werden. Sie führt zu einer Häufigkeitsverteilung, in der die absolute Häufigkeit aller Beobachtungswerte eins ist (siehe Excel-Musterlösung), was einer **Gleichverteilung** entspricht. Dieses Ergebnis ist zwar rechnerisch korrekt, liefert aber keine sinnvolle Information über die zu vermutende und tatsächlich bestehende **ungleiche Verteilung** der Entgelte. Man stellt also fest, dass die bislang verwendeten elementaren Datenaufbereitungsmaßnahmen hier nicht zu einem vernünftigen Ergebnis führen. Das liegt bei stetigen oder quasistetigen Merkmalen an der vergleichsweise sehr viel größeren Anzahl möglicher Merkmals- und tatsächlich auftretender Beobachtungswerte. Um das in diesen verborgene Häufigkeitsprofil zu ermitteln, muss man die Daten durch geeignete Maßnahmen **verdichten**.

2. Klassieren

2.a Klassierungsansatz
Beim Klassieren gibt es drei Gestaltungsfelder: die Abgrenzung der Klassen, die Anzahl der Klassen und die Breite der Klassen. Wichtige Gestaltungsregeln sind in Tab. 2.4 zusammengestellt.

Tab. 2.4 Klassierungsaspekte und -regeln

Klassenabgrenzung	Klassenanzahl „K"	Klassenbreite „B"
von … bis unter …	DIN 55302	gleich, d. h. B = konstant
über … bis einschließlich …	$K = \sqrt{n}$	ungleich, d. h. B = variabel

Bei der Klassenabgrenzung wird hier die Variante „über … bis einschließlich …" verwendet, da sie in Excel leichter umzusetzen ist. Die Klassenanzahl wird der Wurzelformel
folgend hier mit fünf festgelegt. Die Klassenbreite soll gemäß der „Anwenderregel" für alle Klassen gleich breit sein. Im vorliegenden Fall ergibt sich unter Berücksichtigung des
kleinsten (212) und des größten (4846) vorkommenden Beobachtungswertes ein sinnvoller relevanter Wertebereich von 0 bis 5000 [EUR], den man gut in fünf gleich breite Klassen
einteilen kann.

2.b Ermittlung der klassierten Häufigkeitsverteilungen (Tabelle)

Aufbau der Häufigkeitstabelle Zunächst sollte man sich über den Aufbau der Arbeitstabelle zur Ermittlung und Darstellung der klassierten Häufigkeitsverteilungen klar werden.
Benötigt werden für jede eindimensionale Häufigkeitsverteilung drei Spalten. Bei einer
Klassierung sind beim Merkmal zusätzlich die Klassenunter- und -obergrenzen eindeutig festzulegen. Ergänzend ist es sinnvoll, die vorgesehenen Klassen zu nummerieren. Die
Abb. 2.17 zeigt den resultierenden Tabellenkopf. Die Tabelle ist spaltenweise von links nach
rechts und in jeder Spalte von oben nach unten mit Daten zu versorgen. Dabei gibt man
die Klassennummern und -grenzen von Hand ein.

Ermittlung der absoluten Häufigkeiten Zur Ermittlung der absoluten Häufigkeiten in
den festgelegten Klassen stehen in Excel die **statistische Funktion HÄUFIGKEIT** und die
Analysefunktion HISTOGRAMM zur Verfügung. Wir verwenden zunächst die von der
Bezeichnung her nahe liegende Funktion HÄUFIGKEIT.

Statistische Funktion HÄUFIGKEIT Im Gegensatz zu den meisten Funktionen handelt
es sich bei der statistischen Funktion HÄUFIGKEIT um eine **Matrixfunktion**. Das bedeutet, dass sie als Ergebnis mehr als eine Zahl produziert, für die vorab der dafür notwendige
Platz freigehalten werden muss. Zudem sind alle Matrixfunktionen in Excel mit einer Tastenkombination – d. h. dem gleichzeitigen Drücken mehrerer Tasten – auszuführen.
  Aktivieren Sie in der von ihnen angelegten klassierten Häufigkeitstabelle in der Spalte
mit den absoluten Häufigkeiten die erste obere Zelle. Rufen Sie nun über den Funktionsassistenten die Funktion HÄUFIGKEIT auf. Die in Abb. 2.18 dargestellte Funktionsmaske

Abb. 2.17 Aufbauschema
einer klassierten Häufigkeitstabelle

	C	D	E	F	G	H
8		Klassen-	\multicolumn{2}{c}{Entgelt [EUR/Monat]}	\multicolumn{2}{c}{Häufigkeit}
9		nummer	über…bis einschließlich		absolut	relativ
10		k	x_k^u	x_k^o	h_k	f_k

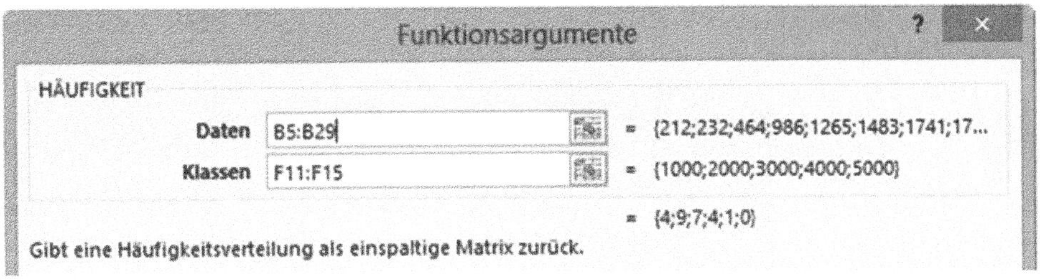

Abb. 2.18 Statistische Funktion HÄUFIGKEIT

Abb. 2.19 Anwendung der
Matrixfunktion HÄUFIGKEIT

G11	▼	f_x	{=HÄUFIGKEIT(B5:B29;F11:F15)}	
	D	E	F	G	H
8	Klassen-	Entgelt [EUR/Monat]		Häufigkeit	
9	nummer	über...bis einschließlich		absolut	relativ
10	k	x_k^u	x_k^o	h_k	f_k
11	1	0	1000	4	0,16
12	2	1000	2000	9	0,36
13	3	2000	3000	7	0,28
14	4	3000	4000	4	0,16
15	5	4000	5000	1	0,04
16	Summe			25	1,00

fordert zur Eingabe zweier Funktionsargumente auf. Im Dialogfeld „Daten" ist die Adresse der Daten einzugeben oder einzulesen, deren Häufigkeiten ermittelt werden sollen. In der Excel-Musterlösung ist dies der Bereich B5:B29. Im Dialogfeld „Klassen" ist die Adresse der Obergrenzen der Klassen einzugeben oder einzulesen. In der Excel-Musterlösung stehen die Klassenobergrenzen in den Zellen F11 bis F15. Bestätigen Sie die Datenversorgung mit OK. Die Funktion liefert in der ersten Zelle des Ausgabebereichs die absolute Häufigkeit: vier Mitarbeiter mit höchstens 1000 [EUR/Monat] (vgl. Abb. 2.19, Zelle G11).

Um die absoluten Häufigkeiten der übrigen Klassen zu ermitteln, markieren Sie den Zellbereich G11 bis G15 von G11 beginnend. Wechseln Sie mit F2 in den Bearbeiten-Modus und betätigen Sie die Tastenkombination „STRG + UMSCHALT + EINGABE". Erfahrungsgemäß geht dies am sichersten, wenn Sie mit der linken Hand zunächst die Tasten „STRG" und „UMSCHALT" betätigen und gedrückt halten und mit der rechten Hand abschließend die Eingabetaste drücken. Excel zeigt in der Editierzeile durch eine geschwungene Klammer um die Funktionsformel an, dass die Matrixfunktion korrekt angewendet wurde, und gibt die Ergebnisse für alle anderen vorab markierten Zellen aus.

Die Berechnung der relativen Häufigkeiten ist in Abb. 2.3 im Einzelnen beschrieben und hier analog anzuwenden. Man erhält die in der letzten Spalte der Abb. 2.19 dargestellten Werte.

Analysefunktion HISTOGRAMM Excel stellt im **Menü „Daten"** unter „Datenanalyse" (Schaltfläche ganz rechts) eine Reihe von Werkzeugen zur Verfügung, darunter ist auch die Funktion „HISTOGRAMM". Sollte die Schaltfläche „Datenanalyse" im Menü „Daten"

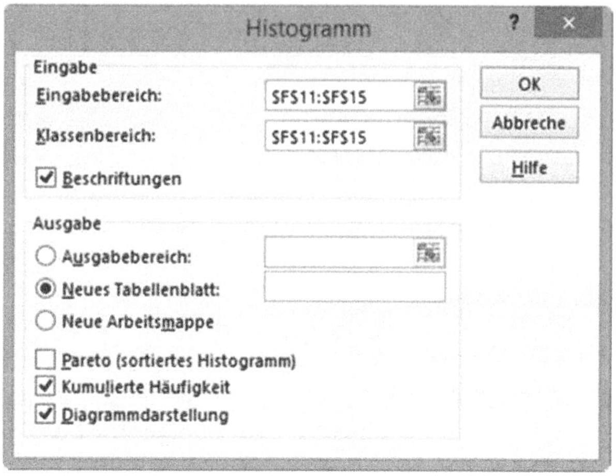

Abb. 2.20 Analysefunktion
HISTOGRAMM

Abb. 2.21 Häufigkeitstabelle
der Analysefunktion HISTO-
GRAMM

	B	C	D
30	*Klasse*	*Häufigkeit*	*Kumuliert %*
31	1000	4	16,00%
32	2000	9	52,00%
33	3000	7	80,00%
34	4000	4	96,00%
35	5000	1	100,00%
36	und größer	0	100,00%

nicht erscheinen, so ist das entsprechende AddIn über „Datei/Optionen/Add-Ins" nachzu-
laden. Siehe hierzu Microsoft-Link/Analysefunktionen im Literaturverzeichnis.

Nach dem Aufruf der Analysefunktion HISTOGRAMM über das Menü „Daten/Daten-
analyse/Histogramm" erscheint die in Abb. 2.20 dargestellte gleichnamige Dialogbox. Sie
enthält oben die Dateneingabe und unten die Datenausgabe. Die Datenversorgung bei der
Eingabe unterscheidet sich nicht wesentlich von normalen Tabellenfunktionen. Im Dialogfeld „Eingabebereich" ist die Adresse der Daten einzugeben oder einzulesen, deren absolute
Häufigkeiten ermittelt werden sollen. Im Dialogfeld „Klassenbereich" ist die Adresse der
Obergrenzen einzugeben oder einzulesen.

Der Unterschied zu anderen Funktionen besteht darin, dass bei Analysefunktionen alle
Ergebnisse einmalig in einem bestimmten Format ausgegeben und verschiedene Darstel-
lungsvarianten angeboten werden. So besteht das Standardergebnis der Analysefunktion
HISTOGRAMM aus einer Tabelle mit der absoluten Häufigkeitsverteilung und der relativen Summenhäufigkeitsverteilung (Verteilungsfunktion). Bei der Ausgabe ist deren Platzierung anzugeben. Hier sollen die Ergebnisse separat in einem neuen Tabellenblatt dargestellt werden, so dass diese Option zu wählen ist. Nach Betätigung der OK-Taste erhält
man das in Abb. 2.21 dargestellte Ergebnis.

3. Graphische Darstellung der klassierten Entgeltverteilung

3.a Diagrammtypauswahl

Der Standard-Diagrammtyp für klassierte Häufigkeitsverteilungen ist das **Säulendiagramm**. Da ein Säulendiagramm längenproportional ist – das heißt, die Länge bzw. Höhe der Säulen die Häufigkeit repräsentiert – müssen die Säulen alle gleich breit sein. Das bedeutet bei klassierten Daten, dass die **Klassen** alle **gleich breit (äquidistant)** sein müssen. Diese Voraussetzung ist hier erfüllt, da alle Entgeltklassen 1000 EUR breit sind. Sind die Klassen nicht äquidistant, so ist das Säulendiagramm nicht akkurat. Bei gleicher Säulenhöhe führt eine unterschiedliche Klassenbreite nämlich zu unterschiedlichen Säulenflächen. Bei unterschiedlichen Klassenbreiten sollte das Säulendiagramm daher **flächenproportional** sein. Ein flächenproportionales Säulendiagramm heißt **Histogramm**. Seine Verwendung und Erstellung wird in Abschn. 2.3 Aufgabe „Kaltmiete" vorgestellt.

3.b Diagrammerstellung

Die Erstellung eines Säulendiagramms ist in Abschn. 2.1 Aufgabe „Personalprofil", Teilaufgabe 3.b für das Merkmal „Leistungsbeurteilung" ausführlich beschrieben. Bei Säulendiagrammen für quantitative, klassierte Daten dürfen zwischen den Säulen keine Zwischenräume sein, da die Klassen in der Regel unmittelbar aneinander angrenzen. Um dies zu erreichen, klicken Sie zunächst in eine beliebige Zelle des Tabellenblatts. Anschließend klicken Sie bitte mit der Maus doppelt auf eine der Säulen. In dem sich am rechten Bildschirmrand öffnenden Fenster „Datenreihen formatieren" wählen Sie die Registerkarte „Reihenoptionen" aus und geben im Dialogfeld „Reihenachsenüberlappung" und im Feld „Abstandsbreite" jeweils den Wert „0" ein, so wie in Abb. 2.22 dargestellt. Anschließend können Sie das Dialogfenster über das kleine Kreuz rechts oben schließen.

Als Ergebnis erhalten Sie das in Abb. 2.23 links dargestellt Diagramm. Das Diagramm einer klassierten Häufigkeitsverteilung kann auch mit der Analysefunktion HISTOGRAMM erstellt werden. Dazu ist in der Dialogbox der Funktion nur die Zusatzoption „Diagrammerstellung" zu aktivieren.

Abb. 2.22 Säulen im Diagramm bündig anordnen

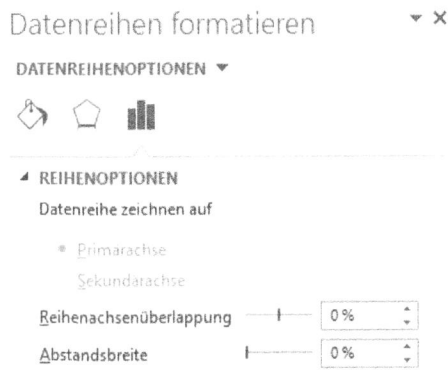

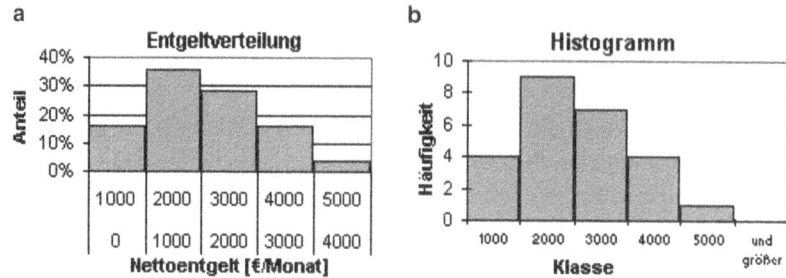

Abb. 2.23 Ergebnis des Diagrammassistenten (**a**) und der Analyse-Funktion (**b**)

Vergleicht man beide Diagramme, so stellt man doch einige Unterschiede fest, die für den Informationswert bedeutsam sein können. So liefert die Analysefunktion immer nur die absoluten Häufigkeiten und die Klassengrenzen sind nicht zweifelsfrei klar. Die Beschriftungen sind standardisiert und nicht spezifisch, können aber nachbearbeitet werden. Andererseits geht die Diagrammerstellung mit der Analysefunktion sehr viel schneller und liefert dieselben quantitativen und strukturellen Kerninformationen.

3.c Verteilungscharakteristika

Das Monatsentgelt in dem Betrieb liegt bei höchstens 5000 EUR. Die meisten Mitarbeiter (36 %) verdienen zwischen 1000 und 2000 EUR monatlich und in jeder höheren Entgeltklasse wird die Häufigkeit zunehmend kleiner. Insgesamt führt die Klassierung zu einer klaren und durchgängigen **Verteilungsform** – eingipflig und rechtsschief –, wie sie für Einkommens- und Vermögensverteilungen typisch ist. Als Messzahlen kann man etwa die Häufigkeitsverhältnisse der untersten und höchsten Entgeltklassen zueinander oder zu der häufigsten Klasse leicht ermitteln. Danach gibt es in dem Unternehmen einerseits vierfach so viele Mitarbeiter in der untersten wie in der obersten Entgeltklasse und 2,25-fach so viele Mitarbeiter in der häufigsten wie in der untersten (obersten) Entgeltklasse.

4. Klassierungsfehler und -güte

Durch eine quantitative Fehleranalyse soll ermittelt werden, in welchem Umfang die vorgenommene Verdichtung der Daten durch Klassierung Abweichungen von den ursprünglichen Daten mit sich gebracht hat.

Ansatz und Aufbau der Analysetabelle Als einfaches Fehlermaß wird der **Betrag der Abweichung** (absolute Abweichung) zwischen der rechentechnischen Klassenmitte als formalem Mittelwert und dem arithmetischen Mittel als dem tatsächlichen Mittelwert der Werte in den Klassen benutzt. Die absolute Abweichung wird **relativiert**, indem sie auf das arithmetische Mittel als dem tatsächlichen Mittelwert bezogen und anwenderfreundlich in Prozent angegeben wird. Für die Ermittlung dieser Abweichungen gibt es in Excel keine Funktionen, so dass sie durch Umsetzung geeigneter Formeln zu berechnen sind. Das geschieht in einer Arbeitstabelle, die für jede Klasse eine Spalte für die rechentechnische

Abb. 2.24 Aufbauschema der
Fehleranalysetabelle

	C	D	E	F	G	H
19		Klassen-	Klassenmitte		Abweichung	
20		nummer	formal	tatsächl.	absolut	relativ [%]
21		k	x_k^M	x_k^Q	d_k^a	d_k^r

Abb. 2.25 Ergebnisse der
Fehleranalyse

	C	D	E	F	G	H
19		Klassen-	Klassenmitte		Abweichung	
20		nummer	formal	tatsächl.	absolut	relativ [%]
21		k	x_k^M	x_k^Q	d_k^a	d_k^r
22		1	500	473,5	26,5	5,60
23		2	1.500	1759,0	259,0	14,72
24		3	2.500	2466,0	34,0	1,38
25		4	3.500	3519,5	19,5	0,55
26		5	4.500	4846,0	346,0	7,14

Klassenmitte, das arithmetische Mittel, die absolute und die relative Abweichung enthält,
so wie in Abb. 2.24 dargestellt.

Berechnungen Die Berechnungen werden spaltenweise von links nach rechts und in jeder
Spalte von oben nach unten ausgeführt. Dabei gibt man die jeweils geeignete Formel in
die erste Zelle der jeweiligen Spalte ein und kopiert sie danach mit der AutoAusfüllen-
Funktionalität in die darunter liegenden Zellen. Abbildung 2.25 enthält die Excel-Arbeits-
tabelle der Musterlösung mit allen Ergebnissen, auf die im Folgenden Bezug genommen
wird.

Rechentechnische Klassenmitte (Spalte E) Die rechentechnische Klassenmitte ist das arithmetische Mittel aus der jeweiligen Klassenunter- und Klassenobergrenze, formal:

$$x_k^M = \frac{x_k^u + x_k^o}{2}.$$

Für die rechentechnische Klassenmitte der 1. Klasse in Zelle E22 der Abb. 2.25 lautet
dann in der Musterlösung die entsprechende Formel: „=(E6+F6)/2", da sich die Klassen-
untergrenze in E6 und die Obergrenze in F6 befindet.

Arithmetisches Mittel (Spalte F) Das arithmetische Mittel ist die Summe der Beobachtungswerte in einer Klasse *k* geteilt durch die Anzahl der Werte *m*, formal:

$$x_k^Q = \frac{1}{m} \cdot \sum_{i \in k} x_i.$$

Für das arithmetische Mittel der 1. Klasse in Zelle F22 der Abb. 2.25 lautet die Formel:
„=(B5+B6+B7+B8)/4", da sich die vier Werte der ersten Klasse in den Zellen B5 bis B8 befinden (siehe Excel-Musterlösung). Zur Ermittlung des arithmetischen Mittels ist in Excel
auch die statistische **Funktion MITTELWERT** verfügbar, deren Anwendung in der Aufgabe „Personalkenngrößen" behandelt wird.

Absolute Abweichung (Spalte G) Die absolute Abweichung ist die betragsmäßige Differenz von rechentechnischer Klassenmitte und arithmetischem Mittel einer Klasse, formal:

$$d_k^a = \left| x_k^M - x_k^Q \right|.$$

Den Betrag der Abweichung ermittelt man mit der **Funktion ABS**, die man mit dem Funktionsassistenten unter der Kategorie „Mathematik & Trigonometrie" aufruft. In der gleichnamigen Funktionsmaske gibt man im Dialogfeld „Zahl" die Formel für die Differenz ein. Für die absolute Abweichung in der 1. Klasse in Zelle G22 der Abb. 2.25 folgt damit die Formel: „=ABS(E22-F22)".

Relative Abweichung (Spalte H) Bei der relativen Abweichung wird die absolute Abweichung auf das arithmetische Mittel als „wahrem Mittelwert" bezogen und mit 100 multipliziert, um sie anwenderfreundlich als Prozentzahl zu erhalten, formal:

$$d_k^r = \frac{d_k^a}{x_k^Q} \cdot 100 \; [\%].$$

Für die relative Abweichung der 1. Klasse in Zelle H22 der Abb. 2.25 folgt daraus die Formel: „=G22/F22*100".

Fehlerinterpretation und Klassierungsgüte Nach einer Faustregel werden relative Klassierungsfehler bis zu 10 % in der Praxis als durchaus akzeptabel angesehen. Nach diesem Kriterium ist die vorliegende Klassierung in vier von fünf Klassen akzeptabel. Nur in einer Klasse ist der Fehler unverhältnismäßig groß. Typischerweise findet man die größten Fehler an den Verteilungsrändern, wo man ihnen durch Variation der Klassenbreite in der Regel gezielt begegnen kann. Dies ist hier nicht der Fall. Im vorliegenden Fall kann man daher den unverhältnismäßig großen Klassierungsfehler in der zweiten Klasse nur dadurch ändern, dass man insgesamt einen anderen Klassierungsansatz wählt und damit eine völlig neue Klassierung erstellt, was sehr aufwendig wäre.

2.3 Aufgabe „Kaltmiete"

Bei einer staatlichen Wohnungsgesellschaft in Berlin hat eine im letzten Monat durchgeführte Auswahl von 200 ihrer vermieteten, preisgebundenen Wohnungen in den Randbezirken bezüglich der monatlichen Kaltmiete folgendes Ergebnis erbracht:

Kaltmiete	Über …	3,50	5,50	6,50	7,00	7,50
[EUR/m²]	Bis einschließlich	5,50	6,50	7,00	7,50	9,50
Wohnungsanzahl		40	40	60	40	20

2.3.1   Aufgabenstellungen

1. Nennen Sie die Untersuchungs- und Erhebungsart, die Masse und das Merkmal sowie die Merkmals- und Skalenart (Begründung).
2. Ermitteln Sie die relativen Häufigkeiten und stellen Sie die Verteilung der Kaltmieten (Häufigkeitsverteilung) in zwei gängigen Formen graphisch dar. Nennen und begründen Sie kurz die von Ihnen verwendeten Darstellungsformen und geben Sie die aus dem Diagramm ablesbaren Charakteristika der Verteilungen an.
3. Ermitteln Sie die aufsteigenden und absteigenden Summenhäufigkeiten in einer Tabelle.
4. Stellen Sie die relativen Summenhäufigkeitsfunktionen (aufsteigend und absteigend) gemeinsam in einem Diagramm in geeigneter Form graphisch dar. Nennen und begründen Sie kurz den verwendeten Diagrammtyp.
5. Ermitteln Sie **nachvollziehbar möglichst genau**
   a) den Anteil der Wohnungen, die höchstens 6,50 [EUR/m^2] kosten,
   b) die Anzahl der Wohnungen, die mehr als 7,50 [EUR/m^2] kosten,
   c) den Mietpreis, der von den 20 % billigsten Wohnungen nicht überschritten wird,
   d) den Mietpreis, der von den 30 % teuersten Wohnungen nicht unterschritten wird,
   e) den Anteil der Wohnungen, die zwischen 5,50 und 7,50 [EUR/m^2] kosten,
   f) den Anteil der Wohnungen, der höchstens 6,00 [EUR/m^2] kostet,
   g) die Anzahl der Wohnungen, die mehr als 9,00 [EUR/m^2] kosten,
   h) den Anteil der Wohnungen, die 6,00 bis 9,00 [EUR/m^2] kosten,
   i) den Mietpreis der Hälfte aller Wohnungen und
   j) den Preisbereich der mittleren 50 % aller Wohnungen.

LERNINHALTSÜBERSICHT	
STATISTIK	EXCEL-UNTERSTÜTZUNG
1. Grundbegriffe	
2. Verteilung der Kaltmieten	
a) Ermittlung der relativen Häufigkeiten	Formel
b) Graphische Darstellungen	Säulendiagramm, **Histogramm**
c) Grobcharakterisierung	
3. Ermittlung der Summenhäufigkeitsverteilungen (Tabelle)	**Formeln**
4. Graphische Darstellung der relativen Summenhäufigkeitsfunktionen	
a) Diagrammtypauswahl	**Punkte mit geraden Linien, mehrere**
b) Diagrammerstellung	**Datenreihen**
5. Fragen zur Mietverteilung	**Formeln**

2.3.2   Aufgabenlösungen

1. Grundbegriffe

Untersuchungsart: Querschnittdatenuntersuchung, da die Wohnungen und ihre Kaltmieten zu einer bestimmten Zeiteinheit – hier im letzten Monat – untersucht werden.

Erhebungsart: Sekundärdatenerhebung, da die Mieten der Wohnungsbaugesellschaft bereits vorliegen und für die Untersuchung nicht erst gesondert erhoben werden müssen. Es handelt sich um eine Teilerhebung (Stichprobe), da nicht alle Wohnungen der Gesellschaft betrachtet werden. Es findet eine bewusste Auswahl statt, da Wohnungen nach bestimmten Kriterien (Wohnungsart: preisgebunden, Status: vermietet, geografische Lage: Randbezirke) einbezogen wurden.

Statistische Masse: Vermietete preisgebundene Wohnungen in den Randbezirken (sachlich) einer staatlichen Berliner Wohnungsbaugesellschaft (örtlich) im letzten Monat (zeitlich). Umfang der Masse: 200.

Merkmal: Monatliche Kaltmiete [EUR/m^2].

Merkmalsart: quantitativ, da Merkmalswerte in Zahlen; theoretisch diskret, da Geld zählbar. Praktisch quasistetig, da bei einer Genauigkeit von zwei Stellen hinter dem Komma eine sehr große Anzahl unterschiedlicher Mietpreisangaben auftreten kann.

Skalenart: metrisch und verhältnisskaliert, da Mietunterschiede gemessen und verglichen und darüber hinaus Preisverhältnisse gebildet werden können.

2. Verteilung der Kaltmieten

In der Tabelle der Ausgangsdaten (klassierte Häufigkeitstabelle) ist zu beachten, dass sie für weitere Datenaufbereitungen – insbesondere das Summieren von Häufigkeiten – besser zu verwenden ist, wenn die unbesetzten Randklassen mit eingegeben werden.

2.a Relative Häufigkeiten

Die vollständige Häufigkeitstabelle eines Merkmals sollte immer absolute und relative Häufigkeiten enthalten. Dazu erweitert man die Ausgangsdatentabelle um eine Spalte, die man entsprechend beschriftet. Die Ermittlung relativer Häufigkeiten aus vorliegenden absoluten ist in Abb. 2.3 beschrieben. Abbildung 2.27 zeigt in Spalte F das Ergebnis.

2.b Graphische Darstellungen

2.b.α Diagrammtypenauswahl   Zur graphischen Darstellung klassierter Daten eignet sich vor allem ein **Säulendiagramm**. Dieses ist typischerweise längenproportional, so dass die Länge der Säulen die Häufigkeit repräsentiert. Bei klassierten Daten mit ungleich breiten Klassen liefert ein Säulendiagramm im Allgemeinen keine korrekte Graphik, da die

Abb. 2.26 Säulendiagramm
der Kaltmiete

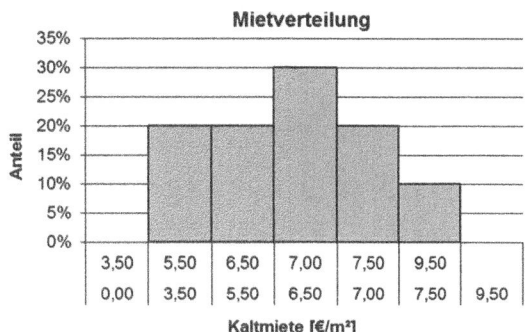

Säulenbreite der unterschiedlichen Klassenbreite nicht folgt und das **Prinzip der Flächen-äquivalenz** verletzt wird. Deshalb gibt es ergänzend ein flächenproportionales Säulendia-grammen, das **Histogramm**. Nur bei äquidistanter Klasseneinteilung stimmen das längen-proportionale Säulendiagramm und das flächenproportionale Histogramm überein.

2.b.β Erstellung eines längenproportionalen Säulendiagramms Die Erstellung eines Säulendiagramms für klassierte Daten ist in Abschn. 2.2 Aufgabe „Entgelt", Teilaufga-be 3.b beschrieben. Wenn Sie analog verfahren, erhalten Sie das Diagramm der Abb. 2.26.

2.b.γ Erstellung eines flächenproportionalen Histogramms *Datenvorbereitung* Zur Er-stellung eines flächenproportionalen Histogramms sind die Säulenlängen der ungleich breiten Klassen vorab zu ermitteln. Damit der Flächeninhalt jeder Säule unter Beachtung

	B	C	D	E	F	G	H	I	J
3	Klassen-	Kaltmiete [EUR/m²]		Häufigkeit		Klassen-	Häufigkeits-	Kaltmiete	H-Dichte
4	nummer	über...bis einschl.		absolut	relativ	breite	dichte	3,00 - 3,50	0
5	k	x_k^u	x_k^o	h_k	f_k	B_k	$L_k=h_k/B_k$	3,50 - 4,00	20
6	0	0,00	3,50	0	0,00	3,50	0	4,00 - 4,50	20
7	1	3,50	5,50	40	0,20	2,00	20	4,50 - 5,00	20
8	2	5,50	6,50	40	0,20	1,00	40	5,00 - 5,50	20
9	3	6,50	7,00		0,30	0,50	120	5,50 - 6,00	40
10	4	7,00	7,50	40	0,20	0,50	80	6,00 - 6,50	40
11	5	7,50		20	0,10	2,00	10	6,50 - 7,00	120
12	6			0	0,00			7,00 - 7,50	80
13	Summe	=D6-C6		200	1,00	=E6/G6		7,50 - 8,00	10
14								8,00 - 8,50	10
15								8,50 - 9,00	10
16								9,00 - 9,50	10
17								9,50 -10,00	0

Abb. 2.27 Berechnung der Säulenlänge (Häufigkeitsdichte)

ihrer Breite B_k direkt proportional zur Häufigkeit $h(x_k)$ oder $f(x_k)$ ist, ermittelt man die Säulenlänge L_k mit folgenden Formeln:

$$\text{Säulenlänge} = \text{Häufigkeit/Klassenbreite bzw.}$$

$$L_k = \frac{h\,(x_k)}{B_k} \text{ oder auch } L_k = \frac{f\,(x_k)}{B_k}.$$

Man beachte, dass die Formeln zu unterschiedlichen Ergebnissen führen, die aber jeweils die Flächenproportionalität garantieren. Die Größe L_k wird auch als **Häufigkeitsdichte** bezeichnet. Zu ihrer Berechnung erweitert man die Häufigkeitstabelle um eine Spalte für die unterschiedliche Klassenbreite und eine für den Quotienten. Die Formeln zur Berechnung von B_k und L_k sind selbst einzugeben und zu kopieren, so wie in Abb. 2.27 beispielhaft für die erste Klasse dargestellt.

Diagrammerstellung Excel unterstützt die Erstellung von Histogrammen mit unterschiedlicher Klassenbreite nicht, obwohl in bestimmten Funktionen und deren Ausgaben die Bezeichnung „Histogramm" verwendet wird. Vielmehr handelt es sich bei den so bezeichneten Rechteckdiagrammen stets um längenproportionale Säulendiagramme, da Excel im Diagrammtyp Säule alle darzustellenden Merkmalswerte oder Wertebereiche standardmäßig mit der gleichen Säulenbreite versieht. Will man den längenproportionalen Diagrammtyp Säule auch zur näherungsweisen Darstellung eines flächenproportionalen Histogramms nutzen, muss man dies berücksichtigen und Säulen unterschiedlicher Breite durch ein ganzzahliges Vielfaches von Säulen mit Standardbreite umsetzen, wobei als Standardbreite die Breite der schmalsten Klasse zu wählen ist.

Im vorliegenden Fall ist die schmalste Klasse 50 Ct. breit. Man teilt deshalb den gesamten relevanten Wertebereich von 3,00 bis 9,50 mit einer Spannweite von $9{,}50 - 3{,}00 = 6{,}50$ durch 0,50 und erhält 13 Klassen. Mit diesen erstellt man eine neue Tabelle, in die man die ermittelten Häufigkeitsdichten überträgt (siehe Abb. 2.27, Spalten I und J). Versorgt man den Diagrammtyp Säule mit den Daten dieser Dichtetabelle, so erhält man ein flächenproportionales Säulendiagramm.

Daraus wird ein passables Histogramm, wenn man die Abstandsbreite der Säulen auf NULL setzt und die Säulenrahmen entfernt. Für die Regulierung der Abstandsbreite der Säulen vgl. Abb. 2.22. Zur Entfernung des Rahmens markiert man eine Säule und drückt die rechte Maustaste. Im Kontextmenü wählt man die Option „Datenreihen formatieren". Es öffnet sich auf der rechten Bildschirmseite eine gleichnamige Dialogbox. In der Dialogbox wird der Rahmen mit der Option „keine Linie" entfernt, so wie in Abb. 2.28 dargestellt.

Die Häufigkeitswerte müssen im Histogramm auf jeden Fall gesondert dargestellt werden, da sie an der senkrechten Diagrammachse nicht mehr ablesbar sind. Man ergänzt sie am einfachsten über den Menüpunkt „Einfügen/Textfeld". Abbildung 2.29 zeigt das Ergebnis.

Es gibt noch andere Möglichkeiten, passable Histogramme zu erstellen. Eine besteht darin, ein Raster aus Tabellenzeilen und -spalten gleicher Höhe und Breite zu erstellen, in

Abb. 2.28 Entfernen der Rahmen im Säulendiagramm

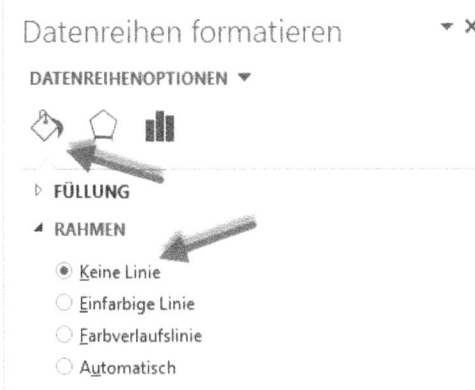

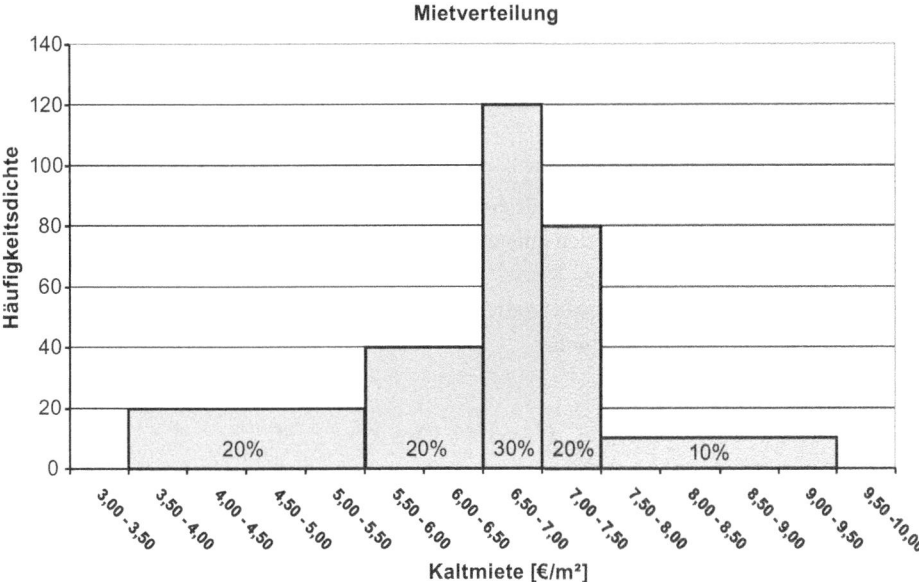

Abb. 2.29 Histogramm der Kaltmiete

das neben den Achsen auch die Säulen eingezeichnet werden, indem man die Zellen mit
einer Schraffur versieht. Die Excel-Musterlösung enthält auch diese Variante.

2.c Grobcharakterisierung

Bereits aus der Häufigkeitstabelle kann man einige Charakteristika der Mietverteilung ablesen oder durch Messzahlen leicht ermitteln. So liegen die Kaltmieten der untersuchten
Wohnungen im Preisbereich von 3,50 bis 9,50 [EUR/m²], weisen also eine Preisspanne
von 6,00 [EUR/m²] auf. Dabei sind Mieten über 6,50 bis 7,00 [EUR/m²] am häufigsten

(30 %), solche über 7,50 bis 9,00 [EUR/m^2] am seltensten (10 %) und es gibt in der untersten Mietklasse etwa doppelt so viele Wohnungen wie in der obersten.

Was die **Verteilungsform** betrifft, vermitteln die beiden Diagramme nur in einer Hinsicht die gleiche Charakteristik: Die Mietverteilung ist eingipflig. Ansonsten gibt es deutlich wahrnehmbare Unterschiede. Nach dem längenproportionalen Säulendiagramm ist die Verteilung tendenziell symmetrisch und eher flach gewölbt. Nach dem flächenproportionalen Histogramm ist sie tendenziell linksschief und eher stark gewölbt. Da das Histogramm für ungleiche Klassenbreiten der statistisch akkuratere Diagrammtyp ist, wird hier Art und Ausmaß der Fehlinformation bzw. das Manipulationspotenzial deutlich, das mit der Diagrammtypauswahl verbunden sein kann.

3. Ermittlung der Summenhäufigkeitsverteilungen (Tabelle)

Die vorliegenden absoluten und relativen Häufigkeiten kann man von den kleinen zu den großen Merkmalswerten oder umgekehrt systematisch aufsummieren. Entsprechend benötigt man jeweils eine Spalte für die aufsteigend summierten absoluten und relativen sowie für die abfallend summierten absoluten und relativen Häufigkeiten. Es ist nahe liegend und sinnvoll, die vorhandene Häufigkeitstabelle um die benötigten Spalten zu erweitern, woraus der Tabellenaufbau gemäß Abb. 2.30 resultiert.

Die Inhalte des rechten Tabellenteils werden wie gehabt spaltenweise von links nach rechts erarbeitet, beginnend mit den aufsteigenden Summenhäufigkeiten.

Summenhäufigkeiten aufsteigend (Spalten G und H) Für die aufsteigenden Summenhäufigkeiten gelten folgende Formeln:

$$\text{absolut:} \quad H\left(x_j\right) = h\left(X \le x_j\right) = \sum_{r=1}^{j} h_r$$

$$\text{relativ:} \quad F\left(x_j\right) = F\left(X \le x_j\right) = \sum_{r=1}^{j} f_r.$$

Da Summenhäufigkeiten immer mit NULL beginnen, trägt man zunächst in die Zellen der Klasse 0 diesen Wert ein oder kopiert ihn aus den Zellen der Häufigkeitsverteilung. Danach setzt man die Summenformeln in Excel so um, dass man zu einem vorliegenden Wert der Summenhäufigkeit die Häufigkeit des jeweils nächsten Merkmalswertes (hier: Klasse) addiert. In Abb. 2.31 ist die Formeleingabe zur Berechnung der absoluten Summenhäu-

A	B	C	D	E	F	G	H	I	J
3	Klassen-	Kaltmiete [EUR/m²]		Häufigkeit		Summenhäufigkeit			
4	nummer	über...bis einschl.		absolut	relativ	aufsteigend		absteigend	
5	k	x_k^u	x_k^o	h_k	f_k	$H(x_k^o)$	$F(x_k^o)$	$H(x_k^u)$	$F(x_k^u)$

Abb. 2.30 Aufbauschema von Summenhäufigkeitsverteilungstabellen

	Klassen-	Kaltmiete [EUR/m²]		Häufigkeit		Summenhäufigkeit			
	nummer	über...bis einschl.		absolut	relativ	aufsteigend		absteigend	
	k	x_k^u	x_k^o	h_k	f_k	$H(x_k^o)$	$F(x_k^o)$	$H(x_k^u)$	$F(x_k^u)$
0	0,00	3,50	0	0,00	0	0,00	200	1,00	
1	3,50	5,50	40	0,20	40	0,20	200	1,00	
2	5,50	6,50	40	0,20	80	0,40	160	0,80	
3	6,50	7,00	60	0,..	140	0,70	120	0,60	
4	7,00	7,50	40	=G6+E7	180	0,90	60	0,30	
5	7,50	9,50	20	0,10	200	1,..	20	0,10	
6	9,50		0	0,00			0	0,00	
Summe			200	1,00	=I11+E10				

Abb. 2.31 Häufigkeitstabelle mit Summenhäufigkeiten

figkeit der ersten Klasse beispielhaft dargestellt. Abschließend kopiert man die Formel mit der AutoAusfüllen-Funktionalität in die darunter liegenden Zellen.

Die Berechnung der relativen Summenhäufigkeiten erfolgt analog. Die aufsteigende relative Summenhäufigkeitsfunktion wird in der Fachsprache der Statistik in der Regel als **empirische Verteilungsfunktion** bezeichnet.

Summenhäufigkeiten absteigend (Spalten I und J) Bei der Ermittlung der absteigenden Summenhäufigkeiten ist die Addition vom unteren Tabellenende zum Tabellenkopf hin durchzuführen. Dazu erzeugt man zunächst in den Zellen der untersten Tabellenzeile – hier der obersten leeren Randklasse – die für die Kumulation nötigen Ausgangsdaten. Dann gibt man in die Zelle mit der ersten Summenhäufigkeit größer als NULL die Additionsformel ein, so wie in Abb. 2.31 für die absolute Summenhäufigkeit für Mieten über 7,00 [€/m^2] beispielhaft dargestellt. Abschließend kopiert man die Formel in die darüber liegenden Zellen.

4. Graphische Darstellung der relativen Summenhäufigkeitsfunktionen

4.a Diagrammtypauswahl

Zur graphischen Darstellung der Summenhäufigkeitsfunktionen eines quantitativen und klassierten Merkmals bieten sich **Summenkurven** an. Gewünscht sind zwei Summenkurven gemeinsam in einem Diagramm, das zur eindeutigen Identifikation der beiden Kurven über eine Legende verfügen muss. Später können zur Lösung der Teilaufgabe 5 Hilfslinien in das Diagramm eingefügt werden.

4.b Diagrammerstellung

Die Kurven werden wieder über die Menüs „Einfügen" sowie „Entwurf" erstellt, wobei im Schritt 1 ein Diagramm vom Typ „Punkt (XY)" und der Untertyp „Punkte mit Linien" verwendet wird, so wie in Abb. 2.32 durch Pfeile kenntlich gemacht. Dabei ist anzumerken, dass es sich bei den Linien zwischen den Punkten um Geradenstücke handeln muss.

Beginnen Sie mit der graphischen Darstellung der **systematisch aufsteigend summierten relativen Häufigkeiten (Verteilungsfunktion)** als erster Datenreihe. Im Schritt 2 kli-

Abb. 2.32 Menü „Einfügen/Diagramm Punkte *XY*"

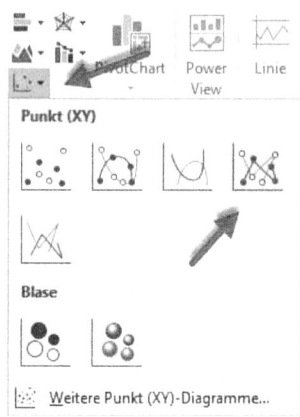

cken Sie mit der rechten Maustaste auf das Diagramm und wählen den Menüpunkt „Daten auswählen". Im Dialogfenster „Datenquelle auswählen" nutzen Sie auf der linken Seite nun die Schaltfläche „Hinzufügen", um Platzhalter für die beiden Reihen von Summenhäufigkeiten anzulegen (vgl. Abb. 2.33).

Zur Beschriftung und Datenversorgung jeder Datenreihe aktivieren Sie die Schaltfläche „Bearbeiten", die zur Dialogbox „Datenreihe bearbeiten" führt (vgl. Abb. 2.34). Dort geben Sie im Dialogfeld „Reihenname" eine passende Kurzbezeichnung ein, die vor allem als Legendenbezeichnung geeignet ist, hier etwa „aufsteigende Summenhäufigkeit - Verteilungsfunktion-". Bei der Datenversorgung der beschrifteten Reihe ist zu beachten, dass bei aufsteigender Kumulation die Summenhäufigkeiten den **Klassenobergrenzen** zuzuordnen sind. Dem entsprechend sind im Dialogfeld „Werte der Reihe X" die Adres-

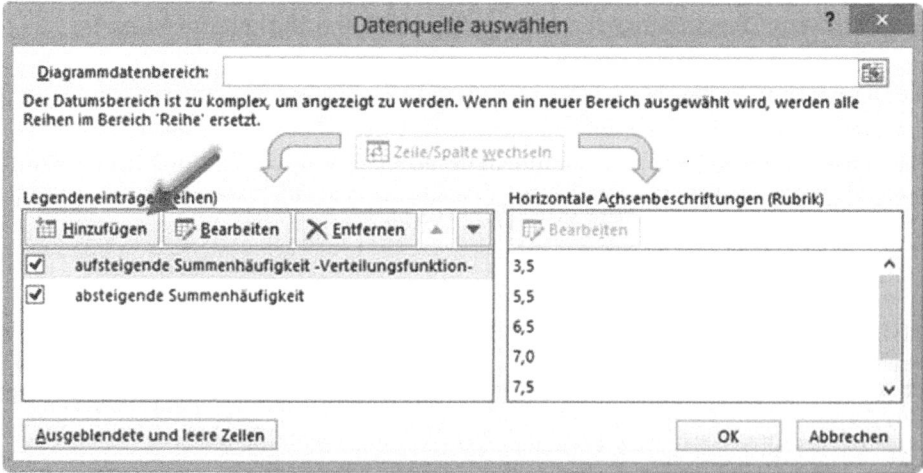

Abb. 2.33 Anlegen von zwei Datenreihen für Summenhäufigkeiten

Abb. 2.34 Beschriftung
und Datenversorgung für
aufsteigende Summenhäu-
figkeitsfunktion

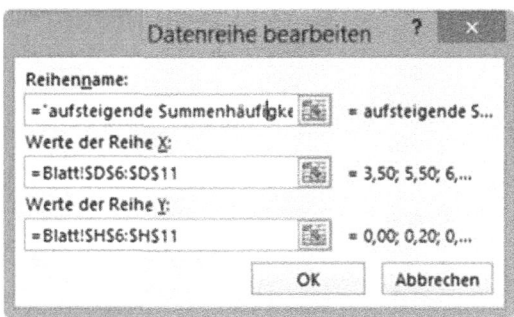

se „D6:D11" und im Dialogfeld „Werte der Reihe Y" die Adresse „H6:H11" aus Abb. 2.31
einzugeben oder einzulesen, so wie in Abb. 2.34 ersichtlich.

Analog ist bei der graphischen Darstellung der **systematisch absteigend summierten
Häufigkeiten** als zweiter Datenreihe vorzugehen. Dabei ordnet man die Summenhäufigkeiten den **Klassenuntergrenzen** zu. Analog zu Abb. 2.34 sind im Dialogfeld „Werte der
Reihe X" die Adresse „C7:C12" und im Dialogfeld „Werte der Reihe Y" die Adresse „J7:J12"
einzugeben oder einzulesen.

Im Schritt 3 beschriften Sie das Diagramm nach dem Aktivieren durch einen Mausklick
über das dann erst erscheinende Menü „Entwurf/Diagrammelement hinzufügen/Dia-
grammtitel/Über Diagramm" sachgerecht und aktivieren im Menü „Entwurf/Diagramm-
element hinzufügen/Legende/rechts" die Anzeige der Legende. Im Schritt 4 platzieren Sie
den soweit fertigen Entwurf im Arbeitsblatt zur Betrachtung.

Dabei werden Sie feststellen, dass er durch Nachbearbeitung noch verbessert werden
kann. So sollten Sie die im Diagramm visualisierten Wertebereiche der Größen auf beiden
Achsen noch sinnvoll anpassen sowie die relative Häufigkeit auf der senkrechten Achse
noch anwenderfreundlich in Prozent ändern. Diese Maßnahmen sind alle über die Kontextmenüs der Achsen zugänglich. Letztlich erhalten Sie das in der Abb. 2.35 dargestellte
Diagramm.

5. Fragen zur Mietverteilung

Die Antworten auf die Fragen a) bis e) können Sie direkt aus den Summenhäufigkeitsspal-
ten von Abb. 2.31 ablesen oder durch einfache Addition ermitteln:

a) Zelle H8: 40 %,
b) Zelle I11: 20 Wohnungen,
c) Zelle D7: 5,50 [EUR/m^2],
d) Zelle C10: 7,00 [EUR/m^2] sowie
e) Addition der relativen Häufigkeiten in den Zellen F8, F9 und F10: 70 %.

Die übrigen Fragen kann man teilweise näherungsweise durch Ablesen aus den Summenkurven des Diagramms beantworten. Genauere rechnerische Ergebnisse kann man

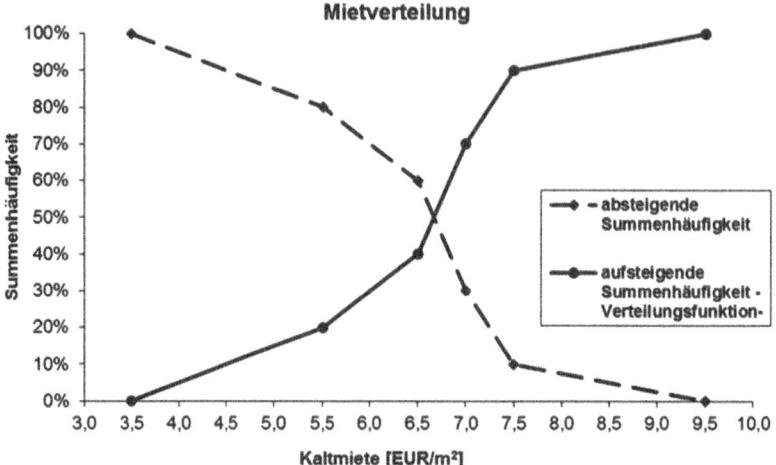

Abb. 2.35 Aufsteigende und absteigende Summenhäufigkeitsfunktionen

unter der Annahme der Gleichverteilung innerhalb der Klassen durch Interpolationsrechnung ermitteln. Bis auf die Umsetzung der Grundoperationen bietet Excel dabei keine wesentliche Unterstützung. Die beiden Lösungswege und ihre Ergebnisse sind im Folgenden in Kurzform wiedergegeben.

5.f Anteil der Wohnungen, die höchstens 6,00 [EUR/m²] kosten

Diagramm: Kurve der aufsteigenden Summenhäufigkeitsfunktion: ~ 30 %.

Interpolationsrechnung: Der Wert 6 [EUR/m²] fällt in die Klasse 3. Auf diese Klasse mit einer Breite von $6{,}50 - 5{,}50 = 1{,}00$ [EUR/m²] entfallen $f(x_3) = 20\,\%$ aller Werte. Um von der unteren Klassengrenze von 5,50 aus den gesuchten Wert 6,00 zu erreichen, fehlen noch 0,50 [EUR/m²]. Die Verhältnisgleichung

$$\frac{6{,}50 - 5{,}50\,[\text{EUR/m}^2]}{20\,[\%]} = \frac{0{,}50\,[\text{EUR/m}^2]}{x\,[\%]} \rightarrow x = 10\,[\%]$$

muss nach x aufgelöst und das Ergebnis zu der an der unteren Klassengrenze bereits erreichten Summenhäufigkeit von $F(5{,}50) = 20\,\%$ hinzuaddiert werden. Mit $x = 10\,\%$ folgt $F(6) = f(x \leq 6{,}00) = 20\,\% + 10\,\% = 30\,\%$.

5.g Anzahl der Wohnungen, die mehr als 9,00 [EUR/m²] kosten

Diagramm: Kurve der absteigenden Summenhäufigkeitsfunktion: ~ 2 bis 3 %. Dies entspricht bei $N = 200$ ca. 4 bis 6 Wohnungen.

Interpolationsrechnung: In Analogie zur vorherigen Rechnung folgt für die noch fehlenden 1,50 von $F(x = 7{,}50) = 0{,}90$ aus der Verhältnisgleichung

$$\frac{9{,}50 - 7{,}50\,[\text{EUR/m}^2]}{10\,[\%]} = \frac{1{,}50\,[\text{EUR/m}^2]}{x\,[\%]} \rightarrow x = 7{,}5\,[\%].$$

Damit sind für 90 % + 7,5 % = 97,5 % der Wohnungen bis zu 9,00 [EUR/m²] zu zahlen. Und für 100 % − 97,5 % = 2,5 % der gleiche Wert oder mehr. Dies entspricht fünf Wohnungen.

5.h Anteil der Wohnungen, die 6,00 bis 9,00 [EUR/m²] kosten

Diagramm: Ablesen aus dem Diagramm ist nicht direkt möglich.

Interpolationsrechnung: Verwendung der Ergebnisse aus den beiden vorherigen Teilaufgaben 5.f mit $F(6) = f(x < 6,00) = 30\,\%$ und damit $f(x > 6,00) = 100 - 30 = 70\,\%$ sowie 5.g mit $h(x > 9,00) = 5$ und $f(x > 9,00) = 2,5\,\%$ folgt direkt $f(6,00 \leq x \leq 9,00) = 70 - 2,5 = 67,5\,\%$.

5.i Miete der Hälfte aller Wohnungen

Diagramm: Senkrechtes Lot vom Schnittpunkt beider Summenkurven (50 % der Masse) auf die Merkmalsachse: ~ 6,60 [EUR/m²].

Interpolationsrechnung: Verhältnisgleichung mit der Klasse 4 als Einfallsklasse:

$$\frac{7,00 - 6,50\,[\text{EUR/m}^2]}{30\,[\%]} = \frac{x\,[\text{EUR/m}^2]}{10\,[\%]} \rightarrow x = 0,17\,[\text{EUR/m}^2].$$

Da 40 % der Wohnungen höchstens 6,50 [EUR/m²] kosten, erhält man für $F(0,5)$ durch Addition der Werte 6,50 + 0,17 = 6,67 [EUR/m²].

5.j Miete der mittleren 50 % der Wohnungen

Der Mietbereich, in dem die mittleren 50 % der Wohnungen liegen, wird durch Mieten nach unten und oben begrenzt, die folgende Eigenschaften haben: die untere (obere) Miete wird von den 25 % billigsten (teuersten) Wohnungen nicht überschritten (unterschritten). Die untere Miete entspricht also dem 1. Quartil $x_{0,25}$, die obere dem 3. Quartil $x_{0,75}$.

Diagramm: Kurve der aufsteigenden Summenhäufigkeitsfunktion: $x_{0,25} \sim 5,75$ [EUR/m²], $x_{0,75} \sim 7,25$ [EUR/m²].

Interpolationsrechnung: Untergrenze über Verhältnisgleichung für das 1. Quartil:

$$\frac{6,50 - 5,50\,[\text{EUR/m}^2]}{20\,[\%]} = \frac{x\,[\text{EUR/m}^2]}{5\,[\%]} \rightarrow x = 0,25\,[\text{EUR/m}^2]$$

und damit 5,50 + 0,25 = 5,75 [EUR/m²].

Obergrenze über Verhältnisgleichung für das 3. Quartil:

$$\frac{7,50 - 7,00\,[\text{EUR/m}^2]}{20\,[\%]} = \frac{x\,[\text{EUR/m}^2]}{5\,[\%]} \rightarrow x = 0,13\,[\text{EUR/m}^2]$$

und damit 7,00 + 0,13 = 7,13 [EUR/m²].

Die Miete der mittleren 50 % der Wohnungen liegt also zwischen 5,75 und 7,13 [EUR/m²].

2.4 Übungsaufgaben

2.4.1 Aufgabe „Arbeitslosenprofil"

In einem Bezirk einer westdeutschen Großstadt wurde bei der letzten Kommunalwahl ein parteiloser Bürgermeister gewählt, der das Thema Arbeitslosigkeit hautnah und konstruktiv anzugehen versprochen hatte. Er beauftragt seine Wirtschafts- und Sozialverwaltung, gemeinsam einen Bericht als Grundlage der politischen Diskussion und Entscheidungsfindung für die Bezirksregierung zu erstellen. Die Sozialverwaltung will als Teil der Bestandsaufnahme zunächst eine Strukturanalyse der Arbeitslosen machen. Aus Zeit- und Kostengründen wird das zuständige Arbeitsamt um eine zufällige Auswahl von 25 Arbeitslosen des Bezirks gebeten. Das Amt liefert folgende Daten.

AL.-Nr.	Geschlecht	Berufsbereich	Berufsausbildung	AL-Dauer [Quartale]
1	1	4	2	2
2	0	2	1	1
			...	
24	1	3	1	4
25	0	4	2	7

Verschlüsselungslegende

Merkmal	Merkmalswerte	Codierung
Geschlecht	männlich	0
	weiblich	1
Berufsbereich	Primärer Sektor	1
	Fertigung	2
	Technik	3
	Dienstleistungen	4
	Sonstiges	5
Berufsausbildung	Ohne	1
	Betrieb	2
	Fachschule	3
	Fachhochschule	4
	Universität	5

Aufgabenstellungen

1. Statistische Grundbegriffe
   a) Nennen Sie die Untersuchungs- und Erhebungsart sowie die statistische Masse (Begründung).
   b) Nennen Sie für jedes Merkmal dessen Merkmals- und Skalenart (Begründung).
   c) Was halten Sie von den ausgewählten Arbeitslosenmerkmalen?
2. Bereiten Sie den Datensatz für jedes Merkmals separat auf, indem Sie
   a) die Daten wo möglich sinnvoll sortieren,
   b) die Häufigkeitsverteilung in einer Tabelle ermitteln (Häufigkeitsfunktion).
3. Stellen Sie die ermittelten Häufigkeitsfunktionen (Teil 2b) jeweils in geeigneter Form graphisch dar. Nennen und begründen Sie kurz die verwendeten Diagrammtypen.
4. Welche Charakteristika über die Arbeitslosen können Sie
   a) aus den Diagrammen direkt ablesen oder
   b) durch geeignete Messzahlen leicht ermitteln?

2.4.2 Aufgabe „Filialumsätze"

Die 24 Filialen der in Deutschland erst seit Kurzem tätigen Fast-Food-Restaurantkette „SALAD-BAR" hatten im letzten Geschäftsjahr folgende Umsätze (in Tsd. Euro).

Filiale	1	2	3	4	5	6	7	8
Umsatz	520	1580	1040	1450	2600	1255	2300	540
Filiale	9	10	11	12	13	14	15	16
Umsatz	1150	1815	580	2400	1210	2550	1300	2450
Filiale	17	18	19	20	21	22	23	24
Umsatz	1375	625	1925	1410	675	1125	1705	720

Aufgabenstellungen

1. Nennen Sie jeweils mit kurzer Begründung die Untersuchungs- und Erhebungsart, die statistische Masse und das Merkmal sowie die Merkmals- und Skalenart.
2. Verdichten Sie die Daten sinnvoll durch Klassieren. Geben Sie die beim Klassieren benutzten Gestaltungsregeln an und stellen Sie ihr Klassierungsergebnis in einer geeigneten Tabelle dar.
3. Stellen Sie die klassierte Häufigkeitsfunktion in geeigneter Weise graphisch dar. Nennen und begründen Sie kurz die verwendete Darstellungsform.
4. Welche Charakteristika über die Umsatzverteilung (formal und inhaltlich) können Sie dem Diagramm entnehmen und durch Messzahlen leicht ermitteln?
5. Wie gut ist ihre Klassierung? Führen Sie dazu eine quantitative Fehleranalyse durch, mit deren Ergebnissen sie Ihre Gütebeurteilung fundieren.

2.4.3   Aufgabe „Renten in Deutschland"

Die folgende Tabelle enthält die Verteilung der monatlichen gesetzlichen Renten in Deutschland vom Dezember 2002 in von Tausend, unterteilt nach Region.

Rente [€/Monat] von ... bis unter		West	Ost
	150	199	11
150	300	277	70
300	600	369	338
600	900	414	795
900	1200	342	507
1200	1500	253	218
1500		114	61

Aufgabenstellungen

1. Ermitteln Sie die Rentenverteilung für Gesamtdeutschland und stellen Sie diese in geeigneter Form graphisch dar. Nennen und begründen Sie kurz die gewählte Darstellungsform. Welche Charakteristika hat die Verteilung (formal und inhaltlich)?
2. Ermitteln Sie die aufsteigend und abfallend kumulierten relativen Häufigkeiten. Stellen Sie beide Summenhäufigkeitsfunktionen gemeinsam in einem Diagramm dar. Nennen und begründen Sie kurz die verwendete Darstellungsform.
3. Ermitteln Sie unter Nutzung der aufbereiteten und präsentierten Daten nachvollziehbar möglichst genau
   a) den Anteil der Rentner, die höchstens 600 €/Monat erhalten,
   b) die Anzahl der Rentner, die 900 €/Monat und mehr erhalten,
   c) die monatliche Rente, die die unteren 20 % der Rentner höchstens erhalten,
   d) die monatliche Rente, die die oberen 30 % mindestens erhalten,
   e) den Anteil der Renten, die mindestens 300 €/Monat und weniger als 1200 €/Monat betragen,
   f) den Anteil der Renten, die geringer als 800 (€/Monat) sind,
   g) die Anzahl der Renten, die 1300 €/Monat und mehr betragen,
   h) den Anteil der Renten, die wenigstens 400 €/Monat und weniger als 1300 €/Monat betragen,
   i) den monatlichen Rentenbetrag der Hälfte aller Renten,
   j) den Bereich, in den die mittleren 50 % aller Renten fallen.

Univariate Kenngrößenanalysen

Die Auswertung univariater Daten versucht, charakteristische Aspekte der betrachteten Masse in **Maßzahlen** zu quantifizieren. Diese Maßzahlen werden in der Fachsprache der Statistik auch **Parameter** genannt. Zielsetzung ist, mit Hilfe nur einiger weniger Maßzahlen zu einem groben, aber tendenziell charakteristischen und zutreffenden Bild der statistischen Masse zu kommen, ohne sie insgesamt betrachten zu müssen. Die Maßzahlen sind **Kennzahlen** vergleichbar, die die Reduktion großer Datenmengen mit vielen Details in einige wenige Kerninformationen bewerkstelligen sollen. Dazu ist eine gezielte Auswertung der Daten nötig, die über die im Kap. 2 behandelten Datenaufbereitungen weit hinausgeht.

Für eindimensionale Verteilungen können mehrere Aspekte typisch sein, die folgende Übersicht zeigt.

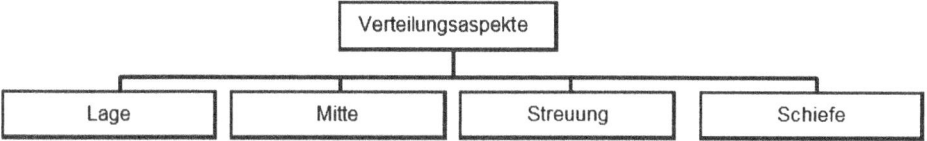

Die im jeweiligen Anwendungsfall relevanten Verteilungsaspekte sind in der Regel aus den graphischen Darstellungen der Häufigkeitsverteilungen bereits grob erkennbar.

Lagemaße markieren die charakteristische Lage der gesamten Häufigkeitsverteilung und ihrer besonders interessierenden Bereiche, insbesondere in der Mitte und an den Rändern. Sie informieren so über den **relevanten Wertebereich** (wo spielt die Musik?) und grobe **Verteilungsstrukturen** (wo liegt z. B. das untere Viertel oder wo die oberen 10 % der gesamten Masse?).

Mittelwerte sollen die „tendenzielle Mitte" einer Verteilung angeben. So soll etwa bei der Leistungsbeurteilung ein Mittelwert Auskunft darüber geben, ob die Leistungen insgesamt tendenziell eher gut, mittelmäßig oder schlecht sind.

Mit **Streuungsmaßen** wird gemessen, in welchem Ausmaß die Werte eines Merkmals in der Masse insgesamt variieren. So mögen etwa in einem Betrieb überwiegend jüngere

J. Meißner und T. Wendler, *Statistik-Praktikum mit Excel*,
Studienbücher Wirtschaftsmathematik, DOI 10.1007/978-3-658-04187-8_3,
© Springer Fachmedien Wiesbaden 2015

Mitarbeiter beschäftigt sein, während in einem anderen alle Altersgruppen im erwerbstätigen Alter vorhanden sind. Quantifizieren kann man diesen Unterschied durch die Werte geeigneter Streuungsmaße.

Die **Schiefe** ist ein grundlegender Aspekt zur Charakterisierung der **Form bzw. des Musters** bei eingipfligen bzw. unimodalen Verteilungen. Bei einer eingipfligen und schiefen Verteilung liegen der Gipfel und damit der größere Teil der gesamten Masse auf einer Seite der Verteilung. Mit geeigneten Indikatoren und Schiefemaßen kann man Art und Ausmaß dieser Asymmetrie quantifizieren.

Obwohl alle Verteilungsaspekte in der Praxis vorkommen, haben sie doch nicht alle die gleiche Bedeutung. Grundlegend sind Lage, Mitte und Streuung. Ergänzend wird auf die Schiefe eingegangen, da viele ökonomische Größen – insbesondere Geldgrößen – schief verteilt sind.

In der Praxis der Datenauswertung hat der Anwender die wichtige Aufgabe, die im Anwendungsfall typischen Verteilungsaspekte und die sie quantifizierenden Maßgrößen auszuwählen. Dabei sind die verfügbaren Maßgrößen daraufhin zu überprüfen, welche von ihnen von den Anwendungsvoraussetzungen her überhaupt **statistisch zulässig** und darüber hinaus **relativ am besten geeignet** sind, das Typische der vorliegenden Verteilung herauszustellen. Die **Parameterauswahl** sollte systematisch und gut begründet sein. Dabei bestehen natürlich Spielräume, die auch zur Manipulation bei der Datenauswertung genutzt werden können. In der Praxis der **rechnergestützten** Datenauswertung mit professioneller Statistik-Software werden von den Systemen typischerweise Kenngrößen zu allen Verteilungsaspekten automatisch ermittelt und ausgewiesen. Auch in diesem Fall hat der Anwender – trotz Automatisierung der Werteermittlung – die wichtige Aufgabe der Parameterauswahl.

Die **sachgerechte Interpretation** ermittelter Parameterwerte ist nicht immer einfach. Das liegt einmal daran, dass manche Maßgrößen kompliziert sind, und ihr Konstruktionskonzept vom Anwender verstanden sein muss. Zum anderen daran, dass aufgrund der Konstruktion und/oder der Dimension die Parameterwerte nicht immer realitätsnah und anschaulich gedeutet werden können. Aber selbst wenn die Maßgrößen gut zu verstehen und ihre Werte von der Dimension her realitätsnah interpretierbar sind – wie dies etwa bei dem weithin bekannten und benutzten Durchschnittswert der Fall ist – ist der Informationswert einer Zahl für sich allein genommen häufig nicht sehr groß. Er vergrößert sich vor allem durch impliziten und insbesondere durch expliziten Vergleich mit anderen Werten – Einzelwerten, Gruppenwerten und anderen Parameterwerten – und liefert häufig erst dadurch zusätzliche Erkenntnisse, die im Sach- oder Entscheidungszusammenhang bedeutsam sein können.

Die **Ermittlungsansätze** bzw. Berechungsformeln der Kenngrößen und der Umfang der Excel-Unterstützung sind abhängig von der **Struktur der vorliegenden Daten**. Liegen die Daten als **Beobachtungswerte** vor – gleich ob sortiert oder unsortiert – bietet Excel für sehr viele wichtige Kenngrößen breite Unterstützung durch **statistische Funktionen**. Diese werden in Abschn. 3.1 **Aufgabe „Personalkenngrößen"** vorgestellt. Dabei ist für den Anwender die Versuchung besonders groß, das umfangreiche und komfortable Funktionsangebot zu nutzen, ohne sich ausreichend Gedanken über die Auswahl der im jeweils vorliegenden Anwendungsfall geeigneten Kenngrößen zu machen. Dieser Aspekt wird deshalb in dieser Aufgabe ergänzend behandelt.

Sind die Beobachtungswerte bereits als **Häufigkeitsverteilung** aufbereitet und die Beobachtungswerte als solche auch nicht mehr verfügbar, ist es *sinnvoll*, die Kenngrößen aus der Verteilung zu ermitteln. Nötig ist dies, wenn eine **klassierte** Häufigkeitsverteilung vorliegt. In beiden Fällen bietet Excel keine spezifischen statistischen Funktionen, so dass man die geeigneten Formeln selbst eingeben muss. Abschnitt 3.2 **Aufgabe „Haushaltseinkommen"** thematisiert die Auswahl, Ermittlung, Visualisierung und Interpretation geeigneter Kenngrößen einer klassierten Verteilung.

3.1 Aufgabe „Personalkenngrößen"

Aus den in Abschn. 2.1 Aufgabe „Personalprofil" gegebenen Beobachtungswerten der Merkmale Beschäftigungsverhältnis, Leistungsbeurteilung, Lebensalter und Entgelt sollen direkt – d. h. ohne die ermittelten Häufigkeitsverteilungen zu nutzen – charakteristische Verteilungsaspekte durch Maßzahlen herausgearbeitet werden, die das Typische jeder Verteilung in einigen wenigen Kenngrößen kompakt ausdrücken.

3.1.1 Aufgabenstellungen

1. Wählen Sie für jedes Merkmal die charakterisierungsfähigen und relevanten Verteilungsaspekte begründet aus.
2. Lagemaße
   a) Wählen Sie für jedes Merkmal die im vorliegenden Fall geeigneten Lagemaße begründet aus.
   b) Ermitteln Sie für jedes Merkmal die ausgewählten Lagemaße.
3. Mittelwerte
   a) Wählen Sie für jedes Merkmal die im vorliegenden Fall geeigneten Mittelwerte begründet aus
   b) Ermitteln Sie für jedes Merkmal die ausgewählten Mittelwerte.
4. Streuungsmaße
   a) Wählen Sie für die hinsichtlich der Streuung charakterisierungsfähigen Merkmale die im vorliegenden Fall geeigneten Streuungsmaße begründet aus.
   b) Ermitteln Sie für diese Merkmale die ausgewählten Streuungsmaße.
5. Schiefeindikatoren und -maße
   a) Wählen Sie für die hinsichtlich der Schiefe charakterisierungsfähigen Merkmale geeignete statistische Kenngrößen begründet aus.
   b) Berechnen Sie die Werte der von Ihnen ausgewählten Kenngrößen.
6. Führen Sie für alle Merkmale eine vollautomatische Kenngrößenermittlung durch und diskutieren Sie kurz deren Vor- und Nachteile.
7. BOX-PLOT

a) Erstellen Sie den BOX-PLOT der jeweiligen Verteilung.

b) Was können Sie aus den Diagrammen an charakteristischen Aspekten und Kenn-
    größen der jeweiligen Verteilung ablesen?

8. EXECUTIVE SUMMARY

Fassen Sie die wichtigsten Ergebnisse ihrer quantitativen Datenanalyse in einer auch für
einen statistischen Laien geeigneten Weise kurz und bündig zusammen.

LERNINHALTSÜBERSICHT	
STATISTIK	**EXCEL-UNTERSTÜTZUNG**
1. Auswahl charakterisierungsfähiger und relevanter Verteilungsaspekte	
2. Lagemaße	
a) Auswahl (Begründung)	
b) Ermittlung	Statistische Funktionen:
- Kleinster und größter Wert	MIN und MAX
- Quartile (unteres, mittleres, oberes)	QUARTIL.INKL(1), (2), (3)
3. Mittelwerte	
a) Auswahl (Begründung)	
b) Ermittlung	
- Häufigster Wert bzw. Modus	MODALWERT
- Zentralwert bzw. Median	MEDIAN
- Durchschnittswert bzw. Arithmetisches Mittel	MITTELWERT
4. Streuungsmaße	
a) Auswahl (Begründung)	
b) Ermittlung	
- Spannweite	Formel
- Zentraler Quartilabstand	Formel
- Mittlere Abweichung	Formel
- Durchschnittliche Abweichung	Statistische Funktion MITTELABW
- Varianz	Statistische Funktion VARIANZEN
- Standardabweichung	Statistische Funktion STABW.N
- Variationskoeffizient	Formel
5. Schiefe	
a) Auswahl (Begründung)	
b) Ermittlung	
- Kenngrößenvergleiche	Ungleichungen, Formeln
- Schiefemaße nach Pearson	Formeln
- Schiefemaß mit zentralen Momenten	Statistische Funktion SCHIEFE
6. Vollautomatische Kenngrößenermittlung	Analysefunktion
a) Durchführung	POPULATIONSKENNGRÖSSEN
b) Pro und Contra	
7. BOX-PLOT	
a) Diagrammerstellung	Balkendiagramm und
b) Diagramminterpretation	Nachbearbeitung
8. Executive Summary	

Tab. 3.1 Charakterisierungsfähige und relevante Verteilungsaspekte

Merkmal	Verteilungsaspekt			
	Lage	Mitte	Streuung	Schiefe
Beschäftigungsverhältnis	–	✓	–	–
Leistungsbeurteilung	✓	✓	(✓)	(✓)
Lebensalter	✓	✓	✓	✓
Entgelt	✓	✓	✓	✓

3.1.2 Aufgabenlösungen

1. Auswahl charakterisierungsfähiger und relevanter Verteilungsaspekte

Jede Häufigkeitsverteilung kann – unabhängig von der Merkmals- und Skalenart – hinsichtlich ihrer Mitte durch geeignete Kenngrößen charakterisiert werden. Die gängigen Lagemaße setzen dagegen bereits quantitative Merkmale voraus, die mindestens ordinal skaliert sind. Analoges gilt für die Streuung, wobei die genaueren Maße streng genommen metrisch skaliert sein müssen. Letzteres gilt auch für die Schiefemaße. Betrachtet man diesbezüglich die verschiedenen Personalmerkmale und berücksichtigt zudem die in den Diagrammen ihrer Häufigkeitsverteilungen bereits sichtbaren Verteilungsformen/-muster, so erscheint es sinnvoll, die in der Tab. 3.1 zusammengestellten Verteilungsaspekte in geeignete Kenngrößen zu fassen.

Die Kenngrößenanalyse erfolgt für jedes Merkmal sinnvollerweise in einem eigenen Tabellenblatt. Dazu sind neue Tabellenblätter anzulegen und die Beobachtungswerte der Merkmale in diese zu kopieren (vgl. Kap. 2 in der Lösung von Abschn. 2.1 Aufgabe „Personalprofil", Teilaufgabe 2).

2. Lagemaße

2.a Auswahl (Begründung)

Die gängigen Lagemaße „kleinster Beobachtungswert = x_{min}", größter Beobachtungswert = x_{max} und alle **Quantile** inkl. der hier nur betrachteten und verwendeten **Quartile** erfordern **quantitative** Merkmale, die **mindestens ordinal skaliert** sind. Von daher sind Lagemaße für das Merkmal „Beschäftigungsverhältnis" nicht statistisch zulässig, wohl aber für alle anderen Merkmale.

2.b Ermittlung

Man kann viele gängige statistische Kenngrößen mit **statistischen Funktionen** ermitteln. *Voraussetzung* dafür ist, dass die Daten nicht in bereits aufbereiteter Form als (klassierte) Häufigkeitsverteilung vorliegen, sondern als (sortierte oder unsortierte) Reihe von Beobachtungswerten, was hier der Fall ist. Die relevanten Funktionen sind alle ähnlich und sehr einfach aufgebaut, da sie in der Regel nur ein Dialogfeld für die Ausgangsdaten haben.

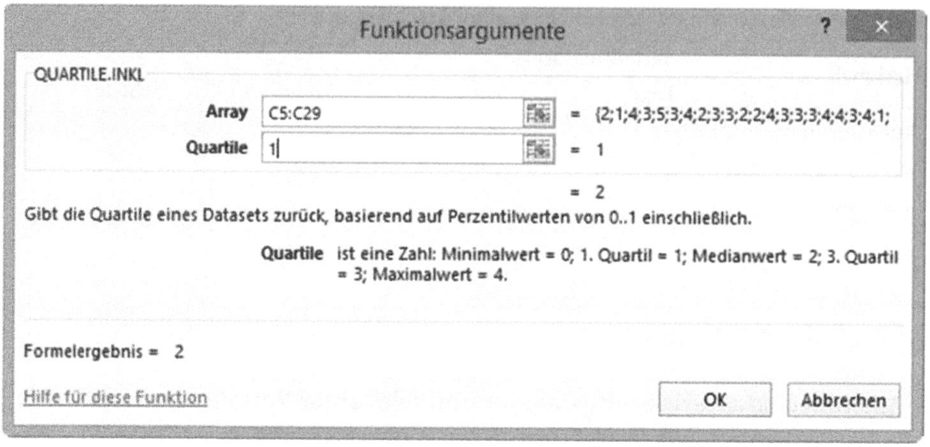

Abb. 3.1 Statistische Funktion QUARTILE.INKL mit Datenversorgung

Daher erscheint es ausreichend, sie nur beispielhaft zu beschreiben. In der Excel-Muster-lösung werden sie jedoch alle verwendet. Wir behandeln beispielhaft die Ermittlung der gängigen Lagemaße bei der „Leistungsbeurteilung".

Leistungsbeurteilung Die schlechteste und die beste Note ermittelt man den **statistischen Funktionen MIN** und **MAX**, die nicht erläutert werden. Zur Ermittlung der für die Praxis so wichtigen **Quartile** bietet Excel eine gleichnamige statistische Funktion in den Varian-ten „QUARTILE.EXKL" und „QUARTILE.INKL". Nach Auswahl der Funktion „**QUARTI-LE.INKL**" im Funktionsassistenten erscheint die Dialogbox der Abb. 3.1, die zur Eingabe der Parameter „Matrix" bzw. „Array" und „Quartile" auffordert. Im Dialogfeld „Array" ist die Adresse des Datenbereichs einzugeben oder einzulesen, für den die Quartile ermittelt werden sollen. Im Dialogfeld „Quartile" ist anzugeben, welches Quartil ermittelt werden soll. Es gibt drei Quartile, die man als unteres bzw. 1., mittleres bzw. 2. und oberes bzw. 3. bezeichnet.

Mit „=QUARTILE.INKL(C5:C29; 1)" folgt für die Ausgangsdaten, dass 25 Prozent aller Mitarbeiter eine Leistungsbeurteilung von 2 und besser haben. Entsprechend interpretiert man die Werte für das 2. Quartil (3) und das 3. Quartil (4).

Die gängigen Lagemaße der übrigen quantitativen Merkmale ermittelt man analog. Ta-belle 3.2 zeigt die numerischen Ergebnisse.

3. Mittelwerte

3.a Auswahl

Gängige Mittelwerte bei der Analyse von Querschnittdaten sind der „Häufigste Wert = Modus = x_h", der „Zentralwert = Median = $x_{0,50}$" und der Durchschnittswert = arithme-tisches Mittel = $\bar{x}$.

Tab. 3.2 Ergebnisse der Lagemaßanalysen

Kenngröße	Symbol	Beschäftigungs-verhältnis	Leistungs-beurteilung [Note]	Alter [Jahre]	Entgelt [EUR]
Minimum	x_{min}	–	1	17	212,00
Maximum	x_{max}	–	5	63	4846,00
1. Quartil	$x_{0,25}$	–	2	40	1741,00
2. Quartil	$x_{0,50}$	–	3	48	1977,00
3. Quartil	$x_{0,75}$	–	4	52	2891,00

Für qualitative und nur nominal skalierte Merkmale wie dem Beschäftigungsverhältnis ist der häufigste Wert der einzige statistisch zulässige „Mittelwert". Bei mindestens ordinal skalierten Merkmalen wie hier bei der Leistungsbeurteilung in Noten ist der Zentralwert der am besten passende Mittelwert. Bei klar metrisch skalierten Merkmalen wie dem Alter und dem Entgelt ist zusätzlich der Durchschnittswert als bekanntester Mittelwert statistisch zulässig und wird auch sehr häufig verwendet. Dabei ist aber zu beachten, dass das arithmetische Mittel umso weniger Aussagekraft besitzt, je **kleiner die statistische Masse** und je **schiefer die Verteilung** ist.

3.b Ermittlung

Alle Mittelwerte kann man mit **statistischen Funktionen** ermitteln. Für den häufigsten Wert gibt es die Funktion **MODALWERT**, für den Zentralwert die Funktion **MEDIAN** und für den Durchschnittswert die Funktion **MITTELWERT**, deren Bezeichnung in Excel einfach aus dem Englischen übernommen wurde, in dem das arithmetische Mittel „mean" heißt. In der deutschen Fachsprache ist die in Excel verwendete Funktionsbezeichnung wenig glücklich, da es bekanntermaßen mehrere Mittelwerte gibt. Die Anwendung der genannten Funktionen erfolgt wie bei den Quartilen. Tabelle 3.3 zeigt die numerischen Ergebnisse.

Ist der Wert einer Kenngröße bei den verarbeiteten Daten nicht ermittelbar, liefern die Excel-Funktion die Ausgabe #NV = „Nicht vorhanden". Dieser Fall tritt hier beim MODUS der Entgeltverteilung auf, da alle Einkommenswerte nur einmal vorkommen und es deshalb in den Ausgangsdaten explizit keinen Wert mit der größten Häufigkeit gibt.

Tab. 3.3 Ergebnisse der Mittelwertanalysen

Kenngröße	Symbol	Beschäftigungs-verhältnis	Leistungs-beurteilung [Note]	Alter [Jahre]	Entgelt [EUR]
Modus	x_h	2	3	50	#NV
Median	$x_{0,50}$	–	3	48	1977,00
Arithm. Mittel	$\bar{x}$	–	–	44,04	2156,44

4. Streuungsmaße

4.a Auswahl (Begründung)

Für nur ordinal skalierte Merkmale wie die Leistungsbeurteilung in Noten verwendet man häufig folgende Streuungsmaße: Spannweite, zentraler Quartilabstand und mittlere Abweichung (absolut und relativ). Bei metrisch skalierten Merkmalen wie dem Lebensalter und dem Entgelt kann man zusätzlich die genaueren Maßgrößen verwenden, insbesondere die durchschnittliche Abweichung (absolut und relativ), Varianz, Standardabweichung und den Variationskoeffizienten. Damit ergibt sich insbesondere bei diesen Merkmalen ein recht großes Kenngrößenangebot, aus dem man ergänzend unter dem Gesichtspunkt der Eignung im jeweils vorliegenden Anwendungsfall möglichst begründet auswählen sollte. Dabei ist zu beachten, dass die genaueste Streuungsgröße der Statistik – die Varianz – wegen ihrer quadratischen Dimension nicht anschaulich zu interpretieren ist, weshalb in der Praxis die Standardabweichung häufig vorgezogen wird. Aber auch diese – wie der aus ihr ableitbare Variationskoeffizient – sind kaum geeignet, wenn das arithmetische Mittel kein geeigneter Mittelwert ist.

4.b Ermittlung

Im Gegensatz zu den Lagemaßen und Mittelwerten kann man nur wenige Streuungsmaße mit statistischen Funktionen ermitteln. Die meisten muss man durch Anwendung geeigneter Formeln berechnen. Die Tab. 3.4 enthält die gängigen Streuungsmaße mit den hier verwendeten Symbolen und ihrer empfohlenen Ermittlungsart.

Statistische Funktionen Die durchschnittliche absolute Abweichung ermittelt man mit der statistischen Funktion **MITTELABW**. Für die **Varianz** und die **Standardabweichung** gibt es mehrere Funktionen mit sehr ähnlichen Bezeichnungen, denen jedoch unterschiedliche Berechnungsformeln zu Grunde liegen. Diese werden determiniert durch die **Da-**

Tab. 3.4 Notation und rechnerunterstützte Ermittlungsart von Streuungsmaßen

Streuungsmaß		Ermittlungsart	
Bezeichnung	Symbol	Funktion	Formel
Spannweite	SW		√
Zentraler Quartilabstand	$QA_{0,5}$		√
Mittlere absolute Abweichung	MAA		√
Mittlere relative Abweichung [%]	MAA^{rel}		√
Durchschnittliche absolute Abweichung	DAA	√	
Durchschnittliche relative Abweichung [%]	DAA^{rel}		√
Varianz	S^2	√	
Standardabweichung	S	√	
Variationskoeffizient [%]	VK		√

tenarten, die sie verarbeiten können und durch den **Verwendungszweck** der mit ihnen ermittelten Werte.

Verarbeitet die Funktion außer numerischen Daten noch logische und alphabetische Daten (Text), so trägt sie hinter ihrer Bezeichnung die Kennung „A". Funktionen mit dieser Kennung werden hier nicht benutzt.

Beim **Verwendungszweck** gilt Folgendes: Zum einen dienen die Kenngrößen dazu, nur die verarbeiteten Daten und die dahinter stehende Masse kompakt zu charakterisieren. Dann sind die Ergebnisse ausschließlich für die analysierten Daten gültig und für diese genau und sicher. Dieser Verwendungszweck ist ganz generell für die **beschreibende Statistik und explorative Datenanalysen** typisch und liegt auch hier vor. In den Funktionsnamen erkennt man ihn am an die Kurzbezeichnungen angehängten Buchstaben. Dieser ist bei der Varianz ein „P" für Englisch „population" und bei der Standardabweichung ein „N", das statistische Symbol für die Größe einer Grundgesamtheit.

Zum anderen sind die verwendeten Daten nur ein Teil der im Sach- oder Entscheidungszusammenhang insgesamt relevanten Daten. Ihre Kenngrößen sollen dazu benutzt werden, statistisch gesicherte Schlussfolgerungen abzuleiten, die über die analysierten Daten hinaus gültig sind. Gelten die Schlussfolgerungen für die gesamte Masse, aus der die analysierte Stichprobe stammt, spricht man von Hochrechnung, gelten sie für die Zukunft, von Prognoserechnung. In beiden Fällen ist evident, dass es sich bei den Schlussfolgerungen um **Schätzungen** handelt, deren Schätzwerte weder genau noch sicher sind. Dieser Verwendungszweck von Kenngrößen ist typisch für die später behandelte **schließende Statistik**. In den Funktionsnamen erkennt man ihn an einem „S" für Stichprobe am Ende.

Formelanwendungen Tabelle 3.5 enthält die Formeln gängiger Streuungsmaße, unabhängig von ihrer Ermittlungsart. Die meisten Formeln sind so einfach, dass ihre Anwendung keiner Erläuterung bedarf. Wir konzentrieren uns deshalb hier zunächst auf die **Mittlere Absolute Abweichung (MAA)**, und behandeln deren Ermittlung beispielhaft bei der **Leistungsbeurteilung**. Dort ist sie die sinnvollste Maßgröße, um die Streuung von der Mitte aus zu messen. Sie ist konzeptionell das arithmetische Mittel der absoluten Abweichungen der Beobachtungswerte vom Median. Zu ihrer Berechnung benötigt man in Excel eine Spalte, die man zunächst mit einer geeigneten Überschrift versieht. In der Spalte selbst ermittelt man dann die absolute Abweichungen und danach deren Durchschnittwert.

Bevor man in die erste Zelle der Spalte die Formel für die Abweichung eingibt, muss man bedenken, dass nur der **Betrag der Abweichung** unabhängig von ihrer Richtung (positiv oder negativ) interessiert. Den Abweichungsbetrag erhält man mit der Funktion **ABS**, die man über den Funktionsassistenten aufruft (vgl. Abschn. 2.2 Aufgabe „Entgelt", Teilaufgabe 4).

In der Excel-Musterlösung stehen die zur Berechnung der Abweichungen nötigen Werte im Bereich C5:C29 und der Median in D45. Für die erste Abweichung ist daher die in der Abb. 3.2 sichtbare Formel einzugeben. Dabei ist der Median absolut zu adressieren. Danach kopiert man die Formel wie gehabt mit der AutoAusfüllen-Funktionalität in die darunter liegenden Zellen.

Tab. 3.5 Formeln zur Berechnung von Streuungsmaßen

Bezeichnung	Symbol	Urliste oder geordnete Werte	Häufigkeitsverteilung	
			Unklassiert	Klassiert
Spannweite	SW		$x_{max} - x_{min}$	
Zentraler Quartilabstand	$QA_{0,5}$		$x_{0,75} - x_{0,25}$	
Mittlere absolute Abweichung	MAA	$\frac{1}{n}\sum |x_i - x_{0,5}|$	$\sum |x_j - x_{0,5}| \cdot f(x_j)$	$\sum |x_k^M - x_{0,5}| \cdot f(x_k)$
Mittlere relative Abweichung	MAA^{rel}		$= \frac{MAA}{x_{0,50}} \cdot 100$	
Durchschnittliche absolute Abweichung	DAA	$\frac{1}{n} \cdot \sum |x_i - \bar{x}|$	$\sum |x_j - \bar{x}| \cdot f(x_j)$	$\sum |x_k^M - \bar{x}| \cdot f(x_k)$
Durchschnittliche relative Abweichung	DAA^{rel}		$= \frac{DAA}{\bar{x}} \cdot 100$	
Varianz	$V = S^2$	$\frac{1}{n} \cdot \sum (x_i - \bar{x})^2$	$\sum (x_j - \bar{x})^2 f(x_j)$	$\sum (x_k^M - \bar{x})^2 f(x_k)$
		$\left(\frac{1}{n} \cdot \sum x_i^2\right) - \bar{x}^2$	$\left(\sum x_j^2 \cdot f(x_j)\right) - \bar{x}^2$	$\sum (x_k^M)^2 f(x_k) - \bar{x}^2$
Standardabweichung	S		$= \sqrt{S^2}$	
Variationskoeffizient	VK		$= \frac{S}{\bar{x}}$, falls $\bar{x} \neq 0$	

Abb. 3.2 Berechnung der absoluten Abweichungen bei der „Leistungsbeurteilung"

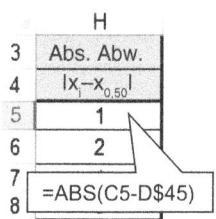

Das arithmetische Mittel der Abweichungsbeträge ermittelt man anschließend mit der statistischen Funktion **MITTELWERT**. Ergänzend zur Streuung in der Maßeinheit der Beobachtungswerte ist die prozentuale Streuung interessant. Die **mittlere relative Abweichung** kann man mit der in Tab. 3.5 angegebenen Formel leicht berechnen.

Die bei der Leistungsbeurteilung verwendeten Streuungsgrößen können für das Merkmal „Lebensalter" analog ermittelt werden. Zusätzlich kann man alle übrigen gängigen Streuungsmaße mit den in Tab. 3.5 angegeben Formeln oder geeigneten statistischen Funktionen ermitteln. Wir behandeln hier beispielhaft die Ermittlung der genauesten Streuungsgrößen der Statistik – **Varianz, Standardabweichung** und **Variationskoeffizient** – u. z. bei der **Altersverteilung**.

Abb. 3.3 Ermittlung von Varianz und Standardabweichung

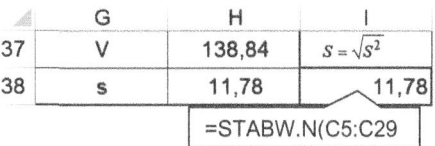

Abb. 3.4 Berechnung des Variationskoeffizienten (Formelanwendung)

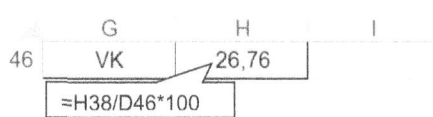

Varianz Die Varianz ermittelt man hier – da die Daten alle Mitarbeiter umfassen – mit der statistischen Funktion VAR.P und erhält ein rechnerisches Ergebnis – vgl. Abb. 3.3, Zelle H37 – das aber nicht anschaulich interpretierbar ist.

Standardabweichung Die Standardabweichung ist die (Quadrat-)Wurzel aus der Varianz und kann deshalb bei vorhandener Varianz durch Wurzelziehen ermittelt werden. Die **Wurzel** aus einer positiven Zahl kann man durch potenzieren mit 0,5 ermitteln. Die Operation „Potenzieren" ist auf dem alphanumerischen Hauptteil der Tastatur in der obersten Tastenreihe ganz links über die Taste mit dem Symbol „^" zugänglich. Die dementsprechend in Zelle H38 der Abb. 3.3 einzugebende Formel lautet also „=H37^0,5". In Zelle I38 derselben Abbildung wurde ergänzend die **Funktion STABW.N** mit den Ausgangsdaten in C5 bis C29 als Argument verwendet, die natürlich das selbe Ergebnis liefert: 11,78 [Jahre].

Variationskoeffizient Bezieht man die Standardabweichung auf den Durchschnittswert und gibt diesen Anteil in Prozent an, hat man den Variationskoeffizienten. In der Excel-Musterlösung steht der Durchschnittswert in der Zelle D46. Abbildung 3.4 zeigt die dementsprechend einzugebende Formel und das Ergebnis in der Zelle H46: 26,76 %.

Für das **Entgelt** können Sie alle Streuungsmaße bei Bedarf wie gezeigt analog ermitteln. Tabelle 3.6 zeigt sämtliche Ergebnisse.

5. Schiefe

5.a Auswahl (Begründung)

Der einfachste Weg der Schiefermittlung geht über den **Kenngrößenvergleich.** Gängig sind der **Mittelwertvergleich** und der **Quartilabstandsvergleich.** Die aus den paarweisen Vergleichen resultierenden Relationen (=; < ; >) ermöglichen vor allem **kategoriale Aussagen** über die **Verteilungsform**: symmetrisch, rechts- oder linksschief. Dieser Ansatz ist bei mindestens ordinal skalierten Merkmalen statistisch zulässig, hier also bereits bei der Leistungsbeurteilung. Weitergehende Aussagen über das **Ausmaß der Schiefe** sind eigentlich nur bei metrisch skalierten Merkmalen statistisch zulässig, hier also beim Lebensalter und beim Entgelt. So kann man etwa die Betragsdifferenzen der o. g. Vergleichsgrößen als

Tab. 3.6 Ergebnisse der Streuungsanalysen

Kenngröße	Symbol	Leistungsbeurteilung [Note]	Alter [Jahre]	Entgelt [EUR]
Spannweite	SW	4,00	46,00	4634,00
Zentraler Quartilabstand	$QA_{0,5}$	2,00	12,00	1150,00
Mittlere absolute Abweichung	MAA^{abs}	0,84	9,32	817,52
Mittlere relative Abweichung [%]	MAA^{rel}	28,00	19,42	41,35
Durchschnittliche absolute Abweichung	DAA^{abs}	–	9,48	836,45
Durchschnittliche relative Abweichung [%]	DAA^{rel}	–	21,52	38,79
Varianz	S^2	–	138,84	1.197.490,09
Standardabweichung	S	–	11,78	1094,30
Variationskoeffizient [%]	VK	–	26,76	50,75

quantitative **Indikatoren** für das Ausmaß der Schiefe nehmen. Präzisere Aussagen darüber liefern jedoch **Schiefemaße**. Von den vielen Schiefemaßen werden hier drei verwendet. Zum einen zwei nach **PEARSON**, die besonders einfach konstruiert und entsprechend leicht verständlich sind. Zum anderen das **Schiefemaß auf Basis der zentralen Momente**, das komplizierter sowie genauer ist und typischerweise in statistischer Software implementiert ist.

5.b Ermittlung

Die Schiefeanalyse wird von Excel nur durch die statistische Funktion **SCHIEFE** unterstützt, der das Schiefemaß auf Basis der zentralen Momente hinterlegt ist. Die in 2b und 3b getroffenen Feststellungen über den Aufbau und die Verwendung der für Kenngrößen verfügbaren Funktionen gelten auch hier, so dass auf ihre Beschreibung verzichtet wird. Alle anderen Größen – gleich ob Schiefeindikatoren oder -maße – sind durch Anwendung geeigneter Formeln zu berechnen, die in Tab. 3.7 zusammengestellt sind.

Leistungsbeurteilung

Mittelwertvergleich $x_D = 3$ und $x_{0,5} = 3$; Auswertung: $x_D = x_{0,5}$, die Verteilung ist symmetrisch.

Quartilabstandsvergleich Die für den Vergleich nötigen Quartilabstände berechnet man mit den oben angegeben Formeln. Die Ergebnisse stehen in der 3. Spalte der Tab. 3.8. Der paarweise Vergleich der zentralen und der Randquartilsabstände führt zu dem Ergebnis, dass sie jeweils gleich groß sind und die Verteilung daher symmetrisch ist.

Tab. 3.7 Formeln von Schiefeindikatoren und -maßen

Bezeichnung	Symbol	Formel und Aussage
Mittelwertvergleich (FECHNERsche Lageregel)		Symmetrisch, falls $x_D = x_{0,5} = \bar{x}$ Rechtsschief, falls $x_D < x_{0,5} \leq \bar{x}$ Linksschief, falls $x_D > x_{0,5} \geq \bar{x}$
Quartilabstandsvergleich		Symmetrisch, falls $x_{max} - x_{0,75} =$ $x_{0,25} - x_{min}$ und $x_{0,75} - x_{0,5} = x_{0,5} - x_{0,25}$ Rechtsschief, falls $x_{max} - x_{0,5} > x_{0,5} - x_{min}$ und $x_{0,75} - x_{0,5} > x_{0,5} - x_{0,25}$ Linksschief, falls $x_{max} - x_{0,5} < x_{0,5} - x_{min}$ und $x_{0,75} - x_{0,5} < x_{0,5} - x_{0,25}$
Schiefemaß nach Pearson	S_P^{Mod} S_P^{Med}	$= \frac{\bar{x} - x_D}{S}$ $= \frac{3 \cdot (\bar{x} - x_{0,5})}{S}$
Schiefe mit zentralen Momenten	S_{Mz}	$= \frac{\frac{1}{n} \sum (x_i - \bar{x})^3}{S^3}$

Lebensalter

Mittelwertvergleich $x_D = 50$; $x_{0,5} = 48$; $\bar{x} = 44{,}04$; Auswertung: $\bar{x} < x_{0,5} < x_D$: linksschiefe Verteilung.

Der Abstand zwischen dem mittleren Alter $x_{0,5}$ und dem Durchschnittsalter $\bar{x}$ ist mit knapp vier Jahren etwa doppelt so groß wie der zwischen dem mittleren und dem häufigsten Alter x_D. Dies indiziert eine stark linksschiefe Verteilung.

Quartilsabstandsvergleich Die mit den angegebenen Formeln ermittelten Quartilsabstände stehen in der 4. Spalte der Tab. 3.8. Sie liefern als Vergleichsresultate $QA_u^Z > QA_o^Z$ und $QA_u^R > QA_o^R$ und indizieren damit eine linksschiefe Verteilung. Dabei ist bei den zentralen Abständen der untere doppelt und bei den Randabständen der untere etwas mehr als doppelt so groß wie der jeweilige obere. Dies indiziert starke Linksschiefe.

Tab. 3.8 Ergebnisse der Quartilsabstandsanalysen

Kenngröße	Symbol	Leistungsbeurteilung [Note]	Alter [Jahre]	Entgelt [Euro]
Zentraler unterer Quartilabstand	QA_u^Z	1	8	236,00
Zentraler oberer Quartilabstand	QA_o^Z	1	4	914,00
Unterer Randquartilabstand	QAR_u	1	23	1529,00
Oberer Randquartilabstand	QAR_o	1	11	1955,00

Abb. 3.5 Schiefemaße der
Altersverteilung

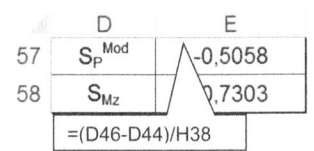

Tab. 3.9 Ergebnisse der Schiefemaße

Kenngröße	Symbol	Alter [Jahre]	Entgelt [EUR]
Schiefe nach Pearson	$S_{\mathrm{P}}^{\mathrm{Mod}}$	$-0,5058$	#NV
	$S_{\mathrm{P}}^{\mathrm{Med}}$	$-0,3361$	$0,4919$
Schiefe mit zentralen Momenten	S_{Mz}	$-0,7303$	$0,2976$

Schiefemaße Die drei nötigen Kenngrößen für das **Schiefemaß von PEARSON**, das mit dem Modus arbeitet, stehen in der Excel-Musterlösung in den Zellen D46 (arithmetisches Mittel), D44 (Modus) und H38 (Standardabweichung).

Abbildung 3.5 enthält die korrekte Formeleingabe und in Zelle E57 das Ergebnis. Sie zeigt zudem in Zelle E58 den Schiefewert über die zentralen Momente, den die Funktion SCHIEFE mit den Ausgangsdaten in C9 bis C29 über „=SCHIEFE(C5:C29)" liefert. Beide Werte sind negativ, die Verteilung ist also linksschief. Dabei indiziert das zwischen 0 und |1| normierte Schiefemaß nach Pearson mittlere Schiefe.

Entgelt
Bei Bedarf können Sie alle Schiefeansätze wie gezeigt hier analog verwenden. Die Ergebnisse stehen in der letzten Spalte der Tab. 3.9.

6. Vollautomatischer Kenngrößenbericht

Statt der isolierten Betrachtung verschiedener Verteilungsaspekte und der separaten Ermittlung der sie quantifizierenden Kenngrößen ist es bei professionellen Datenanalysen oft sinnvoll, eine größere Vielfalt und -zahl von Kenngrößen für einen oder mehrere Datensätze zu ermitteln und in einem Kenngrößenbericht zur Verfügung zu stellen. Dazu ist es aus Effizienzgründen nötig, dass die benutzte Software über Funktionalitäten verfügt, die dies vollautomatisch tun. Über diese Funktionalität verfügen aber nicht nur dezidierte Statistik-Programmpakete wie SPSS oder SAS, sondern auch Excel, jedenfalls soweit es die univariate Querschnittdatenanalyse betrifft. Wir werden diese Möglichkeit hier für alle in der Aufgabe betrachteten Personalmerkmale nutzen und den Kenngrößenbericht auf einem neuen Arbeitsblatt erstellen, in das alle relevanten Ausgangsdatensätze vorab zu kopieren sind (siehe Excel-Musterlösung).

6.a Durchführung

Die vollautomatische Ermittlung und Darstellung vielfältiger Kenngrößen erfolgt in Excel mit der **Analysefunktion „POPULATIONSKENNGRÖSSEN".** Die Funktion ist zugänglich über das Menü „Daten/Datenanalyse". Nach Aufruf der Funktion erscheint die

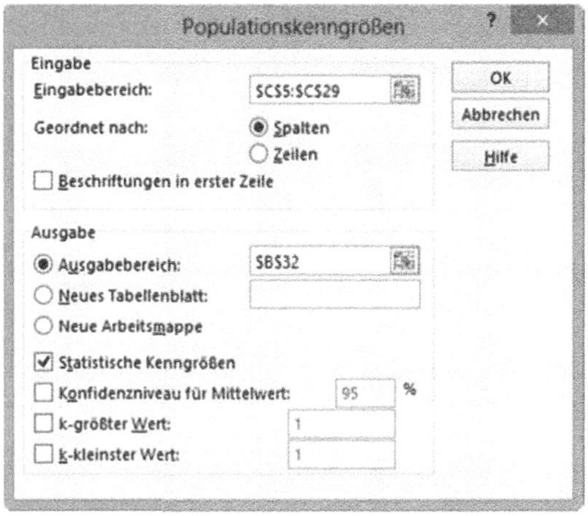

Abb. 3.6 Analysefunktion
POPULATIONSKENNGRÖS-
SEN

in Abb. 3.6 dargestellt Dialogbox. Sollte die Schaltfläche „Datenanalyse" im Menü „Daten"
nicht erscheinen, so ist das entsprechende AddIn über „Datei/Optionen/Add-Ins" nachzu-
laden. Siehe hierzu Microsoft-Link/Analysefunktionen im Literaturverzeichnis.

Die Dialogbox enthält im oberen Teil das Dialogfeld „Eingabebereich", in das die Adresse der Daten einzugeben oder einzulesen ist, deren Kenngrößen ermittelt werden sollen.
Ergänzend ist optional anzugeben, ob der zu verarbeitende Datensatz in einer Spalte oder
einer Zeile steht und ob er eine Überschrift trägt, die in der Ausgabetabelle erscheinen soll.
Unsere Daten stehen in der Regel in Spalten und deren Überschrift soll in der Ausgabe
nicht erscheinen.

Im unteren Teil der Dialogbox ist die Ausgabe festzulegen. Dabei geht es zunächst um
die Platzierung der Ausgabetabelle, weiter unten dann um die Inhalte. Was die Platzierung
angeht, so ist im Dialogfeld „Ausgabebereich" die Adresse der oberen linken Zelle der Ausgabetabelle einzugeben oder einzulesen, darunter deren optionale Unterbringung in einem
neuen Tabellenblatt oder einer neuen Arbeitsmappe. Die Ergebnisse sollen hier direkt unter
den Ausgangsdatensätzen stehen, weshalb die Optionen entfallen. Was die Inhalte angeht,
so interessieren wir uns nur für die Option „Statistische Kenngrößen", die zu aktivieren ist.

Wir beschreiben die Funktion hier beispielhaft für die vollautomatische Kenngrößen-
ermittlung beim Merkmal Beschäftigungsverhältnis, dessen Ausgangsdaten in der Excel-
Musterlösung in der Spalte C5 bis C29 stehen. Die Ausgabetabelle der Funktion hat zwei
Spalten: Die erste enthält die Bezeichnungen der Kenngrößen, die zweite deren Werte. Er-
gänzend gibt es zwei leere Kopfzeilen für eventuelle Spaltenüberschriften. Als Adresse zur
Platzierung der Ausgabetabelle ist also die Spalte B zu wählen und wegen ausreichenden
Abstands zur Ausgangsdatentabelle mindestens die Zeile 32 (siehe Abb. 3.7).

Die linken beiden Spalten der Abb. 3.7 zeigen das Ergebnis der beschriebene Funktionsanwendung, die übrigen Spalten die Ergebnisse der Anwendung für die anderen Merkmale.

Kenngröße	Beschäftigungs-verhältnis	Leistungs-beurteilung	Alter [Jahre]	Nettoentgelt [€/Monat]
Mittelwert	2,24	2,96	44,04	2.156,44
Standardfehler	0,23	0,22	2,41	223,37
Median	2,00	3,00	48,00	1.977,00
Modus	2,00	3,00	50,00	#NV
Standardabweichung	1,13	1,10	12,03	1.116,86
Stichprobenvarianz	1,27	1,21	144,62	1.247.385,51
Kurtosis	1,25	-0,58	-0,29	0,29
Schiefe	1,19	0,08	-0,73	0,30
Wertebereich	4,00	4,00	46,00	4.634,00
Minimum	1,00	1,00	17,00	212,00
Maximum	5,00	5,00	63,00	4.846,00
Summe	56,00	74,00	1.101,00	53.911,00
Anzahl	25,00	25,00	25,00	25,00
Legende				
Kopfspalte (B)		Merkmalsspalten (C bis F)		
	keine Kenngrößen		wegen Merkmals- u. Skalen-	
	nicht behandelt		art statistisch unzulässig	
	nicht Gesamtmasse			

Abb. 3.7 Ausgabetabelle der Analysefunktion POPULATIONSKENNGRÖSSEN

Erläuterung Die Ausgabetabelle enthält 13 Kenngrößen, von denen drei nicht behandelt wurden, nämlich der Standardfehler, die Stichprobenvarianz und die Kurtosis (Wölbung). Von den übrigen zehn wurden zwei nicht als Kenngrößen behandelt, nämlich die Summe und die Anzahl der analysierten Werte. Bei den verbleibenden acht Kenngrößen ist eine anders als sonst üblich bezeichnet: Die Kenngröße „Wertebereich" entspricht der Spannweite.

6.b Kritische Würdigung
Hauptvorteil der Analysefunktion ist die sehr schnelle Berechnung einer größeren Zahl typischer Verteilungskenngrößen. Sie ist hilfreich, wenn man schnell einen zahlenmäßigen Überblick über alle wichtigen Verteilungsaspekte benötigt.

Die angebotenen Kenngrößen decken alle wesentlichen Verteilungsaspekte ab. Bei den Lagemaßen fehlen allerdings die für die explorative Datenanalyse und deren graphische Ergebnisdarstellung wichtigen Quartile (siehe nächste Teilaufgabe) und die Streuungsmaße sind häufig nicht ausreichend. Es fehlt vor allem die mittlere absolute Abweichung, die bei nur ordinal skalierten Merkmalen oder auch dann anwendbar ist, wenn der Durchschnittwert kein geeigneter Mittelwert ist.

Für den nicht-professionellen Anwender mag es beim Verständnis einiger Kenngrößen Schwierigkeiten geben, da teilweise Fachbezeichnungen verwendet werden, die im Einzelfall sogar nicht korrekt sind. So verbirgt sich hinter der Standardabweichung nicht die einer Grundgesamtheit, sondern die einer Stichprobe, was im vorliegenden Fall zu wahrnehmbaren Ergebnisunterschieden führt. Zudem mag die Vielzahl der Kenngrößen zur Informationsüberflutung führen. Auf jeden Fall erspart der automatische Kenngrößenbericht dem Anwender nicht die wichtige Aufgabe, die statistische Zulässigkeit, Relevanz und relative Eignung der angebotenen Kenngrößen im jeweils vorliegenden Anwendungsfall zu prüfen. Dies mit dem Ziel, solche Kenngrößen auszuwählen (auszuschließen), die zur kompakten zahlenmäßigen Charakterisierung der vorliegenden Daten besonders (un)geeignet sind. Dies sei hier beispielhaft erläutert.

Kriterium „statistische Zulässigkeit" für das Merkmal „Beschäftigungsverhältnis" Excel ermittelt die Kenngrößen **unabhängig von der Merkmals- und Skalenart** und damit ohne Berücksichtigung der statistischen Zulässigkeit. Bei nominal skalierten Merkmalen wie dem Beschäftigungsverhältnis ist in der Regel nur der Modus eine sinnvolle Kenngröße, die auch empirisch interpretiert werden kann. So ist etwa das Analyseergebnis, dass das durchschnittliche Beschäftigungsverhältnis ~ 2,24 beträgt, rein rechnerisch aufgrund der verwendeten Codierung zwar korrekt, inhaltlich aber nicht sinnvoll interpretierbar und damit nicht nur wertlos, sondern auch unsinnig. Von den 13 zur Charakterisierung des Beschäftigungsverhältnisses angebotenen Werten sind insgesamt **elf statistisch unzulässig** und geeignet, den Anwender eher zu verwirren, als ihn zutreffend zu informieren.

Kriterium „Relevanz" für das Merkmal „Leistungsbeurteilung" Aus der graphischen Darstellung der Häufigkeitsverteilung des Merkmals „Leistungsbeurteilung" (vgl. Abb. 2.16) kann man ablesen, dass der Aspekt der Schiefe nicht relevant ist, da die Notenverteilung ziemlich symmetrisch ist. Gleichwohl wird im Kenngrößenreport die Schiefe mit einem besonders genauen Schiefemaß gemessen und ausgewiesen, was überflüssig ist.

Kriterium „relative Eignung" für das Merkmal „Entgelt" Bei quantitativen und metrisch skalierten Merkmalen wie dem Lebensalter und dem Entgelt sind alle angebotenen Kenngrößen statistisch zulässig. Hier hat man zur Charakterisierung eines relevanten Verteilungsaspektes in der Regel die Auswahl zwischen mehreren Maßgrößen, die man unter Berücksichtigung ihrer Eignung im Anwendungsfall vornehmen sollte.

Dabei ist von den Mittelwerten das arithmetische Mittel umso schlechter geeignet, je kleiner der Datenumfang und je schiefer die Verteilung ist. Die vorliegende Masse ist mit $n = 25$ relativ klein und die Verteilung ist rechtsschief, das arithmetische Mittel deshalb von allen angebotenen Mittelwerten derjenige, der relativ am schlechtesten geeignet ist. Hinzu kommt, dass gerade Geldgrößen wie Einkommen und Vermögen in der Regel extrem variabel sind und ihr relevanter Wertebereich sehr groß ist, so dass vor allem sehr hohe Werte den Durchschnittswert stark verzerren können. Die amtliche Statistik verwendet deshalb sinnvoller Weise für die genannten Merkmale mit „naturgemäß" sehr großen Wertebereichen und schiefen Verteilungen lieber den Median. Das erkennt man bereits an der Bezeichnung, wenn vom mittleren Einkommen und nicht vom Durchschnitteinkommen die Rede ist.

Wenn man den Median im Anwendungsfall als relativ am besten geeigneten Mittel-wert auswählt, hat das natürlich auch Konsequenzen für die Auswahl geeigneter Streu-ungsmaße: Es entfallen alle Streuungsmaße auf Basis des arithmetischen Mittels, also die durchschnittliche Abweichung (abs. und rel.), Varianz, Standardabweichung und Variati-onskoeffizient.

7. BOX-PLOT

Der Box-Plot ist die wichtigste graphische Darstellungsform der explorativen Datenanalyse von univariaten Querschnittdaten. Darin werden fünf Kenngrößen einer Verteilung ge-meinsam dargestellt, weshalb er in Anwenderkreisen auch gerne als „5-Punkte-Diagramm" bezeichnet wird. Bei den fünf Punkten handelt es sich um die beiden Extremwerte und die drei Quartile. Der Wertebereich zwischen den Quartilen wird als Box, die Wertebereiche von der Box bis zu den Extremwerten als Linien visualisiert.

7.a Diagrammerstellung

Der Box-Plot ist in Excel nicht als eigenständiger Diagrammtyp verfügbar. Man kann ihn in passabler Näherung erzeugen, in dem man vom Diagrammtyp „gestapelter Balken" aus-geht und daran erhebliche Änderungen und Ergänzungen vornimmt. Dabei wird in der 1. Phase über das gestapelte Balkendiagramm eine Box erstellt. In der 2. Phase werden die Linien erzeugt, die von der Box bis zu den Extremwerten führen. Und in der 3. Phase wird die Rohfassung so nachbearbeitet, dass ein insgesamt vorzeigbares Diagramm entsteht. Diese Vorgehensweise wird hier beispielhaft für die Erstellung des Box-Plots der **Alters-verteilung** beschrieben. Die dafür benötigten Größen und deren Werte sind in Abb. 3.8 zusammengestellt.

Phase 1: Box-Rohfassung Man wählt im Menü „Einfügen" den Diagrammtyp „Balken" und von den Untertypen „Gestapelte Balken", wie in Abb. 3.9 durch Pfeile markiert.

Im zweiten Arbeitsschritt (Datenquelle) liest man in der Dialogbox „Datenquelle aus-wählen" die für die Box nötigen Werte der drei Kenngrößen ein, die in Abb. 3.8 links stehen (C23 bis C25). Die drei Werte werden in der Vorschau als drei einzelne Balken visualisiert, da sie in einer Spalte stehen. Für ihre Umsetzung in einen gestapelten Balken muss man sie datentechnisch umsetzen, indem man in der Dialogbox die Schaltfläche „Zeilen/Spalten wechseln" anklickt.

	A	B	C	D	E
22	**Kenngröße**		**Wert**	**Kenngröße**	**Wert**
23	$x_{0,25}$		40	QA^R_u	23
24	QA^Z_u		8	QA^R_o	11
25	QA^Z_o		4		

Abb. 3.8 Ausgangsdaten für den Box-Plot der Altersverteilung

Abb. 3.9 Auswahl gestapeltes
Balkendiagramm

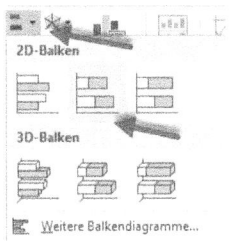

Im dritten Arbeitsschritt (Diagrammoptionen) sind die üblichen Beschriftungen und einige graphische Grundgestaltungen vorzunehmen, um aus dem Balkendiagramm die Rohfassung eines Box-Plot-Diagramms zu machen.

Zunächst muss nach Anklicken des Diagramms über das Menü „Entwurf/Diagrammelement hinzufügen/Diagrammtitel/Über Diagramm" das Diagramm beschriften. Dort vergibt man eine möglichst treffende Überschrift ein, z. B. „Box-Plot der Altersverteilung". Um im Box-Plot/Balkendiagramm die waagerechte Achse (X-Achse) zu beschriften, muss man im Menü „Entwurf/Diagrammelement hinzufügen/Achsentitel/Primär horizontal" aktivieren. Hier trägt man die Größe mit Dimension ein, also etwa „Alter [Jahre]".

Eine Beschriftung der senkrechten Diagrammachse ist nicht nötig, da es diese im Box-Plot-Diagramm nicht gibt.

Im Menü „Entwurf/Diagrammelement hinzufügen/Gitternetzlinien" schaltet man die Anzeige für das Hauptgitternetz in Y-Richtung ggf. aus. Im Menü „Einfügen/Diagrammelement hinzufügen/Legende" nutzt man den Eintrag „Keine", um die Anzeige der Legende auszuschalten. Damit erhält man die in Abb. 3.10 dargestellte Rohfassung der Box.

Phase 2: Ränderbearbeitung Die Rohfassung enthält bislang nicht alle Werte des 5-Punkte-Diagramms und auch nicht die Linien, die von beiden Enden der Box zu den Extremwerten führen und im Englischen **Whiskers** genannt werden. Am oberen Verteilungsrand fehlt eine Linie vom oberen Quartil bis zum größten Beobachtungswert, die den oberen Rand-

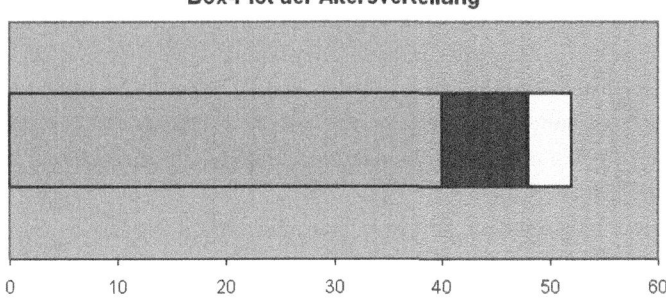

Abb. 3.10 Rohfassung der Box des Box-Plots

Abb. 3.11 Konstruktion der
„Whiskers"

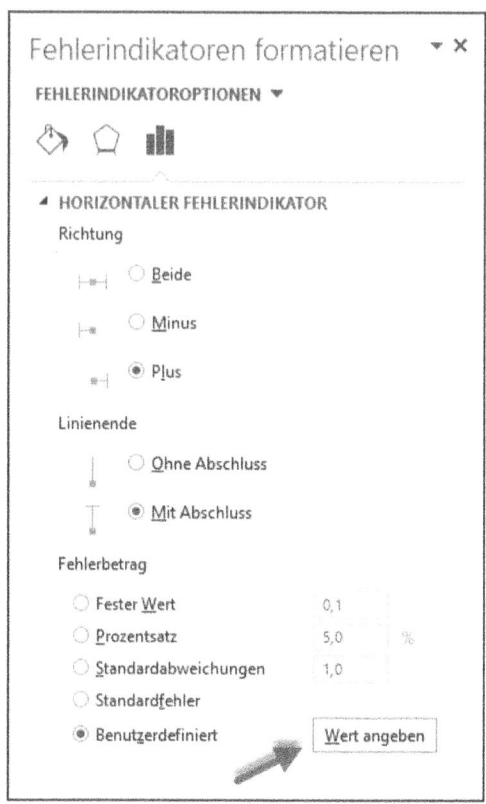

quartilsabstand visualisiert. Am unteren Verteilungsrand fehlt eine Linie an Stelle des vorhandenen Kastens, die allerdings nur bis zum kleinsten Beobachtungswert gehen darf (un-
terer Randquartilsabstand). Die zur Herstellung der beiden Linien nötigen zwei Werte
stehen im rechten Teil der Abb. 3.8 (Zellen E23 und E24).

Oberer Randquartilsabstand Klicken Sie einmalig auf den ganz rechts befindlichen Teil
der Box. Wählen Sie im Menü „Entwurf/Diagrammelement hinzufügen/Fehlerindikatoren"
den letzten Eintrag „Weitere Fehlerindikatorenoptionen". Es öffnet sich am rechten Bildrand das Dialogfenster der Abb. 3.11. Wählen Sie die Schaltfläche „Wert angeben" und
stellen Sie im sich öffnenden Dialogfenster im Dialogfeld „Positiver Fehlerwert" den Bezug
zu der Zelle her, die den oberen Randquartilsabstand enthält. In der Excel-Musterlösung
ist dies die Zelle E24.

Verfahren Sie analog mit dem ganz links befindlichen Teil der Box. Wählen Sie im Dialogfeld „Negativer Fehlerwert" die Zelle E23, die den unteren Randquartilsabstand enthält.
Nach der Bestätigung mit „OK" erhalten Sie das in der Abb. 3.12 dargestellte Diagramm.

Abb. 3.12 Box mit „Whiskers"

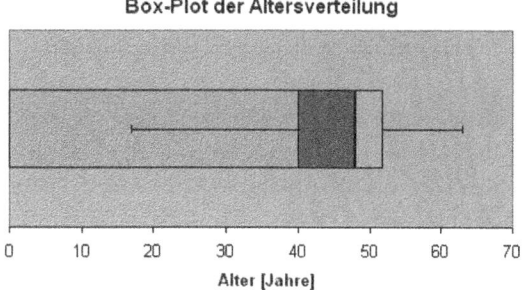

Phase 3 : Nachbearbeitung An der Rohfassung sind einige optische und sachliche Änderungen vorzunehmen.

Optisch ist zunächst der ganz links gelegene Teil der Box zu entfernen, so dass nur noch die dort vorhandene Linie sichtbar ist. Dazu klicken Sie mit der linken Maustaste doppelt auf diese Fläche. Im sich öffnenden Optionsfenster „Datenreihen formatieren" wählen Sie in der Registerkarte „Füllung" sowohl für den Rahmen als auch für die Fläche die Option „keine" aus und schließen das Fenster wieder über das kleine Kreuz am rechten oberen Rand. Zusätzlich sollte der vorhandene graue Bildhintergrund entfernt werden. Klicken Sie dazu doppelt auf die graue Zeichnungsfläche und wählen Sie im Dialogfenster „Zeichnungsfläche formatieren" im Dialogfeld „Füllung" die Option „Keine Füllung".

Sachlich ist eine Anpassung des im Diagramm dargestellten Wertebereichs nötig. Er enthält derzeit noch kleine Werte, die unnötig sind. Der im Anwendungsfall relevante Wertebereich geht von 15 bis 65 und ist mit geeigneter Detaillierung dazustellen, hier etwa in 5-er Schritten. Dazu klickt man doppelt auf die aktuelle Beschriftung der waagerechten Achse und wählt im sich öffnenden Dialogfenster „Achse formatieren" den Dialogbereich „ACHSENOPTIONEN". Dort trägt man im Dialogfeld „Minimum" 15, im Dialogfeld „Maximum" 65 und im Dialogfeld „Hauptintervall" 5 ein.

Abschließend sollte man die fünf markanten Größen und ihre Werte im Diagramm kenntlich machen, was mit den in Excel verfügbaren Textfeldern und Autoformen leicht möglich ist. Man erhält den in Abb. 3.13 dargestellten Box-Plot.

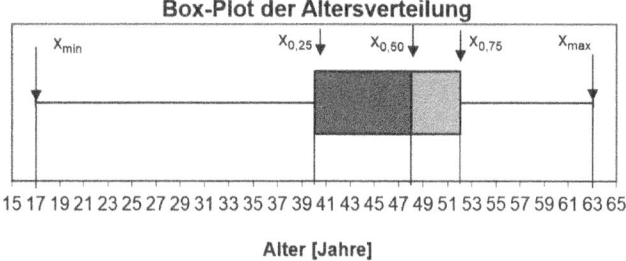

Abb. 3.13 Fertiger Box-Plot

7.b Diagramminterpretation

Dem Diagramm kann man generell entnehmen:

- den kleinsten und größten Beobachtungswert und damit optisch die Spannweite,
- die Quartile mit dem mittleren Quartil (Median) als robustem Mittelwert,
- den zentralen Quartilabstand als Länge der gesamten Box und damit optisch die Spanne der mittleren 50 %,
- den unteren (oberen) zentralen Quartilabstand als Länge der linken (rechten) Teilbox,
- den unteren (oberen) Randquartilabstand als Länge der linken (rechten) Linie,
- die Verteilungsform über die Lage der gesamten Box und die Länge ihrer Teile sowie
- das Ausmaß der Schiefe über den Längenvergleich der beiden Hälften der Box und der beiden Linien an ihren Rändern.

Die Box-Plots der Noten- und Entgeltverteilung befinden sich in der Excel-Musterlösung.

8. Executive Summary

Betrachtet werden die insgesamt 25 im letzten Monat Beschäftigten hinsichtlich des Beschäftigungsverhältnisses, der Leistungsbeurteilung [Note], des Lebensalters [Jahre] und des Monatsentgelts [EUR].

In der Firma gibt es fünf rechtlich zu unterscheidende Beschäftigungsverhältnisse, wobei die Beamten mit 48 % die größte und die Azubis mit 4 % die kleinste Gruppe sind.

Die Leistungsbeurteilung mit dem klassischen Notenschema ergab, dass die Spanne der Beurteilungen von ganz schlechten Leistungen [Note 5] bis zu sehr guten Leistungen [Note 1] reicht. Die Note 3 kommt mit 32 % am häufigsten vor und ist gleichzeitig die mittlere Leistung. Dies indiziert, dass die Leistungsverteilung von der Form her eingipflig und ziemlich symmetrisch ist. Die 25 % leistungsstärksten Mitarbeit sind mit der Note 2 und besser, die 25 % leistungsschwächsten mit der Note 4 und schlechter beurteilt worden. Daraus resultieren für die mittleren 50 % aller Mitarbeiter Beurteilungen zwischen 2 und 4, d. h. eine Abweichung von einer Note von der mittleren Leistung. Alle Mitarbeiter weichen dagegen von der mittleren Leistung im Mittel um weniger als eine Note bzw. 28 % zu besseren und schlechteren Noten ab.

Das Lebensalter aller Mitarbeiter reicht von 17 bis zu 63 Jahren, weist also eine recht hohe Altersspanne von 46 Jahren auf. Dabei sind die 25 % jüngsten Mitarbeiter höchstens 40 Jahre, die 25 % ältesten mindestens 52 Jahre alt. Daraus resultiert, dass die mittleren 50 % der Belegschaft zwischen 40 und 52 Jahre alt sind, die Belegschaft in ihrem Kern also als überaltert anzusehen ist. Dies indizieren tendenziell auch die Mittelwerte und Streuungsmaße. So liegen alle Mittelwerte zwischen 44 und 50 Jahren und die Abweichungen vom mittleren bzw. durchschnittlichen Alter betragen für die gesamte Belegschaft jeweils etwa nur neun Jahre bzw. um die 20 %. Die Mittelwerte mit dem häufigsten Alter von 50, dem mittleren von 48 und dem durchschnittlichen von 44,04 Jahren indizieren darüber hinaus eine eingipflige und linksschiefe Verteilung. Die gängigen Schiefmaße konkretisieren mit ihren Werten zwischen − 0,5 und − 0,75 das Ausmaß der Schiefe als mittelmäßig.

Das monatliche Nettoentgelt der Mitarbeiter liegt zwischen 212 und 4846 EUR und weist damit insgesamt eine Spanne von 4634 EUR auf. Dabei hat das untere Viertel der Belegschaft ein Nettoentgelt von höchstens 1741 und das obere Viertel eines von mindestens 2891 EUR. Daraus resultiert für die mittleren 50 % der Belegschaft ein Entgeltunterschied von monatlich höchstens 1550 EUR. Verglichen mit der oben genannten gesamten Entgeltspanne ist dies eine ziemlich moderate absolute Streuung. Dies indizieren tendenziell auch die übrigen absoluten Streuungsgrößen, deren Werte zwischen ~ 817 und ~ 1000 EUR monatlich liegen. Die relativen Streuungsmaße indizieren dagegen eher eine ziemlich große Streuung, da die Entgelte aller Mitarbeiter im Durchschnitt um zwischen ~ 38 und 50 % vom mittleren bzw. vom durchschnittlichen Monatsentgelt abweichen.

Das mittlere monatliche Entgelt beträgt 1977, das durchschnittliche 2155,44 EUR. Das indiziert eine Massierung der Häufigkeiten um 2000 EUR herum und eine rechtsschiefe Verteilung, wie sie für Entgelte typisch ist. Das normierte Schiefemaß nach Pearson charakterisiert mit einem Wert von ~ 0,5 das Ausmaß der Schiefe als mittelmäßig.

3.2 Aufgabe „Haushaltseinkommen"

Die folgende Tabelle enthält die monatlichen Haushaltsnettoeinkommen privater Haushalte in Deutschland in **2002** ohne Haushalte mit einem monatlichen Nettoeinkommen von mehr als 18.000 [€] und ohne Personen in Anstalten und Gemeinschaftsunterkünften. (Quelle: Statistisches Bundesamt, Laufende Wirtschaftsrechnung, Fachserie 15, Reihe 1 von 2004 mit geändertem Abgrenzungsprinzip der unteren und oberen Klassengrenzen).

	Monatliches Haushaltsnettoeinkommen bis einschließlich [€]						
	1300	1700	2600	3600	5000	18.000	> 18.000
Anzahl Haushalte [Tsd.]	7787	4724	8192	6542	4672	3330	K. A.

Die Einkommenssituation der privaten Haushalte in Deutschland im Jahre 2002 soll zunächst visualisiert, danach durch geeignete Kenngrößen „auf den Punkt gebracht" und abschließend mit der von 2011 verglichen werden.

3.2.1 Aufgabenstellungen

1. Visualisierung der Einkommensverteilung
   a) Stellen Sie Einkommensverteilung in zwei gängigen Formen graphisch dar, deren Auswahl Sie kurz begründen.
   b) Nennen Sie die in den Diagrammen erkennbaren Charakteristika der Verteilung.
2. Lagemaße
   a) Ermitteln Sie nachvollziehbar die gängigen Lagemaße.
   b) Interpretieren Sie die Ergebnisse im Sachzusammenhang.

3. Mittelwerte
   a) Ermitteln Sie nachvollziehbar die gängigen Mittelwerte.
   b) Interpretieren Sie die Ergebnisse im Sachzusammenhang und beurteilen Sie kurz deren Eignung im vorliegenden Fall (Begründung).
4. Streuungsmaße
   a) Ermitteln Sie nachvollziehbar die Werte der gängigen Streuungsmaße.
   b) Interpretieren sie die Ergebnisse im Sachzusammenhang und beurteilen Sie kurz deren Eignung im vorliegenden Fall (Begründung).
5. Schiefe
   a) Ermitteln Sie nachvollziehbar die Aussagen der gängigen Schiefeindikatoren.
   b) Ermitteln Sie nachvollziehbar die gängigen Schiefemaße und interpretieren sie deren Ergebnisse im Sachzusammenhang.
   c) Beurteilen Sie kurz vergleichend die Eignung der Ansätze im vorliegenden Fall (Begründung).
6. Die Kenngrößen der Einkommensverteilung 2011 zeigt die folgende Tabelle. Erstellen Sie den zugehörigen Box Plot.

x_{min} [€]	0,00	$x_{0,75}$ [€]	4014,41	MAA [€]	2183,49
x_{max} [€]	18.000,00	x_d [€]	1950,00	SA [€]	3375,29
$x_{0,25}$ [€]	1545,16	x_{quer} [€]	3625,24	S_{Mod}^P	0,50
$x_{0,50}$ [€]	2534,75	$QA_{0,5}$ [€]	2469,25	S_{Med}^P	0,97

7. Vergleichen Sie den Box-Plot von 2011 mit den Diagrammen von 2002 systematisch an Hand der gängigen Verteilungsaspekte. Welche wesentlichen Gemeinsamkeiten und Unterschiede stellen Sie fest? (Stichworte)
8. Quantifizieren und interpretieren Sie die wesentlichen Unterschiede mit Hilfe geeigneter Kenngrößen (Veränderungen absolut und relativ).

LERNINHALTSÜBERSICHT	
STATISTIK	**EXCEL-UNTERSTÜTZUNG**
1. Graphische Darstellungen	
a) Diagrammtypenauswahl und -erstellung	Säulendiagramm, Histogramm
b) Verteilungscharakteristika	
2. Lagemaße	
a) Ermittlung kleinster u. größter Wert u. **Quartile**	Ablesen, **Formeln**
b) **Interpretation**	
3. Mittelwerte	
a) Ermittlung häufigster u. **dichtester Wert, Median** und **arithmetisches Mittel**	Ablesen, **Formeln**
b) **Interpretation und Eignungswürdigung**	
4. Streuungsmaße	
a) Ermittlung	
- Spannweite und zentraler Quartilabstand	Formeln
- **Mittlere und durchschnittliche Abweichungen** (absolut u. relativ)	Formeln
- **Varianz, Standardabweichung und Variationskoeffizient**	Formeln
b) **Interpretation und Eignungswürdigung**	
5. Schiefe	
a) Schiefeindikatoren Durchführung Mittelwert- u. Quartilsabstandsvergleich	Ungleichungen
b) Ermittlung und Interpretation von **Schiefemaßen** nach Pearson und mit **3. zentralem Moment**	**Formeln**
c) **Eignungswürdigung**	
6. Box Plot für Verteilung in 2011	Balkendiagramm und Nachbearbeitung
7. **Grafischer Verteilungsvergleich**	
8. **Kenngrößengrößenvergleich**	
a) **Ermittlung**	Formeln
b) **Interpretation**	

3.2.2   Aufgabenlösungen

1. Graphische Darstellungen

1.a Diagrammtypenauswahl und -erstellung

Standard zur Darstellung klassierter Häufigkeitsverteilungen ist das längenproportionale Säulendiagramm. Bei ungleich breiten (nicht äquidistanten) Klassen ist das flächenproportionale Histogramm akkurater.

Nötige Datenaufbereitungen Man ergänzt die Ausgangsdaten zunächst um die relativen Häufigkeiten, die man durch Eingabe der entsprechenden Formel berechnet (Vgl. Tab. 2.3).

	A	B	C	D	E	F	G	H	I
4		Klassen-	HH-Nettoeinkomen [€]		K-Mitte	Anzahl	Anteil	Klassen-	Häufigkeits-
5		nummer	über...	bis einschl.	[€]	[Tsd.]	[dezim.]	breite [€]	dichte
6		k	x_k^u	x_k^o	x_k^M	h_k	f_k	B_k	$L_k=h_k/B_k$
7		1	0	1.300	650	7.787	0,2209	1.300	5,99
8		2	1.300	1.700	1.500	4.724	0,1340	400	11,81
9		3	1.700	2.600	2.150	8.192	0,2324	900	9,10
10		4	2.600	3.600	3.100	6.542	0,1856	1.000	6,54
11		5	3.600	5.000	4.300	4.672	0,1326	1.400	3,34
12		6	5.000	18.000	11.500	3.330	0,0945	13.000	0,26
13		Summe				35.247	1,0000		

Abb. 3.14 Klassierte Häufigkeitsverteilung und Häufigkeitsdichte für Histogramm

Die relativen Häufigkeiten benötigt man auch für das Säulendiagramm, wenn man darin die Häufigkeiten der Einkommensklassen anwenderfreundlich in Prozent angeben will. Beim flächenproportionalen Histogramm benötigt man für jede Klasse eine von deren Breite und Häufigkeit abhängige Säulenlänge – die Häufigkeitsdichte –, die man durch Eingabe der entsprechenden Formel berechnet. Abbildung 3.14 zeigt die entsprechende Aufbereitungstabelle.

Erstellung Säulendiagramm Die graphische Darstellung einer klassierten Häufigkeitsverteilung als Säulendiagramm ist in Abschn. 2.2 Aufgabe „Entgelt" beschrieben. Hier verwendet man in der Dialogbox „Datenquelle auswählen" im linken Dialogfenster als „Datenreihen 1" die relativen Häufigkeiten und im rechten Dialogfenster als „horizontale Achsenbeschriftungen" die Klassenunter- und Obergrenzen als Daten aus der Abb. 3.14 und erhält das Diagramm der Abb. 3.15.

Abb. 3.15 Säulendiagramm
der Einkommensverteilung

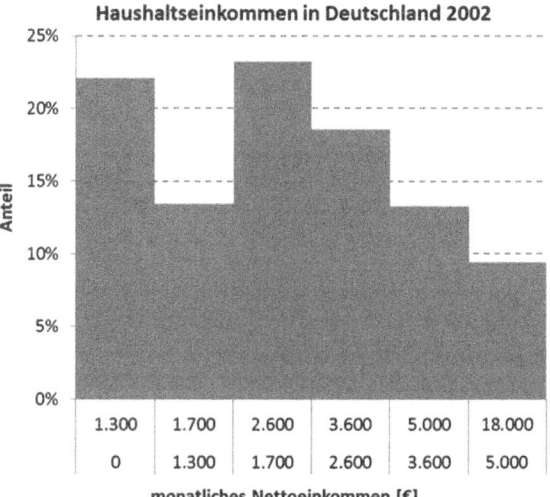

Erstellung Histogramm Das Histogramm ist in Excel nicht als eigener Diagrammtyp verfügbar. Eine passable Näherung über den Diagrammtyp „Säule" ist in Abschn. 2.3 Aufgabe „Kaltmiete" beschrieben. Von den Daten her ist es dazu nötig, die vorliegenden ungleich breiten Klassen sinnvoll in gleich breite Klassen zu unterteilen und diesen ihre Häufigkeitsdichte zuzuordnen. Dies geschieht in einer neu zu erstellenden **Histogramm-Dichtetabelle**.

In der Regel wählt man in der vorhandenen Klassierung die Breite der schmalsten Klasse als Standardbreite für die Histogrammklassierung. Das wäre im vorliegenden Fall die Breite der Klasse 2 mit $B_2 = 400$ [€]. Dieser Ansatz ist hier aber nicht zielführend, da die Breite der übrigen Klassen kein ganzzahliges Vielfaches von 400 ist. Man kommt deshalb nicht umhin, die Standardbreite für die Histogrammerstellung auf 100 [€] festzulegen, so dass man bei einer Spannweite von 18.000 [€] auf 180 Klassen kommt. Die vollständige Dichtetabelle befindet sich in der Excel-Musterlösung. Tabelle 3.10 zeigt einen Ausschnitt mit der Zerlegung der 1. Klasse bis 1300 [€] in Histogrammklassen mit je 100 [€].

Mit den Daten der Histogramm-Dichtetabelle erstellt man ein Säulendiagramm, dessen Säulen unmittelbar aneinander angrenzen und erhält das in der Abb. 3.16 dargestellte Histogramm.

1.b Verteilungscharakteristika

Die beiden Diagramme liefern teilweise identische, teilweise unterschiedliche Informationen über das monatliche Nettoeinkommen der privaten Haushalte. Gleich sind die Einkommensspanne von 0 bis 18 Tsd. €, die Massierung der Häufigkeiten in den mittleren Einkommensklassen von 1,7 bis 3,6 Tsd. € (41,8 %) und die stets kleiner werdenden Häufigkeiten in den darüber liegenden Klassen.

Was die **Verteilungsform/-muster** angeht, weisen sie jedoch Unterschiede auf. Während das Histogramm klar und durchgängig das Muster einer **eingipfligen und rechtsschiefen** Verteilung zeigt, vermittelt das Säulendiagramm diesen Eindruck nur rechts von der häufigsten Klasse, d. h. von 1700 [€] ab aufwärts. Bei darunter liegenden Einkommen ist die Verteilung nicht entsprechend eindeutig links steil, da die unterste Einkom-

Tab. 3.10 Histogramm-Dichtetabelle (Ausschnitt)

HH-Einkommen bis einschl. [€]	Häufigkeits- dichte
100	5,99
200	5,99
...	5,99
...	5,99
...	5,99
1.200	5,99
1.300	5,99

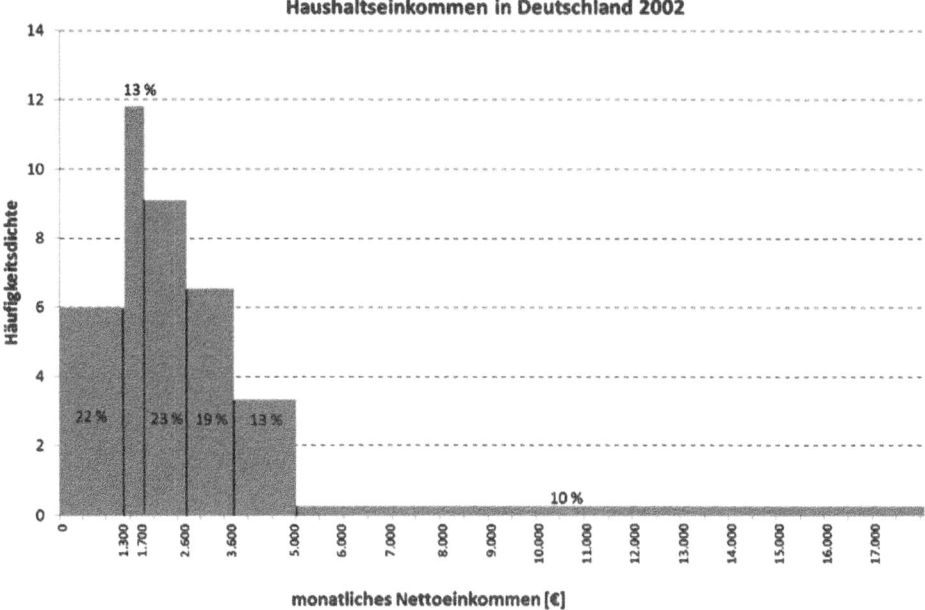

Abb. 3.16 Histogramm der Einkommensverteilung

mensklasse bis 1300 [€] mit ~ 22 % eine deutlich größere Häufigkeit als die nächstfolgende
bis 1700 [€] hat. Daran sieht man, wie wichtig die sachgerechte graphische Darstellung von
Daten sein kann. Im vorliegenden Fall ist klar, dass das Säulendiagramm nicht korrekt ist,
da die doch sehr unterschiedlichen Klassenbreiten (von 400 bis 13.000 €) von Excel nicht
maßstabsgerecht, sondern alle gleich breit dargestellt werden. Dadurch erscheint die Einkommensspanne viel zu klein und die indizierte Schiefe fragwürdig, da Einkommens- und
Vermögensverteilungen typischerweise rechtsschief sind.

Abschließend noch einen Hinweis zur **Häufigkeitsdichte**, die auf keinen Fall mit der
Häufigkeit verwechselt werden darf: Die Einkommensklasse mit der größten Häufigkeit ist
unstrittig die von 1,7 bis 2,6 Tsd. €, d. h., in dieser Klasse gibt es absolut und relativ am
meisten Haushalte. Die Einkommensklasse mit der größten Dichte liegt dagegen darunter
von 1,3–1,7 Tsd. € mit einer rechentechnischen Mitte von 1,5 Tsd. €. Dies ist wie folgt zu interpretieren: In dieser Klasse gibt es durchschnittlich pro € Einkommen absolut und relativ
am meisten Haushalte, im vorliegenden Fall 11,81 [Tsd. Haushalte/€ Einkommen].

2. Lagemaße

2.a Ermittlung

Kleinster und größter Wert Diese Werte sind aus der Häufigkeitstabelle oder dem Häufigkeitsdiagramm bereits direkt ablesbar. Hier erhält man: $x_{min} = 0$ und $x_{max} = 18.000$ [€].

Quartile Bei klassierten Daten ermittelt man die Quartile über die aufsteigende relative Summenhäufigkeitsfunktion (empirische Verteilungsfunktion). Dazu ist die bislang erstellte Häufigkeitstabelle um eine entsprechende Spalte zu ergänzen, in Abb. 3.17 ist dies die vorletzte Spalte.

Darin kann man die Einkommensklassen, in denen die Quartile liegen müssen, ablesen (Einfallklassen). Die entsprechenden Zeilen sind in der Tabelle grau hinterlegt. Die Quartilswerte selbst berechnet man näherungsweise durch **Interpolation** in der jeweiligen Einfallsklasse mit folgender Formel:

$$x_p = x_k^u + \frac{B_k}{f_k} \cdot (p - F_{k-1}).$$

Darin ist p das Quartil als Dezimalzahl, x_k^u die Untergrenze der Einfallsklasse k und F_{k-1} die relative Summenhäufigkeit der Klasse $k-1$.

Die Formelumsetzung erfolgt in einer Arbeitstabelle, die in den Zeilen die Quartile und in den Spalten die in der Formel enthaltenen Größen und deren Verknüpfungen enthält, so wie in Tab. 3.11 dargestellt. Die Werte in den ersten beiden Spalten gibt man selbst ein, diejenigen in den Spalten (2), (3) und (4) kopiert man aus den grau hinterlegten Zeilen der Abb. 3.17. Die Werte in den Spalten (5), (6) und (7) werden durch Eingabe und Kopieren der Formelterme berechnet.

	A	B	C	D	E	F	G	H	I
40		Klassen-	HH-Nettoeinkomen [€]		K-Mitte	Anzahl	Anteil	Anteil	Ø
41		nummer	über...	bis einschl.	[€]	[Tsd]		kumul.	[€]
42		k	x_k^u	x_k^o	x_k^M	h_k	f_k	F_k	$x_k^M * f_k$
43		1	0	1.300	650	7.787	0,2209	0,2209	143,60
44		2	1.300	1.700	1.500	4.724	0,1340	0,3550	201,04
45		3	1.700	2.600	2.150	8.192	0,2324	0,5874	499,70
46		4	2.600	3.600	3.100	6.542	0,1856	0,7730	575,37
47		5	3.600	5.000	4.300	4.672	0,1326	0,9055	569,97
48		6	5.000	18.000	11.500	3.330	0,0945	1,0000	1.086,48
49		Summe				35.247	1,0000		3.076,15

Abb. 3.17 Klassierte Häufigkeitsverteilung, Verteilungsfunktion und Durchschnittswert

Tab. 3.11 Quartilsberechnung durch Interpolation

(0)	(1)	(2)	(3)	(4)	(5)	(6)	(7)
x_p	p	x_k^u	B_k	f_k	$p - F_{k-1}$	(3) / (4) · (5)	(2) + (6)
$x_{0,25}$	0,25	1300	400	0,13403	0,0291	86,77	1386,77
$x_{0,5}$	0,5	1700	900	0,2324	0,1450	561,68	2261,68
$x_{0,75}$	0,75	2600	1000	0,1856	0,1626	876,22	3476,22

2.b Interpretation

Das Nettoeinkommen der betrachteten privaten Haushalte in Deutschland lag im Jahre 2002 insgesamt über 0 und höchstens bei 18 [Tsd. €] im Monat. Die 25 % ärmsten Haushalte hatten ein Nettoeinkommen von höchstens 1386,77 und die 25 % reichsten eines von mindestens 3476,22 [€] im Monat.

3. Mittelwerte

3.a Ermittlung

Häufigster Wert Dieser ist als Klasse aus der Häufigkeitstabelle oder dem Häufigkeitsdiagramm direkt ablesbar, hier die 3. Klasse über 1700 bis einschl. 2600 [€.] Angegeben wird in der Regel jedoch die rechentechnische Mitte der häufigsten Klasse, hier $x_\mathrm{h} = x_3{}^\mathrm{M} = 2150$ [€].

Dichtester Wert Bei klassierten Daten gibt es außer der Klasse mit der größten Häufigkeit noch eine mit der größten Häufigkeitsdichte, die nur bei symmetrischen Verteilungen zwingend übereinstimmen. Die Klasse mit der größten Dichte ist aus der Histogramm-Dichtetabelle oder aus dem Histogramm direkt ablesbar. Sie liegt hier bei über 1300 bis einschließlich 1700 [€] mit einer rechentechnischen Mitte von 1500 [€].

Median Der Median ist identisch mit dem mittleren bzw. 2. Quartil und in Tab. 3.11 bereits ermittelt worden. Er beträgt 2261,68 [€/Monat].

Durchschnittswert Den Durchschnittswert bzw. das arithmetische Mittel einer klassierten Häufigkeitsverteilung berechnet man unter Verwendung der rechentechnischen Klassenmitten und der Klassenhäufigkeiten nach folgenden Formeln (optional):

$$\bar{x} = \frac{1}{n} \sum_{k=1}^{K} x_k^\mathrm{M} \cdot h_k = \sum_{k=1}^{K} x_k^\mathrm{M} \cdot f_k.$$

Wir empfehlen die Verwendung der Formel mit der relativen Häufigkeit, da sie eine Rechenoperation weniger benötigt. Zu ihrer Umsetzung erweitert man die bisherige Arbeitstabelle um eine Spalte für das Produkt aus Klassenmitte und relativer Häufigkeit, so wie in der letzten Spalte von Abb. 3.17 dargestellt. Die Summe der Produkte dieser Spalte ist der gesuchte Durchschnittswert $\bar{x} = 3076{,}15$ [€/Monat].

3.b Interpretation und Eignungswürdigung

Interpretation Das häufigste HH-Nettoeinkommen lag 2002 in Deutschland bei 2150 [€] und das dichteste bei 1500 [€] monatlich. Das heißt, dass die meisten Haushalte damals zwar ein Nettoeinkommen von im Mittel 2150 [€] monatlich hatten, dass jedoch in der

Klasse darunter mit einem Nettoeinkommen von im Mittel nur 1500 [€] die größte Dichte herrschte.

Der Median besagt, dass die untere (obere) Hälfte aller betrachteten Haushalte damals ein monatliches Nettoeinkommen von höchstens (über) 2268,61 [€] hatten. Man spricht hier auch vom mittleren Einkommen. Das durchschnittliche HH-Nettoeinkommen war mit 3076,15 [€] im Monat deutlich höher.

Eignungswürdigung Hinsichtlich der Eignung sind alle ermittelten Maßgrößen statistisch zulässig, da das Einkommen eine quantitative und metrisch skalierte Größe ist. Aufgrund des in den Diagrammen sichtbaren Profils der Verteilung – eingipflig – sind auch Maßgrößen wie der häufigste und der dichteste Wert geeignet, die den Gipfel markieren. Was die zentrale Tendenz angeht, so ist bei schiefen Verteilungen der Durchschnittswert umso weniger geeignet, je schiefer die Verteilung ist. Von daher wäre hier das mittlere Einkommen dem durchschnittlichen als Mittelwert wohl vorzuziehen, was in der amtlichen Einkommensstatistik auch häufig geschieht.

4. Streuungsmaße

4.a Ermittlung

Spannweite und zentraler Quartilabstand Die beiden Maßgrößen gehören zu einer Familie, bei der konzeptionell nur zwei besonders markante Werte zur Streuungsermittlung benutzt werden, in dem man ihre Differenz bestimmt. Bei der Spannweite SW sind das die Extremwerte, beim zentralen Quartilabstand $QA_{0,5}$ das obere und untere Quartil, formal:

$$SW = x_{\max} - x_{\min} \quad \text{und} \quad QA_{0,5} = x_{0,75} - x_{0,25}.$$

Beide Maßgrößen sind durch Eingabe ihrer Formel leicht zu berechnen und betragen hier zum einen $18.000 - 0 = 18.000$ [€], zum anderen $3476,22 - 1386,77 = 2089,45$ [€].

Mittlere und durchschnittliche Abweichung (absolut und relativ) Die beiden Streuungsmaße gehören zu einer Familie, bei der konzeptionell die absoluten Abweichungen – d. h. die Abweichungsbeträge – der Beobachtungswerte von einem Mittelwert ermittelt und dann der Durchschnittsbildung unterzogen werden. Bei der **m**ittleren **a**bsoluten **A**bweichung MAA wird als Mittelwert der Zentralwert oder Median, bei der **d**urchschnittlichen **a**bsoluten **A**bweichung DAA der Durchschnittswert bzw. das arithmetische Mittel benutzt. Bei klassierten Daten werden die in der Regel unbekannten Beobachtungswerte in den Klassen durch die rechentechnische Klassenmitte ersetzt. Dadurch ergeben sich folgende Formeln:

$$MAA = \sum_{k=1}^{K} \left| x_k^M - x_{0,5} \right| \cdot f_k \quad \text{und} \quad DAA = \sum_{k=1}^{K} \left| x_k^M - \bar{x} \right| \cdot f_k.$$

Abb. 3.18 Berechnung der mittleren absoluten Abweichung (MAA)

	A	B	C	D	E	F
72		Klassen-	K-Mitte	Anteil	abs. Abw.	MAA
73		nummer	[€]	[dezim.]	[€]	[€]
74		k	x_k^M	f_k	$\lvert x_k^M - x_{0,50}\rvert$	$\lvert x_k^M - x_{0,50}\rvert * f_k$
75		1	650	0,2209	1.611,68	356,06
76		2	1.500	0,1340	761,68	102,08
77		3	2.150	0,2324	111,68	25,96
78		4	3.100	0,1856	838,32	155,60
79		5	4.300	0,1326	2.038,32	270,18
80		6	11.500	0,0945	9.238,32	872,80
81		Summe		1,0000		1.782,68

Zur Umsetzung der Formeln in Excel benötigt man ergänzend zur klassierten Häufigkeitstabelle für jede Maßgröße mindestens eine zusätzliche Spalte für das Produkt der Abweichungsbeträge und der relativen Häufigkeiten. Aus didaktischen Gründen zerlegen wir die Formel und berechnen zunächst in einer Spalte die absoluten Abweichungen, bevor wir sie in einer weiteren Spalte mit der relativen Häufigkeit multiplizieren.

Wir erläutern die Berechnungen beispielhaft an der **mittleren absoluten Abweichung**, vgl. Abb. 3.18. Für die durchschnittliche absolute Abweichung gelten die Ausführungen analog.

Bei der mittleren absoluten Abweichung werden die Abweichungsbeträge vom Median verwendet, der hier 2261,68 [€] beträgt und in der Excel-Musterlösung u. a. in Zelle L58 steht. Zur Ermittlung der Abweichungsbeträge verwendet man die Funktion ABS (vgl. Abschn. 2.2 Aufgabe „Entgelt"). Den Abweichungsbetrag der Zelle E75 erhält man daher mit der Formel „=ABS(C75-$L$58)", die man danach in die darunter liegenden Zellen kopiert.

Danach berechnet man in der nächsten Spalte das Produkt der Abweichungsbeträge und der relativen Häufigkeiten durch Eingabe und Kopieren der entsprechenden Formel. Abschließend summiert man alle Beträge in dieser Spalte mit der Funktion Autosumme und erhält die mittlere absolute Abweichung von 1782,68 [€].

Ergänzend zu absoluten Angaben in der Maßeinheit der betrachteten Größe sind für den Anwender relative Angaben über das Ausmaß der Streuung in Prozent insbesondere für Vergleichszwecke wichtig. Dabei wird die absolute Streuungsgröße ins Verhältnis gesetzt zu dem Mittelwert, von dem aus sie berechnet wurde, und mit 100 multipliziert. So erhält man die mittlere relative Abweichung MAA^{rel} [%] und die durchschnittliche relative Abweichung DAA^{rel} [%] mit folgenden Formeln:

$$MAA^{rel} = \frac{MAA}{x_{0,5}} \cdot 100$$

und

$$DAA^{rel} = \frac{DAA}{\tilde{x}} \cdot 100.$$

Nach Eingabe der Formeln erhält man eine mittlere relative Abweichung von 78,82 [%] und eine durchschnittliche relative Abweichung von 62,58 [%].

Varianz Die Varianz ist konzeptionell die mittlere quadratische Abweichung der Beobachtungswerte vom Durchschnittswert. Dies kommt in ihrer „Definitionsformel" zum Ausdruck. Ergänzend gibt es eine aus der Definitionsformel abgeleitete Formel (Verschiebesatz), die genauer ist und deshalb bei computergestützten Berechnungen in der Regel verwendet wird (abgeleitete Berechnungsformel). Für klassierte Daten lauten die entsprechenden Formeln:

$$\text{Definitionsformel:} \quad s^2 = \sum_{k=1}^{K} \left(x_k^M - \bar{x} \right)^2 \cdot f_k;$$

$$\text{Abgeleitete Formel:} \quad s^2 = \sum_{k=1}^{K} x_k^{M^2} \cdot f_k - \bar{x}^2.$$

Zur Umsetzung der Formeln mit Excel benötigt man ergänzend zur klassierten Häufigkeitstabelle für jede Formel mindestens eine zusätzliche Spalte, bei getrennter Berechnung der Terme aus didaktischen Gründen auch zwei Spalten, so wie in der Abb. 3.19 dargestellt.

Zur Umsetzung des Quadrierens (Abweichungsquadrate bei der Definitionsformel und Quadrate der rechentechnischen Klassenmitten und des Durchschnittwertes bei der abgeleiteten Formel) gibt es in Excel zwei Möglichkeiten. Zum einen die Eingabe der Formel in Potenz-Schreibweise, wobei die Potenz mit der ^-Taste eingegeben wird, die sich in der Regel links neben den Ziffern im Schreibbereich der Tastatur befindet. Zum anderen die Verwendung der **Funktion POTENZ** aus der Kategorie „Mathematik & Trigonometrie", die über den Funktionsassistenten zugänglich ist. Dort gibt oder liest man im Dialogfeld „Zahl" die Adresse der Zahl ein, die potenziert werden soll. Im Dialogfeld „Potenz" gibt man den jeweiligen Exponenten – hier die Zahl 2 – ein. Für die übrigen Rechenoperationen gibt man geeignete Formeln ein und erhält die Ergebnisse gemäß Abb. 3.19.

	A	B	C	D	E	F	G
84		Klassen-	K-Mitte	Anteil	Definitionsformel		abgeleitete
85		nummer	[€]	[dezim.]	[€²]	[€²]	Formel
86		k	x_k^M	f_k	$(x_k^M - x_{quer})^2$	$(x_k^M - x_{quer})^2 * f_k$	$(x_k^M)^2 * f_k$
87		1	650	0,2209	5.886.216	1.300.421,79	93.341
88		2	1.500	0,1340	2.484.257	332.954,01	301.558
89		3	2.150	0,2324	857.759	199.357,63	1.074.347
90		4	3.100	0,1856	569	105,55	1.783.659
91		5	4.300	0,1326	1.497.803	198.534,15	2.450.855
92		6	11.500	0,0945	70.961.205	6.704.139,75	12.494.468
93		Summe		1,0000		8.735.512,88	18.198.227,58
94						V=s²	8.735.512,88

Abb. 3.19 Varianzberechnung mit Definitionsformel und automatisierter Formel

Standardabweichung Die Standardabweichung ist die Quadratwurzel aus der Varianz. Die Quadratwurzel einer positiven Zahl ermittelt man mit Excel entweder durch Eingabe der Formel in Potenzschreibweise (s. o.) mit dem Exponenten 0,5 oder mit der **Funktion WURZEL** aus der Kategorie „Mathematik & Trigonometrie", die über den Funktionsassistenten zugänglich ist. Im vorliegenden Fall erhält man so oder so den Wert von ~ 2955,59 [€].

Variationskoeffizient Der Variationskoeffizient ist die Standardabweichung bezogen auf das arithmetische Mittel, ausgedrückt in Prozent, formal:

$$VK = \frac{s}{\bar{x}} \cdot 100.$$

Die Umsetzung der Formel ergibt hier einen Variationskoeffizienten von 96,08 [%].

4.b Interpretation und Eignungswürdigung

Interpretation Das Nettoeinkommen der privaten Haushalte in Deutschland hatte 2002 eine Spanne von 18.000 [€], die Spanne der mittleren 50 % der Haushalte betrug dagegen nur ~ 2000 [€].

Die durchschnittliche Abweichung vom Durchschnitteinkommen lag absolut bei 1925 [€] bzw. ~ 63 %, die vom mittleren Einkommen bei ~ 1783 [€] bzw. ~ 79 %.

Die Varianz ist als quadratische Größe nicht anschaulich interpretierbar. Ihre Wurzel weist aus, dass die standardmäßige Streuung ~ 2960 [€] bzw. ~ 96 % betrug.

Eignungswürdigung Alle gängigen Streuungsmaße sind wegen der Merkmals- und Skalenart statistisch zulässig.

Hinsichtlich der darüber hinausgehenden Zweckmäßigkeit und Vorteilhaftigkeit kann man folgendes sagen:

Spannweite und Quartilsabstand sind die gröbsten Maße und generell vor allem geeignet um einzuschätzen, ob die Streuung ein sehr wichtiger oder eher unwichtiger Verteilungsaspekt ist. Bei klassierten Geldgrößen wird die Streuung in aller Regel recht groß und damit ein wichtiger Verteilungsaspekt sein, so auch hier. Bei großen Gesamtspannen, die auch leicht durch Extremwerte zustandekommen können, ist ergänzend die Spanne der mittleren 50 % der Verteilung häufig von größerer Aussagefähigkeit.

Die Abweichungen von einem Mittelwert sind vor allem in der Praxis gerne benutzte Kenngrößen, um die Streuung recht genau und anschaulich zu messen. Mit ihnen kann man ein **zentrales Schwankungsintervall** um die Mitte der Verteilung angeben, in dem die Werte der Masse im Durchschnitt liegen. Diese Angaben sind absolut und relativ gleichermaßen wertvoll. Welche durchschnittliche Abweichung man dazu wählt, liegt hauptsächlich daran, welcher der beiden optionalen Mittelwerte im Anwendungsfall relativ besser geeignet ist. Bei der Eignungswürdigung der Mittelwerte wurde ausgeführt, dass der Zentralwert unter bestimmten Bedingungen statistisch akkurater und aussagefähiger sein kann als das sehr gut bekannte und weithin verwendete arithmetische Mittel. Wenn man im vorliegenden Analysefall dort das mittlere Einkommen dem durchschnittlichen Einkommen vorgezogen hat, so müsste man hier konsequenterweise der „mittleren Abweichung" (MAA) den Vorzug vor der „durchschnittlichen Abweichung" (DAA) geben. Analog wäre mit den genauesten Streuungsmaßen der Statistik „Varianz/Standardabweichung/Variationskoeffizient" zu verfahren, da sie alle mit dem arithmetischen Mittel berechnet werden.

5. Schiefe

5.a Schiefeindikatoren
Für die Indikation der Verteilungsform/des Verteilungsmusters durch Kenngrößenvergleiche gelten die in Tab. 3.12 zusammengestellten Regeln.

Mittelwertvergleich Bei der Anwendung der Mittelwertregeln auf klassierte Häufigkeitsverteilungen muss man beachten, dass es bei ihnen einen häufigsten und einen dichtesten Wert gibt, die bei schiefen Verteilungen nicht identisch sein müssen (siehe 1.b). Hier kann man den häufigsten oder den dichtesten Wert oder beide verwenden, um zu einem korrekten Ergebnis zu kommen.

Es gilt $x_d = 1500 < x_h = 2150 < x_{0,5} = 2261{,}68 < x_q = 3076{,}15$. Die Verteilung ist rechtsschief. Sie ist umso schiefer, je größer die Abstände zwischen den Mittelwerten sind. Da der Abstand zwischen x_h und $x_{0,5}$ im vorliegenden Fall nur 111,68 [€], der zwischen $x_{0,5}$ und x_q dagegen 814,47 [€] und damit ~ das 8-Fache beträgt, indiziert das moderate Schiefe in der Mitte und sehr große Schiefe oberhalb des mittleren Einkommen.

Quartilsabstandsvergleich Um den Vergleich durchzuführen, braucht man die darin verwendeten Quartilsabstände. Tabelle 3.13 enthält im oberen Teil die zentralen und im unteren Teil die Randquartilsabstände mit Notation, Formel, Ergebnis der Formelanwendung, Vergleich und Verteilungsformindikation. Auf die Beschreibung der sehr einfachen Formelumsetzung wird verzichtet.

5.b Schiefemaße

Schiefemaße nach Pearson Die Schiefemaße nach Pearson verwenden konzeptionell die Verteilungsformregeln der Mittelwerte und relativieren sie durch Bezug auf die Streuung.

Tab. 3.12 Verteilungsformregeln

Vergleichsart	Verteilungsform		
	Symmetrisch	Rechtsschief	Linksschief
Mittelwerte	$x_d = x_{0,5} = x_q$	$x_d \leq x_{0,5} \leq x_q$	$x_d \geq x_{0,5} \geq x_q$
Quartilabstände	$QA_u^Z = QA_o^Z$ u. $QA_u^R = QA_o^R$	$QA_u^Z < QA_o^Z$ u. $QA_u^R < QA_o^R$	$QA_u^Z > QA_o^Z$ u. $QA_u^R > QA_o^R$

Tab. 3.13 Quartilabstandsvergleich

Name	Notation	Formel	Wert	Vergleich	Aussage
Unterer zentraler Quartilabstand	QA_u^z	$x_{0,5} - x_{0,25}$	874,91	$QA_o^z > QA_u^z$	Rechtsschiefe Verteilung
Oberer zentraler Quartilabstand	QA_o^z	$x_{0,75} - x_{0,5}$	1214,55		
Unterer Randquartilabstand	QA_u^R	$x_{0,25} - x_{min}$	1386,77	$QA_o^R > QA_u^R$	Rechtsschiefe Verteilung
Oberer Randquartilabstand	QA_o^R	$x_{max} - x_{0,75}$	14.523,78		

Dadurch sind sie dimensionslos mit einem normierten Wertebereich zwischen 0 und 1. Tabelle 3.14 enthält zwei gängige Maße mit Notation, Formel, Ergebnis der Formelanwendung und Interpretation. Auf die Beschreibung der sehr einfachen Formelumsetzung wird verzichtet.

Schiefemaß auf der Basis zentraler Momente Ein zentrales Moment ist konzeptionell die durchschnittliche potenzierte Abweichung der Beobachtungswerte von einem Mittelwert mit r als Potenz und dem arithmetischen Mittel als Mittelwert. Für klassierte Daten ergibt sich daraus folgende für zentrale Momente ganz allgemein gültige Formel:

$$m_{\bar{x}}^r = \sum_{k=1}^{K} \left(x_k^M - \bar{x} \right)^r \cdot f_k.$$

Das Schiefemaß auf der Basis zentraler Momente ist wie die Maße von Pearson konzeptionell eine relative und dimensionslose Größe. Bei ihr wird das 3. zentrale Moment ins Verhältnis zur entsprechend potenzierten Streuung gesetzt, formal:

$$S_{Mz} = \frac{m_{\bar{x}}^3}{S^3}.$$

Es steht in Excel bei klassierten Daten nicht als statistische Funktion zur Verfügung, so dass die Berechnung durch Umsetzung der Formel vorzunehmen ist. Im Nenner steht die bereits ermittelte Standardabweichung, die nur zu potenzieren ist. Man erhält als Ergebnis $S^3 = 25,818 \cdot 10^9 \ [\text{€}^3]$.

Tab. 3.14 Schiefemaße nach Pearson

Ansatz	Notation	Formel	Wert	Interpretation
Mit dichtestem Wert	S_P^{Mod}	$S_P^{Mod} = \frac{\bar{x} - x_d}{S}$	0,53	Rechtsschief, mittel
Mit Median	S_P^{Med}	$S_P^{Med} = \frac{3 \cdot (\bar{x} - x_{0,5})}{S}$	0,83	Rechtsschief, stark

	A	B	C	D	E	F	G	H
109		Klassen-	K-Mitte	Anteil	Abw. potenziert		Durchschnittswert	
110		nummer	[€]		[€³]		[€³]	
111		k	x_k^M	f_k	$(x_k^M - x_{quer})^3$		$(x_k^M - x_{quer})^3 * f_k$	
112		1	650	0,2209	-14.280.858.970		-3.155.021.669,83	
113		2	1.500	0,1340	-3.915.568.012		-524.786.316,30	
114		3	2.150	0,2324	-794.415.343		-184.635.585,64	
115		4	3.100	0,1856	13.562		2.517,17	
116		5	4.300	0,1326	1.833.081.733		242.975.511,55	
117		6	11.500	0,0945	597.766.366.577		56.474.650.344,71	
118		Summe		1,0000			52.853.184.801,66	

Abb. 3.20 Berechnung des 3. zentralen Moments

Im Zähler steht das 3. zentrale Moment, dessen Formelumsetzung in einer gesonderten Arbeitstabelle vorzunehmen ist, so wie in Abb. 3.20 dargestellt.

Das Ergebnis ist die Summe in der letzten Tabellenspalte: $52,853 \cdot 10^9$ [€³].

Durch Division beider Werte erhält man den Wert 2,05. Dieser kennzeichnet – da positiv – eine rechtsschiefe Verteilung. Über das Ausmaß der Schiefe liefert die Zahl für sich allein genommen wegen des unbegrenzten Wertebereichs keine zuverlässige Aussage.

5.c Eignungswürdigung

Bei quantitativen und metrisch skalierten Merkmalen wie dem Einkommen sind alle verwendeten Ansätze statistisch zulässig. Die Schiefeindikatoren ermöglichen sehr schnell kategoriale Aussagen, das Ausmaß der Schiefe lässt sich darüber hinaus aber nur durch Vergleiche der Kenngrößenabstände abschätzen (siehe exemplarisch beim Mittelwertvergleich).

Dagegen liefern Schiefemaße Zahlen, die Art und Ausmaß der Schiefe in einer Zahl angeben. Dabei haben die Schiefmaße von Pearson für den Anwender den Vorteil, dass sie in der Regel das Ausmaß der Schiefe in einem normierten Wertebereich zwischen 0 und 1 bemessen, so dass man die Ergebnisse gut interpretieren und vergleichen kann. Dagegen ist das Schiefemaß mit dem 3. zentralen Moment zwar das genaueste, aber wegen seines unbegrenzten Wertebereichs vergleichsweise schwierig zuverlässig zu interpretieren. In Anwenderkreisen werden daher die Schiefemaße nach Pearson häufig vorgezogen.

6. Box Plot für Verteilung in 2011

Diagrammerstellung Die Erstellung eines Box-Plots ist in Abschn. 3.1 Aufgabe „Personalkenngrößen" unter 7. im Einzelnen beschrieben und kann hier analog vollzogen werden. Man erhält das in Abb. 3.21 dargestellte Ergebnis.

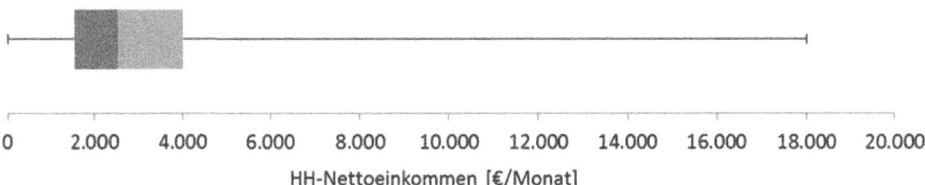

Abb. 3.21 Box-Plot der Einkommensverteilung 2011

Verteilungscharakteristika Direkt ablesbar ist der relevante Wertebereich der hier betrachteten Haushalte und damit implizit auch die Spannweite der Einkommen (18.000 €).
Dazu kommt bei detaillierter Skalierung das Einkommen, das von den 25 % ärms-
ten/reichsten Haushalten nicht überschritten/unterschritten wird ($\sim 1545\,€/\sim 4014\,€$)
sowie das Einkommen der Hälfte aller Haushalte ($\sim 2535\,€$). Die Box selbst enthält die
mittleren 50 % aller Haushalte, die ein monatliches Nettoeinkommen zwischen ~ 1545
und $4014\,€$ hatten. Die Box liegt im gesamten relevanten Wertebereich nicht mittig, sondern sehr stark nach links zu den kleineren Einkommen hin verschoben. Das kennzeichnet
eine sehr stark rechtsschiefe Verteilung. Auch innerhalb der Box sind deren beiden Teile –
getrennt durch den Median – nicht gleich lang. Das bedeutet, dass bereits bei den mittleren
50 % aller Haushalte das Einkommen rechtsschief verteilt ist, wenn auch nur moderat.

7. Grafischer Verteilungsvergleich

Um die Bilder beider Einkommensverteilungen gut miteinander vergleichen zu können,
sollte man sie direkt unter einander platzieren und so vergrößern/verkleinern, dass die
relevanten Wertebereiche der Einkommensachse gleich lang sind und deren Extremwerte
an den gleichen Stellen liegen. Das ist in der Excel-Musterlösung so geschehen, wird hier
aber aus Platzgründen nicht visualisiert.

Nach unseren Erfahrungen lassen sich aus der Gegenüberstellung von Diagrammen
strukturelle und quantitative Gemeinsamkeiten und Unterschiede im allgemeinen optisch
ganz gut grob herauslesen. Im vorliegenden Fall gelingt das jedoch leider kaum, da die
Darstellungsformen zu unterschiedlich sind.

So kann man – wenn man Lage und Schiefe betrachtet – zwar als Gemeinsamkeiten
den gleichen relevanten Wertbereich und die Rechtsschiefe klar erkennen. Doch schon die
einfachen Fragen, ob auch die Streuung der mittleren 50 % größenordnungsmäßig gleich
geblieben ist oder ob die Einkommensverteilung im Betrachtungzeitraum etwa schiefer
geworden ist, lassen sich optisch leider nicht beantworten. Und bei den so wichtigen Mittelwerten ist wegen der Diagrammtypen ein Vergleich gar nicht möglich, da diese darin
nicht gleichermaßen vorkommen. So ist man in diesem Fall zum Vergleich schwerpunktmäßig auf die Kenngrößen angewiesen.

8. Kenngrößenvergleich

Zur Durchführung des Vergleichs werden die Kenngrößen der beiden Einkommensverteilungen zunächst in einer geeigneten Tabelle **systematisch gegenübergestellt**, so wie in der folgenden Tabelle in den ersten drei Spalten. Der eigentliche **statistische Vergleich** besteht dann schwerpunktmäßig in der Ermittlung der **Unterschiede**, die zwischen den Zahlen der Vergleichsobjekte bestehen. Dabei wird beim **Zeitvergleich** stets die weiter zurück liegende Zeiteinheit – hier das Jahr 2002 – als **Basiszeit** genommen und die aktuellere Zeiteinheit – hier das Jahr 2011 – als **Berichtszeit** auf die Basis bezogen.

Ermittlung der Veränderungen Beim Zeitvergleich ist der Unterschied zwischen den Vergleichsobjekten die **Veränderung**, die zwischen der Basiszeit und der Berichtszeit stattgefunden hat. Dabei interessiert sowohl die **absolute** als auch die **relative** Veränderung. Diese ermittelt man mit folgenden Formeln:

$$\text{abs. Veränderung} = \text{Wert}_{\text{Berichtsz.}} - \text{Wert}_{\text{Basisz.}},$$

$$\text{rel. Veränderung}\,[\%] = \frac{\text{absolute Veränderung}}{\text{Wert}_{\text{Basisz.}}} \cdot 100.$$

Auf die Beschreibung der Umsetzung der einfachen Formeln wird verzichtet. Tabelle 3.15 enthält in den letzten beiden Spalten die Ergebnisse.

Interpretation In der Tabelle sind die Kenngrößen, bei denen es keine Veränderung gab oder die zur Quantifizierung von aussagefähigen Veränderungen im vorliegenden Fall weniger geeignet sind, grau markiert und können vernachlässigt werden. Somit lassen sich die wesentlichen Veränderungen in der Verteilung der HH-Nettoeinkommen in Deutschland zwischen 2002 und 2011 wie folgt systematisch quantifizieren:

Die Einkommensober-/untergrenze der 25 % ärmsten/reichsten Haushalte ist im Betrachtungszeitraum um 158,39 [€/Monat] bzw. 11,42 %/538,18 [€/Monat] bzw. 15,48 % gestiegen. Damit hat sich die Einkommenssituation der 25 % ärmsten Haushalte insgesamt weniger verbessert als die der 25 % reichsten Haushalte.

Das häufigste Einkommen ist im Betrachtungszeitraum um 200 [€/Monat] bzw. 9,3 % gesunken. Dieses Vergleichsergebnis erscheint überraschend, beruht aber auf einer Änderung der Einkommensklassen, die zwischen den Erhebungen stattgefunden hat. Dabei wurden die Klassen 2 und 3 der Ausgangsdaten von 2002 ab 2004 zu einer Klasse zusammengelegt, wodurch die rechentechnische Mitte dieser neuen, sehr breiten Klasse zwangsläufig reduziert wurde. Dies hat aber keinen Einfluss auf die Erhöhung aller relevanten Mittelwerte. So ist im Betrachtungszeitraum das dichteste Einkommen um 450 [€/Monat] bzw. 30 %, das mittlere um 273,07 [€/Monat] bzw. 12,07 % und das Durchschnittseinkommen um 549,09 [€/Monat] bzw. 17,58 % gestiegen.

Tab. 3.15 Histogramm-Dichtetabelle (Ausschnitt)

Lagemaße			Veränderung	
Größe	2002	2011	absolut	relativ [%]
x_{min} [€]	0,00	0,00	0,00	#DIV/0!
x_{max} [€]	18.000,00	18.000,00	0,00	0
$x_{0,25}$ [€]	1.386,77	1.545,16	158,39	11,42
$x_{0,75}$ [€]	3.476,22	4.014,41	538,18	15,48
Mittelwerte			absolut	relativ [%]
x_h [€]	2.150,00	1.950,00	-200,00	-9,30
x_d [€]	1.500,00	1.950,00	450,00	30,00
$x_{0,50}$ [€]	2.261,68	2.534,75	273,07	12,07
x_q [€]	3.076,15	3.625,24	549,09	17,85
Streuungsmaße			absolut	relativ [%]
SW [€]	18.000,00	18.000,00	0,00	0,00
QA0,5 [€]	2.089,45	2.469,25	379,80	18,18
DAA [€]	1.925,00	2.416,17	491,17	25,52
DRA [%]	62,58	66,65	4,07	6,50
MAA [€]	1.782,68	2.183,49	400,81	22,48
MRA [%]	78,82	86,14	7,32	9,29
Varianz	8.735.512,88	11.392.587,88	2.657.075	30,42
SA [€]	2.955,59	3.375,29	419,70	14,20
VK [%]	96,08	93,11	-2,98	-3,10
Schiefemaße			absolut	relativ [%]
S_P^{Mod}	0,31	0,50	0,18	58,39
S_P^{Med}	0,83	0,97	0,14	17,24
S_{Mz}	2,05	1,61	-0,44	-21,36

Was die Streuung angeht, wurde schon festgestellt, dass sich die gesamte Einkommens-spanne der betrachteten Haushalte nicht geändert hat, wohl aber die der mittleren 50 %. Deren Spanne hat sich um 379,80 [€/Monat] bzw. 18,18 % vergrößert. In die selbe Richtung und Größenordnung weisen die Streuungsveränderungen von der Mitte aus berechnet. So hat die durchschnittliche Abweichung vom mittleren Einkommen um 400,81 [€/Monat] bzw. 22,48 % und die standardmäßige vom Durchschnittseinkommen um 419,70 [€/Mo-nat] bzw. 14,2 % zugenommen.

Bei der Schiefe liefern alle Maßgrößen positive Werte, also rechtsschiefe Verteilungen.

Allerdings unterscheiden sich die Ergebnisse markant hinsichtlich des Ausmaßes der Schiefe sowie der Richtung und des Umfangs der Veränderung. Nach den Schiefemaßen von Pearson hat die Rechtsschiefe im Betrachtungszeitraum zugenommen, nach dem Maß mit den zentralen Momenten dagegen abgenommen. Gerade bei dergestalt unterschiedli-chen und widersprüchlichen Ergebnissen zeigt sich die Bedeutung der Eignungswürdigung von Ansätzen, möglichst vor, aber spätestens nach Abschluss der Analysen. Unseres Erachtens sind für grundlegende Analysen die Schiefemaße von Pearson wegen des normierten Wertebereichs und der einfachen Ermittlung zu empfehlen, wobei der Maßgröße mit dem Modus wegen der größeren Schiefesensibilität der Vorzug zu geben ist. Danach war die Schiefe der Einkommensverteilung in 2002 mit dem Wert von 0,31 moderat und in 2011 mit dem Wert von 0,5 noch mittelmäßig, die relative Zunahme der Schiefe in dem Betrachtungszeitraum mit über 58 % jedoch erheblich.

Abschließend ist noch zu bemerken, dass man beim Zeitvergleich von Geldgrößen die nominalen Werte vorab stets um die Inflation bereinigen sollte, um die realen Werte miteinander vergleichen zu können. Dies ist im vorliegenden Fall nicht geschehen, was bei der Interpretation und Bewertung der hier ermittelten Vergleichsergebnisse noch zu berücksichtigen wäre.

3.3 Übungsaufgaben

3.3.1 Aufgabe „Teekenngrößen"

Die folgende Tabelle enthält Angaben über alle Teeladungen, die für die Firma HANSETEE-Import & Export im Hamburger Hafen im letzten Monat gelöscht worden sind (Werte fiktiv).

Lieferung Nr.	Herkunftsland	Güteklasse	Preis [€/kg]
1	CN	IIa	3,65
2	IN	Ib	4,45
...			
24	JP	IIa	4,09
25	IN	IIa	3,27

Verschlüsselungslegende

Merkmal	Merkmalswerte	Erläuterung	Codierung
	IN	Indien	1
	ID	Indonesien	2
Herkunftsland	CN	China	3
	JP	Japan	4
	SO	Sonstiges	5
	Ia		1
	Ib		2
Güteklasse	IIa		3
	IIb		4
	III		5

Der neue Einkaufsleiter der Firma möchte einen kompakten zahlenmäßigen Überblick über die in der Tabelle dargestellten Aspekte des operativen Teeeinkaufs und beauftragt seinen Assistenten mit einer entsprechenden Analyse.

Aufgabenstellungen

1. Wählen Sie für jedes Merkmal die charakterisierungsfähigen und relevanten Verteilungsaspekte begründet aus.
2. Lagemaße und Mittelwerte
   a) Wählen Sie für jedes Merkmal die im vorliegenden Fall geeigneten Kenngrößen begründet aus.
   b) Ermitteln Sie für jedes Merkmal die ausgewählten Kenngrößen.
3. Streuungsmaße
   a) Wählen Sie für die hinsichtlich der Streuung charakterisierungsfähigen Merkmale die im vorliegenden Fall geeigneten Kenngrößen begründet aus.
   b) Ermitteln Sie für diese Merkmale die ausgewählten Kenngrößen.
4. Schiefeindikatoren und -maße
   a) Wählen Sie für die hinsichtlich der Schiefe charakterisierungsfähigen Merkmale die im vorliegenden Fall geeigneten Kenngrößen begründet aus.
   b) Ermitteln Sie für diese Merkmale die ausgewählten Kenngrößen.
5. Führen Sie für alle Merkmale eine vollautomatische Kenngrößenermittlung durch. Klären Sie jeweils mit kurzen Begründung, welche Ergebnisse nicht brauchbar und welche nur bedingt geeignet sind und welche sinnvollen Kenngrößen fehlen
6. BOX-PLOT-Diagramm
   a) Erstellen Sie den BOX-PLOT der jeweiligen Verteilung.
   b) Was können Sie aus den Diagrammen an charakteristischen Aspekten und Kenngrößen der jeweiligen Verteilung ablesen und ermitteln?
7. EXECUTIVE SUMMARY
   Fassen Sie die wichtigsten Ergebnisse ihrer quantitativen Datenanalyse in einer auch für einen statistischen Laien geeigneten Weise kurz und bündig zusammen.

3.3.2   Aufgabe „Gefährdete Kredite"

In einer Bank wurde bei den 300 als gefährdet eingestuften Krediten des letzten Geschäftsjahres (Kreditart A) die Kredithöhe ermittelt und wie folgt aufbereitet.

Kredithöhe [TEUR] über ... bis einschließlich ...		Anteil [%]
0	10.000	12,33
10.000	25.000	36,67
25.000	75.000	36,33
75.000	150.000	13,67
150.000	200.000	1,00

Aufgabenstellungen

1. Stellen Sie die Häufigkeitsverteilung in zwei gängigen Formen grafisch dar, deren Auswahl Sie kurz begründen. Nennen, vergleichen und diskutieren Sie die aus dem Diagramm ablesbaren Verteilungscharakteristika.
2. Lagemaße und Mittelwerte
   a) Nennen Sie die wichtigsten Lagemaße und Mittelwerte und wählen Sie davon die
      Ihrer Meinung nach im vorliegenden Fall geeigneten begründet aus.
   b) Ermitteln Sie nachvollziehbar die Werte der ausgewählten Maßgrößen.
3. Streuungsmaße
   a) Nennen Sie die wichtigsten Streuungsmaße und wählen Sie davon die Ihrer Mei-
      nung nach im vorliegenden Fall geeigneten begründet aus.
   b) Ermitteln Sie nachvollziehbar die Werte der ausgewählten Maßgrößen.
4. Schiefeindikatoren und -maße
   a) Nennen Sie die wichtigsten Schiefeindikatoren und -maße und wählen Sie davon
      die Ihrer Meinung nach im vorliegenden Fall geeigneten begründet aus.
   b) Ermitteln Sie nachvollziehbar die Werte der ausgewählten Indikatoren und Maß-
      größen.
5. BOX-PLOT
   a) Erstellen Sie den BOX-PLOT der Verteilung.
   b) Welche Verteilungscharakteristika können Sie aus dem Diagramm ablesen und er-
      mitteln?
6. Die 700 kaum gefährdeten Kredite des letzten Geschäftsjahres (Kreditart *B*) wurden
   analog klassiert und man ermittelte die im Folgenden aufgeführten Kenngrößen.

Kenngröße	Wert [TEUR]	Kenngröße	Wert [TEUR]
Kleinster Wert	0,00	Spannweite	200,000
Größter Wert	200,00	Zentraler Quartilabstand	35,564
Unteres Quartil	14,63	Mittlere absolute Abweichung	20,384
Oberes Quartil	50,50	Standardabweichung	44,781
Modus	17,50	Schiefe nach PEARSON S_P^{Mod}	0,378
Median	23,07	Schiefe nach PEARSON S_P^{Med}	0,761
Arithmetisches Mittel	34,43	Schiefe 3. zentrales Moment S_{Mz}	0,355

a) Stellen Sie die beiden Kreditklassenverteilungen zwecks Vergleich in geeigneter Form graphisch gegenüber. Nennen und begründen Sie kurz die gewählte Darstellungsform.

b) Stellen Sie die wesentlichen Verteilungsunterschiede und ihre inhaltliche Bedeutung für die beiden Kreditklassen heraus.

c) Wie hoch ist der durchschnittliche Kreditbetrag aller betrachteten Kredite?

Konzentrationsanalysen 4

In der Wirtschaft kommt dem Phänomen der Konzentration eine immer größere Bedeutung zu. Aktuelle Diskussionen um Gerechtigkeitslücken etwa bei Einkommen und Vermögen sowie um Marktbeherrschung und Beschäftigungsabbau durch Konzentration von Unternehmen auf Märkten machen dies deutlich. Aber auch betriebswirtschaftlich ist Konzentration interessant und relevant, wie die in der Praxis weithin bekannte und benutzte ABC-Analyse belegt.

Fundierte Diskussionen und Entscheidungen sind auch bei diesem Thema auf Zahlen angewiesen, um die quantitative Seite des Phänomens systematisch und sachgerecht zu erfassen und darzustellen. Die hier behandelten Grundzüge der gängigen Konzentrationsanalysen zeigt folgende Übersicht.

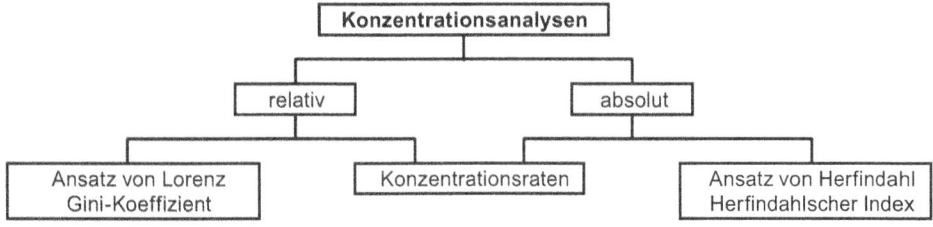

Relative Analysen messen die Konzentration durch **Anteile** und damit unabhängig von der Größe der Masse. Sie sind gängig bei der Konzentration von **Einkommen und Vermögen**. Dabei ist die Konzentration umso größer, je geringer der Anteil der statistischen Einheiten ist, auf die ein größerer Anteil an dem Einkommens- bzw. Vermögensvolumen der gesamten Masse entfällt. Grundlegend ist dabei die **Lorenzanalyse**, deren Ergebnis üblicherweise durch die gleichnamige Kurve visualisiert wird. Die **Lorenzkurve** zeigt grafisch sehr anschaulich das Ausmaß der Konzentration in der gesamten Masse durch Vergleich mit der sogenannten Gleichverteilungsgeraden. Für die darüber hinaus gehende **Quantifizierung** des Ausmaßes der Konzentration benötigt man **Maßzahlen**.

J. Meißner und T. Wendler, *Statistik-Praktikum mit Excel*,
Studienbücher Wirtschaftsmathematik, DOI 10.1007/978-3-658-04187-8_4,
© Springer Fachmedien Wiesbaden 2015

Die einfachsten Konzentrationsmaßzahlen sind **Konzentrationsraten**, die in der Wirtschaftsstatistik sehr verbreitet sind. Sie geben an, welcher Wertanteil auf einen vorgegebenen Mengenanteil am **unteren oder oberen Rand** der Verteilung entfällt. Zur Quantifizierung der Konzentration **in der gesamten Masse** dient vor allem der **GINI-Koeffizient**. Er wertet die Lorenzkurve geometrisch aus und gibt das Ausmaß der Konzentration in einer Zahl zwischen 0 und 1 an.

Abschnitt 4.1 **Aufgabe „Kapitalvermögen"** beinhaltet die genannten gängigen Ansätze der relativen Konzentrationsanalyse. Ergänzend wird in einem **Zeitvergleich** die **Veränderung** der Konzentration betrachtet. Abschließend werden die Analyseergebnisse und die verwendeten Ansätze vergleichend gewürdigt.

Bei den **absoluten Analysen** spielt ergänzend die **Größe der statistischen Masse** eine wesentliche Rolle. Sie sind gängig bei der Konzentration von **Unternehmen auf Märkten**. Wenn auf einem Markt nur noch 2 Unternehmen tätig sind, die sich den Markt teilen, so herrscht auf diesem Markt – selbst wenn sie beide gleich große Marktanteile haben – trotzdem eine sehr hohe Konzentration.

Der einfachste Ansatz sind auch hier wieder **Konzentrationsraten,** allerdings solche, bei der die Anzahl der k größten Unternehmen auf einem Markt vorgegeben wird, um deren Wertanteil zu bestimmen. So sind in der Wirtschaftsstatistik Konzentrationsraten für die $k = 3$, 5 oder 10 größten Unternehmen einer Branche gängig. Zur Ermittlung der **gesamten Konzentration** auf einem Markt/in einer Branche verwendet man üblicherweise den Ansatz von **HERFINDAHL**. Er liefert mit dem gleichnamigen Index eine Konzentrationsmaßzahl zwischen 0 und 1.

Abschnitt **4.2 Aufgabe „Marktkonzentration"** enthält sowohl die bereits aus A.4.1 bekannten relativen als auch zusätzlich die hier im Fokus stehenden gängigen absoluten Konzentrationsanalysen. Den Abschluss bildet der Vergleich aller Analyseergebnisse und die begründete Würdigung, welche der verwendeten Ansätze im vorliegenden Fall am besten und welche am schlechtesten geeignet sind, die Markkonzentration akkurat widerzugeben.

4.1 Aufgabe „Kapitalvermögen"

Eine ländliche Sparkassenfiliale ermittelte das bei ihr vorhandene Kapitalvermögen von 50 zufällig ausgewählten Kunden. Am Ende der Jahre t_0 und t_1, die 10 Jahre auseinander liegen, erhielt man folgende Vermögensverteilungen:

| Kapitalvermögen [Tsd. €] | | Anzahl der Kunden | |
Über ... bis einschließlich		t_0	t_1
0	25	8	10
25	50	18	20
50	100	16	10
100	200	8	8
200	500	0	2

4.1.1 Aufgabenstellungen

1. Stellen Sie die beiden Vermögensverteilungen zu Vergleichszwecken in geeigneter Form **grafisch** dar. Was können Sie aus den Diagrammen an Verteilungscharakteristika (und deren Veränderung) ablesen und was sagt ihnen das über die Konzentration (und deren Veränderung)?
2. Ermitteln Sie nachvollziehbar in einer **Tabelle** die für eine **Lorenzsche Konzentrationsanalyse** nötigen Größen.
3. Stellen Sie die **Ergebnisse** ihrer Lorenzanalysen in **einem Diagramm** in geeigneter Form grafisch dar.
   Markieren Sie darin die Änderung der Konzentration.
   Interpretieren Sie das Diagramm sachgerecht.
4. Ermitteln Sie nachvollziehbar die **GINI-Koeffizienten** und deren Veränderung in den 10 Jahren.
5. Wie groß sind die **Konzentrationsraten der 20 % Kunden** mit dem geringsten und dem größten Geldvermögen bei der Sparkasse und wie haben sich diese Konzentrationsraten in den 10 Jahren verändert?
6. Fassen Sie die Ergebnisse der ermittelten Konzentrationsmaßgrößen in einer Vergleichstabelle zusammen und stellen Sie die tendenziell ähnlichen und unterschiedlichen Aussagen heraus.
   Welche der verwendeten Maßgrößen halten Sie im vorliegenden Fall für am besten und welche für am wenigsten geeignet und warum?

LERNINHALTSÜBERSICHT	
STATISTIK	**EXCEL**
1. Visualisierung der Vermögensverteilungen	
a) Diagrammtypauswahl	
b) Diagrammerstellung	Säulendiagramm und Histogramm
c) Verteilungsvergleich und Konzentration	
2. Lorenzanalysen (Tabelle)	**Arbeitstabelle, Formeln**
3. Lorenzkurven	
a) Diagrammerstellung	**Kurvendiagramm**
b) Diagramminterpretation	
4. GINI-Koeffizienten	
a) Ermittlung	**Arbeitstabelle, Formeln**
b) Veränderung	**Formeln**
5. Konzentrationsraten	
a) Ermittlung	
- Tabellarisch	
- Grafisch	
- Interpolationsrechnung	**Formeln**
b) Veränderung	**Formeln**
6. Ergebnis- u. Methodenvergleich/-würdigung	

Abb. 4.1 Verteilungsvergleich
(Säulendiagramm)

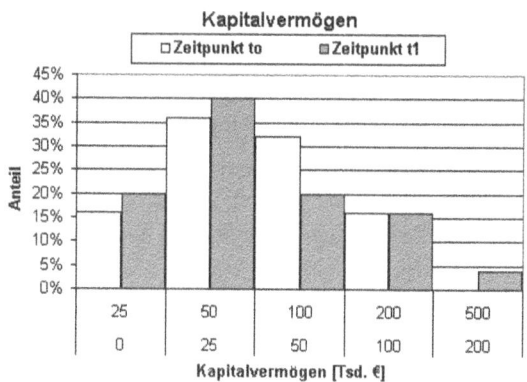

4.1.2 Aufgabenlösungen

1. Visualisierung der Vermögensverteilungen

1.a Diagrammtypauswahl

Klassierte Häufigkeitsverteilungen werden standardmäßig mit Säulendiagrammen visualisiert. Bei ungleich breiten Klassen ist das HISTOGRAMM akkurater.

1.b Diagrammerstellung

1.b.α Säulendiagramm Zu Vergleichszwecken verwendet man die dafür in der Regel besser geeigneten **relativen Häufigkeiten**. Ergänzend sind hier für den **direkten Vergleich** zwei Datenreihen in einem Diagramm unterzubringen und zu beschriften und die Beschriftung muss als Legende im Diagramm sichtbar sein. Dies ist in Abschn. 2.3 Aufgabe „Kaltmiete" in Teilaufgabe 4.b im Einzelnen beschrieben. Man erhält das in der Abb. 4.1 gezeigte Diagramm.

1.b.β Histogramm Die nötigen Datenvorbereitungen zur Erstellung eines HISTO-GRAMMS sind in Abschn. 2.3 Aufgabe „Kaltmiete", Teilaufgabe 2.b im Einzelnen beschrieben und hier analog vorzunehmen. In der EXCEL-Musterlösung sind sie nachvollziehbar dargestellt. Mit den vorbereiteten Daten erstellt man die in der Abb. 4.2 visualisierten Histogramme.

1.c Verteilungsvergleich und Konzentration

Aus statistischer Sicht charakterisiert und vergleicht man Verteilungen standardmäßig im Hinblick auf Lage, Mitte, Streuung und Schiefe. Zur Quantifizierung dieser Aspekte gibt es eine Reihe von Ansätzen und Maßgrößen, die für klassierte Daten in Abschn. 3.2 Aufgabe „Haushaltseinkommen" ausführlich behandelt werden. Wir wollen an dieser Stelle nur einen groben **qualitativen Vergleich** vornehmen und eruieren, ob und inwieweit die

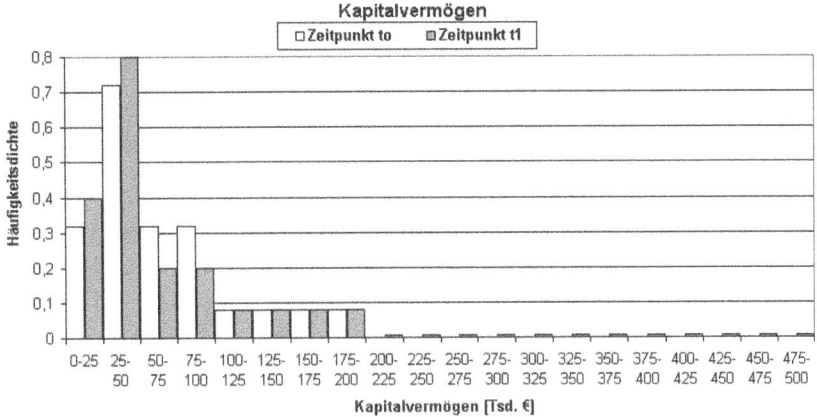

Abb. 4.2 Verteilungsvergleich (Histogramm)

tendenziellen Vergleichsaussagen auch Aussagen über das tendenzielle Ausmaß und die tendenzielle Veränderung der Konzentration ermöglichen. Dazu benutzen wir vor allem das grafisch korrekte HISTOGRAMM.

Danach unterscheiden sich die beiden Verteilungen zunächst einmal ganz wesentlich durch die **Streuung.** Während das relevante Vermögen vor 10 Jahren nur bis 200 [Tsd. €] ging, lag es im letzten Jahr bei bis einschl. 500 [Tsd. €]. Diese massive Ausweitung des relevanten Wertebereichs – und zwar ausschließlich in Richtung höherer Werte – indiziert eine Zunahme der Konzentration, und zwar bei Kunden in der höchsten Vermögensklasse, die es vor 10 Jahren noch nicht gab.

Dagegen haben beide Verteilungen eine für Einkommen und Vermögen ganz allgemein typische **Verteilungsform:** sie sind **eingipflig** und **rechtsschief.** Dabei ist die häufigste Vermögensklasse gleich geblieben: sie liegt unverändert bei über 25 bis einschließlich 50 [Tsd. €]. Das grafisch sichtbare **Ausmaß der Schiefe** ist insgesamt beträchtlich. Ob die Schiefe in den letzten 10 Jahren zugenommen oder abgenommen hat, lässt sich grafisch nur schwer eindeutig beurteilen und müsste letztlich durch Berechnung und Vergleich einschlägiger Schiefemaße verbindlich geklärt werden. Die Zunahme der Häufigkeiten bei den unteren Vermögensklassen (bis 50 Tsd. €) bei gleichzeitiger Abnahme derselben in den mittleren Vermögensklassen (über 50 bis einschl. 100 Tsd. €) indiziert jedoch ebenfalls stärkere Konzentration, u. z. bei den unteren Vermögensklassen durch Rückgang bei den mittleren.

Insgesamt kann man aus einer standardmäßigen Verteilungs- und Kenngrößenanalyse also Tendenzaussagen über die Konzentration und aus einem entsprechenden Vergleich solche über die Veränderung der Konzentration ableiten. Allerdings sind die aus verschiedenen Verteilungsaspekten ableitbaren Aussagen zur Konzentration nicht immer eindeutig, identisch und widerspruchsfrei. Darüber hinaus ist es kaum möglich, die qualitativen Tendenzaussagen zu spezifizieren, d. h. das Niveau der Konzentration sowie

Klassen-nummer	Vermögen [Tsd.€]		K-Mitte [Tsd. €]	Mengenaspekt			Wertaspekt		
	über	bis einschl.		absolut	relativ	rel. kum.	absolut	relativ	rel. kum.
k	x_k^u	x_k^o	x_k^M	h_k	f_k	F_k	$x_k^M * h_k$	a_k	A_k

Abb. 4.3 Aufbauschema der Ausgangsdaten- und Arbeitstabelle für die Lorenzanalyse

Richtung und Ausmaß ihrer Veränderung numerisch und nachvollziehbar anzugeben. Dazu benötigt man spezifisch geeignete Analyseansätze und -maßgrößen, die durch geeignete Konzentrationsanalysen bereitgestellt werden. Die grundlegende Konzentrationsanalyse für Einkommen- und Vermögensverteilungen ist dabei die Lorenzanalyse.

2. Lorenzanalysen (Tabelle)

Die im Sachstand gegebenen Daten werden in gewohnter Weise in eine Tabelle übertragen. Dabei sind für die Lorenzanalyse einige Besonderheiten zu beachten.

Aufbau der Ausgangsdatentabelle Die Tabelle enthält bei klassierten Daten typischerweise eine zusätzliche Spalte für die Klassennummern (vor der Merkmalsspalte) und bei der Lorenzanalyse ergänzend eine Spalte für die „rechentechnischen Klassenmitten" (nach der Merkmalsspalte). Für die spätere grafische Darstellung der Analyseergebnisse ist es sinnvoll, zwischen der Kopfzeile und den Daten in den Klassen eine Zeile unbeschriftet zu lassen und sie mit NULLEN zu versehen, so wie in der Abb. 4.4 dargestellt.

Aufbau der Arbeitstabelle Die Lorenzanalyse ist eine **relative** Analyse und besteht im Kern aus der Ermittlung und dem Vergleich von **Mengen- und Wertanteilen**. Die Mengenanteile entsprechen den relativen Häufigkeiten, die Wertanteile quantifizieren den Anteil vom Gesamtvermögenswert, der auf die jeweils betrachtete Klasse entfällt. Mengen- und Wertanteile sind zunächst für jede Klasse einzeln und dann aufsteigend summiert zu ermitteln. Entsprechend erscheint als Fortsetzung der Ausgangsdatentabelle für die Lorenzanalyse der in der Abb. 4.3 rechts dargestellte Aufbau sinnvoll.

Ermittlung der Werte Die Werte der Ausgangsdatentabelle sind überwiegend einzugeben, **alle übrigen Werte** sind durch **Anwendung geeigneter Formeln** zu berechnen. Die zur Werteermittlung der Größen nötigen Formeln sind im Folgenden zusammengestellt.

Größe				Formel
Fachbezeichnung	Erläuterung	Symbol		
Absoluter Merkmalsbeitrag	Vermögenswert in Klasse k			$x_k^M \cdot h_k$
Relativer Merkmalsbeitrag	Vermögensanteil in Klasse k	a_k		$\dfrac{x_k^M \cdot h_k}{\sum\limits_{i=1}^{K} x_i^M \cdot h_i}$
Kumulierter relativer Merkmalsbeitrag	Vermögensanteil bis einschließlich Klasse k	A_k		$\sum\limits_{i=1}^{k} a_i$

Klassen-nummer	Vermögen [Tsd. €]		K-Mitte [Tsd. €]	Mengenaspekt			Wertaspekt		
	über	bis einschl.		absolut	relativ	rel. kum.	absolut	relativ	kumuliert
k	x_k^u	x_k^o	x_k^M	h_k	f_k	F_k	$x_k^M * h_k$	a_k	A_k
	0	0	0,0	0	0,00	0,00	0	0,0000	0,0000
1	0	25	12,5	10	0,20	0,20	125	0,0355	0,0355
2	25	50	37,5	20	0,40	0,60	750	0,2128	0,2482
3	50	100	75,0	10	0,20	0,80	750	0,2128	0,4610
4	100	200	150,0	8	0,16	0,96	1.200	0,3404	0,8014
5	200	500	350,0	2	0,04	1,00	700	0,1986	1,0000
Summe				50	1,00		3.525	1,0000	

Abb. 4.4 Lorenzanalyse für den Zeitpunkt t_1

Die Formeln gibt man jeweils in die Zelle ein, die sich am Schnittpunkt der Zeile der ersten Klasse und der betrachtete Spalte befindet und kopiert sie danach in die darunter liegenden Zellen. Die Formeln sind so einfach, dass ihre Anwendung hier nicht beschrieben wird. Bei Bedarf kann man sich die korrekte Formelanwendung in der EXCEL-Musterlösung ansehen. Die Abb. 4.4 zeigt das Analyseergebnis für den Zeitpunkt t_1.

Die Analyse für den Zeitpunkt t_0 führt man analog durch. Besonders einfach und schnell geht das, in dem man die obige Tabelle kopiert und etwas tiefer im selben Tabellenblatt wieder einfügt. Anschließend gibt man nur die für t_0 gültigen absoluten Häufigkeiten je Vermögensklasse ein und erhält automatisch alle Analyseergebnisse (siehe EXCEL-Musterlösung).

3. Lorenzkurven

Konzept Das Ergebnis einer Lorenzanalyse wird in der Regel in einer Lorenzkurve anschaulich grafisch dargestellt. Die Lorenzkurve wird in einer Quadratfläche dargestellt, die dem oberen rechten Quadranten eines durch den Nullpunkt gehenden Koordinatenkreuzes entspricht. Auf jeder der Achsen wird einer der bei der Konzentration relevanten **kumulierten Anteile** abgetragen. Auf der waagerechten Achse ist dies in der Regel der kumulierte Mengenanteil, auf der senkrechten der kumulierte Wertanteil. Da beide Anteile minimal 0 und maximal 1 sein können – bzw. anwenderfreundlich prozentual ausgedrückt minimal 0 % und maximal 100 % –, sind diese Wertepaare die Randpunkte der zu konstruierenden Lorenzkurve. Die übrigen Stützpunkte der Lorenzkurve entsprechen den Wertepaaren aus kumulierten Mengen- und Wertanteilen, die im Rahmen der Lorenzschen Analyse ermittelt worden sind. In der Arbeitstabelle stehen diese Wertepaare in den Spalten F_k und A_k. Wegen der Gleichverteilungsannahme in den Klassen ist es sachgerecht, die Stützpunkte durch Geradenstücke zu einem durchgehenden Kurvenzug zu verbinden. Zum Vergleich der Lorenzkurve mit dem idealtypischen Zustand ohne jede Konzentration ist es üblich, eine dementsprechende Kurve zusätzlich im Diagramm darzustellen. Diese Kurve ist eine Gerade und heißt Gleichverteilungsgerade.

3.a Diagrammerstellung

Als Diagrammtyp wählt man PUNKT (X,Y) und als Untertyp „Punkte mit Linien". Zur Visualisierung einer Lorenzkurve liest man als „X-Werte" die Adresse der Werte in der Spalte F_k und als „Y-Werte" die Adresse der Werte in der Spalte A_k ein. Da Summenkurven immer bei NULL beginnen, sind die **0-Werte** in der klassenlosen Zeile mit einzulesen! Zur Visualisierung der Gleichverteilungsgraden benötigt man nur 2 Wertepaare, wobei man am einfachsten deren Endpunkt (0,0) und (1,1) nimmt. Die Abb. 4.5 zeigt die Musterlösung

3.b Diagramminterpretation

Das Ausmaß der Konzentration in einer Verteilung wird in der **Abweichung** der Lorenzkurve von der Gleichverteilungsgeraden anschaulich visualisiert. Die Abweichung wird durch die von den Kurven umschlossene Fläche operationalisiert (Konzentrationsfläche). Zum Zeitpunkt t_1 ist die Lorenzkurve überall weiter von der Gleichverteilungsgeraden entfernt als zum Zeitpunkt t_0. Die Konzentration ist in t_1 also größer als in t_0. Den Unterschied

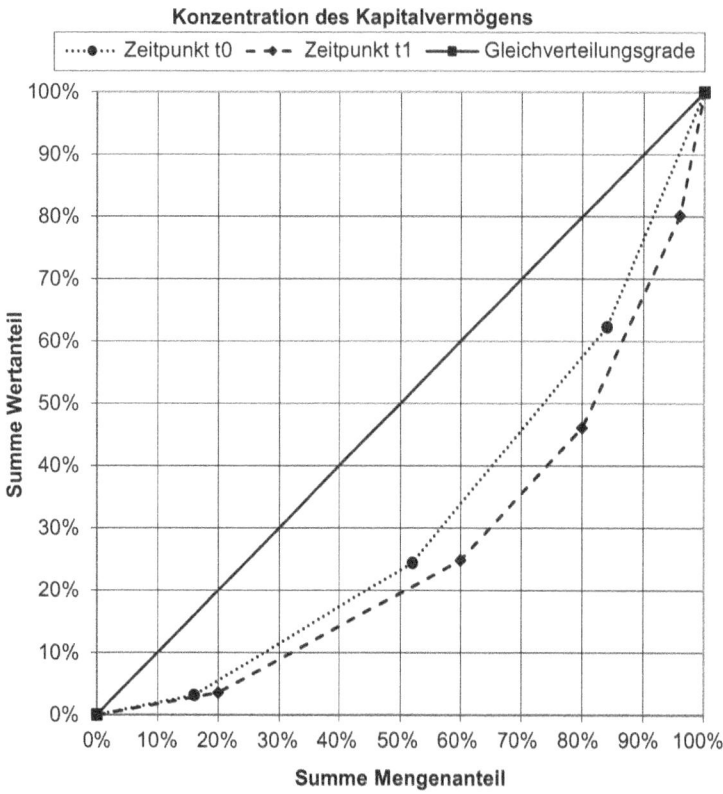

Abb. 4.5 Lorenzkurven der Vermögenskonzentration

in den Konzentrationsniveaus der beiden Zeitpunkte sieht man deutlich in der Fläche zwischen den beiden Lorenzkurven.

Wenn man die Größe dieser Fläche ins Verhältnis setzt zur Konzentrationsfläche von t_0, hat man ein Maß für das relative Wachstum der Konzentration in den 10 Jahren. Per Augenschein liegt dieses Verhältnis etwa bei $1:4$, d. h. die Konzentration in t_1 dürfte um etwa 25 Prozent größer als in t_0.

4. Gini-Koeffizienten

Der GINI-Koeffizient quantifiziert das in einem Lorenz-Diagramm sichtbare Ausmaß der Konzentration in einer Maßgröße zwischen NULL und EINS. Null bedeutet gar keine, eins maximale Konzentration. Für klassierte Daten wird hier folgende Formel für den GINI-Koeffizienten G benutzt:

$$G = 1 - \sum_{k=1}^{K} f_k \cdot (A_k + A_{k-1}).$$

4.a Ermittlung

Der GINI-Koeffizient ist in EXCEL nicht als statistische Funktion verfügbar, sondern durch Anwendung der Formel in einer Arbeitstabelle zu ermitteln. Diese muss in Erweiterung der Ausgangsdatentabelle Spalten enthalten für die in der Formel benötigten Größen f_k und A_k, deren Werte man aus der Lorenz-Analysetabelle durch kopieren übernimmt. Sie muss darüber hinaus zwei Spalten für die zu ermittelnden Werte der Terme $A_k + A_{k-1}$ und $f_k \cdot (A_k + A_{k-1})$ enthalten. Die Abb. 4.6 enthält die Berechnung des GINI-Koeffizienten für den Zeitpunkt t_0.

Der so berechnete GINI-Koeffizient kann auch im Falle höchster Konzentration nicht den Wert 1 annehmen. Den jeweils maximal möglichen Wert des GINI-Koeffizienten G^{max} ermittelt man mit der Formel:

$$G^{max} = \frac{K-1}{K},$$

wobei K die Anzahl der Klassen angibt.

Klassen-nummer	Vermögen [Tsd.€] über...bis einschl.		Mengenaspekt		Wertaspekt		Flächenberechnung für GINI-Koeffizient	
			relativ	rel. kum.	relativ	rel. kum.		
k	x_k^u	x_k^o	f_k	F_k	a_k	A_k	A_k+A_{k-1}	$(A_k+A_{k-1})*f_k$
1	0	25	0,16	0,16	0,0315	0,0315	0,0315	0,0050
2	25	50	0,36	0,52	0,2126	0,2441	0,2756	0,0992
3	50	100	0,32	0,84	0,3780	0,6220	0,8661	0,2772
4	100	200	0,16	1,00	0,3780	1,0000	1,6220	0,2595
5	200	500	0,00	1,00	0,0000	1,0000	2,0000	0,0000
Summe			1,00		1,0000			0,6409
Formeln						Maßgr.	Symbol	Wert
						GINI	G	0,3591
						Maxim.	G^{max}	0,75
						normiert	G^N	0,4488

Abb. 4.6 Berechnung des GINI-Koeffizienten für t_0

Abb. 4.7 GINI-Koeffizienten
für t_1

Maßgr.	Symbol	Wert
GINI	G	0,4635
Maxim.	G^{max}	0,80
normiert	G^N	0,5794

Bezieht man G auf G^{max} erhält man den **normierten** GINI-Koeffizienten G^N, formal:

$$G^N = \frac{G}{G^{max}}.$$

Der Anwender bevorzugt in der Regel den normierten GINI-Koeffizienten, da er das Konzentrationsniveau in dem tatsächlich möglichen Wertebereich quantifiziert.

Die mit den obigen Formeln ermittelbaren Werte sind für t_0 in Abb. 4.6 als Anhang der GINI-Berechnungstabelle dargestellt. Analoge Berechnungen sind für t_1 vorzunehmen (siehe EXCEL-Musterlösung). Man erhält die in Abb. 4.7 zusammengestellten Ergebnisse.

4.b Veränderung

Mit den Ergebnissen kann man ergänzend die in den 10 Jahren stattgefundene Veränderung des Konzentrationsniveaus quantifizieren. Aus der Lorenzanalyse wissen wir bereits, dass die Konzentration zugenommen hat und aus dem Lorenzdiagramm hatten wir eine Zunahme von ~ 25 % abgeschätzt. Zur Berechnung der absoluten und relativen Veränderungen benutzt man die Formeln lt. Tab. 4.1.

Von diesen hat die Änderungs**rate** aus mehreren Gründen die größte praktische Bedeutung und wird hier vorrangig verwendet. Die absolute Änderung ist bei Größen ohne Maßeinheit bzw. Dimension – wie hier dem GINI-Koeffizienten – in der Regel nicht anschaulich interpretierbar. Wendet man die Formeln auf die GINI-Koeffizienten von t_0 und t_1 an, erhält man die Ergebnisse in Abb. 4.8 (siehe auch EXCEL-Musterlösung).

5. Konzentrationsraten

Konzentrationsraten – nach der englischen Bezeichnung **concentration ratio** häufig mit **CR** abgekürzt – nutzen den Erfahrungstatbestand, dass die Konzentration in einer Verteilung an deren Rändern meistens besonders stark ausgeprägt ist. Sie fokussieren deshalb

Tab. 4.1 Formeln für die absolute und relative Veränderung einer Größe im Zeitvergleich

Größe	Wert der Größe in t_0	Wert der Größe in t_1	absolute Veränderung	relative Veränderung	
				Faktor	Rate[%]
Y	y_{t_0}	y_{t_1}	$d = y_{t_1} - y_{t_0}$	$q = \frac{y_{t_1}}{y_{t_0}}$	$r = \frac{d}{y_{t_0}} \times 100$

Abb. 4.8 Veränderung der
Konzentration nach GINI

K-Maß	Veränderung	
	absolut	relativ [%]
G	0,1045	29,10
G^N	0,1306	29,10

gezielt auf die statistischen Einheiten am unteren oder am oberen Ende einer Verteilung. Dabei entspricht die Konzentrationsrate dem **Wertanteil**, der auf einen vorab festzulegenden Anteil (anteilsbezogene Rate) oder eine vorab festzulegende Anzahl (anzahlbezogene Rate) der Merkmalsträger **am unteren oder oberen Rand der Verteilung** entfällt. Konzentrationsraten für den unteren Rand werden hier mit CR^k notiert, mit k als Symbol für die Merkmalsträger mit kleinen Merkmalswerten, Raten für den oberen Rand analog mit CR^g. Der vorab festzulegenden Anteil bzw. die festzulegende Anzahl von Merkmalsträgern, für die Konzentrationsrate ermittelt werden soll, wird als tiefgestellte Zahl notiert. Im vorliegenden Fall sollen die Konzentrationsraten der 20 % Kunden mit dem kleinsten und dem größten Kapitalvermögen ermittelt werden, gesucht sind also $CR^k_{0,2}$ und $CR^g_{0,2}$.

5.a Ermittlung
Die gesuchten Konzentrationsraten sind aus den Daten und Ergebnissen einer Lorenzanalyse ableitbar, in dem man zu den vorgegeben Mengenanteilen die dazugehörigen Wertanteile bestimmt. Dafür gibt es verschieden Lösungswege.

5.a.α Ablesen aus Lorenz-Analysetabellen Der einfachste besteht darin, die gesuchten K-Raten direkt aus den Lorenz-Analysetabellen abzulesen. Darin stehen die für die Konzentrationsraten relevanten Mengenanteile in den Spalten f_k und F_k und die Wertanteile in den Spalten a_k und A_k. In der für t_1 gültigen Abb. 4.9 kann man die Konzentrationsraten für die 20 % Kunden mit dem kleinsten und größten Kapitalvermögen direkt ablesen, da die Spalte F_k die Werte 0,2 und 0,8 enthält, denen in der Spalte A_k die Werte 0,0355 und 0,4610 zugeordnet sind (Felder grau markiert). Danach ist $CR^k_{0,2} = 3,55\%$ und $CR^g_{0,2} = (1 - 0,4610) \cdot 100 = 53,9\%$.

In der für t_0 gültigen Abb. 4.10 kann man die gesuchten Konzentrationsraten so nicht direkt bestimmen, da sie die vorgegebenen Mengenanteile in der Spalte F_k nicht enthält. In diesem Fall, der in der Praxis die Regel sein dürfte, gibt es zwei Lösungswege.

5.a.ß Ablesen aus Lorenzkurve Der einfachste und anschaulichste Weg ist der **grafische** (siehe Abb. 4.5). Dort kann man z. B. aus der Lorenzkurve von t_0 die Konzentrationsrate der 20 % Kunden mit dem kleinsten (größten) Kapitalvermögen mit ~ 5 % (~ 43 %) ablesen.

Klassen-nummer	Vermögen [Tsd. €] über	bis einschl.	K-Mitte [Tsd. €]	Mengenaspekt absolut	relativ	rel. kum.	Wertaspekt absolut	relativ	kumuliert
k	x_k^u	x_k^o	x_k^M	h_k	f_k	F_k	$x_k^M * h_k$	a_k	A_k
	0	0	0,0	0	0,00	0,00	0	0,0000	0,0000
1	0	25	12,5	10	0,20	0,20	125	0,0355	0,0355
2	25	50	37,5	20	0,40	0,60	750	0,2128	0,2482
3	50	100	75,0	10	0,20	0,80	750	0,2128	0,4610
4	100	200	150,0	8	0,16	0,96	1.200	0,3404	0,8014
5	200	500	350,0	2	0,04	1,00	700	0,1986	1,0000
Summe				50	1,00		3.525	1,0000	

Abb. 4.9 Lorenzanalyse für den Zeitpunkt t_1

Klassen-nummer	Vermögen [Tsd.€]		K-Mitte [Tsd. €]	Mengenaspekt			Wertaspekt		
	über	bis einschl.		absolut	relativ	rel. kum.	absolut	relativ	rel. kum.
k	x_k^u	x_k^o	x_k^M	h_k	f_k	F_k	$x_k^M*h_k$	a_k	A_k
	0	0	0,0	0	0,00	0,00	0	0,0000	0,0000
1	0	25	12,5	8	0,16	0,16	100	0,0315	0,0315
2	25	50	37,5	18	0,36	0,52	675	0,2126	0,2441
3	50	100	75,0	16	0,32	0,84	1.200	0,3780	0,6220
4	100	200	150,0	8	0,16	1,00	1.200	0,3780	1,0000
5	200	500	350,0	0	0,00	1,00	0	0,0000	1,0000
Summe				50	1,00		3.175	1,0000	

Abb. 4.10 Lorenzanalyse für den Zeitpunkt t_0

Grafische Lösungen sind naturgemäß nur mehr oder minder genaue Näherungslösungen. Numerisch genauere Lösungen erhält man durch Interpolationsrechnung.

5.a.γ Interpolationsrechnung Die Interpolationsrechnung zur Ermittlung numerisch möglichst genauer Werte wurde bereits in Abschn. 2.3 Aufgabe „Kaltmiete", Teilaufgabe 5.e–i behandelt. Allerdings ist sie hier vom vorgegebenen Mengenanteil kommend auf den Werteaspekt anzuwenden. Wir erläutern die Vorgehensweise beispielhaft an der Berechnung der Konzentrationsrate der 20 % Kunden mit dem geringsten Kapitalvermögen, d. h. $CR_{0,2}^k$. Zur Ermittlung von $CR_{0,2}^g$ ist analog vorzugehen.

Bestimmung der Einfallsklasse Zunächst ist die Einfallsklasse k zu bestimmen, in der die unteren $p = 20\,\%$ der Werte liegen und in der die Interpolation stattfinden muss. Ein Blick in die Spalte F_k der Abb. 4.10 zeigt, dass 16 % der Kunden Kapitalvermögen von höchstens 25 [Tsd. €] haben, d. h. die Einfallsklasse der gesuchten 20 % Prozent ist die nächste Klasse ($k = 2$) mit einem Kapitalvermögen über 25 bis einschl. 50 [Tsd. €].

Bestimmung der für die Interpolation nötigen Ausgangsdaten In der Einfallsklasse sind die bis zu $p = 20\,\%$ noch fehlenden Mengen- und Wertanteile unter der Annahme der Gleichverteilung zu ermitteln. Dafür benötigt man einerseits die bis zur Einfallsklasse k vorliegenden aufsummierten Mengen – und Wertanteile, hier F_{k-1} und A_{k-1} – und außerdem die Mengen- und Wertanteile in der Einfallsklasse selbst, d. h. f_k und a_k.

Interpolationsgleichung und -rechnung in der Einfallsklasse Den bis zu dem in der Konzentrationsrate vorgegebenen Mengenanteil p noch fehlende Mengenanteil nennen wir df_p. Er beträgt im vorliegenden Fall $20 - 16 = 4$ [%]. Gesucht ist der ihm bei Gleichverteilung in der Interpolationsklasse entsprechende Wertanteil da_p. Er verhält sich zu dem noch fehlenden Mengenanteil wie der Wertanteil in der gesamten Klasse a_k zu dem Mengenanteil in der gesamten Klasse f_k, d. h. es gilt folgende Verhältnisgleichung:

$$\frac{da_p}{df_p} = \frac{a_k}{f_k}.$$

Durch Umstellen nach da_p erhält man im vorliegenden Fall $da_p = 21\,/\,36 \cdot 4 = 2{,}36$ [%].

$CR^k_{0,2}$[%]:

Ausgangsdaten			Interpol.klasse		Interpolation		Zusammenfassung	
p	F_{k-1}	A_{k-1}	f_k	a_k	df_k	da_k	$F_{k-1}+df_k$	$A_{k-1}+da_k$
0,20	0,16	0,0315	0,36	0,21	0,04	0,02362	0,20	0,0551
							Ergebnis	5,51%

$CR^g_{0,2}=1-CR^k_{0,8}$[%]:

Ausgangsdaten			Interpol.klasse		Interpolation		Zusammenfassung	
p	F_{k-1}	A_{k-1}	f_k	a_k	df_k	da_k	$F_{k-1}+df_k$	$A_{k-1}+da_k$
0,80	0,52	0,2441	0,32	0,38	0,28	0,33071	0,80	0,5748
							Ergebnis	42,52%

Abb. 4.11 Interpolation der Konzentrationsraten für den Zeitpunkt t_0

Abb. 4.12 Veränderung der Konzentrationsraten

K-Maß	Teilergebnisse		Veränderung	
	t_0	t_1	abs.	rel. [%]
$CR^k_{0,2}$[%]	5,51%	3,55%	-1,97%	-35,66%
$CR^g_{0,2}$[%]	42,52%	53,90%	11,38%	26,77%

Zusammenfassung Abschließend addiert man zu dem kumulierten Wertanteil der Ausgangsdaten den durch Interpolation ermittelten Wertanteil und erhält so die gesuchte Konzentrationsrate. Im vorliegenden Fall addiert man zu dem in der Klasse von 0 bis 25 [Tsd. €] vorliegenden kumulierten Wertanteil A_{k-1} von 3,15 % die durch Interpolation ermittelten $da_k = 2,36$ % und erhält mit dem Wertanteil von insgesamt 5,51 [%] die Konzentrationsrate für die 20 % kleinsten Depots.

Die **rechnergestützte Umsetzung** der vorgestellten Vorgehensweise erfolgt sinnvoller Weise in einer kleinen Arbeitstabelle durch Übernahme der benötigten Werte aus der Lorenz-Analysetabelle und Eingabe der geeigneten Formeln. Dabei ist es sinnvoll, für Daten und Rechnungen wie gewohnt Dezimalzahlen zu nutzen und diese erst beim Ergebnis in anwenderfreundliche Prozentzahlen umzusetzen. Abbildung 4.11 enthält neben der Ermittlung der gerade erläuterten Konzentrationsrate $C^k_{0,2}$ die Berechnung von $C^k_{0,8}$. Diese kann benutzt werden, um $C^g_{0,2}$ durch Subtraktion von Eins zu ermitteln. Es folgt $C^k_{0,8} = 0,5748$ und $C^g_{0,2} = 1 - 0,5748 = 0,4252 = 42,52$ [%].

5.b Veränderung

Zur Quantifizierung der Veränderung der beiden Konzentrationsraten in den 10 Jahren verwendet man die in der Tab. 4.1 dargestellten Maßgrößen und deren Berechnungsformeln und erhält die in Abb. 4.12 zusammengestellten Ergebnisse.

6. Ergebnisvergleich und Eignungswürdigung

Ergebnisvergleich In Abb. 4.13 sind die Ergebnisse der Konzentrationsmaßgrößen zwecks Vergleich zusammengestellt.

Abb. 4.13 Ergebnisvergleich

Konzentrations-maßgrösse	Jahr t_0	Jahr t_1	Veränderung absolut	Veränderung relativ [%]
K-Rate[%]: $CR^k_{0,2}$	5,51	3,55	-1,97	-35,66
K-Rate[%]: $CR^g_{0,2}$	42,53	53,86	11,38	26,77
GINI: G^N	0,4488	0,5794	0,1306	29,10

Die Konzentrationsrate für die reichsten 20 % und der GINI-Koeffizient weisen für t_1 eine deutlich höhere Konzentration aus als für t_0. Die Konzentrationsrate der unteren 20 % ist in t_1 dagegen deutlich kleiner als in t_0. Das heißt aber inhaltlich, dass die unteren 20 % in t_1 einen deutlich kleineren Vermögensanteil hatten als in t_0 und damit auch am unteren Rand die Ungleichverteilung – d. h. die Konzentration – größer geworden ist.

Was das **Ausmaß der Zunahme** angeht, so lassen sich wegen der unterschiedlichen Dimension der Maßgrößen nur die **relativen Zahlen** sinnvoll miteinander vergleichen. Danach hat sich in der gesamten Masse die Konzentration nach GINI um ~ 29 % erhöht. Dabei hat die Konzentration am unteren Rand mit ~ 35 % im vorliegenden Fall deutlich mehr zugenommen als die am oberen Rand mit ~ 27 %.

Eignungswürdigung Alle verwendeten Maßgrößen sind als relative Maße für die Konzentrationsanalyse von Vermögensverteilungen prinzipiell geeignet und auch in der Wirtschaftsstatistik üblich. Der GINI-Koeffizient misst die Konzentration in der gesamten Masse, die Konzentrationsraten die Konzentration an den Rändern. Insofern haben sie unterschiedliche Schwerpunkte der Konzentrationsmessung, die sich in der Regel jedoch sinnvoll ergänzen. Die Frage nach dem am besten/wenigsten geeigneten Ansatz ist deshalb hier nicht wirklich sinnvoll.

4.2 Aufgabe „Marktkonzentration"

Ein bekanntes Unternehmen einer speziellen Dienstleistungsbranche will sich über die Branchenkonzentration in den Ländern A und B Klarheit verschaffen, um dortige Investitionschancen und -risiken besser beurteilen zu können. Folgende Angaben aus der amtlichen Statistik stehen ihm vom letzten Jahr zur Verfügung:

Land A		Land B	
Anbieter	Marktanteil [%]	Anbieter	Marktanteil [%]
A	25	K	15
B	35	L	20
C	40	M	30
		N	35

4.2.1 Aufgabenstellungen

1. Lorenzanalysen
   a) Ermitteln Sie nachvollziehbar in Tabellen die für Lorenzanalysen nötigen Größen.
   b) Stellen Sie die Branchenkonzentration in den beiden Ländern in geeigneter Weise in einem Diagramm dar und interpretieren Sie ihre Grafik sachgerecht.
2. Konzentrationsrate
   Ermitteln und vergleichen Sie die Branchenkonzentration in den beiden Ländern mit einer geeigneten Konzentrationsrate, deren Auswahl Sie kurz begründen.
3. GINI-Koeffizienten
   Ermitteln und vergleichen Sie die Branchenkonzentration in den beiden Ländern mit dem GINI-Koeffzienten.
4. HERFINDAHLscher Index
   Ermitteln und vergleichen Sie die Branchenkonzentration in den beiden Ländern mit dem Herfindahlschen Index.
5. Ergebnisvergleich und Eignungswürdigung
   a) Fassen Sie die Ergebnisse der Maßgrößenanalysen in einer Vergleichstabelle zusammen und stellen Sie tendenziell ähnliche und deutlich unterschiedliche Aussagen heraus.
   b) Welche der drei Maßgrößen ist im vorliegenden Falle zur Konzentrationsmessung Ihrer Meinung nach am besten und welche am schlechtesten geeignet (Begründung)?

LERNINHALTSÜBERSICHT

STATISTIK	EXCEL-UNTERSTÜTZUNG
1. Lorenzanalysen	
a) Nötige Größen (Tabellen)	Formeln
b) Diagramm	Lorenzkurven
2. Konzentrationsraten	
a) Auswahl	
b) Ermittlung und Vergleich	**Formeln**
3. GINI-Koeffizienten	
a) Ermittlung	**Formeln**
b) Vergleich	Formeln
4. HERFINDAHLsche Indices	
a) Ermittlung	**Formeln**
b) Vergleich	Formeln
5. Ergebnisvergleich und Eignungswürdigung	
a) Ergebnisvergleich	
b) Eignungswürdigung	

4.2.2 Aufgabenlösungen

1. Lorenzanalysen

1.a Nötige Größen (Tabellen)

Die Ermittlung der für die Lorenzsche Konzentrationsanalyse nötigen Größen ist in Abschn. 4.1 Aufgabe „Kapitalvermögen", Teilaufgabe 2 für klassierte Daten ausführlich beschrieben. Für Urlistendaten geht sie analog, wobei die statistischen Einheiten nach der Wertgröße – hier dem Marktanteil – aufsteigend sortiert sein müssen, was bei den vorliegenden Ausgangsdaten bereits der Fall ist. Man ermittelt so dann für jede statistische Einheit als Mengenaspekt den Mengenanteil und den aufsteigend kumulierten Mengenanteil. Der Wertaspekt basiert im vorliegenden Fall nicht auf einer absoluten Wertgröße, sondern nur auf einer relativen, nämlich dem Marktanteil. Dieser ist in den Ausgangsdaten als Prozentzahl gegeben und für die Lorenzanalyse in Dezimalzahlen zu transformieren, bevor man ihn kumuliert. Die Abb. 4.14 zeigt den Aufbau und die Ergebnisse der so durchgeführten Lorenzanalyse für das Land A. Für das Land B erhält man bei analogem Vorgehen die Abb. 4.15.

	A	B	C	D	E	F	G
12		Land A		Mengenaspekt		Wertaspekt	
13		Anbieter	Marktanteil	Anteil Anb.	kum.	Marktanteil	kum.
14		Hilfszeile für Diagramm			0,00		0,00
15		A	0,25	0,33	0,33	0,25	0,25
16		B	0,35	0,33	0,67	0,35	0,60
17		C	0,40	0,33	1,00	0,40	1,00
18							
19		Summe		1,00		1,00	

Abb. 4.14 Arbeitstabelle der Lorenzanalyse für das Land A

	A	B	C	D	E	F	G
21		Land B		Mengenaspekt		Wertaspekt	
22		Anbieter	Marktanteil	Anteil Anb.	kum.	Marktanteil	kum.
23		Hilfszeile für Diagramm			0,00		0,00
24		K	0,15	0,25	0,25	0,15	0,15
25		L	0,20	0,25	0,50	0,20	0,35
26		M	0,30	0,25	0,75	0,30	0,65
27		N	0,35	0,25	1,00	0,35	1,00
28		Summe		1,00		1,00	

Abb. 4.15 Arbeitstabelle der Lorenzanalyse für das Land B

Abb. 4.16 Lorenzkurven der
Marktkonzentration

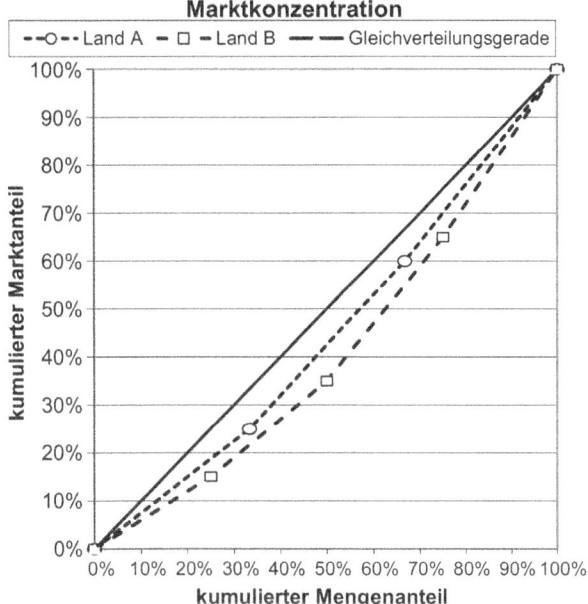

1.b Lorenzkurven

Die Erstellung von Lorenzkurven mit den in den Arbeitstabellen ermittelten Größen ist in Abschn. 4.1 Aufgabe „Kapitalvermögen", Teilaufgabe 3 im Einzelnen beschrieben, worauf hier verwiesen sei. Man erhält das typische Diagramm gemäß Abb. 4.16. Darin sieht man, dass die Konzentration nach Lorenz in den beiden Ländern insgesamt nicht sehr groß ist, da die Lorenzkurven nicht besonders stark von der Gleichverteilungsgeraden abweichen.

Dabei ist die Marktkonzentration in *B* deutlich größer als in *A*. Den Konzentrationsunterschied zwischen *B* und *A* kann man optisch abschätzen, in dem man die Fläche zwischen den beiden Lorenzkurven betrachtet und mit der Konzentrationsfläche von *A* vergleicht. Der optische Flächenvergleich führt naturgemäß nur zu einer größenordnungsmäßigen Schätzung des relativen Konzentrationsunterschiedes, der nach unserer Wahrnehmung bei ~ 80 % und damit extrem hoch liegt.

2. Konzentrationsraten

2.a Auswahl

Für die Konzentrationsmessung auf Märkten gängig sind vor allem **absolute** Konzentrationsraten, bei denen der Wertanteil der *k* **größten Unternehmen** am Markt angegeben wird. Da im vorliegenden Fall nur 3 bzw. 4 Unternehmen am Markt sind, muss die vorzugebende Anzahl größter Unternehmen entsprechend klein sein. Infrage kommt daher hier nur die Konzentrationsrate der 2 größten Unternehmen, das heißt formal $CR^g = 2$.

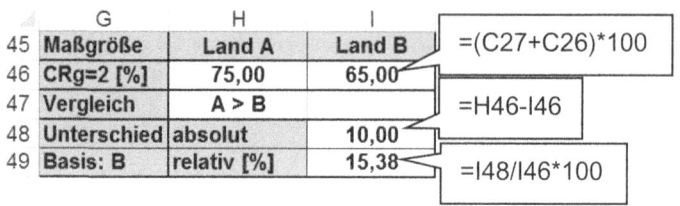

Abb. 4.17 Absolute Konzentrationsraten

2.b Ermittlung und Vergleich

Die Ermittlung ist sehr einfach und für die Konzentrationsrate des Landes B beispielhaft als Formel in Abb. 4.17 angegeben. Danach ist die Marktkonzentration in A größer als in B.

Zur Ermittlung des Unterschiedes der Marktkonzentration in den beiden Ländern muss man eines der beiden Länder als Bezugsobjekt wählen. Das sei hier das Land B mit der geringeren Konzentration. Der Unterschied ist dann absolut und relativ zu ermitteln und stets auf das Bezugsobjekt als Basis des Vergleichs zu beziehen. Abbildung 4.17 enthält neben den Ergebnissen auch die diesbezüglichen Formeln.

3. GINI-Koeffizienten

3.a Ermittlung

Den GINI-Koeffizienten ermittelt man bei **Urlistendaten** mit folgender Formel:

$$G = \frac{2 \cdot \sum j \cdot a_j - (n+1)}{n}.$$

n: Anzahl der Merkmalsträger;

j: laufende Nummer der nach steigenden absoluten Merkmalsbeiträgen geordneten Merkmalsträger;

a_j: relativer Merkmalsbeitrag (dezimal) des Merkmalsträgers j.

Der GINI-Koeffizient ist in EXCEL nicht als statistische Funktion verfügbar, sondern durch Anwendung der Formel in einer Arbeitstabelle zu ermitteln. Diese muss in Erweiterung der Ausgangsdatentabelle Spalten enthalten für die in der Formel benötigten Größen j und $j \cdot aj$.

Da in der Ausgangsdatentabelle die Merkmalsträger – die Unternehmen – schon nach Marktanteilen aufsteigend sortiert vorliegen, sind sie in einer zusätzlichen Spalte nur entsprechend fortlaufend zu nummerieren. In einer weiteren Spalte ist sodann das Produkt aus Anbieternummer und Marktanteil zu bilden, der wichtigste Term im Zähler des Koeffizienten. Die folgende Abb. 4.18 enthält die entsprechend aufgebaute Tabelle für das Land A mit Formeln und Ergebnissen.

Dabei erfolgt die Normierung des Koeffizienten wie in Abschn. 4.1 Aufgabe „Kapitalvermögen", Teil 4.a beschrieben. Für das Land B verfährt man analog und erhält $G_N = 0{,}23$.

	A	B	C	D	E	F	
2	**Land A**						
3	**Anbieter**	**Anbieter**	**Marktanteil**	**GINI-Term**	**GINI-Koeff.**	
4	**name**	**nummer = j**	a_j	$j*a_j$	**G**	
5	A	1	0,25	0,25	0,1	=(2*E8-4)/3
6	B	2	0,35	0,7	**GINI norm.**	
7	C	3	0,40	1,2	G_N	=3/2*F5
8			**Summe**	**2,15**	0,15	

Abb. 4.18 Berechnung der GINI-Koeffizienten für das Land A

Abb. 4.19 Vergleichstabelle
GINI-Koeffizienten

Maßgröße	Land A	Land B
G_N	0,15	0,23
Vergleich	B > A	
Unterschied	absolut	0,08
Basis: A	relativ [%]	55,56

3.b Vergleich

Den Ländervergleich führt man wie bei den Konzentrationsraten beschrieben durch, nur das hier das Land A wegen des kleineren Koeffizienten als Bezugsobjekt verwendet wird. Man erhält die Ergebnisse in Abb. 4.19.

4. HERFINDAHLsche Indices

4.a Ermittlung

Der Index von HERFINDAHL ist in EXCEL nicht als statistische Funktion verfügbar, sondern durch Anwendung einer geeigneten Formel in einer Arbeitstabelle zu ermitteln. Bei Urlistendaten lautet die Formel

$$H = \sum a_j^2 \quad \text{mit} \quad 1/n \leq H \leq 1.$$

Zur Berechnung erweitert man die Ausgangsdatentabelle jeden Landes um eine Spalte, die man entsprechend beschriftet und berechnet den Index, so wie in Abb. 4.20 beispielhaft für das Land A dargestellt. Analog ermittelt man den Index für das Land B und erhält $H = 0,28$.

4.b Vergleich

Den Ländervergleich führt man wie bei den anderen Koeffizienten bereits beschrieben mit dem Land B als Vergleichsbasis durch und erhält die in Abb. 4.21 zusammengestellten Ergebnisse.

	A	B	C	D	E
27		Anbieter	Anbieter	Marktanteil	H-Index
28		name	nummer = i	a_i	$a_i{}^2$
29		A	1	0,25	0,06
30		B	2	0,35	0,12
31		C	3	0,40	0,16
32				Summe	0,35

Abb. 4.20 Berechnung des HERFINDAHlschen Index für das Land A

Abb. 4.21 Vergleichstabelle
HERFINDAHLsche Indices

	F	G	H
32	Maßgröße	Land A	Land B
33	H	0,35	0,28
34	Vergleich	A > B	
35	Unterschied absolut		0,07
36	Basis: B	relativ [%]	25,45

5. Ergebnisvergleich und Eignungswürdigung

5.a Ergebnisvergleich

Abschließend sind die Ergebnisse aller Konzentrationsmaßgrößen in Tab. 4.2 zwecks Vergleich übersichtlich zusammengestellt.

Danach messen die Konzentrationsrate mit einer vorgegebenen Anzahl der größten Anbieter und der Index von HERFINDAHL in A höhere Konzentration als in B, während der normierte GINI-Koeffizient zum gegenteiligen Resultat kommt. Während die Konzentrationsrate in A eine um ~ 15 % und der Index von HERFINDAHL eine um ~ 25 % höhere Konzentration als in B ausweist, ist nach GINI die Marktkonzentration in B um ~ 55 % höher als in A. Bei dergestalt divergierenden und z. T. widersprüchlichen Ergebnissen muss man sich fragen, welche der verwendeten Konzentrationsmaßgrößen im vorliegenden Fall eher besser oder schlechter geeignet ist, dass Ausmaß und den Unterschied in der Marktkonzentration der beiden Länder akkurat wiederzugeben.

5.b Eignungswürdigung

Im vorliegenden Fall sind **relative Ansätze** der Konzentrationsanalyse wie die Lorenzanalyse und der GINI-Koeffizient ganz generell zur Konzentrationsmessung eher ungeeignet,

Tab. 4.2 Vergleichstabelle aller verwendeter Konzentrationsmaßgrößen

Konzentrationsmaßgröße	Land A	Land B	Vergleich ordinal	Unterschied absolut	relativ [%]
$CR^g = 2$	0,75	0,65	$A > B$	0,10	15,38
G_N	0,15	0,23	$B > A$	0,08	55,56
H	0,35	0,28	$A > B$	0,35	25,45

da sie die **Anzahl** der Unternehmen nicht berücksichtigen, obwohl diese die Marktkonzentration entscheidend determinieren. Von daher ist der GINI-Koeffizient im vorliegenden Fall kein geeigneter Ansatz und seine Ergebnisse deshalb auch nicht relevant.

Generell geeignet sind dagegen **absolute Ansätze** wie die verwendete Konzentrationsrate und der Index von HERFIDAHL. Dabei messen Konzentrationsraten die Konzentration grob, aber gezielt in konzentrationsintensiven Bereichen – hier bei den größten Unternehmen – während der Index von HERFINDAHL sie in der gesamten Masse erfasst. Von daher sollte man sie nicht so sehr als konkurrierende, sondern vielmehr als eher sich ergänzende Ansätze ansehen. Während der Index von HERFINDAHL feststellt, dass die Marktkonzentration in *A* **insgesamt** um ~ 25 % größer ist als in *B*, wird diese Kernaussage dadurch sinnvoll ergänzt, dass davon gemäß Konzentrationsrate ~ 15 % des Konzentrationsunterschiedes allein auf die zwei größten Unternehmen entfallen.

4.3 Übungsaufgaben

4.3.1 Aufgabe „Vermögen in Deutschland"

Untersuchen Sie den Stand und die Veränderung der Konzentration des gesamten Nettovermögens der privaten Haushalte in Deutschland 1998 und 2010 anhand folgender Ausgangsdaten:

Einkommen- u. Verbrauchstichprobe EVS 1998				Panel Household Finances (PHF) 2010		
Nettogesamtverm.[€]		Anzahl HH	NGV*)	Percentil	NGV*)	Anzahl HH
Von über	Bis einschl.	[Tsd.]	[Mrd. €]	[%]	[€]	[Tsd.]
Kein Vermögen		4006	0	p_{10}	60	**36.700**
0	25.000	12.206	104	p_{20}	3490	
25.000	50.000	3349	120	p_{30}	11.580	
50.000	100.000	3549	260	p_{40}	27.780	
100.000	150.000	3239	403	p_{50}	51.360	
150.000	250.000	5084	993	p_{60}	97.240	
250.000	400.000	3365	1039	p_{70}	163.460	
400.000	700.000	1496	752	p_{80}	261.080	
700.000	1.000.000	302	248	p_{90}	442.320	
1.000.000	2.500.000	171	229	p_{95}	661.200	
2.500.000	5.000.000	14	43			
5.000.000		0	2			
	Summe	**36.781**	**4193**	NGV*) = Nettogesamtvermögen – Schulden		

Aufgabenstellungen

1. Lorenzanalysen
   Ermitteln Sie nachvollziehbar für beide Jahre die für Lorenzanalysen nötigen Größen.
   Beachten Sie, dass die Daten 2010 als besondere Quantile – nämliche Perzentile – vorliegen. Danach hatten die untersten 10 % der Haushalte (p_{10}) ein NGV von höchstens
   60 [€]. Aus den Perzentilen ist zunächst in grober Näherung die klassierte Vermögens-
   verteilung als Basis der Lorenzanalyse zu entwickeln.
2. Lorenzkurven
   Stellen Sie die Ergebnisse ihrer Lorenzanalysen in Lorenzkurven gegenüber und interpretieren Sie das Diagramm sachgerecht.
3. Konzentrationsraten
   Ermitteln und vergleichen Sie nachvollziehbar die Konzentrationsraten der 10 % ver-
   mögensschwächsten und -stärksten Haushalte.
4. GINI-Koeffizienten
   Ermitteln und vergleichen Sie nachvollziehbar die GINI Koeffizienten in den beiden
   Jahren.
5. Executive Summary
   Stellen Sie die Kernergebnisse ihrer vergleichenden Vermögensanalyse der deutschen
   Privataushalte auf einer DIN-A-4-Seite in Bild, Wort und Zahlen so dar, dass sie auch
   ein statistischer Laie versteht.

4.3.2   Aufgabe „Rußpartikelfiltermarkt"

Auf dem deutschen Markt für Rußpartikelfilter gab es vor 10 Jahren 10 Hersteller mit
Marktanteilen von jeweils 10 %. Heute gibt es noch 7 Hersteller: einer mit 30, einer mit
20 und einer mit 14 % Marktanteil sowie die übrigen mit jeweils gleichen Marktanteilen
(Werte fiktiv).

Aufgabenstellungen

1. Lorenzanalysen
   a) Ermitteln Sie nachvollziehbar in Tabellen die für Lorenzanalysen nötigen Größen.
   b) Stellen Sie die Ergebnisse in den beiden Jahren in geeigneter Weise in einem Dia-
      gramm dar und markieren Sie darin die Veränderung der Konzentration.
   c) Interpretieren Sie ihr Diagramm sachgerecht.
2. Konzentrationsraten
   Ermitteln und vergleichen Sie die Konzentration in den beiden Jahren mit gängigen
   Konzentrationsraten, deren Auswahl Sie kurz begründen.

3. GINI-Koeffizienten

   Ermitteln und vergleichen Sie die Veränderung der Branchenkonzentration in den 10 Jahren mit GINI-Koeffzienten

4. HERFINDAHLscher Index

   Ermitteln und vergleichen Sie die Konzentration in den beiden Jahren mit dem Herfindahlschen Index.

5. Ergebnisvergleich und Eignungswürdigung

   a) Fassen Sie die Ergebnisse der Maßgrößenanalysen in einer Vergleichstabelle zusammen und stellen Sie tendenziell ähnliche und deutlich unterschiedliche Aussagen heraus.

   b) Welche der Maßgrößen ist im vorliegenden Falle zur Konzentrationsmessung Ihrer Meinung nach am besten und welche am schlechtesten geeignet (Begründung)?

Verhältnis- und Indexzahlen

5

Verhältniszahlen entstehen, in dem man zwei Werte der gleichen oder zweier sachlogisch in einem sinnvollen Zusammenhang stehender metrisch skalierter Größen durcheinander teilt. Die Größen werden so aufeinander bezogen und miteinander verglichen. Verhältniszahlen dienen von daher vor allem dem **statistischen Vergleich.** In Abhängigkeit davon, welche Werte welcher Größen in welcher Form in den Zähler und Nenner des Quotienten aufgenommen werden, unterscheidet man verschiedene Arten von Verhältniszahlen. Die hier behandelten Arten zeigt die folgende Übersicht.

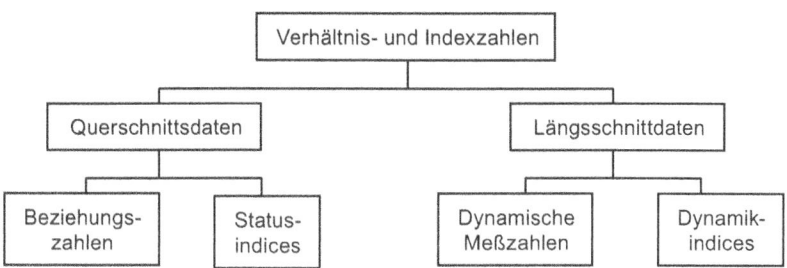

Grundlegend für die Konstruktion von Verhältnis- und Indexzahlen ist die Frage, ob die Zahlen im Zähler und im Nenner dieselbe oder verschiedene Zeiteinheiten betreffen. Betreffen sie dieselbe Zeiteinheit, wird der Quotient aus Querschnittdaten gebildet und die Zahl liefert eine kompakte Information über das *Niveau bzw. den Status* der resultierenden Größe in dieser Zeiteinheit. Betreffen sie verschiedene Zeiteinheiten, wird der Quotient aus Zeitreihendaten gebildet und die Zahl liefert eine kompakte Information über die zwischen den beiden Zeiteinheiten stattgefundene *Entwicklung bzw. Veränderung*. Indices sind in beiden Fällen anwendbar und werden hier als **Status- und Dynamikindices** bezeichnet. Es gibt auch Indices, in denen Status- und Entwicklungsaspekte integriert sind, in Deutschland z. B. den Geschäftsklima-Index des IfO-Instituts.

J. Meißner und T. Wendler, *Statistik-Praktikum mit Excel*,
Studienbücher Wirtschaftsmathematik, DOI 10.1007/978-3-658-04187-8_5,
© Springer Fachmedien Wiesbaden 2015

Bei **Beziehungszahlen** werden in der Regel nur zwei Werte verschiedenartiger Größen und/oder Massen durch die Quotientenbildung aufeinander bezogen und damit sachlich und zahlenmäßig in einen Zusammenhang gebracht. Sie liefern eine über die Einzelgrößen hinausgehende Zusatzinformation, die in der Regel inhaltlich interessant und zahlenmäßig wertvoll ist. Ein großer Teil bekannter wirtschafts- und betriebsstatistischer **Kennzahlen** wie etwa der Pro-Kopf-Verbrauch, der Verschuldungsgrad, die Produktivität etc. sind Beziehungszahlen. Rechnerisch sind Beziehungszahlen sehr einfach zu ermitteln. Größere Aufmerksamkeit ist dagegen bei der Auswahl und der Definition der Größen und Massen im Zähler und Nenner geboten, damit der hergestellte Zusammenhang überhaupt sachlich sinnvoll und problemangepasst ist. Wegen der Verschiedenartigkeit der Größen im Zähler und Nenner haben Beziehungszahlen eine **Maßeinheit (Dimension)**, die sich aus den Maßeinheiten der beteiligten Größen ergibt. Dies ist bei der Konstruktion strikt zu beachten, damit das rechnerische Ergebnis auch sinnvoll interpretiert werden kann. Die sinnvolle Konstruktion wirtschaftlicher Kennzahlen mittels Beziehungszahlen wird in Abschn. **5.1 Aufgabe „Geschäftsbericht"** behandelt.

Sind nicht nur zwei, sondern mehrere Größen und ihre Werte zu berücksichtigen, muss man sie sachlich und rechnerisch sinnvoll zusammenfassen können. Die Anforderung der rechnerisch sinnvollen Zusammenfassbarkeit von Zahlen bezeichnet man als **Kommensurabilität** (lat.: commensurabilis = gleich zu bemessen). Hauptgrund für die Inkommensurabilität sind unterschiedliche Maßeinheiten (Dimensionen). In der Wirtschaftsstatistik tritt sie bereits bei der Zusammenfassung einfacher, rein quantitativer Größen wie Mengen (z. B. Absatzmengen in Stück, Liter, Tonnen) und Preisen (z. B. €/kg, €/l, €/m) auf. Im Übrigen ist sie ein Problem bei der Quantifizierung insbesondere komplexer Begriffe wie z. B. Lebensqualität, Benutzerfreundlichkeit etc. und bei der analytischen Bewertung von Objekten unter verschiedenen Aspekten und Kriterien.

Der grundlegende Ansatz zur **Beschreibung** eines komplexen Sachverhalts in einer Zahl sind **Statusindices**, der zur zusammenfassenden **Bewertung** von Objekten die **Nutzwertanalyse**. Obwohl sich beide Analysearten vom Hauptzweck her eindeutig unterscheiden – Beschreibung hier und Bewertung dort – stehen sie beide doch vor einer ähnlichen Kernaufgabe und benutzen teilweise verfahrensintern die gleichen Lösungsansätze. Die gemeinsame Aufgabe besteht darin, die unterschiedlichen Aspekte (des Begriffs/der Bewertung) mittels geeigneter Indikatoren in Zahlen zu fassen und die Indikatorenwerte mit unterschiedlichen Maßeinheiten (Dimensionen) abschließend zu einer Zahl zu verdichten. Dazu muss man sie entdimensionieren, normieren und zusammenfassen.

Bei Statusindices erfolgt die Entdimensionierung und Normierung der Indikatoren in der Regel durch Einbindung in eine Verhältniszahl, bei der Nutzwertanalyse – die in Anwenderkreisen auch zutreffend Punktwertmethode genannt wird – durch Transformation der Indikatorenwerte in Punkte auf einer einheitlichen und dimensionslosen Bewertungsskala. Die Zusammenfassung der dimensionslosen und normierten Werte erfolgt bei beiden in der Regel durch Addition oder Durchschnittsbildung, wobei die unterschiedliche Bedeutung der Aspekte durch entsprechende Gewichtung der Werte berücksichtigt wird. Abschnitt **5.2 Aufgabe „Menschliche Entwicklung und Lebensqualität"** behandelt die beiden vorgestellten Ansätze und vergleicht sie abschließend. Darüber hinaus wird am Beispiel des Index für die menschliche Entwicklung gezeigt, wie Indikatoren aufgrund von Sach- und Datenüberlegungen im Laufe der Zeit überarbeitet werden können und welche Folgen das etwa für längerfristige Zeitvergleiche mit den Indexwerten hat.

Ergänzend zur kompakten Charakterisierung eines Sachverhalts interessiert natürlich auch dessen *zeitliche Entwicklung*. Um die Entwicklung bei Bedarf auch über mehrere Zeiteinheiten gut vergleichen zu können, legt man eine der Zeiteinheiten als „Bezugs- oder Referenzzeit" fest und bezieht die Werte der übrigen Zeiteinheiten auf den Wert der Größe zu dieser **Basiszeit**. Das ist das Konzept der **dynamischen Messzahlen und Dynamikindices**. Die meisten Wirtschaftsindices sind Dynamikindices. Typische Betrachtungsgrößen sind Preise (z. B. Preisindices für die Lebenshaltung privater Haushalte), Mengen (z. B. Index der gewerblichen Nettoproduktion) und Wertgrößen (z. B. Index des Auftragseingangs). Die dabei verwendeten Ansätze der klassischen wirtschaftsstatistischen Indexrechnung werden in Abschn. **5.3 Aufgabe „Produktbereichsentwicklung"** behandelt.

5.1 Aufgabe „Geschäftsbericht"

Folgende Angaben stammen aus den Geschäftsberichten einer nationalen Post- und Telekommunikationsgesellschaft, die zwei Jahre auseinander liegen.

Betrachtungsgröße	Zeit [Jahre]	
	1	3
Ämter des Postwesens	455	383
Gewinn [Mio EUR]	2051	1613
Personalbestand [in Tsd.]	519	542
Betriebsnotwendiges Kapital	110,0	131,5
Umsatzerlöse [Mio EUR]	36.462	39.475
Verkehrsleistungen	117,5	129,0
Erträge [Mio. EUR]	38.313	42.212
Beschäftigungsstunden	102,5	105,5
Eigenkapital [Mio EUR]	23.037	29.834
Aufwendungen [Mio EUR]	34.612	39.900

5.1.1 Aufgabenstellungen

Machen Sie mit Hilfe der vorliegenden Daten kompakte zahlenmäßige Aussagen über den Status und die Veränderung folgender betriebswirtschaftlicher Kenngrößen und begründen Sie jeweils die von Ihnen dabei verwendeten Ansätze

1. Produktivität,

2. Wirtschaftlichkeit und

3. Rentabilität.

4. Stellen Sie die Ergebnisse abschließend für Vergleichszwecke in einer Tabelle und in geeigneten Formen graphisch dar.

LERNINHALTSÜBERSICHT	
STATISTIK	**EXCEL-UNTERSTÜTZUNG**
1. Produktivität	
a) Begriffsbestimmung	
b) Operationalisierung	
c) Ermittlung	Formeln
2. Wirtschaftlichkeit	
a) Begriffsbestimmung	
b) Operationalisierung	
c) Ermittlung	Formeln
3. Rentabilität	
a) Begriffsbestimmung	
b) Operationalisierung	
c) Ermittlung	Formeln
4. Ergebnispräsentation zwecks Vergleich	
a) Ergebnisvergleichstabelle	
b) Graphische Darstellungen	**Kurvendiagramm mit zwei Größenachsen Balkendiagramm**

5.1.2 Aufgabenlösungen

1. Produktivität

1.a Begriffsbestimmung

Produktivität wird im Allgemeinen verstanden als Verhältnis von Outputmenge zu Inputmenge. Da der Input der Leistungserstellung und -verwertung durchweg aus verschiedenartigen Produktionsfaktoren besteht – z. B. aus menschlicher Arbeitsleistung, Material, Betriebsmitteln, Kapital etc. – kann man entsprechende Produktivitäten unterscheiden. In der Umgangssprache ist ohne weitere Differenzierung meist die Arbeitsproduktivität gemeint. Im vorliegenden Fall sind aus den Geschäftsberichten Angaben über den Arbeits- und Kapitaleinsatz verfügbar, so dass man Arbeits- und Kapitalproduktivität ermitteln kann.

$$\text{Arbeitsproduktivität} = \frac{\text{Outputmenge}}{\text{Arbeitseinsatzmenge}}$$

$$\text{Kapitalproduktivität} = \frac{\text{Outputmenge}}{\text{Kapitaleinsatzmenge}}$$

1.b Operationalisierung

Bei der Umsetzung dieser allgemeingültigen Ansätze sind die Kategorien im Zähler und Nenner durch verfügbare Größen und deren Werte zu ersetzen. Dabei muss man zweierlei bedenken:

- Zum einen sollten die eingesetzten Größen – jede für sich – inhaltlich mit den allgemeinen Kategorien möglichst weitgehend übereinstimmen,
- zum anderen sollte das Ergebnis der Quotientenbildung – sowohl vom Inhalt als auch von der Dimension her – sinnvoll interpretierbar sein.

Zur Operationalisierung der Outputmenge kommen hier die Größen „Umsatzerlöse", „Verkehrsleistungen" und „Erträge" in Frage, da sie den Output betreffen. Nach dem Kriterium der möglichst weitgehenden inhaltlichen Übereinstimmung ist davon diejenige Größe zu wählen, die den **Mengenaspekt des Output** am besten wiedergibt. Dazu sind Umsatzerlöse und Erträge weniger geeignet, da sie Wertgrößen sind (in EUR), die außer der Mengen- noch eine Preiskomponente enthalten. Dagegen handelt es sich bei den Verkehrsleistungen um eine reine Mengengröße, bei der die Ausstoß- oder Absatzmengen der verschiedenen Dienstleistungsarten des Unternehmens über einen dimensionslosen Mengenindex zusammengefasst worden sind. Es ist hier also sinnvoll, die Verkehrsleistungen als Zähler in den Produktivitätskennzahlen zu verwenden.

Arbeitsproduktivität Zur Operationalisierung der Arbeitsproduktivität kommen hier die Größen „Personalbestand" und „Beschäftigtenstunden" in Frage, da sie beide die Arbeitseinsatzmenge betreffen. Nach dem Kriterium der möglichst weitgehenden inhaltlichen Übereinstimmung sind beide Größen gleichermaßen geeignet, da sie beide die Menge der eingesetzten Arbeit wiedergeben. Der Personalbestand ist im vorliegenden Fall deshalb weniger gut geeignet, weil er den Arbeitseinsatz vergleichsweise gröber erfasst (Köpfe statt Stunden) und weil er nach der Quotientenbildung zu einem sehr schwer interpretierbaren Ergebnis führen würde (Dimension: o. D./1000 Mitarbeiter). Dagegen messen die „Beschäftigtenstunden" den Arbeitseinsatz viel genauer und führen nach der Quotientenbildung wieder zu einer Zahl ohne Dimension, die ohne Schwierigkeiten interpretiert werden kann.

Kapitalproduktivität Zur Operationalisierung der Kapitalproduktivität kommen hier die Größen „Eigenkapital" und „betriebsnotwendiges Kapital" in Frage, da sie beide das eingesetzte Kapital betreffen. Nach dem Kriterium der möglichst weitgehenden inhaltlichen Übereinstimmung ist das Eigenkapital weniger geeignet, da es nur einen Teil des Kapitals beinhaltet. Das betriebsnotwendige Kapital ist dagegen hier nicht nur inhaltlich sondern auch rechnerisch besser geeignet, da nach der Quotientenbildung ein gut interpretierbares Ergebnis vorliegt.

1.c Ermittlung

Datenmäßige Voraussetzung für die Ermittlung sinnvoller Beziehungszahlen im vorliegenden Fall ist, dass die Größen ohne Dimension als dynamische Mess- oder Indexzahlen sich auf dieselbe – wenn auch hier unbekannte – Basiszeit beziehen.

Zur Berechnung von einfachen Verhältniszahlen stellt Excel keine spezifischen statistischen Funktionen zur Verfügung. Die relevanten Formeln sind vielmehr selbst einzugeben. Dies geht bei einigen wenigen Verhältniszahlen oft effizienter mit dem Taschenrechner.

Arbeitsproduktivität und ihre Veränderung

Operationalisierung	Jahr 1	Jahr 3
$\frac{\text{Verkehrsleistung [o. D.]}}{\text{Beschäftigtenstunden [o. D.]}}$	$\frac{117,5}{102,5} \cdot 100 = 114,6$	$\frac{129,0}{105,5} \cdot 100 = 122,2$

Betrachtet werden können die absolute Veränderung und die relative Veränderung. Bei dimensionslosen Zahlen liefert die absolute Veränderung für den Anwender in der Regel keine aussagefähige Information und wird deshalb hier nicht gesondert betrachtet und berechnet. Für die relative Veränderung sind der Faktor q und die Rate r Standard, die wie folgt definiert sind:

$$q = \frac{\text{Wert Berichtszeit}}{\text{Wert Basiszeit}}$$

$$r = (q - 1)$$

$$r = \frac{\text{Wertdifferenz}}{\text{Wert Basiszeit}}$$

Diese relativen Maßgrößen kann man durch Multiplikation mit 100 auch anwenderfreundlich als Prozentzahlen ausdrücken. Angewandt auf die Arbeitsproduktivität ermittelt man:

$$q = \frac{122,2}{114,6} = 1,066$$

$$r = (1,066 - 1) \cdot 100 = 6,60\,\%$$

$$r = \frac{122,2 - 114,6}{114,6} = \frac{7,6}{114,6} \cdot 100 = 6,60\,\%$$

Die Ergebnisse sind wie folgt zu interpretieren: Die Arbeitsproduktivität im Jahr 3 beträgt das 1,066-fache des Niveaus des Jahres 1 und ist im Betrachtungszeitraum um 6,6 % gestiegen.

Kapitalproduktivität und ihre Veränderung

Operationalisierung	Jahr 1	Jahr 3
$\frac{\text{Verkehrsleistung [o.D.]}}{\text{Betriebsnotwendiges Kapital [o.D.]}}$	$\frac{117,5}{110,0} = 1,068$	$\frac{129,0}{131,5} = 0,98$
$q = \frac{0,98}{1,068} = 0,9176$	$r = (0,9176 - 1) \cdot 100 = -8,24\,\%$	$r = \frac{-0,088}{1,068} \cdot 100 = -8,24\,\%$

Die Kapitalproduktivität im Jahr 3 beträgt das 0,9176-fache des Niveaus des Jahres 1 und hat sich im Betrachtungszeitraum um 8,24 % verringert.

Die im vorliegenden Fall gegenläufige Entwicklung von Arbeits- und Kapitalproduktivität ist in der Wirtschaft typisch, da durch Rationalisierung meist menschliche Arbeitsleistung durch vermehrten Sachmittel bzw. Kapitaleinsatz substituiert wird.

2. Wirtschaftlichkeit

2.a Begriffsbestimmung

Wirtschaftlichkeit wird im Allgemeinen verstanden als Verhältnis von Outputwert zu Inputwert. Im Gegensatz zur Produktivität handelt es sich bei den Kategorien im Zähler und Nenner von Wirtschaftlichkeitskennzahlen inhaltlich also immer um Geldgrößen.

$$\text{Wirtschaftlichkeit} = \frac{\text{Outputwert}}{\text{Inputwert}}$$

2.b Operationalisierung

Zur Operationalisierung des **Outputwertes** kommen hier die Größen „Umsatzerlöse" und „Erträge" in Frage, da sie beide Geldgrößen sind, die den Output betreffen. Die Umsatzerlöse resultieren nur aus dem Verkauf der unternehmensspezifischen Produkte und Dienstleistungen, während die Erträge darüber hinaus auch Beiträge aus nicht typischer Geschäftstätigkeit – etwa in Form neutraler Erträge – enthalten können. Das Kriterium der möglichst weitgehenden inhaltlichen Übereinstimmung führt hier kaum zu einer eindeutigen Auswahl, weshalb hier letztlich willkürlich die Erträge als umfassendere Wertgröße des Outputs verwendet werden.

Zur Operationalisierung des **Inputwertes** kommen hier nur die Aufwendungen in Frage, da sie die gesamten eingesetzten Produktionsfaktoren in Geld bewerten.

2.c Ermittlung

Operationalisierung	Jahr 1	Jahr 3
$\frac{\text{Erträge [Mio. EUR]}}{\text{Aufwendungen [Mio. EUR]}}$	$\frac{38.313}{34.612} = 1{,}107$	$\frac{42.212}{39.900} = 1{,}058$
$q = \frac{1{,}058}{1{,}107} = 0{,}956$	$r = (0{,}956 - 1{,}000) \cdot 100 = -4{,}40\,\%$	$r = \frac{-0{,}049}{1{,}107} \cdot 100 = -4{,}40\,\%$

Die Wirtschaftlichkeit im Jahr 3 beträgt das 0,956-fache des Niveaus des Jahres 1 und hat sich im Betrachtungszeitraum um 4,4 % verringert.

3. Rentabilität

3.a. Begriffsbestimmung

Rentabilität wird im Allgemeinen verstanden als Verhältnis von Überschuss zum eingesetzten Kapital. Wie auch bei der Wirtschaftlichkeit geht es bei der Rentabilität inhaltlich um

Geldgrößen. Im Gegensatz zur Wirtschaftlichkeit fokussiert die Rentabilität aber auf den durch die Geschäftstätigkeit erzielten Überschuss. Setzt man diesen ins Verhältnis zum Kapital, wird dessen Rentierlichkeit quantifiziert.

$$\text{Rentabilität} = \frac{\text{Überschuss}}{\text{Kapital}}$$

Nach der Herkunft des Kapitals unterscheidet man Eigen- und Fremdkapitalrentabilität. Setzt man den Überschuss ins Verhältnis zum Umsatz, bekommt man die sog. Umsatzrentabilität.

3.b Operationalisierung

Zur Operationalisierung des Überschusses kommt hier nur der Gewinn [in Mio. EUR] in Frage. Zur Operationalisierung des Kapitals kommen das „betriebsnotwendige Kapital" und das „Eigenkapital" in Betracht. Von diesen beiden wäre zur Berechnung der Gesamtrentabilität das betriebsnotwendige Kapital inhaltlich zwar einigermaßen geeignet, doch würde sich nach der Quotientenbildung eine schwer interpretierbare Zahl ergeben [Mio. EUR/o. D.], da das betriebsnotwendige Kapital eine dimensionslose Messzahl ist. Dagegen lässt sich aus Gewinn und Eigenkapital problemlos die Eigenkapitalrentabilität ermitteln, die als Rendite [in %] gut interpretierbar und vergleichbar ist.

Der Umsatz muss hier nicht operationalisiert werden, da er als Wertgröße gegeben ist.

3.c Ermittlung

3.c.α Eigenkapitalrentabilität und ihre Veränderung

Operationalisierung	Jahr 1	Jahr 3
$\dfrac{\text{Gewinn [Mio. EUR]}}{\text{Eigenkapital [Mio. EUR]}}$	$\dfrac{2051}{23.037} = 0{,}089$	$\dfrac{1613}{29.834} = 0{,}054$

$$q = \frac{0{,}054}{0{,}089} = 0{,}607$$

$$r = \frac{-0{,}035}{0{,}089} \cdot 100 = -39{,}3\,\%$$

$$r = \left(0{,}607 - 1{,}000\right) \cdot 100 = -39{,}3\,\%$$

Die Eigenkapitalrentabilität im Jahr 3 beträgt das 0,607-fache des Niveaus des Jahres 1 und hat sich im Betrachtungszeitraum um 39,3 % verringert.

3.c.β Umsatzrentabilität und ihre Veränderung

Operationalisierung	Jahr 1	Jahr 3
$\frac{\text{Gewinn [Mio. EUR]}}{\text{Umsatz [Mio. EUR]}}$	$\frac{2051}{36.462} = 0,05625$	$\frac{1613}{39.475} = 0,04086$

$$q = \frac{0,04086}{0,05625} = 0,7264$$

$$r = \frac{-0,01539}{0,05625} \cdot 100 = -27,36\,\%$$

$$r = (0,7262 - 1) \cdot 100 = -27,36\,\%$$

Die Umsatzrentabilität im Jahr 3 beträgt das 0,7264-fache des Niveaus des Jahres 1 und hat sich im Betrachtungszeitraum um 27,36 % verringert.

4. Ergebnispräsentation und Vergleich

4.a Vergleichstabelle
In Tab. 5.1 sind alle berechneten Ergebnisse zwecks Vergleich zusammengestellt.

4.b Diagramme

4.b.α. Vorüberlegungen und Diagrammtypauswahl Vor der graphischen Präsentation ist zu überlegen, was wie sinnvoll dargestellt werden soll. Im vorliegenden Fall könnten einzelne Entwicklungsaspekte für bestimmte organisatorische Einheiten im Unternehmen von Interesse sein, etwa die Arbeitsproduktivität für den Betriebsrat, die Wirtschaftlichkeit für das Controlling, die Umsatzrentabilität für den Vertrieb etc. Aus unternehmerischer Sicht ist dagegen ergänzend sicher der Vergleich der verschiedenen Kenngrößen und ihrer Entwicklung von Interesse. Darauf wollen wir uns hier konzentrieren.

Beim Vergleich der Kenngrößen kann man entweder die zu vergleichenden Jahre fokussieren (komparativ-statisch), oder auf die Veränderungen zwischen den Vergleichsjahren

Tab. 5.1 Ergebnisvergleichstabelle

Kenngröße	Jahr 1	Jahr 3	Faktor	Rate [%]
1. Produktivität				
1.1 Kapitalproduktivität	106,82	98,10	0,92	− 8,16
1.2 Arbeitsproduktivität	114,63	122,27	1,07	6,67
2. Wirtschaftlichkeit	110,69	105,79	0,96	− 4,43
3. Rentabilität				
3.1 Eigenkapitalrentabilität [%]	8,90	5,41	0,61	− 39,27
3.2 Umsatzrentabilität [%]	5,63	4,09	0,73	− 27,36

abstellen (dynamisch). Zur graphischen Darstellung beider Vergleichsarten sind Balken-
und Kurvendiagramme geeignet. Im Folgenden wird ein Kurvendiagramm für die vergleichende Entwicklung der Jahreswerte und ein Balkendiagramm für den Vergleich der
Änderungen erstellt.

4.b.β Diagrammerstellung Die Erstellung der Diagramme geschieht wieder nach dem
bereits bekannten Vorgehen: Einfügen eines leeren Diagramms, Einlesen der darzustellenden Daten, Ergänzen der nötigen Beschriftungen und gegebenenfalls Nachbearbeitung
mittels weiterer Optionen.

Kurvendiagramm für Entwicklungsvergleich Beim Kurvendiagramm für den Entwicklungsvergleich der Jahreswerte stellen die unterschiedlichen Maßeinheiten bzw. Dimensionen der Produktivitäts- und Wirtschaftlichkeitskennziffern auf der einen und der Ren-
tabilitätskennzahlen auf der anderen Seite eine bislang nicht behandelte Herausforderung
dar. Diesen in betriebs- und volkswirtschaftlich wichtigen Diagrammen häufiger anzutref-
fenden Fall unterstützt Excel durch die Möglichkeit, auf der linken und rechten Seite des
Diagramms unterschiedliche Größenachsen und Skalierungen anzubringen. Man spricht
hier von **Primär- und Sekundärachse**.

Die Erstellung eines „normalen" Kurvendiagramms mit mehreren Datenreihen ist in
Abschn. 2.3 Aufgabe „Kaltmiete", Teilaufgabe 4.b beschrieben. Anschließend klickt man
mit der rechten Maustaste auf den Graphen der Datenreihe (!), dem die rechte Achse zugeordnet werden soll. In dem sich öffnenden Kontextmenü wählt man die Option „Datenreihen formatieren". Auf der rechten Seite des Bildschirms öffnet sich ein gleichnamiges
Fenster. Hier wählt man die Registerkarte „Reihenoptionen" und darin im Dialogfeld „Datenreihe zeichnen auf" die Option „Sekundärachse", so wie in Abb. 5.1 dargestellt. Nach
dem Schließen des Fensters erhält man ein nahezu korrektes Diagramm.

Die noch fehlende Beschriftung der Sekundärachse auf der rechten Diagrammseite kann
wie folgt ergänzt werden: Man klickt das Diagramm mit der linken Maustaste an, wählt im
Menü „Entwurf" die Schaltfläche „Diagrammelement hinzufügen" und anschließend den
Eintrag „Achsentitel/Sekundär vertikal". Dann ergänzt man in der Bearbeitenzeile am oberen Bildschirmrand den Namen der Größe mit Dimension. Da es sich bei der Größe auf

Abb. 5.1 Zuordnung der
Sekundärachse für eine Datenreihe

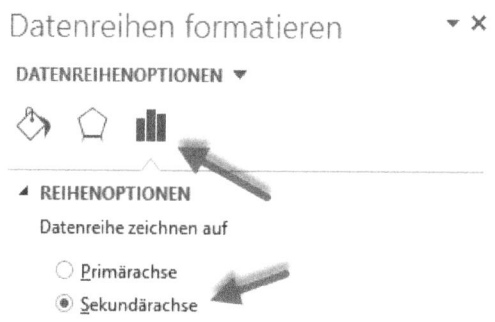

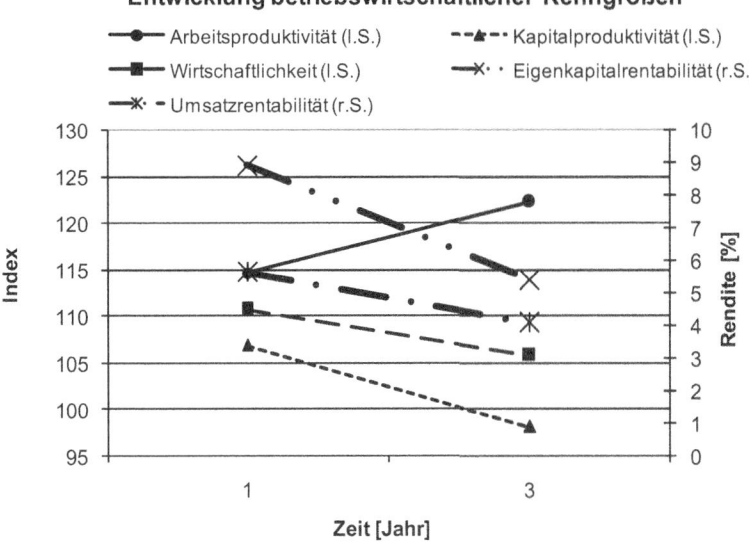

Abb. 5.2 Kenngrößenentwicklung

der Sekundärachse um die Rentabilität handelt, beschriftet man die Achse z. B. mit Rendite [%]. Nach Bestätigung der „OK"-Taste erhält man ein Diagramm gemäß Abb. 5.2.

Balkendiagramm für Änderungsvergleich Beim Balkendiagramm für den Änderungsvergleich gibt es das Dimensionsproblem nicht, da als relative Maßgröße hier die Ände-
rungsrate [in %] Standard ist.

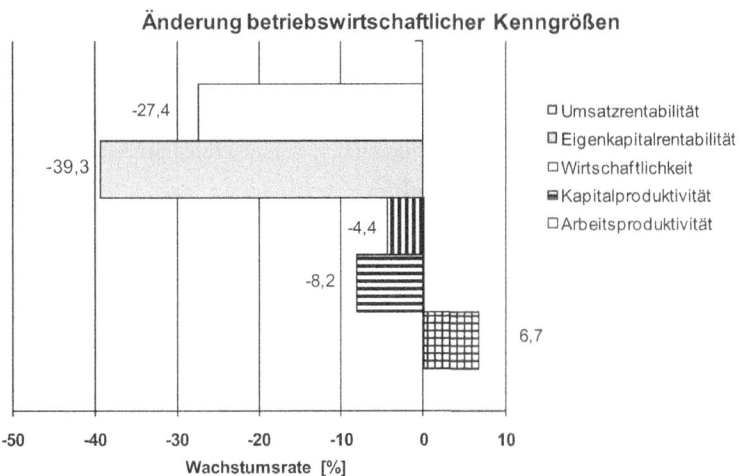

Abb. 5.3 Kenngrößenveränderung

Wichtig ist beim Balkendiagramm, dass Excel es bezüglich der Achsen wie ein um 90 Grad gedrehtes Säulendiagramm behandelt, d. h., die waagerechte Achse wird als „Größenachse" (Y) und die senkrechte als „Rubrikenachse" (X) behandelt. Ansonsten gilt für die Erstellung das Vorgehen wie in Abschn. 2.1 Aufgabe „Personalprofil" beschrieben.

Beim Balkendiagramm entfällt allerdings in der Regel die Beschriftung seiner senkrechten Achse, da die Bezeichnungen der Balken in der Legende untergebracht werden, die dann allerdings anzeigt werden muss. Abbildung 5.3 zeigt eine Musterlösung.

5.2 Aufgabe „Menschliche Entwicklung und Lebensqualität"

In einem Seminar über den Vergleich von Schwellenländern in Südamerika, Afrika und Südostasien hat ein Studierender ein Referat über „Sozioökonomische Aspekte" übernommen. Im empirischen Teil will er beispielhaft für drei große Länder A, B und C der genannten Regionen das Niveau der menschlichen Entwicklung und die Lebensqualität in deren Metropolen anhand vorhandener Daten zusammenfassend quantifizieren und vergleichen. Folgende Daten von 2005 hat er dazu gefunden.

Land	Lebenserwartung [Jahre]	Alphabeten [%]	Beschulung [%]	Pro-Kopf-Einkommen [US$]
A	70,7	87,9	85,8	6039
B	52,1	73,6	60,6	1240
C	69,7	90,4	68,2	3843

Quelle: Human Development Report 2007/2008, United Nations Development Program (UNDP).

Metropole in	Stabilität	Gesundheits-versorgung	Umgebung (kulturell + natur.)	Bildung	Infrastruktur
A	1	2	1	2	2
B	4	3	3	3	3
C	2	4	2	5	2

Quelle: Liveability Study of 127 cities worldwide 2006, Economist Intelligence Unit.

5.2.1 Aufgabenstellungen

1. Visualisieren Sie die Ausgangsdaten in zwei unterschiedlichen Diagrammtypen, die Sie benennen und deren Auswahl Sie kurz begründen. Welche Kerninformationen entnehmen Sie den Diagrammen? Diskutieren Sie kurz die Grenzen der Vergleichbarkeit in Abhängigkeit der Anzahl von Vergleichsobjekten und -aspekten und die Notwendigkeit der zusammenfassenden Beschreibung/Bewertung.

2. Ermitteln Sie nachvollziehbar das Niveau der menschlichen Entwicklung mit dem von den Vereinten Nationen verwendeten Human Development Index (HDI) und vergleichen Sie die Länder anhand der Ergebnisse.
3. Ermitteln Sie nachvollziehbar die Lebensqualität mit der Punktwertmethode unter Verwendung der unten angegeben Gewichtungsfaktoren und vergleichen Sie die Metropolen anhand der Ergebnisse.

Aspekt	Stabilität	Gesundheits- versorgung	Umgebung (kulturell + natur.)	Bildung	Infrastruktur
Gewichtung	25 %	20 %	25 %	10 %	20 %

4. Vergleichen Sie in Stichworten die beiden Methoden hinsichtlich
   a) der inhaltlich berücksichtigten Aspekte,
   b) der Herkunft und Erhebungsart der verwendeten Daten,
   c) der Merkmals- und Skalenart der einbezogenen Größen,
   d) der Art der Entdimensionierung und Normierung der Größen,
   e) der Art der Zusammenfassung der dimensionslosen und normierten Größen,
   f) der Akkuratesse der auf den Daten durchgeführten Operationen sowie
   g) des Wertebereichs sowie der Interpretations- und Auswertungsfähigkeit der Indexwerte.
5. Der HDI wird seit dem Report 2010 in veränderter Form ermittelt. Einzelheiten dazu lesen Sie bitte in den online verfügbaren Unterlagen der UNDP nach. In dem Human Development Report 2013 sind zu den hier betrachteten Ländern folgende Ausgangsdaten für 2012 angegeben:

Land	L-Erwart. [Jahre]	Ø Schulbes. [Jahre]	Erw. Schulbes. [Jahre]	Pro-Kopf-Eink. [US$]
A	74,2	8,7	13,2	9306
B	57,7	7,0	11,1	1541
C	69,8	5,8	12,9	4154

Quelle: Human Development Report 2013, United Nations Development Program (UNDP)

   a) Nennen und diskutieren Sie kurz die wichtigsten Änderungen des HDI 2012 gegenüber dem HDI 2005.
   b) Ermitteln Sie nachvollziehbar mit den oben gegebenen Daten und den seit 2010 benutzten Regeln und Formeln den HDI der drei Länder.
   c) Ermitteln und vergleichen Sie die Entwicklung des HDI in den drei Ländern von 2005 bis 2012 würdigen Sie kritisch ihre Ergebnisse.

LERNINHALTSÜBERSICHT	
STATISTIK	EXCEL-UNTERSTÜTZUNG
1. Graphische Darstellungen der Ausgangsdaten	
a) Diagrammtypenauswahl	
b) Diagrammerstellung	Diagramm: Netz, Linie
c) Diagramminterpretationen und Vergleichsgrenzen	
2. Index der menschlichen Entwicklung (HDI)	
a) Konzept	
b) Berechnung	Formeln
c) Vergleichsaussagen	Formeln
3. Lebensqualität mit der Punktwertmethode	
a) Konzept	
b) Berechnung	Formeln
c) Vergleichsaussagen	Formeln
4. Systematischer Verfahrensvergleich	
5. HDI 2012	
a) Änderungen gegenüber 2005	
b) Berechnung	Formeln
c) Entwicklung 2005–2012	

5.2.2   Aufgabenlösungen

1. Graphische Darstellungen der Ausgangsdaten

1.a Diagrammtypenauswahl

Die Diagrammtypen müssen sich für die gleichzeitige Visualisierung mehrerer Größen eignen. Das ist beim **Profillinien-** und beim **Netzdiagramm** prinzipiell der Fall. Der für die Diagrammtypen relevante Unterschied in den Ausgangsdaten besteht darin, dass die verschiedenen Aspekte/Indikatoren der menschlichen Entwicklung unterschiedliche Maßeinheiten haben, die der Lebensqualität dagegen nicht, da es sich um Noten handelt. Da das Netzdiagramm nur Größen mit gleicher Maßeinheit gemeinsam abbilden kann, benutzen wir es zur Visualisierung der Lebensqualität.

Das Profilliniendiagramm eignet sich dagegen zur Visualisierung unterschiedlich dimensionierter Aspekte/Indikatoren. Leider ist es in Excel nicht als eigenständiger Diagrammtyp verfügbar, so dass eine Ersatzlösung über ein Liniendiagramm angeboten wird. Erschwerend müssen im vorliegenden Fall zwecks Gegenüberstellung und Vergleich gleichzeitig mehrere Objekte (hier Länder und deren Metropolen) mehrdimensional dargestellt werden, wobei man an die Grenzen des in Excel Machbaren stößt.

1.b Diagrammerstellung

1.b.α Menschliche Entwicklung   Die Erstellung des Diagramms erfolgt mit Hilfe des Diagrammtyps „Linie mit Datenpunkten", in das mehrere Datenreihen aufgenommen werden

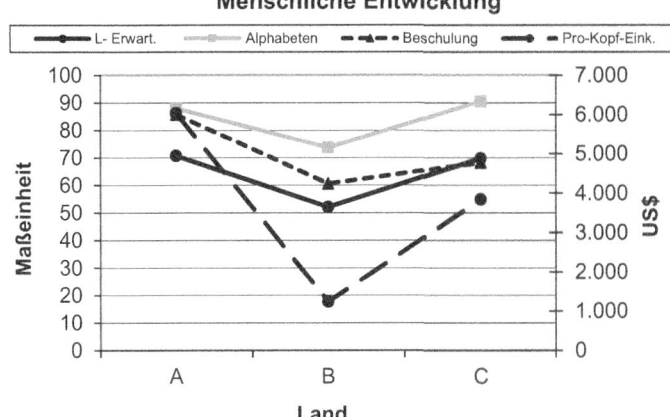

Abb. 5.4 Profiliniendiagramm für Aspekte der menschliche Entwicklung

(siehe Abschn. 2.1 Aufgabe „Personalprofil"). Zusätzlich wird eine Sekundärachse angezeigt (siehe Abschn. 5.1 Aufgabe „Geschäftsbericht", Teilaufgabe 4.b). Abbildung 5.4 zeigt
das Ergebnis.

1.b.ß Lebensqualität Hierzu fügt man in Excel ein leeres Diagramm vom Typ „Netz mit
Datenpunkten" ein und ruft die bekannte Dialogbox „Datenquelle auswählen" auf. Darin
sind die darzustellenden Daten der drei Metropolen in dem linken Dialogbereich „Legen-
deneinträge/Reihen" einzulesen, in dem für jede Metropole eine neue Datenreihe angelegt,
mit der passender Beschriftung versehen und den zugehörigen Daten versorgt wird. Für
die erste Datenreihe trägt man in der Dialogbox „Datenreihe bearbeiten" im Dialogfeld
„Reihenname" etwa „Metropole v. A" ein und liest im Dialogfeld „Reihenwerte" die Adresse der zugehörigen Daten von links nach rechts aus der Ausgangsdatentabelle ein. Analog
verfährt man mit B und C. Nun muss man in dem rechten Dialogbereich „Horizontale
Achsenbeschriftung/Rubrik" nur noch die dort fortlaufend durchnummerierten Rubri-
ken durch ihre Namen ersetzen. Dazu markiert man sie alle, aktiviert die Schaltfläche
„Bearbeiten" und liest im Dialogfeld „Achsenbeschriftungsbereich" die Adresse der Varia-
blennamen aus der Kopfzeile der Ausgangsdatentabelle ein.

Im 3. Schritt ist das Diagramm mit einer geeigneten Überschrift zu versehen und abschließend in der Arbeitstabelle zu platzieren. Abbildung 5.5 zeigt eine Musterlösung.

1.c Diagramminterpretationen und Vergleichsgrenzen

Vergleich der menschlichen Entwicklung in Schwellenländern *A* nimmt in fast allen Dimensionen den ersten, *B* in allen Dimensionen den letzten und *C* tendenziell den mittleren
Platz unter den drei Ländern ein. Während der Abstand von *B* zu den übrigen Ländern generell recht groß ist – insbesondere beim Lebensstandard und der Lebenserwartung – liegt

Abb. 5.5 Netzdiagramm für
Lebensqualität

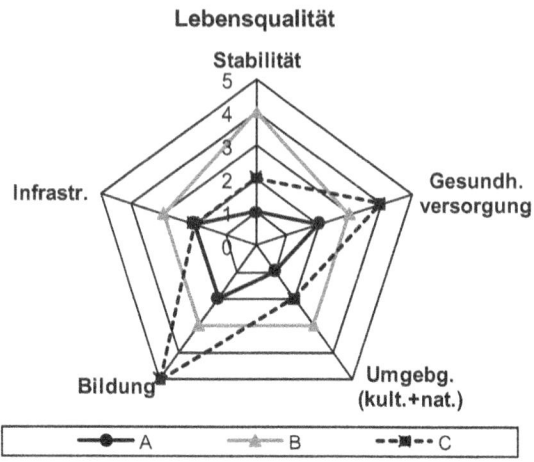

C bei der Lebenserwartung fast gleichauf mit A und bei der Alphabetisierung sogar noch vor A.

Vergleich der Lebensqualität in Metropolen Die Bewertung der Metropolen der Länder fällt tendenziell ähnlich aus. Die Metropole von A ist in allen Aspekten besser oder höchstens gleich schlecht bewertet wie die der anderen Länder, während die Metropole von B in den meisten Aspekten am schlechtesten bewertet wird. Die Metropole von C nimmt – wie auch das Land – in den meisten Aspekten eine Mittelstellung ein. Auffallend ist jedoch, dass sie bei Bildung und Gesundheit deutlich schlechter bewertet wird als die Metropole von B.

Vergleichsgrenzen Der oben ansatzweise vorgenommene paarweise Vergleich von mehreren Objekten unter mehreren Aspekten stößt bei zunehmender Anzahl von Objekten und Aspekten schnell an die dem Menschen möglichen Verarbeitungskapazitäten. In der Regel sind sie bei der hier vorliegenden Dimensionalität schon erreicht, so dass eine zusammenfassende Beschreibung/Bewertung der Objekte ihren Vergleich erheblich erleichtert. Bei höherer Dimensionalität – wie sie in der Praxis üblich ist – ist die Zusammenfassung der vielen unterschiedlichen Aspekte praktisch der einzige Weg, um den Objektstatus überhaupt einigermaßen sachgerecht und transparent zu quantifizieren. Sollen dann noch viele Objekte verglichen werden, ist ihre kompakte Quantifizierung durch beschreibende Indexzahlen oder bewertende Punktzahlen praktisch unerlässlich.

2. Index der menschlichen Entwicklung (HDI)

Der Index der menschlichen Entwicklung (**H**uman **D**evelopment **I**ndex) wird im Human Development Report (HDR) der zuständigen Unterorganisation der Vereinten Nationen verwendet, um den Status der menschlichen Entwicklung ihrer Mitgliedsländer in einer Zahl zusammenfassend zu beschreiben. Zweck ist der Ländervergleich sowie die fundierte Erkennung von Problemen und Trends.

2.a Konzept

Der dem Index hinterliegende Begriff der menschlichen Entwicklung ist zielorientiert ausgerichtet an der Vision eines gesunden, kreativen und ökonomisch auskömmlichen Lebens. Das „gesunde Leben" wird über den Indikator „Lebenserwartung" [Jahre], das „kreative Leben" über die Indikatoren „Alphabetisierungs- und Einschulungsrate" [%] und das „auskömmliche Leben" über den Indikator „Pro-Kopf-Einkommen" [US$] gemessen.

Zur Normierung der Indikatoren benötigt man Wertebereiche. Grundlegend sind entweder Streuungsbereiche, die aus der empirischen Auswertung aller Objekte resultieren, oder relevante Wertebereiche, die durch sachadäquate Vorgaben festlegt werden. Beim HDI werden relevante Wertebereiche durch Vorgabe von unteren und oberen Grenzwerten benutzt. Für die Alphabetisierungs- und Einschulungsrate liegen diese natürlicherweise bei 0 und 100 [%]. Bei der Lebenserwartung ist der untere mit 25 [Jahre] und der obere mit 85 [Jahre] festgelegt. Beim Pro-Kopf-Einkommen liegt der untere Grenzwert bei dem von der UNO für Entwicklungsländer festgestellten Existenzminimum von 100 [US$] und der obere Grenzwert wurde bei 40.000 [US$] fixiert.

Die Entdimensionierung und Normierung der Indikatoren erfolgt über die Verhältniszahl:

$$I = \frac{\text{Beobachtungswert} - \text{unterer Grenzwert}}{\text{oberer Grenzwert} - \text{unterer Grenzwert}}$$

Sie liefert für jeden Indikator einen Teilindex mit $0 \leq I \leq 1$. Je näher der Wert bei 1 liegt, umso näher ist das Objekt in dem Betrachtungsaspekt dem Idealzustand.

Die Teilindices werden durch ein **gewogenes arithmetisches Mittel** zu einem Gesamtindex zusammengefasst. Methodische Anforderung dabei ist, dass die Summe der Gewichte 1 oder 100 % beträgt. Beim HDI werden die drei Aspekte gleich gewichtet, d. h. zu je 1/3. Da das kreative Leben über zwei Indikatoren quantifiziert wird, ist hier eine Binnengewichtung nötig, die mit 2/9 für die Alphabetisierung und 1/9 für die Einschulungsrate vorgesehen ist, wobei die Einschulungsrate auch den Bereich der tertiären Bildung umfasst.

Der Gesamtindex kann Werte zwischen 0 und 1 annehmen. Je näher der Wert bei 1 liegt, umso näher ist das Land insgesamt dem Ideal menschlicher Entwicklung. Im HD-Report wird der Index benutzt, um die fast 200 Mitgliedsländer der UNO nach ihrer menschlichen Entwicklung in Gruppen einzuteilen und sie zudem zu reihen. Gebildet werden drei große Gruppen: solche mit geringem (HDI < 0,5), mittlerem (0,5 ≤ HDI < 0,8) und hohem (HDI ≥ 0,8) Entwicklungsstand. In der Gruppe mit hoher menschlicher Entwicklung befinden sich erwartungsgemäß die Industrieländer. Dort belegt Island im HDI-Report 2007/08 den 1. Platz, die USA den Platz 12 und Deutschland den Platz 22.

2.b Berechnungen

Die Abb. 5.6 enthält im oberen Teil die Beobachtungswerte der Indikatoren, im mittleren Teil ihre Grenzwerte und im unteren Teil die mit der obigen Formel berechneten Teilindices.

Abbildung 5.7 enthält im oberen Teil die Gewichtungen und im unteren Teil die Berechnung des Gesamtindex.

a

	Land	L- Erwart. [Jahre]	Alphabeten [%]	Beschulung [%]	Pro-Kopf-Eink. [US$]
5	A	70,7	87,9	85,8	6.039
6	B	52,1	73,6	60,6	1.240
7	C	69,7	90,4	68,2	3.843

b

	B	C (L)	D (A)	E (B)	F (E)
31	Grenzwerte	L	A	B	E
32	untere Gr.	25	0	0	100
33	obere Gr.	85	100	100	40.000
34			=(C5-C\$32)/(C\$33-C\$32)		

ß. Berechnung der Teilindices

Land	L	A	B	E
A	0,762	0,879	0,858	0,684
B	0,452	0,736	0,606	0,420
C	0,745	0,904	0,682	0,609

Abb. 5.6 Indikatoren, Grenzwerte und Teilindices

	B	C	D	E	F	G	H
42	Gewichtg.	1/3	2/9	1/9	1/3	Summe	=F\$43*F37
43	dezimal	0,3333	0,2222	0,1111	0,3333	1,0000	
45	Land	L	A	B	E	Summe	Werteber.
46	A	0,2539	0,1953	0,0953	0,2281	0,7727	$0 \leq HDI \leq 1$
47	B	0,1506	0,1636	0,0673	0,1401	0,5215	0 = min
48	C	0,2483	0,2009	0,0758	0,2030	0,7280	1 = max

Abb. 5.7 Gewichtung der Teilindices und Berechnung des Gesamtindex

2.c Vergleichende Aussagen

Über die hier betrachteten Länder lassen sich aufgrund der Ergebnisse der Indexrechnung folgende Aussagen machen. Sie gehören alle zur großen Gruppe der Länder mit mittlerer menschlicher Entwicklung (0,5 < HDI < 0,8). Allerdings befindet sich A an deren oberen und B an deren unteren Rand. Im Übrigen gibt es eine klare Rangordnung der Länder: $A > C > B$.

Darüber hinaus kann man die Unterschiede im Niveau der menschlichen Entwicklung der Länder quantifizieren. Abbildung 5.8 enthält die beim paarweisen Vergleich der Länder feststellbaren absoluten und relativen Unterschiede ihrer Indexwerte. Danach ist das Niveau der menschlichen Entwicklung in A insgesamt nur um ~ 6, % höher als in C, aber um ~ 48 % höher als in B, dessen Niveau insgesamt wiederum ~ 28 % unter dem von C liegt.

Abb. 5.8 Quantifizierung der Unterschiede

V-Objekte	Differ.(abs.)	Faktor	Differ. [%]
A, B	0,2512	1,4816	48,16
B, C	-0,2065	0,7164	-28,36
A, C	0,0447	1,0614	6,14
Bezugsobjekt: das jeweils schlechtere Objekt			

3. Lebensqualität mit der Punktwertmethode

3.a Konzept

Die auch bei dieser Methode in der Regel nötige Entdimensionierung und Normierung der unterschiedlich dimensionierten Indikatoren durch Transformation ihrer Werte auf eine einheitliche und dimensionale Punkteskala entfällt hier, da die Ausgangsdaten bereits Bewertungspunkte sind. Die hier verwendete Bewertungsskala enthält nur die natürlichen Zahlen von 1 bis 5 mit 1 als bester und 5 als schlechtester Bewertung.

Die Zusammenfassung der Teilbewertungen erfolgt wie beim HDI durch ein gewichtetes arithmetisches Mittel. Damit hat die Gesamtbewertung der Lebensqualität – der Lebensqualitäts-Index LQI – den gleichen Wertebereich wie die Ausgangsbewertungen.

3.b Berechnung

Abbildung 5.9 enthält im Teil a die Ausgangsdaten, im oberen Teil von b die Gewichtung der verschiedenen Bewertungsaspekte und im unteren Teil von b die zusammenfassende Gesamtbewertung.

3.c Vergleichende Aussagen

Über die hier betrachteten Metropolen lassen sich aufgrund der Ergebnisse der Bewertungsrechnung folgende Vergleichsaussagen machen. Es gibt eine klare Rangordnung: $A > C > B$. Ergänzende Aussagen über die Zugehörigkeit zu bestimmten Gruppen lassen sich ebenfalls machen, wenn solche definiert sind (z. B. Metropolen mit hoher, mittlerer und geringer Lebensqualität). Quantitative Vergleichsaussagen sind jedoch nur möglich unter der Voraussetzung, dass die Bewertungsskala metrisch ist und dass man einen relativen oder absoluten Bezugspunkt für die Vergleiche festlegt.

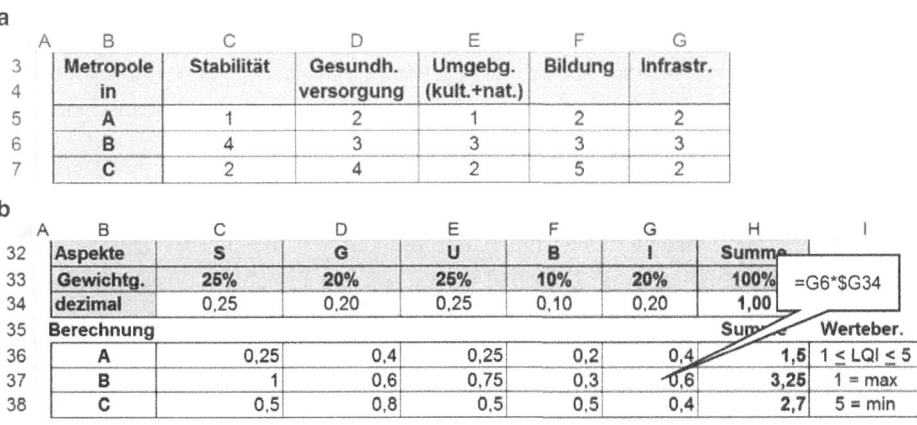

Abb. 5.9 Ausgangsdaten Gewichtung der Teilbewertungen und Berechnung der Gesamtbewertung

4. Systematischer Verfahrensvergleich

Inhaltlich berücksichtigte Aspekte Die inhaltlich zu berücksichtigenden Aspekte sind vom Thema (Begriff/Bewertungsobjekt) abhängig. Bei der Operationalisierung der Aspekte durch Indikatoren ist neben deren sachlicher Eignung vor allem die Verfügbarkeit, Aktualität und möglichst einheitliche Erhebung bzw. Ermittlung der zu ihrer Quantifizierung nötigen Daten von zentraler Bedeutung. Dies gilt für beide Methoden gleichermaßen.

Herkunft und Erhebungsart der verwendeten Daten Bei Indices werden in der Regel so weit wie möglich öffentlich zugängliche Daten insbesondere der amtlichen Statistik verwendet, also Sekundärdaten. Bei der Punktwertmethode kann dies auch der Fall sein, ergänzend benötigt man zur differenzierten Bewertung aber oft zusätzliche, nicht-öffentlich zugängliche Daten. Teilweise werden diese zum Zwecke der Bewertung erst erhoben, wobei Art und Güte der Primärdatenerhebungen häufig schwer zu beurteilen sind. Von daher erscheinen die in Indices verwendeten Daten insgesamt valider.

Merkmals- und Skalenart der einbezogenen Größen Bei Indices sind sämtliche Indikatoren in der Regel quantitative Merkmale, die metrisch skaliert sind. Bei der Punktwertmethode findet spätestens bei der Transformation der Indikatorenwerte in die Bewertungspunkte eine Skalentransformation statt. Im vorliegenden Fall der Lebensqualität spricht vieles dafür, dass die Punktbewertungen als qualitative Expertenurteile erhoben wurden. Als solche sind sie wie alle Werturteile und Meinungen eher als ordinal skaliert anzusehen.

Art der Entdimensionierung und Normierung der Größen Bei Indices erfolgt die nötige Entdimensionierung und Normierung der Indikatorenwerte durch ihre Einbindung in eine Verhältniszahl, deren Konstruktion dokumentiert und damit nachvollziehbar und diskutierbar ist. Bei der Punktwertmethode erfolgt sie durch Transformation der Indikatorenwerte auf eine normierte und dimensionslose Bewertungsskala. Dabei handelt es sich um einen Bewertungsvorgang, der in der Regel stark subjektiv geprägt, nur schwer objektivierbar und häufig nicht ausreichend dokumentiert ist. Hierin ist der entscheidende Unterschied in den Methoden zu sehen.

Art der Zusammenfassung der dimensionslosen und normierten Größen Grundlegend ist bei beiden Methoden die Gewichtung der Indikatoren und die gewichtete Durchschnittsbildung. Selbst wenn im Einzelfall bei Indices die gewichtete Zusammenfassung anders erfolgt, ist dies nicht als essentieller Methodenunterschied zu werten.

Akkuratesse der auf den Daten durchgeführten Operationen Da Indices in der Regel quantitative und metrisch skalierte Indikatorenwerte verarbeiten, sind die verwendeten Grundrechenarten akkurat. Dagegen sind bei der Punktwertmethode in Abhängigkeit der Transformation der Indikatorenwerte die Bewertungspunkte nicht immer als metrisch anzusehen. Im vorliegenden Fall sind sie wohl eher ordinal skaliert. Auf der Ordinalskala sind die bei der zusammenfassenden Bewertung verwendeten Grundrechenarten statistisch eigentlich nicht zulässig, die daraus resultierende Gesamtbewertung also nicht ganz akkurat.

Wertebereich und Interpretations- sowie Auswertungsfähigkeit der Ergebnisse Die Wertebereiche von Indices und Punktbewertungen sind abhängig von der verwendeten Indexkonstruktion/der Bewertungsskala. Da diese publiziert werden, sind sie bei beiden Methoden in der Regel nachvollziehbar. Analoges gilt für die darauf basierende sachgerechte Interpretation von Indexwerten/Gesamtbewertungen. Die Ergebnisse beider Methoden werden gleichermaßen hauptsächlich dazu benutzt, die Objekte zu gruppieren und zu reihen. Darüber hinausgehende quantitative Objektvergleiche sind in der Regel akkurat nur mit Indices möglich.

5. HDI 2012

5.a Änderungen gegenüber 2005

5.a.α Merkmale und ihre Operationalisierung Der Aspekt des „kreativen Lebens" – dessen Grundlage in der Bildung gesehen wird – wird anders konzeptioniert und operationalisiert. Die tatsächliche Teilnahme an der formalen Bildung im Primär-, Sekundär- und Tertiärbereich wird als 1. Komponente beibehalten, aber nicht mehr durch die Einschulungsquote, sondern durch die Schulbesuchsdauer [Jahre] der mindestens 25 Jahre alten Bevölkerung operationalisiert. Diese Änderung ist sinnvoll, da mit steigendem Entwicklungsniveau in den Ländern deren Einschulungsquote tendenziell immer weniger geeignet ist als die Ausbildungsdauer, Bildungsfortschritte noch adäquat einzufangen. Das sieht man besonders gut an den Ländern mit höchster menschlicher Entwicklung.

Ergänzend wird die Alphabetisierung als 2. Komponente durch die voraussichtliche Schulbesuchsdauer [Jahre] einschulungspflichtiger Kinder ersetzt. Dies kann sinnvoll sein, wenn das Alphabetentum in einem Großteil der Länder zwischenzeitlich kein ausreichend markanter Indikator mehr für Unterschiede im Bildungsstand ist.

Durch den Ersatz der Alphabetisierungsrate – die als empirischer Statusindikator recht genau und sicher ist – durch die voraussichtliche Schulbesuchsdauer, die als politisch/planerisch gewollte, zukünftige Größe von Natur aus ungenau und unsicher ist, wird der Bildungsaspekt inhaltlich über den faktischen Bildungsstand hinaus in Richtung des zukünftiges Bildungspotenzial erweitert.

5.a.ß Entdimensionierung und Normierung Die Entdimensionierung und Normierung aller Indikatoren erfolgt unverändert nach der in 2.a angegebenen Formel. Allerdings werden die darin enthaltenen Grenzwerte bei jedem Report aktualisiert. Die im Report 2013 verwendeten Grenzwerte sind im oberen Teil a, die damit berechneten Werte der Teilindices im unteren Teil b der Abb. 5.10 zusammengestellt.

a

Grund-Formel	Beobachtungswert - unterer Grenzwert			
	oberer - unterer Grenzwert			
Grenzwerte	L- Erwart.	Ø Schulbes.	Voraus. Schulbes.	Pro-Kopf-Eink.
	[Jahre]	[Jahre]	[Jahre]	[US$]
untere Gr.	20,5	0	0	100
obere Gr.	83,6	13,3	18	87.478

b

Land	L- Erwart.	Ø Schulbes.	Voraus. Schulbes.	Pro-Kopf-Eink.
	LE-Index	DSD-Index	VSD-Index	E-Index
A	0,851	0,654	0,733	0,669
B	0,590	0,526	0,617	0,404
C	0,781	0,436	0,717	0,550

Abb. 5.10 Grenzwerte und Indexwerte der Indikatoren im HDI 2012

5.a.γ Indextyp und rechnerische Zusammenfassung der Teilindices Die Änderung beim Bildungsaspekt hat weitreichende methodische Folgen. Während der HDI bis zum Report 2010 überwiegend als **Statusindex** anzusehen war, wird er durch die Einführung einer weiteren in die Zukunft gerichteten dynamischen Größe zu einem **gemischten Index:** er besteht seitdem aus 2 Statusindices – Schulbesuchsdauer und Pro-Kopf-Einkommen – sowie zwei Dynamikindices – Lebenserwartung und voraussichtliche Schulbesuchsdauer.

Statusindices werden grundsätzlich durch arithmetische, dynamische dagegen grundsätzlich durch geometrische Mittelwertbildung verknüpft. Dadurch werden sowohl der Bildungsindex als auch der Gesamtindex des HDI seit 2010 nach gänzlich anderen Formeln aus den Teilindices berechnet. Abbildung 5.11 enthält die entsprechenden Formeln und die Berechnungsergebnisse.

5.b Berechnungen

Indices	Bildungs-Index BI	Gesamtindex HDI
Formeln	$BI = \dfrac{\sqrt[2]{DSD \times VSD}}{0{,}971}$	$HDI = \sqrt[3]{LE \times BI \times E}$
A	0,713	0,741
B	0,587	0,519
C	0,576	0,628

Abb. 5.11 Zusammenfassung der Teilindices

5.c Entwicklung 2005–2012

Abbildung 5.12 enthält in den ersten Spalten die HDI-Werte der Länder von 2005 und 2012 und in den letzten Spalten die dazwischen stattgefundenen Veränderungen (absolut und relativ).

Schon beim oberflächlichen Vergleich der Zahlen von 2005 und 2012 fällt auf, dass die Indexwerte aller hier betrachteten Länder in 2012 kleiner sind als in 2005. Das bedeutet,

Land	HDI 2005	HDI 2012	Veränderung	
			HDI absolut	relativ [%]
A	0,773	0,741	-0,032	-4,15
B	0,522	0,519	-0,003	-0,52
C	0,728	0,628	-0,100	-13,76

Abb. 5.12 Veränderungen des HDI von 2005–2012

dass das Niveau der menschlichen Entwicklung in dem Betrachtungszeitraum gemessen mit dem HDI in diesen Ländern insgesamt gesunken ist.

Das Ausmaß des Rückgangs ist in den Veränderungsspalten quantifiziert. Es ist im Land *B* – dem Land mit der geringsten menschlichen Entwicklung – am wenigsten und im Land *C* – dem Land mit mittleren Niveau der menschlichen Entwicklung – am stärksten gesunken.

Diese Analyseergebnisse verwundern und irritieren, insbesondere wenn man durch analoge Analysen bei anderen Ländern zu ähnlichen Ergebnissen kommt. Der sporadische Anwender, der mit dem HDI nicht näher vertraut ist, wird die wenig plausiblen Ergebnisse verständlicherweise zunächst auf Daten und/oder Rechenfehler zurückführen, die hier aber nicht vorliegen. Der alleinige Grund für die unplausiblen Vergleichsergebnisse besteht in den in 5.a besprochenen Veränderungen des HDI zwischen den hier betrachteten Jahren. Diese Veränderungen sind zusammengenommen so beträchtlich, dass eine Vergleichbarkeit der Indexwerte vor und nach der Umstellung ohne weitere Korrekturen praktisch nicht mehr gegeben ist.

5.3 Aufgabe „Produktbereichsentwicklung"

Dem Manager eines erst seit zwei Jahren eingerichteten heterogenen Produktbereichs liegen folgende Zahlen über Absatzmengen und Durchschnittpreise der von ihm zu verantwortenden Produktgruppen vor.

Produktgruppe	Absatzmenge [ME]		Durchschnittpreis [€/ME]	
	Jahr 1	Jahr 2	Jahr 1	Jahr 2
A	520 [Stück]	550 [Stück]	160	170
B	110 [Hektoliter]	120 [Hektoliter]	2010	2230
C	425 [Tonnen]	410 [Tonnen]	570	590

Er möchte wissen, wie sich der gesamte Produktbereich in den ersten beiden Jahren insgesamt entwickelt hat und möchte diesen Ansatz auch zur Weiterverfolgung der Entwicklung in den nächsten Jahren nutzen.

5.3.1 Aufgabenstellungen

1. Welche drei Ansätze zur Berechnung der durchschnittlichen Veränderung des gesamten Produktbereichs in Hinblick auf Umsatz, Absatzmenge und Preis und stehen ihm zur Verfügung? Nennen Sie kurz deren Stärken und Schwächen.
2. Ermitteln Sie nachvollziehbar mit den drei Ansätzen für den gesamten Produktbereich die durchschnittliche
   a) Umsatzentwicklung,
   b) Absatzmengenentwicklung,
   c) Preisentwicklung.
3. Warum ergeben die ermittelten Mengen- und Preisänderungen zusammengenommen nicht genau die feststellbare Umsatzänderung und wie lässt sich diese Unstimmigkeit vermeiden?

LERNINHALTSÜBERSICHT	
STATISTIK	EXCEL-UNTERSTÜTZUNG
1. Grundlegende Ansätze	
2. Ermittlung der Indexwerte	
a) tatsächliche Umsatzentwicklung	Formeln
b) durchschnittliche Absatzentwicklung	Formeln
c) durchschnittliche Preisentwicklung	Formeln
3. Indexkonstruktion und -system	

5.3.2 Aufgabenlösungen

1. Grundlegende Ansätze

Zur Ermittlung der durchschnittlichen Entwicklung einer Größe für einen Korb von unterschiedlichen Gütern und/oder Dienstleistungen zwischen einer Basiszeit und einer Berichtzeit eignen sich dynamische Messzahlen oder Dynamik-Indices. Bei beiden wird der Wert der Größe in der Berichtzeit ins Verhältnis gesetzt zum Wert derselben Größe in der Basiszeit. **Dynamische Messzahlen** benutzt man, wenn die Werte sowohl im Zähler als auch im Nenner zusammengerechnet werden können, weil sie die gleiche Maßeinheit haben. Dies ist bei allen Wertgrößen wie Umsatz, Kosten etc. der Fall, da sie auch bei verschiedenartigen Gütern und Dienstleistungen entweder von Vornherein gleich dimensioniert sind (z. B. in Euro) oder leicht auf eine Währung umgerechnet werden können. Die Umsatzentwicklung wird also mit einer dynamischen Messzahl ermittelt. Zusätzlich kann man die absolute und relative Veränderung des Umsatzes ermitteln.

Dynamik-Indices benutzt man, wenn die Werte der Größe unterschiedliche Maßeinheiten haben, wie dies z. B. in der Wirtschaftspraxis für Mengen und Preise typisch ist. In dem Fall muss man die Mengen/Preise verschiedenartiger Güter und Dienstleistungen vor ihrer Zusammenfassung entdimensionieren. Die Entdimensionierung erfolgt durch dynamische Messzahlen und die Zusammenfassung der dynamischen Messzahlen mit Durchschnittbildung. Beim **einfachen Index** wird das arithmetische Mittel benutzt, in das alle Werte mit dem gleichen Gewicht einbezogen werden. Sinnvoller sind gewichtete Durchschnitte, da die Güter und Dienstleistungen in der Regel nicht die gleiche sachliche und/oder ökonomische Bedeutung haben. Indices bestehen in der Regel aus gewogenen Durchschnitten. Dabei werden bei den klassischen Indextypen von LASPEYRES und PAASCHE die Wertgrößen zur Gewichtung benutzt. Beim **Laspeyres-Index** stammen die Gewichte aus der Basiszeit, beim **Paasche-Index** aus der Berichtszeit. Die Laspeyres-Indices haben den Vorteil, dass man wegen der konstanten Basis die Indexwerte auch über einen längeren Zeitraum gut vergleichen kann, was bei den Paasche-Indices wegen der kontinuierlichen Umstellung auf die jeweils aktuelle Berichtszeit schlechter möglich ist. Dafür haben die Paasche-Indices den Vorteil, aktuellere Gewichtungen zu verwenden, während die Laspeyres-Indices in ihren Gewichten veralten und in ausreichenden Abständen umbasiert werden müssen.

2. Ermittlung

2.a Umsatzentwicklung

Zur Ermittlung der Umsatzentwicklung müssen zunächst die Umsätze in der Basis- und Berichtszeit berechnet werden. Notiert man die n verschiedenen Objekte – hier Produktgruppen – mit $i = 1, \ldots, n$, ihre Mengen mit q_i und ihre Preise mit p_i sowie die Basiszeit mit 0 und die Berichtszeit mit t, so ist z. B. q_{i0} die Menge des Objektes i in der Basiszeit und p_{it} der Preis des Objektes i in der Berichtszeit. Der Umsatz als **Wertgröße** eines Objektes i wird mit W_i notiert und bei vorliegenden Mengen und Preisen in der Regel überschlägig nach folgender Formel berechnet:

$$W_i = q_i \cdot p_i.$$

Durch Eingabe und Kopieren der Formel berechnet man den Umsatz jeder Produktgruppe in der Basis- und Berichtszeit und erhält durch Addition der Produktgruppenumsätze den Produktbereichsumsatz.

Abbildung 5.13 enthält im oberen Teil a die Ausgangsdaten und im unteren Teil b links die Umsätze der Produktgruppen und des gesamten Produktbereichs. Im rechten Teil der unteren Tabelle sind die Umsatzentwicklungen mit dynamischen Messzahlen und die Umsatzänderungen absolut und relativ nachvollziehbar berechnet. Danach ist der Umsatz im gesamten Produktbereich um insgesamt 56.4350 [€] bzw. um 10,33 % gestiegen.

2.b Absatzentwicklung

Die Absatzentwicklung jedes einzelnen Objektes – hier jeder Produktgruppe – kann man wie oben für den Umsatz gezeigt ermitteln. Zur Berechnung der durchschnittlichen Absatzentwicklung des gesamten Produktbereichs benötigt man Mengenindices. Diese werden

a

	A	B	C	D	E	F	G	H
3		Produkt-	Absatzmenge		Maßeinheit	Durchschnittspreis		Maßeinheit
4		gruppe	Jahr 1 (0)	Jahr 2 (t)	[ME]	Jahr 1 (0)	Jahr 2 (t)	[ME]
5		i	q_{i0}	q_{it}		p_{i0}	p_{it}	
6		A	520	550	Stück	160,00	170,00	€/Stück
7		B	110	120	Hektoliter	2.010,00	2.230,00	€/Hektoliter
8		C	425	410	Tonnen	570,00	590,00	€/Tonne

b

	A	B	C	D	E	F	G
11		Produkt-	Tats. Umsatz [€]		Entwicklg.	Änderung	
12		gruppe	Jahr 1 (0)	Jahr 2 (t)	Dyn Meßz.	absolut [€]	relativ [%]
13			W_{i0}	W_{it}	$M_{0,t}=W_{it}/W_{i0}$	$D_{0,t}=W_{it}-W_{i0}$	$r=D_{0,t}/W_{i0}\cdot100$
14		A	83.200	93.500	1,1238	10.300	12,38
15		B	221.100	267.600	1,2103	46.500	21,03
16		C	242.250	241.900	0,9986	-350	-0,14
17		Summe	546.550	603.000	1,1033	56.450	10,33

Abb. 5.13 Ausgangsdaten, Umsätze, Umsatzentwicklung und -veränderung

ganz allgemein mit Q, ihre Basis- und Berichtszeit mit tiefgestellten Indices und ihr Typ mit hochgestellten Indices notiert. So ist Q_{0t} der einfache Mengenindex für die durchschnittliche Mengenentwicklung von der Basiszeit 0 zur Berichtszeit t.

2.b.α Formeln

Einfacher Mengenindex Arithmetisches Mittel der Mengenmesszahlen	$Q_{0t} = \dfrac{1}{n} \cdot \sum \dfrac{q_t}{q_0} \cdot 100$
Mengenindex von Laspeyres $\dfrac{\text{Güterkorbwert mit Mengen der Berichtszeit und Preisen der Basiszeit}}{\text{Wert des Güterkorbes mit Mengen und Preisen der Basiszeit}}$	$Q_{0t}^{L} = \dfrac{\sum q_{it} \cdot p_{i0}}{\sum q_{i0} \cdot p_{i0}} \cdot 100$
Mengenindex von Paasche $\dfrac{\text{Güterkorbwert mit Mengen und Preisen der Berichtszeit}}{\text{Güterkorbwert mit Mengen der Basiszeit und Preisen der Berichtszeit}}$	$Q_{0t}^{P} = \dfrac{\sum q_{it} \cdot p_{it}}{\sum q_{i0} \cdot p_{it}} \cdot 100$

2.b.ß Berechnungen Zur Umsetzung der Formeln in Excel benötigt man je eine Spalte für jeden Indextyp. Abbildung 5.14 enthält im oberen Teil die Berechnung der notwendigen Terme und im unteren Teil die abschließende Berechnung der Indices und der daraus resultierenden durchschnittlichen relativen Änderung der Absatzmenge für den gesamten Produktbereich.

Beim einfachen Index ermittelt man den Durchschnittswert der dynamischen Messzahlen (Zelle C17) mit der statistischen Funktion MITTELWERT und den Indexwert durch dessen Multiplikation mit 100.

Abb. 5.14 Berechnung der
Mengenindices

	B	C	D	E
11	Produkt-	einfacher	\"fiktiver Umsatz\"	
12	gruppe	Index	Laspeyres	Paasche
13	i	q_{it}/q_{i0}	\"W$_{it}$\"	\"W$_{i0}$\"
14	A	1,0577	88.000	88.400
15	B	1,0909	241.200	245.300
16	C	0,964	233.700	250.750
17	Ø	1,78	562.900	584.450
18		=D6*F6	=C6*G6	=D17/E17*100
19	Index	$Q_{0,t}$	$Q^L_{0,t}$	$Q^P_{0,t}$
20	Wert	103,78	102,99	103,17
21	r [%]	3,78	2,99	3,17

Im Nenner des Laspeyres-Index steht der Wert aller Objekte in der Basiszeit, im Zähler des Paasche-Index der Wert aller Objekte in der Berichtszeit, beides tatsächliche Werte, die bereits in Abb. 5.13 berechnet wurden. Dagegen handelt es sich bei den Werten der Objekte im Zähler des Laspeyres-Index und im Nenner des Paasche-Index um „fiktive Größen". Sie entstehen rein rechnerisch dadurch, dass bei der Ermittlung des Wertes als Produkt von Menge und Preis der Preis bewusst konstant gehalten wird, damit die interessierende Mengenentwicklung „herausgerechnet" werden kann. Die Indexwerte selbst erhält man abschließend durch Division der aufsummierten tatsächlichen und fiktiven Umsätze. Abbildung 5.14 enthält alle Ergebnisse sowie beispielhafte korrekte Formeleingaben.

Danach ist die Absatzmenge des gesamten Produktbereichs im Durchschnitt nach dem einfachen Index um 3,78 %, nach dem Laspeyres-Index um 2,99 % und nach dem Paasche-Index um 3,17 % gestiegen.

2.c Preisentwicklung
Die Preisindices sind analog konstruiert und notiert.

2.c.α Formeln

Einfacher Preisindex Arithmetisches Mittel der Preismesszahlen	$P_{0t} = \frac{1}{n} \cdot \sum \frac{p_t}{p_0} \cdot 100$
Preisindex von Laspeyres $\frac{\text{Güterkorbwert mit Preisen der Berichtszeit und Mengen der Basiszeit}}{\text{Güterkorbwert mit Mengen und Preisen der Basiszeit}}$	$P^L_{0t} =$ $\frac{\sum p_{it} \cdot q_{it}}{\sum p_{i0} \cdot q_{i0}} \cdot 100$
Preisindex von Paasche $\frac{\text{Güterkorbwert mit Preisen und Mengen der Berichtszeit}}{\text{Güterkorbwert mit Preisen der Basiszeit und Mengen der Berichtszeit}}$	$P^P_{0t} =$ $\frac{\sum p_{it} \cdot q_{it}}{\sum p_{i0} \cdot q_{it}} \cdot 100$

Abb. 5.15 Berechnung der
Preisindices

i	p_{it}/p_{i0}	"W_{it}"	"W_{i0}"
Produkt-gruppe	einfacher Index	"fiktiver Umsatz" Laspeyres	Paasche
A	1,0625	88.400	88.000
B	1,1095	245.300	241.200
C	1,03..	250...	233.700
Ø / Σ	...00	...50	562.900
Index	$P_{0,t}$	$P^L_{0,t}$	$P^P_{0,t}$
Wert	106,90	106,93	107,12
r [%]	6,90	6,93	7,12

=C6*G6   =D6*F6   =D17/E17*100

2c.ß Berechnungen Abbildung 5.15 enthält die Berechnungsergebnisse und beispielhafte korrekte Formeleingaben.

Danach sind die Preise des gesamten Produktbereichs im Durchschnitt nach dem einfachen Index um 6,90 %, nach dem Laspeyres-Index um 6,93 % und nach dem Paasche-Index um 7,12 % gestiegen.

3. Indexkonstruktion und -system

Da sich die Wertgröße – hier der Umsatz – aus Preis mal Menge ergibt, muss sich ihre Änderung eigentlich vollständig auf Preis- und Mengenänderungen zurückführen lassen.

Im vorliegenden Fall lässt sich die **tatsächliche Umsatzsteigerung** des gesamten Produktbereichs von **10,33 %** nach den Berechnungen wie in Abb. 5.16 zusammengestellt auf **durchschnittliche Mengen- und Preissteigerungen** zurückführen.

Dabei ergeben die durchschnittlichen Mengen- und Preisänderungen zusammengenommen aber nie ganz genau die tatsächliche Umsatzänderung. Im vorliegenden Fall ist die Abweichung beim Laspeyres-Index betragsmäßig am größten und beim Paasche-Index am kleinsten. Der Grund für die Abweichungen liegt nicht in Berechnungsfehlern, sondern im Konstruktionskonzept von Indices. Dies ist bei den Indextypen von Laspeyres und Paasche am besten zu sehen, die jeweils eine der Komponenten zu einer Zeiteinheit fixieren und dadurch teilweise mit „fiktiven Wertgrößen" arbeiten, die den tatsächlichen Wertgrößen und ihrer Entwicklung nicht entsprechen. Diese Unstimmigkeit lässt sich innerhalb eines Indextyps grundsätzlich nicht vermeiden, wohl aber in einem Indexsystem.

Abb. 5.16 Ø Mengen- und
Preisänderungen

	einfacher Index	Laspeyres Index	Paasche Index
Menge	3,78	2,99	3,17
Preis	6,90	6,93	7,12
Summe	10,68	9,93	10,30
Abweichung	0,35	-0,40	-0,03

Die Zerlegung eines Index in die ihn determinierenden Komponenten dergestalt, dass er sich aus diesen **exakt** berechnen lässt, heißt **Indexsystem**. Für die Zerlegung von Wertgrößen ist folgendes Indexsystem grundlegend:

$$W_{0t} = P_{0t}^{\mathrm{P}} \cdot Q_{0t}^{\mathrm{L}} = P_{0t}^{\mathrm{L}} \cdot Q_{0t}^{\mathrm{P}}.$$

Wie man leicht selbst nachprüfen kann, gilt es natürlich auch im vorliegenden Fall.

Das Indexsystem bildet den theoretischen Hintergrund für die Bereinigung nomineller Wertgrößen von Preiseinflüssen (Deflationierung). Es wird z. B. benutzt, um aus dem Nominaleinkommen das Realeinkommen zu berechnen. Dabei wird der Index der Lebenshaltungskosten – ein Lasypeyres-Preisindex – benutzt. Teilt man das Nominaleinkommen (eine Wertgröße, z. B. in €) durch einen Laspeyres-Preisindex (dimensionslos), so erhält man das Realeinkommen (in €). Dabei impliziert das Realeinkommen eine Versorgung mit dem jeweils aktuellen Warenkorb (nach Güterart und Gütermengen), da nach dem obigen Indexsystem ein Paasche-Mengenindex resultiert.

5.4 Übungsaufgaben

5.4.1 Aufgabe „Entwicklung des verarbeitenden Gewerbes"

Drei Jahre nach der Wiedervereinigung wurden über das verarbeitende Gewerbe in den neuen Bundesländern folgende Zahlen veröffentlicht (t_1 = letztes Jahr, t_0 = Vorjahr):

Ausgangsgröße	Maßeinheit	Zeit [Jahr]	
		t_0	t_1
Erwerbstätige (ET)	Tsd.	8756	8820
Bruttowertschöpfung (BWS)	Mrd. DM	640	657
Anlagevermögen (AV)	Mrd. DM	1230,379	1266,243

Aufgabenstellungen

1. Visualisieren Sie die Ausgangsdaten und ermitteln Sie ihre Veränderungen.
2. Ermitteln Sie die Arbeits- und Kapitalproduktivität und deren Veränderungen.
3. Ermitteln Sie die Kapitalintensität und ihre Veränderung.
4. Klären Sie den Zusammenhang von kapital- und arbeitsbezogenen Kennzahlen.
5. Visualisieren Sie die Änderung der Basisgrößen und der Kennzahlen in einem Diagramm und nennen Sie die daraus ablesbaren drei wichtigsten Charakteristika der Wirtschaftsentwicklung.

5.4.2   Aufgabe „Klimaschutz"

Die Nicht-Regierungsorganisation (NGO) Germanwatch veröffentlicht alljährlich einen Klimaschutzbericht, dessen Kern ein Klimaschutz-Index ist. Der Gesamtindex setzt sich aus drei gewichteten Teilindices zusammen: dem Emissionsstand (Status-Index: 30 %), dem Emissionstrend (Dynamik-Index: 50 %) und der Bewertung der Klimapolitik (20 %). Jeder Teilindex enthält mehrere Aspekte, die durch geeignete Indikatoren operationalisiert werden. Einzelheiten zu den Indikatoren, den für sie nötigen Ausgangsdaten, ihrer Entdimensionierung und Zusammenfassung studieren Sie bitte im Report unter www.germanwatch.org/ksi.htm.

Wir betrachten hier nur die Teilindices über den Emissionsstand und die Bewertung der Klimapolitik für drei ausgewählte wichtige Länder und behandeln beide Indices als eigenständig, da der für den Gesamtindex nötige Dynamikteil fehlt. Die Angaben für den Emissionsstand sind aus dem KSI 2006 (Daten 2003), die für den klimapolitischen Index aus dem KSI 2008 (Daten 2005).

Emissionsstand: Basisdaten für Indikatoren

Land	CO2-Emission [MT = 10^6 T]	Energieverbrauch [PJ = 10^{15} J]	Bevölkerung [MP = 10^6 P]	BIP [G€ = 10^9 €]
China	3870,82	57.658,71	1295,20	6648,23
Deutschland	845,53	14.535,85	82,52	2123,41
USA	5712,28	95.575,32	291,11	10249,80
Legende	MT = Mio. Tonnen	PJ = Petajoule	MP = Mio. Personen	G€ = Mrd. €

Zur Entdimensionierung und Normierung der Indikatoren durch Standardisierung benötigt man folgende Durchschnittswerte, Standardabweichungen (hier gerundete Werte) und zur Zusammenfassung der standardisierten Indikatoren folgende Gewichte:

Größe	CO2-Emission [MT = 10^6 T]	Energieverbrauch [PJ = 10^{15} J]	Bevölkerung [MP = 10^6 P]	BIP [G€ = 10^9 €]
Ø	7,63	0,53	9,82	53,78
σ	4,50	0,30	4,68	12,50
Gewicht	1/3	1/6	1/3	1/6

Klimapolitische Bewertung   Die Bewertung der Klimapolitik erfolgt durch einschlägige Experten mittels Fragebogen. Sie bewerten die nationale Klimapolitik in den Bereichen Energieerzeugung, Transport & Verkehr, Gebäude, Industrie und den Kyoto-Zielen sowie die internationale im Rahmen der UN und sonst. Alle Bewertungen erfolgen auf einer Notenskala von 1 bis 5 mit 1 als bester Bewertung. Die folgende Tabelle enthält als Ausgangsdaten die durchschnittlichen Bewertungen.

Land	national					International		Expertenbewertung	
	Ener-gie	Trans-port	Gebäu-de	Indus-trie	Kyoto-Ziel	UN	Sonstige	Anzahl	Skala
China	2,8	3,4	3,1	2,8	0	2,6	3,1	6	Noten 1–5
Deutsch-land	2,9	3,4	2,9	2,8	1,4	1,7	1,5	9	1 = beste
USA	5,0	5,0	5,0	5,0	5,0	5,0	4,0	4	5 = schlechteste

Die Bewertungen werden nach der Punktwertmethode mit folgenden Gewichtungen zusammengefasst (Gewichte in Prozent):

Standardgewichtung	40	15	15	15	15	80	20
ohne Kyoto Bewertung	40	20	20	20	0		

Zur Standardisierung der Gesamtbewertungen und zur Zusammenfassung der standardisierten Werte im Index benötigt man folgende Angaben:

Größe	national	international
∅	3,74	3,09
σ	0,49	0,78
Gewicht [%]	50	50

Aufgabenstellungen

1. Index Emissionsstand
   a) Ermitteln Sie aus den Ausgangsdaten nachvollziehbar die Basisindikatorenwerte.
   b) Entdimensionieren und normieren Sie nachvollziehbar die Indikatorenwerte.
   c) Fassen Sie die dimensionslosen Indikatorenwerte gemäß der vorgesehenen Gewichtung zusammen.
2. Index Klimapolitik
   a) Ermitteln Sie aus den Ausgangsdaten nachvollziehbar die Gesamtbewertungen der nationalen und internationalen Klimapolitik.
   b) Entdimensionieren und normieren Sie nachvollziehbar die Gesamtbewertungen.
   c) Fassen Sie die dimensionslosen Bewertungen gemäß der vorgesehenen Gewichtung zusammen.
3. Welche Vergleichsaussagen können Sie an Hand der Indexwerte über den Emissionsstand und die Klimapolitik der drei Länder machen?
4. Diskutieren Sie kurz die wesentlichen Gemeinsamkeiten und Unterschiede der beiden Indexkonstruktionen.

5.4.3 Aufgabe „Energieverbrauchsentwicklung"

Ein Industriebetrieb bezieht Energielieferungen in Form von Öl, Gas und Elektrizität. Den neuen Werksleiter interessiert die Entwicklung aller Energiearten zusammengenommen, und zwar im Hinblick auf die Ausgaben, die Preise und die Verbrauchsmengen. Das Facility-Management liefert dazu die in der folgenden Tabelle zusammengestellten Angaben.

Energieart	Verbrauchsmenge [ME]		Durchschnittspreis [€/ME]	
	Basisjahr	Berichtsjahr	Basisjahr	Berichtsjahr
Öl	70 [Tsd. l]	84 [Tsd. l]	0,48 [€/l]	0,73 [€/l]
Gas	10 [Tsd. m^3]	24 [Tsd. m^3]	0,55 [€/m^3]	0,68 [€/m^3]
Elektrizität	280 [Tsd. kWh]	420 [Tsd. kWh]	0,15 [€/kWh]	0,12 [€/kWh]

Aufgabenstellungen

1. Wie haben sich die Verbrauchsausgaben für alle Energiearten zusammengenommen vom Basisjahr bis zum Berichtsjahr insgesamt entwickelt?
2. Wie hat sich der Preis für alle Energiearten zusammengenommen vom Basisjahr bis zum Berichtsjahr im Durchschnitt entwickelt? Benutzen Sie die drei grundlegenden Indextypen der Wirtschaftsstatistik.
3. Wie hat sich die Verbrauchsmenge für alle Energiearten zusammengenommen vom Basisjahr bis zum Berichtsjahr im Durchschnitt entwickelt? Benutzen Sie die drei grundlegenden Indextypen der Wirtschaftsstatistik.
4. Vergleichen Sie die Ergebnisse und erklären sie die Unterschiede. Welchen Indextyp empfehlen Sie für die längerfristige kontinuierliche Berichterstattung?

Zusammenhangsanalysen

6

Häufig interessieren an einem Massensachverhalt mehrere Merkmale. Mit **univariaten Analysen** kann man jedes einzelne davon separat aufbereiten und auswerten, so wie in den Kap. 2 bis 4 geschehen. Viele Fragestellungen lassen sich jedoch nur beantworten, wenn man die eindimensionale Sicht erweitert und zwei oder mehr Merkmale gemeinsam betrachtet. Die erweiterte **mehrdimensionale Sicht** ist nötig für Gegenüberstellungen und Vergleiche und um sachlich vermuteten **Zusammenhängen** nachzugehen, deren Ermittlung und Quantifizierung besonderen Erklärungs- und Prognosewert haben kann. Im einfachsten Fall betrachtet man nur zwei Größen gleichzeitig im Rahmen sogenannter **bivariater Analysen**. Die grundlegenden Arten und Ansätze bivariater Analysen insbesondere zur Ermittlung von Zusammenhängen zeigt die folgende Übersicht.

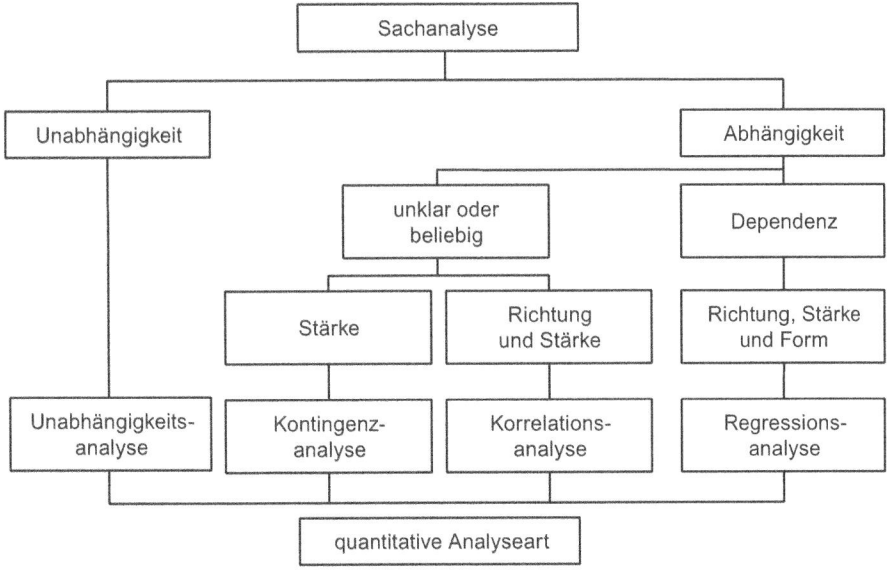

J. Meißner und T. Wendler, *Statistik-Praktikum mit Excel*,
Studienbücher Wirtschaftsmathematik, DOI 10.1007/978-3-658-04187-8_6,
© Springer Fachmedien Wiesbaden 2015

Jeder quantitativen Analyse sollte eine **Sachanalyse** vorausgehen. Darin ist allgemeines und fallbezogenes Wissen verschiedener Art (Erfahrung, Theorie, Logik, Intuition etc.) über die betrachteten Größen einzubeziehen. Insgesamt soll die Sachanalyse zu einer möglichst gut begründeten Vermutung über die Beziehung der betrachteten Größen im jeweils vorliegenden Fall führen. Dabei ist das Denken in Ursache-Wirkungs-Zusammenhängen wichtig, das vereinfachend zu den grundlegenden **Beziehungsarten** „keine Beziehung (Unabhängigkeit)", „einseitig gerichtete Beziehung (Dependenz)" und „wechselseitige Beziehung (Interdependenz)" führt.

Die genannten Beziehungsarten korrespondieren mit grundlegenden **quantitativen Analysearten**. Deren Aufgabe ist es, die sachlich begründet vermutete Beziehungsart in den vorliegenden Daten numerisch nachzuweisen und sie insbesondere zahlenmäßig zu präzisieren. Dabei erfordern die quantitativen Analysearten jeweils auf den Analysezweck abgestimmte quantitative Analyseansätze.

Bei der **Unabhängigkeitsanalyse** geht es um die Klärung der Frage, ob zwei Größen, zwischen denen man aufgrund der Sachanalyse eine Beziehung vermutet, auch im vorliegenden Fall datenmäßig in einem erkennbaren quantitativen Zusammenhang stehen. Die Klärung dieser Frage ist von grundlegender Bedeutung, da bei statistischer Unabhängigkeit in der Regel keine weiteren Beziehungsaspekte zu analysieren sind, bei Abhängigkeit aber sehr wohl. Unabhängigkeitsanalysen werden häufig durchgeführt, um die wichtigen Einflussgrößen – die sog. **Determinanten** – von den unwesentlichen zu trennen und damit zu sinnvollen und nicht zu komplizierten Erklärungsmodellen zu kommen. Dabei wird die Unabhängigkeit in der Regel mit Hilfe von Unabhängigkeitstests untersucht, die zur schließenden Statistik gehören und deshalb erst dort behandelt werden.

Sind zwei Größen nicht statistisch unabhängig, wird es in der Regel sinnvoll sein, ihren Zusammenhang näher zu analysieren. Wichtige Aspekte von Zusammenhängen sind ihre **Stärke, Richtung und Form**. Welche dieser Aspekte man statistisch sinnvoll ermitteln kann hängt dabei neben den Ergebnissen der Sachanalyse vor allem von der Merkmals- und Skalenart der beiden Größen und von der Struktur der Ausgangsdaten ab.

Liegen beide Größen bereits aufbereitet als Häufigkeitsverteilung vor, so kann man Zusammenhängen nur über die Analyse ihrer **gemeinsamen Häufigkeiten** nachgehen. Die dafür benutzte Analyseart ist die **Kontingenzanalyse**. Sie quantifiziert die **Stärke** des Zusammenhangs in einem Koeffizienten, dessen mögliche Werte zwischen 0 und 1 liegen. Sie ist bei beliebiger oder unklarer Beziehungsart und beliebiger Merkmals- und Skalenart anwendbar und hat damit theoretisch ein sehr großes Anwendungspotenzial.

Abschnitt **6.1 Aufgabe „Beschäftigungsverhältnis und Sport"** behandelt die Analyse von bivariaten Häufigkeitsverteilungen im Hinblick auf Abhängigkeit oder Unabhängigkeit der beiden Größen sowie ihre Kontingenz. Dabei werden die bedingten Häufigkeiten, die Häufigkeiten bei Unabhängigkeit und die Abweichungsmessung durch die Maßgröße Chi-Quadrat benutzt, die wesentlicher Bestandteil des Kontingenzkoeffizienten ist.

Liegen dagegen von beiden Größen die Beobachtungswerte vor, so kann man Zusammenhängen über die Analyse ihrer **gemeinsamen Wertepaare** detaillierter nachgehen. Dazu wird die **Korrelationsanalyse** eingesetzt. Mit ihr kann man die **Richtung** und die **Stärke** des Zusammenhangs in Koeffizienten quantifizieren, deren mögliche Werte zwischen 0 und ± 1 liegen. Sie ist bei beliebiger oder unklarer Beziehungsart anwendbar, setzt aber – im Gegensatz zur Kontingenzanalyse – quantitative Merkmale voraus, die mindestens ordinal skaliert sind. Abschnitt **6.2 Aufgabe „Inflation und Arbeitslosigkeit"** behandelt die Maß- und die Rangkorrelation.

Ist der durch Korrelationsanalysen ermittelte Zusammenhang zwischen den beiden Größen statistisch signifikant – d. h. mehr als zufällig und damit systematisch – und ist er darüber hinaus auch stark – und damit sachlich wesentlich –, so wird seine weitergehende Analyse in der Regel sinnvoll und erwünscht sein. Hier nun bietet sich die **Regressionsana-lyse** an. Mit ihr kann man zusätzlich einen **formel- und zahlenmäßigen Zusammenhang** zwischen den beiden Größen ermitteln, der tendenziell gültig ist. Sachliche Voraussetzung dafür ist jedoch, dass zwischen beiden Größen eine **Dependenz** besteht, d. h. eine sachlich überwiegend einseitig gerichtete Abhängigkeit. Dann kann man die determinierende Grö-ße als „unabhängige Variable" und die von ihr beeinflusste Größe als „abhängige Variable" im Sinne der Mathematik ansehen und versuchen, ihren Zusammenhang in einer geeig-neten **mathematischen Funktion** auszudrücken. Statistische Voraussetzung dafür ist, dass beide Größen quantitativ und metrisch skaliert sind.

Ziel der Analyse ist die Ermittlung einer **Regressionsfunktion**, die möglichst gut zu den vorhandenen Daten passt. Die grundlegende Methode zur Ermittlung von Regressi-onsfunktionen ist die **Methode der kleinsten Quadrate**. Mit ihr kann man die Bestim-mungsgleichungen für die Parameter einer Reihe von mathematischen Funktionstypen ermitteln und mit den Bestimmungsgleichungen kann man die im Anwendungsfall am besten passenden Parameterwerte des ausgewählten Funktionstyps berechnen. Die Re-gressionsanalyse ist die informativste Art der quantitativen Zusammenhangsanalyse. Sie ermöglicht Aussagen über die Richtung des Zusammenhangs (gleichgerichtet oder gegen-läufig), seine Form (formel- und zahlenmäßige Spezifikation) und seine Stärke sowie die Möglichkeit weiterer sinnvoller Auswertungen.

Abschnitt **6.3 Aufgabe „Farbpatronenfabrikation"** behandelt die Ermittlung einer Re-gressionsfunktion für den besonders einfachen aber wichtigen Fall eines **linearen** Zusam-menhangs. Dabei wird die ermittelte Regressionsfunktion auch zu weiteren sinnvollen und praxisbewährten Auswertungen genutzt und es wird die Güte der Analyse mit dem für Re-gressionen typischen Gütemaß – dem Bestimmtheitsmaß – ermittelt.

Abschnitt **6.4 Aufgabe „Bierabsatz und Werbung"** behandelt die Ermittlung von **nicht-linearen** Regressionsfunktionen, wie sie in vielen ökonomischen Anwendungen typisch sind. Die Berechnung der Parameterwerte nicht-linearer Funktionstypen ist in der Regel eine mathematisch und rechnerisch anspruchsvolle Aufgabe, die durchweg ohne entspre-chende mathematische Fähigkeiten und geeignete Rechnerunterstützung nicht effektiv und effizient erledigt werden kann. Hier ist geeignete Software in der praktischen Anwendung unerlässlich, die nicht nur die Ermittlung der Regressionsfunktionen, sondern auch die Be-rechnung ihrer Güte unterstützt, damit der Anwender unter verschiedenen nicht-linearen Funktionstypen den mit dem besten **Modellfit** leicht auswählen kann.

Bevor eine quantitative Zusammenhangsanalyse durchführt wird, ist es in der Regel sinnvoll, die bivariaten Ausgangsdaten in geeigneten Formen graphisch darzustellen. Durch die **Visualisierung** erhält man – über allgemeingültige Auswahlkriterien und -regeln hinaus – häufig wichtige Hinweise darauf, welche Ansätze und Maßgrößen der quantitativen Zusammenhangsanalyse im jeweiligen Anwendungsfall aufgrund der spezifischen Situationsbedingungen und der Datenlage passend und Erfolg versprechend sind.

Quantitative Zusammenhangsanalysen liefern zahlenmäßige Aussagen, die nicht eindeutig im Sinne der Mathematik sind. Vielmehr gelten sie nur **tendenziell**. Ergänzend ist festzuhalten, dass sie sich nur auf die untersuchten Daten beziehen und deshalb nur für die hinter den Daten stehende statistische Masse gelten.

6.1 Aufgabe „Beschäftigungsverhältnis und Sport"

Ein namhafter Sportgerätehersteller verfolgt in seiner Personalpolitik aus guten Gründen das Ziel einer ausreichenden sportlichen Betätigung seiner Mitarbeiter. Unlängst wurde ein Unternehmen übernommen, dessen Beschäftigtenstruktur stark von marktwirtschaftlich orientierten Unternehmen abweicht. Die Personalabteilung interessiert nun, ob es in dem neuen Tochterunternehmen überhaupt einen Zusammenhang zwischen der Beschäftigtenstruktur und der sportlichen Betätigung der Mitarbeiter gibt und wenn ja, wie stark er ist. Bei ausreichend starkem statistischem Zusammenhang erwägt es dort ein gezieltes Betriebssportprogramm aufzulegen. Zur empirischen Fundierung wurden im letzten Monat relevante Daten der Personaldatei entnommen und zusätzlich die Intensität der sportlichen Betätigung von **allen dortigen Mitarbeitern** durch Befragung erhoben. Die folgende Tabelle enthält ein Ergebnis der Datenaufbereitung.

Intensität sportlicher Betätigung	Beschäftigungsverhältnis			Summe
	Arbeiter	Angestellte	Beamte	
Nie	84	32	11	127
Gelegentlich	43	20	9	72
Regelmäßig	18	20	13	51
Summe	145	72	33	250

6.1.1 Aufgabenstellungen

1. Nennen Sie jeweils mit kurzer Begründung die Untersuchungs- und Erhebungsart, die statistische Masse und die Merkmale sowie deren Merkmals- und Skalenart.
2. Stellen Sie die gemeinsame (bivariate) Häufigkeitsverteilung in zwei geeigneten Formen graphisch dar. Nennen und begründen Sie kurz die von Ihnen gewählten Dar-

stellungsformen, die Platzierung der Variablen und die verwendeten Daten. Welche Darstellungsform ist Ihrer Meinung nach zur Indizierung eines eventuell bestehenden quantitativen Zusammenhangs besser geeignet (Begründung)?

3. Welche Vermutungen über den Zusammenhang der beiden Größen haben Sie ganz allgemein aus sachlichen Erwägungen und aufgrund der Diagramme und welche der verfügbaren quantitativen Analysearten halten Sie im vorliegenden Fall für (un)geeignet?

4. Stellen Sie in geeigneter Weise zahlenmäßig fest, ob die beiden Merkmale im vorliegenden Fall statistisch eher abhängig oder unabhängig voneinander sind. Nennen Sie den benutzten Ansatz und visualisieren und interpretieren Sie die Ergebnisse.

5. Ermitteln Sie bei sachlich plausibler und datenmäßig indizierter statistischer Abhängigkeit die Stärke des Zusammenhangs mit einer geeigneten Maßgröße, deren Auswahl Sie kurz begründen.

6. Was sagt das Analyseergebnis und was kann die Personalwirtschaft damit anfangen?

LERNINHALTSÜBERSICHT	
STATISTIK	**EXCEL-UNTERSTÜTZUNG**
1. Grundbegriffe	
2. Graphische Darstellungen der gemeinsamen Häufigkeitsverteilung	
a) Diagrammtypenauswahl	
b) Vorüberlegungen	Säulendiagramme:
c) Diagrammerstellung	Drei- und zweidimensional gestapelt
d) Diagrammtypendiskussion	
3. Auswahl Analysearten	
4. Statistische (Un)Abhängigkeit	
a) Ansatz	
b) Ermittlung bedingte Häufigkeiten	Formel
c) Graphische Darstellung	Gestapeltes Säulendiagramm
d) Sachgerechte Interpretation	
5. Kontingenzanalyse	Formeln
6. Ergebnisinterpretation und -verwendung	

6.1.2 Aufgabenlösungen

1. Grundbegriffe

Untersuchungsart:	Querschnittdatenanalyse, da die Daten eine „Momentaufnahme" von Mitarbeitern des Tochterunternehmens an einem bestimmten Ort zu einer bestimmten Zeit sind.
Erhebungsart:	Sekundärdatenerhebung beim Beschäftigungsverhältnis, da diese Daten in der Personaldatei bereits vorhanden sind. Primärda-

tenerhebung bei der Intensität sportlicher Betätigung, da diese erstmals erfasst wurde.

Befragung, da die Angaben durch Befragung der Mitarbeiter ermittelt wurden.

Vollerhebung, da alle Beschäftigten des Tochterunternehmens erfasst wurden.

Statistische Masse: Beschäftigte (sachliche Abgrenzung) des Tochterunternehmens (örtliche Abgrenzung) im letzten Monat (zeitliche Abgrenzung).

Beobachtungsmerkmale: Beschäftigungsverhältnis, Intensität der sportlichen Betätigung.

Merkmalsart: Qualitative (kategoriale) Merkmale, da Merkmalsausprägungen in Worten.

Skalenart: Beschäftigungsverhältnis nominal skaliert, da Merkmalswerte keiner Reihenfolge unterliegen. Intensität der sportlichen Betätigung ordinal skaliert, da Merkmalswerte einer Reihenfolge unterliegen.

2. Graphische Darstellungen

2.a Diagrammtypenauswahl

Zur graphischen Darstellung der gemeinsamen Häufigkeitsverteilung zweier qualitativer Merkmale kommen vor allem die für diese Merkmalsart auch bei univariaten Verteilungen gängigen Darstellungsformen in Betracht, das sind das Kreis- und das Säulendiagramm. Das Kreisdiagramm ist hier aus zwei Gründen weniger geeignet: Zum einen ist eines der beiden Merkmale ordinal skaliert und die Reihenfolgeinformation über die Merkmalswerte kommt im Kreisdiagramm in der Regel nicht prägnant zum Ausdruck. Zum anderen kann man die gesamte bivariate Verteilung nicht in einem Kreis darstellen, sondern müsste im vorliegenden Fall drei Diagramme erstellen und miteinander vergleichen. Besser geeignet erscheint ein Säulendiagramm, bei dem die gesamte Verteilung in **einem** Bild dargestellt werden kann.

Das Säulendiagramm gibt es in etlichen Varianten. Für eine bivariate Verteilung ist dabei das **dreidimensionale Säulendiagramm** besonders nahe liegend. Bei ihm kann man jeweils ein Merkmal an jeder der beiden Achsen platzieren, die die Grundfläche des Diagramms bilden, und die gemeinsamen Häufigkeiten an der dritten, senkrechten Achse abtragen. Von den „normalen" (zweidimensionalen) Säulendiagrammen kommt für bivariate Verteilungen vor allem das **gestapelte Säulendiagramm** in Frage. Es besteht aus einem normalen Säulendiagramm der Häufigkeitsverteilung des einen Merkmals, in dessen Säulen die gemeinsamen Häufigkeiten mit dem zweiten Merkmal als Teile bzw. Stapel enthalten sind.

2.b Vorüberlegungen

Bevor man die Diagramme erstellt, ist es im bivariaten Fall sinnvoll, sich noch über die sachlogische Beziehung der Variablen und die darzustellenden Daten Gedanken zu ma-

gemeinsame relative Häufigkeitsverteilung				
Intensität sport-	**Beschäftigungsverhältnis**			**Summe**
licher Betätigung	**Arbeiter**	**Angestellte**	**Beamte**	
nie	0,34	0,13	0,04	0,51
gelegentlich	0,17	0,08	0,04	0,29
regelmäßig	0,07	0,08	0,05	0,20
Summe	**0,58**	**0,29**	**0,13**	**1,00**

Abb. 6.1 Gemeinsame relative Häufigkeitsverteilung

chen. Der erste Punkt bedeutet einen Vorgriff auf die unter 3. durchzuführende **Sach-analyse.** Er ist nötig, wenn zwischen den beiden Variablen sachlogisch eine überwiegend einseitig gerichtete Abhängigkeit – **Dependenz** genannt – plausibel ist und diese auch im Diagramm durch die **Platzierung der Variablen** zum Ausdruck kommen soll.

Der zweite Punkt betrifft die darzustellenden Häufigkeiten. Da in einer gemeinsamen Häufigkeitsverteilung bei der Suche nach quantitativen Zusammenhängen implizit oder explizit **Zahlenvergleiche** angestellt werden, ist es sinnvoll, die **relativen** Häufigkeiten zu betrachten und darzustellen. Die gemeinsamen relativen Häufigkeiten sind aus den vorhandenen absoluten auf bekanntem Wege zu ermitteln. Abbildung 6.1 zeigt das Ergebnis.

Im Diagramm darzustellen sind die gemeinsamen Häufigkeiten im Tabelleninneren. Die eindimensionalen Häufigkeitsverteilungen an den Rändern – die sogenannten **Randhäufigkeiten** – braucht man erst für spätere Anwendungen.

2.c Diagrammerstellung

Dreidimensionales Säulendiagramm (3-D-Diagramm) Das Diagramm wird mit dem Diagrammtyp „Säule" und dem Unterdiagrammtyp „3D-Säulen" (in der Auswahl unten links) erstellt. Dargestellt werden sollen die beiden Merkmale mit ihren Werten an den Achsen der Grundfläche und die gemeinsamen relativen Häufigkeiten an der senkrechten Achse. Dabei wollen wir die Intensität der sportlichen Betätigung – im Folgenden kurz Sportintensität genannt – als Analysegröße an der waagerechten Achse im Bildvordergrund und das Beschäftigungsverhältnis an der schräg nach hinten laufenden Achse der Grundfläche darstellen.

Dazu muss man beim Einlesen der Daten im Dialogfenster „Datenquelle auswählen" der Abb. 6.2 die Sportintensität im Dialogbereich „Horizontale Achsenbeschriftungen" und das Beschäftigungsverhältnis mit seinen Werten und den Häufigkeiten im Dialogbereich „Legendeneinträge (Reihen)" unterbringen.

Damit im dreidimensionalen Raum größere Säulen kleinere nicht übermäßig verdecken, sollte man Datenreihen mit kleineren Häufigkeiten im Vordergrund und solche mit größeren Häufigkeiten im Hintergrund platzieren. Gemäß Abb. 6.1 haben Beamte die kleinsten Häufigkeiten und Arbeiter tendenziell die größten. Von daher ist es sinnvoll,

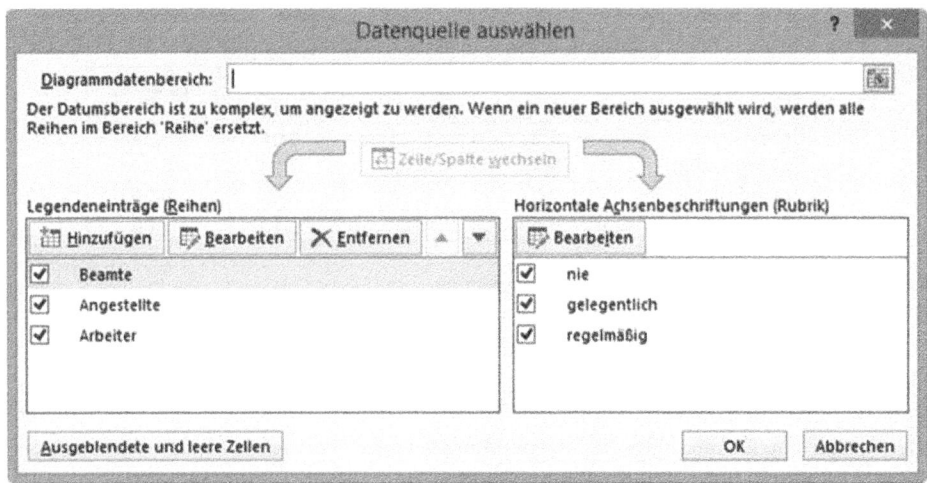

Abb. 6.2 Vollständige Datenversorgung im 3D-Säulendiagramm

Abb. 6.3 Einlesen eines
Merkmalswertes (Bezeich-
nung und Häufigkeiten) im
3D-Säulendiagramm

die Diagrammerstellung mit der Spalte der Beamten zu beginnen und mit der Spalte der
Arbeiter zu beenden.

Deshalb liest man als Quelldaten im Dialogfenster „Datenquelle auswählen" im Dialogbereich „Legendeneinträge (Reihen)" nach Hinzufügen der 1. Datenreihe und deren
Aufruf zur Bearbeitung in der gleichnamigen Dialogbox unter „Reihenname" die Adresse der Beamten und unter „Reihenwerte" die ihrer relativen Häufigkeiten ein, so wie in
Abb. 6.3 ersichtlich.

Analog verfährt man mit den übrigen Merkmalswerten in den Spalten, bis alle Häufigkeiten im Diagramm aufgenommen sind.

Nun ist noch der Dialogbereich „Horizontale Achsenbeschriftungen" (im rechten Teil
der Abb. 6.2) mit den Angaben zur Sportintensität zu versorgen. Dazu aktiviert man die
Schaltfläche „Bearbeiten" und liest in der Dialogbox „Achsenbeschriftungen" im Dialogfeld „Achsenbeschriftungsbereich" die Adresse der Werte des Merkmals „Sportintensität"
ein, die in Abb. 6.1 in der Spalte B stehen (B13–B15). Abbildung 6.4 zeigt die korrekten
Angaben zur vollständigen Datenversorgung.

Abb. 6.4 Festlegen der Achsenbeschriftungen

Im nächsten Schritt versieht man das Diagramm mit den nötigen Beschriftungen –
Überschrift und Achsenbeschriftungen – zugänglich entweder über das Menü „Entwurf"
und die Schaltfläche „Diagrammelement hinzufügen" oder direkter über die Schaltfläche „Fettes Pluszeichen", die rechts oben neben dem Diagramm nach dessen Anklicken
erscheint.

Mit der **Graphikfunktion „3D-Drehung"** kann man die Ansicht auf ein 3D-Diagramm
verändern. Die Funktion wird über das Kontextmenü zugänglich, wenn man den Cursor
auf der Zeichnungsfläche platziert und die rechte Maustaste (Kontexttaste) gedrückt hat.
Sie bietet einige Gestaltungsmöglichkeiten, die man selbst ausprobieren sollte. Die Abb. 6.5
zeigt das mit der Funktion noch leicht verbesserte Diagramm.

Gestapeltes Säulendiagramm (2-D) Die Erstellung eines (zweidimensionalen) gestapelten Säulendiagramms ist im Vergleich zum dreidimensionalen Säulendiagramm ver-

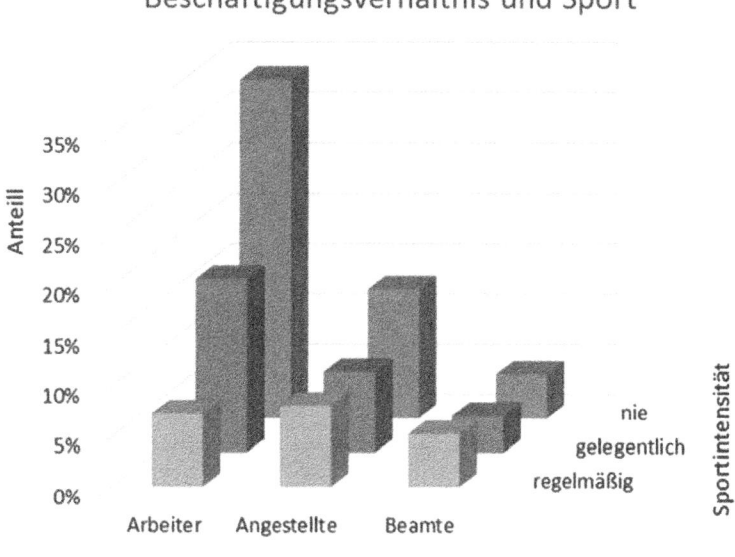

Abb. 6.5 Optimierte 3-D-Ansicht

Abb. 6.6 Datenversorgung
der ersten Datenreihe mit
Personen ohne sportliche Betätigung

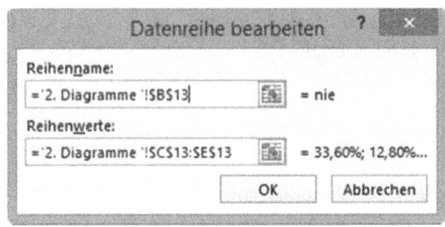

gleichsweise einfach. Man wählt unter den 2-D-Säulendiagrammen den Untertyp „Gestapelte Säulen", die sich nicht (!) jeweils zu 100 % aufsummieren.

Wichtig ist bei diesem Diagrammtyp die Platzierung der Variablen an den beiden Achsen, die nicht wie beim 3D-Diagramm nachträglich durch Drehung geändert werden kann.
Ist – wie im vorliegenden Fall – Dependenz plausibel, trägt man die „unabhängige" Variable
standardmäßig an der waagerechten Achse (Rubrikenachse) und die „abhängige" Variable
mit den Häufigkeiten als Säulenteile auf der senkrechten Achse (Größenachse) ab.

Die für das Diagramm nötigen Quelldaten werden schrittweise einbezogen, wobei in
jedem Schritt alle Säulen gleichzeitig um einen Teil (Stapel) aufgebaut werden. Im vorliegenden Fall sind die gleichzeitig aufzubauenden Säulenteile die unterschiedlichen Intensi-
täten der sportlichen Betätigung. Diese legt man im Dialogfenster „Datenquelle auswählen"
im Dialogbereich „Legendeneinträge (Reihen) eine nach der anderen an und definiert zugleich die Beschriftung als Datenreihenname. Abbildung 6.6 zeigt dies beispielhaft für alle
diejenigen, die sich „nie" sportlich betätigen. Analog legt man für die übrigen sportlichen
Betätigungsniveaus Datenreihen an und liest deren Bezeichnungen und Werte ein.

Die Beschriftung der waagerechten Achse (Rubrikenachse) ist im Dialogreich „Horizontale Achsenbeschriftung" nur einmal vorzunehmen. Abbildung 6.7 zeigt die korrekte
und vollständige Datenversorgung und Abb. 6.8 eine Musterlösung, die auch die noch nötigen Beschriftungen enthält.

Darin sind zum besseren Vergleich der Proportionen gleichartige Säulenteile bei den
drei Beschäftigtengruppen zu Vergleichszwecken durch Linien verbunden. Dazu klickt
man eine Datenreihe mit der linken Maustaste an. Anschließend aktiviert man im Menü „Entwurf" die Option „Diagrammelement hinzufügen/Linien/Verbindungslinien".

2.d Diagrammtypendiskussion
Das 3-D-Säulendigramm ist für die graphische Darstellung zweidimensionaler Häufigkeitsverteilungen geradezu ideal geeignet, da die beiden Variablen natürlicherweise an den
beiden Achsen der Grundfläche und deren gemeinsame Häufigkeiten an der senkrechten
Achse abgetragen werden können. Dabei sind die beiden Variablen in der Regel aber gleich-
berechtigt und die bei Dependenz unterschiedliche Stellung der Variablen lässt sich – im
Gegensatz zum gestapelten Säulendiagramm – nicht immer klar zum Ausdruck bringen.

Diagramme sollen nicht nur die Ausgangsdaten sachlich und zahlenmäßig richtig visualisieren, sondern auch durch die Art der Darstellung den Blick auf das Wesentliche lenken

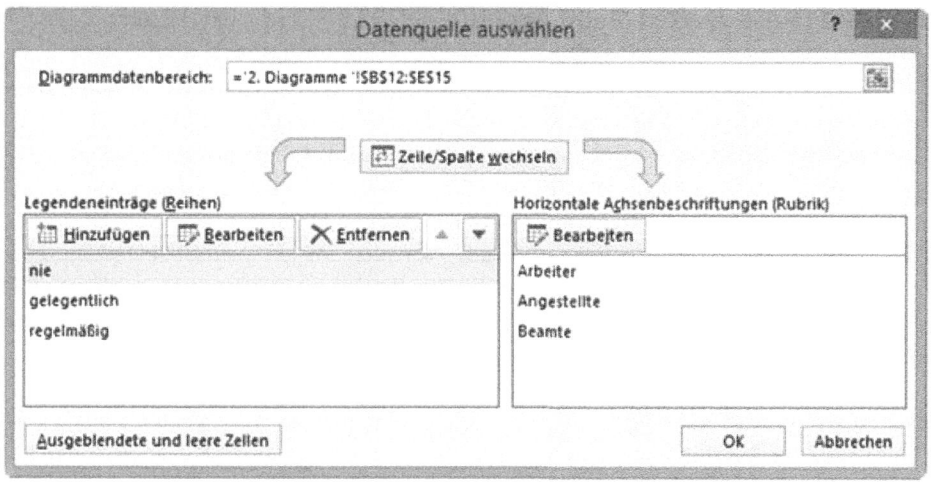

Abb. 6.7 Vollständige Datenversorgung des gestapelten Säulendiagramms

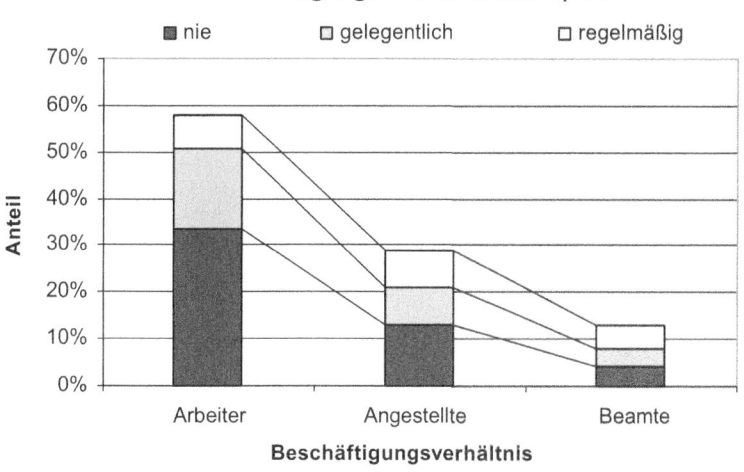

Abb. 6.8 Gestapeltes Säulendiagramm

und dadurch auch Hinweise für sinnvolle und Erfolg versprechende quantitative Analysen liefern. Bei der quantitativen Analyse von eventuell bestehenden Zusammenhängen liefern vor allem Vergleiche solche Hinweise. Im 3-D-Säulendiagramm ist es nicht einfach, die richtigen Vergleiche von Säulenlängen und -profilen optisch verlässlich vorzunehmen, während im gestapelten Säulendiagramm die Vergleichsobjekte direkt nebeneinander stehen und die Säulenstapel den gezielten Vergleich von Proportionen gut unterstützen. Von daher ist in der Regel für die Untersuchung von dependenten Zusammenhängen in bivariaten Verteilungen das gestapelte Säulendiagramm nicht nur die einfachere, sondern auch die insgesamt besser geeignete Darstellungsform.

3. Auswahl Analysearten (Begründung)

Sachanalyse (allgemein) Aufgrund von Erfahrungswissen ist allgemein bekannt, dass das Beschäftigungsverhältnis eine wesentliche Einflussgröße (Determinante) des Niveaus sportlicher Betätigung sein kann. Von daher ist sachlich eine überwiegend einseitig gerichtete Abhängigkeit plausibel, die durch **Dependenzanalyse** zu quantifizieren wäre.

Diagramminterpretation (vorliegender Fall) Vor allem im gestapelten Säulendiagramm ist gut erkennbar, dass die Anteile der sportlichen Betätigung bei den drei Beschäftigtengruppen doch recht unterschiedlich sind. Von daher ist hier ergänzend zur sachlich plausiblen Dependenz auch **datenmäßig** eine statistische Abhängigkeit zu vermuten.

Analysearten Um zu klären, ob die sachlich plausible und im vorliegenden Fall auch in den Diagrammen sichtbare Abhängigkeit auch statistisch zahlenmäßig nachweisbar ist, führt man eine **(Un)abhängigkeitsanalyse** durch. Erbringt diese statistische Abhängigkeit, führt man ergänzend eine **Zusammenhangsanalyse** durch. Bei Dependenz ist die Regressionsanalyse die informativste Art der Zusammenhangsanalyse. Sie setzt jedoch quantitative Merkmale voraus, die metrisch skaliert sind. Im vorliegenden Fall sind die Merkmale aber qualitativ und höchstens ordinal skaliert, so dass die Regression ausscheidet. Korrelation ist aus dem gleichen Grunde nicht anwendbar – auch nicht der Ansatz der Rangkorrelation –, weil nicht beide Merkmale ordinal skaliert sind. Bei Merkmalen beliebiger Merkmals- und Skalenart, deren Daten bereits in Häufigkeiten aufbereitet vorliegen, ist die **Kontingenzanalyse** Standard.

4. Statistische Abhängigkeit/Unabhängigkeit

4.a Ansatz

Bei Vorliegen einer gemeinsamen Häufigkeitsverteilung quantifiziert man die statistische (Un)abhängigkeit am einfachsten durch die Ermittlung und den Vergleich der **bedingten Häufigkeiten**. Im vorliegenden Fall ist das Beschäftigungsverhältnis als Determinante und damit als bedingende Variable X des von ihr abhängigen sportlichen Betätigungsniveaus Y angesehen worden. Damit ist die bedingte Häufigkeit von Y unter der Bedingung X zu ermitteln, die hier mit $f(Y/X)$ notiert wird und wie folgt definiert ist:

$$f(y_k/x_j) = \frac{h(x_j, y_k)}{h(x_j)} = \frac{h_{jk}}{h_j}.$$

Dabei ist $h(x_j, y_k) = h_{jk}$ die gemeinsame absolute Häufigkeit im Tabellenfeld j, k und $h(x_j) = h_j$ die absolute Summenhäufigkeit in der Spalte j.

4.b Ermittlung

Nach vorgenannter Formel benötigt man im Zähler die gemeinsamen absoluten Häufigkeiten, die in der Ausgangsdatentabelle stehen. Diese ist deshalb zum besseren Verständnis

A	B	C	D	E	F
5	**Intensität sport-**	**Beschäftigungsverhältnis**			**Summe**
6	**licher Betätigung**	**Arbeiter**	**Angestellte**	**Beamte**	
7	nie	84	32	11	**127**
8	gelegentlich	43	20	9	72
9	regelmäßig	18	20	13	51
10	Summe =C7/$C$10	145	72	33	250

17	nie	0,5793	0,4444	0,3333	**0,5080**
18	gelegentlich	0,2966	0,2778	0,2727	**0,2880**
19	regelmäßig	0,1241	0,2778	0,3939	**0,2040**
20	**Randzeile gesamt**	**0,5800**	**0,2880**	**0,1320**	**1,0000**

Abb. 6.9 Berechnung der bedingten Häufigkeiten

im oberen Teil der Abb. 6.9 nochmals dargestellt. Im unteren Teil stehen die berechneten bedingten Häufigkeiten. Für Arbeiter, die sich nie sportlich betätigen, ist die Berechnungsformel für deren bedingte Häufigkeit beispielhaft dargestellt. Dabei ist im Nenner nur die Zeilennummer absolut zu adressieren, damit die Formel nicht nur nach unten, sondern auch nach rechts kopiert werden kann.

4.c Graphische Darstellung

Zur graphischen Darstellung der bedingten Häufigkeiten eignet sich wieder ein gestapeltes Säulendiagramm (Beschreibung siehe 2.c) Die Abb. 6.10 zeigt eine Musterlösung. Darin ist zu Vergleichszwecken in der Säule „Gesamt" auch die eindimensionale Häufigkeitsverteilung der sportlichen Betätigung insgesamt und ohne Berücksichtigung der determinierenden Variablen dargestellt. Das Diagramm unterscheidet sich von dem Abb. 6.8 vor allem dadurch, dass die Höhen der Gesamtsäulen (als Summe der jeweiligen bedingten Häufigkeiten) nun alle gleich groß sind.

Abb. 6.10 Gestapeltes Säulendiagramm der bedingten Häufigkeiten

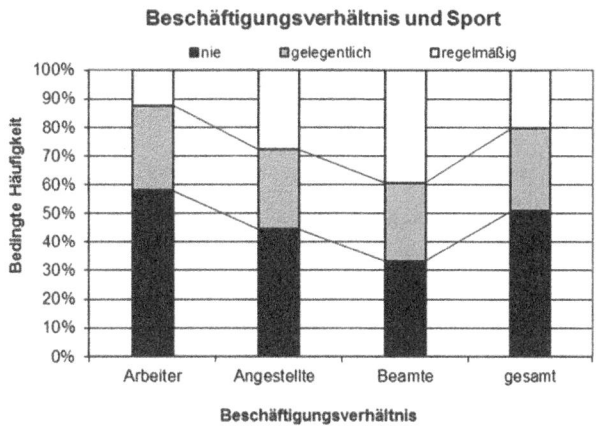

4.d Interpretation

Die Interpretation der Berechnungsergebnisse kann anhand der Zahlen der Tabelle in Abb. 6.9 oder des Diagramms in Abb. 6.10 vorgenommen werden.

Der Vergleich der bedingten Häufigkeiten in der jeweils gleichen Tabellenzeile gibt quantitativen Aufschluss darüber, ob die beiden Merkmale statistisch eher abhängig oder unabhängig voneinander sind. Bei vollständiger Unabhängigkeit müssen die bedingten Häufigkeiten alle genau gleich groß sein und genau so groß sein wie die relative Randhäufigkeit, die ohne besondere Berücksichtigung des bedingenden Merkmals vorliegt. In diesem Fall weichen die bedingten Häufigkeiten in der ersten und der dritten Zeile von diesen idealtypischen Unabhängigkeitsbedingungen doch recht deutlich ab, was statistische Abhängigkeit indiziert. Nur bei den gelegentlichen Sporttreibern indizieren die Zahlen keine klare statistische Abhängigkeit.

Dieselben Erkenntnisse treten im Diagramm durch die in Abhängigkeit vom Beschäftigungsverhältnis klar steigenden (fallenden) Anteile der regelmäßig (nie) Sport Treibenden hervor. Zusätzlich erkennt man, dass das sportliche Betätigungsprofil der Arbeiter sich am wenigsten vom Gesamtprofil aller Mitarbeiter unterscheidet.

5. Kontingenzanalyse

5.a Auswahl der Maßgröße

In der Kontingenzanalyse wird die Stärke des Zusammenhangs zweier Merkmale in einer gemeinsamen Häufigkeitsverteilung standardmäßig mit einem Koeffizienten gemessen. Der bekannteste **Kontingenzkoeffizient** hat die Formel:

$$C = \sqrt{\frac{\chi^2}{\chi^2 + n}} \quad \text{mit} \quad \chi^2 = \sum\sum \frac{\left[h\left(x, y\right) - h^{U}\left(x, y\right)\right]^2}{h^{U}\left(x, y\right)}.$$

Darin ist n der Umfang der statistischen Masse, $h^{U}(x,y)$ die zu **erwartende** absolute Häufigkeit bei Unabhängigkeit und χ^2 (sprich: **Chi-Quadrat**) eine statistische Maßgröße für die absoluten Abweichungen zweier Häufigkeitsverteilungen. Hier misst Chi-Quadrat den Abstand zwischen den absoluten simultanen Häufigkeiten der vorliegenden bivariaten Verteilung und der Verteilung bei **Unabhängigkeit**. Letztere ist diejenige gemeinsame „theoretische" Verteilung, die sich ergibt, wenn die beiden Merkmale statistisch vollständig unabhängig voneinander sind!

5.b Ermittlung der Maßgröße

Zur Ermittlung des Kontingenzkoeffizienten benötigt man Chi-Quadrat und damit die Werte der Verteilung bei Unabhängigkeit.

Häufigkeitsverteilung bei Unabhängigkeit Die mathematischen Bedingungen für die idealtypische statistische Unabhängigkeit zweier Größen voneinander wurden bei der Interpretation der bedingten Häufigkeiten bereits benannt. Daraus kann man folgende

	A	B	C	D	E	F
5	Intensität sport-		Beschäftigungsverhältnis			Summe
6	licher Betätigung		Arbeiter	Angestellte	Beamte	
7	nie		84	32	11	127
8	gelegentlich		43	20	9	72
9	regelmäßig		18	20	13	51
10	Summe		145	72	33	250
17	nie		74	37	17	127
18	gelegentlich		42	21	10	72
19	regelmäßig		30	15	7	51
20	Randzeile		145	72	33	250

=$F7*E$10/$F$10

Abb. 6.11 Berechnung der absoluten Häufigkeiten bei Unabhängigkeit

Definitionsformel für die gemeinsame **relative Häufigkeit** zweier Größen X und Y bei **statistischer Unabhängigkeit** ableiten, die hier mit $f^U(x_j, y_k)$ bezeichnet wird:

$$f^U\left(x_j, y_k\right) = f\left(x_j\right) \cdot f\left(y_k\right).$$

Darin ist $f(x_j)$ die relative Summenhäufigkeit in der Spalte j und $f(y_k)$ die relative Summenhäufigkeit in der Zeile k.

Für Chi-Quadrat werden allerdings nicht die relativen, sondern die absoluten Häufigkeiten bei Unabhängigkeit benötigt. Deshalb ist es sinnvoll, den obigen Ansatz mit den absoluten Randhäufigkeiten zu verwenden und das Produkt dann abschließend durch die Größe der statistischen Masse zu teilen. So erhält man die gemeinsamen absoluten Häufigkeiten bei Unabhängigkeit, die im unteren Teil der Abb. 6.11 berechnet sind.

Chi-Quadrat Nach der in 5.a angegebenen Formel wird für jedes Tabellenfeld die Abweichung zwischen der registrierten absoluten Häufigkeit und der Häufigkeit bei Unabhängigkeit quadriert und das Abweichungsquadrat durch die Unabhängigkeitszahl dividiert. Die entsprechende Formel ist selbst einzugeben. Abbildung 6.12 zeigt die Umsetzung der Formel für Arbeiter, die sich nie sportlich betätigen. Chi-Quadrat ist dann die Summe aller auf diese Weise berechneten Einzelwerte.

Kontingenzkoeffizient Durch Einsetzen des ermittelten Wertes von Chi-Quadrat in die in Teilaufgabe 5.a angegebene Formel des Kontingenzkoeffizienten erhält man im vorliegenden Fall:

$$C = \sqrt{\frac{16{,}39}{16{,}39 + 250}} = 0{,}2480.$$

Dieser Wert ist sinnvollerweise mit einem Faktor zu korrigieren, damit C im Extremfall auch den Wert 1 annehmen kann (normierter Kontingenzkoeffizient).

A	B	C	D	E	F
26	Intensität sport-	Beschäftigungsverhältnis			χ^2
27	licher Betätigung	Arbeiter	Angestellte	Beamte	
28	nie	1,45	0,57	= ((C7-C17)^2)/C17	
29	gelegentlich	0,04	0,03	0,00	
30	regelmäßig	4,53	1,92	5,84	
31	Summe	6,02	2,52	7,84	16,39

Abb. 6.12 Berechnung von Chi Quadrat

Der **Korrekturfaktor** hat die Formel

$$C_{\max} = \sqrt{\frac{M-1}{M}}.$$

Darin ist $M = \min \{j, k\}$ und j die Anzahl der Spalten und k die Anzahl der Zeilen. Hier ist $j = k = 3$, so dass man für den Korrekturfaktor den folgenden Wert erhält:

$$\sqrt{\frac{2}{3}} = 0,8165.$$

Der normierte Kontingenzkoeffizient $C^n = \frac{C}{C_{\max}}$ ist dann $C^n = \frac{0,2480}{0,8165} = 0,3038$.

6. Ergebnisinterpretation und -verwendung

Für die plausible und auch datenmäßig indizierte statistische Abhängigkeit der Sportinten-sität vom Beschäftigungsverhältnis lässt sich in dem Tochterunternehmen mit dem nor-mierten Kontingenzkoeffizienten insgesamt nur ein schwacher Zusammenhang nachwei-sen. Wie bei der Interpretation der Ergebnisse der statistischen (Un)abhängigkeitsanalyse in 3.d bereits festgestellt, ist er jedoch bei den Angestellten und Beamten eher gegeben.

Da ausreichende Sportlichkeit erklärtes personalpolitisches Ziel des Unternehmens ist, kann man insbesondere die Ergebnisse der (Un)abhängigkeitsanalyse für geeignete Perso-nalentwicklungsmaßnahmen in Verbindung mit einem attraktiven Betriebssportangebot nutzen. Zielgruppe wäre vor allem die recht große Gruppe der „nie" Sport treibenden, bei denen vor allem die Arbeiter durch geeignete Angebote und Incentives längerfristig für eine ausreichende sportlichen Betätigung zu motivieren wären.

6.2 Aufgabe „Inflation und Arbeitslosigkeit"

Ein Student der Wirtschaftswissenschaften hat in einem volkswirtschaftlichen Seminar ein Referat über Inflation und Arbeitslosigkeit übernommen. Im praktischen Teil soll er ergän-zend Ergebnisse der internationalen Statistik berücksichtigen im Hinblick auf die Frage, ob es zwischen beiden Größen einen Zusammenhang gibt und von welcher Art, Stärke und

Form dieser ist. In Veröffentlichungen der EU hat er Zahlen vom letzten Jahr und von vor 20 Jahren für die 12 ehemaligen Länder der Europäischen Wirtschaftsgemeinschaft gefunden, die nachfolgend dargestellt sind. Sie enthalten die Inflationsrate (IR) und die Arbeitslosenquote (ALQ) jeweils in Prozent. Da er das Statistikgrundstudium schon lange hinter sich hat und Zahlen ihm weniger liegen, fällt ihm die sinnvolle vergleichende Analyse der Daten schwer. Helfen Sie ihm!

Land	Vor 20 Jahren		Land	Letztes Jahr	
	IR [%]	ALQ [%]		IR [%]	ALQ [%]
A	3,1	8,4	A	0,85	3,5
B	10,6	1,8	B	0,90	4,9
C	7,9	4,7	C	1,30	8,7
D	5,2	4,8	D	1,00	7,4
E	8,9	6,5	E	1,10	8,8
F	3,6	2,1	F	1,25	9,1
G	7,4	7,0	G	1,35	9,8
H	2,6	1,3	H	1,40	8,4
I	1,4	3,0	I	1,75	10,3
K	6,9	5,3	K	2,30	10,9
L	8,5	3,5	L	2,90	11,1
M	2,8	3,4	M	1,20	6,5

6.2.1 Aufgabenstellungen

1. Stellen Sie die Daten in einer für Vergleichszwecke geeigneten Form graphisch dar.
2. Nennen und begründen Sie kurz die verwendete Darstellungsform.
3. Welche Vermutungen über den Zusammenhang der beiden Größen haben Sie aufgrund einschlägiger Sachanalyse und in Anbetracht der Diagramme und welche quantitativen Zusammenhangsanalysen (Analyseart, Ansätze und Maßgrößen) halten Sie deshalb im vorliegenden Fall für sinnvoll (Begründung)?
4. Führen Sie die ausgewählten statistischen Analysen an beiden Datensätzen nachvollziehbar durch. Berücksichtigen Sie dabei eventuell vorhandene Ausreißer in den Daten.
5. Geben Sie die wichtigsten Ergebnisse Ihrer quantitativen Zusammenhangsanalysen kurz in eigenen Worten und in einer auch für einen statistischen Laien verständlichen Form an.

6.2.2   Aufgabenlösungen

1. Graphische Darstellungen

1.a Diagrammtypauswahl

Zur graphischen Darstellung der Wertepaare zweier gemeinsam auftretender quantitativer Merkmale ohne Häufigkeiten benutzt man standardmäßig ein **Streupunktdiagramm** (Scatterplot). Um aus der Graphik Hinweise für die Zusammenhangsanalyse zu entnehmen, ist es sinnvoll, jede Masse in einem separaten Diagramm darzustellen.

1.b Diagrammerstellung

Als Standarddiagrammtyp eignet sich der Typ „PUNKTE", Untertyp „PUNKTE". Im Schritt 2 sind die Ausgangsdaten einzulesen. Dabei ist festzulegen, welche Größe auf welcher Achse abgetragen werden soll. Sind die Größen dependent, ist es üblich, die unabhängige Variable auf der waagerechten Achse (Rubrikenachse X) und die abhängige auf der senkrechten Achse (Größenachse Y) abzutragen. Ob Dependenz besteht, ist durch Sachanalyse zu klären (siehe 2.). Abbildungen 6.13 und 6.14 zeigen die Musterlösungen.

2. Auswahl Analyseart, Ansätze und Maßgrößen

Sachanalyse und quantitative Analysearten   Die Beziehung zwischen Inflation und Arbeitslosigkeit ist in Theorie und Praxis umstritten. Auf jeden Fall ist die Dependenzfrage nicht befriedigend geklärt. Von daher ist die für die quantitative Umsetzung der Dependenz übliche Zusammenhangsanalyse – die Regression – sachlich nicht gut fundiert. Unabhängig von der Dependenzfrage kann man aber Richtung und Stärke des Zusammenhangs zweier Datenreihen von mindestens ordinal skalierten Merkmalen ohne nennenswerte Häufigkeiten mit der **Korrelation** ermitteln.

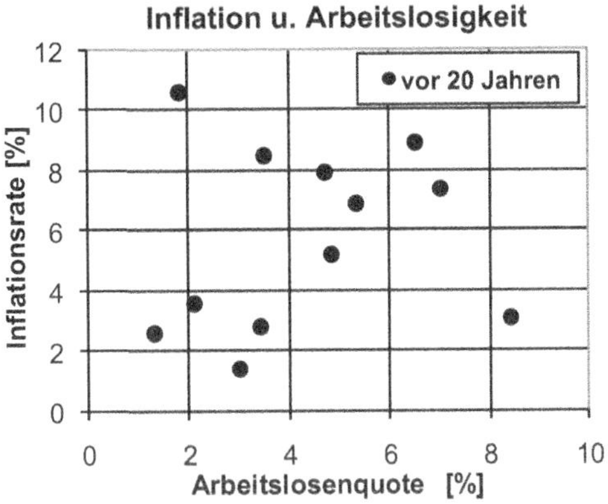

Abb. 6.13 Streupunkt-
diagramm der Werte vor
20 Jahren

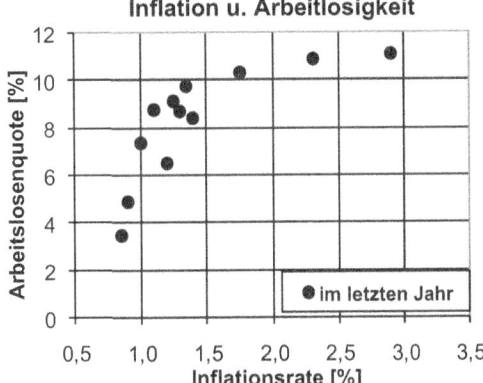

Abb. 6.14 Streupunktdiagramm der Werte vor einem
Jahr

Diagramminterpretation und Analyseansätze (inkl. Maßgrößen) Da die beiden Größen sachlich nicht gut begründet als dependent anzusehen sind, ist es für die Diagramme
auch unerheblich, welche Größe auf welcher Achse abgetragen wird. Um dies zu verdeut-
lichen, wurden die Variablen in beiden Diagrammen auch an verschiedenen Achsen positioniert.

Das Diagramm der Daten vor 20 Jahren zeigt eine recht breit gestreute Punktwolke, aus
der jedoch in grober Näherung insgesamt ein gleichgerichteter Zusammenhang erkennbar
ist: Länder mit niedriger (hoher) Arbeitslosenquote haben tendenziell auch niedrige (hohe) Inflationsraten. Für etwa die Hälfte der Länder liegen die Wertepaare in etwa auf einer
„gedachten Linie", die näherungsweise die Form einer Geraden hat. Da beide Merkmale
metrisch skaliert sind, ist statistisch die **Maßkorrelation** geeignet, die mit dem Korrelationskoeffizienten nach BRAVAIS & PEARSON Richtung und Stärke des linearen Zusammenhangs in einer Zahl bemisst.

Das Diagramm der Daten vom letzten Jahr unterscheidet sich von dem vor 20 Jahren in
zweierlei Hinsicht: Zum einen streuen die gemeinsamen Wertepaare lange nicht so breit,
sondern lassen unschwer ein deutliches Muster des Zusammenhangs erkennen. Zum an-

deren ist das erkennbare Muster aber nicht das einer Geraden, sondern einer Kurve, die monoton steigt oder fällt, je nachdem, welche Variable man an welcher Achse abgetragen hat. Anwendungsvoraussetzung der Maßkorrelation ist jedoch ein linearer Zusammenhang, so dass sie in diesem Fall nicht ganz so gut geeignet ist. Dagegen liefert die **Rangkorrelation** mit dem Korrelationskoeffizienten von SPEARMAN auch im Fall monotoner Zusammenhänge akkurate Ergebnisse, da die Voraussetzungen für ihre Anwendung wegen der Verarbeitung auch **ordinal skalierter** Daten nicht ganz so streng sind.

Liefert die Korrelationsanalyse mindestens einen **statistisch signifikanten Zusammenhang** zwischen den beiden Größen, der außerdem als **ausreichend stark** anzusehen ist, ist es in der Regel sinnvoll, ergänzend eine **Regressionsanalyse** durchzuführen. Diese wäre zwar im vorliegenden Fall sachlich nicht gut fundiert, würde aber einen formel- und zahlenmäßigen Zusammenhang herstellen, der vielfältig auswertbar wäre. Unter Umständen kann der Anwender mit den Ergebnissen der Regressionsanalyse zu Erkenntnissen kommen, die nicht nur in seinem Anwendungsfall, sondern auch darüber hinaus wertvoll sind. Die Regressionsanalyse wird in Abschn 6.3 und 6.4 behandelt, so dass auf ihre Anwendung hier verzichtet wird.

3. Durchführung der Analysen

3.a Daten vor 20 Jahren: Maßkorrelation
Die Formel des Maßkorrelationskoeffizienten nach BRAVAIS & PEARSON lautet:

$$r_{xy} = \frac{COV(x, y)}{S_x \cdot S_y} = \frac{\frac{1}{n} \sum (x_i - \bar{x}) \cdot (y_i - \bar{y})}{\sqrt{\frac{1}{n} \sum (x_i - \bar{x})^2} \cdot \sqrt{\frac{1}{n} \sum (y_i - \bar{y})^2}}$$

$$= \frac{\left(\frac{1}{n} \sum x_i \cdot y_i\right) - \bar{x} \cdot \bar{y}}{\sqrt{\frac{1}{n} \sum x_i^2 - \bar{x}^2} \cdot \sqrt{\frac{1}{n} \sum y_i^2 - \bar{y}^2}}.$$

Die Berechnung kann rechnerunterstützt auf zwei Arten erfolgen: Zum einen, indem man die in der Formel enthaltenen Terme des Koeffizienten in einer Arbeitstabelle ermittelt und diese dann in der vorgeschriebenen Weise mit einander verknüpft. Zum anderen durch Verwendung der in Excel verfügbaren **statistischen Funktion KORREL**. Hier werden beide Möglichkeiten vorgestellt.

Vor Durchführung der Analyse sind die Ausgangsdaten auf ihre Eignung zur Ermittlung von Zusammenhängen zu prüfen, die tendenziell für die Masse als Ganzes gelten sollen. Dabei fallen im Diagramm zwei Datenpunkte als „**Ausreißer**" auf, bei denen jeweils eine der Größen ihren höchsten Wert hat. Diese Wertepaare sind in Abb. 6.15 grau hinterlegt. Es wird empfohlen, die Korrelationsanalyse in Varianten mit und ohne Ausreißer durchzuführen, um die Ergebnisse vergleichen und die Bedeutung der Ausreißer quantitativ fundiert beurteilen zu können. Im Folgenden werden schwerpunktmäßig die Analysen mit allen Daten dargestellt.

A	B	C	D	E	F	G	H	I
28	Land	IR [%]	ALQ [%]	Ermittlung der Terme			Ermittlung d. Koeffiz.	
29	i	x_i	y_i	$x_i{}^*y_i$	x_i^2	y_i^2		
30	A	3,1	8,4	26,04	9,61	70,56	Zähler	0,8685
31	B	10,6	1,8	19,08	112,36	3,24		
32	C	7,9	4,7	37,13	62,41	22,09	Nenner	
33	D	5,2	4,8	24,96	27,04	23,04	1. Term	2,8747
34	E	8,9	6,5	57,85	79,21	42,25	2. Term	2,1130
35	F	3,6	2,1	7,56	12,96	4,41	Produkt	6,0743
36	G	7,4	7,0	51,80	54,76	49,00		
37	H	2,6	1,3	3,38	6,76	1,69	Zähl./Nenn.	0,1430
38	I	1,4	3,0	4,20	1,96	9,00		
39	K	6,9	5,3	36,57	47,61	28,09		
40	L	8,5	3,5	29,75	72,25	12,25		
41	M	2,8	3,4	9,52	7,84	11,56		
42	Σ	68,9	51,8	307,84	494,77	277,18		
43	Ø	5,74	4,32	25,65	41,23	23,10		
44	ß. statistische Funktion KORREL: alle Daten						r_{xy}	0,1430

Abb. 6.15 Arbeitstabelle zur Berechnung der Maßkorrelation

Formelanwendung in Arbeitstabelle Zur Berechnung des Koeffizienten durch explizite Formelanwendung benutzt man am besten die unten stehende Formelvariante, da sie die genauesten Ergebnisse liefert und am einfachsten tabellarisch umzusetzen ist.

Im Zähler der Formel steht als erster Term das Produkt $x_i \cdot y_i$, für dessen Ermittlung man eine Spalte braucht. Die für den 2. Term im Zähler benötigten Durchschnittswerte ermittelt man am Ende der Spalten, in denen die jeweiligen Ausgangsdaten x_i und y_i stehen. Bei den beiden Termen im Nenner benötigt man jeweils eine Spalte für die Ermittlung von x_i^2 und y_i^2. Insgesamt erhält man so die Arbeitstabelle in Abb. 6.15. Zur Ermittlung der Werte in den Spalten muss man die geeigneten Formeln eingeben und kopieren.

Durch Einsetzen der in der letzten Tabellenzeile ermittelten Werte in die obige Formel folgt:

Zähler: $25,65 - 5,74 \cdot 4,32 = 0,8685$; Nenner, 1. Term: $\sqrt{41,23 - 5,74^2} = 2,8747$

Nenner, 2. Term: $\sqrt{23,098 - 4,32^2} = 2,1130$, Nenner insgesamt: $2,87 \cdot 2,11 = 6,0743$

$r_{xy} = 0,8685 / 6,0743 = 0,1430$

Statistische Funktion KORREL Die Funktion wird über den Funktionsassistenten aufgerufen. Ihre Dialogfelder „Matrix 1" und „Matrix 2" sind mit den Adressen der Beobachtungswerte x_i und y_i zu versorgen. Man erhält $r_{xy} \sim 0,143$.

Die in Abb. 6.16 dargestellte Anwendung der Funktion KORREL auf die **Daten ohne Ausreißer** liefert $r_{xy} = 0,7281$.

Danach ist der Zusammenhang zwischen Inflation und Arbeitslosigkeit auf allen Daten sehr schwach und vermutlich statistisch nicht signifikant. Ohne Ausreißer ist er dagegen von mittlerer Stärke, wenn man die Größe der statistischen Masse berücksichtigt, die mit $n = 12$ als recht klein anzusehen ist.

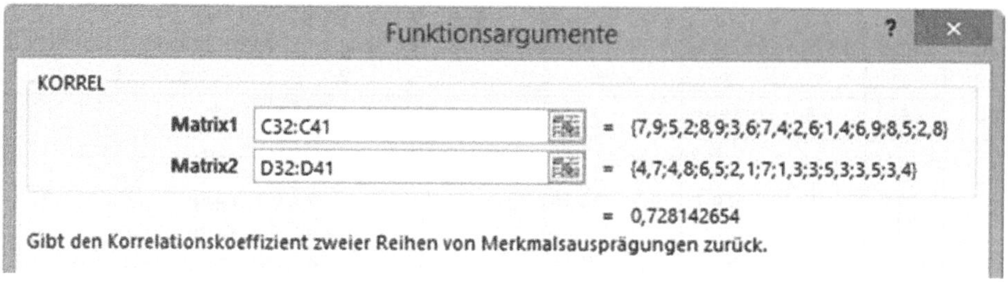

Abb. 6.16 Statistische Funktion KORREL

3.b Daten des letzten Jahres: Maß- und Rangkorrelation

Maßkorrelation Den Maßkorrelationskoeffizienten ermittelt man am einfachsten mit der statistischen Funktion KORREL, so wie oben beschrieben. Man erhält das Ergebnis $r_{xy} \sim 0{,}7624$.

Rangkorrelation Für den Rangkorrelationskoeffizienten nach Spearman steht in Excel keine statistische Funktion zur Verfügung, so dass die folgende Formel für den hier vorliegenden **Fall ohne Bindungen** anzuwenden ist:

$$r_S = 1 - \frac{6 \cdot \sum \left(R_i^x - R_i^y \right)^2}{n \cdot (n^2 - 1)} \,.$$

Zur Berechnung des Hauptterms im Zähler der Formel benötigt man eine Arbeitstabelle. Diese enthält zwei Spalten für die **Rangplätze** R_i^x und R_i^y sowie eine Spalte für deren Abweichungsquadrate (siehe Abb. 6.17).

Zur rechnergestützten Bestimmung der Rangplätze für den hier vorliegenden Fall ohne Bindungen verwendet man die **statistische Funktion RANG.GLEICH**, die man unter der gleichnamigen Bezeichnung mit dem Funktionsassistenten aufruft. Sie enthält drei Funktionsparameter. Im Dialogfeld ZAHL liest man die Adresse des Wertes ein, dessen Rangplatz aktuell bestimmt werden soll, und im Dialogfeld BEZUG diejenige aller Werte. In dem Dialogfeld „Reihenfolge" ist festzulegen, ob die Rangplätze aufsteigend – d. h. von kleinen zu und großen Werten – oder umgekehrt vergeben werden sollen. Hier trägt man bei aufsteigender Reihenfolge, die die Regel sein dürfte, im Dialogfeld „Reihenfolge" eine beliebige Zahl ≥ 1 ein, so wie in Abb. 6.18 dargestellt.

Abbildung 6.18 zeigt die vollständige Datenversorgung der Funktion zur Bestimmung des Rangplatzes des Landes A bezüglich seiner Inflationsrate, wobei zum Kopieren der Formel im Dialogfeld „Bezug" die relative Adresse in eine absolute geändert wurde.

Nach Anwendung der Funktion auf alle Beobachtungswerte erhält man die Rangplätze der Länder als Ausgangsdaten der Rangkorrelation, wie in den Spalten E und F der Abb. 6.17 ersichtlich.

	Land	IR [%]	ALQ [%]	R(IR)	R(ALQ)	Diff.²	Ermittlung d. Koeffiz.	
29	i	x_i	y_i	R^x_i	R^y_i	$(R^x_i - R^y_i)^2$		
31	A	0,85	3,5	1	1	0	Zähler	216
32	D	0,90	4,9	2	2	0		
33	E	1,30	8,7	7		=6*G43	Nenner	1716
34	F	=(E31-F31)^2		3				
35	G			4		=12*(12^2-1)	...hl./ Nenn.	0,1259
36	H	1,25	9,1	6				
37	I	1,35	9,8	8	9	1	r_S	0,8741
38	K	1,40	8,4	9	5	16	=I31/I33	
39	L	1,75	10,3	10	10	0	=1-I35	
40	M	2,30	10,9	11	11	0		
41	N	2,90	11,1	12	12	0		
42	O	1,20	6,5	5	3	4		
43	Σ					36		

Abb. 6.17 Arbeitstabelle für Rangkorrelation

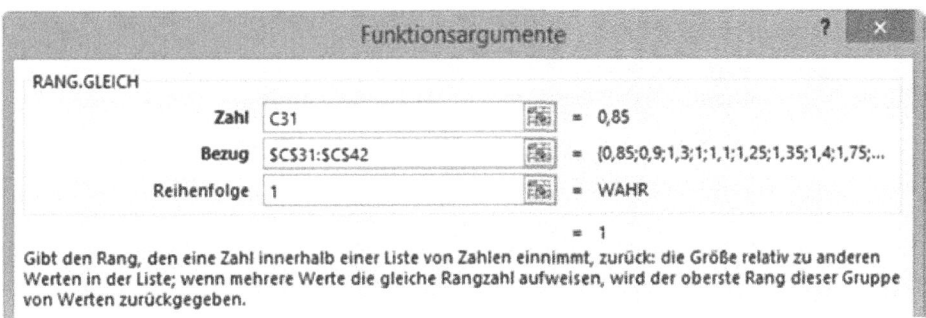

Abb. 6.18 Statistische Funktion RANG.GLEICH

Die Abweichungsquadrate der Rangplätze berechnet man durch Eingabe und Kopieren einer geeigneten Formel, ihre Summe mit der Funktion AUTOSUMME aus der Symbolleiste (siehe Abb. 6.17, Spalte G).

Die übrigen Berechnungen erfolgen durch Formeleingaben in den Spalten H und I der Arbeitstabelle. Dabei steht das n im Nenner der Formel des Korrelationskoeffizienten für die Anzahl der Wertepaare, hier $n = 12$. Als Ergebnis erhält man $r_S = 0,8741$.

4. Ergebniszusammenfassung

Die Analyse von Inflation und Arbeitslosigkeit der Werte vor 20 Jahren ergab einen gleichgerichteten, tendenziell linearen aber nur äußerst schwachen Zusammenhang, der nicht signifikant sein dürfte ($r_{xy} = 0,14$). Der schwache Zusammenhang liegt im Wesentlichen an zwei Ländern, die mit ihren extremen Inflationsraten bzw. Arbeitslosenquoten die statistische Durchschnittsbetrachtung stark verzerren. Ohne diese „Ausreißer" ist der Zusammenhang auf jeden Fall statistisch signifikant und von mittlerer Stärke ($r_{xy} = 0,73$).

In den aktuelleren Daten gibt es keine „Ausreißer" mehr, so dass die statistischen Analysen klarere Tendenzaussagen liefern. Demnach ist der Zusammenhang zwischen Inflation und Arbeitslosigkeit unverändert gleichgerichtet, aber nicht mehr linear, sondern klar erkennbar nicht-linear und monoton steigend. Vergleicht man die Ergebnisse der Maß- und der Rangkorrelation miteinander, so stellt man fest, dass der Rangkorrelationskoeffizient um absolut ~ 0,11 und damit um relativ ~ 15 % deutlich größer ist als der Maßkorrelationskoeffizient. Er misst mit einem Wert nahe 0,9 einen sehr starken Zusammenhang zwischen den beiden Größen, den der Maßkorrelationskoeffizient nicht so akkurat erfassen kann, da das Muster des Zusammenhangs nicht linear ist.

6.3   Aufgabe „Farbpatronenfabrikation"

Ein Unternehmen der EDV-Zubehörbranche ist in die Produktion von No-Name Tintenpatronen für Farbdrucker eingestiegen. Den monatlichen Berichten der neuen Fabrikationsstätte sind die folgenden Zahlen über den Produktionsausstoß [Tsd. Stück] und die gesamten Herstellkosten [Tsd. €] entnommen:

Lfd. Nr.	Ausstoß	Kosten	Lfd. Nr.	Ausstoß	Kosten
i	[Tsd. Stück]	[Tsd. €]	i	[Tsd. Stück]	[Tsd. €]
1	90	505	6	110	555
2	125	578	7	120	580
3	75	485	8	105	528
4	95	525	9	115	540
5	100	517	10	85	485

Der Fabrikationsassistent soll die vorliegenden Daten statistisch aufbereiten, analysieren und auswerten. Helfen Sie ihm.

6.3.1   Aufgabenstellungen

1. Stellen Sie die Daten in geeigneter Form graphisch dar. Nennen und begründen Sie kurz die gewählte Darstellungsform.
2. Warum ist für die quantitative Analyse des Zusammenhangs die Regression geeignet und welchen **einfachen** regressionsanalytischen Ansatz wählen Sie (Begründung)?
3. Berechnen Sie für den gewählten Ansatz die Parameterwerte der Regressionsfunktion
   a) konventionell in einer Tabelle mit Hilfe geeigneter Bestimmungsgleichungen,
   b) mit den in Excel verfügbaren spezifischen statistischen Funktionen und tragen Sie die ermittelte Regressionsfunktion gemeinsam mit den Beobachtungswerten in ein Diagramm ein.

4. Interpretieren Sie die Parameterwerte der Regressionsfunktion mathematisch und ökonomisch sachgerecht.

5. Ermitteln Sie jeweils für eine Monatsproduktion von 80 und 150 Tausend Patronen mit Hilfe der Ergebnisse der Regression

   a) die gesamten Herstellkosten,

   b) die Stückkosten pro Farbpatrone sowie

   c) die Ausstoßelastizität der Herstellkosten, mit denen man tendenziell rechnen kann.

   d) Interpretieren Sie Ihre Berechnungsergebnisse jeweils mathematisch und ökonomisch sachgerecht.

6. Wie gut ist ihre Regressionsfunktion?

   a) Wählen Sie gängige Maßgrößen für ihre Fehler- und Güteanalyse aus.

   b) Ermitteln Sie nachvollziehbar die Werte der ausgewählten Maßgrößen.

   c) Interpretieren und diskutieren Sie kurz die Ergebnisse.

LERNINHALTSÜBERSICHT	
STATISTIK	EXCEL-UNTERSTÜTZUNG
1. Graphische Darstellung	
a) Diagrammtypauswahl	
b) Diagrammerstellung	Diagramm: Punktediagramm
2. Auswahl Analyseart und -ansatz	
3. Regressionsfunktion (Geradengleichung)	
a) Konventionell (Tabelle)	Arbeitstabelle, Formeln
b) Statistische Funktionen	ACHSENABSCHNITT, STEIGUNG
c) Graphische Darstellung	Punktediagramm mit Linien
4. Parameterinterpretationen	
5. Typische Auswertungen	
a) Was wäre, wenn-Analysen	Formel und statistische Funktion TREND
b) Durchschnittsanalysen	Formel
c) Elastizitätsanalysen	Formel
d) Ergebnisinterpretationen	
6. Quantitative Fehler- und Güteanalyse	
a) Maßgrößenauswahl	
b) Werteermittlung	Arbeitstabelle, Formeln,
c) Interpretation u. Diskussion der Ergebnisse	Statistische Funktion BESTIMMTHEITSMASS

6.3.2 Aufgabenlösungen

1. Graphische Darstellung

1.a Diagrammtypauswahl

Zur graphischen Darstellung von Wertepaaren zweier quantitativer und metrisch skalierter Merkmale ohne nennenswerte Häufigkeiten benutzt man standardmäßig ein **Streupunktdiagramm**. Für eine aussagekräftige Darstellung wählt man den Diagrammtyp „Punkte(X,Y)" mit dem Untertyp „Punkte".

1.b Diagrammerstellung

Bei der Erstellung des Diagramms ist wie gewohnt vorzugehen. Im Schritt 2. sind die Ausgangsdaten einzulesen. Hier ist im Vorgriff auf die Analyseart in der nächsten Teilaufgabe festzulegen, ob es sachlich eine einseitig gerichtete Abhängigkeit (Dependenz) zwischen den Größen gibt. Wenn dem so ist, sollte man dies bereits bei der graphischen Darstellung der Daten beachten und der in der Mathematik üblichen Konvention Rechnung tragen. Diese sieht vor, dass die „unabhängige" Variable auf der X-Achse und die „abhängige" Variable auf der Y-Achse zu platzieren ist. Im vorliegenden Fall ist die Dependenz theoretisch und praktisch klar, so dass man die Ausstoßwerte als X-Werte und die Kosten als Y-Werte benutzt. Man erhält das Diagramm der Abb. 6.19.

  Darin liegen die Daten im oberen rechten Bildbereich und nicht in der Bildmitte. Zur Verbesserung der Darstellung sind beide Achsen entsprechend zu verkürzen. Dazu bewegt man den Mauscursor über die jeweilige Achse – wobei am Pfeilende die Achsenbezeichnung erscheint – und drückt die rechte Maustaste (Kontexttaste). Es erscheint ein Kontextmenü, in dem man die Option „Achsen formatieren" wählt.

  Am rechten Bildrand öffnet sich ein Dialogbereich. In dessen mittlerem Teil kann man nun u. a. den kleinsten (Minimum) und den größten Wert (Maximum) sowie die Länge des Hauptintervalls etc. einstellen. Für die X-Achse erscheint als Minimum ~ 70 und als Maximum ~ 130 (Tsd. Stück) sowie als Hauptintervall 10 (Tsd. Stück) sinnvoll, so wie in der

Abb. 6.19 Streupunktdiagramm (nicht optimiert)

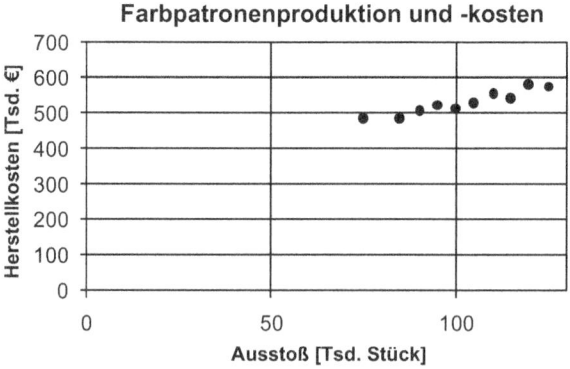

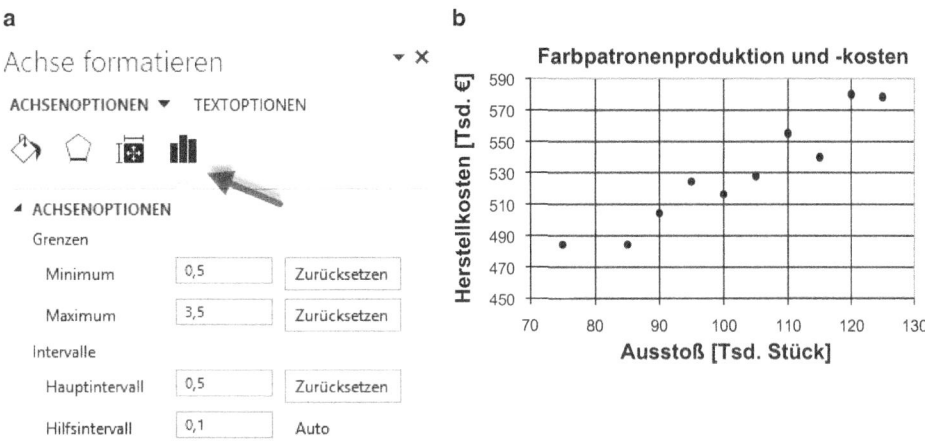

Abb. 6.20 Dialogbox „Achsen formatieren" (**a**) und optimiertes Streupunktdiagramm (**b**)

Abb. 6.20 links dargestellt. Verfährt man mit der Y-Achse analog und setzt das Minimum auf 450, das Maximum auf 590 und die Hauptintervalllänge auf 10, so erhält man das in der Abb. 6.20 rechts dargestellte datengerecht angepasste Streupunktdiagramm.

2. Auswahl Analyseart und -ansatz

Aufgrund theoretischer Erkenntnisse und empirischer Erfahrungen ist die Produktions-menge bzw. der Ausstoß eine wesentliche Einflussgröße (Determinante) der Herstellkosten. Zur Dependenzanalyse bei quantitativen und metrisch skalierten Merkmalen ist prinzipi-ell die **Regression** geeignet. Die für Regressionsanalysen nötige Voraussetzung hinsichtlich der Datenstruktur ist ebenfalls erfüllt, da die Beobachtungswerte als einzelne Wertepaa-re vorliegen. Da die Herstellkosten hier nur von der Produktionsmenge und nicht von weiteren Größen als abhängig betrachtet werden, wählt man die **Einfachregression**. Das Streupunktdiagramm zeigt klar einen gleichgerichteten Zusammenhang, der vom Muster her in ganz grober Näherung als tendenziell linear kategorisiert werden kann. Deshalb wird der einfachste regressionsanalytische Ansatz, die **lineare Regression** gewählt.

3. Regressionsfunktion (Geradengleichung)

3.a Konventionell (Tabelle)

Bestimmungsgleichungen der Parameter Für eine lineare Regressionsfunktion der all-gemeinen Form $y = a + b \cdot x$ lauten die mit der **Methode der kleinsten Quadrate (KQ-Methode)** ableitbaren Bestimmungsgleichungen:

- für die Steigung bzw. den Anstieg der Geraden (Regressionskoeffizient)

$$b = \frac{n \cdot \sum x_i \cdot y_i - \sum x_i \cdot \sum y_i}{n \cdot \sum x_i^2 - \left(\sum x_i\right)^2},$$

- für den Achsenabschnitt bzw. das konstante Glied (Regressionskonstante)

$$a = \frac{\sum x_i^2 \cdot \sum y_i - \sum x_i \cdot \sum x_i \cdot y_i}{n \cdot \sum x_i^2 - \left(\sum x_i\right)^2},$$

sowie nach der vereinfachten Formel: $a = \bar{y} - b \cdot \bar{x}$.

Berechnungen in einer Arbeitstabelle Zur Berechnung der in den Formeln vorhandenen Terme verwendet man die gleiche Arbeitstabelle wie bei der Maßkorrelationsanalyse (siehe Abb. 6.15).

In die erste Zelle der jeweiligen Spalte gibt man die entsprechende Formel ein und kopiert sie anschließend in die darunter liegenden Zellen. Die Werte der Summen- und der Durchschnittszeile ermittelt man mit den bekannten Funktionen SUMME und MITTEL-WERT und kopiert sie nach rechts. Insgesamt erhält man so die in Abb. 6.21 dargestellten Ergebnisse.

	A	B	C	D	E	F	G
10		Nr.	Ausstoß [Tsd. Stück]	Herstellkosten [Tsd. €]	Ermittlung der Terme		
11		i	x_i	y_i	$x_i{*}y_i$	x_i^2	y_i^2
12		1	90	505	45.450	8.100	255.025
13		2	125	578	72.250	15.625	334.084
14		3	75	485	36.375	5.625	235.225
15		4	95	525	49.875	9.025	275.625
16		5	100	517	51.700	10.000	267.289
17		6	110	555	61.050	12.100	308.025
18		7	120	580	69.600	14.400	336.400
19		8	105	528	55.440	11.025	278.784
20		9	115	540	62.100	13.225	291.600
21		10	85	485	41.225	7.225	235.225
22		Summe	1.020	5.298	545.065	106.350	2.817.282
23		MW	102,0	529,8	54.506,5	10.635,0	281.728,2
24					Zähler	Nenner	
25		Reg-Koeffizient		b=	46.690	23.100	2,02
26		Reg-Konstante		a=			323,64

Abb. 6.21 Konventionelle Berechnung der Parameter der Regressionsgeraden

Die Parameterwerte selbst erhält man, indem man die in der Arbeitstabelle ermittelten Teilergebnisse in die entsprechenden Formeln einsetzt.

$$\text{Regressionskoeffizient:} \quad b = \frac{10 \cdot 545.065 - 1020 \cdot 5298^2}{10 \cdot 106.350 - 1020} = 2,02$$

$$\text{Regressionskonstante:} \quad a = 530 - 2,02 \cdot 102 = 323,64$$

Die vollständige Gleichung der Regressionsgeraden lässt sich damit wie folgt angeben:

$$\hat{y} = 323,64 + 2,02 \cdot x.$$

3.b Statistische Funktionen

Zur Ermittlung der Parameterwerte einer **linearen** Regressionsfunktion stehen in Excel auch statistische Funktionen zur Verfügung. Für die Berechnung der Regressionskonstante ist dies die Funktion **ACHSENABSCHNITT**, für den Regressionskoeffizienten die Funktion **STEIGUNG**.

Sie werden über den Funktionsassistenten aufgerufen. Die Abb. 6.22 zeigt beispielhaft die Eingabemaske für die Funktion STEIGUNG, in deren Dialogfeldern die Adressen der Y- und X-Werte einzugeben bzw. einzulesen sind.

Die Regressionskonstante wird mit den gleichen Argumenten mit der Funktion ACHSENABSCHNITT ermittelt.

3.c Graphische Darstellung der Regressionsfunktion

Um die Regressionsgerade auf konventionellem Weg rechnerunterstützt graphisch darzustellen, müssen mindestens zwei ihrer Wertepaare vorliegen. Diese berechnet man am besten in einer Wertetabelle mittels der Regressionsgleichung. In Abb. 6.23 ist die Ermittlung (Schätzung) von y für $x_i = 130$ beispielhaft dargestellt.

Mit den ermittelten Werten kann man im ursprünglichen Diagramm eine zweite Datenreihe für die Gerade hinzufügen. Die gleichzeitige graphische Darstellung und Beschriftung von zwei Datenreihen ist in Abschn. 2.3 Aufgabe „Kaltmiete" beschrieben, worauf hier

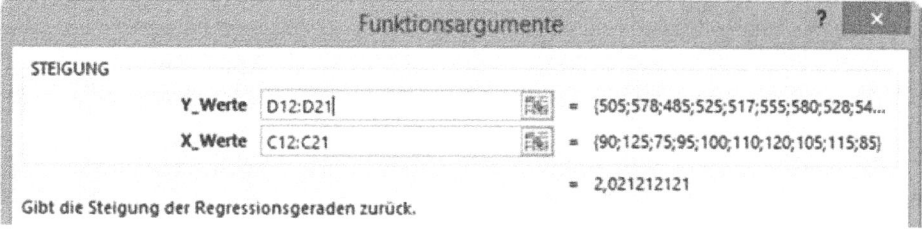

Abb. 6.22 Statistische Funktion STEIGUNG

	D	E	F
33	x_i	70	130
34	y_i	465	586

=323,64+2,02*F33

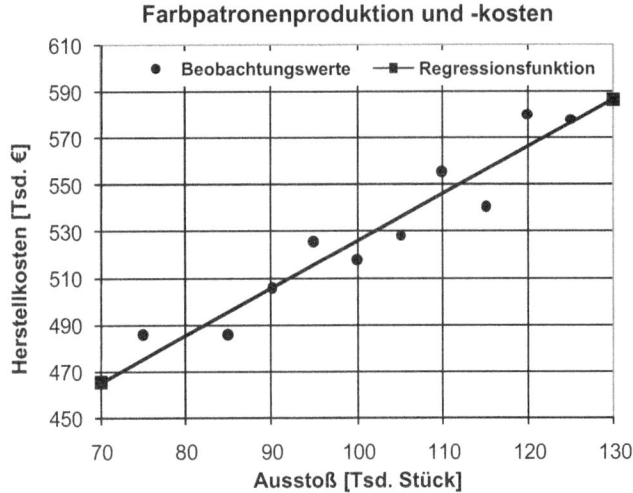

Abb. 6.23 Wertetabelle für den Graf der Geraden

Abb. 6.24 Beobachtungswerte und Regressionsgerade

verwiesen sei. Da es sich bei der zweiten Reihe um eine Gerade (als einfachsten Typ einer Kurve) handelt, muss man abschließend ihren Graphiktyp über das Kontextmenu (rechte Maustaste) unter „Datenreihen-Diagrammtyp ändern" in „**Punkte mit geraden Linien**" ändern. Abbildung 6.24 zeigt das Ergebnis.

Der Graph der Regressionsfunktion kann auch einfacher mit einer speziellen graphischen Funktion erzeugt werden (siehe Abschn. 6.4 Aufgabe „Bierabsatz und Werbung").

4. Interpretation der Funktionsparameter

Regressionskonstante bzw. Achsenabschnitt Die Regressionskonstante einer linearen Regressionsfunktion gibt mathematisch den geschätzten Wert der abhängigen Variablen an, wenn die unabhängige Variable den Wert NULL hat. Für $x = 0$ ist hier $y = 323{,}636$. Im vorliegenden Fall ist also tendenziell mit monatlichen Herstellkosten von 323.636 € zu rechnen, auch wenn gar keine Patronen hergestellt werden. Ökonomisch sind dies die Fixkosten.

Regressionskoeffizient bzw. Anstieg Der Regressionskoeffizient einer linearen Funktion gibt den Anstieg bzw. die Steigung der Funktion an. Mathematisch ist die Steigung einer Funktion die absolute Änderung der abhängigen Variablen bei einer sehr kleinen (infini-

tesimalen) – d. h. eigentlich unendlich kleinen – Änderung der unabhängigen Variablen.
Hier beträgt der Koeffizient 2,02. Dieses Ergebnis kann man formal wie folgt interpretieren:
Steigt die Herstellmenge um eine Maßeinheit, so steigen die Herstellkosten um ~ 2 Maß-
einheiten.

Laut Sachstand besitzt die unabhängige (abhängige) Variable die Maßeinheit 1000 Stück
(1000 €) und eine Änderung der Variablen um eine Maßeinheit entspräche in der Wirklichkeit einer Änderung von 1000 Stück (1000 €). Unter Berücksichtigung der Dimensionen ist
die oben genannte formale Interpretation also inhaltlich wie folgt zu präzisieren: Bei einer
Erhöhung der Herstellmenge um 1000 Stück ist tendenziell mit einer Zunahme der Herstellkosten um ~ 2020 € zu rechnen. Allerdings ist diese Interpretation ziemlich weit von
der mathematischen Definition entfernt, die eigentlich eine unendlich kleine absolute Änderung vorsieht. Eine sehr kleine, aber praktisch noch machbare Änderung von X wäre
hier die Änderung der Herstellmenge um ein Stück. Mit dieser Änderung wäre tendenziell
eine Änderung der Herstellkosten um ~ 2 € verbunden.

5. Typische Auswertungen

Excel stellt für viele Auswertungen von Regressionsrechnungen keine statistischen Funktionen zur Verfügung, so dass die Auswertungsgrößen durch Eingabe geeigneter Formeln
zu berechnen sind. Die hier zu beantwortenden Fragen betreffen Werte der unabhängigen Variablen, die bislang in der verwendeten Arbeitstabelle nicht vorkommen, nämlich
Herstellmengen von 80 und 150 [Tsd. Stück]. Deshalb sollen die zu ihrer Beantwortung geeigneten Analysen in einer gesonderten Arbeitstabelle durchgeführt werden. Siehe Tab. 6.1.
Sie enthält in der ersten Spalte die vorgegebenen Werte der unabhängigen Variablen X und
in den weiteren Spalten die zur Beantwortung der Fragen geeigneten Auswertungsgrößen.

5.a „Was wäre, wenn"-Analysen

Gefragt sind die gesamten Herstellkosten, mit denen bei den vorgegebenen Herstellmengen
tendenziell zu rechnen ist. Diese kann man auf 2 Wegen ermitteln.

Explizite Formelanwendung Standardmäßig benutzt man die ermittelte Regressionsfunktion, in dem man den vorgegebenen Wert von X in die Gleichung einsetzt und den
resultierenden Funktionswert berechnet, so wie bereits in Teilaufgabe 3.c beschrieben.
Dazu gibt man im Feld des als erstes zu ermittelnden Funktionswertes die Regressionsgleichung ein, wobei man den vorgegebenen X-Wert durch relativen Zellbezug einbindet.

Tab. 6.1 Aufbauschema der Regressionsauswertungstabelle

Ausstoß [Tsd. Stück]	Herstellkosten [Tsd. €]	Stückkosten [€]	Elastizität [%]
x_i	$\hat{y}_i$	$\bar{y}(x_i)$	$\varepsilon(x_i)$

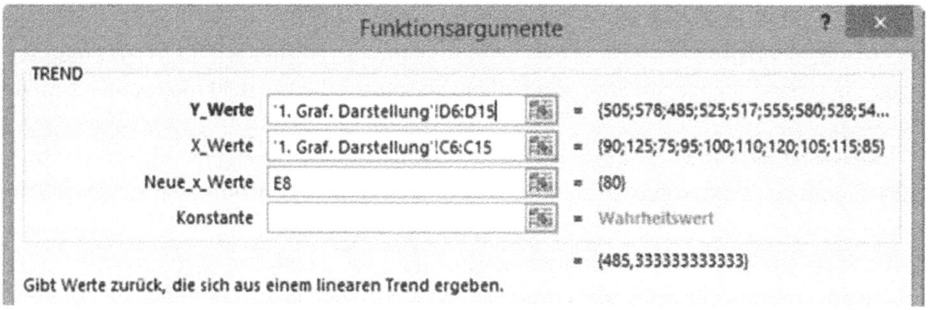

Abb. 6.25 Statistische Funktion TREND

Abschließend kopiert man die Formel mit der Auto-Ausfüllen-Funktionalität in die übrigen Zellen. Abbildung 6.26 enthält die so geschätzten gesamten Herstellkosten in der Spalte C.

Statistische Funktion TREND Bei **linearen Funktionen** stellt Excel für diese Analyseart auch die **statistische Funktion TREND** zur Verfügung. Bei ihr ist es nicht nötig, die Regressionsgleichung vorab zu ermitteln. Das übernimmt Excel automatisch.

Man aktiviert die Zelle, in der der erste geschätzte Funktionswert stehen soll, und ruft über den Funktionsassistenten die statistische Funktion TREND auf, vgl. Abb. 6.25. In der Funktionsmaske übergibt man in den Dialogfeldern Y_- und X_Werte die Adressen der beobachteten Y- und X-Werte, die in der Musterlösung im Tabellenblatt „1. Graph. Darstellung" stehen, und im Dialogfeld „Neue_x_Werte" die Adresse des vorgegebenen Wertes von X, so wie in Abb. 6.25 dargestellt. Das Dialogfeld „Konstante" ist nur im Fall einer linearen Funktion ohne Regressionskonstante relevant, wobei der Variablenwert „0" oder „FALSCH" einzugeben ist.

Bevor die erstellte Formel mit der AutoAusfüllen-Funktionalität kopiert wird, müssen die relativen Zellbezüge der Beobachtungswerte in absolute geändert werden. Die Ergebnisse sind natürlich identisch mit den bereits anderweitig ermittelten.

5.b Durchschnittsanalysen

Gefragt sind die durchschnittlichen Herstellkosten – d. h. die Stückkosten – mit denen bei den vorgegeben Herstellmengen tendenziell zu rechnen ist.

Abb. 6.26 Durchschnittsanalysen

	A	B	C	D
12		x_i	$\hat{y}_i$	$\bar{y}(x_i)$ [€/St.]
13		80	485	=C13/B13
14		150	627	4,18

Abb. 6.27 Elastizitätsanalysen

	A	B	C	D
17		x_i	$\hat{y}_i$	**Elastizität [-]**
18				$\varepsilon(x) = \dfrac{2,02 \cdot x}{323,64 + 2,02 \cdot x}$
19		80	485	0,33
20		150	627	0,48

=2,02*B19/C19

Die Formeln für den Durchschnitt lauten ganz allgemein und bei einer linearen Funktion sowie angewendet auf den vorliegenden Fall:

$$\bar{y}(x) = \frac{\hat{y}(x)}{x} = \frac{a + b \cdot x}{x} = \frac{a}{x} + b$$

$$\bar{y}(x) = \frac{323,636}{x} + 2,0212.$$

Hat man den Funktionswert von Y an der Stelle x bereits ermittelt, so teilt man ihn gemäß der „allgemeinen" Formel nur durch x. Dieser einfache Weg bietet sich hier an, da in der „Was-wäre-wenn"-Analyse die gesamten Herstellkosten für die vorgegebenen Herstellmengen schon geschätzt worden sind. Er ist in Abb. 6.26 am Beispiel der Produktionsmenge von 80 [Tsd. Stück] dargestellt.

Hat man die Funktions- bzw. Schätzwerte von Y für die interessierenden Werte von X nicht, so kann man die gesuchten Durchschnittswerte mit der Durchschnittfunktion ermitteln, deren Formeln für eine beliebige lineare Funktion und für die des vorliegenden Falls oben angegeben sind. Auf beiden Wegen erhält man die in Tab. 6.2 dargestellten Ergebnisse.

5.c Elastizitätsanalysen

Gefragt sind die Ausstoßelastizitäten der Herstellkosten, mit denen bei den vorgegebenen Herstellmengen tendenziell zu rechnen ist. Die Elastizität ist ein spezifisch wirtschaftliches Konzept und bemisst die relative Änderung der abhängigen Variablen aufgrund einer infinitesimal kleinen relativen Änderung der unabhängigen Variablen. Die Formeln für die Elastizität lauten ganz allgemein und bei einer linearen Funktion sowie angewendet auf den vorliegenden Fall:

$$\varepsilon(x) = \frac{\hat{y}(x)}{\bar{y}(x)} = \frac{b}{\frac{a + b \cdot x}{x}} = \frac{b \cdot x}{a + b \cdot x}$$

$$\varepsilon(x) = \frac{2,02 \cdot x}{323,64 + 2,02 \cdot x}.$$

Die Ermittlung geht am einfachsten mit der Formel für eine lineare Funktion, angewendet auf den vorliegenden Fall. In deren Nenner steht der geschätzte Funktionswert an der Stelle x. Dieser wurde in der „Was wäre, wenn"-Analyse bereits ermittelt. Im Zähler steht

Tab. 6.2 Ergebnisse der Auswertungen

x_i	$\hat{y}_i$ [Tsd. Stück]	$\bar{y}(x_i)$ [EUR/Stück]	$\varepsilon(x_i)$ [%]
80	485	6,07	0,75
150	627	4,18	0,80

das Produkt aus Anstieg und dem vorgegebenen Wert von X. Die einzugebende Formel samt Zellbezügen ist beispielhaft für $x = 80$ in Abb. 6.27 dargestellt.

5.d Interpretation der Ergebnisse

Die Ergebnisse der typischen Auswertungen sind Tab. 6.2 zusammengestellt.

„Was wäre, wenn"-Analyse Bei einer Monatsproduktion von 80 (150) [Tsd. Stück] kann man tendenziell mit Herstellkosten von insgesamt ~ 485 (~ 627) [Tsd. €] rechnen. Das Analyseergebnis für die 150 [Tsd. Stück] ist dabei mit größerer Vorsicht zu interpretieren, da der Vorgabewert deutlich außerhalb des Bereichs der bislang beobachteten Werte liegt, für den die Regression gültig ist (Extrapolation).

Durchschnittsanalyse Bei einer Monatsproduktion von 80 (150) [Tsd. Stück] kann man tendenziell mit Stückkosten von 6,07 (4,18) [€/Stück] rechnen. Geringere Stückkosten bei größeren Mengen sind in der Ökonomie üblich und als Stückkostendegression bekannt.

Elastizitätsanalyse Bei einer 1%igen Erhöhung (Verringerung) der Monatsproduktion steigen (sinken) die gesamten Herstellkosten um weniger als 1 %, sind also unterproportional elastisch. Nimmt man die 1%ige Ausstoßänderung bei einer Monatsproduktion von 80 (150) [Tsd. Stück] vor, so ändern sich die gesamten Herstellkosten nur um 0,33 (0,45) %.

6. Quantitative Fehler- und Güteanalysen

Eine berechnete Regressionsfunktion modelliert – d. h. formalisiert und quantifiziert – den tendenziellen Zusammenhang zwischen zwei Größen. Für ihre praktische Verwendung ist deshalb eine Beurteilung darüber von großer Bedeutung, wie gut sie zu den tatsächlichen Beobachtungswerten passt (Goodness of Fit bzw. Modellfit).

6.a Maßgrößenauswahl

Ausgangspunkt sind zunächst die Abweichungen zwischen den tatsächlichen Werten (Beobachtungswerten) und den Werten der Regressionsfunktion (geschätzten Werte). Diese werden häufig auch als **Residualabweichungen** oder **Fehler** bezeichnet. Die Bezeichnung Residuen (deutsch: Reste) hängt mit der Standardermittlungsmethode von Regressionsfunktionen zusammen, der Methode der kleinsten Quadrate. Diese ist so konzipiert, dass Sie die Summe der Quadrate dieser Abweichungen minimiert wird, so dass man in der Regel nur noch vergleichsweise geringe Differenzen zu erwarten hat. Die Residuen/Reste bzw. Fehler kann man in verschiedenen Maßgrößen zusammenfassen. Häufig werden der

durchschnittliche Fehler und der **Standardfehler** benutzt. Ergänzend zur Fehleranalyse gibt es eine Güteanalyse, wobei die Güte ebenfalls aus Abweichungen ermittelt wird. Das Standardgütemaß für Regressionsfunktionen ist das **Bestimmtheitsmaß**.

6.b Werteermittlung

Durchschnittlicher absoluter Fehler (DAF) und Standardfehler (SF) Die beiden Fehlermaßgrößen erfassen und verdichten die Abweichungen der Beobachtungswerte von den Werten auf der Regressionsfunktion. Dabei sind sie konzeptionell zwei aus der beschreibenden Statistik bekannten Streuungsgrößen ähnlich, nämlich der durchschnittlichen absoluten Abweichung (DAA) und der Standardabweichung (S). Deshalb erhält man sie leicht aus deren Formeln, wenn man darin die Abweichungen zwischen den Beobachtungswerten und dem Durchschnittswert durch die Abweichungen zwischen den Beobachtungswerten und den Werten auf der Regressionsfunktion ersetzt; formal also:

$$\mathrm{DAF} = \frac{1}{n} \cdot \sum |y_i - \hat{y}_i| \quad \text{und} \quad \mathrm{SF}_e = \sqrt{\mathrm{SF}^2}$$

$$\text{mit} \quad \mathrm{SF}^2 = \frac{1}{n} \cdot \sum (y_i - \hat{y}_i)^2.$$

Die Fehlermaßgrößen sind in Excel nicht als statistische Funktionen verfügbar, so dass man sie durch Umsetzung ihrer Formeln in einer Arbeitstabelle ermitteln muss. Diese enthält außer den Ausgangsdaten jeweils eine Spalte für die Werte der Regressionsfunktion (Schätzwerte), die absoluten Abweichungen und die quadratischen Abweichungen (siehe Abb. 6.28, Spalten E bis G).

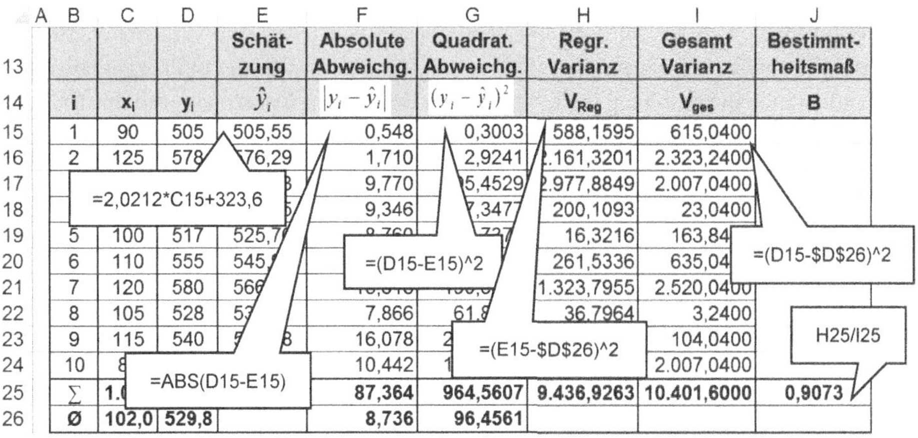

Abb. 6.28 Berechnung der Fehlermaße und des Bestimmtheitsmaßes

Die Schätzwerte werden wie bei der „Was-wäre-wenn"-Analyse gezeigt ermittelt. Die absoluten Abweichungen erhält man unter Verwendung der **Funktion ABS** und die quadratischen Abweichungen durch Eingabe einer geeigneten Formel. Abbildung 6.28 zeigt beispielhaft für das Wertepaar in der ersten Tabellenzeile die einzugebenden Formeln, die man danach jeweils in die darunter liegenden Zellen kopiert.

Bestimmtheitsmaß

Konzept	Formel
$B = \frac{\text{"erklärte Streuung"}}{\text{"gesamte Streuung"}}$ mit $0 \leq B \leq 1$	$B = \frac{S_{\hat{y}}^2}{S_y^2} = \frac{\sum (\hat{y}_i - \bar{y})^2}{\sum (y_i - \bar{y})^2}$

Das Bestimmtheitsmaß kann in einer Arbeitstabelle oder mit der gleichnamigen statistischen Funktion ermittelt werden. Für die tabellarische Berechnung erweitert man die Fehleranalysetabelle um Spalten für die Regressionsvarianz und die Gesamtvarianz (siehe Abb. 6.28). Die Regressionsvarianz (Gesamtvarianz) ist die mittlere quadratische Abweichung der Schätzwerte auf der Regressionsfunktion (der Beobachtungswerte) vom Durchschnittswert.

Nach Eingabe und Kopieren der Formeln ermittelt man die Spaltensummen und als deren Quotienten das Bestimmtheitsmaß. Die **statistische Funktion BESTIMMTHEITS-MASS** wird über den Funktionsassistenten aufgerufen. Man erhält als Ergebnis jeweils $B = 0{,}9073$.

6.c Ergebnisinterpretation

Fehlermaße   Der durchschnittliche absolute Fehler beträgt 8,736 [Tsd. €], d. h., im Durchschnitt weichen die tatsächlichen von den geschätzten Herstellkosten um 8736 € nach oben und unten ab. Der Standardfehler ist ähnlich zu interpretieren und immer größer als der durchschnittliche Fehler. Um die Fehlermaße besser beurteilen und vergleichen zu können, ist es sinnvoll, sie ergänzend zu relativieren. Die relativen Fehler in Prozent berechnet man, indem man die absoluten Fehler durch den Durchschnittswert teilt und mit 100 multipliziert. Diese einfachen Berechnungen und ihre Ergebnisse befinden sich nur in der Excel-Musterlösung.

Im vorliegenden Fall erhält man durchschnittliche relative Fehler, die mit 1,65 bzw. 1,85 % äußerst gering ausfallen. Man kann sie anschaulich als Grenzen eines „Korridors" interpretieren, der die Regressionsfunktion umgibt und in dem die tatsächlichen Werte im Durchschnitt liegen. Da dieser „Korridor" insgesamt nur eine relative Breite von $2 \cdot 1{,}65 = 3{,}3$ % bzw. $2 \cdot 1{,}85 = 3{,}7$ % des Durchschnittsniveaus hat, ist er extrem schmal und indiziert einen exzellenten Modellfit.

Bestimmtheitsmaß   Das Bestimmtheitsmaß liegt mit $\sim 0{,}91$ sehr nahe bei 1 und weist ebenfalls eine sehr hohe Güte der Regressionsfunktion aus. Es ist als derjenige Anteil der Varianz von Y zu interpretieren, der durch die Varianz von X mit der Regression erklärt wird. Im vorliegenden Fall entfallen 91 % der im Nachhinein insgesamt feststellbaren Abweichungen auf den verwendeten regressionsanalytischen Ansatz. Der Rest von hier also etwa 9 % sind Abweichungen, die mit dem verwendeten Ansatz nicht erklärt werden können. $B \geq 0,7$ kennzeichnet in der Regel eine gute Regression, $B \geq 0,8$ eine sehr gute und $B \geq 0,9$ eine exzellente.

Vergleich Die gängigen Fehler- und Gütemasse liefern im vorliegenden Fall die gleiche kategoriale Aussage, nämlich dass die Regressionsfunktion exzellent zu den vorhandenen Daten passt. Allerdings gibt es doch deutliche Unterschiede in der Bemessung der Abweichungen. Während die gängigen Fehlermaße einen durchschnittlichen relativen Fehler zwischen 3,3 und 3,7 % ausweisen, liefert das Bestimmtheitsmaß eine nicht erklärbare Gesamtabweichung von ~ 9 %. Diese ist im vorliegenden Fall fast um den Faktor 3 größer als der durchschnittliche relative Fehler. Das ist nicht nur im vorliegenden Fall, sondern ganz allgemein so. Denn das Bestimmtheitsmaß ist eine regressionsspezifische und sehr anspruchsvolle Maßgröße für die Gesamtabweichungen der tatsächlichen Werte vom Mittelwert, während die Fehlermaße nur die Abweichungen zwischen den tatsächlichen und den geschätzten Werten erfassen und verdichten und damit ganz universell anwendbar sind.

6.4 Aufgabe „Bierabsatz und Werbung"

Die neun größten Bierbrauereien Deutschlands hatten in einem Wirtschaftsjahr folgenden Bierabsatz A und Werbeaufwand W (Werte real, aber nicht aktuell).

Nr.	Brauerei	A [Tsd. hl])	W [Mio. €]
1	Warsteiner	5534	24,6
2	Bitburger	3375	20,4
3	Krombacher	3060	25,1
4	Holsten	2700	23,3
5	Veltins	2120	16,8
6	König	2107	17,4
7	Paulaner	1900	9,1
8	Henninger	1751	10,0
9	Licher	1605	11,5

6.4.1 Aufgabenstellungen

1. Stellen Sie die Daten in geeigneter Form graphisch dar. Nennen und begründen Sie kurz die verwendete Darstellungsform.

2. Welche Vermutungen über den Zusammenhang der beiden Größen haben Sie aus sachlichen und datenmäßigen Erwägungen und welche Art und welche Ansätze der quantitativen Zusammenhangsanalyse halten Sie deshalb im vorliegenden Fall für sinnvoll?

3. Führen Sie die ausgewählte Zusammenhangsanalyse mit mindestens vier sinnvollen Ansätzen/Funktionstypen durch – einer davon soll besonders einfach sein – und stellen Sie die Ergebnisse graphisch dar. Berücksichtigen dabei gebührend eventuell in den Daten vorhandene Ausreißer.

4. Vergleichen Sie den Modellfit der Regressionsfunktionen. Nennen, ermitteln und interpretieren Sie das von Ihnen dazu verwendete Gütemaß. Wählen Sie die einfachste, die ökonomisch am besten geeignete sowie die Regressionsfunktion mit dem besten Modellfit zur weiteren Verwendung aus.

5. Interpretieren Sie die Parameter der drei ausgewählten Regressionsfunktionen mathematisch und ökonomisch sachgerecht.

6. Führen Sie mit den drei ausgewählten Regressionsfunktionen für jährliche Werbeaufwendungen von 15, 22,5 und 30 [Mio. €] jeweils eine „Was wäre, wenn"-Analyse, eine Durchschnitts- und eine Elastizitätsanalyse durch und interpretieren Sie deren Ergebnisse.

7. Vergleichen und diskutieren Sie die Analyseergebnisse. Welche der drei Regressionsfunktionen (Modelle) ist Ihrer Meinung nach im vorliegenden Fall insgesamt am schlechtesten, welche am besten geeignet (Begründung)?

LERNINHALTSÜBERSICHT	
STATISTIK	**EXCEL-UNTERSTÜTZUNG**
1. Graphische Darstellung der Ausgangsdaten a) Diagrammtypauswahl b) Diagrammerstellung	Punktediagramm
2. Auswahl Analyseart und -ansätze	
3. Ermittlung und graphische Darstellung geeigneter Regressionsfunktionen **a) Lineare Regression** **b) Nicht-lineare Regressionen**	**Graphikfunktion TRENDLINIE HINZUFÜGEN**
4. Modellfit-Vergleich und Auswahl	**Bestimmtheitsmaß**
5. Parameterinterpretationen	
6. Typische Auswertungen **a) Was wäre, wenn-Analysen** **b) Durchschnittsanalysen** **c) Elastizitätsanalysen**	**Formeln** **Formeln** **Formeln**
7. Ergebnisvergleich und Modellwürdigung	

6.4.2   Aufgabenlösungen

1. Graphische Darstellung der Ausgangsdaten

1.a Diagrammtypauswahl
Zur graphischen Darstellung der gemeinsamen Wertepaare zweier quantitativer, metrisch skalierter Merkmale benutzt man standardmäßig ein **Streupunktdiagramm**.

1.b Diagrammerstellung
Das Diagramm vom Typ „Punkte(X,Y)", Untertyp „Punkte" wird über die bekannte Schrittfolge erstellt (vgl. hierzu Aufgabe Abschn. 6.2, Teilaufgabe 1.b sowie zur Achsenskalierung Aufgabe Abschn. 6.3, Teilaufgabe 1.b) Abb. 6.29 zeigt das an die Daten angepasste Diagramm.

2. Analyseart und -ansätze (Begründung)
Aufgrund theoretischer Erkenntnisse und empirischer Erfahrungen ist der Werbeaufwand als wesentliche Einflussgröße (Determinante) des Absatzes anzusehen. Zur Dependenzanalyse bei quantitativen, metrisch skalierten Merkmalen ist die **Regression** geeignet. Die dafür notwendige Anforderung an die Datenstruktur, dass die Daten als Wertepaare vorliegen, ist hier erfüllt. Da der Bierabsatz nur vom Werbeaufwand und nicht von weiteren Größen als abhängig betrachtet wird, wählt man die **Einfachregression**. Das Streupunktdiagramm zeigt einen gleichgerichteten Zusammenhang, der in grober Näherung **tendenziell linear** ist. Allerdings liegen bei sehr kleinem und sehr großem Werbeaufwand die Absatzmengen eher oberhalb einer „gedachten" Geraden, so dass hier ein **nicht-linearer** Verlauf eventuell passender ist. Deshalb werden als regressionsanalytische Ansätze ergänzend zur linearen auch nicht-lineare Funktionstypen gewählt.

Abb. 6.29   Streupunktdiagramm

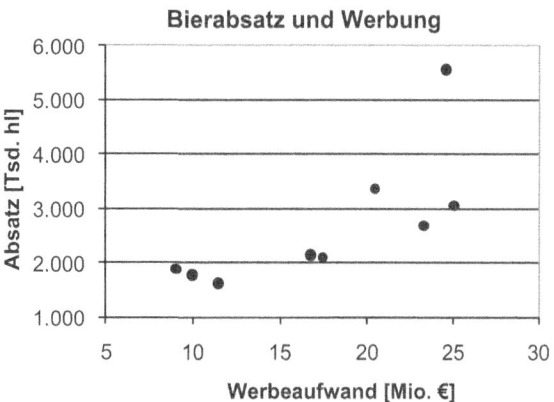

3. Ermittlung und graphische Darstellung geeigneter Regressionsfunktionen

Bevor man geeignete Regressionsanalysen durchführt, sollte man die Ausgangsdaten stets auf ausreichende **Validität** prüfen. Im vorliegenden Fall indiziert das Diagramm in der oberen rechten Ecke einen Datenpunkt, der sich deutlich von den übrigen absetzt und klar außerhalb der Punktwolke liegt, die durch die Masse der Daten gebildet wird. Solche Einzelwerte werden in der Statistik als **Ausreißer** bezeichnet und sind auf ihr Zustandekommen und ihre Analyserelevanz zu überprüfen. Im vorliegenden Fall handelt es sich um die Brauerei mit dem bei Weitem größten Absatz, die im Markt offensichtlich eine Sonderstellung einnimmt. Von daher erscheint es sachlich nicht sinnvoll, sie in einer statistischen Analyse zu berücksichtigen, die Erkenntnisse liefern soll, die für die gesamte Masse tendenziell gelten. Wir empfehlen deshalb, die Regressionsanalysen in Varianten mit und ohne Ausreißer durchzuführen, um mögliche Abweichungen zu erkennen. Im Text werden nur Analysen ohne Ausreißer behandelt. Die Excel-Musterlösung enthält natürlich beide Varianten.

3.a Lineare Regression

Schätzung der Parameterwerte   Die Ermittlung einer linearen Regressionsfunktion durch die gesonderte Berechnung der Werte ihrer beiden Parameter a und b ist in Abschn. 6.3, Teilaufgabe 3 ausführlich beschrieben und kann hier analog vorgenommen werden. Sie erfolgt rechnerunterstützt entweder auf konventionellem Weg durch explizite Umsetzung der Bestimmungsgleichungen in einer Tabelle oder durch Verwendung der statistischen

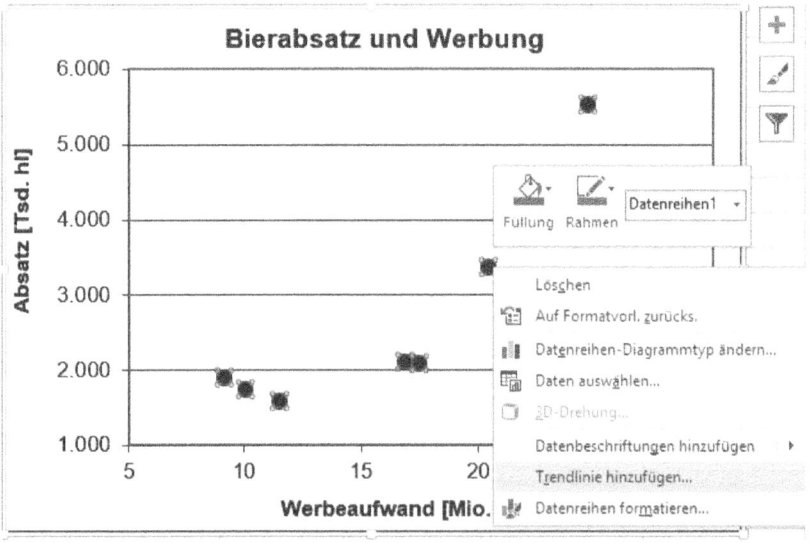

Abb. 6.30   Graphikfunktion „Trendlinie hinzufügen"

Funktionen ACHSENABSCHNITT und STEIGUNG. Als Ergebnis der Parameterschätzung erhält man im vorliegenden Fall:

$$a = 826{,}79 \,[\text{Tsd. hl}] \quad \text{und} \quad b = 89{,}848 \,[\text{Tsd. hl/Mio. €}].$$

Die Gleichung für die Regressionsgerade ergibt sich damit zu: $\hat{y} = 826{,}79 + 89{,}848 \cdot x$.

Ermittlung und Visualisierung der Regressionsfunktion Es gibt in Excel aber noch eine einfachere und sehr komfortable Möglichkeit, Regressionsfunktionen zu ermitteln und graphisch darzustellen. Dies ist die **Graphikfunktion „TRENDLINIE HINZUFÜGEN".** Sie wird zugänglich, in dem man in dem Diagramm auf einen der Datenpunkte geht und die rechte Maustaste (Kontexttaste) drückt.

Aktiviert man in dem Kontextmenü (siehe Abb. 6.30) dann diese Funktion, so werden in dem sich auf der rechten Bildschirmseite öffnenden Dialogfenster „Trendlinie formatieren" unter „TRENDLINIENOPTIONEN" verschiedene wichtige mathematische Funktionsty-

Abb. 6.31 Gängige Funktionstypen für Trendlinien

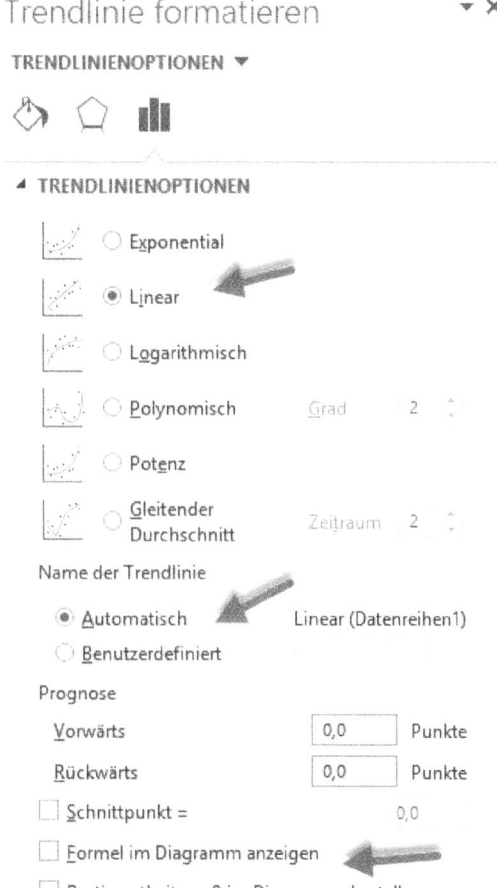

pen mit ihren allgemeinen Verlaufsformen zur Auswahl angeboten (siehe Abb. 6.31). Hier wählt man zunächst den einfachsten Typ „linear". Im Diagramm wird sodann der Graph der Regressionsfunktion zusätzlich zu den bereits vorhandenen Beobachtungswerten dargestellt.

Da jetzt zwei Datenreihen im Diagramm vorhanden sind, ist eine **Legende** zu ihrer eindeutigen Identifikation nötig. Zur Beschriftung der Beobachtungswerte geht man wie in Abschn. 2.1 Aufgabe „Personalprofil" beschrieben vor. Zur Benennung der Regressionsgeraden geht man mit dem Mauszeiger auf dieselbe und betätigt die rechte Maustaste. Im Kontextmenü wählt man die Option „Trendlinie formatieren". In deren Dialogbereich „Name der Trendlinie" aktiviert man die Option „benutzerdefiniert" und trägt dort eine passende Bezeichnung ein.

In der Regel benötigt der Anwender nicht nur den Graph, sondern auch die **numerische Gleichung** der Regressionsfunktion sowie Informationen über ihre **Güte**. Diese Angaben werden auch im Dialogfenster „TRENDLINIENOPTIONEN" zugänglich. Hier wählt man die Optionen „Gleichung im Diagramm anzeigen" und „Bestimmtheitsmaß im Diagramm anzeigen", wie in Abb. 6.31 markiert. Im Diagramm erscheinen dann die beiden gewünschten Angaben (siehe Abb. 6.32).

3.b Nicht-lineare Regressionen

Analog lassen sich nicht-lineare mathematische Funktionstypen auswählen und deren Regressionsfunktionen ermitteln und graphisch darstellen. Im vorliegenden Fall erscheinen aufgrund des Vergleichs des tendenziellen Verlaufsmusters der vorliegenden Daten mit den idealtypischen Verlaufsformen der in Excel verfügbaren Funktionstypen vor allem die Typen **polynomisch**, **potenziell** und **exponentiell** geeignet. Bei diesen Funktionstypen gelingt die Parameterschätzung mit Bestimmungsgleichungen, die mit der Methode der kleinsten Quadrate abgeleitet werden können, aber nur nach Linearisierung der Funktionen, z. B. durch Logarithmieren. Daran erkennt man, welche **wesentliche** Unterstützung geeignete Software dem in höherer Mathematik nicht besonders geschulten Anwender im nicht-linearen Fall bietet.

Abb. 6.32 Analyseergebnis über Grafikfunktion

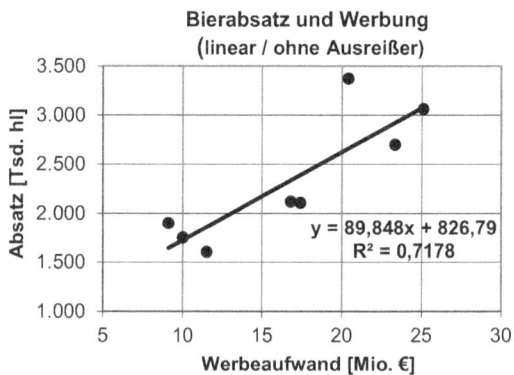

Abb. 6.33 Analyseergebnis
mit Exponentialfunktion

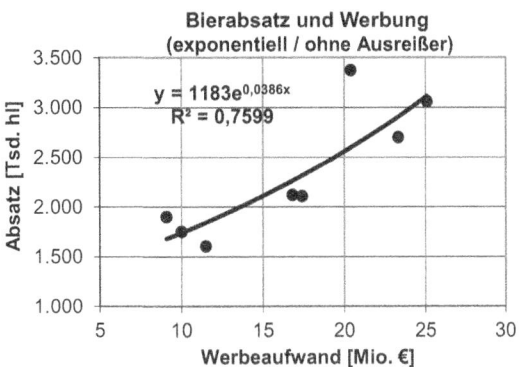

In der Excel-Musterlösung sind die Regressionsfunktionen der genannten drei Funktionstypen mit der Graphikfunktion ermittelt und dargestellt. Bei der polynomischen Funktion ist in der Dialogbox „Reihenfolge" der Grad des Polynoms zu wählen. Im vorliegenden Fall legen die Daten ein konvexes Muster nahe, das dem rechten Teil einer Parabel (besondere quadratische Funktion) ähnelt, so dass man nahe liegender Weise ein Polynom 2. Grades wählt. Auch ein Polynom 3. Grades (kubische Funktion) sollte man ausprobieren. Für die exponentielle Funktion erhält man das in Abb. 6.33 dargestellte Ergebnis.

4. Modellfit-Vergleich und Auswahl

Gütemaß Wichtigster quantitativer Beurteilungsaspekt für die Qualität einer Regressionsanalyse ist die Güte der Anpassung der mathematischen Funktion an die Beobachtungswerte (Modellfit). Das übliche und genaueste Gütemaß für den Modellfit ist das **Bestimmtheitsmaß B**.

Ermittlung Zur Ermittlung des Bestimmtheitsmaßes gibt es verschiedene Möglichkeiten. Die aufwendigste ist die Berechnung durch Umsetzung seiner Formel in einer Tabelle (siehe Abschn. 6.3 Aufgabe „Farbpatronenfabrikation", Teilaufgabe 6.b). Wesentlich effizienter ist die Nutzung der Formel $B = r^2$, da man den Maßkorrelationskoeffizienten r mit der statistischen Funktion KORREL leicht ermitteln kann (siehe Abschn. 6.2 Aufgabe „Inflation und Arbeitslosigkeit"). Die Formel gilt allerdings nur im Falle einer linearen Regression. Am effizientesten ist die Verwendung der gleichnamigen statistischen Funktion. Im Kontext einer graphischen Regressionsanalyse mit der Graphikfunktion TRENDLINIE HINZUFÜGEN ist es hingegen am einfachsten die Option „Bestimmtheitsmaß im Diagramm anzeigen" zu verwenden, so wie in der Teilaufgabe 3 geschehen.

Interpretation Im vorliegenden Fall gilt für die lineare Regression nach Elimination des Ausreißers $B = R^2 \sim 0{,}72$. Es entfallen demnach 72 % der im Nachhinein insgesamt bei Y feststellbaren Abweichungen auf den verwendeten regressionsanalytischen Ansatz, sind also durch ihn erklärbar. Der Rest – hier also etwa 28 % – sind Abweichungen, die mit dem Ansatz nicht erklärt werden können.

Tab. 6.3 Bestimmtheitsmaße der Regressionsfunktionen

Bestimmtheitsmaß	Linear	Quadratisch	Kubisch	Potenziell	Exponentiell
Alle Daten	0,55	0,61	0,62	0,64	0,69
Ohne Ausreißer	0,72	0,72	0,84	0,72	0,76

Gütevergleich   Die Bestimmtheitsmaße der linearen und der nicht-linearen Funktionen sind für die Analysen auf allen Daten und auf den Daten ohne Ausreißer in Tab. 6.3 zusammengestellt.

Die Güte der verwendeten Ansätze fällt recht unterschiedlich aus: Die lineare Funktion hat mit $B = 0{,}55$ den kleinsten, die kubische Funktion mit $B = 0{,}84$ den höchsten Modellfit. In allen Fällen ist die Güte der Analysen ohne Ausreißer jeweils deutlich besser und selbst der beste Modellfit auf allen Daten ist immer noch wahrnehmbar schlechter als der schlechteste ohne Ausreißer. Das bestätigt im Nachhinein auf sehr eindrucksvolle Weise die in 3. angestellten Überlegungen zu den hier sinnvoller Weise zu verwendenden Daten.

Bei qualitativ und quantitativ ausreichenden Daten wird in der Praxis ein Bestimmtheitsmaß von $\geq 0{,}7 / \geq 0{,}8 / \geq 0{,}9$ in der Regel als Indikator für einen guten/sehr guten/exzellenten Modellfit angesehen. Nach dieser Praxisregel haben alle Regressionsfunktionen auf den Daten ohne Ausreißer wegen $B \geq 0{,}7$ einen mindestens guten Modellfit. Für den Anwender ist das Bestimmtheitsmaß meist nicht nur ein wichtiges Kriterium zur Ex-post-Beurteilung einer durchgeführten Regression, sondern auch ein Ex-ante-Kriterium für die gezielte Auswahl eines möglichst gut zu den Daten passenden Funktionstyps. Allerdings ist der Modellfit in aller Regel nicht das einzige Kriterium.

Auswahl   Von den ermittelten Regressionsfunktionen sollen die einfachste, die ökonomisch am besten geeignete und die mit dem besten Modellfit zur weiteren Verwendung ausgewählt werden. Die **einfachste** Regressionsfunktion ist immer die **lineare**. Diejenige mit dem **besten Modellfit** ist im vorliegenden Fall bei den Daten ohne Ausreißer die **kubische Funktion**. Die Auswahl der ökonomisch am besten geeigneten Regressionsfunktion bedarf der Ermittlung und Auswertung relevanten Know-hows, das im vorliegenden Fall entweder aus der Absatzwirtschaft bzw. dem Marketing stammt und/oder sich auf Plausibilitätsüberlegungen stützt. Die Erkenntnisse des Marketings sind nicht ausreichend, um einen der nicht-linearen Funktionstypen als sachlich am besten geeignet zweifelsfrei auszuwählen. Plausibilitätsüberlegungen legen nahe, dass der Absatz eines Gutes in Abhängigkeit des Werbeaufwands zumindest in gewissen Bereichen tendenziell (leicht) progressiv steigen kann. Deshalb wird die **exponentielle Funktion** hier als eine **ökonomisch geeignete** erachtet, zumal sie auch den zweitbesten Modellfit aufweist. Die ausgewählten Regressionsfunktionen sind mit ihren Gleichungen im Folgenden zusammengestellt.

Auswahlkr.	Fkt.-Typ	Regressionsgleichung auf Daten ohne Ausreißer
Einfachheit	linear	$\hat{y}_i = 89{,}848 \cdot x_i + 826{,}79$
Modellfit	kubisch	$\hat{y}_i = -2{,}4703 \cdot x^3 + 129{,}51 \cdot x^2 - 2044{,}1 \cdot x + 11.881$
ökon.Eign.	exponentiell	$\hat{y}_i = 1183 \cdot e^{0{,}0386\,x_i}$

5. Parameterinterpretationen

Eine sachlich sinnvolle Interpretation der Funktionsparameter und ihrer Werte ist in der Regel nur bei linearen Funktionen möglich. Bei ihnen entspricht der Parameter *a* dem Achsenabschnitt und der Parameter *b* dem Anstieg. Diese beiden Größen mathematischer Funktionen sind auch im nicht-linearen Fall in der Regel interessant, nur kann man sie bei ihnen nicht direkt aus den Funktionsgleichungen ablesen, sondern muss sie gesondert berechnen. Bei der sachgerechten Interpretation der ermittelten Parameterwerte ist sowohl auf die Dimensionen der beiden Größen als auch auf eine im Sachzusammenhang möglichst adäquate ökonomische Bedeutung zu achten.

5.a lineare Funktion

Regressionskonstante bzw. Achsenabschnitt $a = 826{,}79$ [Tsd. hl]: Bierabsatz, mit dem eine Brauerei tendenziell auch ohne Werbung rechnen kann.

Regressionskoeffizient bzw. Steigung $b = 89{,}848$ [Tsd. hl/Mio. €]: absolute Änderung des Bierabsatzes, mit der eine Brauerei bei Erhöhung/Verringerung des Werbeaufwandes um 1 Mio. € tendenziell rechnen kann.

Der Anstieg einer mathematischen Funktion bezieht sich konzeptionell auf eine „infinitesimal" – d. h. unendlich kleine – absolute Änderung der unabhängigen Variablen. Soll dieses mathematische Konzept auch ökonomisch sinnvoll interpretierbar sein, so muss die betrachtete Änderung zwar möglichst klein, aber in der Wirklichkeit wahrnehmbar und praktikabel sein. Die bei der obigen Interpretation der Steigung unterstellte Änderung von 1 Mio. € entspricht dieser Anforderung nicht und ist von daher nicht sachgerecht. Möglichst klein und praktikabel erscheint im vorliegenden Fall eine Änderung des Werbeaufwandes von 1 €, auf den der obige Wert wie folgt umzurechnen ist:

$$b = 89{,}848 \left[\frac{\text{Tsd. hl}}{\text{Mio. €}} \right] = 89{,}848 \left[\frac{1000 \cdot 1001}{1.000.000\ \text{€}} \right] = 89{,}848 \left[\frac{11}{10\ \text{€}} \right] = 8{,}985 \left[\frac{1}{\text{€}} \right].$$

Bei einer Erhöhung (Verringerung) des Werbeaufwandes um einen Euro kann man tendenziell mit einer Erhöhung (Verringerung) des Bierabsatzes um 8,985 Liter rechnen. Diese Aussage gilt unabhängig davon, auf welchem Werbeaufwandsniveau man die Änderung vornimmt, da der Anstieg einer Geraden konstant ist.

5.b Nicht-lineare Funktionen

Achsenabschnitt Der Achsenabschnitt ist derjenige Wert einer mathematischen Funktion, den man erhält, wenn die unabhängige Variable auf NULL gesetzt wird. Er lässt sich deshalb auch bei nicht-linearen Funktionen aus deren Regressionsgleichungen direkt ablesen. Aus der in der Teilaufgabe 4 unter Auswahl angegebenen Gleichungen liest man für die Exponentialfunktion $f(0) = 1183$ [Tsd. hl] und für die kubische Funktion: $f(0) = 11.881$ [Tsd. hl] ab.

Anstieg Der Anstieg einer mathematischen Funktion entspricht ihrer ersten Ableitung. Diese wird in der nächsten Teilaufgabe bei der „Elastizitätsanalyse" benötigt und deshalb erst dort berechnet. Im Gegensatz zu linearen Funktionen ist der Anstieg nicht-linearer Funktionen für verschiedene Werte von X nicht konstant. Eine zahlenmäßig mit der linearen Funktion vergleichbare Information über Richtung und Ausmaß der Änderung des Bierabsatzes bei einer kleinen Änderung des Werbeaufwandes ist deshalb unabhängig von der Vorgabe eines bestimmten Werbeaufwandniveaus nicht ermittelbar und unterbleibt deshalb hier.

6. Typische Auswertungen

Für die typischen Auswertungen von Regressionsfunktionen gibt es in Excel keine statistischen Funktionen, so dass man sie durch Umsetzung der jeweiligen Formel bewerkstelligen muss. Das geschieht am besten in einer Arbeitstabelle, die in den Zeilen die vorgegebenen Werte von X und in den Spalten die gesuchten Auswertungsgrößen enthält (vgl. Abb. 6.34).

6.a „Was wäre, wenn"-Analysen

Gefragt ist der Bierabsatz, mit dem bei Werbeaufwendungen von 15, 22,5 und 30 [Mio. €] tendenziell zu rechnen ist.

Zur Berechnung der gesuchten Werte gibt man die relevante Regressionsgleichung als Formel in die erste Zeile ein, wobei man den Wert der unabhängigen Variablen durch rela-

	A	B	C	D	E
		Werbung	gesamter Bierabsatz [Tsd. hl]		
10		[Mio. €]	linear	kubisch	exponent.
11					
12		x_i	$\hat{y}_i$	$\hat{y}_i$	$\hat{y}_i$
13		0	826,794	11.881,000	1.183,000
14		15	2.174,509	2.012,875	2.110,772
15		22,5	2.848,367	3.284,172	2.819,483
16		30	3.522,224	346,00	766,151

$$=1183*EXP(0,0386*B13)$$

Abb. 6.34 „Was wäre, wenn"- Analysen

tiven Zellbezug einbindet. Abschließend kopiert man die Formel mit der Auto-Ausfüllen-Funktionalität in die darunter liegenden Zellen.

Für die Exponentialfunktion kann man die **Funktion EXP** benutzen. Dies erfordert die Eingabe der gleichnamigen Funktionsbezeichnung des Exponenten. Dabei müssen die Argumente des Exponenten in Klammern folgen, so wie in der Abb. 6.34 für die Schätzung des Bierabsatzes ohne Werbung in Zelle E13 ersichtlich.

6.b Durchschnittsanalysen

Gefragt ist der durchschnittliche Bierabsatz pro Werbeaufwandseinheit, mit dem man bei Werbeaufwendungen von 15, 22,5 und 30 [Mio. €] tendenziell rechnen kann.

Ansatz Man erhält ihn, indem man den bei einem bestimmten Werbeaufwand geschätzten Bierabsatz durch den Werbeaufwand teilt, formal:

$$\bar{y}(x) = \frac{\hat{y}(x)}{x}.$$

Zum besseren Verständnis des resultierenden Durchschnittswertes ist es in der Regel sinnvoll, seine **Dimension** vor Durchführung der Berechnung zu klären. Der Bierabsatz hat die Dimension Tsd. hl, der Werbeaufwand die Dimension Mio. €. Durch Teilen erhält man hier also

$$\frac{\text{Tsd. hl}}{\text{Mio. } \text{€}} = \frac{100.000\,\text{l}}{1.000.000\,\text{€}} = \frac{1\,\text{l}}{10\,\text{€}}.$$

Will man den durchschnittlichen Bierabsatz pro Werbeaufwandseinheit in einer leicht verständlichen Maßeinheit – etwa in Liter/Euro – angeben, so muss man den Durchschnittswert hier also zusätzlich durch 10 teilen.

Ermittlung Abbildung 6.35 enthält alle Analyseergebnisse sowie für $x = 15$ in der Zelle E22 beispielhaft die Formel der Durchschnittsberechnung mit der exponentiellen Funktion. Dabei wird auf die Abb. 6.34 Bezug genommen.

Interpretation Die Interpretation erfolgt hier beispielhaft an den Durchschnittswerten der linearen Funktion. Danach bringt bei einem Werbeaufwand von 15 [Mio. €] jeder eingesetzte Euro tendenziell einen Bierabsatz von 14,5 [l] und mit steigendem Werbeaufwand

Abb. 6.35 Durchschnitts-analysen

KONFIDE... ▾ : × ✓ ƒₓ | =E14/B14*0,1

	A	B	C	D	E
19		**Werbung**	**Bierabsatz pro Einheit [l/€]**		
20		**[Mio. €]**	**linear**	**kubisch**	**exponent.**
21		x_i	$\bar{y}(x_i)$	$\bar{y}(x_i)$	$\bar{y}(x_i)$
22		15	14,5	13,4	=E14/B14*0,1
23		22,5	12,7	14,6	12,5
24		30	11,7	1,2	12,6

sinkt der durchschnittliche Bierabsatz pro Werbeeuro. Dieses Verhalten der Durchschnitts-werte tritt bei vielen ökonomischen Größen auf und ist als Degressionseffekt bekannt.

6.c Elastizitätsanalysen

Gefragt ist die Elastizität des Bierabsatzes, mit der man bei Werbeaufwendungen von 15, 22,5 und 30 [Mio. €] tendenziell rechnen kann.

Ansatz Die Formeln der Elastizität angewendet auf die hier benutzten Funktionen lauten:

Allgemein	Linear	Kubisch	Exponentiell
$\varepsilon(x) = \dfrac{\hat{y}'(x)}{\bar{y}(x)}$	$\varepsilon(x) = \dfrac{b \cdot x}{a + b \cdot x}$	$\varepsilon(x) = \dfrac{b \cdot x + 2 \cdot c \cdot x^2 + 3 \cdot d \cdot x^3}{a + b \cdot x + c \cdot x^2 + d \cdot x^3}$	$\varepsilon(x) = \dfrac{abe^{bx}}{\frac{ae^{bx}}{x}} = b \cdot x$

Ermittlung Abbildung 6.36 enthält alle Analyseergebnisse und für $x = 15$ in der Zelle E36 beispielhaft die Formel der Elastizitätsberechnung mit der exponentiellen Funktion.

Interpretation Die Interpretation erfolgt hier beispielhaft an den Elastizitäten der linearen Funktion. Ändert man bei einem Werbeaufwand von 15 [Mio. €] diesen um 1 %, so ver-ändert sich der Bierabsatz tendenziell um 0,62 %. Dieses als „unterproportional elastisch" bezeichnete Verhalten gilt hier für alle relativen Änderungen im relevanten Wertebereich. Allerdings steigt die Elastizität mit größer werdendem Werbeaufwand.

7. Ergebnisvergleich und -diskussion sowie Modellwürdigung

Tabelle 6.4 enthält die für den Vergleich und die Diskussion nötige Zusammenstellung aller Analyseergebnisse.

Beim Vergleich der Ergebnisse und ihrer Diskussion ist sinnvollerweise zu unterschei-den zwischen Analysen, deren Vorgabewerte im Bereich der Ausgangsdaten liegen und solchen, die sich außerhalb davon befinden. Bei den ersteren sind die Schätzwerte durch

	B	C	D	E
	Werbung	Absatzänderg. bei Werbeänderg. [%]		
33	[Mio. €]	linear	kubisch	exponent.
34				
35	x_i	$\varepsilon(x_i)$	$\varepsilon(x_i)$	$\varepsilon(x_i)$
36	15	0,62	1,29	0,58
37	22,5	0,71	0,22	0,9
38	30	0,77	-67,56	1,2

=0,0386*B36

Abb. 6.36 Elastizitätsanalysen

Tab. 6.4 Ergebnisse der typischen Auswertungen

Auswertungsgröße/Funktionstyp		Werbeaufwand [Mio. €] x			
		0	15	22,5	30
$\hat{y}(x)$	Linear	826,8	2174,5	2848,4	3522,2
	Kubisch	11.881	2012,9	3284,2	346
	Exponentiell	1183	2110,8	2819,5	3766,2
$\bar{y}(x)$	Linear	–	14,5	12,7	11,7
	Kubisch	–	13,4	14,6	1,2
	Exponentiell	–	14,1	12,5	12,6
$\varepsilon(x)$	Linear	0	0,62	0,71	0,77
	Kubisch	0	1,29	0,22	– 67,56
	Exponentiell	0	0,58	0,9	1,2

die vorliegenden Daten zumindest näherungsweise gedeckt, bei den letzteren beruhen sie dagegen auf einer darüber hinausgehenden **Extrapolation** des Funktionstyps und sind generell mit größerer Vorsicht zu betrachten.

In dem durch Beobachtungswerte abgedeckten Wertebereich des Werbeaufwands von ca. 9 bis 25 [Mio. €] führen die lineare und die exponentielle Regression bei allen Auswertungsgrößen zu Ergebnissen gleicher Größenordnung und können daher als einigermaßen verlässlich angesehen werden. Danach kann man bei einem Werbeaufwand von 15 [Mio. €] tendenziell mit einem gesamten Bierabsatz zwischen ~ 2110 und ~ 2174 [Tsd. hl], mit einem Bierabsatz pro Euro Werbung zwischen 14,1 und 14,5 [l.] und mit einer Werbeaufwandselastizität des Bierabsatzes zwischen 0,58 und 0,62 % rechnen. Die entsprechende Werte für einen Werbeaufwand von 22,5 [Mio. €] kann man der Tabelle entnehmen.

Der kubische Ansatz liefert dagegen bei allen Auswertungsarten Schätzungen, die davon mindestens wahrnehmbar, überwiegend sogar ganz erheblich abweichen. Der sehr gut Modellfit der kubischen Regressionsfunktion, die aus den Ausgangsdaten für diesen Wertbereich ermittelt wurde, bietet offensichtlich keine Gewähr für robuste Schätzungen, die mit aus anderen wichtigen Gründen verwendeten Ansätzen in etwa übereinstimmen und damit insgesamt plausibel und vertrauenswürdig sind. Dieser Aspekt wird häufig als Gefahr des **Overfitting** bezeichnet.

Bei Analysen außerhalb des durch Beobachtungswerte abgedeckten Wertebereichs liefern alle Ansätze Schätzungen, die deutlich voneinander abweichen. Was den gesamten Bierabsatz angeht, könnte man ohne jede Werbung nach dem linearen Ansatz ~ 827, nach dem exponentiellen ~ 1183 und nach dem kubischen sogar 11.881 [Tsd. hl] Bier absetzen. Andererseits brächte die extreme Werbung mit 30 [Mio. €] nach der linearen Schätzung tendenziell einen Absatz von ~ 3522, nach der exponentiellen Schätzung einen von ~ 3766 [Tsd. hl]. Auch hier weicht die Schätzung des kubischen Ansatzes von den übrigen am stärksten ab, da danach tendenziell nur noch ~ 345 [Tsd. hl] abgesetzt würden. Bei all diesen Schätzwerten handelt es sich um Implikationen der verwendeten Modelle, deren Würdigung nicht mit vorhandenen Daten, sondern mit Fachwissen, Erfahrungswissen und Plausibilitätsüberlegungen vorzunehmen ist. Auch hier schneidet das kubische Modell am schlechtesten ab. So wird zum einen der Bierabsatz ohne jede Werbung tendenziell kaum höher sein als der bei durchschnittlicher Werbung, zum anderen wird er mit extrem hohem Werbeaufwand nicht tendenziell zusammenbrechen.

Von den beiden anderen Regressionsmodellen ist die exponentielle Funktion der linearen im Modellfit klar überlegen und bietet sich deshalb für Analysen in dem durch die Ausgangsdaten abgedeckten Bereich an. Dagegen erscheint vor allem bei darüber hinaus gehendem, ständig steigendem Werbeaufwand ein kontinuierlich exponentiell verlaufender Absatz weder plausibel noch realistisch. Das zeigt sich vor allem bei den Durchschnitts- und Elastizitätsanalysen, die bei einem Werbeaufwand von 30 [Mio. €] zu Werten führen, die dem bei ökonomischen Größen bekannten Verhaltensmustern widersprechen (Degressionseffekt beim Durchschnitt, Wechsel von unterproportional zu überproportionaler Elastizität).

Hier bietet sich deshalb die Verwendung des linearen Modells an. Das lineare Modell hat aus Sicht der Praxis gegenüber allen nicht-linearen Modellen vor allem den Vorteil der Einfachheit, dies gilt gleichermaßen für die Ermittlung der Gradengleichung, die Interpretation ihrer Parameter und die typischen Auswertungen. Die nicht-linearen Modelle sind dagegen ohne geeignete Software kaum zu ermitteln, grundlegende Aspekte wie der Achsenabschnitt und die Steigung sind nur über Zusatzberechnungen zugänglich (siehe 5.b) und einige der gängigen Auswertungen erfordern höhere Mathematik (siehe 6.c).

Ergänzend erfüllt es – zumindest im vorliegenden Fall – den Aspekt der **Robustheit**. Ein Modell ist umso robuster, je mehr es bei der Verarbeitung bislang unbekannter Daten in der Lage ist, vernünftige Ergebnisse zu produzieren. Dies ist hier beim linearen Ansatz für Werbeaufwendungen, die kleiner als 9 und größer als 25 [Mio. €] sind, der Fall.

Insgesamt erscheint hier die Nutzung mehrerer Modelle in Abhängigkeit des Wertebereichs und des vorrangigen Modellbewertungsaspekts sinnvoll, die auch in der Praxis weit verbreitet ist.

6.5   Übungsaufgaben

6.5.1   Aufgabe „Betriebsklima und Unternehmensbereich"

In einem kleineren Industriebetrieb wurden im Rahmen einer von der Personalwirtschaft und dem Betriebsrat gemeinsam beauftragten internen Untersuchung unlängst alle Beschäftigten zu personalpolitisch relevanten Themen befragt. Zum Thema Betriebsklima erhielt man folgendes Ergebnis (Werte fiktiv).

Bewertung des Betriebsklimas	Unternehmensbereich		
	Fertigung	Verkauf/Vertrieb	Verwaltung
Schlecht	10	5	0
Geht so	39	13	8
Gut	21	7	12

Aufgabenstellungen

1. Stellen Sie die gemeinsame (bivariate) Häufigkeitsverteilung in geeigneter Form graphisch dar. Nennen und begründen Sie kurz die von Ihnen gewählte Darstellungsform.
2. Welche Vermutungen über den Zusammenhang der beiden Größen haben Sie aus sachlichen und datenmäßigen Erwägungen und welche quantitativen Analysearten halten Sie von daher im vorliegenden Fall für geeignet?
3. Stellen Sie in geeigneter Weise zahlenmäßig fest, ob die beiden Merkmale in dem Betrieb statistisch eher abhängig oder unabhängig voneinander sind. Nutzen Sie dazu auch eine geeignete graphische Darstellung.
4. Ermitteln Sie bei sachlich plausibler und statistisch indizierter Abhängigkeit die Stärke des Zusammenhangs mit einer geeigneten Maßgröße, deren Auswahl Sie kurz begründen.
5. Was besagt das Analyseergebnis und was können die Auftraggeber damit anfangen?

6.5.2 Aufgabe „Investitions- und Lohnquote"

Über die Investitionsquote (IQ) und Lohnquote (LQ) führender Industrieländer liegen folgende aktuelle und fünfundzwanzig Jahre alte Zahlen vor.

Land	vor 25 Jahren		aktuell	
	IQ [%]	LQ [%]	IQ [%]	LQ [%]
A	30,5	66,8	34,8	58,2
B	21,2	71,9	33,5	64,9
C	20,0	70,5	29,7	66,5
D	18,9	75,8	25,9	66,8
E	19,1	66,4	31,1	68,4
F	15,4	77,6	27,4	67,6
G	24,5	65,3	24,5	69,3
H	23,3	68,5	33,3	67,8
I	17,8	74,3	34,9	62,3
K	16,4	72,6	28,6	68,6
L	23,7	72,8	34,1	59,8
M	19,0	57,5	34,5	55,5

Aufgabenstellungen

1. Stellen Sie die Daten in einer für Vergleichszwecke geeigneten Form graphisch dar.
2. Was können Sie aus den Diagrammen über den Zusammenhang der Größen ablesen und welche quantitativen Zusammenhangsanalysen (Analyseart, Ansätze und Maßgrößen) halten Sie deshalb und aus sachlichen Erwägungen für sinnvoll (Begründung)?
3. Führen Sie die ausgewählten statistischen Analysen an beiden Datensätzen nachvollziehbar durch. Berücksichtigen Sie dabei adäquat eventuell vorhandene Ausreißer in den Daten.
4. Geben Sie die wichtigsten Ergebnisse Ihrer quantitativen Zusammenhangsanalysen kurz in eigenen Worten und in einer auch für einen statistischen Laien verständlichen Form an.

6.5.3 Aufgabe „Handyproduktion und -kosten"

Eine neue Handyfabrik in den neuen Bundesländern ist für eine Jahresproduktion von ca. 1 bis 1,5 Mio. Handys ausgelegt. Den monatlichen Werksberichten des ersten Jahres sind folgende Zahlen über den Produktionsausstoß [Tsd. Stück] und die gesamten Herstellkosten [Mio. €] zu entnehmen. Der Fabrikationsassistent soll die vorliegenden Zahlen statistisch aufbereiten, analysieren und auswerten.

Zeit [Monat]	Ausstoß [Tsd. Stück]	Herstellkosten [Mio. €]
1	51,5	1,005
2	55,7	1,028
3	60,2	1,069
4	66,1	1,145
5	70,8	1,243
6	75,4	1,345
7	80,9	1,412
8	85,3	1,451
9	91,2	1,484
10	93,7	1,499
11	96,4	1,507
12	98,6	1,515

Aufgabenstellungen

1. Stellen Sie die Daten in geeigneter Form graphisch dar. Nennen und begründen Sie kurz die von Ihnen gewählte Darstellungsform.
2. Warum ist für die quantitative Analyse des Zusammenhangs die Regression geeignet und welchen **einfachen** regressionsanalytischen Ansatz wählen Sie (Begründung)?
3. Berechnen Sie für den ausgewählten Ansatz die Parameter der Regressionsfunktion
   a) konventionell in einer Tabelle mit Hilfe geeigneter Bestimmungsgleichungen.
   b) mit den in Excel verfügbaren spezifischen statistischen Funktionen.
   c) Tragen Sie die ermittelte Regressionsfunktion in das Diagramm der Beobachtungswerte ein.
4. Interpretieren Sie die Parameterwerte der Regressionsfunktion mathematisch und ökonomisch sachgerecht.
5. Ermitteln Sie für Monatsproduktionen von 72,5; 95 und 120 Tausend Handys
   a) die gesamten Herstellkosten,
   b) die Herstellkosten pro Handy,
   c) die Ausstoßelastizität der Herstellkosten mit denen man tendenziell rechnen kann.
   d) Interpretieren Sie Ihre Berechnungsergebnisse jeweils mathematisch und ökonomisch sachgerecht.
6. Wie gut ist Ihre Regressionsfunktion?
   a) Wählen Sie gängige Maßgrößen für ihre Fehler- und Güteanalyse aus.
   b) Ermitteln Sie nachvollziehbar die Werte der ausgewählten Maßgrößen.
   c) Interpretieren und vergleichen Sie die Ergebnisse.

6.5.4 Aufgabe „Fahrzeugalter und Reparaturkosten"

Dem Fuhrparkmanagement eines Speditionsunternehmens sind unlängst die Reparaturkosten der Fahrzeuge aufgefallen. Der Abteilungsleiter beauftragt den frisch von der Hochschule kommenden Assistenten, der Sache nachzugehen und die wesentlichen Einflussgrößen (Kostentreiber) zu identifizieren und zu quantifizieren. Dieser hat bei der Gruppe der Kleinlaster bis zu bis 7,5 t im letzten Jahr die größte relative Kostensteigerung festgestellt und vermutet als Hauptgrund dafür das Fahrzeugalter. Um seine Vermutung empirisch zu fundieren, wendet er sich an die Buchhaltung. Diese liefert ihm folgende, bereits geordnete Zusammenstellung über die Reparaturkosten und das Alter der Fahrzeuge dieser Gruppe im letzten Jahr.

Nr.	Alter [Jahre]	Reparaturkosten [€]	Nr.	Alter [Jahre]	Reparaturkosten [€]
1	2	1800	7	7	2700
2	3	1900	8	8	3100
3	4	1900	9	8	3400
4	5	2200	10	9	3900
5	6	2700	11	10	5000
6	7	2800	12	11	6700

Da das Statistik-Grundstudium schon lange hinter ihm liegt, weiß er nicht mehr so recht, wie er die vorliegenden Daten sinnvoll analysieren soll, um daraus im Sachzusammenhang wertvolle Informationen zu gewinnen. Helfen Sie ihm!

Aufgabenstellungen

1. Stellen Sie die vorhandenen Daten in geeigneter Form graphisch dar. Nennen und begründen Sie kurz die verwendete Darstellungsform.
2. Welche Vermutungen über den Zusammenhang der beiden Größen haben Sie ganz allgemein aus sachlichen Überlegungen und auf Grund des Diagramms und welche Art und welche Ansätze der quantitativen Zusammenhangsanalyse halten Sie von daher hier für sinnvoll? (Begründung)
3. Führen Sie die ausgewählte quantitative Analyseart mit mindestens **drei** sinnvollen **Ansätzen** durch – einer davon soll besonders einfach sein – und stellen sie die Ergebnisse graphisch dar.
4. Welche ihrer Analysefunktionen passt im vorliegenden Fall am besten, welche am schlechtesten zu den vorhandenen Daten? Nennen, ermitteln und interpretieren Sie das von Ihnen verwendete Gütemaß.
5. Interpretieren Sie die Parameter der einfachsten und der gemäß dem Modellfit besten Analysefunktion sachgerecht.
6. Führen Sie mit der einfachsten und den sonstigen Analysefunktionen mit einem Bestimmtheitsmaß von $B \geq 0{,}8$ für 1, 5 und 10 Jahre alte Fahrzeuge jeweils eine „Was wäre, wenn"-Analyse und eine Elastizitätsanalyse durch und interpretieren Sie die Ergebnisse jeweils ökonomisch sachgerecht.
7. Welche der Analysefunktionen ist unter besonderer Berücksichtigung der in 4. bis 6. durchgeführten Analysen Ihrer Meinung nach im vorliegenden Fall insgesamt am besten geeignet?

Zeitreihenanalysen

Eine **Zeitreihe** ist eine Zusammenstellung von Daten über ein und denselben Sachverhalt zu chronologisch geordneten, meist äquidistanten Zeiteinheiten. Ihre quantitative Untersuchung kann verschiedenen Zielen dienen. Die hier behandelten zeigt die folgende Übersicht.

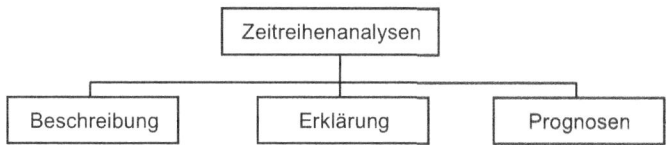

Die **Zeitreihenbeschreibung** hat die Aufgabe, die tatsächlich stattgefundene Entwicklung der Größe in einigen wenigen **Maßzahlen** zu charakterisieren. Von Interesse sind in der Regel Niveau und Richtung der Entwicklung, die Veränderung im gesamten Betrachtungszeitraum und von Zeiteinheit zu Zeiteinheit (Wachstum) sowie die Wachstumsdynamik. Ergänzend liefert auch bei Längsschnittdaten der statistische **Vergleich** häufig zusätzlich wertvolle Informationen. Abschnitt **7.1 Aufgabe „Branchenumsatz"** behandelt die grundlegenden Maßgrößen der zeitlichen Entwicklung, des Wachstums und seiner Dynamik sowie die für sinnvolle Vergleiche häufig nötigen Aufbereitungen als Mess- und Indexreihen.

Mit der **Zeitreihenanalyse** (im engeren Sinne) wird versucht, hinter die Daten zu schauen und deren Zustandekommen zeitabhängig plausibel zu erklären. Zur **Erklärung** ist bei ökonomischen Zeitreihen der Ansatz der **Zeitreihenzerlegung** in verschiedene zeitabhängige Komponenten, nämlich in Trend (T), Konjunktur (K), Saison (S) und Rest (R) üblich. Dabei ist zu ermitteln, welche Komponenten eine Zeitreihe überhaupt enthält, welches Muster die Komponenten tendenziell aufweisen und wie diese Muster mathematisch zu beschreiben sind. Ergänzend ist zu klären, wie die vorhandenen Komponenten rechnerisch miteinander verknüpft sind. Mit den Hauptkomponenten, ihren Mustern und Verknüpfungen erhält man verschiedene Typen von **Zeitreihenanalysemodellen**.

J. Meißner und T. Wendler, *Statistik-Praktikum mit Excel*,
Studienbücher Wirtschaftsmathematik, DOI 10.1007/978-3-658-04187-8_7,
© Springer Fachmedien Wiesbaden 2015

Die Zeitreihenanalyse ist sowohl in der wirtschaftswissenschaftlichen Forschung (z. B. Konjunkturforschung) als auch in der Praxis (z. B. Saisonbereinigung) unverzichtbar. Im Übrigen dient sie vor allem der **Prognose**. Zeitreihenbasierte Prognosen kann man für alle o. g. Hauptkomponenten einer Zeitreihe machen. Benutzt wird dabei der Ansatz, das für die jeweilige Hauptkomponente durch Zeitreihenanalyse festgestellte und quantifizierte Muster in die Zukunft fortzuschreiben. Die **Extrapolation** beruht auf der **Zeitstabilitäts-hypothese** und ist Grundlage der **beschreibenden Prognoseverfahren**. Diese machen typischerweise Prognosen nur für eine zukünftige Zeiteinheit, sog. **Ein-Schritt-Prognosen**.

Will man Prognosen für mehrere Zeiteinheiten – sog. **Mehr-Schritt-Prognosen** – benötigt man in der Regel ein Modell, aus dem der Prognosewert für jede der Prognosezeiteinheiten ableitbar ist. Dabei werden Erklärungsmodelle benutzt, die den sachlich begründeten Zusammenhang zwischen der Prognosegröße und den determinierenden Größen aufgrund von Analysen formel- und zahlenmäßig spezifizieren. Erklärungsmodelle kann man direkt als Prognosemodelle nutzen, wenn man die in der Prognosezeiteinheit gültigen Werte der determinierenden Variablen vorgibt. Die **erklärenden Prognoseverfahren** liefern dann – im Gegensatz zu den beschreibenden – sog. **bedingte Prognosen**. Abschnitt **7.2 Aufgabe „Energieproduktion"** thematisiert die klassische Zeitreihenanalyse durch Zeitreihenzerlegung und ergänzend die Nutzung des Erklärungsmodells als Prognosemodell. Behandelt werden die Zerlegungsmethodik, einfache aber praktisch besonders wichtige Ansätze der Trend- und Saisonanalyse, die Ex-post-Würdigung des Modells durch eine Restanalyse und die Verwendung des Modells für Mehr-Schritt-Prognosen.

Abschnitt **7.3 Aufgabe „Premium Fernreisen"** enthält eine Zeitreihe, die aufgrund einschlägiger Analysen der Vergangenheit einem bestimmten Zeitreihentyp zugeordnet werden kann, der im vorliegenden Fall besonders einfach ist. Die Prognoseaufgabe besteht in **Trendprognosen** mit einem erklärenden und einem beschreibenden Verfahren. Das erklärende Verfahren arbeitet mit einer **Trendfunktion**, das beschreibende Verfahren gehört zu den praktisch besonders bedeutsamen **Glättungsverfahren**. Behandelt werden die Ermittlung der Prognosewerte, die Frage, welche Prognosen besser und welches Verfahren im vorliegenden Fall insgesamt am besten geeignet ist, sowie die Bereichsschätzung mit dem insgesamt besseren Verfahren.

7.1 Aufgabe „Branchenumsatz"

Über den Umsatz einer speziellen Branche des Baunebengewerbes im Bundesland A liegen für die ersten sechs Monate des laufenden Jahres folgende Zahlen vor:

Monat	Jan.	Feb.	März	April	Mai	Juni
Branchenumsatz [Mio. €]	3,6	3,5	3,8	4,3	4,7	5,0

7.1.1 Aufgabenstellungen

1. Stellen Sie die Monatsumsätze in zwei geeigneten Formen graphisch dar.
   Nennen und begründen Sie kurz die verwendeten Diagrammtypen.
   Was können Sie aus den Diagrammen über die Entwicklung ablesen?
2. Die Umsätze sollen zu Vergleichszwecken mit dem Januar als Basis aufbereitet werden.
   Nennen und begründen Sie kurz den verwendeten Ansatz und interpretieren Sie die
   Werte am Ende des 1. und 2. Quartals sachgerecht.
3. Die Umsatzänderungen von Monat zu Monat (Wachstum) sollen quantifiziert werden.
   a) Wählen Sie drei gängige Maßgrößen aus (Begründung).
   b) Berechnen Sie die Werte der Maßgrößen.
   c) Visualisieren und charakterisieren Sie die Entwicklung des Wachstums.
   d) Wann hat sich das Wachstum im ersten Halbjahr am stärksten beschleunigt, wann
      am stärksten verlangsamt?
   e) Um wie viel ist der Branchenumsatz im 1. und im 2. Quartal sowie im 1. Halbjahr
      insgesamt im Durchschnitt gewachsen?
4. Über den Umsatz der gleichen Branche im Nachbarland B liegen über denselben Zeitraum folgende Indexzahlen vor.

Monat	Jan.	Febr.	März	April	Mai	Juni
Index	80,25	82,75	88,63	93,7	97,3	100

Die Branchenumsatzentwicklung beider Länder soll miteinander verglichen werden.
   a) Bereiten Sie die beiden Zeitreihen in geeigneter Weise so auf, dass man sie direkt
      miteinander vergleichen kann. Nennen und begründen Sie kurz Ihren Ansatz.
   b) Stellen Sie die direkt vergleichbaren Zeitreihen gemeinsam in einem Diagramm
      dar.
      Welche groben Vergleichsaussagen können Sie aufgrund des Diagramms machen?
   c) Ermitteln Sie für die Umsatzentwicklung in B die gleichen Maßzahlen wie für A
      und vergleichen Sie damit das Umsatzwachstum und seine Dynamik in beiden
      Ländern.
5. Die zuständigen Verbände veröffentlichen am Ende des 1. Halbjahres das Jahreswachstum der Branche. Im Land A wird dazu der in der deutschen, im Land B der in der
   anglo-amerikanischen Wirtschaftsstatistik übliche Ansatz benutzt.
   Im Land A betrug der Branchenumsatz im Juni des Vorjahres 4,5 [Mio. €].
   Ermitteln und diskutieren Sie kurz die von den beiden Verbänden veröffentlichten Zahlen über die Wachstumsrate des laufenden Jahres.

7.1.2   Aufgabenlösungen

1. Graphische Darstellungen der Ausgangsdaten

1.a Diagrammtypauswahl

Geeignete für Zeitreihen sind das Säulen- und das Kurvendiagramm. Für wenige zeitabschnittsbezogene Bewegungsdaten ist das Säulendiagramm Standard. Liegen viele Werte vor, so eignet sich eher das Kurvendiagramm, insbesondere zur **Erkennung von Entwicklungsmustern**.

1.b Diagrammerstellung

Die Erstellung eines einfachen Säulendiagramms ist in Abschn. 2.1 Aufgabe „Personalprofil", Teilaufgabe 3, die eines Kurvendiagramms in Abschn. 2.3 Aufgabe „Kaltmiete", Teilaufgabe 4 ausführlich beschrieben, worauf hier verwiesen sei. Abbildung 7.1 zeigt die beiden Diagramme.

1.c Diagramminterpretation

Man erkennt in beiden Diagrammen deutlich die zunächst leicht fallende, dann jedoch ständig steigende Umsatzentwicklung. Im Falle des Kurvendiagramms muss jedoch beach-

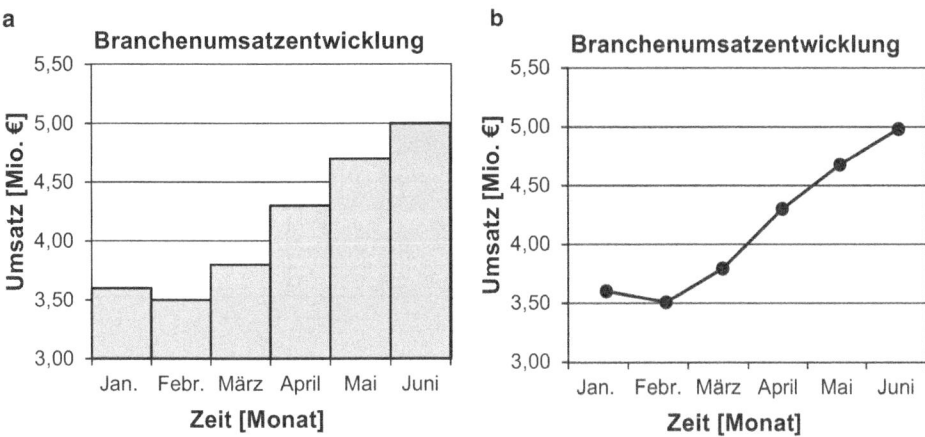

Abb. 7.1 Branchenumsatzentwicklung als Säulen- und als Kurvendiagramm

tet werden, dass die Datenpunkte in der Monatsmitte jeweils für die Monate als Ganzes gelten und nicht implizieren, dass etwa zur Monatsmitte eine eventuelle Umkehr/Änderung der Entwicklungsrichtung stattgefunden hat.

2. Datenaufbereitung für Vergleich

2.a Auswahl Ansatz
Für den Vergleich sind relative Zahlen in der Regel besser geeignet als absolute. Das gilt auch für Zeitreihendaten. Will man die tatsächliche Entwicklung im ersten Halbjahr z. B. mit der im Vorjahr oder mit der geplanten Umsatzentwicklung vergleichen, ist es sinnvoll, sie z. B. auf den Jahresanfang als **feste Basis** zu beziehen. Das ist das Konzept der **dynamischen Messzahlen**.

2.b Ermittlung der Werte
Zur Ermittlung der Messzahlen erweitert man die Ausgangsdatentabelle um eine Spalte. Abbildung 7.2 enthält in den Spalten B und C die Ausgangsdaten – wobei die feste Basis grau hinterlegt ist – und in der Spalte D die Berechnungsergebnisse sowie beispielhaft die Formel zur Berechnung der Meßzahl für Februar. In Spalte E sind die Messzahlen mit 100 multipliziert, da es in Anwenderkreisen gängig ist, Messzahlen wie Indexzahlen auf 100 zu basieren. Die so basierten Messzahlen sind ebenfalls relative Zahlen ohne Dimension, aber **keine** Prozentzahlen!

2.c Interpretation am Ende des 1. und 2. Quartals
Das Umsatzniveau im März (Juni) beträgt das 1,05- (1,38-)Fache des Niveaus vom Januar. Man beachte, dass bei den auf 100 basierten Messzahlen eine analoge Interpretation falsch ist.

Abb. 7.2 Dynamische Messzahlen mit fester Basis

A	B	C	D	E
3	Zeit	Umsatz	dynamische Meßzahlen	
4	[Mon.]	[Mio. €]		
5	t	Y_t	$M_{0,t} = y_t/y_0$	$M_{0,t}*100$
6	Jan.	3,60	1,0000	=C7/C6
7	Febr.	3,50	0,9722	97,22
8	März	3,80	1,0556	105,56
9	April	4,30	1,1944	119,44
10	Mai	4,70	1,3056	130,56
11	Juni	5,00	1,3889	138,89

Dagegen lässt sich aus den auf 100 basierten Messzahlen die häufig ebenfalls interessierende *relative Änderung* der Analysegröße als Differenz der Werte in der Berichtszeit und
der Basiszeit sofort ablesen. So ist der Umsatz vom März um 5,56 % und der vom Juni um
38,89 % höher als der Umsatz vom Januar.

3. Maßgrößen des monatlichen Wachstums

3.a Maßgrößenauswahl
Grundlegende Maßgrößen sind das absolute Wachstum und das relative Wachstum als
Wachstumsfaktor und Wachstumsrate. Ihre Formeln stehen in der Kopfzeile der Abb. 7.3.

3.b Werteermittlung
Die Werteermittlung erfolgt durch Eingabe und Kopieren der Formeln, so wie Abb. 7.3 für
die Wachstumsrate beispielhaft dargestellt.

3.c Visualisierung und Grobcharakterisierung
Die in der Praxis am häufigsten benutzte Maßgröße ist die Wachstumsrate, deren Entwicklung am besten in einem Kurvendiagramm wie in Abb. 7.4 zum Ausdruck kommt.

A	B	C	D	E	F	G
3	Zeit	Umsatz	abs. W.	W-Faktor	Wachstumsrate	
4	[Monat]	[Mio. €]	[Mio. €]	q_t [-]	r_t [%]	
5	t	y_t	$dy_t=y_t-y_{t-1}$	$q_t=y_t/y_{t-1}$	$(q_t-1)*100$	$dy_t/y_{t-1}*100$
6	Jan.	3,60	---	---	---	---
7	Febr.	3,50	-0,10	0,9722	-2,78	-2,78
8	März	3,80	0,30	1,0857	8,57	8,57
9	April	4,30	0,50	1,1214	13,16	13,16
10	=(E7-1)*100		=D7/C6*100		9,30	9,30
11					6,38	6,38

Abb. 7.3 Berechnung gängiger Maßgrößen für das Wachstum

Abb. 7.4 Entwicklung des
Umsatzwachstums

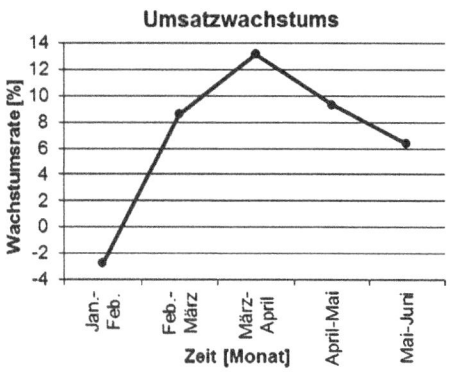

Die Wachstumsentwicklung im 1. Halbjahr ist uneinheitlich: Am Jahresanfang gab es ein „Negativwachstum" von knapp 3 %, danach nur noch positives Wachstum, das vom März zum April mit über 13 % am höchsten war und seitdem von Monat zu Monat geringer geworden ist.

3.d Wachstumsdynamik

Unter Wachstumsdynamik versteht man die Veränderung des Wachstums, angewandt auf die Wachstumsrate also die Veränderung der Wachstumsrate. Zur Quantifizierung der Dynamik werden die o. g. Wachstumsmaßgrößen auf die Wachstumsrate selbst angewendet. Abbildung 7.5 enthält in Spalte H die absoluten Änderungen der Wachstumsrate. Da die Wachstumsrate als Analysegröße selbst eine prozentuale Größe ist, wird ihre Änderung in **Prozentpunkten** angegeben. Die relativen Änderungen der Wachstumsraten berechnet man wieder als dimensionslose Faktoren, die hier zur Unterscheidung von den üblichen Wachstumsfaktoren mit q_t^d notiert sind, wobei das hochgestellte „d" für Dynamik steht.

Über die Formel des Zusammenhangs zwischen W-Faktor und W-Rate ermittelt man abschließend die Wachstumsraten der Wachstumsraten in Prozent. Die geeigneten Formeln sind in Excel selbst einzugeben und entsprechend zu kopieren. Man erhält die Er-

	E	F	G	H	I	J	K	L
3	W-Faktor	Wachstumsrate		absolut	Faktor	Rate	Durchschnittswachstum	
4	q_t [·]	r_t [%]		%-Punkte	[-]	[%]	$\bar{q}[-]$	$\bar{r}[\%]$
5	$q_t=y_t/y_{t-1}$	$(q_t-1)*100$	$dy_t/y_{t-1}*100$	$dr_t=r_t-r_{t-1}$	$q_t^d=q_t/q_{t-1}$	$r_t^d=(q_t^d-1)*100$	$\bar{q}=^{T-1}\sqrt{\prod q_t}$	$\bar{r}=(\bar{q}-1)*100$
6	---	---	---	---	---	---	1. Quartal	
7	0,9722	-2,78	-2,78	---	---	---	1,0274	2,74
8	1,0857	8,57	8,57	11,35	1,1167	11,67	2. Quartal	
9	1,1316	13,16	13,16	4,59	1,0422	4,22	1,0783	7,83
10	1,0930	9,30	9,30	-3,86	0,9659	-3,41	1. Halbjahr	
11	1,0638	6,38	6,38	-2,92	0,9733	=GEOMITTEL(E7:E11)		

Abb. 7.5 Wachstumsdynamik und Durchschnittswachstum

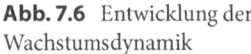 **Abb. 7.6** Entwicklung der Wachstumsdynamik

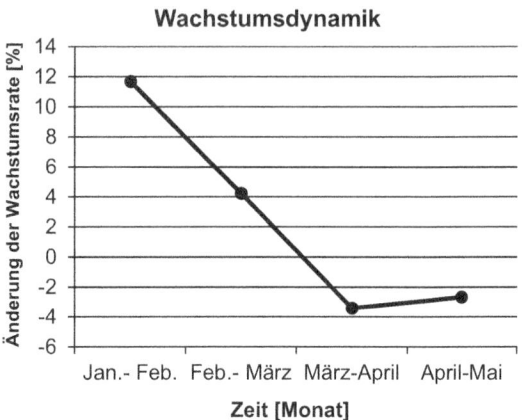

gebnisse in Spalte I und J der Abb. 7.5. Danach hat sich die Wachstumsrate von Februar zum März mit 11,67 % am stärksten beschleunigt und vom April zum Mai mit −3,41 % am stärksten verlangsamt. Die Änderungen der Wachstumsrate sind in Abb. 7.6 visualisiert.

3.e Durchschnittswachstum

Unter dem durchschnittlichen Wachstum versteht man in der Regel den Mittelwert der Wachstumsraten. Da Wachstumsraten auch negativ sein können – wie hier vom Januar zum Februar – sind sie für die Mittelwertbildung ungeeignet, da sich positive und negative Werte dann gegenseitig aufheben. Deshalb benutzt man die Wachstumsfaktoren, die auch bei „Negativwachstum" nicht negativ, sondern nur kleiner als 1 sind (vgl. Abb. 7.3, Zelle E7).

Zur Mittelung der Wachstumsfaktoren ist der bekannteste Mittelwert – das arithmetische Mittel – jedoch nicht geeignet, da es den „Zinseszinseffekt" nicht berücksichtigt, der umso stärker wirkt, je mehr Perioden einzubeziehen sind. Der korrekte Mittelwert für das Wachstum von Zeitreihendaten ist das **geometrische Mittel**. Es ist als **statistische Funktion GEOMITTEL** verfügbar und wird über den Funktionsassistenten aufgerufen.

Abbildung 7.5 enthält in der untersten Zeile der Spalte K die Formel zur Ermittlung des geometrischen Mittels der Wachstumsfaktoren von Januar bis Juni. Aus dem durchschnittlichen Wachstumsfaktor erhält man über die in der Kopfzeile der Spalte L angegebene Formel die durchschnittliche Wachstumsrate. Danach ist der Branchenumsatz im ersten Quartal im Durchschnitt um 2,74 %, im zweiten um 7,83 % und im ersten Halbjahr insgesamt im Durchschnitt um 6,79 % gewachsen.

4. Gegenüberstellung und Vergleich mit Land B

Die Umsatzentwicklung des Landes B liegt nur als auf den Juni basierte Indexreihe vor. Um die Umsätze in A mit denen in B vergleichen zu können, muss man deshalb die Indexwerte von A benutzen. Zudem müssen beide Indexreihen dieselbe Basis haben. Dazu muss man eine der beiden Reihen umbasieren.

	A	B	C	D	E	F	G	H
3	**Monat**		Jan.	Febr.	März	April	Mai	Juni
4	**Index**		80,25	82,75	88,63	93,70	97,30	100,00
5	**Umbas.**		100,00	103,12	110,44	116,76	121,25	124,61

=D4/$C$4*100

Abb. 7.7 Umbasieren der Indexreihe des Landes B auf den Januar als Basis

4.a Umbasieren

Da hier die Umsatzentwicklung vom Jahresanfang bis zur Jahresmitte in beiden Ländern verglichen werden soll, ist es sinnvoll, den **Jahresanfang als Basis** zu nehmen. Von daher ist die Indexreihe des Landes B auf den Januar um zu basieren. Dazu teilt man die Indexwerte der Monate Februar bis Juni durch den Wert vom Januar, so wie in der Zelle D5 der Abb. 7.7 für den Februar beispielhaft dargestellt.

4.b Visualisierung und Grobcharakterisierung

Zur Visualisierung eignet sich vor allem ein Kurvendiagramm, in dem die Entwicklungsverläufe besonders anschaulich präsentiert und sehr gut miteinander verglichen werden können.

Bei der Diagrammerstellung sind zwei Datenreihen anzulegen und mit einer Legende zu versehen. Abbildung 7.8 zeigt eine Musterlösung. In den ersten drei Monaten ist die indizierte Umsatzentwicklung in B höher als in A, danach niedriger.

4.c Maßgrößenermittlung für Land B

Zur quantitativen Präzisierung dieser groben Vergleichsaussage ist es nötig, die Entwicklung in B mit den gleichen Maßgrößen wie in A zu messen. Dazu braucht man strukturell die gleichen Arbeitstabellen wie für A (siehe Abb. 7.3 und 7.5) auf denen die analogen Be-

Abb. 7.8 Umsatzentwicklungsvergleich A und B

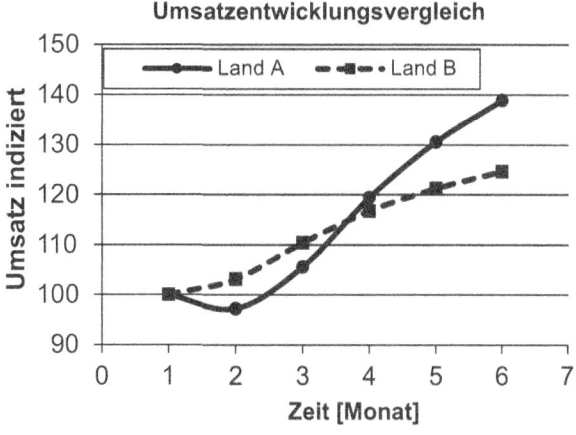

A	B	C	D	E	F	G	H	I	J	K
41		Wachstumsrate [%]					Wachstumsdynamik			
42		größte	kleinste	durchschnittliche		$\bar{r}$ [%]	absolut d_r^a [P-Punkte]		relativ d_r^r [%]	
43		r_{max}	r_{min}	1.Quartal	2.Quartal	1. Halbj.	größte	kleinste	größte	kleinste
44	A	13,15789	-2,77778	2,74	7,83	6,79	11,34920635	-3,85556916	1,12	0,97
45	B	7,10	2,77	5,09	3,31	4,50	3,98	-1,88	127,52	-32,80
46	d_r^a[P-Pkt]	6,06	-5,55	2,35	4,53	2,29	7,37	-1,98	126,40	33,77
47	d_r^r [%]	85,36	-200,24	85,77	136,86	50,95	185,26	105,40	11318,72	-102,94

Abb. 7.9 Gegenüberstellung und Vergleich von Umsatzwachstum und Wachstumsdynamik

rechnungen durchzuführen sind. Diese Tabellen befinden sich in der Excel-Musterlösung und sind hier nicht dargestellt.

4.d Maßgrößengegenüberstellung und -vergleich

Abbildung 7.9 enthält im oberen Teil eine systematische Gegenüberstellung der direkt vergleichbaren Maßgrößen für das relative Wachstum und die Wachstumsdynamik und im unteren Teil eine vergleichende Auswertung in Form der feststellbaren absoluten und relativen Unterschiede.

Die Angaben im oberen Teil erhält man durch Kopieren der relevanten Werte aus den Analysetabellen, die Werte im unteren Teil durch Eingabe und Kopieren geeigneter Formeln. Bei den Unterschieden ist zu beachten, dass sie beim paarweisen Vergleich wahlweise mit dem einen oder anderen Objekt – hier Land – als Basis berechnet werden können. Dabei wird das Basisobjekt in der Regel aufgrund von Untersuchungszielen und -zwecken sinnvoll und für alle Vergleichsaspekte *einheitlich* festgelegt. Da der vorliegende Fall keine diesbezüglichen Vorgaben enthält, wurde hier anders verfahren und bei jeder Vergleichsgröße der jeweils kleinere Wert als Basis der Unterschiedsberechnung verwendet. So ist z. B. in Abb. 7.9 der Unterschied bei der größten Wachstumsrate (Spalte C) vom Land B, der bei der kleinsten (Spalte D) dagegen vom Land A aus berechnet.

Abbildung 7.9 enthält neun Maßgrößen mit jeweils vier Werten und damit eine Vielzahl von Zahlen zur vergleichenden Charakterisierung des Wachstums und seiner Dynamik. Hier ist – wie bei den Kenngrößen von Häufigkeitsverteilungen im Kap. 3 – aus dem Informationsangebot möglichst sinnvoll und zweckmäßig auszuwählen. Allgemeine Regeln dafür gibt es nicht. Wir geben deshalb im Folgenden nur eine uns sinnvoll erscheinende verbale Interpretation der Analyseergebnisse.

Das Umsatzwachstum in A war im ersten Halbjahr mit einer durchschnittlichen. Wachstumsrate von ~ 6,8 % um gut 50 % höher als in B mit 4,5 %. Allerdings war es in B im ersten Quartal mit einer durchschnittlichen W-Rate von ~ 5 % um gut 85 % höher als in A mit nur 2,74 %, während es im 2. Quartal in A mit ~ 7,8 % ungefähr 137 % höher war als in B mit nur ~ 3,3 %.

In A gab es vom Januar zum Februar ein Minuswachstum von knapp 3 % und vom März zum April ein Spitzenwachstum von über 13 %. Solche Wachstumsunterschiede gab es in B nicht. B hatte das geringste Wachstum am Ende des 2. Quartal mit ~ 2,8 %, das höchste am Ende des 1. Quartals mit 7,1 %.

Auch in der Wachstumsdynamik gab es deutliche Unterschiede. So konnte das Land A sein Wachstum in der Spitze um über 11 Prozentpunkte beschleunigen, was einer ~ 185 % höheren Beschleunigung als in B mit maximal 3,98 Prozentpunkten entspricht. Allerdings tritt diese Tendenz auch bei der Verlangsamung des Wachstums auf, das bei A mit einem Negativrekord von ~ −3,9 % Prozentpunkten sich relativ um 106 % stärker verlangsamt hat als bei B mit nur ~ −1,9 Prozentpunkten. Insgesamt weist A damit bei der Wachstumsdynamik eine deutlich höhere Volatilität auf als B.

5. Jahreswachstum in Land A und B

Es gibt viele Methoden, aus aktuellen unterjährigen Daten einer Größe ihr Jahreswachstum zu ermitteln. Die beiden Verbände benutzten zwei besonders einfache, aber grundlegende Methoden aus der Wirtschaftsstatistik in Deutschland und im anglo-amerikanischen Raum. Sei y_t der Wert der Größe in der aktuellen unterjährigen Periode und y_{t-J} der Wert der Größe vor einem Jahr, so gilt für das Jahreswachstum in Deutschland die Formel

$$q_{J,t} = \frac{y_t}{y_{t-J}}$$

wobei aus dem jährlichen Wachstumsfaktor auf bekannte Weise die Wachstumsrate folgt.

Sei q_t der unterjährige Wachstumsfaktor der aktuellen unterjährigen Periode, so erhält man den jährlichen Wachstumsfaktor nach dem anglo-amerikanischen Ansatz durch dessen Annualisierung mit folgender Formel (bei Monatsdaten):

$$q_{J,t} = q_{M,t}^{12}.$$

In Abb. 7.10 sind beide Ansätze durch Formeln umgesetzt.

Danach erhält man in A ein Jahreswachstum von ~ 11 %, bei B dagegen eines von knapp 39 %. Und dies, obwohl vor allem die durchschnittliche Wachstumsrate im ersten Halbjahr in A um ca. 50 % höher ist als in B.

Abb. 7.10 Berechnung jährlicher Wachstumsraten

	A	B	C	D	E	F
4	Land A		Deutscher Ansatz			
5		Ausgangsdaten			W-Faktor	W-Rate
6	aktueller Wert	y_6	5,00		$q_{J,6}$ [-]	$r_{J,6}$ [%]
7	Vorjahreswert *)	y_{6-J}	4,50		1,11	11,11
8	*) in Ausgangsdaten nicht enthalten, hier zugefügt					
9						
10	Land B		Anglo-amerikanischer Ansatz			
11	Ausgangsdaten				W-Faktor	W-Rate
12	aktueller Wert *)	$q_{M,6}$	1,0277		$q_{J,6}$ [-]	$r_{J,6}$ [%]
13	*) W-Faktor von Mai bis Juni,				$q_{M,6}^{12}$	(q -1)*100
14	berechnet wie in Abb. 7.3				1,3882	38,82

Dies zeigt auch hier die große Bedeutung der möglichst sinnvollen Maßgrößenauswahl. Beide Ansätze sind besonders einfach, aber datenmäßig nicht gut fundiert, da sie die Berechnung des Jahreswachstums nur auf ein oder zwei Werte stützen. Dies kann besonders leicht zu unplausiblen Ergebnissen führen, wenn die benutzten Werte nicht typisch für den gesamten Betrachtungszeitraum sind.

Im Übrigen ist der deutsche Ansatz eher an der volkswirtschaftlichen Gesamtrechnung und ihren Daten der Vergangenheit orientiert und damit für auf das Jahresende vorausschauende Rechnungen insgesamt weniger geeignet. Ein sinnvoller Vergleich des für A und B ermittelten Jahreswachstums ist unabhängig vom verwendeten Ansatz auf jeden Fall nur dann möglich, wenn derselbe Ansatz verwendet wird. Würde man den angloamerikanischen Ansatz auch bei A verwenden, so ergäbe sich ein Jahreswachstum von ~ 110 %. Dieses Ergebnis stimmt mit den oben angestellten Plausibilitätsüberlegungen überein.

7.2   Aufgabe „Energieproduktion"

Ein konventionelles Kraftwerk hat in den letzten Jahren folgende Energie produziert. Die Werte wurden auf Mio. kWh gerundet.

Quartal	Jahr			
	1	2	3	4
1	99	120	139	160
2	88	108	127	148
3	93	111	131	150
4	111	130	152	170

7.2.1   Aufgabenstellungen

1. Stellen Sie die Ausgangsdaten graphisch dar. Nennen und begründen Sie kurz die Darstellungsform. Mit welchem Modellansatz gehen Sie in die Zeitreihenanalyse?
2. Ermitteln Sie die Trendform/das Trendmuster mit einer Methode, deren Auswahl Sie kurz begründen und tragen Sie das Ergebnis ergänzend in Ihre Graphik ein.
3. Ermitteln Sie die Trendwerte mit zwei geeigneten Methoden, die Sie benennen und deren Auswahl Sie kurz begründen. Welche Trendwerteanalyse ist im vorliegenden Fall Ihre Meinung nach besser und warum? Führen Sie weitere Analysen mit der „besseren" Trendschätzung durch.
4. Untersuchen Sie die Zeitreihe auf Saisoneinflüsse und ermitteln Sie eine passende Saisonfigur.
5. Ermitteln, visualisieren und würdigen Sie die Reste. Was können Sie aufgrund der Ergebnisse der Restanalyse über die Güte ihrer Zeitreihenanalyse sagen?

6. Prognostizieren und visualisieren Sie die Energieproduktion der vier Quartale des nächsten Jahres.

LERNINHALTSÜBERSICHT	
STATISTIK	**EXCEL-UNTERSTÜTZUNG**
1. Graphische Darstellung und **Modellauswahl**	Liniendiagramm
2. **Trendform/-musteranalyse**	**Formel**
3. **Trendwerteanalysen** **a) Methodenauswahl** **b) Werteermittlung** **c) Vergleich und Methodenwürdigung**	Graphikfunktion
4. **Saisonanalyse** **a) Ausgangsdatenermittlung und -übertragung**	**Formel, logische Funktion WENN**
b) Ermittlung der Saisonfigur	**Formeln**
5. **Restanalyse**	**Formeln**, Punktediagramm
6. **Prognosen**	**Formel**, Liniendiagramm

7.2.2 Aufgabenlösungen

1. Graphische Darstellung und Modellauswahl (Begründung)

1.a Diagrammtypauswahl

Als Diagrammtyp eignet sich ein Kurvendiagramm, da mehr als eine Hand voll Werte vorliegen und es bei der über die Beschreibung von Zeitreihen hinausgehenden hier anstehenden Analyse schwerpunktmäßig um **Mustererkennung und -ermittlung** geht. Man wählt den Diagrammtyp „Linie", da in Excel nur so die gleichzeitige Darstellung von Quartalen und Jahren möglich ist. Als Diagrammuntertyp wählt man „Linien mit Punkten (nicht gestapelt)".

1.b Vorbereitung der Ausgangsdaten

Für die graphische Darstellung der Quartalszahlen und für die Durchführung der Zeitreihenanalyse ist es sinnvoll, die im Sachstand angegebene Ausgangsdatentabelle in die in Abb. 7.11 angegebene Form zu überführen.

Um auf der Zeitachse (*X*-Achse) des Diagramms Quartale und Jahre gleichzeitig darstellen zu können, muss die Jahreszahlenspalte formatiert werden. Dabei sind die zu den vier Quartalen eines jeden Jahres gehörenden Zellen zu verbinden. Dazu markiert man die entsprechenden Zellen mit der Maus (z. B. B6 bis B9) und klickt im Menü „Start" die Schaltfläche „Verbinden und zentrieren".

Um die Jahreszahlen mittig in ihren erweiterten Zellen zu platzieren, werden diese alle vier zunächst markiert. Danach positioniert man die Maus innerhalb der Markierung

Abb. 7.11 Ausgangsdatenaufbereitung

	Jahr	Quart.	lfd. Nr.	[Mio. kWh]
	i	j	t	y_t
		1	1	99
		2	2	88
	1	3	3	93
		4	4	111
		1	5	120
		2	6	108
	2	3	7	111
		4	8	130
		1	9	139
		2	10	127
	3	3	11	131
		4	12	152
		1	13	160
		2	14	148
	4	3	15	150
		4	16	170

und drückt die rechte Maustaste. Anschließend wählt man im sich öffnenden Kontextmenü den Eintrag „Zellen formatieren". Im dann erscheinenden Dialogfenster findet man die Registerkarte „Ausrichtung" und hier im Dialogfeld „Textausrichtung vertikal" die Option „Zentrieren". Nach der Bestätigung mit „OK" ist die Formatierung beendet.

Ergänzend zur Jahres- und Quartalsspalte benötigt man in der Regel noch eine weitere Spalte für die fortlaufende Nummerierung der Beobachtungswerte.

1.c Diagrammerstellung

Nach Einfügen des leeren Diagramms liest man nach Klick mit der rechten Maustaste im Dialogfenster „Datenquellen auswählen" auf der rechten Seite (!) für die Beschriftung der waagerechten Achse die Adresse der Jahres- und Quartalszahlen gemeinsam ein, hier also B6 bis C21. Auf der linken Seite des Dialogfensters liest man die Adresse der Energieproduktionswerte ein (E6 bis E21). Abbildung 7.12 zeigt das mit den nötigen Beschriftungen vervollständigte Diagramm.

1.d Analyseansatz und -modell

Als klassischer Analyseansatz wird die **Zeitreihenzerlegung** gewählt, da im Liniendiagramm Trend- und Saisoneinflüsse klar erkennbar sind. Bei kurz- und mittelfristigen Untersuchungen ist ein Konjunktureinfluss häufig nur schwer als eigene Komponente isolierbar. Dann werden Trend und Konjunktur häufig zur sog. **glatten Komponente** zusammengefasst. Aufgrund des vorliegenden Untersuchungszeitraums von nur vier Jahren wird hier so verfahren und die glatte Komponente vereinfacht als Trend bezeichnet. Als **Analysemodell** wird gewählt:

Abb. 7.12 Liniendiagramm
der Energieproduktion

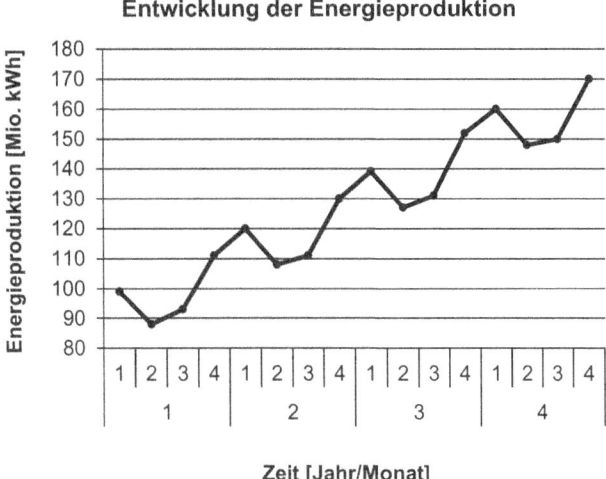

Komponenten: $Y = f\,(T, S, R)$

Verknüpfung: $Y = T + S + R$ (Additiv, da der Saisoneinfluss mit steigendem Trend offensichtlich nicht ebenfalls größer wird.)

Die Analyse durch Zerlegung erfolgt schrittweise, wobei in jedem Schritt eine der Komponenten ermittelt bzw. geschätzt wird, beginnend mit der wichtigsten Hauptkomponente,
dem Trend.

2. Trendform/-musteranalyse

2.a Ansätze

Trendmuster erkennt man in einfachen Fällen direkt aus den Zeitreihendiagrammen. So
kann man aus Abb. 7.12 unschwer einen über die Jahre kontinuierlich ansteigenden Trend
feststellen, der von der Form her in grober Näherung einer Geraden zu folgen scheint.

Wenn Zeitreihendiagramme kein klares und durchgängiges Trendmuster indizieren,
sind **gleitende Mittelwerte** ein gängiger Ansatz zur **Mustererkennung**. Da hier Quartalsdaten vorliegen, ist als Anzahl der Glieder vier sinnvoll, um später die Saisonkomponente
herausarbeiten zu können. Bei einem gleitenden geradzahligen Durchschnitt – hier Viererdurchschnitt – ergibt sich ein zeitliches Zuordnungsproblem für die ermittelten Durchschnittswerte. Das Problem wird dadurch gelöst, dass fünf Quartalswerte – der erste und
fünfte jeweils mit dem halben Gewicht – in den Viererdurchschnitt eingehen und der so
ermittelte Durchschnittswert dann jeweils dem mittleren Quartal zugeordnet wird. Die
Formel für diesen „zentrierten gleitenden Mittelwert bei Quartalsdaten" lautet:

$$\bar{y}_i = \frac{\frac{1}{2}y_{i-2} + y_{i-1} + y_i + y_{i+1} + \frac{1}{2}y_{i+2}}{4}.$$

Abb. 7.13 Zentrierte gleitende
Mittelwerte

	Zeit			E-Prod.	gleit. MW
	Jahr	Quart.	lfd. Nr.	[Mio. kWh]	[Mio. kWh]
	i	j	t	y_t	$\bar{y}_4 = t^e$
		1	1	99	
		2	2	88	
	1	3	3	93	100,375
		4	4	111	105,500
		=(0,5*E5+E6+E7+E8+0,5*E9)/4			250
	2	2	6	108	114,875
		3	7	111	119,625
		4	8	130	124,375
		1	9	139	129,250
	3	2	10	127	134,500
		3	11	131	139,875
		4	12	152	145,125
		1	13	160	150,125
	4	2	14	148	154,750
		3	15	150	
		4	16	170	

2.b Werteermittlung

Excel bietet mit der in Abschn. 6.4 Aufgabe „Bierabsatz und Werbung" behandelten Graphikfunktion „TRENDLINIE HINZUFÜGEN" außer den gängigen mathematischen Funktionstypen auch den „gleitenden Durchschnitt" zur Trendlinienermittlung an, wobei man im Dialogfeld „Perioden" die Anzahl der in den Mittelwert einzubeziehenden Werte wählen kann. Dieser Funktionalität hinterliegt aber nicht der hier benötigte „zentrierte Mittelwert", so dass sie nicht verwendet wird.

Die gleitenden Mittelwerte werden daher in der um eine entsprechende Spalte erweiterten Arbeitstabelle durch Umsetzung der obigen Formel berechnet. Abbildung 7.13 zeigt die Formel zur Berechnung des ersten Mittelwertes in Zelle F7 sowie alle Ergebnisse, die man nach dem Kopieren der Formel in die darunter liegenden Zellen erhält.

2.c Graphische Darstellung

Die graphische Darstellung der Durchschnittswerte erfolgt in dem bereits vorhandenen Liniendiagramm. Dazu ist dort eine zweite Datenreihe anzulegen, zu beschriften und als Legende anzuzeigen. Man wählt hierzu wiederum nach Rechtsklick auf das Diagramm die Option „Daten auswählen" und fügt im Dialogfeld eine weitere Datenreihe hinzu. Abbildung 7.14 zeigt die Musterlösung.

Wenn man darin die Kurve der gleitenden Durchschnitte mit der der Beobachtungswerte vergleicht, wird die **Glättungswirkung** der Mittelwerte offensichtlich. Als einheitliches und durchgängiges Trendmuster erhält man einen annähernd linearen Verlauf.

Abb. 7.14 Beobachtungswerte
und gleitende Mittelwerte

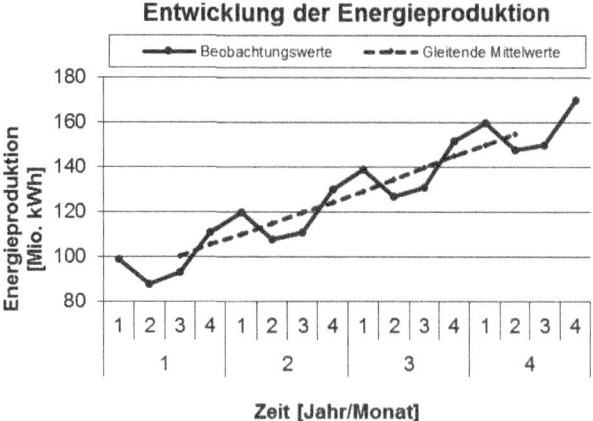

3. Trendwerteanalysen

3.a Methodenauswahl

Die einfachste Methode zur Schätzung der Trendwerte ist die Übernahme der bei der Trendmustererkennung ermittelten Werte, hier also die Verwendung der gleitenden Mittelwerte als geschätzte bzw. errechnete Trendwerte. Sie wird wegen ihrer Einfachheit in der Praxis häufig verwendet und ist nötig, wenn das Trendmuster im gesamten Betrachtungszeitraum nicht durchgängig ist und/oder keinem der bekannten mathematisch fassbaren Mustern in ausreichender Näherung folgt.

Eine weitere grundlegende Methode ist die Berechnung einer dem ermittelten Trendmuster entsprechenden mathematischen **Trendfunktion**. Zur Ermittlung der im vorliegenden Fall linearen Trendfunktion eignet sich die lineare Einfachregression mit der Zeit als unabhängiger Variablen.

3.b Werteermittlung

Die Trendschätzwerte aus der Trendmusteranalyse liegen bereits vor.

Zur Berechnung der Trendschätzwerte mit einer Regressionsfunktion ist diese vorab zu ermitteln. Dies geht am einfachsten mit der Graphikfunktion TRENDLINIE HINZUFÜGEN (vgl. Abschn. 6.4 Aufgabe „Bierabsatz und Werbung").

Dabei kann man die Regression entweder auf allen Beobachtungswerten oder auf den Trendmusterwerten (gleitenden Mittelwerten) durchführen. Abbildung 7.15 zeigt die Trendfunktionsermittlung auf den Beobachtungswerten. In der Excel-Musterlösung befindet sich auch die Analyse auf den gleitenden Mittelwerten.

Die Trendfunktion auf den gleitenden Mittelwerten hat erwartungsgemäß einen deutlich höheren Modellfit, der im vorliegenden Fall mit einem Bestimmtheitsmaß von fast 1 dem mathematischen Ideal einer perfekten Regression entspricht. Die Trendfunktion auf den Beobachtungswerten hat mit $B \sim 0{,}89$ immer noch einen sehr guten Modellfit. Für eine realistische und am Ende insgesamt gute Analyse ist es sinnvoller, die Regressionsfunktion

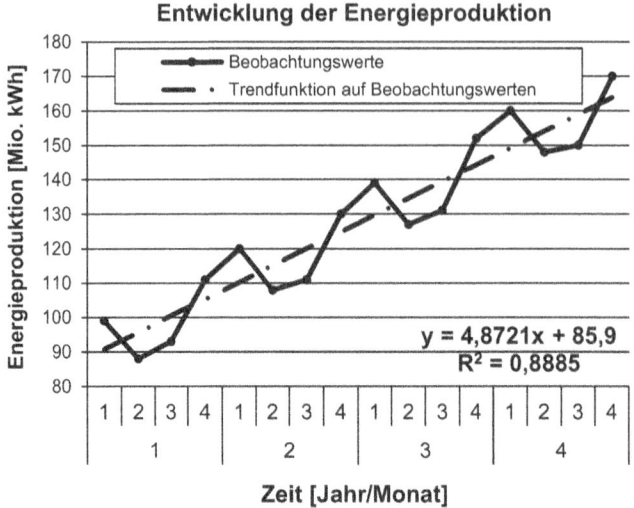

Abb. 7.15 Lineare Regressionsfunktion zur Schätzung der Trendwerte

auf den Beobachtungswerten zu ermitteln, da letztere auch die Saisoneinflüsse enthalten,
die in der noch anstehenden Saisonanalyse herauszuarbeiten sind.

Die Berechnung der Trendschätzwerte mit der ermittelten Regressionsfunktion erfolgt
in der um eine entsprechende Spalte erweiterten Arbeitstabelle. Diese enthält zum besseren
Vergleich mit den gleitenden Mittelwerten noch eine weitere Spalte für die Unterschiede
der Schätzungen. Zur Berechnung der Trendschätzwerte der linearen Funktion gibt man
die Regressionsgleichung ein, wobei man die Adresse der unabhängigen Variablen „Zeit"
durch relativen Zellbezug einbindet, und kopiert danach die Formel in die darunter liegenden Zellen. Abbildung 7.16 zeigt in der Spalte G beispielhaft für das erste Quartal mit der
laufenden Nr. 1 die korrekte Formel und sämtliche Trendschätzwerte.

3.c. Ergebnisvergleich und Methodenwürdigung

In Spalte H stehen die Abweichungen der beiden Schätzungen. Sie sind überschlägig betrachtet nicht sehr groß. Es fällt aber auf, dass sie nicht irregulär und damit **nicht zufällig**
sind. So häufen sich die negativen und betragsmäßig kleineren Abweichungen im oberen,
die positiven und betragsmäßig größeren Abweichungen dagegen im unteren Tabellenteil.
Da beide Ansätze im Trendmuster linear sind, indizieren die Abweichungstendenzen **systematische Unterschiede** in der konkreten Lage und dem Anstieg der Trendgeraden. Die
hinter den gleitenden Mittelwerten stehende Trendgerade hat einen steileren Anstieg als
die mit der Regression auf allen Beobachtungswerten basierende Trendfunktion.

Beim Vergleich der Trendschätzwerte in den Spalten F und G kann man näherungsweise auch die Zeiteinheit angeben, in der die hinter den gleitenden Mittelwerten stehen-

	Zeit		E-Prod.	gleit. MW	3. Trend-	Unter-
Jahr	Quart.	lfd. Nr.	[Mio. kWh]	[Mio. kWh]	funktion	schied
i	j	t	y_t	$\bar{y}_4 = t^e$	$t^e = f(t)$	$\bar{y}_4 - f(t)$
	1	1	99		90,772	
	2	2	88		95,644	
1	3	3	93	1	100,516	-0,141
	4	4	=85,9+4,8721*D5		105,388	0,112
	1	5	120	110,250	110,261	-0,011
2	2	6	108	114,875	115,133	-0,258
	3	7	111	119,625	120,005	-0,380
	4	8	130	124,375	124,877	-0,502
	1	9	139	129,250	129,749	-0,499
3	2	10	127	134,500	134,621	-0,121
	3	11	131	139,875	139,493	0,382
	4	12	152	145,125	144,365	0,760
	1	13	160	150,125	149,237	0,888
4	2	14	148	154,750	154,109	0,641
	3	15	150		158,982	
	4	16	170		163,854	

Abb. 7.16 Trendschätzwerte mit linearer Trendfunktion

de Trendgerade die über die Regression ermittelte Trendfunktion von unten kommend schneidet: etwa zwischen dem 2. und 3. Quartal des 3. Jahres.

Bleibt die Frage, welche Schätzwerte und welche Schätzmethode im vorliegenden Fall insgesamt die bessere ist. Empirisch fundiert kann man die Frage erst beantworten, wenn man die Zeitreihenanalyse vollständig durchgeführt hat. Wir werden daher die noch folgenden Saison- und Restanalysen mit beiden Trendwertschätzungen in zwei Varianten durchführen. Dabei werden die gleitenden Mittelwerte als V_1 und die Trendfunktionsschätzwerte als V_2 bezeichnet. Im Text wird nur V_1 dargestellt, die Excel-Musterlösung enthält auch V_2.

4. Saisonanalyse

4.a Ausgangsdatenermittlung und -übertragung

Nach dem verwendeten Analysemodell gilt: $S + R = Y - T^e$. Die sog. „trendbereinigten" Zeitreihenwerte $y_t - t_t^e$ müssten demnach hauptsächlich Saisoneinflüsse enthalten und sind somit die Ausgangsdaten der Saisonanalyse. Zu ihrer Ermittlung erweitert man die bisherige Arbeitstabelle um eine Spalte, die man entsprechend beschriftet und in die man die o. g. Formel eingibt und kopiert. Abbildung 7.18 enthält in Spalte G die so ermittelten Werte und beispielhaft die korrekte Formeleingabe für das 3. Quartal des 1. Jahres.

Zur Quantifizierung der Saisonfigur ist es nötig, die bisherige Tabelle in einer für die Saisonanalyse geeigneten Form zu erweitern – so wie in Abb. 7.18 rechts dargestellt – und

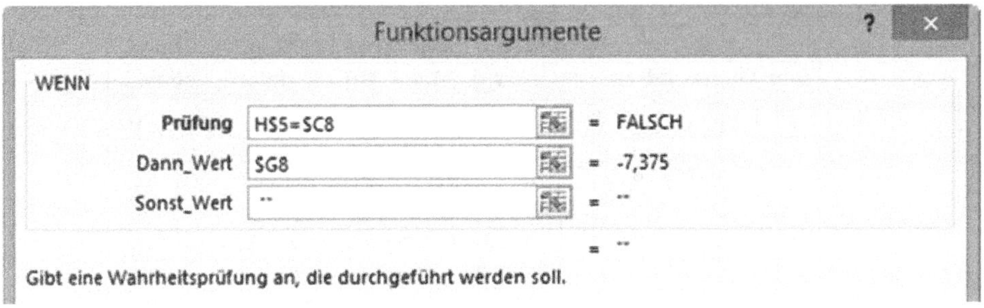

Abb. 7.17 Logische Funktion WENN

die Ausgangsdaten in diesen neuen Tabellenteil zu übertragen. Die Datenübertragung kann durch Kopieren der einzelnen Werte in die jeweiligen Zellen oder durch **Programmierung mit Excel-Funktionen** erfolgen. Bei kleinen Analysetabellen wie hier ist das Kopieren der Einzelwerte eventuell effizienter, bei größeren Datenmengen dagegen sicher die Programmierung.

Zur **programmierten Datenübertragung** kann man den **Wenn-Dann-Befehl** nutzen. In der Kopfzeile der Saisonanalysetabelle in Abb. 7.18, Zeile 5, stehen die Quartalsnummern und man wird ein Quartal nach dem anderen mit seinen Ausgangsdaten versorgen. Datenversorgung für das 1. Quartal unterstellt, wird man beim Durchgehen der zu übertragenden Ausgangsdaten in Spalte G einen Wert nur dann übertragen, wenn er ein Wert des 1. Quartals ist, d. h. seine Quartalsnummer, die in der Arbeitstabelle in Spalte C steht, mit der Nummer in Zeile 5 übereinstimmt. Im Wenn-Teil des Befehls ist also als Bedingung für die Datenübertragung die Gleichheit der Quartalsnummern zu formulieren. Im Dann-Teil ist bei Gleichheit der entsprechende Ausgangsdatenwert zu übertragen, bei Ungleichheit dagegen nicht.

Der Wenn-Dann-Befehl ist als **Funktion WENN** aus der **Kategorie LOGIK** über den Funktionsassistenten zugänglich. Abbildung 7.17 zeigt die Funktionsmaske und ihre korrekte Datenversorgung für die Zelle H8 der Saisonanalyse-Arbeitstabelle der Abb. 7.18. Im Dialogfeld „Prüfung" sind die Adressen für die o. g. Bedingung des Wenn-Teils einzugeben, im Dialogfeld „Dann_Wert" die Adresse des Dann-Teils. Das Dialogfeld „Sonst_Wert" bleibt im vorliegenden Fall leer, da dann keine Daten übertragen werden sollen. Dies teilt man Excel durch Eingabe von Anführungsstrichen mit. Da die Funktionsformel sowohl nach unten als auch nach rechts kopiert werden muss, sind geeignete absolute Zellbezüge nötig, so wie in Abb. 7.17 ersichtlich.

4.b Ermittlung der Saisonfigur

Nach der Übertragung der Werte in die Saisonanalyse-Arbeitstabelle sind zunächst für jede unterjährige Periode – hier jedes Quartal – die Mittelwerte im gesamten Analysezeitraum zu berechnen (Zeile 22). Dies geschieht durch Eingabe einer Formel bzw. mit der statistischen Funktion MITTELWERT. Wenn die Summe dieser Durchschnittswerte Null ist, liegt

| H8 | ▼ | : | ✕ | ✓ | f_x | =WENN(H$5=$C8;$G8; "") |

A	B	C	D	E	F	G	H	I	J	K	L
	0. Ausgangsdaten			3. Trendw.		4. Saisonanalyse					
	Zeit			E-Prod.	Gl. MW	4.a	4.b				Saison-
	Jahr	Quart.	lfd. Nr.	[Mio. kWh]	[Mio. kWh]		Quartal j				schätzw.
	i	j	t	y_t	t_t^e	$y_t - t_t^e$	1	2	3	4	s_t^e
	1	1	1	99	=E8-F8						
		2	2	88							
		3	3	93	100,375	-7,375			-7,375		-8,406
		4	4	111	105,500	5,500				5,500	5,885
	2	1	5	120	110,250	9,750	9,750				9,677
		2	6	108	114,875	-6,875		-6,875			-7,156
		3	7	111	119,625	-8,625			-8,625		-8,406
		4	8	130	124,375	5,625				5,625	5,885
	3	1	9	139	129,250	9,750	9,750				9,677
		2	10	127	134,500	-7,500		-7,500			-7,156
		3	11	131	139,875	-8,875			-8,875		-8,406
		4	12	152	145,125	6,875				6,875	5,885
	4	1	13	160	150,125	9,875	9,875				9,677
		2	14	148	154,750	-6,750		-6,750			-7,156
		3	15	150							
		4	16	170							
						Ø/∑	9,792	-7,042	-8,292	6,000	0,458
						Korrekt.	$s_j^e = s_j^q - d/4$			d/4	0,115
						Ø/∑	9,677	-7,156	-8,406	5,885	0,000

Abb. 7.18 Saisonanalyse-Arbeitstabelle/Datenübertragung und Schätzung der Saisonwerte

das **idealtypische Modell der konstanten Saisonfigur** vor. Ist die Summe ausreichend nahe Null, kann man mit diesem Modell arbeiten, wenn man die „Abweichung" gleichmäßig auf die ermittelten Durchschnittswerte verteilt.

Dies ist im Anwendungsfall im unteren Teil der Abb. 7.18 geschehen. Man erhält so die errechneten bzw. geschätzten Saisonwerte. Diese sind abschließend am einfachsten durch Kopieren oder durch nochmalige Nutzung der Funktion WENN in die letzte Spalte der Saisonanalyse-Arbeitstabelle zu übertragen.

5. Restanalyse

Die Restanalyse dient zur empirisch fundierten Beurteilung der Güte der durchgeführten Analyse und ihrer Ergebnisse. Zur Ermittlung der Reste erweitert man die Arbeitstabelle um zwei Spalten, eine für die Reste und eine für die Beträge der Reste, **die absoluten Reste**. Am unteren Ende dieser beiden Spalten benötigt man etwas Platz für Kenngrößen, mit denen die Reste kompakt ausgewertet werden.

Nach dem gewählten Analysemodell gilt für den Rest: $R = Y - T^e - S^e$. Die Formel ist einzugeben und herunterzuziehen. Die Beträge erhält man mit der **Funktion ABS**, in die man die Reste durch relativen Zellbezug einbindet. Abbildung 7.19 enthält in Spalte H die Reste und beispielhaft die korrekte Formeleingabe für den ersten Restwert. Die absoluten

| I8 | ▾ | : | × | ✓ | f_x | =ABS(H8) | | |

A	B	C	D	E	F	G	H	I
3		**Zeit**		**E-Prod.**	**GL. MW**	**Saison**	**Rest**	
4	Jahr	Quart.	lfd. Nr.	[Mio. kWh]	[Mio. kWh]	[Mio. kWh]	[Mio. kWh]	[Mio. kWh]
5	i	j	t	y_t	$t_t^\bullet$	$s_t^\bullet$	$r_t = y_t - t_t^\bullet - s_t^\bullet$	$|r_t|$
6		1	1	99		=E8-F8-G8		
7	1	2	2	88				
8		3	3	93	100,375	-8,406	1,031	1,031
9		4	4	111	105,500	5,885	-0,385	0,385
10		1	5	120	110,250	9,677	0,073	0,073
11	2	2	6	108	114,875	-7,156	0,281	0,281
12		3	7	111	119,625	-8,406	-0,219	0,219
13		4	8	130	124,375	5,885	-0,260	0,260
14		1	9	139	129,250	9,677	0,073	0,073
15	3	2	10	127	134,500	-7,156	-0,344	0,344
16		3	11	131	139,875	-8,406	-0,469	0,469
17		4	12	152	145,125	5,885	0,990	0,990
18		1	13	160	150,125	9,677	0,198	0,198
19	4	2	14	148	154,750	-7,156	0,406	0,406
20		3	15	150		Summe	1,375	4,729
21		4	16	170		r_{max}	1,031	
22						r_{min}	-0,469	
23						Ø		0,3940972

Abb. 7.19 Restanalyse

Reste befinden sich in Spalte I und in der Editierzeile steht die Formel für den ersten absoluten Restwert. In Abb. 7.20 sind die Reste als Punktediagramm dargestellt.

Idealerweise sollten die Reste folgende Eigenschaften haben:

- Sie sollten irregulär sein, d. h. kein zeitabhängiges Muster aufweisen und damit als zufällig betrachtet werden können.

Abb. 7.20 Punktediagramm
der Reste

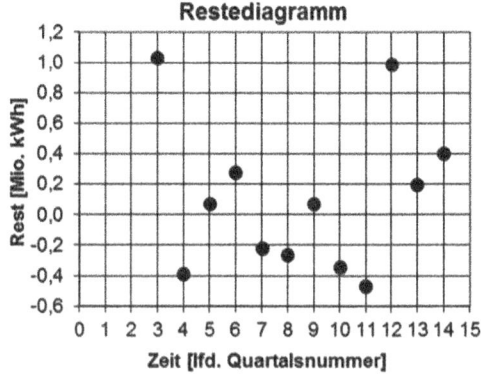

Diese Eigenschaft überprüft man am besten im Restediagramm. Dort sind die Reste ziemlich irregulär, sowohl in ihrer Richtung (positive und negative Werte) als auch über die Quartale des Analysezeitraums. Das indiziert, dass alle mustererzeugenden Bestandteile in den verwendeten Hauptkomponenten enthalten sind.

- Sie sollten viel kleiner sein als die Hauptkomponenten.
  Hier geht es um den Betrag der Reste, der im vorliegenden Fall viel kleiner als die kleinste Hauptkomponente – die Saisonkomponente – sein sollte. Dazu ermittelt man den kleinsten und größten Rest am einfachsten mit den statistischen Funktionen MAX und MIN sowie den durchschnittlichen absoluten Rest mit der Funktion MITTELWERT, so wie im Auswertungsteil der Reste in Abb. 7.19 dargestellt. Der durchschnittliche absolute Rest beträgt nur 0,394 [Mio. kWh], der größte absolute Rest 1,031 [Mio. kWh] und ist damit nur etwa 1/5 so groß wie der kleinste der geschätzten Saisonwerte. Das indiziert, dass die Reste betragsmäßig klein genug sind, um vorwiegend Resultat einmaliger und zufälliger Einflüsse zu sein. Sollten sie noch zeitabhängige Einflüsse enthalten, so sind diese vermutlich nicht saisonbedingt.

- Ihre Werte sollten sich insgesamt ausgleichen, d. h. ihre Summe annähernd Null ergeben.
  In unserem Fall beträgt die Summe der Reste 1,375 [Mio. kWh], ist positiv und deutlich größer als NULL. Das indiziert, dass eine der verwendeten Hauptkomponenten in ihrer Höhe unterschätzt wurde.

Im vorliegenden Fall erfüllen die Reste die ersten beiden Eigenschaften in geradezu idealer Weise. Aus der Erfüllung der ersten Eigenschaft kann man schließen, dass der Ansatz der Zeitreihenzerlegung insgesamt vernünftig und der verwendete Zeitreihentyp (Komponenten und Verknüpfung) passend ist. Aus der Erfüllung der zweiten Eigenschaft folgt, dass die Saisonanalyse recht gut ist und das darin verwendete einfache Modell der konstanten Saisonfigur offensichtlich ganz gut passt. Die nicht ausreichende Erfüllung der dritten Eigenschaft beruht auf einer Unterschätzung der noch verbleibenden Hauptkomponente, des Trends. Hauptursachen dafür können im nicht explizit berücksichtigten Konjunktureinfluss, im Trendmuster oder in den Trendwertschätzverfahren liegen. Davon erscheint im vorliegenden Fall der nicht explizit berücksichtigte Konjunktureinfluss am plausibelsten. Dieser Mangel ist durch den betrieblichen Anwender in der Regel jedoch kaum zu beheben, da die separate und sachgerechte Modellierung der Konjunktur eine typische Forschungsaufgabe ist.

Zusammenfassend kann man die durchgeführte Analyse trotz eines leichten Mangels für praktische Zwecke als insgesamt ausreichend ansehen.

6. Prognosen

Bei ausreichender Güte kann man das Analysemodell und seine Ergebnisse zur Prognose nutzen. Ein besonders nahe liegender Ansatz ist dabei die direkte Verwendung des Analysemodells als Prognosemodell. Dabei werden die in der Analyse ermittelten Komponenten, deren Muster und Werte jeweils separat in die Zukunft fortgeschrieben und am Ende die

	A	B	C	D	E	F	G	H	I
22			1	17			168,726	9,677	178,403
23		5	2	18			173,598	-7,156	166,442
24			3	19			178,470	-8,406	170,064
25			4	20			183,342	5,885	189,227

G22 · : × ✓ fx =85,9 + 4,8721*D22

Abb. 7.21 Prognoserechnung

Komponentenprognosen über das Verknüpfungsmodell zur Gesamtprognose zusammengeführt. Sei P_t die Prognose für eine Zeiteinheit im Prognosezeitraum – hier etwa für das erste Quartal des 5. Jahres –, so lautet das Prognosemodell:

$$P_t = T_t^e + S_t^e.$$

Bei der Saisonkomponente ist die Extrapolation im vorliegenden Fall besonders einfach, da beim **Modell der konstanten Saisonfigur** die im Analysemodell geschätzten Saisonwerte identisch mit denen im Prognosezeitraum sind. Beim Trend muss man den Trendprognosewert durch geeignete Extrapolation des im Analysezeitraum festgestellten Trendmusters und seiner Werte bestimmen. Dabei kann man das in der Analyse benutzte Verfahren der gleitenden Mittelwerte (V_1) in der Regel nicht als Prognoseverfahren nutzen, insbesondere dann nicht, wenn man wie hier Trendprognosen für mehrere Zeiteinheiten machen muss. Standard ist dann die Verwendung einer passenden Trendfunktion (V_2) als Prognosemodell.

In der Excel-Musterlösung ist die Prognoserechnung in einem gesonderten Tabellenblatt in einer Arbeitstabelle dargestellt, die durch Kopieren und Verlängerung der benötigten Spalten aus den bisherigen Analysen zusammengestellt wurde. Abbildung 7.21 enthält

Abb. 7.22 Mehr-Schritt-Prognosen

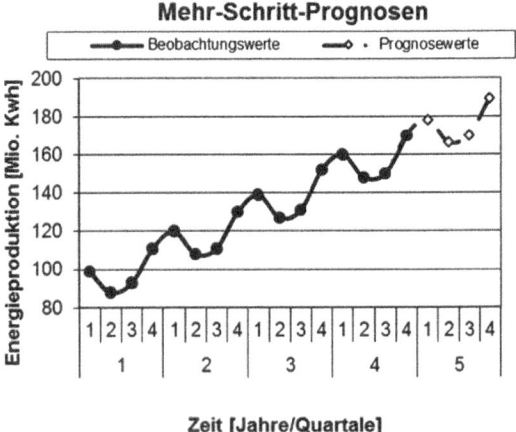

den prognoserelevanten unteren Tabellenteil mit den Prognosezeiteinheiten in den Spalten B–D, den Trendprognosen mittels Trendfunktion in der Spalte G, den Saisonprognosen in Spalte H und den Gesamtprognosen in Spalte I.

Abbildung 7.22 zeigt die Zeitreihe und die Prognosen. Darin erkennt man besonders deutlich, dass die Prognosen auf der Fortschreibung und Verknüpfung von Mustern der Vergangenheit beruhen.

7.3 Aufgabe „Premium Fernreisen"

Bei einem dänischen Reiseunternehmen, das sich auf individuelle Fernreisen im Premiumsegment spezialisiert hat, wird die mittelfristige Geschäftsplanung quartalsmäßig und rollierend durchgeführt. Die praktisch saisonunabhängige Umsatzentwicklung zeigte in der jüngeren Vergangenheit durchgängig einen schwach fallenden, näherungsweise linearen Verlauf. Die Ausgangsdatentabelle enthält im oberen Teil – dem Analysezeitraum – den Ist-Umsatz der letzten sechs Quartale und im unteren Teil den Planungs- bzw. Prognosezeitraum mit dem bei der Prognoseerstellung noch unbekannten Ist-Umsatz (Quartale 7–11).

	ZE [Quartal]	Umsatz [Mio. EUR]
	1	3,155
	2	3,025
	3	3,055
Analysezeitraum	4	2,925
	5	2,975
	6	2,855
	7	2,905
	8	2,845
Prognosezeitraum	9	2,895
	10	2,815
	11	2,825

7.3.1 Aufgabenstellungen

1. In dem Unternehmen werden zeitreihenanalytisch basierte mittelfristige Trendprognosen standardmäßig mit geeigneten Trendfunktionen durchgeführt.

   a) Stellen Sie die Umsätze des Analysezeitraums in geeigneter Form graphisch dar und prüfen Sie, ob das im Sachstand angegebene Trendmuster der Vergangenheit auch für die vorliegenden Daten in ausreichender Güte zutrifft.

   b) Ermitteln Sie mit einer geeigneten Trendfunktion als Prognoseverfahren die Prognosewerte für den Umsatz der Quartale 7 bis 11 auf Basis der Quartale 1 bis 6.

2. Ein frisch von der Hochschule kommender neuer Mitarbeiter in der Planungsabteilung schlägt für die Prognoserechnung alternativ die einfachere exponentielle Glättung vor. Ermitteln Sie mit dem Verfahren der exponentiellen Glättung 1. Ordnung nachvollziehbar die Prognosewerte für die Quartale 7 bis 11. Zur Initialisierung des Verfahrens am Ende des Analysezeitraums übernehmen Sie bitte als Prognosewert für das 6. Quartal den unter 1.a ermittelten Trendfunktionswert. Der Glättungsfaktor sei 0,2.

3. Visualisieren Sie die tatsächliche Umsatzentwicklung und die mit den beiden Verfahren ermittelten Prognosen in einem Diagramm. Welche Kernaussagen können Sie treffen?

4. Würdigen Sie vergleichend die Güte der Prognosen und der sie erzeugenden Prognoseverfahren im vorliegenden Fall. Betrachten Sie dazu auf jeden Fall

   - die Prognosefehler (Fehlerdiagramm),
   - als verfahrensunabhängiges Fehlermaß den Standardfehler,
   - die Voraussetzungen zur Anwendung der Verfahren und deren Erfüllung im vorliegenden Fall.

   Welche Prognosen und welches Prognoseverfahren halten Sie in diesem Fall insgesamt für besser und warum?

LERNINHALTSÜBERSICHT	
STATISTIK	**EXCEL-UNTERSTÜTZUNG**
1. Graphische Darstellung und Trendprognosen	
a) Graphische Darstellung	Liniendiagramm
b) Trendprognosen mit Trendfunktion	Graphikfunktion und Formel, TREND
2. Trendprognosen mit exponentieller Glättung	**Formel**
3. Graphische Gegenüberstellung von Prognosen und Wirklichkeit	Liniendiagramm
4. Eignungs- und Gütevergleich	
a) Prognosefehler und Fehlerdiagramm	**Formel**, Punktediagramm
b) Standardfehler	**Formel**
c) Anwendungsvoraussetzungen	
d) Gesamtwürdigung	

7.3.2   Aufgabenlösungen

1. Graphische Darstellung und Trendprognosen

1.a Graphische Darstellung

Zur Visualisierung von Zeitreihen benutzt man standardmäßig das Säulen- oder das Liniendiagramm. Zur hier nötigen Mustererkennung ist das Liniendiagramm besser geeignet (vgl. Abb. 7.23). Darin erkennt man klar eine fallende Umsatzentwicklung, die in ganz grober Näherung einen linearen Verlauf hat. Die vorliegenden Umsatzdaten und ihre Verlaufsform stehen daher nicht im Widerspruch zu dem im Sachstand aufgrund regelmäßiger Strukturanalysen angegebenen Trendmuster.

Abb. 7.23 Beobachtungswerte und Trendfunktion im Analysezeitraum

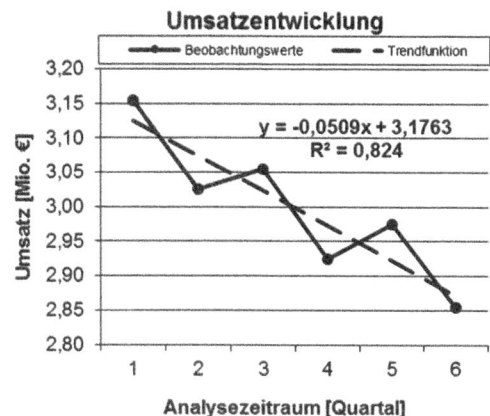

1.b Trendprognosen mit Trendfunktion

Die lineare Trendfunktion ermittelt man mit der Graphikfunktion „Trendlinie hinzufügen" und dem Funktionstyp „linear". In der Registerkarte „Optionen" – vgl. Abb. 6.31 – aktiviert man das Anzeigen der Gleichung und des Bestimmtheitsmaßes und im Dialogfeld „Name der Trendlinie" die Option „Benutzerdefiniert" und gibt dort eine passende Bezeichnung für die Trendlinie ein. Man erhält die Abb. 7.23.

Das Bestimmtheitsmaß von 0,824 indiziert, dass die ermittelte Regressionsfunktion einen sehr guten Modellfit hat. Unter diesem Aspekt kann man sie gut für Trendprognosen nutzen.

Zur Berechnung der Trendprognosen erweitert man die Ausgangsdatentabelle um eine Spalte, die man entsprechend beschriftet. Die Prognosewerte ermittelt man entweder durch Eingabe der Regressionsgleichung, indem man die Nummer der Prognosezeiteinheit als unabhängige Variable durch relativen Zellbezug einbindet, oder mit der statistischen Funktion TREND (vgl. Abschn. 6.3 Aufgabe „Farbpatronenfabrikation, Teilaufgabe 5.a). Abbildung 7.24 enthält in Spalte E die Prognosewerte und die Formel für die Trendprognose des 1. Quartals des Prognosezeitraums mit der Funktion TREND.

2. Trendprognosen mit exponentieller Glättung 1. Ordnung

Die verwendete Formel für Trendprognosen mit der exponentiellen Glättung 1. Ordnung lautet:

$$P_{t+1} = P_t + \alpha \cdot (Y_t - P_t)$$

mit P_{t+1} als Prognosewert für die anstehende Prognosezeiteinheit, P_t als Prognosewert für die jüngste Zeiteinheit, Y_t als tatsächlichen Wert der jüngsten Zeiteinheit und α als Glättungsfaktor, für den $0 \leq \alpha \leq 1$ gilt. Der **Glättungsfaktor** dient der Steuerung und wird dem Verfahren vorgegeben, hier mit $\alpha = 0,2$. Nach der obigen Formel benötigt das Verfahren zur Initialisierung eine „alte Prognose", um damit den Prognosefehler $Y_t - P_t$ zu berechnen. Die „alte Prognose" soll hier aus dem Trendfunktionsverfahren übernommen werden und ist in Spalte F der Abb. 7.24 grau hinterlegt.

Abb. 7.24 Trendprognosen mit Trendfunktion und exponentieller Glättung 1. Ordnung

	A B	C	D	E	F
1					
2		0. Ausgangsdaten		1.b Trend	2. Exp. Gl.
3		Zeit	Umsatz	Umsatz	Umsatz
4		[Quartal]	[Mio. €]	[Mio. €]	[Mio. €]
5		t	y_t	y_t^e, p_t	p_t
6	Analysezeitr.	1	3,155	3,125	Glättungs-
7		2	3,025	3,075	faktor
8		3	3,055	3,024	0,2
9		4	2,925	=F11+0,2*(D11-F11)	
10		5	2,975	2,922	
11		6	2,855	2,871	2,871
12	Prognoseztr.	7	2,905	2,820	2,868
13		8	2,845	2,769	2,875
14		9	2,895	2,719	2,869
15		10	2,815	2,668	2,874
16		11	2,825	2,617	2,862

=TREND($D$6:$D$11;$C$6:$C$11;C1

Die Formel ist mit relativen Zellbezügen einzugeben und zu kopieren. Abbildung 7.24 enthält in Spalte F die Ergebnisse und die korrekte Formeleingabe für das erste Quartal des Prognosezeitraums.

Excel stellt für Trendprognosen mit exponentieller Glättung eine gleichnamige **Analysefunktion** zur Verfügung. Obwohl die dort in der Hilfe angegebene Formel mit der hier verwendeten übereinstimmt, liefert die Funktion doch andere Ergebnisse, so dass auf ihre Verwendung hier verzichtet wird.

3. Graphische Gegenüberstellung von Prognosen und Wirklichkeit
Zur Visualisierung der Beobachtungs- und Prognosewerte vgl. die Abb. 7.25.

Abb. 7.25 Prognosen und Wirklichkeit

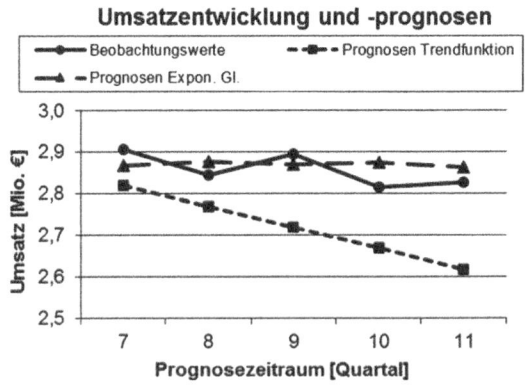

Danach liegen die Prognosen mit der exponentiellen Glättung in der Nähe der tatsächlichen Werte, während die Prognosen mit der Trendfunktion generell unter den tatsächlichen Werten liegen und sich zudem immer weiter von ihnen entfernen.

4. Eignungs- und Gütevergleich

Die beiden Prognoseverfahren sollen hinsichtlich Eignung und Güte verglichen werden. Schwerpunkt bildet die **Ex-post-Beurteilung** durch Ermittlung, Analyse und Vergleich der **Prognosefehler**. Die Fehleranalyse wird im Text nur für die Trendfunktionsfehler gezeigt, die Excel-Musterlösung enthält sie für beide Verfahren.

4.a Prognosefehler und Fehlerdiagramm

Zur Fehlerberechnung erweitert man die Arbeitstabelle um eine Spalte – in Abb. 7.26 ist dies die Spalte F – die man entsprechend beschriftet. Dort stehen die Berechnungsformel in der Spaltenüberschrift und sämtliche Ergebnisse sowie die korrekte Formeleingabe für den Prognosefehler des 1. Quartals des Prognosezeitraums im unteren Teil. Die Abb. 7.27 visualisiert die Fehler zusammen mit denen der exponentiellen Glättung. Man erkennt, dass die Fehler der exponentiellen Glättung irregulär und recht klein sind, während die der Trendfunktionsprognosen systematisch sind und im Laufe der Zeit immer größer werden.

4.b Standardfehler

Ein Fehlermaß zur zusammenfassenden Auswertung von Fehlern ist der Standardfehler SF, die Wurzel aus dem mittleren quadratischen Fehler. Seine Berechnungsformel lautet:

$$SF = \sqrt{\frac{1}{n} \cdot \sum e_i^2} \quad \text{mit} \quad e_i = y_i - p_i.$$

Abb. 7.26 Fehleranalyse Trendfunktionsprognosen

		0. Ausgangsdaten		1.Trendfkt.	4. Fehleranalyse	
		Zeit	Umsatz	Umsatz	Fehler	Quadrat.
		[Quartal]	[Mio. €]	[Mio. €]	[Mio. €]	Fehler
		t	y_t	y_t^e, p_t	$e_t = y_t - p_t$	e_t^2
	Analysezeitr.	1	3,155	3,125		
		2	3,025	3,075		
		3	3,055	=D12-F12		=F12^2
		4	2,925	2,973		
		5	2,975	2,922		
		6	2,855	2,871		
	Prognoseztr.	7	2,905	2,820	0,085	0,007
		8	2,845	2,769	0,076	0,006
		9	2,895	2,719	0,176	0,031
		10	2,815	2,668	0,147	0,022
		11	2,825	2,617	0,208	0,043
		Ø	2,857		Ø	0,022
			=G18/D17*100		SF	0,148
					SF [%]	5,167

Abb. 7.27 Gegenüberstellung
von Prognosefehlern

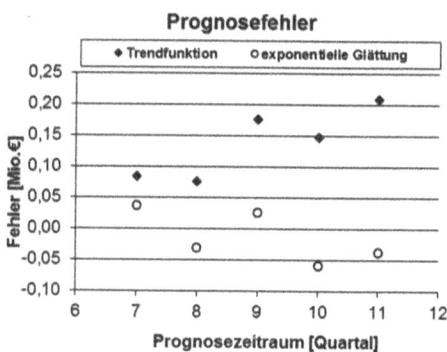

Für die Umsetzung benötigt man eine weitere Spalte – in Abb. 7.26 die Spalte G –, in der alle Fehler zunächst quadriert werden und dann das arithmetische Mittel der Fehlerquadrate, z. B. mit der statistischen Funktion MITTELWERT, gebildet wird. Aus dem resultierenden durchschnittlichen quadratischen Fehler erhält man durch Wurzelziehen den Standardfehler. Zur vergleichenden Beurteilung ist es sinnvoll, den Standardfehler zu relativieren, in dem man ihn auf den Durchschnitt der Beobachtungswerte im Prognosezeitraum bezieht und in Prozent ausdrückt. Der relative Standardfehler der Trendfunktionsprognosen beträgt 5,17 %. Im Durchschnitt weichen die Trendprognosen also um 5,17 % von den tatsächlichen Werten ab.

4.c Anwendungsvoraussetzungen

Trendmuster Beide Verfahren erfordern ein bestimmtes Trendmuster in der Vergangenheit, dessen Gültigkeit auch für die Zukunft unterstellt wird. Im vorliegenden Fall ist das ein leicht fallender linearer Trend, den auch die vorliegenden Daten des Analysezeitraums stützen. Für einen linearen Trend ist die exponentielle Glättung 1. Ordnung prinzipiell nicht das richtige Prognoseverfahren, da sie einen **konstanten** Trendverlauf voraussetzt. Bei den erklärenden Verfahren ist die lineare Trendfunktion dagegen prinzipiell geeignet.

Bei genauerer Betrachtung der Ist-Daten im Prognosezeitraum (siehe Abb. 7.25) erkennt man allerdings, dass der lineare Abwärtstrend der Vergangenheit sich dort deutlich abschwächt und praktisch zum Stillstand kommt. Dieser **Trendmusterwechsel** im Prognosezeitraum hat einen Eignungswechsel der Verfahren zur Folge. Während die lineare Trendfunktion bei nunmehr tendenziell eher konstantem Trendmuster nicht mehr gut geeignet ist, gilt für die exponentielle Glättung 1. Ordnung genau das Gegenteil.

Prognoseaufgabe Die Prognoseaufgabe besteht im vorliegenden Fall darin, Prognosen für mehrere Zeiteinheiten zu machen. Dafür ist die Trendfunktion prinzipiell besser geeignet, da man mit ihr im Rahmen nur einer Prognoserechnung – z. B. am Ende des Analysezeitraums – Prognosen für alle Quartale des Prognosezeitraums machen kann (Mehr-Schritt-Prognosen). Die exponentielle Glättung liefert im Rahmen einer Prognoserechnung dagegen immer nur Prognosen für eine Zeiteinheit (Ein-Schritt-Prognosen). Nur dadurch, dass man die Prognoserechnung in jedem Quartal mit den jeweils jüngsten Daten wiederholt, erhält man auch mit ihr nach und nach Prognosen für sämtliche Quartale. Bräuchte man Prognosen für alle Quartale bereits am Ende des Analysezeitraums, wäre die exponentielle Glättung dafür nicht geeignet und man könnte sie auch nicht mit der Trendfunktion vergleichen.

4.d Gesamtwürdigung

Die vergleichende Eignungswürdigung der Verfahren sollte unter Berücksichtigung mehrerer Aspekte erfolgen. Wichtig sind die Prognoseaufgabe, die Inputdaten, die Ressourcen und der Output, d. h. die Prognosen selbst.

Bei der **Prognoseaufgabe** handelt es sich im vorliegenden Fall vom Objekt her – dem Umsatz – um eine Wirtschaftsgröße, die von einigen anderen Größen determiniert wird, z. B. vom Absatz, Preis etc. Hierfür sind erklärende Verfahren tendenziell besser geeignet. Analoges gilt für den mittelfristigen Prognosezeitraum, für den mehrere Prognosen benötigt werden. Unter dem Aspekt der Einbettung der Prognosen in die bestehende Planungsprozedur (rollierende Planung) sowie die Anzahl und Häufigkeit von Prognosen sind beide Verfahren dagegen gleichermaßen gut geeignet. Resümierend erscheint im Hinblick auf die vorliegende Prognoseaufgabe ein erklärendes Verfahren insgesamt besser geeignet als ein beschreibendes.

Die benötigten **Inputdaten** sind für beide Verfahren dieselben, so dass es aus dieser Sicht keinen Verfahrensunterschied gibt. Die zur Verfahrensanwendung erforderlichen **Ressourcen** (Personal, Software etc.) und der dabei insgesamt resultierende Aufwand unterscheiden sich meistens. Dabei erfordern erklärende Verfahren tendenziell qualitativ höherwertige Ressourcen, die in der Regel auch quantitativ größeren Aufwand mit sich bringen. Unter diesem Aspekt sind die beschreibenden Verfahren tendenziell vorteilhafter.

Beim **Output, d. h. den Prognosen**, ist deren Güte der entscheidende Aspekt. Grundlegende Gütekriterien sind die Genauigkeit und Wahrscheinlichkeit von Prognosen. Während fundierte Aussagen über die Wahrscheinlichkeit von Prognosen äußerst rar sind, kann man ihre Genauigkeit durch geeignete Fehleranalysen gut quantifizieren. So liefert im vorliegenden Fall die exponentielle Glättung 1. Ordnung eindeutig die genaueren Prognosen, die im Durchschnitt nur um ~ 1,4 % von den tatsächlichen Werten abweichen.

Je nach Gewichtung der verschiedenen Sichten kann der Anwender auch im vorliegenden Fall zu unterschiedlichen Gesamtbeurteilungen kommen. Wir tendieren dazu, die exponentielle Glättung insgesamt für geeigneter zu halten. Dabei sind für uns außer der im vorliegenden deutlich höheren Prognosegenauigkeit folgende Eigenschaften dieser Verfahren entscheidend: die Verarbeitung der jeweils aktuellsten Daten, ihre Steuerbarkeit mit dem Glättungsfaktor und ihre Selbstkontrolle durch systematische Aufzeichnung und Auswertung der Prognosefehler.

7.4   Übungsaufgaben

7.4.1   Aufgabe „Entwicklung des Auftragseingangs"

Über den Wert der in den ersten sechs Monaten eines Jahres eingegangenen Aufträge des Unternehmens A liegen folgende Zahlen vor:

Monat	Jan.	Feb.	März	April	Mai	Juni
Auftragseingang [Mio. €]	2,658	2,873	3,259	3,437	3,251	3,146

Aufgabenstellungen

1. Stellen Sie die Ausgangsdaten in zwei geeigneten Formen graphisch dar.
   Nennen und begründen Sie kurz die verwendeten Diagrammtypen.
   Was können Sie aus den Diagrammen über die Entwicklung ablesen?
2. Die Auftragseingänge sollen mit dem Januar als Basis aufbereitet werden.
   Nennen und begründen Sie kurz den verwendeten Ansatz, ermitteln und interpretieren Sie die Werte am Ende des 1. und 2. Quartals sachgerecht.
3. Die Änderung des Auftragseingangs von Monat zu Monat (Wachstum) soll quantifiziert werden.
   a) Wählen Sie drei gängige Maßgrößen aus (Begründung).
   b) Berechnen Sie die Werte der Maßgrößen.
   c) Visualisieren und charakterisieren Sie die Wachstumsentwicklung.
   d) Wann hat sich das Wachstum im ersten Halbjahr am stärksten beschleunigt, wann am stärksten verlangsamt?
   e) Um wie viel ist der Auftragseingang im 1. und im 2. Quartal sowie im 1. Halbjahr insgesamt im Durchschnitt gewachsen?
4. Über den Auftragseingang des Tochterunternehmens B liegen über denselben Zeitraum folgende Indexzahlen vor.

Monat	Jan.	Febr.	März	April	Mai	Juni
Index	80,95	91,00	98,45	101,75	103,50	100,00

Die Entwicklung der Auftragseingänge beider Unternehmen soll miteinander verglichen werden.
   a) Bereiten Sie die beiden Zeitreihen in geeigneter Weise so auf, dass man sie direkt miteinander vergleichen kann. Nennen und begründen Sie kurz ihren Ansatz.
   b) Stellen Sie die direkt vergleichbaren Zeitreihen gemeinsam in einem Diagramm dar.
   c) Welche groben Vergleichsaussagen können Sie aufgrund des Diagramms machen?

d) Ermitteln Sie für B die gleichen Maßgrößen wie für A und vergleichen Sie damit das Wachstum und die Wachstumsdynamik des Auftragseingangs beider Unternehmen.

5. Das Controlling der Unternehmen berichtet monatlich u. a. auch über die aktuelle jährliche Wachstumsrate des Auftragseingangs. A benutzt dazu den in der deutschen, B den in der angloamerikanischen Wirtschaftsstatistik üblichen Ansatz. In A betrug der Auftragseingang im Juni des Vorjahres 3,065 [Mio. €].
Ermitteln und diskutieren Sie kurz die vom Controlling in A und B bereitgestellten aktuellen Zahlen über das Jahreswachstum des Auftragseingangs.

7.4.2 Aufgabe „Exportumsatz Spielemax"

Der deutsche Großhändler Spielemax hat vor drei Jahren das Exportgeschäft begonnen und darin folgende Umsätze in Mio. Euro erzielt.

Quartal	Jahr		
	1	2	3
1	10,5	10,8	11,6
2	11,5	11,9	12,3
3	11,7	12,4	12,8
4	13,4	13,8	14,6

Aufgabenstellungen

1. Stellen Sie die Ausgangsdaten in geeigneter Form graphisch dar. Nennen und begründen Sie kurz die verwendete Darstellungsform. Mit welchem Modellansatz gehen Sie in die Zeitreihenanalyse (Begründung)?
2. Ermitteln Sie die Trendform/das Trendmuster mit einer geeigneten Rechenmethode, deren Auswahl Sie kurz begründen und tragen Sie das Ergebnis in Ihre Graphik unter 1. ein.
3. Ermitteln Sie Trendwerte mit zwei geeigneten Rechenmethoden, die Sie benennen und deren Auswahl sie kurz begründen. Welche Trendwerteanalyse ist im vorliegenden Fall Ihrer Meinung nach besser und warum? Führen Sie Ihre weitere Analyse mit den „besseren" Trendschätzungen durch.
4. Untersuchen Sie die Zeitreihe auf Saisoneinflüsse. Ermitteln und visualisieren Sie eine passende Saisonfigur.
5. Ermitteln, visualisieren und würdigen Sie die Reste. Was können Sie auch aufgrund der Restanalyse insgesamt über die Güte der von ihnen durchgeführten Zeitreihenanalyse sagen?
6. Prognostizieren Sie nachvollziehbar den Exportumsatz der vier Quartale des nächsten Jahres.

7.4.3   Aufgabe „Prognosen Hautpflegemittelabsatz"

Bei einem internationalen Markenkosmetikunternehmen wird die mittelfristige operative
Planung quartalsmäßig und rollierend durchgeführt. Die Absatzmenge der saisonunab-
hängigen Produktgruppe „Hautpflegemittel" wird dabei gewichtsmäßig in der Maßeinheit
kg betrachtet. Die Absatzentwicklung der Gruppe zeigte in der jüngeren Vergangenheit
durchgängig einen schwach ansteigenden, näherungsweise linearen Trendverlauf. Die nebenstehende Tabelle enthält im oberen Teil – dem Analysezeitraum – den Ist-Absatz der
letzten sechs Quartale und im unteren Teil – dem Planungs- und Prognosezeitraum – den
erst sukzessiv bekannt werdenden Ist-Absatz (Quartale 7 bis 11).

	ZE [Quartal]	Absatz [kg]
	1	2495
	2	2550
Analyse-zeitraum	3	2530
	4	2625
	5	2600
	6	2675
	7	2700
	8	2735
Prognose-zeitraum	9	2705
	10	2750
	11	2715

Aufgabenstellungen

1. In dem Unternehmen werden zeitreihenanalytisch basierte mittelfristige Prognoserech-
   nungen standardmäßig mit geeigneten Trendfunktionen durchgeführt.
   a) Stellen Sie den Absatz des Analysezeitraums in geeigneter Form graphisch dar und
      prüfen Sie anhand des Diagramms, ob das im Sachstand angegebene Trendmuster
      der Vergangenheit auch für die vorliegenden Daten in ausreichender Näherung
      zutrifft.
   b) Ermitteln Sie mit einer geeigneten Trendfunktion als Prognoseverfahren Absatz-
      prognosen für die Quartale 7 bis 11 auf Basis der Absatzzahlen der Quartale 1 bis 6.
2. Ein frisch von der Hochschule kommender neuer Mitarbeiter in der Planungsabteilung schlägt für die Prognoserechnung alternativ die einfachere exponentielle Glättung
   vor. Ermitteln Sie mit dem Verfahren der exponentiellen Glättung 1. Ordnung Prognosewerte für die Quartale 7 bis 11. Zur Initialisierung des Verfahrens am Ende des
   Analysezeitraums übernehmen Sie bitte als Prognosewert für das 6. Quartal den unter
   a. ermittelten Trendfunktionswert. Der Glättungsfaktor sei 0,2.

3. Visualisieren Sie die tatsächliche Absatzentwicklung und die mit den beiden Verfahren ermittelten Absatzprognosen in einem Diagramm. Welche Aussagen können Sie machen?

4. Würdigen Sie vergleichend die Güte der Prognosen und der sie erzeugenden Verfahren im vorliegenden Fall. Betrachten Sie dazu auf jeden Fall

   - die Prognosefehler (Fehlerdiagramm),
   - als verfahrensunabhängiges Fehlermaß den Standardfehler,
   - die Anwendungsvoraussetzungen der Verfahren und deren Erfüllung.

   Welche Prognosen und welches Verfahren halten Sie im vorliegenden Fall insgesamt für besser und warum?

Teil III
Wahrscheinlichkeitsanalysen

Rechnen mit Wahrscheinlichkeiten

8

Im Gegensatz zur beschreibenden und analysierenden Statistik, die tatsächliche Sachverhalte durch Zahlen beschreibt und analysiert, beschäftigt sich die Wahrscheinlichkeitsanalyse mit **möglichen** Sachverhalten und der Quantifizierung ihrer Ungewissheit durch **Wahrscheinlichkeiten**.

Die **Ungewissheit** mag auf unzureichender Sachkenntnis oder unvollständigen Informationen beruhen oder darauf, dass die zugrunde liegenden Prozesse nicht vollständig determiniert und mehr oder minder stark vom Zufall beeinflusst sind. Davon unabhängig führt sie zur Unklarheit darüber, welche Ereignisse überhaupt möglich sind, und zur Unsicherheit darüber, mit welchen davon man in welchem Ausmaß rechnen kann.

Die **Unklarheit** versucht man in der Wahrscheinlichkeitsanalyse durch Grundbegriffe und Operationen zu beheben, mit denen der betrachtete Prozess und seine möglichen Ereignisse sinnvoll strukturiert, beschrieben und analysiert werden können. Die **Unsicherheit** versucht die Wahrscheinlichkeitsanalyse durch Quantifizierung in Form von Wahrscheinlichkeiten zu beheben, für die eine Reihe von Ermittlungsansätzen, Rechenregeln und Verteilungsmodellen zur Verfügung stehen. Die hier verwendeten grundlegenden Ansätze für das Rechnen mit Wahrscheinlichkeiten zeigt folgende Übersicht.

Wahrscheinlichkeitsbegriffe	**logische Operationen**	**Ereignisarten**
• logisch (klassisch) • empirisch (statistisch) • subjektiv	• ODER • UND	• (nicht) disjunkt • (un)abhängig

Rechenregeln	**Darstellungsformen von Ereignissen**
• Addition • Multiplikation	• Venn-Diagramm • Ereignisbaum

Die **numerische Wahrscheinlichkeit** eines zufälligen Ereignisses ist immer eine Zahl zwischen NULL und EINS. Mit 100 multipliziert wird sie anwenderfreundlich häufig auch

J. Meißner und T. Wendler, *Statistik-Praktikum mit Excel*,
Studienbücher Wirtschaftsmathematik, DOI 10.1007/978-3-658-04187-8_8,
© Springer Fachmedien Wiesbaden 2015

in Prozent angegeben. Zur Ermittlung der numerischen Wahrscheinlichkeiten von Ereignissen gibt es verschieden Ansätze, die auf unterschiedlichen **Wahrscheinlichkeitsbegriffen** beruhen. Von diesen werden hier die für realistische Wirtschaftsthemen grundlegenden verwendet, nämlich die **empirische** und die **subjektive** Wahrscheinlichkeit.

Hat man für ein ungewisses Sach- oder Entscheidungsproblem die elementaren Ereignisse und deren numerischen Wahrscheinlichkeiten ermittelt, ist es in der Regel sinnvoll, sie in geeigneter Form graphisch darzustellen. Die **graphische Darstellung** fördert häufig das Problemverständnis und ermöglicht manchmal zusätzlich die Ermittlung der Wahrscheinlichkeiten von weiteren interessierenden Ereignissen. Verwendet werden die beiden grundlegenden graphischen Darstellungsformen von Ereignissen und ihren Wahrscheinlichkeiten, das **Venn-Diagramm** und der **Ereignisbaum**.

Durch **logische Verknüpfung** von Ereignissen kann man in der Regel weitere interessierende Ereignisse erschließen. Grundlegende logische Verknüpfungen sind das **logische UND** sowie das **logische ODER**. Sie ziehen jeweils bestimmte grundlegende Rechenarten nach sich, nämlich das **Addieren** und **Multiplizieren** der Wahrscheinlichkeiten der miteinander verknüpften Ereignisse. Dabei ist es für das Berechnen der Wahrscheinlichkeiten von durch Verknüpfungen entstandener Ereignisse nötig, sich vorher über bestimmte **Eigenschaften** der zu verknüpfenden Ereignisse Klarheit zu verschaffen. Von grundlegender Bedeutung ist dabei, ob diese sich gegenseitig ausschließen oder nicht – d. h. ob sie **disjunkt** sind oder nicht – und ob sie voneinander **unabhängig** sind oder nicht. Diese beiden Eigenschaften der zu verknüpfenden Ereignisse führen zu verschiedenen grundlegenden **Additions- und Multiplikationsregeln** für die Wahrscheinlichkeiten der aus der Verknüpfung resultierenden Ereignisse.

Bei den hier behandelten Aufgaben resultiert die Unsicherheit daraus, dass es sich um **zukünftige Ereignisse** handelt. Der grundlegende Unterschied in der Problem- und Datenstruktur besteht darin, dass bei Abschn. **8.1 Aufgabe „Systemanalytiker-Grundqualifikationen"** alle interessierenden Ereignisse in **einer** zukünftigen Zeiteinheit liegen, während sie bei Abschn. **8.2 Aufgabe „Managementprozess Produktinnovation"** in mehreren, aufeinander folgenden Zeiteinheiten liegen. Dieser Unterschied ist vergleichbar mit Querschnitt- und Längsschnittanalysen in der Welt der Fakten. Wie dort erfordern auch hier diese beiden Untersuchungsarten grundlegend unterschiedliche Ansätze. Sie beginnen mit der graphischen Darstellung, gehen weiter bei den Ereignisarten und ihrer Verknüpfung und enden mit den zur Berechnung der Wahrscheinlichkeiten interessierender Ereignisse hauptsächlich anzuwendenden Rechenregeln.

8.1   Aufgabe „Systemanalytiker-Grundqualifikationen"

Von 100 Personen, die sich im letzten Jahr bei einem großen Softwarehersteller als Systemanalytiker beworben haben, verfügten 70 über einen einschlägigen formalen Ausbildungsabschluss, 50 über einschlägige Berufserfahrung und 10 über keines von beidem. Nehmen Sie an, dass diese Erfahrungswerte auch aktuell gültig sind, und helfen Sie der Personalabteilung, damit Fragen zum zu erwartenden Qualifikationsprofil der diesjährigen Bewerber zu beantworten.

8.1.1 Aufgabenstellungen

1. Benennen und formalisieren Sie die im Sachstand angegebenen Ereignisse und deren Gegenereignisse (Komplementärereignisse) und geben Sie ihre Wahrscheinlichkeit an. Welchen Wahrscheinlichkeitsbegriff haben Sie dabei benutzt?
2. Stellen Sie die im Sachstand genannten Ereignisse in einer auch zur Ermittlung der Wahrscheinlichkeit weiterer Ereignisse geeigneten Weise graphisch dar.
3. Klären Sie durch Sachanalyse (Un)abhängigkeit und Disjunktheit der beiden Grundqualifikationen (Begründung).
4. Wahrscheinlichkeit bestimmter Ereignisse
   Bearbeitungshinweis: Bestimmen Sie das gesuchte Ereignis zunächst im Diagramm (mit Begründung) und schätzen Sie darin seine Wahrscheinlichkeit ab. Beschreiben Sie es dann in Symbolen (Formalisierung) und geben Sie jeweils mindestens einen gangbaren Lösungsweg mit Hilfe von Rechenregeln an.
   Wie groß ist die Wahrscheinlichkeit, dass ein zufällig ausgewählter Bewerber
   a) keinen einschlägigen formalen Ausbildungsabschluss hat?
   b) einen einschlägigen formalen Ausbildungsabschluss oder einschlägige Berufserfahrung oder beides hat?
   c) einen einschlägigen formalen Ausbildungsabschluss und einschlägige Berufserfahrung hat?
   d) einschlägige Berufserfahrung hat, wenn bereits vorher bekannt ist, dass er auch einen einschlägigen formalen Ausbildungsabschluss hat?
   e) einen einschlägigen formalen Ausbildungsabschluss hat, aber keine einschlägige Berufserfahrung?
   f) nur über genau eine der beiden Grundqualifikationen verfügt?

LERNINHALTSÜBERSICHT	
STATISTIK	**EXCEL-UNTERSTÜTZUNG**
1. Relevante Ereignisse und Wahrscheinlichkeit	
a) Benennung und Formalisierung	
b) Quantifizierung und Wahrscheinlichkeitsbegriff	
2. Graphische Darstellung	
a) Diagrammtypauswahl	
b) Diagrammerstellung	Rechteck-Diagramm
3. Disjunktheit und Unabhängigkeit	
4. Wahrscheinlichkeit bestimmter Ereignisse	Formeln

8.1.2 Aufgabenlösungen

1. Relevante Ereignisse und ihre Wahrscheinlichkeit

1.a Benennung und Notation der Ereignisse

Wir benutzen die folgenden Symbole zur Notation der im Sachstand genannten Ereignisse und ihrer Gegenereignisse (Komplementärereignisse):

Ereignis	Symbol
einschlägige Ausbildung	A
Einschl. Berufserfahrung	E
Ausbildung und Erfahrung	$A \cap E$

Gegenereignis	Symbol
Keine einschl. Ausbildung	$\bar{A}$
Keine einschl. Berufserfahrung	$\bar{E}$
Keine Ausbildung und keine Erfahrung	$\bar{A} \cap \bar{E}$

Symbol	Wahrscheinlichkeit
$W(A)$	0,7
$W(E)$	0,5
$W(\bar{A} \cap \bar{E})$	0,1

1.b Quantifizierung und Wahrscheinlichkeitsbegriff

Die Wahrscheinlichkeit eines (zufälligen) Ereignisses wird hier mit W notiert und ist mathematisch immer eine Zahl zwischen 0 und 1. Liegen über Ereignisse Erfahrungswerte vor, kann man diese zur Ermittlung der Wahrscheinlichkeit nutzen (**empirischer oder statistischer Wahrscheinlichkeitsbegriff**). Nach diesem Wahrscheinlichkeitsbegriff ist die Wahrscheinlichkeit eines Ereignisses mathematisch der Grenzwert seiner relativen Häufigkeit. Wendet man diese Definition pragmatisch an, so entspricht die Wahrscheinlichkeit der im Sachstand genannten Ereignisse annähernd ihrer relativen Häufigkeit, so wie in der Tabelle zusammengestellt.

2. Graphische Darstellung

2.a Diagrammtypauswahl

Ereignisse und ihre Wahrscheinlichkeiten kann man anschaulich in geometrischen Formen visualisieren, hauptsächlich als Rechtecke, Quadrate, Kreise, Ellipsen etc. Die sich dabei insgesamt ergebenden Diagramme werden nach ihrem Erfinder **VENN-Diagramme** genannt. Die darin dargestellten Ereignisse müssen den Ergebnisraum insgesamt vollständig ausfüllen und die Summe ihrer Wahrscheinlichkeiten muss daher 1 bzw. 100 % sein. VENN-Diagramme können helfen, die bekannten Ereignisse und deren Beziehungen besser zu verstehen und weitere im Sachzusammenhang mögliche und relevante Ereignisse und deren Beziehung zu den bekannten Ereignissen zu erkennen. Gestaltet man ein VENN-Diagramm von den Ereignissen her strukturell sachgerecht und von den numerischen Wahrscheinlichkeiten her maßstabsgerecht, so kann man darin manchmal auch die Wahrscheinlichkeiten nicht bekannter, aber interessierender Ereignisse näherungsweise ablesen.

2.b Diagrammerstellung

Wir benutzen hier als geometrische Form ausschließlich das besonders einfache Rechteck. VENN-Diagramme mit Rechtecken kann man sehr einfach konventionell erstellen. Für die rechnergestützte Erstellung bietet Excel keine spezifische Graphikfunktionalität, so dass der anspruchsvolle Benutzer andere Softwarewerkzeuge – insbesondere Zeichen- und Graphikprogramme – nutzen sollte. Ein für Arbeitszwecke häufig ausreichendes Diagramm kann mit Excel erstellt werden.

Das Ergebnis ist für den vorliegenden Fall in Abb. 8.1 dargestellt. Darin repräsentiert das gesamte Rechteck den Ergebnisraum, die darin enthaltenen einzelnen Rechtecke stellen die relevanten Ereignisse dar und die Rechteckflächen stehen für die Wahrscheinlichkeit der Ereignisse.

Ein maßstabsgetreues VENN-Diagramm mit Rechtecken erstellt man am besten in einem neuen Excel-Arbeitsblatt in mehreren Arbeitsschritten.

i. Gesamtes Rechteck Für die Höhe des gesamten Rechtecks kann man mehrere Zeilen nutzen. Für die Breite braucht man mindestens 10 gleich breite Spalten, die man sich durch Verringerung der vorliegenden Spaltenbreiten erzeugt. Dazu markiert man die benötigten Spalten – in Abb. 8.1 die Spalten C bis L – und drückt die rechte Maustaste, wenn die Maus sich innerhalb der Markierung befindet. Im Menüpunkt „Spaltenbreite" des Kontextmenüs setzt man die Spaltenbreite auf einen konstanten Wert, hier den Wert 3,5. Dann versieht man den vorbereiteten Bereich des gesamten Rechtecks mit einem dicken Rahmen. Dazu

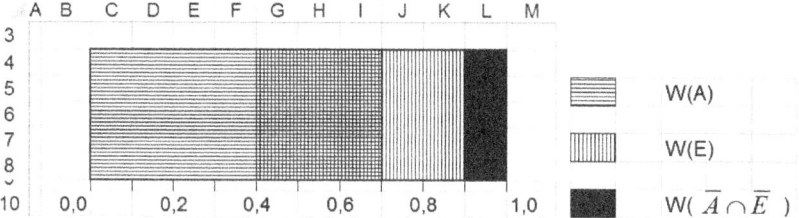

Abb. 8.1 Venn-Diagramm der Systemanalytiker-Grundqualifikationen

Abb. 8.2 Rahmen für Ergebnisraum

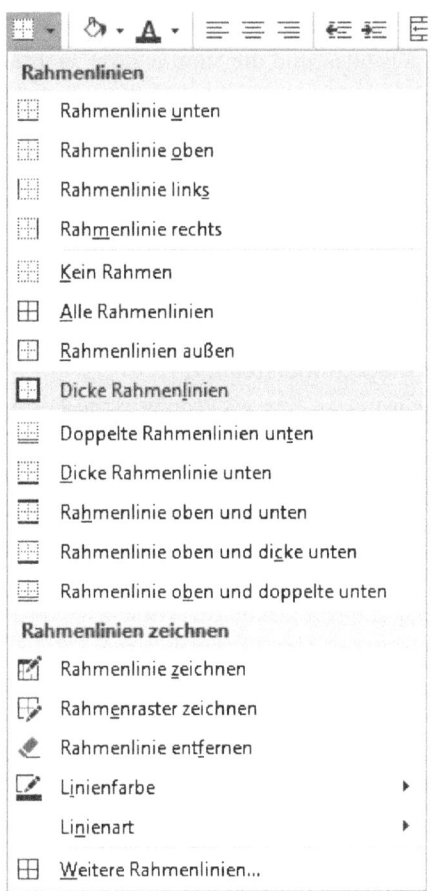

markiert man ihn – in der obigen Abbildung ist es der Bereich C4 bis L8 – und erzeugt über
die Symbolschaltfläche „Rahmen" eine dicke umlaufende Rahmenlinie, so wie Abb. 8.2 dargestellt.

ii. Beschriftung waagerechte Achse Die Beschriftung der waagerechten Achse unterhalb des gesamten Rechtecks dient der Quantifizierung der Wahrscheinlichkeiten und
sollte deshalb maßstabsgerecht sei. Um die Beschriftung optisch ansprechend mit dem
Diagramm in Verbindung zu bringen, reduzieren Sie zunächst den Abstand zwischen
der Beschriftungszeile und der unteren Begrenzungslinie des Rechtecks, indem Sie die
Höhe der dazwischen liegenden Zeile ausreichend reduzieren. In der obigen Abbildung
wurde dazu die Höhe der Zeile 9 wieder über das Kontextmenü nach Klick mit der rechten Maustaste unter dem Eintrag „Zeilenhöhe" auf den Wert 5,3 gesetzt. Dann bringen Sie
Markierungen zwischen der unteren Seite des gesamten Rechtecks und den Zahlen der Beschriftungszeile in Form kleiner senkrechter Linien an. Aktivieren Sie dazu die relevanten
Zellen und wählen sie aus der Dialogbox Rahmenlinien (siehe Abb. 8.2) die Schaltfläche

für eine dünne Rahmenlinie an der rechten Seite aus, die darin als vierte Option von oben enthalten ist. Das gesamte Rechteck ist nun mit maßstabsgetreuer Beschriftung fertig gestellt.

iii. Bekannte Ereignisse und ihre Wahrscheinlichkeit Nun kann man dazu übergehen, die bekannten Ereignisse und ihre Wahrscheinlichkeiten im Ergebnisraum dazustellen. Die Ereignisse werden innerhalb des bislang vorliegenden Diagramms durch Rechtecke repräsentiert, die sich durch Farbe und/oder Schraffur klar unterscheiden und deren Flächen ihren Wahrscheinlichkeiten entsprechen sollen. Bevor Sie für jedes der bekannten Ereignisse nacheinander eine entsprechende Rechteckfläche erzeugen, überlegen Sie sich deren sinnvolle Anordnung bzw. Platzierung im Diagramm. Im vorliegenden Fall von drei bekannten Ereignissen, die den Ergebnisraum vollständig ausfüllen, gibt es theoretisch $3 \cdot (3 - 1) = 6$ Anordnungsmöglichkeiten, von denen aus sachlogischen Gründen (siehe 3.) nur 4 zulässig sind. Eine besonders nahe liegende dieser zulässigen Möglichkeiten wurde in Abb. 8.1 gewählt.

Zur Visualisierung des Ereignisses A und seiner Wahrscheinlichkeit beginnen wir am linken Rand des gesamten Rechtecks und markieren von dort aus nach rechts gehend einen Bereich, dessen Fläche der Wahrscheinlichkeit von A entspricht, in der Abb. 8.1 ist dies der Bereich C4 bis F8. Markieren Sie dazu den Bereich und klicken innerhalb des Bereiches mit der rechten Maustaste. Im sich öffnenden Kontextmenü wählen Sie den Eintrag „Zellen formatieren" und aktivieren in der Dialogbox ZELLEN FORMATIEREN die Registerkarte „Ausfüllen". An dieser Stelle kann man sowohl die Hintergrundfarbe als auch die Schraffur aller gerade markierten Zellen festlegen. Wählen Sie in der Auswahlbox für das Muster die in Abb. 8.3 angezeigte Schraffur und bestätigen Sie mit „OK". Analog ist bei der Visualisierung der anderen bekannten Ereignisse und ihrer Wahrscheinlichkeiten zu verfahren.

iv. Legende Abschließend müssen Sie ihr Diagramm noch mit einer Legende versehen, aus der hervorgeht, welche Ereignisse mit ihren Wahrscheinlichkeiten im Diagramm wie graphisch dargestellt sind.

3. Disjunktheit und Unabhängigkeit

Disjunktheit
Die beiden Grundqualifikationen schließen sich nicht gegenseitig aus, da eine Person beide haben kann. Dieses mögliche Ereignis ist auch im Venn-Diagramm als Schnittfläche von A und E klar erkennbar. Bei der Verknüpfung der beiden Ereignisse durch das logische ODER ist die Wahrscheinlichkeit des resultierenden Ereignisses daher mit dem allgemeinen Additionssatz zu berechnen.

Unabhängigkeit
Theoretisch besteht Unabhängigkeit, da jeder die freie Wahl sowohl für eine formale Ausbildung als auch zur Ausübung von Tätigkeiten für das Sammeln entsprechender Erfah-

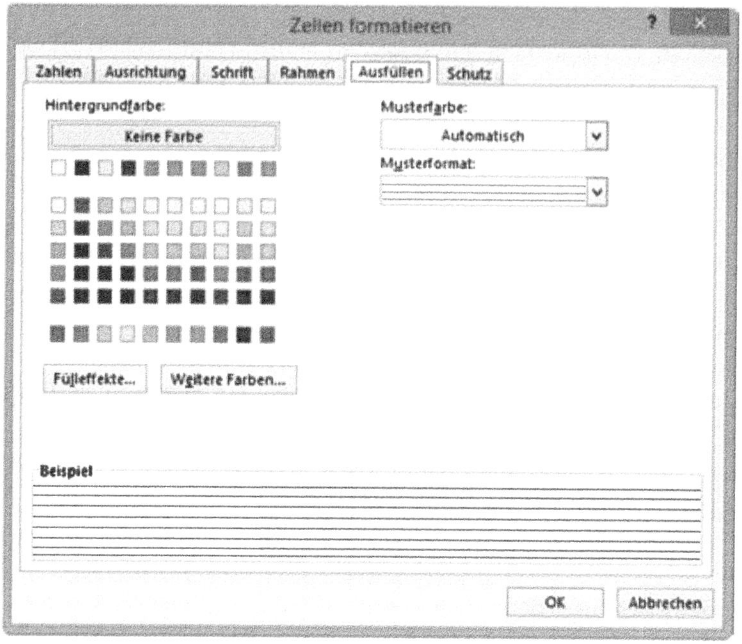

Abb. 8.3 Dialogbox ZELLEN FORMATIEREN

rungen hat. Es ist jedoch plausibel und empirisch gesichert, dass jene, die eine Ausbildung abgeschlossen haben, eine vergleichsweise größere Chance haben, sich berufsspezifisch zu betätigen und damit einschlägige Berufserfahrungen zu erlangen, als solche ohne abgeschlossenen Ausbildung. Realistisch betrachtet dürften die beiden Grundqualifikationen also nicht voneinander unabhängig sein. Bei der Verknüpfung der beiden Ereignisse durch logisches UND ist daher die Wahrscheinlichkeit des resultierenden Ereignisses mit dem allgemeinen Multiplikationssatz zu berechnen.

4. Wahrscheinlichkeiten bestimmter Ereignisse

Bestimmen Sie das gesuchte Ereignis und seine Wahrscheinlichkeit zunächst näherungsweise im Diagramm. Beschreiben Sie es dann in Symbolen (Formalisierung) und geben Sie jeweils mindestens einen gangbaren Lösungsweg mit Hilfe von Rechenregeln an.

4.a Bewerber verfügt über keinen einschlägigen Ausbildungsabschluss

Diagramm: gesamte Fläche rechts von der waagerecht schraffierten Fläche: ~ 0,3.

Gefragt ist nach der Wahrscheinlichkeit des sogenannten **Komplementärereignisses** von A.

Formalisierung: $W\left(\bar{A}\right)$

Lösungsweg mit Rechenregel: $W\left(\bar{A}\right) = 1 - W\left(A\right)$ Anwendung: $1 - 0,7 = 0,3$.

4.b Bewerber hat einschlägige Ausbildung oder Berufserfahrung oder beides

Diagramm: schraffierte Fläche: ~ 0,9.

Gefragt ist nach der Wahrscheinlichkeit des Ereignisses, das durch ODER-Verknüpfung der bekannten Ereignisse A und E zustande kommt.

Formalisierung: $W(A \cup E)$.

i. Lösungsweg mit Rechenregel Allgemeiner Additionssatz (siehe 2.):

$$W(A \cup E) = W(A) + W(E) - W(A \cap E).$$

Die erfolgreiche Anwendung der Rechenregel setzt voraus, dass die Wahrscheinlichkeit des Durchschnitts bekannt ist. Diese Wahrscheinlichkeit ist aber erst in c. gefragt und wird erst dort ermittelt.

ii. Lösungsweg mit Rechenregel Im Diagramm kann man gut erkennen, dass das gefragte Ereignis die schraffierte und die graue Fläche umfasst und damit das Komplementärereignis zur weißen Restfläche ganz rechts im Diagramm ist. Die weiße Restfläche ist das bekannte Ereignis, dass ein Bewerber keine einschlägige Ausbildung und keine Berufserfahrung hat. Daraus folgt formal:

Rechenregel: $W(A \cup E) = 1 - W(\bar{A} \cap \bar{E})$; Anwendung: $1 - 0{,}1 = 0{,}9$.

4.c Bewerber hat einschlägigen Ausbildungsabschluss und Berufserfahrung

Diagramm: waagerecht und senkrecht schraffierte Fläche: ~ 0,3

Gefragt ist nach der Wahrscheinlichkeit des Ereignisses, das durch UND-Verknüpfung der bekannten Ereignisse A und E zustande kommt.

Formalisierung: $W(A \cap E)$.

i. Lösungsweg mit Rechenregel Allgemeiner Multiplikationssatz (siehe 2.): $W(A \cap E) = W(A) \cdot W(E/A)$.

Die erfolgreiche Anwendung der Rechenregel setzt voraus, dass die bedingte Wahrscheinlichkeit bekannt ist. Diese Wahrscheinlichkeit wird aber erst in d. gefragt und ermittelt.

ii. Lösungsweg mit Rechenregel Allgemeiner Additionssatz (siehe 2.) : $W(A \cup E) = W(A) + W(E) - W(A \cap E)$.

Auflösen: $W(A \cap E) = W(A) + W(E) - W(A \cup E)$; Anwendung: $0{,}7 + 0{,}5 - 0{,}9 = 0{,}3$.

4.d Bewerber hat einschlägige Berufserfahrung, wenn bereits bekannt ist, dass er eine einschlägige Ausbildung hat

Gefragt ist nach der Wahrscheinlichkeit eines Ereignisses unter der Voraussetzung einer bestimmten Bedingung. Ein solches Ereignis nennt man ein **bedingtes Ereignis** und seine Wahrscheinlichkeit entsprechend **bedingte Wahrscheinlichkeit**.

Im Diagramm entspricht die waagerecht **und** senkrecht gestreifte Fläche im Verhältnis zur gesamten ausschließlich waagerecht gestreiften Fläche dieser Wahrscheinlichkeit.

Formalisierung: $W(E/A)$.

Lösungsweg mit Rechenregel:

$$W(E/A) = \frac{W(E \cap A)}{W(A)}; \text{ Anwendung: } \frac{0,3}{0,7} = 0,4286.$$

Kommentar: $W(E) = 0,5 \neq W(E/A) \approx 0,43$.

Daran erkennt man auch zahlenmäßig, dass die beiden Grundqualifikationen nicht unabhängig voneinander sind.

4.e Bewerber hat einschlägige Ausbildung, aber keine einschlägige Berufserfahrung

Diagramm: waagerecht schraffierte Fläche: ~ 0,4.

i. Ansatz Gefragt ist die Wahrscheinlichkeit eines Ereignisses, das sich durch UND-Verknüpfung zweier bekannter Ereignisse ergibt.

Formalisierung: $W(A \cap \bar{E})$.

Lösungsweg mit Rechenregel: Nach dem allgemeinen Multiplikationssatz (siehe 2.)

$$W(A \cap \bar{E}) = W(A) \cdot W(\bar{E}/A).$$

Die erfolgreiche Anwendung der Rechenregel setzt voraus, dass man die bedingte Wahrscheinlichkeit kennt. Diese ist bislang aber nicht gefragt und ermittelt worden.

ii. Ansatz Die Wahrscheinlichkeit des gesuchten Ereignisses erhält man auch, indem man von der gesamten schraffierten Fläche (A) den grau hinterlegten Teil (Durchschnitt von A und E) abzieht. Das gesuchte Ereignis kann daher auch als **Differenzereignis** bekannter Ereignisse angesehen werden.

Formalisierung: $W(A \backslash E)$.

Lösungsweg mit Rechenregel:

$$W(A \backslash E) = W(A) - W(A \cap E).$$

Anwendung: $0,7 - 0,3 = 0,4$.

4.f Bewerber hat nur genau eine der beiden Grundqualifikationen

Diagramm:

Waagerecht schraffierte Fläche $W(A \cap \bar{E})$ **und** senkrecht schraffierte Fläche

$$W(\bar{A} \cap E): \sim 0,4 + \sim 0,2 = \sim 0,6.$$

Gefragt ist die Wahrscheinlichkeit des Ereignisses, das sich durch die Verknüpfung der beiden bekannten Ereignisse A und E durch das logische EXCLUSIV-ODER ergibt.

Formalisierung: $W\left(A \veebar E\right)$.

Lösungsweg mit Rechenregel:

$$W\left(A \veebar E\right) = W(A) + W(E) - 2 \cdot W(A \cap E);$$

Anwendung: $0{,}7 + 0{,}5 - 2 \cdot 0{,}3 = 0{,}6$.

8.2 Aufgabe „Managementprozess Produktinnovation"

Bei einem bekannten Hersteller von Haushaltsgräten ist das Management der Produktinnovation wie folgt organisiert: Die Entwicklungsabteilung gibt die von ihr positiv bewerteten Produktinnovationen an die Marketingabteilung und diese die von ihr positiv oder negativ bewerteten Vorschläge an die Geschäftsführung. Die Geschäftsführung entscheidet abschließend über die Markteinführung neu entwickelter Produkte. Über das bisherige Entscheidungsverhalten der an diesem Prozess beteiligten organisatorischen Einheiten hat man folgende Erfahrungswerte:

Die Entwicklungsabteilung entscheidet sich in 90 % der Fälle für die Markteinführung der von ihr neu entwickelten Produkte.

Die Marketingabteilung entscheidet in 70 % der Fälle positiv über ihr von der Entwicklungsabteilung vorliegende Produktinnovationen.

Die Geschäftsführung entscheidet in 20 % der Fälle gegen die Markteinführung neu entwickelter Produkte, auch wenn die Entwicklungs- und die Marketingabteilung positiv entschieden haben.

Die Geschäftsführung entscheidet in 40 % der Fälle die Markteinführung neu entwickelter Produkte, auch wenn die Marketingabteilung dagegen war.

Das für Produktinnovationen in dem Unternehmen zuständige Management will die bisherigen Erfahrungen zur Planung des gesamten Prozesses und seiner wichtigsten möglichen Zwischen- und Endergebnisse unter Unsicherheit nutzen.

8.2.1 Aufgabenstellungen

1. Benennen und formalisieren Sie für jede organisatorische Einheit ihre im Sachstand angegebene und die alternative Entscheidungsmöglichkeit. Geben Sie die Wahrscheinlichkeit aller von ihnen aufgeführten möglichen Entscheidungsalternativen an. Welchen Wahrscheinlichkeitsbegriff haben Sie dabei benutzt?
2. Stellen Sie die genannten Entscheidungsalternativen und ihre Ergebnisse (Ereignisse) sowie deren ablauforganisatorische Verknüpfungen in einer auch zur Ermittlung der Wahrscheinlichkeiten von Ereignissen geeigneten Weise graphisch dar. Nennen und begründen Sie kurz die von Ihnen gewählte Darstellungsform. Nennen Sie aus dem

Diagramm ablesbare Erkenntnisse über die im Gesamtprozess möglichen/unmöglichen Ereignisse, die besondere Ereignisart und die Ermittlung ihrer Wahrscheinlichkeiten.

3. Wahrscheinlichkeit bestimmter Ereignisse

   Bearbeitungshinweis: Bestimmen Sie das gesuchte Ereignis zunächst im Diagramm, beschreiben Sie es dann in Symbolen(Formalisierung) und geben Sie die Rechenregel zur Ermittlung seiner Wahrscheinlichkeit an.

   Ermitteln Sie nachvollziehbar die Wahrscheinlichkeit dafür, dass ein neues Produkt

   a) über das Entwicklungsstadium nicht hinauskommt.

   b) die Marketingwürdigung nicht übersteht.

   c) am Markt eingeführt wird, obwohl Entwicklung und Marketing dagegen sind.

   d) am Markt eingeführt wird, wenn alle drei zuständigen organisatorischen Einheiten positiv entscheiden.

   e) am Markt eingeführt wird, auch wenn die Marketingabteilung negativ bescheidet.

   f) am Markt eingeführt wird.

LERNINHALTSÜBERSICHT	
STATISTIK	EXCEL-UNTERSTÜTZUNG
1. Relevante Entscheidungsalternativen a) Benennung und Formalisierung b) Quantifizierung und Wahrscheinlichkeitsbegriff	
4. Graphische Darstellung des Sachverhalts a) Diagrammtypauswahl b) Diagrammerstellung c) Ereignisbezogene Diagramminterpretation	Baumdiagramm
4. Wahrscheinlichkeit bestimmter Ereignisse	Formeln

8.2.2 Aufgabenlösungen

1. Relevante Entscheidungsalternativen

1.a Benennung und Formalisierung

Ereignis	Symbol	Gegenereignis	Symbol
Entwicklung JA	E	Entwicklung NEIN	$\bar{E}$
Marketing JA, wenn zuvor Entwicklung JA	M/E	Marketing NEIN, wenn zuvor Entwicklung JA	$\bar{M}/E$
Geschäftsführung JA, wenn zuvor Marketing JA	G/M	Geschäftsführung NEIN, wenn zuvor Marketing JA	$\bar{G}/M$
Geschäftsführung JA, wenn zuvor Marketing NEIN	$G/\bar{M}$	Geschäftsführung NEIN, wenn zuvor Marketing NEIN	$\bar{G}/\bar{M}$

Erläuterung: Die den organisatorischen Einheiten auf ihrer Prozessstufe möglichen Entscheidungen sind abhängig von dem in der davor liegenden Stufe realisierten Entscheidungsergebnis. So setzen die Entscheidungsalternativen des Marketings voraus, dass die Entwicklung positiv über ein neues Produkt entschieden hat. Es handelt sich also bei den Entscheidungsalternativen durchweg um **bedingte Entscheidungen**.

1.b Quantifizierung und Wahrscheinlichkeitsbegriff

Die Wahrscheinlichkeit wird hier mit W notiert und ist mathematisch immer eine Zahl zwischen 0 und 1. Liegen über vergleichbare Entscheidungsmöglichkeiten Realisierungserfahrungen vor, kann man diese zur Ermittlung der Wahrscheinlichkeit nutzen (**empirischer oder statistischer Wahrscheinlichkeitsbegriff**). Nach diesem Wahrscheinlichkeitsbegriff ist die Wahrscheinlichkeit einer Entscheidungsalternative mathematisch der Grenzwert ihrer relativen Häufigkeit. Wendet man diese Definition pragmatisch an, so entspricht die Wahrscheinlichkeit der genannten Entscheidungsalternativen annähernd ihrer relativen Häufigkeit, so wie in der folgenden Tabelle zusammengestellt.

Ereignis	Wahrscheinlichkeit
E	0,9
M/E	0,7
G/M	0,8
$G/\bar{M}$	0,4
$\bar{E}$	0,1
$\bar{M}/E$	0,3
$\bar{G}/M$	0,2
$\bar{G}/\bar{M}$	0,6

2. Graphische Darstellung des Sachverhalts

2.a Diagrammtypauswahl

Die aufgeführten Entscheidungsalternativen sind Bestandteil eines organisierten Managementprozesses. Dieser besteht aus drei Phasen bzw. Stufen, die nacheinander zu durchlaufen sind. Die grundlegende graphische Darstellungsform für Abläufe von Prozessen sind Ablaufdiagramme. In ihrer allgemeinsten Form enthalten sie als graphische Darstellungselemente Knoten in Form von Rechtecken oder Kreisen und Verbindungslinien zwischen den Knoten in Form von ungerichteten oder gerichteten Kanten (Pfeile), sind also **Graphen**. Die grundlegende graphische Darstellungsform mehrstufiger Entscheidungsprozesse ist ein spezieller Graph, ein sog. **Entscheidungsbaum**.

Bevor ein Entscheidungsbaum rechnerunterstützt erstellt wird, muss man die im Anwendungsfall sinnvolle **Modellierung** festlegen, d. h. die Abbildung der Prozesselemente durch die graphischen Darstellungselemente. In einem Entscheidungsbaum werden die Entscheidungsalternativen standardmäßig durch die Kanten repräsentiert und die Knoten stellen die aus den Entscheidungsalternativen resultierenden Zustände oder Ereignisse dar. Die Bezeichnungen der Entscheidungsalternativen und ihre relevanten Eigenschaften werden über bzw. unter den Kanten, die der resultierenden Ereignisse in bzw. über den Knoten des Baumes notiert.

Da bei Entscheidungen per Definition immer mindestens zwei Entscheidungsalternativen bestehen, die sich gegenseitig ausschließen, gehen von Knoten eines Entscheidungsbaumes **alternative** Kanten ab. Der Entscheidungsbaum ist also ein spezieller Baum, nämlich ein **ODER-BAUM**. Sind die grundlegenden Entscheidungsmöglichkeiten bekannt aber in ihrer Realisierung unsicher, so heißt der Entscheidungsbaum **stochastisch** und man notiert die Realisierungswahrscheinlichkeiten der Entscheidungsalternativen als relevante Eigenschaften an den Kanten des Baumes.

2.b Diagrammerstellung

Funktionalitäten zur Erstellung optisch ansprechender graphischer Darstellungen, die über die für Geschäftsgraphiken üblichen Diagrammtypen hinausgehen, sind in Excel nur eingeschränkt verfügbar. Zum Zeichnen des Entscheidungsbaumes werden hier sehr einfache Hilfsmittel benutzt, die ein Mix aus zellbasierter Arbeit und aus Zeichnungselementen sind.

Zu Erstellung eines unauffälligen Bildhintergrunds markiert man den relevanten Zellbereich (hier B22 bis I40) und weist ihm einen weißen Hintergrund sowie einen Rahmen zu (siehe Dialogbox ZELLEN FORMATIEREN in Abschn. 8.1 Aufgabe „Systemanalytiker Grundqualifikationen", Teilaufgabe 2, Abb. 8.3). Der Baum wird in der Regel vom Startknoten zu den Endknoten hin stufenweise erstellt und jeder Knoten wird dabei in einer Zelle platziert. Wenn alle Knoten des Baumes angelegt sind, kann man sie durch Kanten verbinden.

Erstellung und Beschriftung der Knoten Markieren Sie eine geeignete Zelle für den Startkonten (hier B32), versehen Sie die Zelle mit einem dünnen Rand und bringen Sie im Knoteninneren eine passende Bezeichnung unter, z. B. S für Startereignis. Der dünne Rand wird hier zur optischen Unterscheidung der Ereignisart gewählt, da das Startereignis ein sicheres und kein unsicheres Ereignis ist.

Nach dem Start gibt es auf der ersten Prozessstufe, der Entwicklungsabteilung, zwei Entscheidungsmöglichkeiten, die zu den Ereignissen E und $\bar{E}$ führen. Legen Sie für diese beiden Ereignisse Knoten wie beim Startknoten beschrieben an, die sich in einer Spalte Abstand zum Startknoten befinden (hier in den Zellen E28 und E36). Versehen Sie die Zellen mit einem dicken Rand für unsichere Ereignisse und beschriften Sie beide zunächst mit E. Da der untere der beiden Knoten das Komplementärereignis von E enthalten soll, das üblicherweise mit einem waagerechten Linie über der Ereigniskennung notiert wird, bedarf es noch eine Linie über dem Buchstaben. Klicken Sie dazu im Menü „Einfügen" die Schaltfläche „Formen" an. Klicken Sie nun auf das Liniensymbol in der Symbolleiste, worauf hin sich der Mauscursor in ein schwarzes Kreuz verwandelt.

Excel erwartet nun die Markierung des Beginns einer Linie. Dazu klicken Sie einmalig links oberhalb des Buchstabens „E" in die Zelle, halten die Maustaste gedrückt (!) und bewegen die Maus horizontal etwas nach rechts. Lassen Sie die linke Maustaste los, wenn

Sie das rechte Linienende erreicht haben. Durch Anklicken und Gedrückthalten der linken Maustaste können Sie die Linie verschieben. Verschieben Sie ein Linienende, so verändern Sie die Länge der Linie. Auf analoge Weise konstruiert man die Knoten der übrigen Stufen des Baumes und beschriftet sie sachgerecht.

Erstellung und Beschriftung der Kanten Auch hier empfiehlt es sich, beim Startknoten beginnend die Knoten aufeinander folgender Stufen nacheinander durch Kanten zu verbinden. Die Kanten erstellen Sie als Linien, so wie oben beschrieben. Die erstellten Linien stellen inhaltlich die Entscheidungsmöglichkeiten dar und sind mit Wahrscheinlichkeiten zu beschriften. Zur Beschriftung der Kanten klicken Sie mit der Maus im Menü „Einfügen" auf das Symbol „Textfeld" in der Symbolleiste. Platzieren Sie den Mauscursor ungefähr in der Mitte der Linie und klicken Sie mit der linken Maustaste. Excel erstellt ein Textfeld, das nicht an eine Zelle gebunden ist. Tragen Sie hier die Wahrscheinlichkeit der jeweiligen Entscheidungsalternative ein. So ist die vom Startkonten zum Knoten E gehende Kante mit 0,9 und die zum Gegenereignis gehende Kante mit der Wahrscheinlichkeit von 0,1 zu beschriften. Analog ist mit den übrigen Kanten des Baumes zu verfahren.

Die von $\bar{E}$ ausgehenden Entscheidungsmöglichkeiten und Ereignisse sind theoretisch, unter den im Sachstand beschriebenen Ablaufbedingungen des Prozesses aber praktisch nicht möglich. Um diesen Unterschied kenntlich zu machen, wurden die entsprechenden Teile des Baumes mit gestichelten Linien ausgeführt. Das Ergebnis ist in Abb. 8.4 dargestellt.

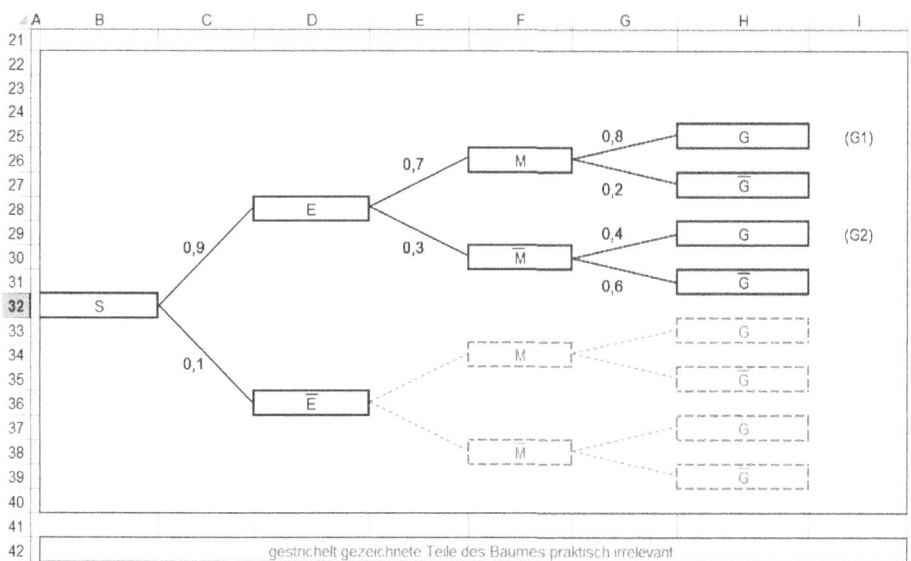

Abb. 8.4 Ereignisbaum des Managementprozesses „Produktinnovation"

2.c Diagramminterpretation

Der Entscheidungsbaum ist ein sehr anschauliches und informatives graphisches Modell eines mehrstufigen Entscheidungsprozesses. Er zeigt nicht nur die bekannten Entscheidungsmöglichkeiten und ihre Eigenschaften auf jeder Prozessstufe und die daraus resultierenden Ereignisse, sondern darüber hinaus die ablaufmäßige und sachlogische Verknüpfung der stufenbezogenen Entscheidungsmöglichkeiten und der daraus resultierenden Ereignisse. Damit liefert er ein übersichtliches Bild über den Gesamtprozess, das über die gegebenen Daten weit hinausgeht.

Aus der **Gesamtprozesssicht** interessiert man sich typischerweise dafür, welche Ergebnisse/Ereignisse im Prozess überhaupt möglich und welche nicht möglich sind. Die **möglichen/unmöglichen Ereignisse** kann man alle als **Knoten** im Baum leicht identifizieren. So sind die im unteren Teil des Baumes von $\bar{E}$ ausgehenden Entscheidungsmöglichkeiten und deren Ergebnisse nur theoretisch, aber aufgrund der Prozessorganisation nicht praktisch möglich und deshalb hier irrelevant.

Darüber hinaus sieht man bei jedem Ereignis (außer dem Startereignis), dass es nur unter bestimmten Voraussetzungen auftreten kann, es sich also durchgehend um eine spezielle Ereignisart handelt, nämlich **bedingte Ereignisse**. Man sieht auch bei jedem (bedingten) Ereignis, unter welchen Voraussetzungen es überhaupt auftreten kann, indem man von dem betrachteten Knoten aus den Weg über die Kanten rückwärts zum Startknoten verfolgt. Jeder Knoten im Baum (außer dem Startknoten) kann nämlich nur über genau einen Weg als ununterbrochene Folge von Kanten vom Startknoten zu dem betrachteten Knoten erreicht werden. Ein betrachtetes (bedingtes) Ereignis tritt also nur dann ein, wenn alle auf dem Weg zu ihm liegenden Entscheidungen realisiert und damit durch das logische UND miteinander verknüpft werden.

Diese Erkenntnis über die Ereignisse und ihre ablauflogische Verknüpfung mit den Entscheidungen ist für die Ermittlung ihrer Wahrscheinlichkeiten von grundlegender Bedeutung. Sie bedeutet nämlich, dass es sich bei den Entscheidungswahrscheinlichkeiten um **bedingte Wahrscheinlichkeiten** handelt und dass die Wahrscheinlichkeit eines (bedingten) Ereignisses einfach durch Multiplikation der Wahrscheinlichkeiten der zu ihm führenden Entscheidungen zugänglich ist.

3. Wahrscheinlichkeit bestimmter Ereignisse

Bestimmen Sie das gesuchte Ereignis zunächst im Diagramm, beschreiben Sie es dann in Symbolen (Formalisierung) und geben sie die Rechenregel zur Ermittlung seiner Wahrscheinlichkeit an.

3.a Produkt kommt über das Entwicklungsstadium nicht hinaus

Diagramm: Ereignis $\bar{E}$.

Formalisierung: $W\left(\bar{E}\right)$; Rechenregel: $W\left(\bar{E}\right) = 1 - W\left(E\right)$.

Anwendung: $1 - 0{,}9 = 0{,}1$.

3.b Produkt übersteht Marketingwürdigung nicht

Diagramm: Ereignis $\bar{M}$.

Formalisierung: $W\left(\bar{M}\right)$; Rechenregel: $W\left(\bar{M}\right) = W\left(E\right) \cdot W\left(\bar{M}|E\right)$.

Anwendung: $0{,}9 \cdot 0{,}3 = 0{,}27$.

3.c Produkt wird am Markt eingeführt, auch wenn Entwicklung und Marketing dagegen sind

Diagramm: Ereignis in Zelle H37.

Formalisierung: $W\left(\text{H37}\right)$; Rechenregel: $W\left(\text{H37}\right) = 0$, da unmögliches Ereignis.

3.d Produkt wird am Markt eingeführt, wenn alle organisatorischen Einheiten dafür sind

Diagramm: Ereignis in Zelle H25.

Formalisierung: $W\left(\text{H25}\right)$; Rechenregel: $W\left(\text{H25}\right) = W\left(G|M\right) \cdot W\left(M|E\right) \cdot W\left(E\right)$.

Anwendung: $0{,}8 \cdot 0{,}7 \cdot 0{,}9 = 0{,}504$.

3.e Produkt wird am Markt eingeführt, auch wenn Marketing negativ bescheidet

Diagramm: Ereignis in Zelle H29.

Formalisierung: $W\left(\text{H29}\right)$; Rechenregel: $W\left(\text{H29}\right) = W\left(G|\bar{M}\right) \cdot W\left(\bar{M}|E\right) \cdot W\left(E\right)$.

Anwendung: $0{,}4 \cdot 0{,}3 \cdot 0{,}9 = 0{,}108$.

3.f Produkt wird am Markt eingeführt

Diagramm: $G1 \cup G2$.

Formalisierung: $W\left(G1 \cup G2\right)$; Rechenregel: $W\left(G1\right) + W\left(G2\right)$ wegen Disjunktheit.

Anwendung: $0{,}534 + 0{,}108 = 0{,}648$.

8.3 Übungsaufgaben

8.3.1 Aufgabe „Mensa"

Eine vom Studentenwerk unlängst durchgeführte Umfrage ergab, dass 70 % aller Studierenden regelmäßig in der Mensa essen, 40 % sich längere Mensaöffnungszeiten wünschen und 20 % regelmäßig in der Mensa essen gehen und sich längere Öffnungszeiten wünschen.

Aufgabenstellungen

1. Benennen und formalisieren Sie die im Sachstand angegebenen Ereignisse und deren
   Gegenereignisse (Komplementärereignisse). Geben Sie die Wahrscheinlichkeit der im
   Sachstand genannten Ereignisse an. Welchen Wahrscheinlichkeitsbegriff haben Sie da-
   bei benutzt?
2. Stellen Sie die im Sachstand genannten Ereignisse in einer auch zur Ermittlung der
   Wahrscheinlichkeit weiterer Ereignisse geeigneten Weise graphisch dar.
3. Klären Sie durch Sachanalyse (Un)abhängigkeit und Disjunktheit der beiden Aspekte
   (Begründung).
4. Wahrscheinlichkeit bestimmter Ereignisse
   *Bearbeitungshinweis: Bestimmen Sie das gesuchte Ereignis zunächst im Diagramm (mit
   Begründung) und schätzen Sie darin seine Wahrscheinlichkeit ab. Beschreiben Sie es dann
   in Symbolen (Formalisierung) und geben Sie jeweils mindestens einen gangbaren Lösungsweg mit Hilfe von Rechenregeln an.*
   Wie groß ist die Wahrscheinlichkeit, dass ein zufällig ausgewählter Studierender
   a) nicht regelmäßig in der Mensa isst?
   b) weder regelmäßig in der Mensa isst, noch sich längere Öffnungszeiten wünscht?
   c) sich längere Öffnungszeiten wünscht, wenn bereits vorher bekannt ist, dass er ein
   regelmäßiger Mensaesser ist?
   d) regelmäßig in der Mensa isst und keine längeren Öffnungszeiten wünscht?
   e) nicht regelmäßig in der Mensa isst und sich trotzdem längere Öffnungszeiten
   wünscht?
   f) Entweder regelmäßig in der Mensa isst oder sich längere Öffnungszeiten wünscht?

8.3.2   Aufgabe „Technologieinnovation"

Eine Technologiefirma erwägt die Erweiterung ihrer Produktpalette um eine neue Technologie. Ein Projektteam ist mit der diesbezüglichen Grobplanung beauftragt. Es hat als
nötige und aufeinander folgende Phasen Entwicklung, Fabrikation und Absatz eruiert und
dazu bislang folgende Angaben als Planungsdaten ermittelt.

Aspekt	Entwicklung	Fabrikation	Absatz		
			Hoch	Mittel	Gering
Wahrscheinlichkeit [%]	50	–	50	30	20
Investitionskosten [Mio. €]	5	20			
Umsatz [Mio. €]			59	45	35

Ist die Entwicklung der Technologie erfolgreich, so muss man sie nicht unbedingt produzieren und vermarkten, sondern kann die Rechte für geschätzte 25 [Mio. €] verkaufen,

ohne dass die Produktion gestartet werden müsste. Das Team soll die Ergebnisse seiner Voruntersuchung demnächst dem Vorstand präsentieren. Hauptbewertungs- und Entscheidungskriterium soll der Gewinn/Verlust sein. Helfen Sie ihm.

Aufgabenstellungen

1. Benennen und formalisieren Sie für jede Phase die alternativen Entscheidungen und Ereignisse mit ihren wirtschaftlichen Konsequenzen und Wahrscheinlichkeiten. Welchen Wahrscheinlichkeitsbegriff haben Sie dabei benutzt?
2. Stellen Sie die bisherige Grobplanung mit allen nötigen monetären und wahrscheinlichkeitsbezogenen Angaben in geeigneter Form grafisch dar. Nennen und begründen Sie kurz die benutzte Darstellungsform.
3. Charakterisierung von möglichen Entscheidungen und Ereignissen
   a) Ermitteln Sie den zu erwartenden Gewinn/Verlust der Fabrikinvestition unter Berücksichtigung der Absatzszenarien und ihrer Wahrscheinlichkeiten.
   b) Wie hoch müsste der bei Verkauf der Technologierechte erzielbare Preis mindestens sein, damit der Rechteverkauf ernsthaft in Betracht käme?
   c) Sollte die Firma sich insgesamt für oder gegen die Entwicklung und Vermarktung der Technologie entscheiden? Wie kommen Sie nachvollziehbar zu Ihrem Votum? Wie groß ist der ökonomische Vorteil der besseren Alternative?

Kann eine vom Zufall beeinflusste Größe nur eine endliche Zahl von Werten annehmen, ist sie **diskret**. Ihre einzelnen möglichen Werte treten mit Wahrscheinlichkeiten auf und ergeben insgesamt eine Wahrscheinlichkeitsverteilung. Für den Anwender besteht die Hauptaufgabe und -schwierigkeit beim Umgang mit von Zufall beeinflussten Größen darin, die Unsicherheit in einer möglichst gut passenden Wahrscheinlichkeitsverteilung einzufangen und zu quantifizieren. Dazu gibt es zwei grundsätzlich unterschiedliche Wege und innerhalb jedes Weges wiederum eine Reihe von Ansätzen. Die hier behandelten grundlegenden Ansätze zeigt folgende Übersicht zeigt.

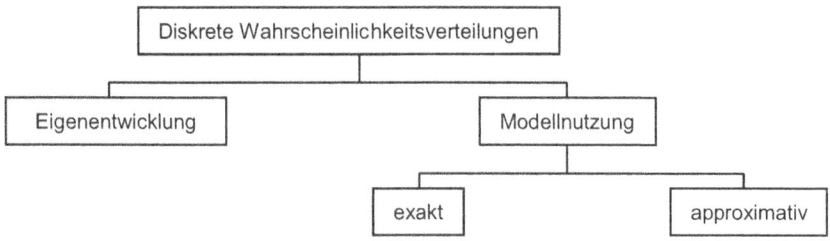

Der eine Weg besteht darin, aus den Sach- und Datenkenntnissen über den Anwendungsfall **eigenständig** und direkt eine individuelle Wahrscheinlichkeitsverteilung zu **entwickeln**. Dabei muss man die in Kap. 8 behandelten Wahrscheinlichkeitsbegriffe nutzen. Dieser Weg wird in Abschn. **9.1 Aufgabe „Unsichere Tagesproduktion"** beschritten. Dabei werden zur Planung der Tagesproduktion unter Unsicherheit die Daten des letzten Jahres benutzt und ausgewertet. Die so entwickelte Wahrscheinlichkeitsverteilung und ihre Kenngrößen werden dann genutzt, um auch den unsicheren Gewinn/Verlust zu planen.

Der zweite Weg besteht darin, aus dem Angebot von **theoretischen** Wahrscheinlichkeitsverteilungen einen im Anwendungsfall möglichst gut passenden **Verteilungstyp** auszuwählen und ihn sachgerecht zu spezifizieren. Bei diesem indirekten Weg wird also ein **idealtypisches, formales mathematisches Modell** benutzt und mit Hilfe seiner Spezifika-

J. Meißner und T. Wendler, *Statistik-Praktikum mit Excel*,
Studienbücher Wirtschaftsmathematik, DOI 10.1007/978-3-658-04187-8_9,
© Springer Fachmedien Wiesbaden 2015

tion die im Anwendungsfall benötigte numerische Wahrscheinlichkeitsverteilung ermittelt. Obwohl der indirekte Weg über ein Modell als Umweg erscheinen mag, wird er in der Praxis doch wenn immer möglich beschritten, da die direkte Ermittlung individueller Wahrscheinlichkeitsverteilungen in der Regel nicht nur vergleichsweise schwierig und aufwendig, sondern häufiger auch schlicht gar nicht möglich ist.

Von den vielen diskreten Verteilungstypen der Statistik werden hier nur zwei verwendet, die auf der recht einfachen Experimentanordnung von BERNOULLI basieren: die **Binomialverteilung** und die **Hypergeometrische Verteilung**. Die Verwendung eines Verteilungstyps hat aus Anwendungssicht drei grundlegende Aspekte: Zum einen sollte man die Anwendungsvoraussetzungen des Verteilungstyps kennen und sie möglichst weitgehend beachten. Zum Zweiten muss man in der Lage sein, den ausgewählten Verteilungstyp durch die im Anwendungsfall zutreffenden Werte seiner Funktionsparameter sachgerecht zu spezifizieren. Und last but not least darf die Ermittlung von Wahrscheinlichkeiten mit dem spezifizierten Verteilungstyp nicht zu kompliziert und aufwendig sein. In Abschn. **9.2 Aufgabe „Baumwollfasern"** sind alle drei Aspekte erfüllt, so dass man mit dem Modell die im Anwendungsfall exakt zutreffende numerische Wahrscheinlichkeitsverteilung leicht ermitteln kann. In Abschn. 9.3 Aufgabe „Feuerwerkskörper" sind die ersten beiden Aspekte erfüllt, doch ist das Arbeiten mit dem exakten Verteilungsmodell bei konventioneller Vorgehensweise (Nutzung von Formeln und Verteilungstabellen) kompliziert und aufwendig. Dann ist es äußerst hilfreich, an Stelle des an sich exakt passenden Verteilungstyps einen anderen näherungsweise (approximativ) zu verwenden. Diese Möglichkeit gibt es für eine Reihe statistischer Verteilungstypen, wenn entsprechende **Approximationsbedingungen** erfüllt sind. Die Approximation ist nicht nur hilfreich, sondern nötig, wenn das exakte Verteilungsmodell in seinen Parametern nicht vollständig spezifizierbar ist. In Abschn. **9.3 Aufgabe „Feuerwerkskörper"** wird die Approximation diskreter Verteilungen behandelt und es wird gezeigt, dass die Abweichungen zwischen den Wahrscheinlichkeiten des exakten und approximativen Modells für praktische Zwecke stets klein genug sind, wenn die Approximationsbedingungen erfüllt sind.

Die Wahrscheinlichkeitsverteilung einer diskreten Zufallsgröße hat große Ähnlichkeit mit der **relativen Häufigkeitsverteilung** eines quantitativen und metrisch skalierten, diskreten Merkmals in der beschreibenden Statistik. Zum einen gibt es jede Wahrscheinlichkeitsverteilung in zwei Formen, nämlich als **Wahrscheinlichkeitsfunktion** (analog der relativen Häufigkeitsfunktion) und als **Verteilungsfunktion.** Zum Zweiten sind die **tabellarischen und grafischen Darstellungen** von diskreten Wahrscheinlichkeits- und Häufigkeitsverteilungen praktisch identisch. Und zum Dritten charakterisiert man Wahrscheinlichkeitsverteilungen verdichtend durch **Kenngrößen** – insbesondere der **Mitte** und der **Streuung** –, die konzeptionell ebenfalls von den Häufigkeitsverteilungen her bereits bekannt sind. In der praktischen Arbeit mit diskreten Wahrscheinlichkeitsverteilungen werden wir deshalb sehr oft auf Know-how zurückgreifen, das schon bei den Häufigkeitsverteilungen behandelt wurde.

9.1 Aufgabe „Unsichere Tagesproduktion"

In einem mittelständischen Betrieb wurde im letzten Jahr die arbeitstäglich hergestellte Menge eines bestimmten Produktes wie folgt erfasst:

Produktionsmenge [Stück]	8	9	10	11	12	13
Arbeitstage	15	50	72	40	30	20

Der neu eingestellte Produktmanager will die Erfahrungswerte zukünftig zur Planung der Herstellmenge des Produktes unter Unsicherheit benutzen. Helfen Sie ihm.

9.1.1 Aufgabenstellungen

1. Ermitteln Sie die Wahrscheinlichkeitsverteilung der Tagesproduktion in einer Tabelle. Welchen Wahrscheinlichkeitsbegriff haben Sie dabei verwendet?
2. Stellen Sie die Wahrscheinlichkeitsverteilung in geeigneter Form graphisch dar.
3. Benennen und begründen Sie kurz die gewählte Darstellungsform.
4. Welche Charakteristika hat die Verteilung?
5. Ermitteln Sie die Summenwahrscheinlichkeitsverteilungen und stellen Sie die Verteilungsfunktion in geeigneter Form graphisch dar.
6. Ermitteln und interpretieren Sie die Kenngrößen der Verteilung. Wie aussagefähig ist der Erwartungswert als wichtigste Kenngröße der unsicheren Tagesproduktion im vorliegenden Fall? Führen Sie zur fundierten Beantwortung einen systematischen Aussagefähigkeitscheck durch.
7. Der Produktmanager hat zur Tagesproduktion einige Fragen. Formalisieren Sie bitte die Fragestellungen und geben Sie dann den Lösungsweg an.
8. Wie groß ist die Wahrscheinlichkeit für folgende Herstellmengen:
   a) höchstens 10 Stück?
   b) weniger als 10 Stück?
   c) zwischen 9 und 12 Stück?
   d) wenigstens 11 Stück?
   e) mehr als 11 Stück?
   Welche Herstellmenge wird mit einer Wahrscheinlichkeit von
   f) mindestens 90 % höchstens erreicht?
   g) mindestens 90 % nicht unterschritten?
   In welchem Intervall
   h) liegen die mittleren 50 % der Herstellmenge?
   i) liegt die Herstellmenge des 1-SIGMA-Streubereichs mit welcher Wahrscheinlichkeit?
9. Die fixen Herstellkosten betragen 1000 [€/Tag], der produktionsbezogene Deckungsbeitrag 125 [€/Stück].

a) Geben Sie die Formel für den Zusammenhang von Herstellmenge (X) und produktionsbezogenem Gewinn/Verlust (Y) an.

b) Ermitteln Sie die Wahrscheinlichkeitsfunktion von Y (Begründung).

c) Ermitteln Sie die Kenngrößen der Wahrscheinlichkeitsverteilung von $Y(1)$ aus der Wahrscheinlichkeitsfunktion von $Y(2)$ aus den Kenngrößen von X über Formeln und interpretieren Sie sie sachgerecht.

d) Fragen zu Gewinn/Verlust

- Welcher Gewinn/Verlust ist am wahrscheinlichsten, welcher am unwahrscheinlichsten?
- Wie groß ist die Wahrscheinlichkeit für Verluste?
- Wie groß ist die Wahrscheinlichkeit für Gewinne von mindestens 150 [€]?
- Bei welcher Tagesproduktion liegt der Break-Even-Point?

LERNINHALTSÜBERSICHT	
STATISTIK	**EXCEL-UNTERSTÜTZUNG**
1. Ermittlung der Wahrscheinlichkeiten	
a) Ansatz	
b) Wahrscheinlichkeitsverteilung (Tabelle)	**Formel**
2. Grafische Darstellung der Wahrscheinlichkeitsverteilung	
a) Diagrammtypauswahl	
b) Diagrammerstellung	Diagrammtyp
c) Grobcharakteristika	
3. Summenwahrscheinlichkeitsverteilungen	
a) Ermittlung (Tabelle)	**Formeln**
b) Grafische Darstellung	
α. Diagrammtypauswahl	
β. Diagrammerstellung	**Treppenkurve**
4. Kenngrößen	
a) Ermittlung	
α. Erwartungswert	**Formel, Funktion SUMMENPRODUKT**
β. Streuung	**Formeln**
b) Sachgerechte Interpretation	
c) Aussagefähigkeit des Erwartungswertes	**Formel**
5. Fragen zur unsicheren Tagesproduktion	**Funktion WAHRSCHBEREICH**
6. Unsichere Gewinne/Verluste	
a) Zusammenhang m. Produktion (Formel)	**Formel**
b) Gewinn-/Verlustverteilung	
c) Kenngrößen	**Formeln**
d) Fragen	

9.1.2 Aufgabenlösungen

1. Ermittlung der Wahrscheinlichkeiten

1.a Ansatz

Es gibt drei Wege zur Ermittlung von Wahrscheinlichkeiten, die Folge von dahinter liegenden **Wahrscheinlichkeitsbegriffen** sind: logische, empirische und subjektive Wahrscheinlichkeit. Beim empirischen Ansatz werden Wahrscheinlichkeiten aus Fakten abgeleitet. Dieser Ansatz ist hier verwendbar, da man die Anzahl der Arbeitstage im letzten Jahr kennt, an denen bestimmte Mengen des Produktes hergestellt wurden. Unter der Voraussetzung, dass sich die Produktionsbedingungen im Planungszeitraum von denen im Erhebungszeitraum der Daten nicht wesentlich unterscheiden, ist es möglich und sinnvoll, die Planung der unsicheren Tagesproduktion aus der realisierten Produktion abzuleiten. Nach dem empirischen Wahrscheinlichkeitsbegriff entspricht der Grenzwert der relativen Häufigkeit eines Ereignisses mathematisch seiner Wahrscheinlichkeit. Wendet man diese Definition pragmatisch an, so entsprechen die relativen Häufigkeiten, mit denen im letzten Jahr bestimmte Tagesproduktionsmengen festgestellt wurden, näherungsweise den Wahrscheinlichkeiten, mit denen man auch im Planungszeitraum mit ihnen rechnen kann.

1.b Wahrscheinlichkeitsverteilung (Tabelle)

Wir bezeichnen die Tagesproduktion im letzten Jahr als **empirische Variable** mit M, ihre Werte mit m_j und die Anzahl der Arbeitstage mit einer bestimmten Herstellmenge mit $h(m_j)$. Die relativen Häufigkeiten $f(m_j)$ erhält man auf gewohnte Weise durch Division der $h(m_j)$ durch deren Summe. Die Tagesproduktion als **stochastische Variable** bezeichnen wir mit X, ihre möglichen Werte mit x_j und deren Wahrscheinlichkeit mit $W(x_j)$. Wegen des obigen Ansatzes modellieren wir $m_j = x_j$ und $f(m_j) = W(x_j)$. Abbildung 9.1 enthält die Ergebnisse und eine Formeleingabe.

Abb. 9.1 Ermittlung der Einzelwahrscheinlichkeiten

	A	B	C	D
		Tagesprod. [Stück]	absolute Häufigkeit	rel. Häufigk. Wahrscheinl.
12/13/14		$m_j = x_j$	$h(m_j)$	$f(m_j)=w(x_j)$
15		8	15	0,06608
16		9	50	0,22026
17		10	=C15/$C$21	0,31718
18		11	40	0,17621
19		12	30	0,13216
20		13	20	0,08811
21		Summe	227	1,00000

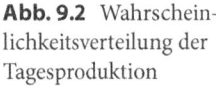

Abb. 9.2 Wahrschein-
lichkeitsverteilung der
Tagesproduktion

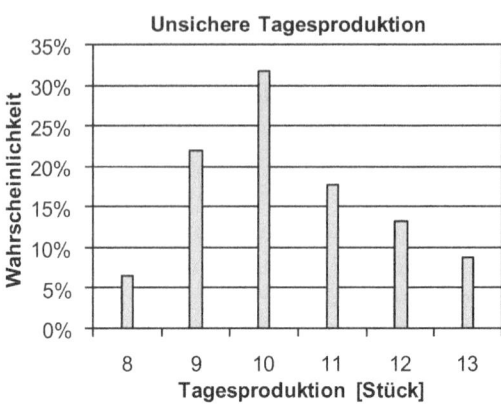

2. Graphische Darstellung der Wahrscheinlichkeitsverteilung

2.a Diagrammtypauswahl

Die empirische und die zufällige Variable „Tagesproduktion" sind **diskret**, insbesondere
können sie im vorliegenden Fall nur einige wenige ganzzahlige Werte annehmen. Zur grafischen Darstellung der Wahrscheinlichkeitsverteilung einer diskreten Zufallsgröße benutzt
man standardmäßig das Stabdiagramm.

2.b Diagrammerstellung

Die Erstellung eines Stabdiagramms ist in Abschn. 2.1 Aufgabe „Personalprofil", Teilaufgabe 3.b beschrieben, worauf hier verweisen sei. Abbildung 9.2 zeigt die Musterlösung.

2.c Grobcharakteristika

Arbeitstäglich werden mindestens 8 und höchstens 13 Produkte hergestellt. Am unwahrscheinlichsten ist mit 6,6 % eine Tagesproduktion von 8 [Stück], am wahrscheinlichsten mit
31,7 % eine von 10 [Stück]. Größere Herstellmengen schafft man nur mit immer kleiner
werdender Wahrscheinlichkeit. Die Verteilung ist von der Form her eingipflig und leicht
rechtsschief.

3. Summenwahrscheinlichkeitsverteilungen

Summenwahrscheinlichkeitsverteilungen geben an, mit welcher Wahrscheinlichkeit eine
diskrete Zufallsgröße höchstens oder mindestens einen bestimmten Wert annimmt. Man
erhält sie aus der Wahrscheinlichkeitsverteilung durch systematische Summation ihrer Einzelwahrscheinlichkeiten, die entweder von den kleineren zu den größeren Werten der Zufallsgröße hin aufsteigend oder umgekehrt von den größeren zu den kleineren Werten hin
absteigend vollzogen werden kann. Dabei ist die **aufsteigende Kumulation** üblich und die
resultierende Summenwahrscheinlichkeitsverteilung wird in der Fachsprache der Statistik
auch **Verteilungsfunktion** genannt und mit $F(x)$ notiert. Wir notieren ergänzend die ab-

	A	B	C	D	E
29		Tagesprod.	Wahrschein-	Summenwahrscheinlichkeit	
30		[Stück]	lichkeit	aufsteigend	absteigend
31		x_j	$W(x_j)$	$W(X{\leq}x)=F(x)$	$W(X{\geq}x)=G(x)$
32		8	0,06608	0,06608	1,00000
33		9	0,22026	0,28634	0,93392
34		10	0,31718	0,60352	0,71366
35		11	0,17621	0,77974	0,39648
36		12	0,13216	0,91189	0,22026
37		13	0,08811	1,00000	0,08811
38		Summe	1,00000	=E37+C36	

Abb. 9.3 Ermittlung der Summenwahrscheinlichkeiten

fallende Summenwahrscheinlichkeitsfunktion mit $G(x)$. Für die Verteilungsfunktion gilt:

$$W\left(X \leq x\right) = F\left(x\right) = \sum_{x_i \leq x} f\left(x_i\right).$$

3.a Ermittlung (Tabelle)

Zur Berechnung der aufsteigenden und absteigenden Summenwahrscheinlichkeiten erweitert man die Tabelle der Wahrscheinlichkeitsverteilung um die zwei benötigten Spalten, die man entsprechend beschriftet. Die Berechnung der Summen erfolgt durch Eingabe und Kopieren geeigneter Formeln. Dabei ist wie in Abschn. 2.3 Aufgabe „Kaltmiete", Teilaufgabe 3. vorzugehen. Abbildung 9.3 zeigt alle Ergebnisse und beispielhaft eine Formeleingabe für die absteigenden Summenwahrscheinlichkeiten.

3.b Grafische Darstellung

Diagrammtypauswahl Zur grafischen Darstellung von Summenwahrscheinlichkeitsfunktionen eignen sich **Summenkurven**. Bei diskreten Größen haben Summenkurven die spezielle Form von **Treppenkurven**, da eine diskrete Größe nicht alle reellen Zahlen annehmen kann. Die „Sprungstellen" befinden sich genau an den Stellen, an denen die diskrete Größe ihre Werte x_j hat, und die „Höhe der Sprungstellen" entspricht den Einzelwahrscheinlichkeiten $W(x_j)$. Wir stellen hier beispielhaft nur die aufsteigende Summenwahrscheinlichkeitsfunktion – die Verteilungsfunktion – dar.

Diagrammerstellung Ein Diagrammtyp „Treppenkurve" – etwa als Untertyp eines Kurvendiagramms – ist in Excel nicht verfügbar. Eine passable Konstruktion ist über ein entsprechend umgestaltetes Säulendiagramm möglich. Erstellen Sie zunächst mit den Verteilungsfunktionswerten ein Säulendiagramm, dessen Säulen ohne Abstand – d. h. bündig – nebeneinander stehen, so wie in Abschn. 2.2 Aufgabe „Entgelt", Teilaufgabe 3) beschrieben. Um daraus in grober Näherung eine Treppenkurve zu machen, entfernt man die Säulenrahmen.

Abb. 9.4 Verteilungsfunktion
(„Treppenkurve")

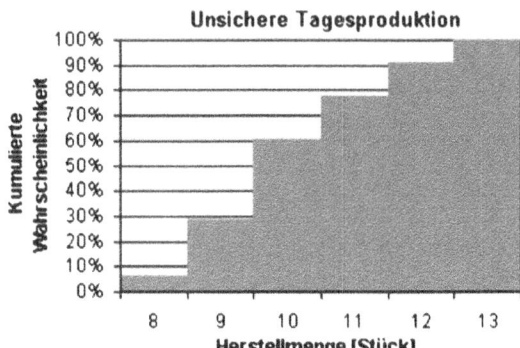

Doppelklicken Sie dazu auf eine der Säulen. Um eine Farbe und ein Muster für die Füllung auszuwählen, klicken Sie im sich rechts öffnenden Dialogfenster auf das linke Symbol „Füllung und Linie". Wählen Sie im Abschnitt Füllung die Option „einfarbige Füllung" und im Abschnitt „Rahmen" die Option „keine Linie". Sie erhalten das in Abb. 9.4 dargestellte Diagramm.

In der so konstruierten Treppenkurve ist die Platzierung der Beschriftung auf der waagerechten Achse (Rubrikenachse) nicht gelungen. Die Herstellmengen stehen nämlich mittig unter den „ehemaligen" Säulen, sie müssten aber korrekter Weise jeweils am „Säulenanfang" stehen. Dies ist bei der sachgerechten Interpretation des Diagramms auf jeden Fall zu beachten, ebenso wie die Tatsache, dass nicht die Fläche, sondern deren Oberkante die Verteilungsfunktion repräsentiert!

4. Kenngrößen

Für Wahrscheinlichkeitsverteilungen können die gleichen Verteilungsaspekte charakteristisch sein wie für Häufigkeitsverteilungen und man kann sie prinzipiell auch durch die dort behandelten Kenngrößen quantifizieren. Es ist aber üblich, als grundlegende Aspekte nur die Mitte und die Streuung zu charakterisieren und dafür nur bestimmte Maßgrößen zu verwenden. So verwendet man grundsätzlich das arithmetische Mittel als Mittelwert einer Wahrscheinlichkeitsverteilung und nennt diesen Mittelwert **Erwartungswert**. Die Streuung misst man in der Regel durch **Varianz/Standardabweichung** und **Variationskoeffizienten**.

4.a Ermittlung

Die in Excel verfügbaren und in Abschn. 3.1 Aufgabe „Personalkenngrößen" behandelten statistischen Funktionen für Kenngrößen wie das arithmetische Mittel, die Varianz etc. kann man bei Wahrscheinlichkeitsverteilungen generell nicht verwenden, da sie nur für *nicht bereits aufbereitete* Daten geeignet sind. Alle Kenngrößen sind daher durch Umsetzung ihrer Formeln zu berechnen. Das geschieht am besten in einem eigenen Tabellenblatt, in das die Wahrscheinlichkeitsverteilung vorab kopiert wird.

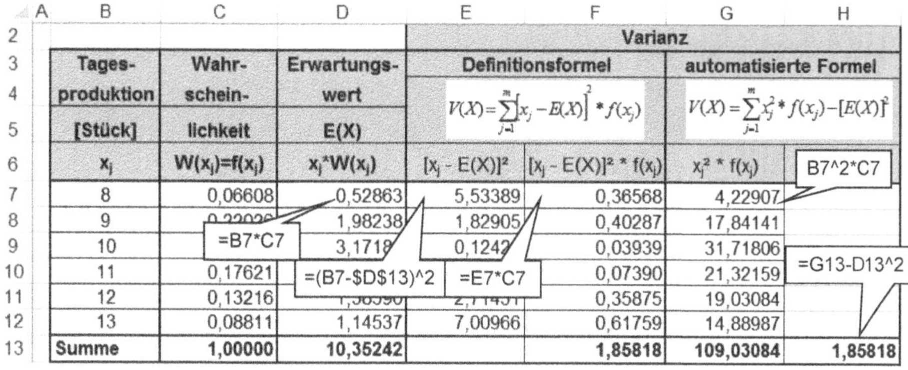

	Tages-produktion [Stück]	Wahr-schein-lichkeit	Erwartungs-wert E(X)	Varianz			
				Definitionsformel $V(X)=\sum_{j=1}^{m}\left[x_j-E(X)\right]^2 * f(x_j)$		automatisierte Formel $V(X)=\sum_{j=1}^{m}x_j^2 * f(x_j)-[E(X)]^2$	
	x_j	$W(x_j)=f(x_j)$	$x_j*W(x_j)$	$[x_j - E(X)]^2$	$[x_j - E(X)]^2 * f(x_j)$	$x_j^2 * f(x_j)$	B7^2*C7
7	8	0,06608	0,52863	5,53389	0,36568	4,22907	
8	9	0,22028	1,98238	1,82905	0,40287	17,84141	
9	10	=B7*C7	3,1718	0,1242	0,03939	31,71806	
10	11	0,17621	=(B7-$D$13)^2	=E7*C7	0,07390	21,32159	=G13-D13^2
11	12	0,13216	1,58590	2,71451	0,35875	19,03084	
12	13	0,08811	1,14537	7,00966	0,61759	14,88987	
13	Summe	1,00000	10,35242		1,85818	109,03084	1,85818

Abb. 9.5 Berechnung der Kenngrößen

Erwartungswert Der Erwartungswert einer diskreten Wahrscheinlichkeitsverteilung entspricht konzeptionell dem Durchschnittswert einer diskreten Häufigkeitsverteilung. Mit den für diskrete Wahrscheinlichkeitsverteilungen verwendeten Symbolen ist er ganz allgemein wie folgt definiert:

$$E(X) = \sum x_j \cdot W\left(x_j\right) = \sum x_j \cdot f\left(x_j\right).$$

Zur Umsetzung der Formel erweitert man die Wahrscheinlichkeitsverteilungstabelle um eine Spalte für das Produkt, die man entsprechend beschriftet. Die Berechnung selbst kann man mit Excel auf zwei Arten vornehmen. Zum einen berechnet man in der ersten Zelle der neu angelegten Spalte das Produkt (siehe Abb. 9.5, Zelle D7), kopiert die Formel nach unten und bildet die Summe.

Zum anderen kann man aus der Kategorie „Mathematik und Trigonometrie" die **Funktion SUMMENPRODUKT** verwenden, die man über den Funktionsassistenten aufruft. Als Funktionsargumente liest man im Dialogfeld „Matrix 1" die Werte der Zufallsgröße und im Dialogfeld „Matrix 2" die Wahrscheinlichkeiten ein und erhält als Ergebnis sofort die Summe der Produkte, in der Musterlösung den Wert 10,35242 in Zelle D13.

Varianz, Standardabweichung und Variationskoeffizient Für die Varianz einer diskreten Wahrscheinlichkeitsverteilung gibt es – analog zur empirischen Varianz einer diskreten Häufigkeitsverteilung – eine Definitionsformel und eine Formel zur automatisierten Berechnung. Aus didaktischen Gründen werden hier beide Formeln verwendet. In der Regel verwendet man die automatisierte Berechnungsformel, da sie genauer und effizienter ist. Die beiden Formeln sind in der Kopfzeile der Abb. 9.5 angegeben. Zur Berechnung der Varianz durch Umsetzung der Formeln benötigt man für jede Berechnungsart mindestens eine neue Spalte. Die Formeln sind jeweils in die erste Zelle der neuen Spalte einzugeben, in die übrigen Zellen zu kopieren und die Ergebnisse am Ende zu summieren. Abbildung 9.5 zeigt beispielhaft einige Formeleingaben und die Ergebnisse. Im vorliegenden Fall führen die beiden Varianzformeln nicht zu unterschiedlichen Ergebnissen.

Die Formeln für die Standardabweichung und den Variationskoeffizienten sind mit den im Kap. 3 behandelten identisch und ihre Anwendung so einfach, dass sie hier nicht noch einmal behandelt wird. Als Ergebnis erhält man $\sigma(x) = 1{,}36$ und VK = 13,17 %.

4.b Interpretation

Erwartungswert: Im Durchschnitt kann man mit einer Tagesproduktionsmenge von ~ 10,35 [Stück] rechnen.

Varianz: Die Varianz ist als quadratische Größe nicht anschaulich interpretierbar.

Standardabweichung und Variationskoeffizient: Im Durchschnitt kann man mit einer Abweichung von ~ 1,36 Produkten bzw. von ~ 13,17 % von der im Mittel zu erwartenden Tagesproduktion rechnen.

4.c Aussagefähigkeit des Erwartungswertes

Der Erwartungswert als wichtigste Kenngröße einer Wahrscheinlichkeitsverteilung wird aus Anwendersicht in der Regel unter folgenden Aspekten beurteilt:

Realisation der Zufallsgröße Der ermittelte Erwartungswert von 10,35 Produkten täglich ist kein Wert der Zufallsgröße, der tatsächlich auftreten kann, sondern nur ein rein rechnerischer Wert. Das ist aus Anwendersicht negativ.

Wahrscheinlichkeit Von dem Wert der Zufallsgröße, mit dem man im Durchschnitt rechnen muss, erwartet man, dass seine Wahrscheinlichkeit auf jeden Fall größer als NULL ist. Typischerweise erwartet man, dass diese sogar besonders groß ist. In unserem Fall ist die Wahrscheinlichkeit des Erwartungswert NULL, was aus Anwendersicht negativ ist.

Streuung Der Erwartungswert als Mittelwert einer Wahrscheinlichkeitsverteilung ist umso aussagefähiger, je kleiner die Streuung ist. Zur überschlägigen Beurteilung, ob die Streuung in einer Verteilung eher groß oder klein ist, benutzt man gerne das 1-SIGMA-Intervall. Die Werte der Zufallsgröße in diesem Intervall haben zusammengenommen mindestens die Wahrscheinlichkeit von 50 %, unabhängig vom Verteilungstyp. Nach einer gängigen Faustregel ist die Streuung dann noch nicht unverhältnismäßig groß, wenn die Länge des 1-SIGMA-Intervalls kleiner oder höchstens so groß ist wie die Hälfte der Spannweite des relevanten Wertebereichs der Zufallsgröße, formal:

$$2 \cdot \sigma(X) < 1/2 \cdot SW.$$

Im vorliegenden Fall beträgt die Länge des 1-SIGMA-Intervalls $2 \cdot 1{,}36 = 2{,}72$, die Länge des relevanten Wertebereiches $13 - 8 = 5$ und die halbe Länge somit $5/2 = 2{,}5$. Nach der Faustregel ist die Streuung daher unverhältnismäßig groß, was aus Anwendersicht negativ ist.

Verteilungsform Der Erwartungswert ist umso aussagefähiger, je symmetrischer die Verteilung ist. Im vorliegenden Fall ist die Verteilungsform nicht symmetrisch, sondern rechtsschief, was aus Anwendersicht negativ ist.

Zusammenfassende Beurteilung Da der Erwartungswert in allen Aspekten negativ beurteilt wurde, liefert er im vorliegenden Fall keine zutreffende charakteristische Information über die unsichere Tagesproduktion.

5. Fragen zur Tagesproduktion

Die Fragen beziehen sich auf **Intervalle** und ihre Wahrscheinlichkeiten und können daher am einfachsten mit den Summenwahrscheinlichkeitsfunktionen beantwortet werden. Tabelle 9.1 enthält die Notation der Fragestellungen, die Lösungswege und Ergebnisse, die überwiegend selbsterklärend sind. Wir beschränken uns deshalb auf folgende ergänzende Bemerkungen:

Frage c): Zur Ermittlung der Wahrscheinlichkeit eines nach unten und oben abgegrenzten Intervalls einer diskreten Wahrscheinlichkeitsverteilung kann man auch die statistische Funktion **WAHRSCHBEREICH** verwenden, die man über den Funktionsassistenten im Menü „Formeln" über die Schaltfläche „Funktion einfügen" aufruft. Die Funktion benötigt vier Angaben. Im Dialogfeld „Beob_Werte" liest man die möglichen Werte der Zufallsgröße, im Dialogfeld „Beob_Wahrsch" die ihnen zugeordneten Wahrscheinlichkeiten und in den Dialogfeldern „Untergrenze" („Obergrenze") den kleinsten (größten) noch zum Intervall gehörenden Wert ein.

Frage h): Die mittleren 50 % jeder Verteilung liegen zwischen dem unteren und oberen Quartil. Zur Quartilsermittlung gibt es verschiedene Methoden. Eine einfache und für ganzzahlige Variablenwerte in der Regel ausreichende ist die der Doppelungleichung, die in Abb. 9.6 verwendet wird.

Tab. 9.1 Beantwortung von Fragen mit den Summenwahrscheinlichkeitsfunktionen

Nr.	Ereignis	Lösungsweg	Ergebnis
Wahrscheinlichkeiten bestimmter Herstellmengen			
a.	$W(x_j \leq 10)$	$F(10)$	0,6035
b.	$W(x_j < 10)$	$W(x_j \leq 9) = F(9)$	0,2863
c.	$W(9 \leq x_j \leq 12)$	$F(12) - F(8)$ bzw. WAHRSCHBEREICH	0,8458
d.	$W(x_j \geq 11)$	$G(11)$	0,3965
e.	$W(x_j > 11)$	$W(X \geq 12) = G(12)$	0,2203
Herstellmengen bestimmter Wahrscheinlichkeiten			
f.	$W(x_j \leq x_o) \geq 0,9$	Ablesen $F(x_j) \geq 0,9$	12
g.	$W(x_j \geq x_u) \geq 0,9$	Ablesen $G(x_j) \geq 0,9$	8
h.	$W(0,25 \leq x_j \leq 0,75) = 0,5$	Vgl. Abb. 9.6.	$9 \leq x_j \leq 11$
Herstellmengen und ihre Wahrscheinlichkeiten			
i.	$W(E(X) - \sigma \leq x_j \leq E(X) + \sigma)$	$E(X) - \sigma = 8,9893$; $E(X) + \sigma = 11,7156$; $W(9 \leq x \leq 11) = 0,4934$	

	Tagesproduktionsmenge x_j [Stück]					
	8	9	10	11	12	13
$F(x_j)$	0,0661	0,2863	0,6035	0,7797	0,9119	1,0000
$W(X<x_j)$	0,0000	0,0661	0,2863	0,6035	0,7797	0,9119
		$x_{0,25}$		$x_{0,75}$	$W(9 \leq x_j \leq 11) \sim 0,5$	

Abb. 9.6 Quartilsermittlung über Doppelungleichung

Danach ist das untere Quartil näherungsweise der Variablenwert, bei dem die aufsteigend summierten Wahrscheinlichkeiten ohne (mit) die (der) Wahrscheinlichkeit des gerade betrachteten Wertes noch kleiner als (gerade größer gleich) 25 % ist, d. h. formal folgende Doppelungleichung gilt:

$$W(X<x_j) < 0{,}25 \quad \textbf{und} \quad W(X \leq x_j = F(x_j)) \geq 0{,}25.$$

Analoges gilt für das obere Quartil.

6. Unsichere Gewinne/Verluste

6.a Zusammenhang mit Produktion (Formel)
Der Produktionsgewinn/-verlust Y ist bei bekannten Fixkosten K_f und konstantem Deckungsbeitrag pro Stück DB von der Produktionsmenge X ganz allgemein wie folgt abhängig:

$$y = -K_f + \text{DB} \cdot x.$$

Dabei handelt es sich um eine lineare Abhängigkeit, also um eine lineare Funktion der allgemeinen Form:

$$y = a + b \cdot x.$$

Im vorliegenden Fall betragen die Fixkosten 1150 [€/Tag] und der produktionsbezogene Deckungsbeitrag 125 [€/Stück], so dass die tägliche Produktionsgewinn-/Produktionsverlustfunktion wie folgt spezifiziert ist:

$$y = -1150 + 125 \cdot x.$$

6.b Gewinn-/Verlustverteilung
Da die Tagesproduktion eine unsichere Größe ist, wird über den funktionalen Zusammenhang auch der Gewinn/Verlust eine Zufallsgröße, dessen mögliche Werte über die obige Formel von den möglichen Werten von X abhängen.

Die erste Spalte der zu ermittelnden Gewinn-/Verlust-Wahrscheinlichkeitsverteilungstabelle erhält man daher durch Eingabe der obigen Formel, wobei man die X-Werte durch relativen Zellbezug einbindet. In Abb. 9.7 ist die Formel zur Ermittlung des Gewinns/Verlustes beispielhaft dargestellt, mit dem bei einer Tagesproduktion von acht Stück zu rechnen ist. Die Adresse des X-Wertes ist dabei aus Abb. 9.5 übernommen.

Abb. 9.7 Gewinn-/Verlust-
Wahrscheinlichkeitsverteilung

A	B	C
11	**Produktions-**	**Wahrschein-**
12	**gewinn/verl.**	**lichkeit**
13	y_j	$W(y_j)$
14	-150,00	0,06608
15	-25,00	0,22026
16	100,	0,31718
17	225,	0,17621
18	350,	0,13216
19	475	0,08811
20	=-1150+125*B7	**1,00000**

Auch die Wahrscheinlichkeitsverteilung von Y lässt sich im linearen Fall besonders einfach aus der von X ableiten, da sie bei **linearer Abhängigkeit** mit ihr identisch ist.

6.c Kenngrößen

Die Kenngrößen der Gewinn-/Verlust-Verteilung kann man – wie in Teilaufgabe 4 gezeigt – mit den allgemein gültigen Formel aus der Wahrscheinlichkeitsverteilung berechnen. Dies ist in Abb. 9.8 in den Spalten D bis F dargestellt, wobei die Varianz in Spalte E nach der Definitionsformel berechnet wurde. Man kann sie aber auch einfacher aus den Kenngrößen der Tagesproduktionsverteilung berechnen. Dies ist in Abb. 9.8 in den Spalten G und H dargestellt, wo auch die im linearen Fall gültigen Formeln angegeben sind.

Man kann planerisch einen täglichen Produktionsgewinn von 144,05 [€] erwarten, der allerdings standardmäßig auch um ~ 170 [€] höher oder tiefer liegen kann.

6.d Fragen zu Gewinn/Verlust

Wahrscheinlichster und unwahrscheinlichster Gewinn/Verlust Diese kann man direkt aus der Wahrscheinlichkeitsverteilung ablesen. Am wahrscheinlichsten ist ein Gewinn von 100 [€] (31,72 %), am unwahrscheinlichsten ein Verlust von 150 [€] (6,6 %).

A	B	C	D	E	F	G	H
11	**Produktions-**	**Wahrschein-**	**aus Wahrscheinlichkeitsverteilung v. Y**			**über Kenngrößen v. X**	
12	**gewinn/verl.**	**lichkeit**	**Erwartungsw.**	**Varianz**	**Standard-**	**Erwartungswert**	
13	y_j	$W(y_j)$	$E(Y)$	$V(Y)$	**abweichung**	$E(Y)= a+ b * E(X)$	
14	-150,00	0,06608	-9,91	5.713,68	**σ (Y) [€]**	$E(Y)= -1000 + 125 * E(X)$	
15	-25,00	0,22026	-5,51	6.294,91	**170,39**		144,05
16	100,00	0,31718	31,72	615,54	**Variations-**	**Varianz**	
17	225,00	0,17621	39,65	1.154,61	**koeffizient**	$V(Y) = b^2 * V(X)$	
18	350,00	0,13216	46,26	5.605,40	**VK [%]**	$V(Y)= 125^2 * V(X)$	
19	475,00	0,08811	41,85	9.649,87	**118,29**		29.034,01
20		**1,00000**	**144,05**	**29.034,01**		**Stdabw.**	**170,39**

Abb. 9.8 Kenngrößen der Gewinn-/Verlust-Wahrscheinlichkeitsverteilung

Wahrscheinlichkeit von Verlusten Die Wahrscheinlichkeit für Produktionsverluste erhält man durch Kumulation der Einzelwahrscheinlichkeiten für $y < 0 : 28{,}63$ [%].

Wahrscheinlichkeit für Gewinne von mindestens 150 [€] Die Wahrscheinlichkeit für Produktionsgewinne von mindestens 150 [€] erhält man durch Kumulation der Einzelwahrscheinlichkeiten für $y \geq 150$. Wegen der diskreten Modellierung gilt die Summenwahrscheinlichkeit von $F(100)$ allerdings bis $y < 225$, so dass man „nur" die Wahrscheinlichkeiten für $y \geq 225$ summieren darf. Als Ergebnis erhält man 39,65 %.

Break-Even-Point Der Break-Even ist die Produktionsmenge, bei der weder Gewinn noch Verlust gemacht wird, d. h. $y = 0$ ist. Man bestimmt ihn durch Auflösen der Gleichung $0 = -1000 + 125x$ nach x und erhält $x = 9{,}2$ [Stück].

9.2   Aufgabe „Baumwollfasern"

Studierende einer Fachhochschule besuchen eine Textilfabrik. In der Fabrikation besichtigen sie auch die Baumwollfaseraufbereitung. Der Produktionsassistent erläutert, dass 25 % der importierten Baumwollfasern in der Regel kürzer als die EURO-Norm sind. Zur Demonstration will er der laufenden Produktion vier Fasern entnehmen. Dabei soll jede entnommene Faser vermessen und danach wieder in den Produktionsprozess gegeben werden, bevor die nächste Faser entnommen wird.

Während er die Demonstration vorbereitet, fragt er die Studierenden beiläufig, welche Ergebnisse Sie bei diesem **Zufallsexperiment** mit welcher Wahrscheinlichkeit erwarten. Die Studierenden sind überrascht und etwas ratlos. Helfen Sie ihnen!

9.2.1   Aufgabenstellungen

1. Welche Zufallsgröße X ist zu betrachten, welche Werte kann sie annehmen und wie ist sie exakt verteilt (Verteilungstyp, Parameter, Begründung)?
2. Berechnen Sie die Wahrscheinlichkeiten für alle möglichen Werte der Zufallsgröße durch explizite Umsetzung der für den Verteilungstyp gültigen Formel und stellen Sie diese in einer Tabelle zusammen. Ermitteln Sie ergänzend die Verteilungsfunktion.
3. Stellen Sie die Wahrscheinlichkeitsfunktion in geeigneter Form graphisch dar und benennen Sie ihre Charakteristika.
4. Berechnen Sie die Kenngrößen der Verteilung. Wie aussagefähig ist der Erwartungswert als wichtigste Kenngröße der gesamten Wahrscheinlichkeitsverteilung im vorliegenden Fall (systematischer Aussagefähigkeitscheck)?
5. Fragen zu Ereignissen und Wahrscheinlichkeiten des Zufallsexperiments [Bearbeitungshinweis: Fragestellungen formalisieren und Lösungsweg angeben.] Wie groß ist die Wahrscheinlichkeit, dass

a) höchstens zwei Fasern kürzer als die EURO-Norm sind?

b) mindestens drei Fasern kürzer als die EURO-Norm sind?

c) wenigstens eine und höchsten drei Fasern kürzer als die EURO-Norm sind?

d) weniger als 50 % der Fasern kürzer als die EURO-Norm sind?

e) der Anteil zu kurzer Fasern, die den Erwartungswert zu kurzer Importfasern um 100 % übersteigt?

f) genau eine Faser der EU-Norm entspricht ?

g) mindestens die Hälfte der Fasern der EU-Norm entspricht?

Ereignisse mit bestimmter Wahrscheinlichkeit

h) Mit wie viel zu kurzen Fasern muss man mit einer Wahrscheinlichkeit von (mindestens) 95 % höchstens rechnen?

i) Mit welchem Anteil zu langer Fasern muss man mit einer Wahrscheinlichkeit von knapp 70 % mindestens rechnen?

j) Mit welcher Anzahl zu kurzer Fasern muss man im 1-SIGMA-Streuungsbereich mit welcher Wahrscheinlichkeit rechnen?

LERNINHALTSÜBERSICHT

STATISTIK	EXCEL-UNTERSTÜTZUNG
1. Zufallsgröße mit Wertebereich, **Verteilungstyp und Parameterwerten**	
2. Berechnung der Wahrscheinlichkeiten	
a) Einzelwahrscheinlichkeiten	**Formel, mathem. Funktion**
b) Summenwahrscheinlichkeiten	**KOMBINATIONEN**
	Statistische Funktion
	BINOM.VERT, Formel
3. Visualisierung der Wahrscheinlichkeitsverteilung	Diagrammtyp
4. Kenngrößen der Verteilung	
a) Berechnung	**Formeln**
b) Interpretation	
c) Aussagefähigkeit des Erwartungswertes	
5. Fragen zu Ereignissen u. Wahrscheinlichkeiten	

9.2.2 Aufgabenlösungen

1. Zufallsgröße mit Wertebereich, Verteilungstyp und Parameterwerten

Bei diesem Zufallsexperiment sollte als Zufallsgröße X die „Anzahl der Fasern kürzer als die EU-Norm" betrachtet werden. Da die Anzahl der insgesamt der Produktion zu entnehmenden Fasern mit $n = 4$ festgelegt wurde, kann es im günstigsten Fall gar keine und im schlechtesten Fall höchstens 4 Fasern geben, die kürzer als die EU-Norm sind. Damit hat X den Wertbereich $x = 0, 1, 2, 3, 4$, ist also eine diskrete, insbesondere ganzzahlige Zufallsvariable.

Die diskrete Zufallsvariable hat eine diskrete Wahrscheinlichkeitsverteilung, die im vorliegenden Fall exakt dem Modell der **Binomialverteilung** folgt. Die Begründung ist durch

Tab. 9.2 Systematische Prüfung der Anwendungsvoraussetzungen der Binomialverteilung

Fallcharakteristika	Anwendungsvoraussetzungen
Zufallsexperiment besteht aus 4-maligem zufälligem Herausgreifen genau einer Faser	Zufallsprozess besteht aus n wiederholbaren Zufallsvorgängen
An jeder herausgegriffenen Faser i wird die Länge betrachtet X_i	Bei jedem Zufallsvorgang i wird die selbe Zufallsgröße betrachtet X_i
Die Länge wird auf „entspricht EU-Norm" und „kürzer EU-Norm" reduziert (**Dualvariable**), von denen nur „kürzer EU-Norm" interessiert ($x = 1$)	Die Eigenschaft kann nur zwei Ausprägungen annehmen (Dualvariable), von denen nur eine interessiert ($x = 1$)
Die Wahrscheinlichkeit für „kürzer EU-Norm" bei einer beliebig herausgegriffenen Faser (Erfolgswahrscheinlichkeit p) ist bekannt, da der Anteil zu kurzer Fasern bei Importware generell 25 % beträgt, d. h. $p = \pi = 0{,}25$	Die Wahrscheinlichkeit für die interessierende Eigenschaft bei einem beliebigen Zufallsvorgang (Erfolgswahrscheinlichkeit p) ist bekannt aus einschlägigem Know-how über den Parameter des hinterliegenden Prozesses: $p = \pi$
Die Erfolgswahrscheinlichkeit ist konstant, da die Zufallsvorgänge durch die Entnahmeart (**Ziehen mit Zurücklegen**) voneinander unabhängig sind	Die Erfolgswahrscheinlichkeit ist konstant, da die Zufallsvorgänge voneinander unabhängig sind
Die im Experiment betrachtete Zufallsgröße „Anzahl der Fasern kürzer als die EU-Norm" ist die Summe aller zufällig herausgegriffenen zu kurzen Fasern	Die im Zufallsprozess insgesamt betrachtete Zufallsgröße X ist die Summe der X_i, d. h. $X = \sum X_i$

Vergleich der Charakteristika des vorliegenden Falls mit den Anwendungsvoraussetzungen des Modells nachvollziehbar zu geben, so wie in Tab. 9.2 in Kurzform dargestellt.

Die Binomialverteilung wird als Verteilungstyp mit **B** notiert und hat die Funktionsparameter „n = Anzahl der Zufallsvorgänge" und „Erfolgswahrscheinlichkeit $p = \pi$", formal $B(n, p)$. Im vorliegenden Fall ist $n = 4$ und $p = 0{,}25$ und man notiert kurz $X: B(4; 0{,}25)$.

2. Berechnung der Wahrscheinlichkeiten

Die Formel zur Berechnung der Wahrscheinlichkeit eines möglichen Wertes x einer binomial verteilten Zufallsgröße X (Einzelwahrscheinlichkeit) lautet:

$$f\left(X = x/n; p\right) = \binom{n}{x} \cdot p^x \cdot (1 - p)^{n-x} \text{ für } x = 0, 1, \dots, n.$$

Die rechte Seite der Gleichung besteht aus drei Termen, von denen der erste der **Binomialkoeffizient** ist, gesprochen „n über x". Mit ihm kann man die Anzahl von **Kombinationen** berechnen, aus n Objekten x Objekte ohne Berücksichtigung der Reihenfolge auszuwählen.

	Werte der Zufallsgröße	1. Term	2. Term	3. Term	Wahrschein-lichkeit
13					
14	x_j	$\binom{n}{x} = \dfrac{n!}{(n-x)! * x!}$	p^x	$(1-p)^{(n-x)}$	$W(x_j)$
15	0	1	1,0000	0,3164	0,3164
16	1	4	0,2500	0,4219	0,4219
17	2	6	0,0625	0,5625	0,2109
18	3	4	0,0156	0,7500	0,0469
19	4	1	0,0039	1,0000	0,0039
20	**Summe**		=0,25^B17	=0,75^(4-B17)	=C17*D17*E17	**1,0000**

Abb. 9.9 Berechnung der Einzelwahrscheinlichkeiten durch explizite Formelanwendung

2.a Einzelwahrscheinlichkeiten

Gemäß Aufgabenstellung sollen die Einzelwahrscheinlichkeiten durch explizite Umsetzung der Formel berechnet werden. Das geschieht in einer Arbeitstabelle. Sie enthält in der ersten Spalte die möglichen Werte der Zufallsgröße, in drei weiteren Spalten die drei Terme der Formel und in der letzten Spalte die Wahrscheinlichkeiten (siehe Abb. 9.9).

Die Arbeitstabelle wird wie gewohnt spaltenweise von links nach rechts und innerhalb jeder Spalte von oben nach unten bearbeitet. In der ersten Spalte gibt man die möglichen Werte der Zufallsgröße ein. Den Binomialkoeffizienten „n über x" in der zweiten Spalte ermittelt man am einfachsten mit der **Funktion KOMBINATIONEN**, die man über den Funktionsassistenten aus der Kategorie „Math. & Trigonometrie." aufruft. Die Funktion hat zwei Parameter, die etwas anders als hier notiert sind: der dortige Parameter „N" („K") entspricht dem hiesigen „n" („x"). Den Wert des Parameters $N = n$ kann man auch selbst eingeben, da er konstant ist. Die Adresse des Parameters $K = x$ liest man durch relativen Zellbezug ein. Danach kopiert man die Formel in die darunter liegenden Zellen.

Beim 2. und 3. Term der Formel sind Wahrscheinlichkeiten zu potenzieren. Dazu benutzen Sie bitte die Funktion POTENZ oder das Kürzel „^". Beim 3. Term beachten Sie bitte den Vorrang des Potenzierens vor dem Subtrahieren und versehen die Potenz mit einer Klammer. Die Wahrscheinlichkeiten in der letzten Spalte erhalten Sie durch Multiplikation der drei Terme. In Abb. 9.9 sind alle Ergebnisse und beispielhaft korrekte Formeleingaben dargestellt.

Zur Ermittlung der Wahrscheinlichkeiten einer binomial verteilten Zufallsgröße steht in Excel auch die **statistische Funktion BINOM.VERT** zur Verfügung, die man über den Funktionsassistenten aufruft. Sie hat vier Funktionsparameter, deren Bezeichnungen teilweise von dem in der Statistik üblichen Sprachgebrauch etwas abweichen. Tabelle 9.3 enthält links die Kurz- und Langfassung der in Excel benutzten Bezeichnungen und rechts die in der Statistik üblichen Bezeichnungen und Notationen.

Tab. 9.3 Parameter der statistischen Funktion BINOM.VERT

BINOM.VERT(Zahl Erfolge; Versuche; Erfolgswahrscheinlichkeit; kumuliert)	
Anzahl Erfolge: Anzahl der Erfolge in einer Versuchsreihe.	x = Wert der Zufallsgröße
Versuche: Anzahl der voneinander unabhängigen Versuche.	n = Anzahl Zufallsvorgänge
Erfolgswkt.: Wahrscheinlichkeit eines Erfolgs für jeden Versuch.	p = Wkt. π
kumuliert: Wahrheitswert, der den Typ der Funktion bestimmt.	f = 0 liefert Wahrscheinlichkeitsfunktion und w = 1 die Verteilungsfunktion.

Der Funktionsparameter „kumuliert" ist erklärungsbedürftig. Er gibt dem Anwender die Möglichkeit, entweder die Einzelwahrscheinlichkeiten (Wahrscheinlichkeitsfunktion) oder die aufsteigend kumulierten Wahrscheinlichkeiten (Verteilungsfunktion) zu ermitteln. Sollen die aufsteigend kumulierten Wahrscheinlichkeiten ermittelt werden, so muss dem Parameter der Wert „wahr" oder „1" zugewiesen werden. Sollen die Einzelwahrscheinlichkeiten ermittelt werden, muss der Wert „falsch" oder „0" übergeben werden.

2.b Summenwahrscheinlichkeiten

Da die Einzelwahrscheinlichkeiten in 2.a bereits berechnet wurden, behandeln wir hier nur die Funktionsanwendung zur Ermittlung der aufsteigend summierten Wahrscheinlichkeiten (der Verteilungsfunktion). Beide werden in der Regel gemeinsam in einer Tabelle ermittelt und dargestellt, die ergänzend auch noch eine Spalte für die absteigend kumulierten Wahrscheinlichkeiten enthält. Abbildung 9.10 enthält in Spalte D die Datenversorgung zur Ermittlung von $W(x \leq 1)$ mit der Funktion. Die Adresse des 1. Parameterwertes liest man durch relativen Zellbezug ein. Die Werte des 2. und 3. Parameters sind konstant. Deshalb gibt man sie ein – so wie hier geschehen – oder muss sie beim Einlesen absolut adressieren. Beim 4. Parameter gibt man „wahr" oder „1" ein. Abschließend kopiert man die Formel in die darunter liegenden Zellen.

	A	B	C	D	E
23		**Wert der**	**Einzelwahr-**	**Summenwahrscheinlichkeit**	
24		**Zufallsgröße**	**scheinlichkeit**	**aufsteigend**	**absteigend**
25		x_j	$W(X=x_j)=W(x_j)$	$W(X \leq x_j)=F(x_j)$	$W(x \geq x_j)=G(x_j)$
26		0	0,3164	0,3164	1,0000
27		1	0,4219	0,7383	0,6836
28		2	0,2109	0,9492	0,2617
29		3	0,0469	0,9961	0,0508
30		4	0,00	1,0000	0,0039
31		**Summe:**	=BINOM.VERT(B27;4;0,25;W)	=E30+C29	

Abb. 9.10 Wahrscheinlichkeiten mit BINOMVERT

Abb. 9.11 Wahrscheinlichkeitsverteilung zu kurzer
Fasern

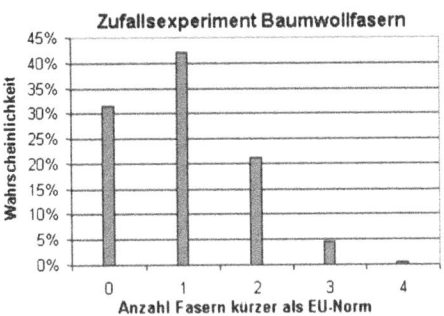

Die absteigend kumulierten Wahrscheinlichkeiten in der letzten Tabellenspalte erhält man durch Eingabe und Kopieren einer geeigneten Formel, so wie in Abb. 9.10 für $W(x \geq 3)$ beispielhaft dargestellt.

3. Grafische Darstellung

Auswahl, Erstellung und Grobcharakterisierung eines geeigneten Diagramms zur Visualisierung einer diskreten Wahrscheinlichkeitsverteilung ist in Abschn. 9.1 Aufgabe „Unsichere Tagesproduktion", Teilaufgabe 2) ausführlich beschrieben, worauf hier verwiesen sei. Man erhält das in Abb. 9.11 dargestellte Stabdiagramm.

Grobcharakterisierung Bei dem Zufallsexperiment gibt es im günstigsten Fall gar keine, im ungünstigsten Fall vier Fasern kürzer als die EU-Norm. Am wahrscheinlichsten ist genau eine zu kurze Faser (42,2 %), am unwahrscheinlichsten ist, dass alle gezogenen Fasern zu kurz sind (0,4 %). Die Verteilung ist von ihrer Form her eingipflig und rechtsschief, d. h., dass die Wahrscheinlichkeiten für mehr als eine zu kurze Faser immer kleiner werden.

4. Kenngrößen der Verteilung

Die wichtigsten Kenngrößen jeder Wahrscheinlichkeitsverteilung sind der Erwartungswert und die Varianz/Standardabweichung. Sie können prinzipiell auf zwei Wegen ermittelt werden:

- mit den für Wahrscheinlichkeitsverteilungen ganz allgemein gültigen Formeln unter Verwendung der Wahrscheinlichkeitsfunktion.
- mit den nur für den jeweiligen Verteilungstyp geltenden Formeln unter Verwendung der der zutreffenden Parameterwerte.

Im Allgemeinen ist der zweite Weg effizienter, der auch hier beschritten wird. Dabei sind manche Formeln so einfach, dass die EXCEL-Anwendung eigentlich nicht nötig ist und die Berechnungen etwa im Kopf oder mit einem Taschenrechner effizienter sind.

4.a Berechnung

Für den Erwartungswert einer binomialverteilten Zufallsgröße gilt die Formel:

$$E(X) = n \cdot p.$$

Hier folgt $E(X) = 4 \cdot 0,25 = 1,00$.

Varianz/Standardabweichung einer binomialverteilten Zufallsgröße haben die Formeln:

$$V(X) = n \cdot p \cdot (1 - p)$$

und

$$\sigma(X) = \sqrt{V(X)}.$$

Für das Wurzelziehen benutzen Sie bitte eine der beiden bereits beschriebenen Möglichkeiten des Potenzierens mit 1/2 oder der Anwendung der Funktion WURZEL. Hier folgt aus „=WURZEL(4*0,25*0,75)" für die Standardabweichung der Wert 0,87.

4.b Interpretation

Erwartungswert: Wenn man das Zufallsexperiment öfter wiederholt, kann man im Durchschnitt mit genau einer Faser kürzer als die EU-Norm rechnen.

Varianz: Die Varianz ist als quadratische Abweichungsgröße nicht anschaulich interpretierbar.

Standardabweichung: Wenn man das Zufallsexperiment öfter wiederholt, kann man mit einer durchschnittlichen Abweichung von 0,87 zu kurzen Fasern vom Erwartungswert rechnen.

4.c Aussagefähigkeit des Erwartungswertes

Der Erwartungswert ist im vorliegenden Fall insgesamt recht aussagefähig, da die ersten drei der insgesamt vier Beurteilungsaspekte im vorliegenden Fall erfüllt sind:

Er ist ein Wert der Zufallsgröße und kann somit tatsächlich auftreten.

Er hat mit 42,2 % insgesamt die höchste Wahrscheinlichkeit.

Die Streuung der Verteilung ist moderat, da die Faustformel „$2 \cdot \sigma \leq 0,5 \cdot SW$" hier mit $2 \cdot 0,87 = 1,74 \leq 0,5 \cdot 4 = 2$ erfüllt ist.

Die Verteilung ist eingipflig, aber nicht symmetrisch, sondern klar rechtsschief.

5. Fragen zu Ereignissen und Wahrscheinlichkeiten

Zur Beantwortung der Fragen benutzt man am besten die Einzel- und Summenwahrscheinlichkeitsverteilungen. Tabelle 9.4 enthält die Formalisierungen der Fragestellungen, die Lösungswege und die Ergebnisse.

Notationen und Lösungswege einiger Fragen werden im Folgenden noch kurz erläutert:

c) Hier kann man auch die Funktion „WAHRSCHBEREICH" verwenden, die in Abschn. 9.1 Aufgabe „Unsichere Tagesproduktion", Teilaufgabe 5 beschrieben ist.

Tab. 9.4 Ereignisse und Wahrscheinlichkeiten

Nr.	Ereignis	Lösungsweg	Ergebnis
a.	$W(x_j \leq 2)$	$F(2)$	0,9492
b.	$W(x_j \geq 3)$	$G(3)$	0,0508
c.	$W(1 \leq x_j \leq 3)$	$F(3) - F(0)$ bzw. WAHRSCHBEREICH	0,6797
d.	$W(x_j < 2)$	$W(x_j \leq 1) = F(1)$	0,7383
e.	$W(x_j = 2)$		0,2109
f.	$W(y_j = 1)$	$W(x_j = 3)$	0,0469
g.	$W(y_j \geq 2)$	$W(x_j < 2) = F(1)$	0,7383
h.	$W(x_j \leq x_o) \geq 0,95$	Ablesen $F(x_j) \geq 0,95$ bzw. BINOM.INV	$x_o = 3$
i.	$W(x_j \geq x_u) \approx 0,70$	Ablesen $G(x_j) \approx 0,70$	1
j.	$W(E(X) - \sigma \leq x_j \leq E(X) + \sigma)$	$E(X) - \sigma = 0,13$; $E(X) + \sigma = 1,87$; $W(1 \leq x \leq 1) = W(x_j = 1) = 0,4219$	

d) Transformation des Anteils in die Anzahl. Die Hälfte von 4 ist 2.

e) Der Erfahrungswert zu kurzer Importfasern beträgt 25 %, der 100 % höhere Wert 50 % und 50 % von 4 = 2.

f) Komplementärvariable $Y = 4 - X$. Für $y = 1$ folgt $x = 4 - 1 = 3$.

g) Berechnung des 1-Sigma-Intervalls: Bei der Ermittlung der Intervallwahrscheinlichkeit ist zu beachten, dass die diskrete Variable ganzzahlig ist und keine Zwischenwerte hat.

h) Hier kann man auch die statistische Funktion **BINOM.INV** verwenden. Sie gibt den kleinsten Wert zurück, für den die aufsteigend kumulierten Wahrscheinlichkeiten der Binomialverteilung größer oder gleich einer Grenzwahrscheinlichkeit sind. Der Aufruf der Funktion mit den hier gültigen Parametern der Verteilung „=BINOM.INV(4;0,25;0,95)" ergibt den Wert 3.

9.3 Aufgabe „Feuerwerkskörper"

Silvester steht wieder mal vor der Tür und ein Großhändler von Feuerwerksartikeln hat zwei Restposten A und B vom letzten Jahr. Er weiß aus langjähriger Erfahrung, dass mindestens 60 % davon noch funktionieren und bietet beide Restposten mit diesem Zusatz seinen Kunden als „Schnäppchen" extrem billig an.

9.3.1 Aufgabenstellungen

Interessent A für den kleinen Restposten von 25 Feuerwerkskörpern verlangt, fünf davon sofort ausprobieren zu dürfen. Er ist bereit, die restlichen 20 dann zu kaufen, wenn von den fünf mindestens drei funktionieren.

1. Welche Zufallsgröße betrachtet der Interessent, welche Werte kann sie annehmen und wie ist sie exakt verteilt (Verteilungstyp, Parameter, Begründung)?
2. Ermitteln Sie die Einzelwahrscheinlichkeiten für alle möglichen Werte der Zufallsgröße in einer geeigneten Tabelle.
3. Stellen Sie die Wahrscheinlichkeitsfunktion in geeigneter Form grafisch dar und nennen Sie ihre Charakteristika.
4. Berechnen und interpretieren Sie die Kenngrößen der Verteilung.
5. Wie groß ist die Wahrscheinlichkeit, dass der Interessent die restlichen 20 Feuerwerkskörper kauft, wenn
   a) die Angabe des Händlers stimmt?
   b) tatsächlich nur noch die Hälfte des angegebenen Anteils funktioniert?

Interessent B für den großen Restposten von 600 Stück will aufgrund einer Stichprobe von 30 Stück über das Schnäppchenangebot entscheiden.

6. Welche Zufallsgröße betrachtet der Interessent, welche Werte kann sie annehmen und wie ist sie exakt und approximativ verteilt (Verteilungstyp, Parameter, Begründung)?
7. Ermitteln, visualisieren und vergleichen Sie die Wahrscheinlichkeitsfunktionen der beiden Verteilungen. Was stellen Sie fest?
8. Führen Sie geeignete Abweichungsanalysen durch, deren Ergebnisse Sie visualisieren. Was können Sie aufgrund der Fehleranalysen über die Zulässigkeit der Approximation im vorliegenden Fall sagen?
   Wie viele funktionierende Feuerwerkskörper muss es in der Stichprobe mindestens geben, damit der Interessent das Angebot mit einer Irrtumswahrscheinlichkeit von höchstens 5 % annimmt? Benutzen Sie zur Beantwortung die Approximationsverteilung.

LERNINHALTSÜBERSICHT	
STATISTIK	**EXCEL-UNTERSTÜTZUNG**
1. Zufallsgröße mit Wertebereich und exakter Wahrscheinlichkeitsverteilung	
2. Ermittlung der Einzelwahrscheinlichkeiten (Tabelle)	**Statistische Funktion HPERGEOM.VERT**
3. Grafische Darstellung der Wahrscheinlichkeitsverteilung	Diagrammtyp
4. Kenngrößen	**Formeln**
5. Kaufwahrscheinlichkeit	**Formeln**
6. Zufallsgröße und exakte und approximative Wahrscheinlichkeitsverteilung	
7. Ermittlung u. grafische Gegenüberstellung der Wahrscheinlichkeitsverteilungen	Statistische Funktionen HYPGEOM.VERT und BINOM.VERT
8. Approximationsfehleranalyse	**Formeln, Fehlerdiagramm**
9. Kaufentscheidung mit höchstens 5 % Risiko	

9.3.2 Aufgabenlösungen

1. Zufallsgröße mit Wertebereich und exakter Wahrscheinlichkeitsverteilung

Der potenzielle Käufer ist an funktionierenden Feuerwerkskörpern interessiert und betrachtet daher sinnvollerweise die Anzahl funktionierender Feuerwerkskörper als Zufallsgröße X. Diese kann alle ganzzahligen Werte von 0 bis 5 annehmen, d. h. x_i {0, 1, ..., 5} und ist hypergeometrisch verteilt mit folgender Begründung:

1.a Dualvariable

Bei jedem einzelnen **Zufallsvorgang** – der Zufallsauswahl eines Feuerwerkskörpers aus dem Restposten – wird eine Eigenschaft betrachtet, die natürlicherweise nur zwei mögliche Realisationen hat. Im vorliegenden Fall ist dies die Funktionstüchtigkeit mit den möglichen Realisationen JA/NEIN, wobei hier die Realisation JA interessiert.

1.b Erfolgswahrscheinlichkeit bekannt

Die Wahrscheinlichkeit für das Auftreten der betrachteten Realisation bei einem einzelnen Zufallsvorgang ist bekannt. Hier ist dies die Wahrscheinlichkeit, bei der zufälligen Auswahl eines einzigen Feuerwerkskörpers aus allen angebotenen gerade einen funktionierenden „zu erwischen". Diese Wahrscheinlichkeit heißt in der Fachsprache „**Erfolgswahrscheinlichkeit**" und ist in der Regel aus dem Sachstand zu erschließen, aus dem der Zufallsvorgang stammt. Im vorliegenden Fall weiß man von allen angebotenen Feuerwerkskörpern – der sogenannten Grundgesamtheit – dass der Anteil funktionierender mindestens 60 % betragen soll, d. h. $\pi = M / N \geq 0,6$. Wenn diese Angabe zutrifft und man „auf Nummer sicher geht" – d. h. mit der Untergrenze des angegebenen Wertebereichs rechnet –, ist die Wahrscheinlichkeit eines aus der Grundgesamtheit zufällig entnommenen funktionierenden Feuerwerkskörpers $p = \pi = 0,6$.

1.c Erfolgswahrscheinlichkeit nicht konstant

Bei dem Zufallsexperiment werden nacheinander einzelne Elemente der Grundgesamtheit entnommen und nicht dorthin zurückgelegt. Es findet also eine Stichprobe **ohne Zurücklegen** statt. Bei dieser **Entnahmeart** verändert sich die Erfolgswahrscheinlichkeit von Zug zu Zug. Während sie für den ersten gezogenen Feuerwerkskörper 0,6 beträgt, ist sie beim zweiten auf jeden Fall $\neq 0,6$. Angenommen, der erste gezogene Feuerwerkskörper hat funktioniert, dann befinden sich in den restlichen 24 nur noch $15 - 1 = 14$ funktionierende. Die Wahrscheinlichkeit dafür, dass der 2. gezogene Feuerwerkskörper ebenfalls funktioniert, beträgt nach dem logischen Ansatz dann $14 / 24 = 0,5833$ und ist damit kleiner als 0,6.

1.d Notation

Die hypergeometrische Verteilung wird mit ihren Parametern in der Statistik üblicherweise wie in Abb. 9.12 dargestellt notiert.

	A	B	C	D	E	F	G
17		Wahrscheinlichkeitsverteilung von X					
18		Typ/Modell	H (n, M, N)	Hypergeometrische Verteilung			
19		n	5	Anzahl der Zufallsvorgänge			
20		M	15	Anzahl der funktionierenden Feuerwerkskörper in der GG			
21		N	25	Größe der Grundgesamtheit			
22		M/N	0,6	Erfolgswahrscheinlichkeit			

Abb. 9.12 Notation der Hypergeometrischen Verteilung

2. Ermittlung der Einzelwahrscheinlichkeiten (Tabelle)

Für die Einzelwahrscheinlichkeiten einer hypergeometrisch verteilten Zufallsgröße gilt die Formel:

$$W\left(X = x_j\right) = \frac{\binom{M}{x_j}\binom{N-M}{n-x_j}}{\binom{N}{n}},$$

im vorliegenden Fall:

$$W\left(X = x_j\right) = \frac{\binom{15}{x_j}\binom{25-15}{5-x_j}}{\binom{25}{5}}.$$

Es wäre möglich, die Einzelwahrscheinlichkeiten durch explizite Berechnung und Verknüpfung der drei in der Formel enthaltenen Terme (Binomialkoeffizienten) zu berechnen – analog dem Vorgehen in Abschn. 9.2 Aufgabe „Baumwollfasern" – und die Ergebnisse abschließend in einer Tabelle zusammenzustellen. Statt dieser recht aufwendigen Vorgehensweise soll hier gleich die viel einfachere Ermittlung mit der in Excel verfügbaren **statistischen Funktion HYPGEOM.VERT** behandelt werden.

Die Wahrscheinlichkeitsverteilung wird in einer Tabelle ermittelt, die in der ersten Spalte die möglichen Werte x_i der Zufallsgröße X und in der zweiten Spalte die Einzelwahrscheinlichkeiten $W(x_i)$ enthält, die man mit der Funktion HYPGEOM.VERT ermittelt. Das Ergebnis ist in Abb. 9.13 dargestellt.

Zur Ermittlung der Wahrscheinlichkeiten beginnt man bei $x = 0$. Dazu aktiviert man die entsprechende Zelle – in Abb. 9.13 die Zelle C26 – und ruft die Funktion über den Funktionsassistenten auf. In der Funktionsmaske – siehe Abb. 9.14 – werden für die o. g. Parameter der hypergeometrischen Verteilung teilweise andere Bezeichnungen und Sym-

Abb. 9.13 Wahrscheinlichkeitsverteilung mit HYPGEOM.VERT

	A	B	C
25		x_j	$W(x_j)= f(x_j)$
26		0	0,0047
27		1	0,0593
28		2	0,2372
29		3	0,3854
30		4	0,2569
31		5	0,0565
32		Summe	1,0000

Tab. 9.5 Funktionsparameter der statistischen Funktion HYPGEOM.VERT

HYPGEOM.VERT(Erfolge_S;Umfang_S;Erfolge_G;Umfang_G)	stat. Notation
Erfolge_S: die Anzahl der in der Stichprobe erzielten/gesuchten Erfolge	x_i
Umfang_S: Umfang (Größe) der Stichprobe	n
Erfolge_G: Anzahl der in der Grundgesamtheit möglichen Erfolge	M
Umfang_G: Umfang (Größe) der Grundgesamtheit	N
Kumuliert	wahr/falsch

bole verwendet, die in Tab. 9.5 zum leichteren Verständnis mit der üblichen statistischen Notation versehen zusammengestellt sind.

Die Funktionsparameter in den Dialogfeldern sind mit Daten zu versorgen. Um eine gewisse Flexibilität zu wahren und Fehler zu vermeiden, nutzen wir hierfür Zellbezüge auf die bereits notierten Größen (siehe 1.d.), so wie Abb. 9.14 dargestellt.

Im ersten Dialogfeld steht der jeweils betrachtete Wert der Zufallsgröße, am Anfang der Wert $x = 0$, der entsprechend eingelesen wird. Dieser Wert verändert sich und muss deshalb mit relativem Zellbezug adressiert werden.

In den übrigen drei Dialogfeldern stehen die drei Parameter der hypergeometrischen Verteilung. Diese sind im Anwendungsfall konstant und ihre Werte sind daher einzugeben oder ihre Adressen als absolute Zellbezüge zu formulieren. Der Parameter „kumuliert" wird auf „falsch" bzw. auf den Wert 0 gesetzt, da die Einzelwahrscheinlichkeiten ermittelt werden sollen.

Nach Ausführung der Funktion erscheint das Ergebnis – die berechnete Wahrscheinlichkeit – in der aktiven Zelle, hier C26. Die Wahrscheinlichkeiten der übrigen Werte ermittelt man durch Kopieren der Formel. So erhält man die numerische Wahrscheinlichkeitsverteilung in Abb. 9.13.

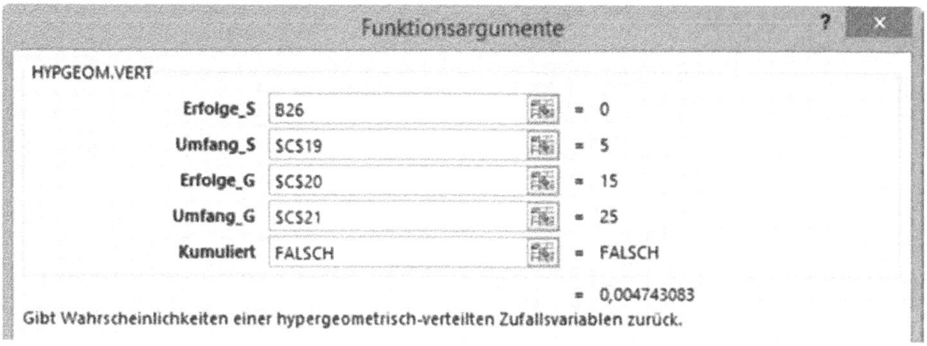

Abb. 9.14 Datenversorgung der statistischen Funktion HYPGEOM.VERT

Abb. 9.15 Stichproben-
Wahrscheinlichkeitsverteilung

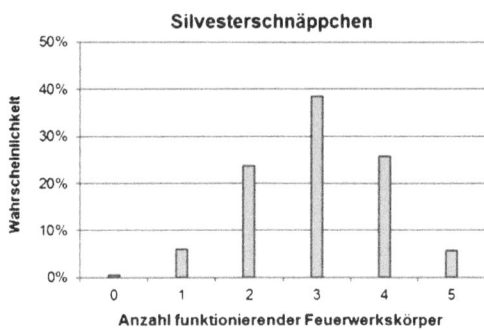

3. Grafische Darstellung der Wahrscheinlichkeitsverteilung

Diagrammtypauswahl Für die vorliegende diskrete Wahrscheinlichkeitsverteilung bietet sich ein Stabdiagramm an.

Diagrammerstellung Die Erstellung eines Stabdiagramms über ein Säulendiagramm ist in Abschn. 2.1 Aufgabe „Personalprofil", Teilaufgabe 3.b ausführlich beschrieben, worauf hier verwiesen sei. Abbildung 9.15 zeigt eine Musterlösung.

Verteilungscharakteristika Die Anzahl funktionierender Feuerwerkskörper in der Stichprobe schwankt zwischen 0 und 5. Am wahrscheinlichsten sind drei (38,54 %), am unwahrscheinlichsten kein funktionierender Feuerwerkskörper (0,47 %). Die Verteilungsform ist eingipflig und leicht linksschief.

4. Kenngrößen

4.a Berechnung

Erwartungswert Für den Erwartungswert einer hypergeometrisch verteilten Zufallsgröße gilt dieselbe Formel wie für den einer binomial verteilten, d. h.

$$E\left(X\right) = n \cdot p.$$

Hier folgt: $E(X) = 5 \cdot 0,6 = 3,0$.

Varianz/Standardabweichung Für die Varianz einer hypergeometrisch verteilten Zufallsgröße gilt die um den sogenannten **Korrekturfaktor** (für endliche Grundgesamtheiten) ergänzte Formel:

$$\mathrm{Var}\left(X\right) = \sigma^2\left(X\right) = n \cdot p \cdot \left(1 - p\right)\left(\frac{N-n}{N-1}\right).$$

Hier folgt:

$$\sigma^2\left(X\right) = 5 \cdot 0{,}6 \cdot \left(1 - 0{,}6\right) \cdot \left(\frac{25 - 5}{25 - 1}\right) = 1{,}000.$$

Für die Standardabweichung als Wurzel aus der Varianz folgt dann hier mit „=WURZEL(C10)" ebenfalls der Wert 1.

4.b Interpretation

$E(X) = 3$: Im Durchschnitt kann man mit drei funktionierenden Feuerwerkskörpern rechnen.

$V(X) = 1$: Die Varianz ist als quadratische Abweichungsgröße nicht anschaulich interpretierbar.

$\sigma(X) = 1$: Die Anzahl funktionierender Feuerwerkskörper wird um die zu erwartende Anzahl von drei standardmäßig um eins nach oben und unten abweichen.

5. Kaufwahrscheinlichkeit

Der Interessent will das Schnäppchenangebot annehmen, wenn mindestens drei der fünf Probefeuerwerkskörper funktionieren. Gefragt ist also nach einer Intervallwahrscheinlichkeit. Diese ist über die Addition der relevanten Einzelwahrscheinlichkeiten oder direkt über die geeignete Summenwahrscheinlichkeit zugänglich. Die Summenwahrscheinlichkeiten erhält man in der um die benötigten Spalten erweiterten Wahrscheinlichkeitstabelle durch Eingabe und Kopieren der Formeln. Abbildung 9.16 enthält die Ergebnisse und eine beispielhafte Formeleingabe. Die gefragte Kaufwahrscheinlichkeit $W(X \geq 3)$ kann man in der letzten Spalte der Tabelle, in der die absteigend summierten Wahrscheinlichkeiten stehen, direkt ablesen: $\sim 70\,\%$.

Wenn der Anteil funktionstüchtiger Feuerwerkskörper nur noch halb so groß wie angegeben sein sollte – d. h. $\pi = 0{,}6 / 2 = 0{,}3$ ist –, ändert sich der entsprechende Parameter der hypergeometrischen Verteilung: $M = \pi \cdot N = 0{,}3 \cdot 25 = 7{,}5$. Für die Wahrscheinlichkeitsverteilung der funktionstüchtigen Probefeuerwerkskörper gilt dann: X: H (5; 7,5; 25). Zur Beantwortung der Frage ermittelt man die Wahrscheinlichkeiten dieser Verteilung wie gezeigt in einer neuen Tabelle, die in der EXCEL-Musterlösung steht. Aus ihr kann man die gesuchte Wahrscheinlichkeit direkt ablesen, die nur noch 11,35 % beträgt.

Abb. 9.16 Summenwahrscheinlichkeitsverteilungen

	x_i	$W(x_i)$	$W(X \leq x_i) = F(x_i)$	$W(X \geq x_i) = G(x_i)$
13				
14	0	0,0047	0,0047	1,0000
15	1	0,0593	0,0640	0,9953
16	2	0,2372	0,3012	0,9360
17	3	0,3854	0,6866	0,6988
18	4	0,2569	0,9435	0,3134
19	5	0,0565	1,0000	0,0565
20	Σ	1,0000		=D14+C15

6. Zufallsgröße und exakte und approximative Wahrscheinlichkeitsverteilung

Der Interessent B betrachtet die gleiche Zufallsgröße wie A, die nun aber wegen des größeren Stichprobenumfangs auch einen größeren Wertebereich hat: x: 0, 1, …, 30. Die Zufallsgröße ist exakt wieder hypergeometrisch verteilt (Begründung s. 2.) mit $n = 30$, $M = 0,6 \cdot 600 = 360$ und $N = 600$, d. h. X: $H(30; 360, 600)$.

Die hypergeometrische Verteilung ist für den nicht-professionellen Anwender eine vergleichsweise komplizierte Verteilung, insbesondere wenn er ihre Wahrscheinlichkeiten mit konventionellen Mitteln (Formel, Tabellenwerke) ermitteln muss. Deshalb sind für die Praxis die Approximationsmöglichkeiten von Verteilungen von großer Bedeutung. Darunter versteht man die näherungsweise Verwendung eines anderen, in der Regel einfacher handhabbaren Verteilungstyps/-modells an Stelle des an und für sich exakt passenden. Die Statistik hat die **Approximation** vieler Verteilungstypen unter bestimmten Voraussetzungen – den sogenannten Approximationsbedingungen – bewiesen, die der Anwender nutzen kann. Davon werden hier nur die der grundlegenden Verteilungsmodelle vorgestellt. Dabei können die Approximationsbedingungen unterschiedlich formuliert sein, je nachdem, welche Anforderungen man an die Genauigkeit der Übereinstimmung der Wahrscheinlichkeiten stellt. In der Praxis werden in der Regel Abweichungen von höchstens 1 % zwischen den Wahrscheinlichkeiten der exakten und approximativen Verteilung toleriert. Die hier verwendeten Approximationsbedingungen genügen dieser Praxisanforderung.

Die hypergeometrische Verteilung kann durch die diskrete Binomialverteilung oder die stetige Normalverteilung approximiert werden. Hier wird die Approximation durch die Binomialverteilung behandelt, die unter folgender Bedingung möglich ist:

Auswahlsatzregel: $n / N \leq 5 \%$.

Im vorliegenden Fall ist die Bedingung gerade noch erfüllt, da 40 / 800 = 0,05 ≤ 0,05 ist.

7. Ermittlung und Visualisierung der Wahrscheinlichkeitsverteilungen

Die Einzelwahrscheinlichkeiten ermittelt man in einer Tabelle mit den besprochenen statistischen Funktionen.

Dabei stellt man fest, dass bei der für Wahrscheinlichkeitstabellen üblichen Genauigkeit von **5 Dezimalstellen** die Wahrscheinlichkeiten für $x \leq 6$ und $x \geq 28$ NULL sind und der theoretisch mögliche Wertebereich von 0 bis 30 hier deshalb sinnvoll auf den **relevanten** von ~ 7 bis 28 beschränkt werden kann. Abbildung 9.17 enthält die beiden Verteilungen, die in Abb. 9.18 zum optischen Vergleich direkt gegenübergestellt sind. Darin sieht man mehr Gemeinsamkeiten als Unterschiede: Sie sind beide eingipflig, ziemlich symmetrisch und haben in etwa gleich große Wahrscheinlichkeiten. Insbesondere in der Mitte gibt es aber deutlich wahrnehmbare Wahrscheinlichkeitsunterschiede. Ob diese für eine Approximation noch zulässig sind, lässt sich per Augenschein nicht verlässlich beurteilen. Die Abweichungen werden deshalb ermittelt und analysiert.

Abb. 9.17 Wahrscheinlichkeitsverteilungen

x	H(30;360;600)	B(30;0,6)
5	0,00000	0,00000
6	0,00000	0,00001
7	0,00003	0,00004
8	0,00012	0,00017
9	0,00049	0,00063
10	0,00163	0,00200
11	0,00470	0,00545
12	0,01169	0,01294
13	0,02525	0,02687
14	0,04750	0,04895
15	0,07792	0,07831
16	0,11151	0,11013
17	0,13916	0,13604
18	0,15120	0,14738
19	0,14262	0,13962
20	0,11629	0,11519
21	0,08151	0,08228
22	0,04872	0,05049
23	0,02458	0,02634
24	0,01033	0,01152
25	0,00354	0,00415
26	0,00097	0,00120
27	0,00020	0,00027
28	0,00003	0,00004

Abb. 9.18 Stichprobenverteilungen

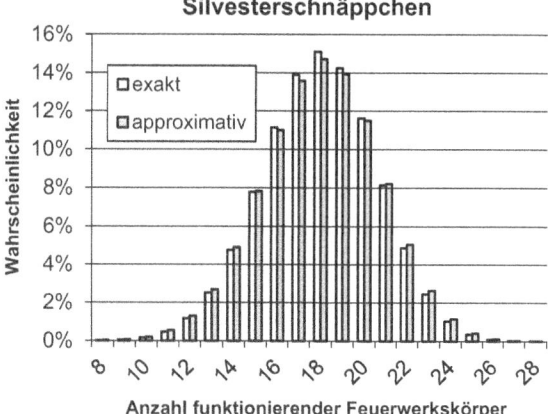

8. Approximationsfehleranalyse

Die Abweichungen bei den Einzelwahrscheinlichkeiten berechnet man durch Eingabe und
Kopieren einer geeigneten Formel. Da die hypergeometrische Verteilung die exakte Verteilung und damit die Bezugsverteilung für Abweichungen ist, subtrahieren wir ihre Wahrscheinlichkeiten von denen der Binomialverteilung. Dabei ist es sinnvoll, die Wahrschein-
lichkeitsdifferenzen mit 100 zu multiplizieren, um sie anwenderfreundlich in Prozent auszuweisen (siehe Abb. 9.19, Spalte E).

	X	exakt	approx.	Abweichung [%]		Verteilungsfunkt.		abs. Abw.
	x	H(30;360;600)	B(30;0,6)	B-H	absolut	exakt	approx.	[%]
5	5	0,00000	0,00000	0,00006	0,00006	0,00000	0,00000	0,00007
6	6	0,00000	0,00001	0,00030	0,00030	0,00001	0,00001	0,00038
7	7	0,00003	0,00004	0,00135	0,00135	0,00003	0,00005	0,00173
8	8	0,00012	0,00017	0,00491	0,00491	0,00016	0,00022	0,00663
9	9	0,00049	0,00063	0,01474	0,01474	0,00064	0,00086	0,02138
10	10	0,00163	0,00200	0,03669	0,03669	0,00227	0,00285	0,05807
11	11	0,00470	0,00545	0,07525	0,07525	0,00697	0,00830	0,13332
12	12	0,01169	0,01294	0,12514	0,12514	0,01866	0,02124	0,25845
13	13	0,02525	0,02687	0,16193	0,16193	0,04391	0,04811	0,42039
14	14	0,04750	0,04895	0,14437	0,14437	0,09141	0,09706	0,56476
15	15	0,07792	0,07831	0,03958	0,03958	0,16933	0,17537	0,60434
16	16	0,11151	0,11013	-0,13827	0,13827	0,28083	0,28550	0,46607
17	17	0,13916	0,13604	-0,31239	0,31239	0,42000	0,42153	0,15368
18	18	0,15120	0,14738	-0,38251	0,38251	0,57120	0,56891	0,22883
19	19	0,14262	0,13962	-0,29982	0,29982	0,71381	0,70853	0,52865
20	20	0,11629	0,11519	-0,11094	0,11094	0,83011	0,82371	0,63959
21	21	0,08151	0,08228	0,07659	0,07659	0,91162	0,90599	0,56300
22	22	0,04872	0,05049	0,17635	0,17635	0,96034	0,95648	0,38665
23	23	0,02458	0,02634	0,17565	0,17565	0,98493	0,98282	0,21100
24	24	0,01033	0,01152	0,11975	0,11975	0,99525	0,99434	0,09125
25	25	0,00354	0,00415	0,06051	0,06051	0,99880	0,99849	0,03074
26	26	0,00097	0,00120	0,02294	0,02294	0,99976	0,99969	0,00780
27	27	0,00020	0,00027	0,00640	0,00640	0,99997	0,99995	0,00140
28	28	0,00003	0,00004	0,00125	0,00125	1,00000	1,00000	0,00015
29	29	0,00000	0,00000	0,00015	0,00015	1,00000	1,00000	0,00000
30	30	0,00000	0,00000	0,00001	0,00001	1,00000	1,00000	0,00001
31					0,09569			0,20686

Abb. 9.19 Approximationsfehler Einzelwahrscheinlichkeiten (Spalten B bis E) und Summenwahrscheinlichkeiten (Spalten G bis I)

Die Approximationsfehler bei den Einzelwahrscheinlichkeiten visualisiert man am besten in einem Punktediagramm (siehe Abb. 9.20).

Darin stellt man Folgendes fest:

1. Die Fehler in der Mitte der Verteilung sind alle negativ, d. h., die Wahrscheinlichkeiten der Approximationsverteilung sind dort kleiner als die der exakten Verteilung.
2. Die Fehler an den beiden Verteilungsrändern sind dagegen alle positiv, d. h., die Wahrscheinlichkeiten der Approximationsverteilung sind dort größer als die der exakten Verteilung.
3. Die negativen Abweichungen sind betragsmäßig etwa doppelt so groß wie die positiven.

Abb. 9.20 Approximations-
fehlerdiagramm

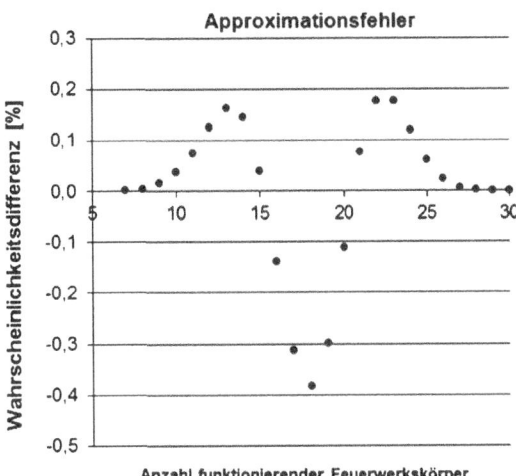

4. Die Größe der Fehler in den beiden Bereichen folgt jeweils einem klaren und durchgängigen Muster.

Die genannten Charakteristika indizieren, dass es sich nicht um zufällige, sondern um
systematische Fehler handelt. Soll die Approximation trotz systematischer Fehler für praktische Zwecke ausreichend gut sein, kommt es daher entscheidend auf ihre Größe bzw.
ihren Betrag an, den sogenannten **absoluten Fehler.**

Den absoluten Fehler berechnet man aus den bereits ermittelten in einer weiteren Spalte unter Verwendung der **Funktion ABS,** die man mit dem Funktionsassistenten aus der
Kategorie „Math & Trigonom." aufruft. Abbildung 9.19 enthält die Ergebnisse in Spalte F.

Wichtige Kenngrößen der **absoluten Fehleranalyse** sind der **größte** absolute Fehler
und der **durchschnittliche** absolute Fehler. Den größten ermittelt man mit der statistischen Funktion MAX, den durchschnittlichen mit der statistischen Funktion MITTEL-
WERT. In Abb. 9.19, Spalte F, ist die größte absolute Abweichung grau hinterlegt und beträgt ~ 0,38 %. Die durchschnittliche ist am Ende der Spalte ermittelt und beträgt ~ 0,095 %.
Die Größe beider Abweichungen liegt weit unter der aus Praxissicht maximal zulässigen
1 %-Abweichungsgrenze von Approximationen.

Bei **systematischen** Fehlern ist ergänzend die Betrachtung der **Fehlersummen** nötig.
Wir erweitern daher die bislang erstellte Tabelle um weitere Spalten für die aufsteigend
summierten Wahrscheinlichkeiten der beiden Verteilungen und die absoluten Abweichungen ihrer Summenwahrscheinlichkeiten.

Die aufsteigend summierten Wahrscheinlichkeiten ermittelt man aus den vorhandenen Einzelwahrscheinlichkeiten durch Eingabe und Kopieren einer geeigneten Formel.
Bei der Binomialverteilung kann man die Werte der Verteilungsfunktion auch mit der
statistischen Funktion BINOM.VERT ermitteln, indem man deren Funktionsparameter
„KUMULIERT" mit 1 vorgibt. Die absoluten Abweichungen und ihre Kenngrößen ermittelt man wie bereits oben beschrieben. Abbildung 9.19, enthält rechts die Ergebnisse.

Im Vergleich zu den absoluten Abweichungen der Einzelwahrscheinlichkeiten sind die der Summenwahrscheinlichkeiten alle deutlich größer. Die Abweichungskenngrößen liegen jedoch nach wie vor deutlich unter der aus Praxissicht maximal zulässigen 1 %-Abweichungsgrenze. Damit ist die Zulässigkeit der Approximation im vorliegenden Fall nicht nur theoretisch über die Einhaltung der allgemein gültigen Approximationsbedingungen, sondern auch praktisch durch quantitative Approximationsfehleranalyse erwiesen.

9. Kaufentscheidung mit höchstens 5 % Risiko

Unter der Voraussetzung, dass die Angabe des Großhändlers mit $\pi \geq 0{,}6$ stimmt, wird der Interessent den Restposten umso eher kaufen, je mehr funktionierenden Feuerwerkskörper in der Stichprobe sind. Umgekehrt wird er von dem Kauf umso mehr abrücken, je weniger funktionierende Feuerwerkskörper in der Stichprobe sind. Bei großen Werten von X wird er also tendenziell kaufen, bei kleinen tendenziell nicht kaufen. Wenn seine Kaufentscheidung also richtig sein soll, darf die Anzahl oder der Anteil funktionierenden Feuerwerkskörper in der Stichprobe eine bestimmte Untergrenze nicht unterschreiten.

Diese Untergrenze legt er im vorliegenden Fall nicht subjektiv und explizit fest, so wie es der Interessent des anderen Restpostens getan hat (siehe 5.). Vielmehr gibt er eine obere Schranke von 5 % für das Risiko vor, dass er den Restposten nicht kaufen wird, obwohl die Angaben des Großhändlers stimmen. Diese Risikowahrscheinlichkeit muss sich in der Stichprobenwahrscheinlichkeitsverteilung dort befinden, wo er tendenziell nicht kauft – also bei kleinen Werten von X – und ihr muss ein bestimmter Wert der Zufallsgröße zugeordnet sein, für den die bis dahin aufsummierten Wahrscheinlichkeiten die vorgegebene Risikowahrscheinlichkeit noch nicht überschritten haben.

In Abb. 9.19 Spalte G und H sind die Wahrscheinlichkeiten von den kleinen Werten der Zufallsgröße kommend systematisch aufsummiert worden (Verteilungsfunktionen). Deshalb kann sie direkt zur Beantwortung der Frage genutzt werden, indem man in der Verteilungsfunktion die vorgegebene Risikowahrscheinlichkeit von 5 % sucht und den zugeordneten Wert der Zufallsgröße bestimmt. In der Tabelle gibt es die Wahrscheinlichkeit von genau 5 % nicht, weder in der exakten noch in der approximativen. In der Approximationsverteilung gibt es jedoch eine nur geringfügig kleinere Wahrscheinlichkeit von 4,815 %, der der Wert 13 zugeordnet ist (in der Tabelle hellgrau hinterlegt).

Dieses Wertepaar der Verteilungsfunktion ist im vorliegenden Fall wie folgt zu interpretieren: Gültigkeit der Angabe des Großhändlers über die insgesamt funktionierenden Feuerwerkskörper vorausgesetzt, können in der Zufallsstichprobe von insgesamt 30 trotzdem noch bis zu 13 funktionierende Feuerwerkkörper mit einer Wahrscheinlichkeit von insgesamt ~ 4,82 % auftreten. Legt der Interessent seine Kaufentscheidung über die Risikogrenze von 5 % fest, so wird er den Restposten demnach kaufen, wenn in der Stichprobe **mindestens 14** Feuerwerkkörper funktionieren. Dabei hat er ein Risiko von maximal 5 %, dass er bei Stichprobenbefunden von kleiner oder gleich 13 nicht kauft, obwohl die Angabe des Großhändlers über den Anteil insgesamt funktionierender Feuerwerkkörper stimmt.

9.4 Übungsaufgaben

9.4.1 Aufgabe „Absatz- und Gewinnplanung"

Die Eisdiele „Gelati" erwägt in diesem Sommer erstmals als Wochenendzusatzgeschäft den Eisverkauf im Stadion des lokalen Fußballvereins und will dafür eine Absatz- und Gewinnplanung durchführen. Vorgesehen ist zunächst nur der Verkauf des Produktes „Fußball", einer Eistüte mit einer Kugel, die wie ein Fußball aussieht.

Der Chef der Eisdiele ist der Meinung, dass der Absatz im Wesentlichen von zwei unsicheren Faktoren abhängt, die voneinander unabhängig sind: (1) vom Wetter am Spieltag und (2) vom Ergebnis des Auswärtsspiels in der Vorwoche. Für die aus der Kombination der beiden Faktoren resultierenden möglichen Szenarien wurden für das in 14 Tagen geplante erste Wochenendzusatzgeschäft folgende Absatzmengen grob geschätzt.

Wetter	Ergebnis des Auswärtsspiels		
	Sieg	Unentschieden	Niederlage
Gut	2000	1500	1200
Schlecht	1200	800	500

Die Wahrscheinlichkeit für gutes Wetter an dem Wochenende wird mit 80 % geschätzt. Außerdem wird mit einer Wahrscheinlichkeit von 50 % mit einem Sieg und mit 20 %-iger Wahrscheinlichkeit mit einem Unentschieden beim Auswärtsspiel der Vorwoche gerechnet. Führen Sie auf dieser Datengrundlage die unsichere Planung für das erste Wochenendzusatzgeschäft durch.

Aufgabenstellungen

1. Ermitteln Sie nachvollziehbar die Wahrscheinlichkeitsfunktion der Absatzmenge. Diskutieren Sie kurz die von der Eisdiele vorgenommene Behandlung der Absatzvariablen.
2. Stellen Sie die Wahrscheinlichkeitsfunktion in geeigneter Form grafisch dar und charakterisieren Sie sie kurz.
3. Ermitteln Sie ergänzend die aufsteigend und abfallend summierten Wahrscheinlichkeiten und stellen Sie die Summenwahrscheinlichkeitsfunktionen in geeigneter Form grafisch dar.
4. Ermitteln und interpretieren Sie die Kenngrößen der Wahrscheinlichkeitsverteilung. Wie aussagefähig ist der Erwartungswert als wichtigste Kenngröße des unsicheren Absatzes im vorliegenden Fall für die Planung?
5. Fragen zu Absatzmengen und Wahrscheinlichkeiten.
6. Bearbeitungshinweis: Fragestellungen formalisieren und Lösung nachvollziehbar grafisch und numerisch bestimmen.

7. Wie groß ist die Wahrscheinlichkeit folgender Absatzmengen:

    a) höchstens 1000 Eis?

    b) mindestens 1200 Eis?

    c) zwischen 800 und 1500 Eis?

    d) mehr als 800 und weniger als 1200 Eis?

    Mit welcher Absatzmenge kann die Eisdiele

    e) mit einer Wahrscheinlichkeit von mindestens 90 % höchstens rechnen ?

    f) mit einem Risiko von höchstens 20 % mindestens rechnen?

8. Die Fixkosten betragen 150 [€], der Deckungsbeitrag pro Eis 0,30 [€].

    a) Geben Sie die Formel für den Zusammenhang von Absatzmenge (X) und Gewinn/Verlust (Y) an. Wie groß muss die Absatzmenge sein, damit man keinen Verlust macht, und wie groß ist die Wahrscheinlichkeit dafür?

    b) Ermitteln und visualisieren Sie die Gewinn-Wahrscheinlichkeitsfunktion.

    c) Ermitteln Sie die Kenngrößen der Wahrscheinlichkeitsverteilung von Y (1) aus der Wahrscheinlichkeitsfunktion von Y und (2) aus den Kenngrößen von X über Formeln. Was besagt und wie aussagefähig ist der Erwartungswert?

    d) Wie groß ist die Wahrscheinlichkeit für mindestens 250 und höchstens 100 [€] Gewinn?

    e) Welcher Gewinn wird mit mindestens 80 %-iger Sicherheit mindestens und höchstens gemacht?

9.4.2 Aufgabe „Paketzustellung"

Ein bisheriger Langzeitarbeitsloser hat unlängst eine ICH-AG gegründet, deren Geschäftszweck die kunden- und zeitgerechte Zustellung von Paketen eines süddeutschen Versandhauses im Landkreis Märkisch-Oderland/Brandenburg ist. Die individuellen Betriebserfahrungen des ersten Vierteljahres fasst er in einem Interview mit der Lokalzeitung wie folgt zusammen: „Die Chance, eine Paketsendung zu beliebiger Tageszeit einem Kunden oder einem seiner Nachbarn persönlich gegen Quittung zustellen zu können, liegt bei 60 zu 40 und ist praktisch unabhängig vom Erfolg oder Misserfolg anderer Zustellungen."

    Heute hat er fünf Pakete zuzustellen und macht sich vorab Gedanken darüber, was ihn in der unsicheren Paketzustellung wohl erwartet. Helfen Sie ihm dabei.

Aufgabenstellungen

1. Welche unsichere Größe sollte er betrachten, welche möglichen Werte hat sie und ist sie diskret oder stetig (Begründung)?

2. Wie ist die unsichere Größe exakt verteilt (Verteilungstyp, Parameter, Begründung)? Ist es möglich und sinnvoll, die exakte Verteilung zu approximieren (Begründung)?

3. Berechnen Sie nachvollziehbar die Einzelwahrscheinlichkeiten für alle möglichen Werte der Zufallsgröße unter Angabe und expliziter Verwendung der für den Verteilungstyp

gültigen Formel und stellen Sie die ermittelten Werte abschließend in einer geeigneten Tabelle zusammen.

4. Stellen Sie die Wahrscheinlichkeitsfunktion in geeigneter Form grafisch dar. Nennen und begründen Sie kurz die verwendete Darstellungsform. Welche Charakteristika hat die Verteilung?

5. Mit wie vielen zugestellten Paketen kann er an diesem Tag im Durchschnitt rechnen und wie aussagefähig ist dieser Wert im vorliegenden Fall (systematischer Aussagefähigkeitscheck)?

6. Wie groß ist die Wahrscheinlichkeit, dass er heute …
[Bearbeitungshinweis: Fragestellungen und Lösungsansätze formalisieren!]
   a) höchstens ein Paket zustellt?
   b) mindestens drei Pakete zustellt?
   c) zwei Pakete nicht zustellt?
Mit wie vielen zugestellten Paketen kann er heute
   e) mit einer Wahrscheinlichkeit von gut 90 % höchstens rechnen?
   f) mit einer Wahrscheinlichkeit von gut 90 % mindestens rechnen?
   g) im 1-SIGMA-Bereich mit welcher Wahrscheinlichkeit rechnen?

9.4.3 Aufgabe „No-Name-PCs"

Ein namhafter Hardwarehersteller vertreibt PCs, die der EURO-Norm nicht genügen, als No-Name PCs in Länder der dritten Welt. Bei diesen Lieferungen garantiert er, dass höchstens 10 % der Geräte Defekte aufweisen. Ein neuer Großabnehmer in Nigeria hat eine Lieferung von 5000 Stück erhalten und will durch eine Zufallsstichprobe von 40 Geräten überprüfen, ob die Herstellerangaben eingehalten werden. Liegt der Anteil defekter PCs in der Stichprobe bei höchstens 15 %, will er die extrem preiswerte Lieferung trotzdem akzeptieren.

Aufgabenstellungen

1. Welche Zufallsgröße soll in der Stichprobe betrachtet werden, welche Werte kann sie annehmen und wie ist sie exakt verteilt (Verteilungstyp, Parameter, Begründung)?

2. Berechnen Sie den Erwartungswert und die Varianz/Standardabweichung der exakten Verteilung. Was besagt und wie aussagefähig ist der Erwartungswert im vorliegenden Fall (systematischer Aussagefähigkeitscheck)?

3. Lässt sich die obige exakte Wahrscheinlichkeitsverteilung durch eine andere diskrete Verteilung approximieren? Unter welchen Bedingungen ist dies möglich und wann ist es sinnvoll?

4. Ermitteln Sie die Wahrscheinlichkeitsfunktionen der beiden Verteilungen und die Abweichungen ihrer Wahrscheinlichkeiten in einer geeigneten Tabelle.

5. Stellen Sie die beiden Wahrscheinlichkeitsverteilungen und die Abweichungen ihrer Wahrscheinlichkeiten in geeigneten Formen graphisch dar. Was können sie aus den Diagrammen über die Zulässigkeit der Approximation im vorliegenden Fall entnehmen?

6. Fragen zu Ereignissen und Wahrscheinlichkeiten

   Wie groß ist approximativ (!) die Wahrscheinlichkeit dafür, dass

   a) höchstens 4 PCs defekt sind?

   b) mindestens 10 PCs defekt sind?

   c) mindestens 4 und weniger als 10 PCs defekt sind?

   d) zwischen 25 % und 75 % der PCs defekt sind?

   e) genau 80 % der Geräte ohne Defekt sind?

   f) der Großabnehmer die Lieferung annimmt?

   g) Wie ändert sich die Annahmewahrscheinlichkeit des Großabnehmers, wenn der Anteil defekter PCs in der Lieferung nicht 10, sondern 20 % beträgt?

Stetige Wahrscheinlichkeitsverteilungen

Kann eine vom Zufall beeinflusste Größe überabzählbar viele mögliche Werte – zumindest in einem Intervall – annehmen, ist sie **kontinuierlich oder stetig**. Wahrscheinlichkeitsverteilungen kontinuierlicher Zufallsgrößen kann man – analog wie die von diskreten Zufallsgrößen – auf zwei grundlegend unterschiedlichen Wegen ermitteln, so wie in der folgenden Übersicht dargestellt.

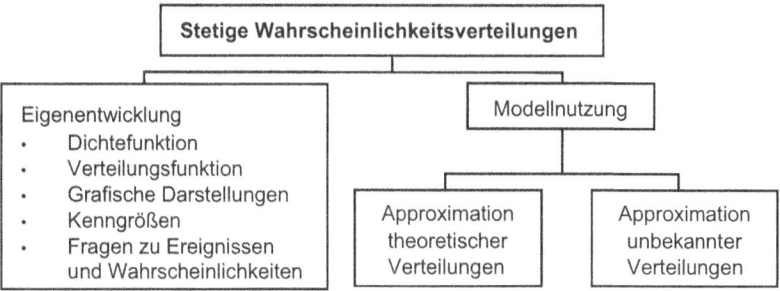

Die **Eigenentwicklung** einer individuellen stetigen Wahrscheinlichkeitsverteilung mit dem empirischen Ansatz wird in Abschn. **10.1 Aufgabe „Busverspätung"** behandelt. Darin wird gezeigt, wie man durch geeignete Aufbereitung und Auswertung einer klassierten Häufigkeitsverteilung zur **Dichtefunktion** kommt, dem grundlegenden Instrument zur Modellierung der Wahrscheinlichkeitsverteilung einer stetigen Zufallsgröße. Thematisiert werden die mathematischen Eigenschaften der Dichtefunktion und der aus ihr ableitbaren **Verteilungsfunktion**, die zur numerischen Ermittlung von Wahrscheinlichkeiten nötig ist. Wie auch im diskreten Fall werden wichtige Darstellungsformen, die Ermittlung der Kenngrößen sowie die sachgerechte Beantwortung von Fragen zu Ereignissen und Wahrscheinlichkeiten behandelt.

Bei der **Modellnutzung** wird hier nur das wichtigste stetige Verteilungsmodell der Statistik behandelt, die **Normalverteilung**. **Empirisch relevant** ist sie vor allem für

J. Meißner und T. Wendler, *Statistik-Praktikum mit Excel*,
Studienbücher Wirtschaftsmathematik, DOI 10.1007/978-3-658-04187-8_10,
© Springer Fachmedien Wiesbaden 2015

die Verteilung von **Fehlern, Abweichungen etc**. Ihre zentrale Stellung in der Statistik verdankt sie jedoch der vielfältigen Verwendbarkeit als **Approximationsverteilung**. In Abschn. **10.2 Aufgabe „Vertreterbesuche und Aufträge"** wird sie als Approximationsverteilung für ein wichtiges diskretes Verteilungsmodell verwendet. Dabei wird die Vorgehensweise behandelt, mit der man systematisch von der exakten zur spezifizierten approximativen Verteilung kommt. Bei der Beantwortung von Fragen über die Wahrscheinlichkeit von Werten einer diskreten Zufallsgröße mit Hilfe einer approximativen stetigen Verteilung ist eine **Stetigkeitskorrektur** vorzunehmen, wenn die aus dem stetigen Modell ableitbaren Aussagen mit praktisch ausreichender Genauigkeit für die diskrete Variable gültig sein sollen.

Ein weiteres Anwendungsgebiet der Normalverteilung ist die Approximation unbekannter Verteilungen, wenn die Voraussetzungen des **Zentralen Grenzwertsatzes** der Statistik erfüllt sind. Diese sind recht allgemein gehalten, so dass sie in der Praxis recht häufig zumindest näherungsweise zutreffen. In Abschn. **10.3 Aufgabe „Puckschwund"** wird die Vorgehensweise behandelt, mit der man systematisch mit Hilfe des Zentralen Grenzwertsatzes zur Normalverteilung gelangt, um mit ihr Fragen über die interessierende Zufallsgröße zu beantworten.

10.1   Aufgabe „Busverspätung"

Auf einer kanarischen Ferieninsel wird der gesamte öffentliche Personenverkehr von einer Busgesellschaft von dem zentralen Omnibusbahnhof in der Hauptstadt betrieben. Unlängst musste die Busgesellschaft den massenhaften und andauernden Beschwerden von Touristen über Busverspätungen nachgehen und hat dazu erstmals die Verspätungen systematisch erfasst und aufbereitet (siehe Tabelle). Aus dem empirischen Befund soll die Planungsabteilung ein Modell entwickeln, mit dem man quantitative Aussagen über die unsicheren Busverspätungen und ihre Wahrscheinlichkeiten im zentralen Omnibusbahnhof machen kann.

Klassennummer	Verspätung [Min]		Anzahl
	Über	Bis einschl.	
1	0	1	130
2	1	2	105
3	2	3	100
4	3	4	68
5	4	5	75
6	5	6	57
7	6	7	52
8	7	8	27
9	8	9	18
10	9	10	10

10.1.1 Aufgabenstellungen

1. Datenaufbereitung und graphische Darstellungen
   a) Ermitteln Sie die Kassenmitten und die relativen Häufigkeiten und visualisieren Sie die absolute und relative Häufigkeitsfunktion in zwei geeigneten Diagrammen. Eines davon soll zur Erkennung von Mustern und Zusammenhängen besonders geeignet sein. Nennen und begründen Sie kurz die Darstellungsformen.
   b) Was können Sie aufgrund der Diagramme über die Charakteristika der Verteilung und über den Zusammenhang von Verspätungen und ihren Häufigkeiten sagen?
2. Mathematische Modellierung
   a) Ermitteln und visualisieren Sie durch geeignete Analyse eine möglichst einfache mathematische Funktion, die den Zusammenhang zwischen Verspätung und Häufigkeit beschreibt, und nutzen Sie diese zur Modellierung der unsicheren Busverspätungen.
   b) Wie heißt diese Funktion in der Fachsprache und erfüllt sie die allgemein gültigen mathematischen Eigenschaften (Begründung)?
3. Verteilungsfunktion
   a) Ermitteln und visualisieren Sie die Verteilungsfunktion der Busverspätungen.
   b) Erfüllt sie die allgemein gültigen mathematischen Eigenschaften (Begründung)?
4. Kenngrößen der Wahrscheinlichkeitsverteilung
   a) Ermitteln Sie den Erwartungswert.
   b) Ermitteln Sie Varianz, Standardabweichung und Variationskoeffizient.
   c) Welche Kernaussagen über die unsichere Busverspätung können Sie mit Hilfe der Kenngrößen machen?
5. Ereignisse und Wahrscheinlichkeiten
   Bearbeitungshinweis: Fragestellungen formalisieren und Lösungsweg angeben.
   Wie groß ist die Wahrscheinlichkeit dafür, dass ein zufällig ausgewählter Bus am Terminal folgende Verspätung hat:
   a) höchstens zwei Minuten?
   b) mehr als fünf Minuten?
   c) zwischen zwei und fünf Minuten?
   Welche Verspätung wird mit einer Wahrscheinlichkeit
   d) von 90 % nicht überschritten?
   e) von 90 % nicht unterschritten?
   f) In welchem Intervall um den Erwartungswert liegt der 1-SIGMA-Streuungsbereich mit welcher Wahrscheinlichkeit?

LERNINHALTSÜBERSICHT

STATISTIK	EXCEL-UNTERSTÜTZUNG
1. Datenaufbereitung und graphische Darstellungen	
g) Klassenmitten und relative Häufigkeiten	Formeln
h) Graphische Darstellungen	Säulendiagramm, Kurvendiagramm
2. Mathematische Modellierung	
a) Ermittlung	Graphikfunktion: Trendlinie hinzufügen
b) Fachbegriff und mathematische Eigenschaften	
3. Verteilungsfunktion	
a) Ermittlung	
b) Graphische Darstellung	Kurvendiagramm
c) Mathematische Eigenschaften	
4. Kenngrößen	
a) Erwartungswert	Formeln, Arbeitstabelle
b) Streuung	Formeln, Arbeitstabelle
c) Kernaussagen	
5. Ereignisse und Wahrscheinlichkeiten	Formeln

10.1.2   Aufgabenlösungen

1. Datenaufbereitung und graphische Darstellungen

1.a Ermittlung der Klassenmitten und relativen Häufigkeiten

Dazu erweitert man die Ausgangsdatentabelle um jeweils eine Spalte für die (rechentechnischen) Klassenmitten und die relativen Häufigkeiten. Die Werte selbst berechnet man durch Eingeben und Kopieren geeigneter Formeln. Abbildung 10.1 zeigt die erweiterte Tabelle mit den Ergebnissen sowie beispielhafte Formeleingaben.

1.b Graphische Darstellungen

Zur graphischen Darstellung klassierter Häufigkeitsverteilungen mit gleicher Klassenbreite benutzt man standardmäßig ein Säulendiagramm (vgl. Abschn. 2.2 Aufgabe „Entgelt"). Abbildung 10.1 zeigt links eine Musterlösung mit den Ausgangsdaten (absolute Häufigkeiten). Bei klassierten Daten kann man die (rechentechnischen) Klassenmitten als Repräsentanten der in der Regel unbekannten Beobachtungswerte in den Klassen ansehen und ihnen die Klassenhäufigkeiten zuordnen. Setzt man dies graphisch im Säulendiagramm um und verbindet die Mitten der oberen Säulenbegrenzungen durch Gradenstücke miteinander – wie in Abb. 10.2 rechts mit den relativen Häufigkeiten geschehen –, erhält man ein spezielles Kurvendiagramm, das **Häufigkeitspolygon** genannt wird. Dieses ist wie jedes Kurvendiagramm zur Mustererkennung besser geeignet als ein Säulendiagramm.

Aus beiden Diagrammen kann man das empirische Verhalten der Busverspätungen ablesen: Sie liegen zwischen 0 und 10 Minuten. Am häufigsten sind Verspätungen bis zu einer

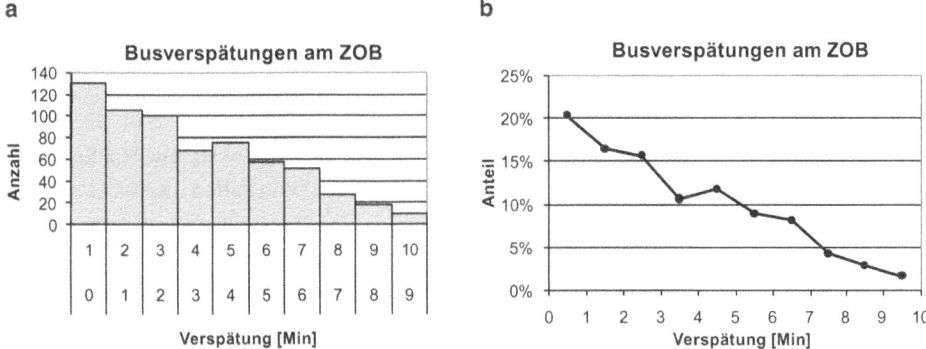

A	B	C	D	E	F	G
	Klassen-nummer	**Verspätung [Min.]** über bis einschl.		**Klassen-mitte**	**Anzahl**	**Anteil**
	k	x_k^u	x_k^o	x_k^M	h_k	f_k
	1	0	1	0,5	130	0,202
	2	1	2	1,5	105	0,164
	3			2,5	100	0,156
	4	=(C5+D5)/2		3	68	0,106
	5	4	5	4,5	75	0,117
	6	5	=F5/$F$15	5,5	57	0,089
	7	6		6,5	52	0,081
	8	7	8	7,5	27	0,042
	9	8	9	8,5	18	0,028
	10	9	10	9,5	10	0,016
	Summe				642	1,0000

Abb. 10.1 Häufigkeitsverteilungen der Busverspätungen (tabellarisch)

a

b

Abb. 10.2 Häufigkeitsverteilungen der Busverspätungen (graphisch)

Minute ($\sim 20\,\%$), am seltensten solche zwischen 9 und 10 Minuten. Die Verteilungsform ist eingipflig und stark rechtsschief, was einen gegenläufigen Zusammenhang von Verspätung und Häufigkeit bedeutet. Dem Kurvendiagramm kann man darüber hinaus ein klares und durchgängiges Muster des gegenläufigen Zusammenhangs entnehmen, das in ganz grober Näherung einer Geraden folgt.

2. Mathematische Modellierung

Die Aufbereitungsergebnisse kann man nutzen, um den offensichtlich bestehenden Zusammenhang zwischen Verspätungsdauer und Verspätungshäufigkeit in Form einer tendenziell zutreffenden mathematischen Gleichung zu beschreiben. Dabei muss man allerdings bedenken, dass die Verspätungsdauer als Zeitgröße ihrem Wesen nach eine **konti-**

Tab. 10.1 Häufigkeitsdichte in Klasse 1 in Abhängigkeit der Genauigkeit

Intervalllänge [Sek.]	30	15	1	1 / 100
Intervallanzahl	2	4	60	6000
Häufigkeitsdichte	130 / 2 = 65	130 / 4 = 32,5	130 / 60 = 2,17	130 / 6000 = 0,0217

nuierliche Variable ist, die theoretisch unendlich viele Werte in einem Intervall annehmen kann. Sie ist hier nur aus Gründen des Aufwandes und der für Verspätungen praktisch wohl ausreichenden Minutengenauigkeit klassiert erhoben und damit diskretisiert worden.

Will man sie bei der weiteren Analyse adäquat als stetig behandeln, so muss man innerhalb der vorliegenden Minutenintervalle genauere Zeitbetrachtungen ermöglichen. Diese mögen pragmatisch mit der Betrachtung der Verspätungshäufigkeit innerhalb einer halben Minute beginnen, über die einer Sekunde gehen und theoretisch bei der einer unendlich kleinen Zeiteinheit enden. Um die Verspätungshäufigkeit dieser zunehmend kleineren Zeitintervalle innerhalb der vorhandenen Minutenintervalle zu berechnen, muss man die vorhandene Häufigkeit durch die Anzahl der für die genauere Betrachtung nötigen Intervalle teilen, die im Extremfall Unendlich sein kann. Die so entstehende theoretische Größe entspricht nicht mehr der Häufigkeit, sondern heißt **Häufigkeitsdichte**. Für die erste Klasse erhält man so unter Verwendung der absoluten Häufigkeiten die in Tab. 10.1 zusammengestellten Dichtewerte.

Dies verdeutlicht exemplarisch einen für kontinuierliche Variablen grundlegenden Sachverhalt: Im Gegensatz zu diskreten Variablen, deren einzelne Werte mit Häufigkeiten auftreten, kann man sie sinnvoll nur in **Wertebereichen (Intervallen)** betrachten. Für die innerhalb der Ausgangsintervalle in Abhängigkeit der Genauigkeit konstruierbaren Intervalle kann man Häufigkeitsdichten berechnen, die umso kleiner werden, je höher die Genauigkeit ist. Im Extremfall (Punktgenauigkeit) ist die Häufigkeitsdichte NULL.

Wenn wir den in den Ausgangsdaten bestehenden Zusammenhang zwischen Verspätungsdauer und -häufigkeit mathematisch modellieren und in dem Modell die Verspätungsdauer als kontinuierliche Variable behandeln, so wird daraus modellmäßig also eine Zusammenhangsrechnung zwischen der Verspätungsdauer und der Häufigkeitsdichte.

2.a Ermittlung des formelmäßigen Zusammenhangs

Da die Verspätungshäufigkeit bzw. ihre Dichte ganz wesentlich von der Verspätungsdauer abhängt, beide Größen quantitativ und metrisch skaliert sind und zudem als einzelne Wertepaare vorliegen, kann man dazu die **Regressionsanalyse** nutzen. Da die Funktion möglichst einfach sein soll, wählt man den Funktionstyp linear. Regressionsfunktionen ermittelt man am einfachsten mit der Graphikfunktion (vgl. Abschn. 6.4 Aufgabe „Bierabsatz und Werbung"). Abbildung 10.3 zeigt das Ergebnis.

Wenn wir nun die Busverspätung als zufällige Variable betrachten und bei ihrer Modellierung den empirischen Ansatz verwenden, können wir Folgendes sagen:

1. Die Zufallsvariable Busverspätung X ist eine kontinuierliche Variable mit dem relevanten Wertebereich $x = 0, \ldots, 10$ [Min.].

Abb. 10.3 Busverspätungs-
funktion

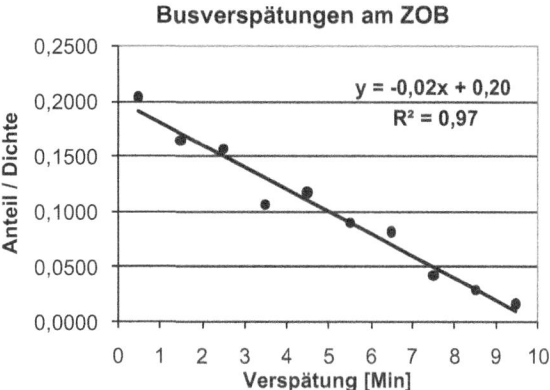

2. Da der Grenzwert der relativen Häufigkeit der Wahrscheinlichkeit entspricht, haben wir mit den empirischen Häufigkeitsdichten Werte, die theoretisch als Annäherung an die Wahrscheinlichkeiten angesehen werden können.
3. Das mit den Häufigkeitsdichten erstellte mathematische Modell kann deshalb auch als Wahrscheinlichkeitsmodell der unsicheren Busverspätung verwendet werden.
4. Der Funktionswert $f(x)$ an einer beliebigen Stelle x ist aber nicht die Wahrscheinlichkeit von x, sondern die **Wahrscheinlichkeitsdichte**.

2.b Fachbezeichnung und mathematische Eigenschaften

Die Funktion, die jeder möglichen Busverspätung ihre Wahrscheinlichkeitsdichte zuordnet, wird als **Dichtefunktion** bezeichnet. Die Dichtefunktion einer kontinuierlichen Zufallsgröße muss einige mathematische Eigenschaften haben, die in Tab. 10.2 aufgeführt und auf ihre Einhaltung im jeweils vorliegenden Fall zu überprüfen sind.

Tab. 10.2 Mathematische Anforderungen an Dichtefunktionen

Allgemein	vorliegender Fall
$f(x) \geq 0$	$f(x) = 0{,}2 - 0{,}02x$ für $0 \leq x \leq 10$
	$f(x) = 0$ sonst
$W(x_1 \leq x \leq x_2) = \int_{x_1}^{x_2} f(x)\,\mathrm{d}x$	$\int_{x_1}^{x_2} (0{,}2 - 0{,}02x)\,\mathrm{d}x$
$\int_{-\infty}^{\infty} f(x)\,\mathrm{d}x = 1$	$\int_{-\infty}^{\infty} (0{,}2 - 0{,}02x)\,\mathrm{d}x = 1$

3. Verteilungsfunktion

3.a Ermittlung
Die Verteilungsfunktion einer stetigen Zufallsgröße ist das bestimmte Integral ihrer Dichtefunktion.

$$F(x) = \int_{-\infty}^{x} f(x)\,dx = \int_{0}^{x} (0{,}2 - 0{,}02x)\,dx$$

$$= 0{,}2x - \frac{1}{2}0{,}02x^2 = 0{,}2x - 0{,}01x^2$$

$$F(x) = \begin{cases} 0 & \text{für } x < 0 \\ 0{,}2x - 0{,}01x^2 & \text{für } 0 \leq x \leq 10 \\ 1 & \text{für } x > 10 \end{cases}$$

3.b Graphische Darstellung
Zur graphischen Darstellung der Verteilungsfunktion benötigt man einige Funktionswerte, die man wie gehabt in einer Tabelle ermittelt (vgl. Tab. 10.3). Das Diagramm erstellt man dann analog zu dem der Dichtefunktion (siehe Abb. 10.4).

3.c Mathematische Eigenschaften
Die Verteilungsfunktion einer kontinuierlichen Zufallsgröße muss einige mathematische Eigenschaften haben, die in Tab. 10.4 aufgeführt und auf ihre Einhaltung im vorliegenden Fall überprüft werden.

Tab. 10.3 Dichte- und Verteilungsfunktion der Busverspätung (tabellarisch)

x	$f(x)$	$W(X < x) = F(x)$
0,0	0,20	0,0000
1,0	0,18	0,1900
2,0	0,16	0,3600
3,0	0,14	0,5100
4,0	0,12	0,6400
5,0	0,10	0,7500
6,0	0,08	0,8400
7,0	0,06	0,9100
8,0	0,04	0,9600
9,0	0,02	0,9900
10,0	0,00	1,0000

Abb. 10.4 Verteilungsfunktion der Busverspätung
(graphisch)

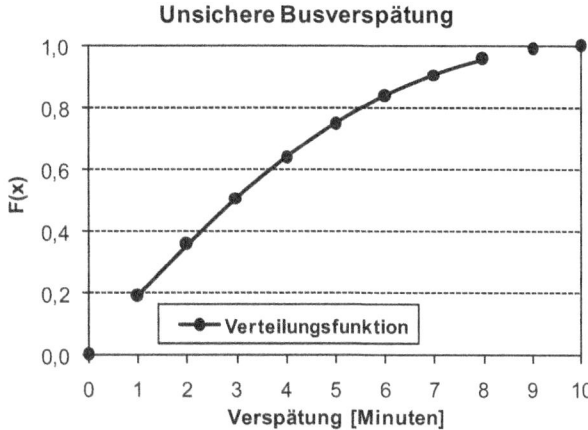

Tab. 10.4 Mathematische Anforderungen an Verteilungsfunktionen

Allgemein	Vorliegender Fall
$0 \leq F(x) \leq 1$	$F(x) = \begin{cases} 0 \text{ für } x < 0 \\ 0{,}2x - 0{,}01x^2 \text{ für } 0 \leq x \leq 10 \\ 1 \text{ für } x > 10 \end{cases}$
$F(x_1) \leq F(x_2)$ für $x_1 < x_2$	Erfüllt, da $F(x)$ monoton wachsend.
$\lim\limits_{x \to -\infty} F(x) = 0$ $\lim\limits_{x \to +\infty} F(x) = 1$	Erfüllt. Vgl. Punkt 1.
$F(x)$ = überall stetig	Erfüllt, da $F(x)$ auch an den Stellen 0 und 10 stetig.

4. Kenngrößen der Wahrscheinlichkeitsverteilung

4.a Erwartungswert

Der Erwartungswert $E(X)$ einer stetigen Zufallsgröße ist ganz allgemein wie folgt definiert:

$$E(X) = \int\limits_{-\infty}^{\infty} x \cdot f(x)\, \mathrm{d}x.$$

Zu beachten ist, dass die Funktion $f(x)$ aus drei Teilen besteht und das Integral in diesem Fall zu zerlegen ist.

$$E(X) = \int\limits_{-\infty}^{0} x \cdot f(x)\, \mathrm{d}x + \int\limits_{0}^{10} x \cdot f(x)\, \mathrm{d}x + \int\limits_{10}^{\infty} x \cdot f(x)\, \mathrm{d}x$$

Angewendet auf die vorliegende Dichtefunktion $f(x)$ erhält man für den ersten und dritten Summanden den Wert Null. Für den Term im relevanten Wertebereich folgt:

$$E(X) = \int\limits_0^{10} 0{,}2x - 0{,}02x^2 \mathrm{d}x = \left[0{,}2 \cdot \frac{1}{2}x^2 - 0{,}02 \cdot \frac{1}{3}x^3 \right]_0^{10}$$

$$E(X) = 0{,}2 \cdot 50 - 0{,}02\frac{1}{3} \cdot 1000 = \frac{10}{3} = 3{,}33\,[\text{Min}] \approx 3\,\text{Min}\,20\,\text{sec.}$$

4.b Streuung

4.b.α Varianz Die Varianz einer stetigen Zufallsgröße ist ganz allgemein wie folgt definiert:

$$V(X) = \sigma^2(X) = \int\limits_{-\infty}^{\infty} (x - E(X))^2 \cdot f(x)\,\mathrm{d}x.$$

Auch hier ist das Integral wieder in drei Teile zu zerlegen, von denen der erste und letzte null sind. Denn es gilt $f(x) = 0$ für $x \leq 0$ und $x \geq 10$. Für den relevanten Bereich $0 \leq x \leq 10$ ist eine relativ aufwendige Integration durchzuführen. Diese kann beispielsweise mit einem Computeralgebrasystem, wie Derive, schnell ausgeführt werden. Man erhält:

$$V(X) = \int\limits_0^{10} \left(x - \frac{10}{3} \right)^2 \cdot (0{,}2 - 0{,}02x)\,\mathrm{d}x$$

$$= \int\limits_0^{10} \left(x^2 - 2x\frac{10}{3} - \left(\frac{10}{3}\right)^2 \right) \cdot (0{,}2 - 0{,}02x)\,\mathrm{d}x$$

$$= \frac{50}{9} = 5{,}56.$$

Die Einheit der Varianz ist hier „Minuten^2", also $50/9\,[\text{Min}^2] \approx 5{,}56\,[\text{Min}^2]$.

4.b.β Standardabweichung

$$\sigma(X) = \sqrt{V(X)} = \sqrt{\frac{50}{9}} = 2{,}36\,[\text{Min}] \approx 2\,[\text{Min}]\,22\,[\text{sec}]$$

4.b.γ Variationskoeffizient

$$VK(X) = \frac{\sigma(X)}{E(X)} = \frac{2{,}36}{3{,}33} \cdot 100\,\% = 70{,}9\,\%$$

4.c Kernaussagen

4.c.α zum Erwartungswert Im Durchschnitt kann man mit einer Verspätung von 3 Minuten und 20 Sekunden rechnen. Diese Verspätung kann in der Wirklichkeit tatsächlich auftreten und ist nicht nur ein rein rechnerischer Wert. Allerdings geht die Wahrscheinlichkeit dafür, dass ein Bus auf die Sekunde genau 3 Minuten und 20 Sekunden Verspätung hat, mathematisch betrachtet gegen Null (Punktwahrscheinlichkeit). Pragmatisch betrachtet ist sie natürlich größer Null, aber so klein, dass sie praktisch wertlos sein dürfte. Um zu praktisch verwertbaren Wahrscheinlichkeitsaussagen über den Erwartungswert einer kontinuierlichen Variablen zu kommen, hilft man sich häufig, indem man die Fragestellung in zweifacher Weise verändert. Zum einen fragt man nach der Wahrscheinlichkeit eines kleinen, aber noch praxisrelevanten symmetrischen Intervalls um den Erwartungswert. Zum anderen fragt man nach der Wahrscheinlichkeit für Werte der Zufallsgröße bis zum Erwartungswert.

Wahrscheinlichkeit eines kleinen symmetrischen Intervalls Wählt man etwa ein 10 sec-Intervall um den Erwartungswert, so fragt man nach der Wahrscheinlichkeit für eine Verspätung zwischen 3 Min 15 sec und 3 Min 25 sec. Diese berechnet man wie folgt:

$$W(3\,\text{Min}\,15\,\text{sec} \le x \le 3\,\text{Min}\,25\,\text{sec}) = W(3{,}25\,\text{Min} \le x \le 3{,}417\,\text{Min})$$

$$= \int_{3,25}^{3,417} (0{,}2 - 0{,}02x)\,\mathrm{d}x = \left[0{,}2x - 0{,}01x^2\right]_{3,25}^{3,417}$$

$$= 0{,}567 - 0{,}544 = 0{,}023 = 2{,}3\,\%$$

Wahrscheinlichkeit bis zum Erwartungswert Die Wahrscheinlichkeit für Werte der Zufallsgröße bis zum Erwartungswert ist im vorliegenden Fall die Frage nach der Wahrscheinlichkeit, dass Busse bis zu 3 Min 20 sec zu spät kommen, formal also

$$W(x \le 3\,\text{Min}\,20\,\text{sec}) = W(x \le 3{,}\bar{3}\,\text{Min})\,.$$

Diese Frage ist mit Hilfe der Verteilungsfunktion zu beantworten:

$$F(3{,}\bar{3}) = F\left(\frac{10}{3}\right) = 0{,}2 \cdot \frac{10}{3} - 0{,}01 \cdot \left(\frac{10}{3}\right)^2 = 0{,}556 = 55{,}6\,\%.$$

Die so ermittelten Wahrscheinlichkeiten zum Erwartungswert liefern zumindest Tendenzinformationen, die für den Anwender nützlich sein können.

4.c.β zur Streuung Die Varianz ist als quadratische Größe nicht anschaulich interpretierbar, weshalb man in der der Praxis vorwiegend die Standardabweichung als absolutes und den Variationskoeffizienten als relatives Streuungsmaß benutzt. Die Standardabweichung besagt, dass die Verspätung standardmäßig um 2 Min 22 sec von der durchschnittlich zu erwartenden Verspätung abweicht. Sie wird häufig verwendet, um ein **zentrales Schwankungsintervall** – das ist ein symmetrisches Intervall um den Erwartungswert – anzugeben. Mit der Standardabweichung konstruiert, ist es als 1-SIGMA-Intervall bekannt. Das **1-SIGMA-Intervall** hat im vorliegenden Fall folgende Grenzen:

untere Grenze x_u: $E(X) - \sigma(X) = 3$ Min 20 sec $- 2$ Min 22 sec $= 0{,}58$ sec

obere Grenze x_o: $E(X) + \sigma(X) = 3$ Min 20 sec $+ 2$ Min 22 sec $= 5$ Min 42 sec

Die Wahrscheinlichkeit für Werte einer kontinuierlichen Zufallsvariablen im 1-SIGMA-Intervall beträgt ganz allgemein mindestens 0,5 bzw. 50 %, und zwar unabhängig von der konkreten Wahrscheinlichkeitsverteilung. Aufgrund dieser Gesetzmäßigkeit kann man daher sagen, dass im vorliegenden Fall die Wahrscheinlichkeit für Busverspätungen zwischen 58 Sekunden und 5 Min 42 sec mindestens 50 % beträgt. Die genaue Wahrscheinlichkeit kann man mit der gültigen Verteilungsfunktion ermitteln (siehe 5.f)

Der Variationskoeffizient gibt die durchschnittliche relative Abweichung vom Erwartungswert an und beträgt hier ~ 71 %. Die Zahl lässt eine große Streuung vermuten, zumal die Abweichungen vom Erwartungswert aus in beide Richtungen gehen. Tatsächlich liefert aber *eine einzige* und dazu noch *relative* Zahl für sich allein genommen nur selten verlässliche Informationen. Zur sachgerechten Interpretation, Einordnung und Bewertung benötigt man außer einschlägigem Fachwissen noch Vergleichswerte, wobei im vorliegenden Fall beides fehlt. Ohne solch Orientierungswissen kann auch im vorliegenden Fall nicht fundiert beurteilt werden, ob der ermittelte Variationskoeffizient eine sehr große oder eine noch moderate Streuung indiziert.

5. Ereignisse und Wahrscheinlichkeiten

Die Fragen a. bis c. nach der Wahrscheinlichkeit bestimmter Verspätungsintervalle kann man mit den Angaben zur Verteilungsfunktion in Tab. 10.3 beantworten. Formalisierte Fragestellungen, Lösungswege und Ergebnisse sind in Tab. 10.5 zusammengestellt.

In d. und e. ist nach der Verspätung gefragt, mit der mit einer vorgegebenen Wahrscheinlichkeit mindestens oder höchstens zu rechnen ist. Dabei entspricht die vorgegebene Wahrscheinlichkeit jeweils einem Wert der Verteilungsfunktion, über den man den zugeordneten Wert von X ermitteln kann. Das kann überschlägig tabellarisch und graphisch

Tab. 10.5 Wahrscheinlichkeiten bestimmter Verspätungsintervalle

Nr.	Ereignis	Lösungsweg	Ergebnis
a.	$W(x \leq 2)$	$F(2)$	0,3600
b.	$W(x > 5)$	$1 - W(x \leq 5) = 1 - F(5)$	0,2500
c.	$W(2 \leq x \leq 5)$	$F(5) - F(2)$	0,3900

oder exakt analytisch und rechnerisch geschehen. Für die Verspätung, die mit 90 %iger Sicherheit nicht überschritten (unterschritten) wird, liest man in der Abb. 10.4 einen Wert von ~ 6,8 Minuten (~ 0,5 Minuten) ab. Der analytisch rechnerische Weg geht im vorliegenden Fall über die Lösungsformel einer quadratischen Gleichung und wir hier nicht ausgeführt.

Die Grenzen des 1-Sigma-Intervalls wurden in 4.c.β bereits ermittelt. Durch Einsetzen der Werte in die Verteilungsfunktion und Differenzenbildung beider Werte erhält man eine Wahrscheinlichkeit von ca. 63 %.

10.2 Aufgabe „Vertreterbesuche und Aufträge"

Eine europaweit tätige Großhandelsfirma erfasst routinemäßig die Besuche ihrer Vertreter bei den Kunden und die Kundenaufträge. Die Auswertung dieser Daten vom letzten Jahr ergab, dass 40 % der Kunden, die von Vertretern besucht worden waren, Aufträge erteilt hatten. Das Entgelt der Vertreter ist u. a. auch davon abhängig, ob die von ihnen besuchten Kunden Aufträge erteilen. Ein Vertreter hat im nächsten Monat 40 Kundenbesuche geplant. Er macht sich Gedanken über die dabei zu erwartenden Kundenaufträge.

10.2.1 Aufgabenstellungen

1. Welche unsichere Größe sollte er betrachten, welche Werte kann sie annehmen und wie ist sie exakt verteilt (Verteilungstyp, Parameter, Begründung)?
2. Ermitteln und visualisieren Sie die Wahrscheinlichkeitsfunktion und benennen Sie ihre Charakteristika.
3. Mit wie vielen Aufträgen aufgrund seiner Kundenbesuche kann er im nächsten Monat im Durchschnitt rechnen und wie aussagefähig ist dieser Wert im vorliegenden Fall (systematischer Aussagefähigkeitscheck)?
4. Lässt sich die exakte diskrete Verteilung durch eine stetige approximieren (Verteilungstyp, Parameter, Begründung). Unter welchen Voraussetzungen ist dies möglich und warum ist es sinnvoll? Welche Aussagen über die unsicheren Kundenaufträge im nächsten Monat können Sie nur aufgrund der Parameter des approximativen Modells und ohne explizite Berechnung von Wahrscheinlichkeiten machen?
5. Ermitteln Sie die Dichte- und Verteilungsfunktion des approximativen Modells und stellen Sie beide in geeigneter Form graphisch dar. Markieren Sie in der Graphik auch die Modellparameter. Wo und wie kann man in den Diagrammen Wahrscheinlichkeiten ablesen?
6. Ermitteln und charakterisieren Sie die Approximationsfehler und die notwendige Maßnahme zur Vermeidung systematischer Fehler bei der Modellierung einer diskreten ganzzahligen Variablen durch ein stetiges Verteilungsmodell.

7. Fragen zu Ereignissen und Wahrscheinlichkeiten

Bearbeitungshinweis: Fragestellungen formalisieren und Lösungsweg angeben.

Wie groß ist approximativ die Wahrscheinlichkeit dafür, dass es im nächsten Monat zu folgenden Auftragszahlen bei den besuchten Kunden kommt:

a) höchstens 10?

b) mindestens 20?

c) mindestens 10 und höchstens 20?

d) genau 16?

Mit welchen Auftragszahlen bei den besuchten Kunden kann der Vertreter im nächsten Monat approximativ

e) mit mindestens 90 %iger Wahrscheinlichkeit höchstens rechnen?

f) mit mindestens 80 %iger Sicherheit mindestens rechnen?

g) mit 50 %iger Sicherheit rund um den Erwartungswert rechnen?

h) im 1-SIGMA-Intervall mit welcher Wahrscheinlichkeit rechnen?

LERNINHALTSÜBERSICHT

STATISTIK	EXCEL-UNTERSTÜTZUNG
1. Zufallsgröße mit Wertebereich und exaktem Verteilungstyp/-modell	
2. Exakte Wahrscheinlichkeitsverteilung	Funktion BINOM.VERT Stabdiagramm
3. Kenngrößen der Wahrscheinlichkeitsverteilung a) Ermittlung b) Aussagefähigkeit des Erwartungswertes	Formeln Formel
4. Stetige Approximationsverteilung und ex-ante Kernaussagen	
5. Dichte- und Verteilungsfunktion **a) Ermittlung (Verteilungstabelle)** **b) Graphische Darstellungen** **c) Graphische Wahrscheinlichkeitsermittlung**	**Statistische Funktion NORM.VERT** Kurvendiagramme
6. Approximationsfehler und Korrekturmaßnahme **a) Fehleranalyse** **b) Korrekturmaßnahme**	**Formeln** **Formel**
7. Ereignisse und Wahrscheinlichkeiten	NORM.VERT, **NORM.INV**

10.2.2   Aufgabenlösungen

1. Zufallsgröße mit Wertebereich und exaktem Verteilungsmodell

Der Vertreter sollte als Zufallsgröße X die Anzahl der Kundenaufträge im nächsten Monat betrachten, die aufgrund seiner Besuche erteilt werden. Die Zufallsgröße ist diskret, da abzählbar, und kann nur ganzzahlige Werte zwischen 0 bis 40 annehmen, d. h. $x_j = 0, \ldots, 40$.

Die Zufallsgröße ist exakt binomial verteilt, da die Anwendungsvoraussetzungen der Binomialverteilung (siehe Tab. 9.2) im vorliegenden Fall erfüllt sind. Dies sind im Wesentlichen:

- Beim Besuch jedes Kunden wird dieselbe Zufallsgröße betrachtet (Kundenauftrag), die nur zwei Werte haben kann (ja/nein), von denen hier nur die Auftragserteilung interessiert.
- Die Wahrscheinlichkeit für eine Auftragserteilung bei einem zufällig ausgewählten Kunden (Erfolgswahrscheinlichkeit) ist aufgrund von Erfahrung bekannt.
- Die Erfolgswahrscheinlichkeit ist bei allen aufgesuchten Kunden gleich groß, da deren Auftragsverhalten plausibel als voneinander unabhängig angesehen werden kann.

Die Binomialverteilung hat als Funktionsparameter die Anzahl der Zufallsvorgänge n und die Erfolgswahrscheinlichkeit p. Hier ist $n = 40$ und $p = 0,4$, d. h. $X: B(40; 0,4)$.

2. Exakte Wahrscheinlichkeitsverteilung

2.a Ermittlung

Zur Ermittlung der Einzelwahrscheinlichkeiten einer binomial verteilten Zufallsgröße benutzt man die statistische Funktion BINOM.VERT (siehe Tab. 9.3). Man erhält die in Abb. 10.5 ausschnittsweise dargestellte Verteilungstabelle.

Abb. 10.5 Auftragswahr-scheinlichkeitsverteilung (Auszug)

	x_i	$W(x_i)=f(x_i)$	$F(x_i)$
12			
13	0	0,00000	0,00000
14	1	0,00000	0,00000
15	2	0,00000	0,00000
16	3	0,00000	0,00000
17	4	0,00002	0,00003
18	5	0,00012	0,00014
19	6	0,00045	0,00059
20	7	0,00146	0,00205
21	8	0,00401	0,00606
22	9	0,00951	0,01557
23	10	0,01965	0,03522
24	11	0,03573	0,07095
25	12	0,05756	0,12851
26	13	0,08265	0,21116
27	14	0,10626	0,31743
28	15	0,12280	0,44022
29	16	0,12791	0,56813
30	17	0,12039	0,68852

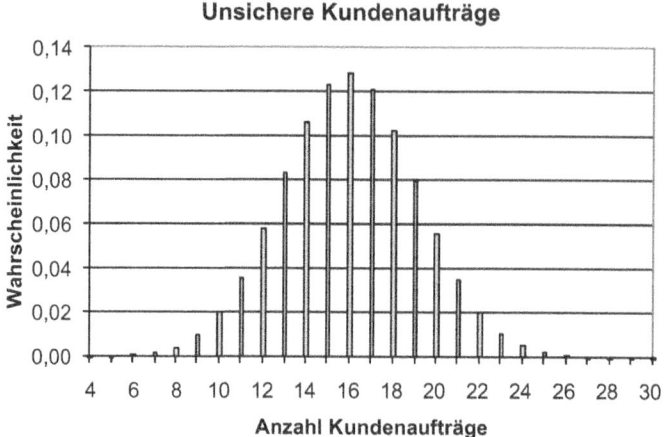

Abb. 10.6 Exakte Wahrscheinlichkeitsverteilung

2.b Graphische Darstellung

Da es sich um eine diskrete Zufallsgröße handelt, wählt man ein Stabdiagramm, das über den Diagrammtyp „Säule" zugänglich wird. Der Datenbereich (Größe auf der senkrechten Achse) ist in unserem Fall die Wahrscheinlichkeit, die Datenreihe (Größe auf der waagerechten Achse) sind die Werte von X in Spalte B, die gleichzeitig als Skala auf der waagerechten Achse dienen (Beschriftung der Rubrikenachse). Abbildung 10.6 zeigt eine Musterlösung.

2.c Grobcharakteristika

Der Vertreter kann theoretisch zwischen 0 und 40 Kundenaufträge im nächsten Monat bekommen, realistisch dagegen zwischen 4 und 30 (relevanter Wertebereich, in dem Wahrscheinlichkeiten mit einer Genauigkeit von fünf Dezimalstellen noch größer als Null sind). Am wahrscheinlichsten sind 16 Aufträge (~ 12,8 %), am unwahrscheinlichsten die Auftragszahlen am unteren und oberen Ende des relevanten Wertebereichs (jeweils 0,002 %). Die Verteilung ist eingipflig und symmetrisch.

3. Kenngrößen der Wahrscheinlichkeitsverteilung

3.a Ermittlung

Für den Erwartungswert einer Binomialverteilung gilt: $E(X) = n \cdot p$, hier $E(X) = 40 \cdot 0,4 = 16$.
    Für die Standardabweichung einer Binomialverteilung gilt:

$$\sigma(X) = \sqrt{n \cdot p \cdot (1 - p)}.$$

Im vorliegenden Fall erhält man

$$\sigma(X) = \sqrt{40 \cdot 0,4 \cdot 0,6} = 3,098.$$

3.b Aussagefähigkeit des Erwartungswertes

Der Erwartungswert ist im vorliegenden Fall für die unsichere Auftragsabschlüsse insgesamt sehr aussagefähig, da er

- ein Wert der Zufallsgröße ist,
- seine Wahrscheinlichkeit mit 0,128 bzw. 12,8 % die größte in der Verteilung ist,
- die Streuung gemäß der Faustformel mit $2 \cdot 3{,}089 = 6{,}178 \leq 0{,}5 \cdot 26 = 13$ moderat ist und
- die Verteilungsform eingipflig und symmetrisch ist.

4. Stetige Approximationsverteilung und ex-ante Kernaussagen

Die Approximation einer diskreten Binomialverteilung B durch eine stetige Normalverteilung N ist möglich, wenn die **Approximationsbedingung** $\mathrm{Var}(X) \geq 9$ – die auch als **Schieferegel** bekannt ist – erfüllt ist. Dies ist hier der Fall, denn es gilt $\mathrm{Var}(X) = 3{,}098^2 = 9{,}6$.

Dass die Approximation hier gut möglich ist, sieht man schon an der obigen graphischen Darstellung der Binomialverteilung, die in ihrer Form der für die Dichtefunktion der Normalverteilung typischen **Gaußschen Glockenkurve** recht nahe kommt.

Die Approximation ist **sinnvoll**, wenn für die diskrete Verteilung keine ausreichenden Unterlagen (z. B. Tabellenwerke) oder Werkzeuge (z. B. Software) verfügbar sind oder ihre Nutzung kompliziert und zeitaufwendig ist.

Die Normalverteilung hat als Funktionsparameter den Erwartungswert und die Varianz/Standardabweichung, die den Kenngrößen jeder Wahrscheinlichkeitsverteilung entsprechen, damit auch denen der hier vorliegenden diskreten Binomialverteilung. Dies notiert man allgemein wie folgt: $X \sim N(E(X); \sigma(X))$, im hier behandelten Fall $X \sim N(16, 3{,}098)$.

Über eine normalverteilte Zufallsgröße kann man allein aufgrund der mathematischen Eigenschaften des Verteilungsmodells immer **ex ante** – d. h. ohne das spezifizierte Modell numerisch zu berechnen – die in Tab. 10.6 zusammengestellten Aussagen machen.

Tab. 10.6 Ex-ante Kernaussagen über eine normalverteilte Zufallsgröße

Aspekt	Allgemein	Vorliegender Fall
Relevanter Wertebereich	3-SIGMA-Intervall: $E(X) - 3 \cdot \sigma(X) \leq x \leq E(X) + 3 \cdot \sigma(X)$	3-SIGMA-Intervall $16 - 3 \cdot 3{,}098 = 9{,}3 \leq x \leq 16 + 3 \cdot 3{,}098 = 25{,}3$
Erwartungswert	a. $W[E(X)] = 0$ b. $W[x \leq E(X)] = W[x \geq E(X)] = 0{,}5$	a. $W(16) = 0$ b. $W(x \leq 16) = W(x \geq 16) = 0{,}5$
1-SIGMA-Intervall	$W[E(X) - \sigma(X) \leq x \leq E(X) + \sigma(X)]$ $= 0{,}6827$	$W(16-{,}098 = 12{,}9 \leq x \leq 16 + 3{,}098 = 19{,}1]$ $= 0{,}6827$

5. Dichte- und Verteilungsfunktion

5.a Ermittlung (Verteilungstabelle)

Die Ermittlung geschieht in einer Verteilungsstabelle. Diese enthält in der ersten Spalte die möglichen Werte x der Zufallsgröße X im relevanten Wertebereich, in der zweiten die Werte der Dichtefunktion $f(x)$ und in der dritten die Werte der Verteilungsfunktion $F(x)$.

5.a.α Mögliche Werte von X Im vorliegenden Fall können wir die relevanten Werte von X aus der exakten Verteilung übernehmen ($4 \leq x \leq 30$). Ansonsten kennen wir den relevanten Wertebereich einer normalverteilten Zufallsgröße aus den mathematischen Eigenschaften des Verteilungsmodells (Tab. 10.6). Das 3-SIGMA-Intervall ist $\sim 9 \leq x \leq \sim 26$. Bereits hier stellen wir erste Unterschiede zwischen dem exakten und dem approximativem Modell fest. Für spätere Vergleichszwecke verwenden wir hier den relevanten Wertebereich des exakten Modells.

5.a.ß Werte der Dichte- und Verteilungsfunktion Die den möglichen Werten im relevanten Wertebereich zugeordneten Funktionswerte der Normalverteilung ermittelt man mit der **statistischen Funktion NORM.VERT**. Wir wollen zunächst die Werte der **Dichtefunktion $f(x)$** ermitteln und markieren die Zelle, in der die Dichte für $x = 4$ stehen soll. Nach Aufruf der Funktion über den Funktionsassistenten erscheint die Funktionsmaske Abb. 10.7.

Die Funktion hat vier Parameter. Im Dialogfeld X liest man die Adresse des Wertes der Zufallsgröße ein, für den ein Funktionswert ermittelt werden soll. In der Excel-Musterlösung ist das die Adresse von $x = 4$, die Zelle B13.

In den nächsten beiden Dialogfeldern sind die Parameter der Normalverteilung einzugeben oder ihre Adressen einzulesen. Dabei wird der Erwartungswert hier als „Mittelwert" bezeichnet. Bei kontinuierlichen Variablen sollte man die Adressen der Parameterwerte immer einlesen, da per Hand eingegebene Werte in der Regel nicht die gleiche Genauigkeit (Dezimalstellen) haben. Die Parameterwerte der verwendeten Normalverteilung stehen in

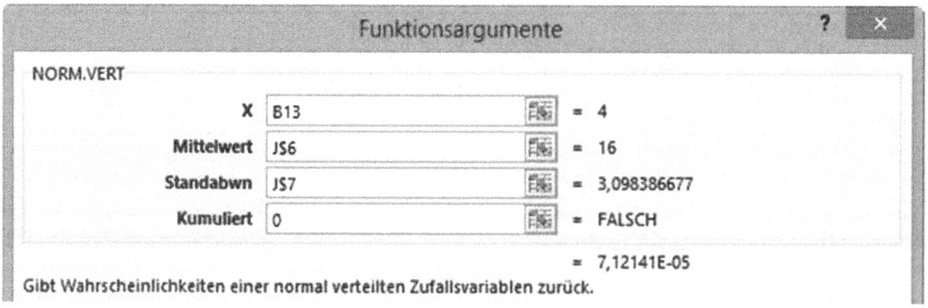

Abb. 10.7 Statistische Funktion NORM.VERT

der Excel-Musterlösung in den Zellen J6 und J7. Sie sind nach dem Einlesen absolut zu adressieren, da sie beim Kopieren der Formel unverändert bleiben müssen.

Der letzte Parameter im Dialogfeld „kumuliert" ist eine logische Dualvariable und konzeptionell der in der statistischen Funktion BINOM.VERT ähnlich. Beim Variablenwert FALSCH oder Null wird dort die Einzelwahrscheinlichkeit und hier die Dichte für den Wert x berechnet, beim Variablenwert WAHR oder 1 dagegen in beiden Fällen der Wert der Verteilungsfunktion.

Nach der korrekten Datenversorgung kopiert man die Formel in die darunter liegenden Zellen und erhält so alle Dichtewerte. Analog ermittelt man die Verteilungsfunktionswerte. Abbildung 10.8 zeigt die vollständige Verteilungstabelle.

5.b Graphische Darstellungen

5.b.α Funktions- und Diagrammtypauswahl Obwohl man zur Ermittlung von Wahrscheinlichkeiten die Verteilungsfunktionen braucht, ist es üblich, bei der graphischen Darstellung die **Dichtfunktionen** zu nutzen, da sie in der Regel die charakteristischen Formen der Verteilungstypen/-modelle besser zum Ausdruck bringen. Dies gilt auch für die Normalverteilung, deren Dichtefunktion in der graphischen Darstellung die charakteristische Form einer **Glockenkurve** hat. Die typische Form der **Verteilungsfunktion** der Normalverteilung ist in Anwenderkreisen dagegen kaum bekannt, soll aber der Vollständigkeit halber hier auch dargestellt werden. Graphen stetiger Funktionen werden immer als **Kurvendiagramme** dargestellt.

a

	Werte	N(16;3,098)	
	x_j	$f(x_j)$	$F(x_j)$
13	4	0,00007	0,00005
14	5	0,00024	0,00019
15	6	0,00070	0,00062
16	7	0,00189	0,00184
17	8	0,00459	0,00491
18	9	0,01003	0,01193
19	10	0,01975	0,02640
20	11	0,03502	0,05329
21	12	0,05596	0,09835
22	13	0,08057	0,16646
23	14	0,10454	0,25930
24	15	0,12222	0,37344
25	16	0,12876	0,50000
26	17	0,12222	0,62656

b

	Werte	N(16;3,098)	
	x_j	$f(x_j)$	$F(x_j)$
27	18	0,10454	0,74070
28	19	0,08057	0,83354
29	20	0,05596	0,90165
30	21	0,03502	0,94671
31	22	0,01975	0,97360
32	23	0,01003	0,98807
33	24	0,00459	0,99509
34	25	0,00189	0,99816
35	26	0,00070	0,99938
36	27	0,00024	0,99981
37	28	0,00007	0,99995
38	29	0,00002	0,99999
39	30	0,00000	1,00000
40	Σ	0,99990	

Abb. 10.8 Dichte- und Verteilungsfunktion

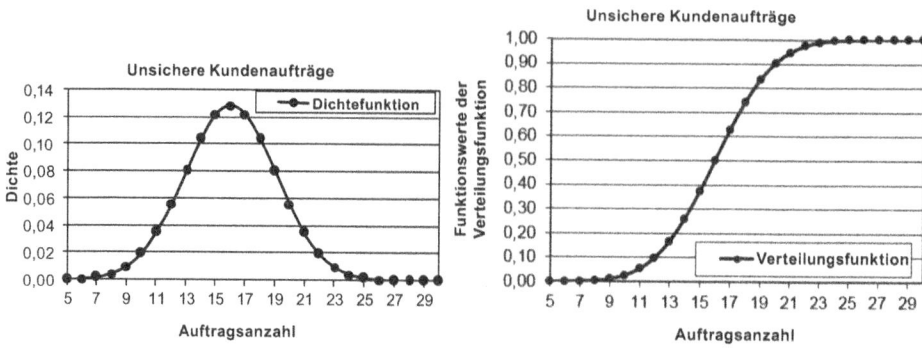

Abb. 10.9 Graphen der Dichte- und Verteilungsfunktion der unsicheren Aufträge

5.b.β Erstellung der Diagramme Verwenden Sie im 1. Schritt der Diagrammerstellung den Diagrammtyp „Punkte", Untertyp „Punkte mit Linien". Legen Sie im 2. Schritt im Dialogfenster „Datenquelle auswählen" gemäß Abb. 10.8 als „*X*-Werte" die Zellen B13 bis B39 fest, und im Dialogfeld „*Y*-Werte" die Funktionswerte in den Spalten C oder D. Nach Wahl der entsprechenden Beschriftungen im 3. Schritt erhalten Sie die in Abb. 10.9 dargestellten Diagramme.

5.c Graphische Wahrscheinlichkeitsermittlung

An der Summe der Funktionswerte der **Dichtefunktion** $f(x)$ in Abb. 10.8, die kleiner als Eins ist, erkennt man rein numerisch, dass die Funktionswerte **nicht** die Wahrscheinlichkeiten sind. Die Wahrscheinlichkeiten bestimmter Werte und Wertebereiche von X sind also in der **Dichtefunktion** – gleich ob tabellarisch oder graphisch dargestellt – **nicht direkt ablesbar!** Da die Punktwahrscheinlichkeiten kontinuierlicher Zufallsgrößen mathematisch ganz genau betrachtet NULL sind, kann man bei ihnen nur Wahrscheinlichkeiten von Wertbereichen – sogenannte **Intervallwahrscheinlichkeiten** – ermitteln. Dabei entspricht die Intervallwahrscheinlichkeit im Diagramm der Dichtefunktion der Fläche unter der Dichtekurve zwischen den Intervallgrenzen; in der Verteilungsfunktion ist sie über die Funktionswerte an den Intervallgrenzen zugänglich.

6. Approximationsfehler und Korrekturmaßnahme

6.a Fehleranalyse

Die Abweichungen berechnen wir durch Eingabe und Kopieren einer geeigneten Formel. Da die Binomialverteilung die exakte Verteilung und damit die Bezugsverteilung für die Fehlerrechnung ist, subtrahieren wir die Funktionswerte der Normalverteilung von denen der Binomialverteilung. Dabei ist es sinnvoll, die Differenzen mit 100 zu multiplizieren, um sie anwenderfreundlich in Prozent auszuweisen.

Zu ermitteln sind die Abweichungen der Funktionswerte von $f(x)$ und $F(x)$. Bei $f(x)$ ist die größte absolute Abweichung kleiner 0,2 % (siehe Excel-Musterlösung) und damit

Abb. 10.10 Approximations-
fehlerdiagramm

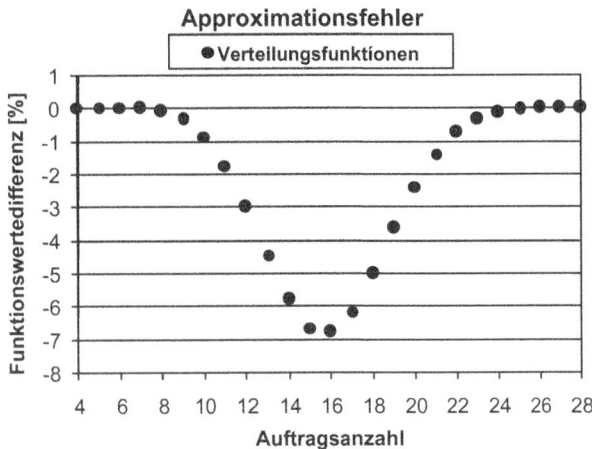

deutlich kleiner als der maximal zulässige Approximationsfehler von 1 %. Bei $F(x)$ sieht es dagegen ganz anders aus. Abbildung 10.10 zeigt die Verteilungsfunktionsunterschiede in einem Punktediagramm.

Darin stellt man Folgendes fest:

1. Alle Abweichungen im relevanten Wertebereich sind negativ, das heißt, die Funktionswerte der Normalverteilung sind durchgängig kleiner als die der exakten Verteilung.
2. Die Fehler weisen ein klares und durchgängiges Muster auf.
3. Die Fehler sind insbesondere in der Mitte der Verteilung größer als 1 %. Der durchschnittliche absolute Fehler beträgt 1,85 %, der größte ~ 7 %.

Die Punkte 1 und 2 indizieren, dass es sich nicht um zufällige, sondern **systematische Fehler** handelt. Der Punkt 3 schließt die Verwendung der Normalverteilung als Approximationsverteilung in der hier spezifizierten Form praktisch aus. Was die Zulässigkeit der Approximation der exakten diskreten durch die stetige Normalverteilung angeht, führt die numerische Fehleranalyse hier also zu einem anderen Ergebnis als die ganz allgemeingültige Approximationsregel. Dieser Widerspruch tritt nicht nur hier, sondern immer auf und offenbart ein **Grundsatzproblem bei der Approximation einer diskreten Variablen durch ein stetiges Verteilungsmodell.**

6.b Korrekturmaßnahme

Bei der Approximation einer diskreten durch eine stetige Verteilung ist zu beachten, dass die Wahrscheinlichkeit für einen ganz bestimmten Wert der Zufallsvariablen im diskreten Fall immer größer, im stetigen Fall dagegen immer NULL ist. Um die Wahrscheinlichkeit für einen ganz bestimmten Wert einer diskreten Zufallsgröße – d. h. $W(X = x_i)$ – durch eine stetige Approximationsverteilung zu ermitteln, ist daher die Wahrscheinlichkeit für ein Intervall zu bestimmen, in dessen Mitte der Variablenwert x_i liegt. Diese grundsätzlich nötige Korrektur der Variablenwerte bezeichnet man als **Stetigkeitskorrektur**.

Im vorliegenden Fall ist die diskrete Zufallsgröße ganzzahlig und eine beliebige ganzzahlige Zahl x_i hat als kontinuierliche Zufallsgröße ein Intervall mit folgenden Intervallgrenzen:

$$x_u = x_i - 0,5 \quad \text{und} \quad x_o = x_i + 0,5.$$

Bei der approximativen Berechnung der Wahrscheinlichkeit für Intervalle einer ganzzahligen Variablen ist diese Korrektur auf die Intervallgrenzen anzuwenden, wodurch diese sich entsprechend verlagern, so dass gilt:

diskrete Ausgangsverteilung

$$W\left(x_a \leq x \leq x_b\right),$$

stetige Approximationsverteilung

$$W\left(x_a - 0,5 \leq x \leq x_b + 0,5\right).$$

7. Ereignisse und Wahrscheinlichkeiten

Die Fragestellungen zu den unsicheren Aufträgen im nächsten Monat (diskrete Variable) sollen akkurat formalisiert und quantifiziert und mit der stetigen Approximationsverteilung beantwortet werden. Dabei ist die Stetigkeitskorrektur strikt zu beachten.

Bei a. bis d. wird nach der Wahrscheinlichkeit bestimmter Auftragszahlen gefragt. Zur rechnerunterstützten Lösung wird die **statistische Funktion NORM.VERT** verwendet. Tabelle 10.7 enthält die Formalisierungen der Ausgangsfragestellungen, die Umformulierungen unter Berücksichtigung der Stetigkeitskorrektur sowie die Lösungswege und Ergebnisse.

Bei e. und f. wird nach Auftragszahlen gefragt, mit denen man mit vorgegebenen Wahrscheinlichkeiten rechnen kann. Dabei handelt es sich um Wertebereiche oder Intervalle, deren Untergrenze x_u, oder Obergrenze x_o gesucht ist. Damit sind derartige Fragen mit der Bestimmung der den vorgegebenen Wahrscheinlichkeiten entsprechenden **Quantilen** zu beantworten. Dazu benutzt man am einfachsten die **statistische Funktion NORM.INV**, die man über den Funktions-Assistenten aufruft (vgl. Abb. 10.11). Die Funktion hat drei Dialogfelder. Die unteren beiden enthalten die bekannten Parameter der Normalverteilung. In das Dialogfeld „Wahrsch" ist vorgegebene Wahrscheinlichkeit einzugeben.

Tab. 10.7 Wahrscheinlichkeitsermittlung diskreter Werte mit stetiger Verteilung

Nr.	Ereignis	Stetigkeitskorrektur	Lösungsweg	Ergebnis
a.	$W(x \leq 10)$	$W(x \leq 10,5)$	$F(10,5)$	0,0379
b.	$W(x \geq 20)$	$W(x \geq 19,5)$	$1 - W(x \leq 19,5) = 1 - F(19,5)$	0,1293
c.	$W(10 \leq x \leq 20)$	$W(9,5 \leq x \leq 20,5)$	$F(20,5) - F(9,5)$	0,9088
d.	$W(x = 16)$	$W(15,5 \leq x \leq 16,5)$	$F(16,5) - F(15,5)$	0,1282

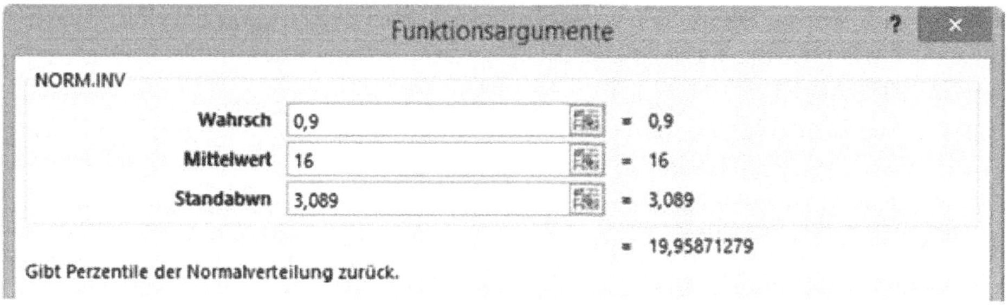

Abb. 10.11 Statistische Funktion NORM.INV

Dabei ist zu beachten, dass die Quantile, zu denen auch die Quartile gehören, bei stetigen Variablen stets über die Verteilungsfunktion ermittelt werden und deshalb auch an dieser orientiert definiert sind. Das hat zu Folge, dass ein zu ermittelndes Quantil q per Definition derjenige Wert x_q ist, der mit der vorgegebenen Wahrscheinlichkeit von q nicht überschritten wird.

Bei e. ist nach der Auftragszahl gefragt, mit der man mit 90 %iger Wahrscheinlichkeit **höchstens** rechnen kann. Diese Fragestellung entspricht genau der obigen Quantilsdefinition, und zwar dem 90 %-Quantil $x_{0,90}$. Die Eingabe der vorgegebenen Wahrscheinlichkeit von 90 % als **Dezimalzahl** liefert sofort den gesuchten Wert. Das in Abb. 10.11 unten rechts angezeigte Ergebnis ist nicht ganz identisch mit dem der Excel-Musterlösung, da die Parameterwerte der Normalverteilung hier eingegeben und nicht eingelesen wurden.

Bei f. ist nach der Auftragszahl gefragt, mit der man mit 80 %iger Wahrscheinlichkeit **mindestens** rechnen kann, d. h., es ist nach der Untergrenze x_u eines einseitigen Intervalls gefragt. Diese Untergrenze ist mit der Obergrenze des komplementären 20 %-Intervalls identisch, da die Punktwahrscheinlichkeit null ist. Im Dialogfeld „Wahrsch" der Funktion NORM.INV ist daher der Wert 0,2 einzugeben. Tabelle 10.8 enthält die Formalisierung der Fragestellungen, die Lösungswege und Ergebnisse.

Bei den Teilaufgaben g und h ist nach **zentralen Schwankungsintervallen** (symmetrische Intervalle um den Erwartungswert) gefragt. Dabei ist in g. die Wahrscheinlichkeit des Intervall mit 50 % vorgegeben, bei Teil h ist sie zusätzlich zu den Intervallgrenzen zu ermitteln. Das zentrale Schwankungsintervall mit der Wahrscheinlichkeit von 50 % entspricht

Tab. 10.8 Lösungen der Teilaufgaben e bis h

Nr.	Ereignis	Lösungsweg	Ergebnis
e.	$W(x \leq x_o) = 0,90$	90 %-Quantil	19,97
f.	$W(x \geq x_u) = 0,80$	$1 - W(x \leq x_o) = 0,2$ bzw. 20 %-Quantil	13,39
g.	$W(E(X) - u \leq x \leq E(X) + u) = 0,5$	$F(x_{0,75}) - F(x_{0,25}) = 0,5$	$x_{0,25} = 13,91$ $x_{0,75} = 18,09$
h.	$W[E(X) - \sigma \leq x \leq E(X) + \sigma] = ?$	$W(12,9 \leq x \leq 19,1)$	68,27 %

konzeptionell den mittleren 50 % einer Häufigkeitsverteilung, ist also über die **Quartile** zugänglich. Da Quartile spezielle Quantile sind, ermittelt man sie bei der Normalverteilung wie eben gezeigt.

Das 1-Sigma-Intervall ist wohl das bekannteste zentrale Schwankungsintervall. Seine Unter- und Obergrenze berechnet man durch Eingabe geeigneter Formeln. Die Wahrscheinlichkeit für Werte einer normalverteilten Zufallsgröße im 1-SIGMA-Intervall beträgt stets 0,6827 bzw. 68,27 % (siehe Tab. 10.6). Für alle Ergebnisse vgl. Tab. 10.8.

10.3   Aufgabe „Puckschwund"

Die Verantwortlichen eines Eishockeyverbandes wissen aus Erfahrung, dass bei 60 % der Spiele fünf Pucks, bei 30 % sechs Pucks und bei 10 % sieben Pucks in den Taschen der Souvenirjäger verschwinden. Dabei ist ein Zusammenhang zwischen Puckschwund und gegeneinander spielenden Vereinen nicht erkennbar. In der nächsten Saison sollen 80 Spiele ausgetragen werden.

10.3.1   Aufgabenstellungen

1. Betrachten Sie die Zufallsgröße X „Anzahl der in einem Spiel verschwindenden Pucks".
   a) Ermitteln Sie aufgrund der Erfahrungswerte die Wahrscheinlichkeitsverteilung von X, stellen Sie sie in geeigneter Weise graphisch dar und benennen Sie ihre Charakteristika.
   b) Ermitteln Sie nachvollziehbar die Kenngrößen der Verteilung.
2. Den Verband interessiert die unsichere Planungsgröße Y „Anzahl der in der nächsten Saison verschwindenden Pucks".
   a) Wie ist Y verteilt (Verteilungstyp, Parameter, Begründung)?
   b) Welche Kernaussagen über die in der nächsten Saison verschwindenden Pucks können Sie allein anhand des spezifizierten Verteilungsmodells und ohne explizite Berechnung von Wahrscheinlichkeiten treffen?
   c) Stellen Sie die Wahrscheinlichkeitsverteilung von Y in geeigneter Form graphisch dar.
3. Fragen zu Ereignissen und Wahrscheinlichkeiten
   Bearbeitungshinweis: Fragestellungen formalisieren und Lösungsweg angeben.
   Wie groß ist die Wahrscheinlichkeit, dass in der nächsten Saison
   a) höchstens 425 Pucks verschwinden?
   b) mindestens 450 Pucks verschwinden?
   c) mindestens 430 und höchsten 445 Pucks verschwinden?
   d) genau 440 Pucks verschwinden?
   Wie groß ist der Puckschwund in der nächsten Saison, mit dem man
   e) mit 95 %iger Wahrscheinlichkeit höchstens rechnen muss?

f) mit 90 %iger Wahrscheinlichkeit mindestens rechnen muss?

g) mit 50 %iger Wahrscheinlichkeit um den Erwartungswert herum rechnen muss?

LERNINHALTSÜBERSICHT	
STATISTIK	**EXCEL-UNTERSTÜTZUNG**
1. Zufallsgröße X	
a) Wahrscheinlichkeitsverteilung	
b) Kenngrößen	Formeln
2. Zufallsgröße Y	
a) Verteilungsmodell mit Kernaussagen	
b) Graphische Darstellung	Diagrammtyp
3. Ereignisse und Wahrscheinlichkeiten	Statistische Funktionen

10.3.2 Aufgabenlösungen

1. Zufallsgröße X

1.a Wahrscheinlichkeitsverteilung

1.a.α Ermittlung (Tabelle) Die Wahrscheinlichkeitsverteilung der Zufallsgröße X „Anzahl der in einem Spiel verschwindenden Pucks" ist nach dem empirischen Wahrscheinlichkeitsbegriff aus den vorliegenden Erfahrungsdaten (relativen Häufigkeiten) abzuleiten und als Tabelle anzulegen. In der ersten Spalte stehen die Werte der Zufallsgröße, in der zweiten die zugeordneten Wahrscheinlichkeiten (siehe Tab. 10.9).

1.a.β Graphische Darstellung Zur Visualisierung der Wahrscheinlichkeitsverteilung einer diskreten Zufallsgröße benutzt man standardmäßig ein Stabdiagramm, das über den Diagrammtyp Säule zugänglich ist. Abbildung 10.12 zeigt die Musterlösung.

1.a.γ Grobcharakteristika In jedem Spiel verschwinden mindestens fünf und höchsten sieben Pucks (relevanter Wertebereich), fünf mit größter (von 60 %), sieben mit kleinster Wahrscheinlichkeit (10 %). Die Verteilung ist eingipflig und stark rechtsschief.

Tab. 10.9 Wahrscheinlichkeitsverteilung (tabellarisch)

Puckschwund	Wahrscheinlichkeit
x_j	$W(X = x_j)$
5	0,6
6	0,3
7	0,1

Abb. 10.12 Wahrscheinlichkeitsverteilung (graphisch)

	A	B	C	D	E	F
12		Puck-	Wahrschein-	Erwartungs-	Varianz	Standard-
13		schwund	lichkeit	wert		abweichung
14		x_j	$W(X=x_j)$	$E(X)$	$Var(X)$	$\sigma(x)$
15		5	0,6	3,00	0,15	=E18^0.5
16		6	0,3	1,80	0,08	
17		7	0,1	0,70	0,23	
18		Summe	1,0	5,50	0,45	0,67

=B15*C15 =(B15-$D$18)^2*C15

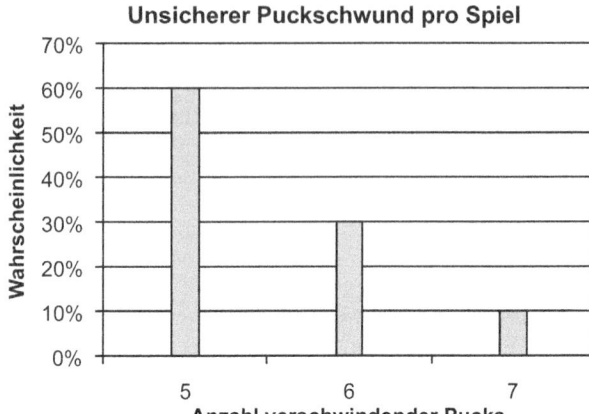

Abb. 10.13 Kenngrößenberechnung

1.b Kenngrößen

Die wichtigsten Kenngrößen jeder Wahrscheinlichkeitsverteilung sind der Erwartungswert und die Varianz/Standardabweichung. Da es sich um eine individuelle Wahrscheinlichkeitsverteilung handelt und kein Verteilungsmodell, sind die Kenngrößen mit den allgemein gültigen Formeln zu ermitteln. Die Formeln und ihre Umsetzung sind in Abschn. 9.1 Aufgabe „Unsichere Tagesproduktion" ausführlich beschrieben, worauf hier verwiesen sei. Die Berechnung erfolgt in der entsprechend erweiterten Wahrscheinlichkeitstabelle. Abbildung 10.13 zeigt die Ergebnisse und exemplarische Formeleingaben.

2. Zufallsgröße *Y*

2.a Verteilungstyp/-modell und Kernaussagen

Die Zufallsgröße Y „Anzahl der in der nächsten Saison verschwindenden Pucks" kann man aus X ableiten. Da in der nächsten Saison 80 Spiele geplant sind und X den Puckschwund jedes Spieles beschreibt, gilt: $\boldsymbol{Y = 80 \cdot X}$. Mit dieser Formel kann man folgende Aussagen über die Zufallsgröße Y erschließen:

Tab. 10.10 Anwendungsvoraussetzungen des Zentralen Grenzwertsatzes (ZGS)

Allgemein	Anwendungsfall
Y ist die Summe einer Reihe von Zufallsgrößen X_i,	Der Puckschwund in der Saison ist die Summe des Puckschwunds aller Spiele in der Saison.
Die einzelnen X_i sind identisch verteilt	Der Puckschwund in jedem Spiel hat die gleiche Wahrscheinlichkeitsverteilung (siehe Teilaufgabe 1).
Die einzelnen X_i sind voneinander unabhängig	Die Puckschwunde der Spiele sind voneinander unabhängig.
Die Anzahl n der X_i muss mindestens 30 sein	Die Anzahl der in der nächsten Saison geplanten Spiele ist mit $n = 80 > 30$.

Wertebereich (theoretisch): $y_u = 80 \cdot x_u = 80 \cdot 5 = 400$; $y_o = 80 \cdot x_o = 80 \cdot 7 = 560$; $y = \{400, \dots, 560\}$ diskret und insbesondere ganzzahlig.

Kenngrößen

$$E(Y) = 80 \cdot E(X) = 80 \cdot 5{,}5 = \mathbf{440}$$

$$\text{Var}(Y) = 80 \cdot \text{Var}(X) = 80 \cdot 0{,}45 = 36 \quad \text{und} \quad \sigma(Y) = \sqrt{36} = \mathbf{6}$$

Verteilungstyp/-modell

Y ist näherungsweise (approximativ) normalverteilt, da die Anwendungsvoraussetzungen des **Zentralen Grenzwertsatzes (ZGS)** der Statistik erfüllt sind, die in Tab. 10.10 links ganz allgemein und rechts für den Anwendungsfall zusammengestellt sind.

Die Funktionsparameter einer normalverteilten Zufallsgröße sind mit den Kenngrößen einer jeden Wahrscheinlichkeitsverteilung – Erwartungswert und Varianz/Standardabweichung – identisch, was das Arbeiten mit diesem Verteilungsmodell aus Praxissicht stark vereinfacht. Die oben ermittelten Kenngrößen kann man also direkt als Parameterwerte der approximativen Normalverteilung übernehmen und notiert kurz: $Y \sim N(\mathbf{440}; \mathbf{6})$.

Mit dem spezifizierten Verteilungsmodell kann man über Y folgende **Kernaussagen** machen:

1. Der Puckschwund in der nächsten Saison wird praktisch sicher zwischen $440 - 3 \cdot 6 = 422$ und $440 + 3 \cdot 6 = 458$ Pucks liegen (3-SIGMA-Intervall). Damit ist der **relevante Wertebereich** gegenüber dem theoretisch möglichen deutlich reduziert.

2. Man kann in der nächsten Saison durchschnittlich mit einem Puckschwund von 440 Pucks rechnen. Dabei geht die Wahrscheinlichkeit dafür, dass genau 440 Pucks verschwinden werden, theoretisch gegen NULL und die Wahrscheinlichkeit dafür, dass höchstens/mindestens 440 Pucks verschwinden werden, beträgt jeweils 50 %.

3. Mit einer Wahrscheinlichkeit von 68,72 % kann man mit einem Puckschwund zwischen 434 und 446 Pucks rechnen (1-SIGMA-Intervall).

Abb. 10.14 Dichte- u. Verteilungsfunktion Y (Ausschnitt)

	A	B	C	D
		Werte ZG	Dichtefkt.	Verteilungsfkt.
4		y	f(y)	F(y)
5				
6		420	0,00026	0,00043
7		421	0,00044	0,00077
8		422	0,00074	0,00135
9		423	0,00120	0,00230
10		424	0,00190	0,00383
11		425	0,00292	0,00621
12		426	0,00437	0,00982
13		427	0,00636	0,01513
14		428	0,00900	0,02275
15		429	0,01239	0,03338
16		430	0,01658	0,04779

2.b Graphische Darstellung

2.b.α Ermittlung (Tabelle) Jede stetige Wahrscheinlichkeitsverteilung existiert in zwei
Formen, als Dichte- und Verteilungsfunktion. Zur Wahrscheinlichkeitsermittlung benötigt
man die Verteilungsfunktion, zur graphischen Darstellung in der Regel die Dichtfunktion,
da sie das typische Verteilungsmuster besser zum Ausdruck bringt.

Die Funktionswerte ermittelt man in einer Tabelle, die in der 1. Spalte die möglichen
Werte der Zufallsgröße, in der 2. die Dichte- und in der 3. die Verteilungsfunktion enthält.

In die erste Spalte werden die möglichen Werte von Y im 3-SIGMA-Intervall einge-
geben. Die Funktionswerte in der 2. und 3. Spalte werden mit der statistischen Funktion
NORM.VERT ermittelt (vgl. Abschn. 10.2 Aufgabe „Vertreterbesuche und Aufträge"). Als
Ergebnis erhält man die Werte in Abb. 10.14.

2.b.β Graphische Darstellung Zur graphischen Darstellung der Dichte- und Verteilungsfunktion einer kontinuierlichen Variablen benutzt man standardmäßig Kurvendiagramme.
Vgl. Abb. 10.15. Damit die diskreten Stützpunkte der Kurven im Diagramm sichtbar sind,
wählt man den Diagrammtyp „Punkte (XY), Untertyp „Punkte mit Linien". Die Excel-
Musterlösung enthält beide Diagramme. Hier ist nur die Dichtefunktion mit ihrer bekannten Glockenform dargestellt.

3. Ereignisse und Wahrscheinlichkeiten

Die Fragestellungen zum unsicheren Puckschwund in der nächsten Saison (diskrete Variable) sollen akkurat formalisiert und quantifiziert und mit der stetigen Approximationsverteilung beantwortet werden. Dabei ist die **Stetigkeitskorrektur** strikt zu beachten.

Bei a. bis d. wird nach der Wahrscheinlichkeit bestimmter Puckschwunde gefragt. Zur
rechnerunterstützten Lösung wird die **statistische Funktion NORM.VERT** verwendet.
Tabelle 10.11 enthält die Formalisierungen der Ausgangsfragestellungen, die Umformulierungen unter Berücksichtigung der Stetigkeitskorrektur sowie die Lösungswege und Ergebnisse.

Tab. 10.11 Wahrscheinlichkeitsermittlung diskreter Werte mit stetiger Normalverteilung

Nr.	Ereignis	Stetigkeitskorrektur	Lösungsweg	Ergebnis
a.	$W(y \leq 425)$	$W(y \leq 425,5)$	$F(425,5)$	0,0078
b.	$W(y \geq 450)$	$W(y \geq 449,5)$	$1 - W(y \leq 449,5) = 1 - F(449,5)$	0,0567
c.	$W(430 \leq y \leq 445)$	$W(429,5 \leq y \leq 445,5)$	$F(445,5) - F(429,5)$	0,7846
d.	$W(y = 440)$	$W(439,5 \leq y \leq 440,5)$	$F(440,5) - F(439,5)$	0,0664

Bei e., f. und g. wird nach dem Puckschwund gefragt, mit dem man mit vorgegebenen Wahrscheinlichkeiten rechnen kann. Genauer gesagt geht es um Wertebereiche oder Intervalle, deren Untergrenze und/oder Obergrenze gesucht ist. Damit handelt es sich bei den Grenzwerten um Quantile. Zur Ermittlung von Quantilen einer normalverteilten Zufallsgröße benutzt man am einfachsten die **statistische Funktion NORM.INV**, die in Abschn. 10.2 Aufgabe „Vertreterbesuche und Aufträge" beschrieben ist. Abbildung 10.16 enthält die Formalisierungen der Fragestellungen, die Lösungswege und Ergebnisse.

Bei der „Übersetzung" der Ergebnisse der Modellrechnung in den Sachzusammenhang des realen Falls ist zu beachten, dass sie mit einer approximativen stetigen Verteilung gewonnen wurden, in Wirklichkeit jedoch eine diskrete und ganzzahlige Variable betreffen. Die sachgerechte Interpretation muss deshalb **ganzzahlige** Ergebnisse beinhalten, die Resultat geeigneter Rundungen der Modellergebnisse sind. Dabei treffen die vorgegebenen Wahrscheinlichkeiten nicht mehr genau zu, sondern sind als Untergrenzen zu verste-

Abb. 10.15 Dichtefunktion des Saison-Puckschwunds

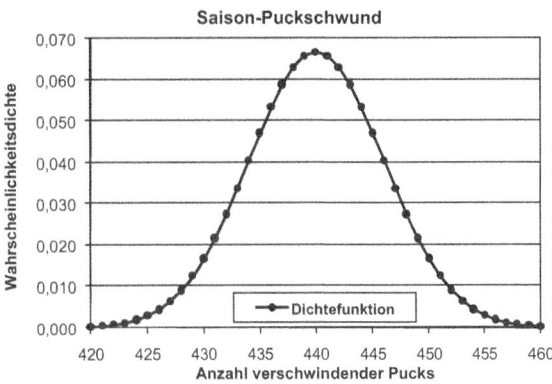

Nr.	Ereignis	Lösungsweg	Ergebnis
e.	$W(y \leq y_o) = 0,95$	95 %-Quantil	449,87
f.	$W(y \geq y_u) = 0,90$	$1 - W(y \leq y_o) = 0,1$ bzw. 10 %-Quantil	432,31
g.	$W(E(Y) - u \leq y \leq E(Y) + u) = 0,5$	$F(y_{0,75}) - F(y_{0,25}) = 0,5$	$y_{0,25} = 435,95$
			$y_{0,75} = 444,05$

Abb. 10.16 Lösungen der Teilaufgaben e bis g

hen, die nicht unterschritten werden. Für e) lautet die sachgerechte Interpretation beispielhaft: Der Puckschwund in der nächsten Saison wird mit mindestens 95 %iger Sicherheit 449 Pucks nicht überschreiten.

10.4 Übungsaufgaben

10.4.1 Aufgabe „Wartezeit"

An der Endstation einer S-Bahnlinie fährt alle zwölf Minuten ein Zug in die City. Betrachten Sie einen Fahrgast, der den Fahrplan nicht kennt und die Endstation zwecks Fahrt in die City zu einem zufälligen Zeitpunkt betritt.

Aufgabenstellungen

1. Ist seine Wartezeit eine diskrete oder kontinuierliche Variable, welchen relevanten Wertebereich hat sie und was können Sie über den Verteilungstyp sagen (Begründung)?
2. Ermitteln und visualisieren Sie die Dichtefunktion und überprüfen Sie sie auf die Einhaltung der allgemein gültigen mathematischen Eigenschaften.
3. Ermitteln und visualisieren Sie die Verteilungsfunktion und überprüfen Sie sie auf die Einhaltung der allgemein gültigen mathematischen Eigenschaften.
4. Ermitteln Sie die Kenngrößen der unsicheren Wartezeit. Was besagt der Erwartungswert und wie aussagefähig ist er im vorliegenden Fall (systematischer Aussagefähigkeitscheck)?
5. Fragen zu Ereignissen und Wahrscheinlichkeiten
   [Bearbeitungshinweis: Fragestellungen formalisieren und Lösungsweg angeben.]
   Wie groß ist die Wahrscheinlichkeit, dass die Wartezeit des Fahrgastes
   a) höchsten fünf Minuten beträgt?
   b) mindestens neun Minuten beträgt?
   c) zwischen 10 und 15 Minuten liegt?
   Mit welcher Wartezeit muss er mit einer Sicherheit von
   d) 90 % höchstens rechnen?
   e) 80 % mindestens rechnen?

10.4.2 Aufgabe „Nebenwirkungen"

In einem Ärztehaus wurde im letzten Quartal ein unlängst neu auf dem Markt gekommenes hoch gelobtes Medikament gegen Schlaflosigkeit an 100 Patienten verschrieben. Jetzt konnte man im monatlichen Ärztebrief lesen, dass bei diesem Präparat in höchstens 10 % der Fälle mit gravierenden Nebenwirkungen zu rechnen ist. Die Ärzte des Hauses machen sich nun in ihrer monatlichen Gemeinschaftssitzung Gedanken über das mögliche Auftreten von gravierenden Nebenwirkungen bei ihren Patienten und wollen diese quantifizieren. Helfen Sie ihnen!

Aufgabenstellungen

1. Welche Zufallsgröße sollten Sie betrachten, welche Werte kann sie annehmen und wie ist sie exakt verteilt (Verteilungstyp, Parameter, Begründung)?
2. Ermitteln und visualisieren Sie die Wahrscheinlichkeitsfunktion und nennen Sie ihre Charakteristika.
3. Ermitteln und interpretieren Sie die Kenngrößen der Wahrscheinlichkeitsverteilung.
4. Lässt sich die exakte diskrete Verteilung durch eine stetige approximieren (Verteilungstyp, Parameter, Begründung). Unter welchen Voraussetzungen ist dies möglich und warum ist es sinnvoll?
   Welche Kernaussagen über die Anzahl von Patienten mit gravierenden Nebenwirkungen können Sie nur aufgrund des spezifizierten Verteilungsmodells und ohne explizite Berechnung von Wahrscheinlichkeiten machen?
5. Ermitteln Sie die Dichte- und Verteilungsfunktion des approximativen Modells und stellen Sie beide in geeigneter Form graphisch dar. Geben Sie in Stichworten an, wo und wie man in den Diagrammen Wahrscheinlichkeiten ermitteln kann.
6. Ermitteln und charakterisieren Sie die Approximationsfehler und die notwendige Maßnahme zur Vermeidung systematischer Fehler bei der Modellierung einer diskreten ganzzahligen Variablen durch ein stetiges Verteilungsmodell.
7. Ereignisse und Wahrscheinlichkeiten
   [Bearbeitungshinweis: Fragestellungen formalisieren und Lösungswege angeben.]
   Wie groß ist approximativ die Wahrscheinlichkeit von Nebenwirkungen
   a) bei höchstens fünf Patienten?
   b) bei mindestens zwölf Patienten?
   c) bei mindestens fünf und höchstens zwölf Patienten?
   Mit welcher Anzahl von Patienten mit gravierenden Nebenwirkungen muss das Ärztehaus approximativ
   d) mit einer Wahrscheinlichkeit von mindestens 95 % höchstens rechnen?
   e) mit einer Wahrscheinlichkeit von höchstens 90 % mindestens rechnen?
   f) mit 50 %iger Wahrscheinlichkeit um den Erwartungswert herum rechnen?
   g) im 1-SIGMA-Streuungsbereich mit welcher Wahrscheinlichkeit rechnen?

10.4.3 Aufgabe „Kontoeröffnungen"

Eine regionale Privatbank hat die täglichen Kontoeröffnungen des letzten Jahres in ihrem neuen Geschäftsbereich E-Banking wie folgt aufbereitet:

Tägliche Kontoeröffnungen	0	1	2	3	4	5
Anzahl der Tage im letzten Jahr	39	127	91	55	35	18

Die Daten sollen zur Planung der zukünftigen Geschäftsbereichsentwicklung unter Unsicherheit genutzt werden.

Aufgabenstellungen

1. Betrachten Sie die Zufallsgröße X „Tägliche Kontoeröffnungen".
   a) Ermitteln, visualisieren und charakterisieren Sie die Wahrscheinlichkeitsverteilung.
   b) Ermitteln Sie die Kenngrößen der Wahrscheinlichkeitsverteilung mit einer Genauigkeit von einer Dezimalstelle und interpretieren Sie diese sachgerecht.
2. Das Management interessiert die Planungsgröße Y „Monatliche Kontoeröffnungen".
   a) Wie ist Y verteilt? (Verteilungstyp/-modell, Parameter, Begründung).
      Rechnen Sie mit 30 Tagen im Monat und mit einer Genauigkeit von 2 Dezimalstellen.
      Welche Kernaussagen über die unsicheren monatlichen Kontoeröffnungen können Sie allein an Hand des spezifizierten Verteilungsmodells und ohne explizite Berechnung von Wahrscheinlichkeiten machen?
   b) Stellen Sie die Verteilung in geeigneter Form graphisch dar.
3. Beantworten Sie die folgenden Fragen des Geschäftsbereichsmanagements.
   Wie groß ist die Wahrscheinlichkeit, dass es
   a) höchstens 50 Kontoeröffnungen im Monat gibt?
   b) mindestens 35 Kontoeröffnungen im Monat gibt?
   c) mindestens 35 und höchstens 50 Kontoeröffnungen im Monat gibt?
   Ermitteln Sie diejenige Anzahl monatlicher Kontoeröffnungen
   d) die mit höchstens 5 % Risiko nicht überschritten wird.
   e) die mit 90%iger Sicherheit nicht unterschritten wird.
   f) mit der man mit 50%iger Wahrscheinlichkeit um den Erwartungswert rechnen kann.

Teil IV
Schließende Statistik

Testen

Beim Testen wird eine Aussage über einen wichtigen Aspekt einer Grundgesamtheit – eine sog. **Hypothese** – daraufhin überprüft, ob sie mit dem in einer Zufallsstichprobe realisierten Befund ausreichend übereinstimmt oder ob sie davon mehr als zufallsbedingt – nämlich wesentlich oder signifikant – abweicht. Die hier behandelten grundlegenden Arten statistischer **Signifikanztests** zeigt folgende Übersicht.

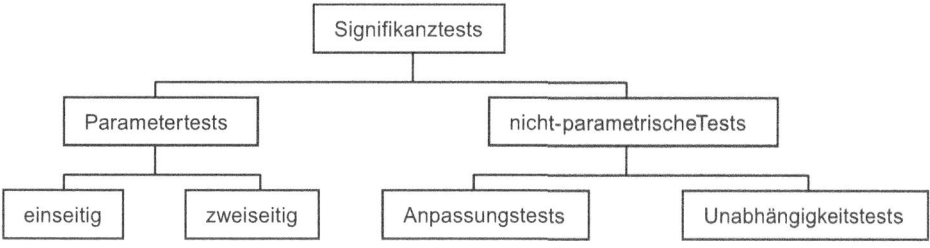

Nach der **Art der Hypothese** unterscheidet man Parametertests und nicht-parametrische Tests. **Parametertests** überprüfen Behauptungen über Werte oder Wertebereiche von **Kenngrößen** in Grundgesamtheiten, wie etwa Anteilswerte, Mittelwerte oder Streuungswerte. Wird ein ganz bestimmter Wert des Parameters getestet – eine sogenannte **Punkthypothes**e – so ist der Test **zweiseitig**, da man Werte unterhalb und oberhalb des behaupteten Wertes berücksichtigen muss, um zu einer Testempfehlung/-entscheidung zu gelangen. Wird ein nach unten oder oben begrenzter Wertebereich getestet – eine sogenannte **Bereichshypothese** – so ist der Test **einseitig**, da man den zum behaupteten Wertbereich komplementären Wertebereich betrachten muss, um zu einer Testempfehlung/-entscheidung zu kommen. Ob man einen ein- oder zweiseitigen Test durchführt, ist aus dem Sachstand heraus bei der Formulierung der zu testenden Hypothese festzulegen. Beide Arten von Parametertests werden hier in Abschn. 11.1 **Aufgabe „Einschaltquote** und Abschn. 11.2 **Aufgabe „Kraftstoffverbrauch"** behandelt.

Behauptungen über andere Verteilungseigenschaften in der Grundgesamtheit überprüft man mit **nicht-parametrischen Tests**. Wichtige Verteilungseigenschaften sind bei eindimensionalen Verteilungen vor allem die Verteilungsform bzw. das **Verteilungsmodell** und bei bivariaten Verteilungen vor allem die **(Un)Abhängigkeit** der beiden Größen. Eine in diesem Zusammenhang grundlegende Prüfgröße ist **CHI-Quadrat** mit seiner gleichnamigen Verteilung, die in Abschn. 11.3 **Aufgabe „Landtagswahlen"** und Abschn. 11.4 **Aufgabe „Anfangsgehalt und Geschlecht"** verwendet wird.

In Verbindung mit den behandelten Tests wird auch die für alle Signifikanztests gleiche **Methodik** herausgearbeitet. Diese beinhaltet als „roten Faden" einmal die groben Phasen der **Vorbereitung** und **Durchführung**, zum anderen innerhalb jeder Phase einige grundlegende Arbeitsschritte. Ergänzend sind für den Anwender jedoch erfahrungsgemäß der Einstieg in einen Test – die zielführende Formulierung der Hypothesen – sowie am Ende die sachgerechte Interpretation des Ergebnisses neuralgische Punkte, auf die besonders eingegangen wird. Und last but not least ist die **Güte** eines Tests ein wichtiges Thema. Diese kann man bei Parametertests nicht nur im Nachhinein quantifizieren, sondern durch geeignete Maßnahmen in der Testvorbereitung auch gezielt steuern.

11.1   Aufgabe „Einschaltquote"

Ein Privatsender hat sich von dem Redakteur und Macher A der bekannten Wirtschaftsendung „MONEY, MONEY" getrennt und dafür Herrn B angeheuert. Der Sender möchte nun wissen, wie B beim Publikum ankommt.

Als Maß für die Popularität einer Sendung gilt die Einschaltquote. Aus früheren Untersuchungen weiß man, dass A kontinuierlich eine sehr hohe Einschaltquote von mindestens 25 % hatte. Man befürchtet nun, dass die Einschaltquote der Sendung mit dem neuen Moderator B deutlich tiefer liegt und will diese Vermutung durch eine Umfrage erhärten. Dazu wählt man 40 Fernsehzuschauer zufällig aus und befragt sie danach, ob sie die letzte MONEY-Sendung mit B gesehen haben. Aus dem Ergebnis der Stichprobe will man mit mindestens 95%iger Sicherheit feststellen, ob die Popularität der Sendung durch den Moderatorwechsel tatsächlich deutlich zurückgegangen ist.

11.1.1   Aufgabenstellungen

1. Formulieren Sie die Hypothesen (mit Begründung).
2. Wie lautet die Prüfgröße, welche Werte kann sie annehmen und wie ist sie exakt und approximativ verteilt (Typ, Parameter, Begründung)?
3. Ermitteln, visualisieren und charakterisieren Sie die Prüfverteilung. Markieren Sie in der Graphik die tendenzielle Lage des „Annahme"- und Ablehnbereichs (Begründung).
4. Ermitteln Sie nachvollziehbar den „Annahme"- und Ablehnbereich des Tests sowie seine exakte Irrtumswahrscheinlichkeit.

5. Von den 40 Befragten haben sechs die letzte Sendung mit B gesehen.
   Welche Entscheidung empfiehlt dieser Stichprobenbefund?
   Welche Art von Fehler kann man machen, wenn man diesem Vorschlag folgt und wie groß ist die Wahrscheinlichkeit dieses Fehlers?

6. Der Controllingleiter des Senders fasst das Testergebnis wie folgt zusammen:
   „Damit ist mit statistischer Signifikanz erwiesen, dass sich die Einschaltquote nicht geändert hat." Was sagen Sie dazu?

7. Ermitteln und visualisieren Sie die Gütefunktion des Tests. Stützen Sie Ihr Diagramm auf mindestens fünf relevante Berechnungen. Beurteilen Sie durch Auswertung der Gütefunktion zusammenfassend die Güte des Tests.

8. Wie groß muss der Stichprobenumfang mindestens gewählt werden, damit das Testverfahren eine Abweichung des Parameters von höchstens 25 % von dem unter H_0 behaupteten Wert mit einer Sicherheit von mindestens 90 % erkennt und ablehnt?

LERNINHALTE	
STATISTIK	**EXCEL-UNTERSTÜTZUNG**
1. Hypothesen (Begründung)	
2. Prüfgröße mit Wertebereich und Wahrscheinlichkeitsverteilung (Begründung)	
3. Ermittlung, Visualisierung und Charakterisierung der Prüfverteilung	Statistische Funktion BINOM.VERT Diagrammtyp
4. Annahme- und Ablehnbereich und exakte Irrtumswahrscheinlichkeit	**Formel**
5. Testempfehlung, Fehlerart und -größe	**Formel**
6. Diskussion der Ergebnisinterpretation	
7. Güte des Tests **a) Operationalisierung** b) Berechnung der Gütefunktion (Tabelle) c) Graphische Darstellung und Interpretation	Formeln Diagrammtyp
8. Nötiger Stichprobenumfang	**Formel**

11.1.2 Aufgabenlösungen

1. Hypothesen (Begründung)

Anlass eines statistischen Tests sind widersprüchliche Aussagen über wichtige Eigenschaften einer Grundgesamtheit. Im vorliegenden Fall ist die wichtige Eigenschaft die Einschaltquote der Sendung MONEY MONEY mit dem neuen Moderator B, ein sog. Parameter der Grundgesamtheit. Der Sender befürchtet, dass die Einschaltquote deutlich niedriger liegt als bei dem ehemaligen, sehr beliebten Moderator A, und will diese Befürchtung durch den Befund in einer Zufallsstichprobe überprüfen (Anteilstest).

Sei π die unbekannte Einschaltquote der Sendung mit dem B, so befürchtet der Sender also, dass $\pi < 0{,}25$ ist. Es kann aber auch sein, dass die Einschaltquote der Sendung mit dem B genau 25 % beträgt ($\pi = 0{,}25$) oder sogar größer als 25 % ist ($\pi > 0{,}25$). Diese logisch möglichen Aussagen über die unbekannte Einschaltquote widersprechen sich und nur eine davon kann wahr sein.

Aus den logisch möglichen und widersprüchlichen Aussagen über die Grundgesamtheit muss eine Hypothese formuliert werden, die getestet wird. Diese nennt man in der Fachsprache **Nullhypothese** und notiert sie mit H_0. Bei der Formulierung der Nullhypothese ist Folgendes strikt zu beachten:

1. Die Nullhypothese und die übrigen logisch möglichen Aussagen müssen sich gegenseitig ausschließen, d. h. die Nullhypothese ist so zu formulieren, dass es nur noch eine einzige andere Aussage gibt, die als **Gegenhypothese** bezeichnet und mit H_1 notiert wird. Formuliert der Sender seine Befürchtung als Nullhypothese – d. h. H_0: $\pi < 0{,}25$ – so muss die Gegenhypothese deshalb lauten H_1: $\pi \geq 0{,}25$.
2. Als Nullhypothese ist nicht die Aussage zu wählen, die durch das Testverfahren und den Stichprobenbefund bewiesen werden soll, sondern die logische Gegenaussage.

Demnach lauten die korrekten Hypothesen H_0: $\pi \geq 0{,}25$ und H_1: $\pi < 0{,}25$ mit π als Anteil aller Fernsehzuschauer, die die letzte Sendung mit B gesehen haben.

Begründung: Nur durch den Stichprobenbefund widerlegte Hypothesen liefern für die Grundgesamtheit gültige Aussagen mit **statistischer Signifikanz**. Da der Sender befürchtet, dass die Einschaltquote der Sendung mit dem B deutlich unter der bisherigen liegt – d. h. π tatsächlich kleiner als 0,25 ist – muss das Gegenteil getestet werden mit dem Ziel, die Nullhypothese zu widerlegen. Nur dann ist die Gegenhypothese – die Befürchtung des Senders - durch das Testverfahren mit statistischer Signifikanz erwiesen. Alle Schritte im Testablauf gehen von der Gültigkeit der Nullhypothese aus.

2. Prüfgröße mit Wertebereich und Wahrscheinlichkeitsverteilung (Begründung)

Abbildung 11.1 enthält die dazu nötigen Angaben in Kurzform (siehe auch Excel-Musterlösung).

3. Ermittlung, Visualisierung und Charakterisierung der Prüfverteilung

Die Ermittlung der numerischen Prüfverteilung geschieht in einer Tabelle, die außer den Einzelwahrscheinlichkeiten auch die aufwärts und abwärts kumulierten Wahrscheinlichkeiten enthalten sollte, damit sie direkt zu Testzwecken verwendet werden kann. Zur Ermittlung der Wahrscheinlichkeiten verwendet man die **statistische Funktion BINOM.VERT**. Die Funktion ist in Abschn. 9.2 Aufgabe „Baumwollfasern" beschrieben, worauf hier verwiesen sei. Man erhält die in Abb. 11.2 dargestellte Prüfverteilungstabelle.

Visualisiert wird die diskrete Wahrscheinlichkeitsverteilung einer ganzzahligen Variable als Stabdiagramm (s. Abb. 11.3). Aus ihr kann man folgende Charakteristika ablesen:

2. a Prüfgröße mit Wertebereich und Variablenart

Prüfgröße	X	Anzahl der Fersehzuschauer, die die letzte Sendung mit dem B gesehen haben
Wertebereich	x_i	0, 1, ... , 39, 40
Art der Zufallsgröße		diskret, ganzzahlig

2. b Exakte diskrete Wahrscheinlichkeitsverteilung

Typ/Modell	H	Hypergeometrische Verteilung
Begründung		
Dualvariable		Befragter hat Sendung mit B gesehen/nicht gesehen
Erfolgswahrscheinlichkeit		bekannt, bei Gültigkeit von Ho: p = π =0,25
p nicht konstant		da Stichprobe ohne Zurücklegen
Parameter	H (n, M, N)	Spezifiziertes Verteilungsmodell
n	40	Stichprobenumfang
M	?	Anzahl aller Fernsehzuschauer, die die Sendung mit B gesehen haben: unbekannt
N	?	Größe der Grundgesamtheit: unbekannt
M/N=π	0,25	unter Ho behauptete Einschaltquote

2. c Approximative diskrete Wahrscheinlichkeitsverteilung

Typ/Modell	B (n, p)	Binomialverteilung
n	40	Stichprobenumfang
p	0,25	Erfolgswahrscheinlichkeit
n/N	≤ 0,05	Auswahlsatzregel (Approximationsbeding. von H nach B
		Damit die Regel erfüllt ist , müsste N≥ 40/0,05=800 sein. Diese Zuschauerzahl hat mit Sicherheit jeder auch nur regional tätige private TV-Sender.

Abb. 11.1 Prüfgröße und Verteilungstyp/-modell

Abb. 11.2 Prüfverteilungstabelle

X-Werte	Wahrscheinl.	Summenwahrscheinlichk.	
x_i	$W(x_i)$	$W(X \le x_i)=F(x_i)$	$W(X \ge x_i)=G(x_i)$
0	0,00001	0,00001	0,99983
1	0,00013	0,00014	0,99982
2	0,00087	0,00102	0,99968
3	0,00368	0,00470	0,99881
4	0,01135	0,01604	0,99513
5	0,02723	0,04327	0,98378
6	0,05295	0,09622	0,95655
7	0,08573	0,18195	0,90360
8	0,11788	0,29983	0,81787
9	0,13971	0,43954	0,69999
10	0,14436	0,58390	0,56029
11	0,13124	0,71514	0,41592
12	0,10572	0,82087	0,28468
13	0,07590	0,89677	0,17896
14	0,04879	0,94556	0,10306
15	0,02819	0,97376	0,05426
16	0,01468	0,98844	0,02607
17	0,00691	0,99535	0,01139
18	0,00294	0,99829	0,00448
19	0,00114	0,99943	0,00153
20	0,00040	0,99983	0,00040

Abb. 11.3 Prüfverteilung

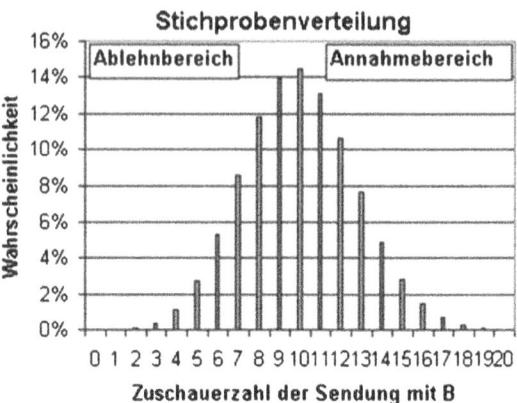

- Der relevante Wertebereich ist nur etwa halb so groß wie der theoretisch mögliche.
- Am wahrscheinlichsten sind zehn Zuschauer in der Stichprobe, die die Sendung mit dem B gesehen haben (14,43 %). Dies ist gleichzeitig der Erwartungswert.
- Die Verteilung ist von der Form her eingipflig und symmetrisch und hat große Ähnlichkeit mit der Normalverteilung.

Gültigkeit von H_0: $\pi \geq 0{,}25$ vorausgesetzt, wird man H_0 umso eher annehmen, je größer die Zahl der Fernsehzuschauer in der Stichprobe ist, die die Sendung mit dem B gesehen haben. Der Annahmebereich des Tests liegt daher tendenziell bei großen Werten der Prüfgröße, der Ablehnbereich umgekehrt tendenziell bei kleinen, so wie in Abb. 11.3 markiert.

4. „Annahme"- und Ablehnbereich und exakte Irrtumswahrscheinlichkeit

Bei Parametertests wird die genaue Grenze zwischen dem Annahme- und dem Ablehnbereich standardmäßig mit Hilfe des dem Test vom Anwender vorzugebenden **Signifikanzniveaus** bestimmt. Dabei ist das Signifikanzniveau die obere Schranke für eine Irrtumswahrscheinlichkeit – und zwar den Irrtum, eine richtige Hypothese abzulehnen – und wird in der Regel mit α_0 notiert. Im Sachstand hat der Tester dem Verfahren eine Sicherheitswahrscheinlichkeit von mindestens 95 % bzw. 0,95 vorgegeben. Aus dieser erhält man die o. g. Irrtumswahrscheinlichkeit als Komplement, d. h. $\alpha_0 = 1 - 0{,}95 = 0{,}05 = 5\,\%$.

Da der Ablehnbereich im vorliegenden Fall bei kleinen Werten der Prüfgröße liegt, muss man ihn von daher kommend in Richtung der größeren Werte konstruieren. Seine genaue Grenze zum Annahmebereich liegt dort, wo die im Ablehnbereich systematisch aufsummierten Wahrscheinlichkeiten die vorgegebene Irrtumswahrscheinlichkeit α_0 gerade noch nicht überschritten haben.

In der Prüfverteilung der Abb. 11.2 liegt der Ablehnbereich am Tabellenanfang und die systematisch aufsteigend summierten Wahrscheinlichkeiten – die Werte der Verteilungsfunktion $F(x)$ – stehen in der Spalte E. Dort, wo $F(x)$ die vorgegebene Irrtumswahrscheinlichkeit $\alpha_0 = 0{,}05$ noch nicht überschreitet, endet der Ablehnbereich, hier bei $x = 5$. Der Ablehnbereich des Tests geht also von 0 bis 5 und ist in der Prüfverteilungstabelle beschriftet und grau hinterlegt. Entsprechend folgt für den Annahmebereich $x = \{6, \ldots, 40\}$. Die Grenze zwischen Annahme- und Ablehnbereich ist in der Prüfverteilungstabelle durch eine ausgezogene schwarze Linie markiert. Die tatsächliche Irrtumswahrscheinlichkeit – in der Prüfverteilungstabelle in Zelle E11 fett hervorgehoben – ist mit $\alpha = 0{,}0433$ etwas kleiner als die vorgegebene obere Schranke von $0{,}05$.

5. Testempfehlung, Fehlerart und -größe

Wert der Prüfgröße Die Auswertung der durchgeführten Stichprobenerhebung erbringt, dass von den 40 befragten Zuschauern genau sechs die Sendung mit dem B gesehen haben, formal: $x = 6$.

Testempfehlung $x = 6$ liegt im Annahmebereich. Die Empfehlung des Testverfahrens lautet daher: H_0 annehmen.

Möglicher Fehler Folgt der Verantwortliche der Testempfehlung, kann er den „Annahmefehler" oder **Fehler 2. Art** machen, der meist mit β notiert wird. Der Fehler 2. Art besteht darin, etwas Falsches anzunehmen – hier H_0 anzunehmen –, wenn die Gegenhypothese richtig ist.

Ermittlung des Fehlers 2. Art Den Fehler 2. Art kann man nur ermitteln, wenn man zwei Dinge berücksichtigt:

- Es sind nur die Werte der Prüfgröße und ihre Wahrscheinlichkeiten im **Annahmebereich** zu betrachten.
- Es muss unterstellt werden, dass die **Gegenhypothese** richtig ist.

Die Fehlerberechnung erfolgt deshalb in einer Arbeitstabelle, die in den Zeilen nur die Werte der Prüfgröße im Annahmebereich und in den Spalten geeignete Werte des Parameters π aus dem Bereich der Gegenhypothese enthält, so wie in Abb. 11.4 ersichtlich. Die Wahrscheinlichkeiten für jede der hypothetischen Verteilungen im Inneren der Tabelle ermittelt man auf bekannte Weise mit der statistischen Funktion BINOM.VERT, die Summe ihrer Einzelwahrscheinlichkeiten mit der Funktion Autosumme aus der Symbolleiste. Der Summenzeile am Tabellenende kann man entnehmen, dass der Fehler 2. Art in unmittelbarer Nähe von H_0 extrem groß ist und mit zunehmender Entfernung von H_0 degressiv fällt. Dies ist nicht nur in diesem Beispiel, sondern ganz allgemein so.

Interpretation Der Fehler 2. Art ist wie folgt zu interpretieren (am Beispiel von $\pi = 0{,}24$ und $\pi = 0{,}1$):

Wenn die Einschaltquote der Sendung mit dem B nur 24 % (10 %) betragen haben sollte – was der Tester nicht weiß –, dann würde das benutzte Testverfahren die Hypothese, dass sie mindestens 25 % beträgt, trotzdem mit einer Wahrscheinlichkeit von über 94,22 % (20,63 %) annehmen. Erst bei einer Einschaltquote von nur 5 % würde der Annahmefehler mit ~ 1,39 % sehr klein sein.

A	B	C	D	E	F	G
4	X-Werte	Wahrscheinlichkeitsfunktion B (40, π)				
5	x_j	0,24	0,20	0,15	0,10	0,05
6	6	0,06502	0,12456	0,17416	0,10676	0,01049
7	7	0,09974	0,15125	0,14928	0,05761	0,00268
8	8	0,12992	0,15598	0,10866	0,02641	0,00058
9	9	0,14588	0,13865	0,06818	0,01043	0,00011
10	10	0,14280	0,10745	0,03730	0,00359	0,00002
11	11	0,12299	0,07326	0,01795	0,00109	0,00000
12	12	0,09386	0,04426	0,00766	0,00029	0,00000
13	13	0,06384	0,02383	0,00291	0,00007	0,00000
14	14	0,03888	0,01149	0,00099	0,00001	0,00000
15	15	0,02128	0,00498	0,00030	0,00000	0,00000
16	16	0,01050	0,00195	0,00008	0,00000	0,00000
17	17	0,00468	0,00069	0,00002	0,00000	0,00000
18	18	0,00189	0,00022	0,00000	0,00000	0,00000
19	19	0,00069	0,00006	0,00000	0,00000	0,00000
20	20	0,00023	0,00002	0,00000	0,00000	0,00000
21	Summe=β	0,94221	0,83867	0,56750	0,20627	0,01388

Abb. 11.4 Berechnung des Fehlers 2. Art

6. Diskussion der Ergebnisinterpretation

Zur Erinnerung ist die zu diskutierende Ergebnisinterpretation des Controllingleiters hier noch einmal wiedergegeben: „Damit ist mit statistischer Signifikanz erwiesen, dass sich die Einschaltquote nicht geändert hat."

Das Statement besteht aus zwei Teilen: einem über das inhaltliche Testergebnis (Einschaltquote hat sich nicht geändert) und einem über das Risiko, mit der das Ergebnis falsch sein kann (mit statistischer Signifikanz). Beide sind kritisch zu diskutieren.

6.a Inhaltliches Testergebnis

Der Test empfiehlt tatsächlich die Annahme der Nullhypothese. Die Annahmeempfehlung eines statistischen Testverfahrens ist jedoch eine **minderwertigere** Information als die Ablehnung. Das liegt an der hinter den statistischen Tests stehenden Wissenschaftsphilosophie des kritischen Rationalismus und dessen **Falsifikationsprinzip**. Danach liefert bei der empirischen Überprüfung wissenschaftlicher Erkenntnisse deren Widerlegung generell höherwertige Informationen als deren Bestätigung. Wird eine Aussage durch empirischen Befund bestätigt, so bedeutet dies nicht, dass sie richtig ist, sondern nur, dass die vorhandenen Beobachtungsdaten nicht ausreichen, um sie zu widerlegen. Man kann die Annahmeempfehlung eines Tests deshalb ganz gut mit einer „Stimmenthaltung" im politischen Bereich oder einem „Freispruch aus Mangel an Beweisen" im Rechtsbereich vergleichen. Statt von der Annahme der Nullhypothese wird deshalb häufig zutreffender auch von ihrer „Beibehaltung" oder sogar nur von ihrer „Nichtablehnung" gesprochen.

6.b Irrtumswahrscheinlichkeit

Entscheidet der Tester gemäß der Testempfehlung, so kann das eine Fehlentscheidung sein. Alle statistischen Tests sind wegen des o. g. Falsifikationsprinzips so aufgebaut, dass die Irrtumswahrscheinlichkeit für den Fehler 1. Art sehr klein, die für den Fehler 2. Art dagegen sehr groß ist. Im vorliegenden Fall beträgt die Wahrscheinlichkeit dafür, dass die Annahme bzw. Beibehaltung von H_0 eine Fehlentscheidung sein kann, maximal ~ 94 % (siehe Abb. 11.4). Das dem Test vorgegebene Signifikanzniveau gilt dagegen nur für die Irrtumswahrscheinlichkeit bei Ablehnung von H_0, d. h., statistisch signifikante Aussagen liefert ein Test nur bei Ablehnung der Nullhypothese. Entscheidet sich der Tester tatsächlich für die Beibehaltung von H_0, so geht er damit ein extrem hohes Fehlentscheidungsrisiko ein.

6.c Sachgerechte Ergebnisinterpretation

Wegen des Falsifikationsprinzips ist es sinnvoll, das Testergebnis bei Annahme bzw. Beibehaltung der Nullhypothese nicht positiv, sondern negativ zu formulieren. Das gilt für beide Teile der Gesamtaussage. Im vorliegend Fall wäre daher folgende Formulierung des Testergebnisses statistisch korrekt: „Ohne Signifikanz ist nicht zu widerlegen, dass die Einschaltquote der Sendung mit dem B mindestens 25 % beträgt".

7. Güte des Tests

7.a Operationalisierung

Ein guter Test soll

- mit geringer Wahrscheinlichkeit H_0 ablehnen, wenn H_0 wahr ist (d. h. $\alpha_0 \rightarrow$ klein).
- mit großer Wahrscheinlichkeit H_0 ablehnen, wenn H_1 wahr ist.

Die Güte kann also durchgängig durch die **Ablehnwahrscheinlichkeit** operationalisiert werden, und zwar in Abhängigkeit des zu testenden Parameters, hier des Parameters π. Das Standardinstrument dafür ist die **Gütefunktion** $g(\pi)$. Unter H_0 ist $g(\pi) = \alpha_0$, unter H_1 ist $g(\pi)$ die Komplementärwahrscheinlichkeit zum oben ermittelten Annahmefehler, d. h. $1 - \beta$.

7.b Berechnung der Gütefunktion (Tabelle)

Die Gütefunktion ermittelt man in einer Arbeitstabelle, die in der ersten Spalte relevante Werte des Parameters und in der zweiten die ihnen zugeordneten Ablehnwahrscheinlichkeiten enthält.

Als relevante Parameterwerte wählt man ausgehend von H_0 im Bereich der Gegenhypothese einige markante Werte möglichst systematisch und in geeigneten Abständen aus. Die ihnen zugeordneten Ablehnwahrscheinlichkeiten α ermittelt man im vorliegenden Fall am einfachsten als Komplementärwahrscheinlichkeiten zu β, so wie in Abb. 11.5 dargestellt. Darin sind die Werte von β aus Abb. 11.4 übernommen und mit 100 multipliziert.

Abb. 11.5 Gütefunktion (tabellarisch)

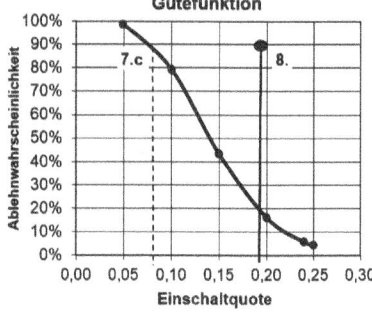

A	B	C	D
25	**π**	**β**	**g(π)=1-β**
26	0,25	95,66%	4,34%
27	0,24	94,22%	5,78%
28	0,20	83,87%	16,13%
29	0,15	56,75%	43,25%
30	0,10	20,63%	79,37%
31	0,05	1,39%	98,61%

Abb. 11.6 Gütefunktion (graphisch)

7.c Graphische Darstellung und Interpretation

Die Gütefunktionstabelle enthält nur einige markante Wertepaare, die als Stützpunkte des zu konstruierenden Graphen anzusehen sind. Als Diagrammtyp ist deshalb der Typ *Punkte*, Untertyp *mit Linien* geeignet. Abbildung 11.6 zeigt die Musterlösung.

Der Graph der Gütefunktion wird in der Qualitätskontrolle als **Operationscharakteristik** bezeichnet und gibt sehr anschaulich Auskunft über die Güte eines Tests. Je steiler er in unmittelbarer Nähe von H_0 im Bereich der Gegenhypothese ansteigt, umso besser das Testverfahren. Denn dann wird eine Hypothese, die auch nur geringfügig von H_0 abweicht, trotzdem bereits mit hoher Wahrscheinlichkeit abgelehnt. Dies bezeichnet man als **Trennschärfe**. Der vorliegende Test ist nicht trennscharf, da er eine falsche Hypothese erst dann mit sehr hoher Wahrscheinlichkeit – $g(\pi) \geq 0,9$ – als solche erkennt und anlehnt, wenn die Einschaltquote bereits auf ~ 7,5 % abgesunken ist (siehe Markierung Abb. 11.6). Dies entspricht einer absoluten Abweichung der Wirklichkeit von unter der Nullhypothese behaupteten von $25 - 7,5 = 17,5$ %-Punkten bzw. einer relativen von $17,7 / 25 \cdot 100 = 70$ %.

8. Nötiger Stichprobenumfang

In dem durchgeführten Test war der Stichprobenumfang vorgegeben, in der Wirklichkeit ist er im Rahmen der Stichprobenplanung gestaltbar. Dabei ist der Stichprobenumfang eine Hauptstellschraube der Testgüte. Wenn man den durchgeführten Test als nicht ausreichend gut ansieht (siehe Teilaufgabe 7) oder wenn man von vornherein bestimmte Güteforderungen stellt, so kann man den Stichprobenumfang berechnen, der mindestens nötig ist, diese zu gewährleisten.

Konzept Durch die Nullhypothese und das Signifikanzniveau des Tests ist ein Wertepaar – bildlich ein markanter Punkt des Graphen der Gütefunktion – von vornherein und unabhängig vom Stichprobenumfang festgelegt. In Abb. 11.6 ist dies das Wertepaar (0,25; 0,05).

Wenn man einen Parameterwert im Bereich der Gegenhypothese auswählt, der das Ende der höchstzulässigen Abweichung von der Nullhypothese markiert und zusätzlich angibt, mit welcher Wahrscheinlichkeit der Test diesen als falsch erkennen und ablehnen soll, dann hat man ein zweites markantes Wertepaar – bildlich einen zweiten markanten Punkt – der Gütefunktion festgelegt. Gemäß Aufgabenstellung soll der verbesserte Test eine Abweichung von höchstens 25 % von der Nullhypothese mit einer Wahrscheinlichkeit von mindestens 90 % erkennen und ablehnen. Die höchstzulässige Abweichung von 25 % entspricht bei einem Wert der Nullhypothese von $\pi_0 = 0,25$ bzw. 25 %-Punkten einer absoluten Abweichung von 6,25 %-Punkten und damit einer Einschaltquote von $25 - 6,25 = 18,75$ %-Punkten bzw. einem Parameterwert von $\pi_1 = 0,1875$. Bei diesem Parameterwert soll die Ablehnwahrscheinlichkeit des Test mindestens 90 % bzw. der Wert der Gütefunktion $g(0,1875) \geq 0,9$ sein, was einem höchstzulässigen Beta-Fehler von 10 % bzw. $\beta_1 = 0,01$ entspricht. In Abb. 11.6 ist diese Güteanforderung durch einen schwarzen Punkt als Ende einer senkrechten Linie markiert. Man erkennt sofort, dass der bereits durchgeführte Test diese Anforderung nicht erfüllen kann, sondern nur ein Test, dessen Gütefunktion wesentlich steiler verläuft. Dies kann durch eine Vergrößerung des Stichprobenumfangs erreicht werden.

Operationalisierung und Formel Betrachtet wird die Differenz zwischen dem Parameterwert unter $H_0 (\pi_0)$ und dem über die höchstzulässige Abweichung festgelegten Parameterwert unter $H_1 (\pi_1)$, die demselben Verteilungstyp wie die Prüfverteilung folgt, hier also der Binomialverteilung. Bei Abb. 11.2 wurde bereits als Charakteristikum der Prüfverteilung ihre große Ähnlichkeit mit der Normalverteilung genannt. Die Varianzregel für die Approximation der Binomialverteilung durch die Normalverteilung (siehe Abschn. 10.2 Aufgabe „Vertreterbesuche und Aufträge") ist zwar nicht ganz erfüllt, da $V(X) = 40 \cdot 0,25 \cdot 0,75 = 7,5$ nicht größer oder gleich 9 ist. Trotzdem wollen wir hier approximativ die Normalverteilung nutzen, da sich die Bestimmung des nötigen Stichprobenumfangs dadurch erheblich vereinfacht. Wendet man die Standardisierungsformel auf die Differenz der Parameterwerte an und verwendet die zu den vorgegebenen oberen Schranken für den Fehler 1. und 2. Art gehörenden Werte von Z aus der Standardnormalverteilung – hier mit z_α und z_β bezeichnet – und löst die Formel nach n auf, so erhält man:

$$n \geq \left[\frac{z_\alpha \sqrt{\pi_0 \cdot (1 - \pi_0)} - z_\beta \sqrt{\pi_1 \cdot (1 - \pi_1)}}{\pi_1 - \pi_0} \right]^2 .$$

Formelanwendung Die in der Formel benötigten Parameterwerte sind bereits bekannt: $\pi_0 = 0{,}25$ und $\pi_1 = 0{,}1875$.

Die benötigten Z-Werte sind der Standardnormalverteilungstabelle zu entnehmen. Der Alpha-Fehler kann im vorliegenden Fall nur bei kleinen Werten der Prüfgröße auftreten, liegt also in der Standardnormalverteilung unterhalb des Erwartungswertes bei negativen Werten von Z. Für $F(-z) = 0{,}05$ erhält man durch Interpolation den Wert $z_\alpha = -1{,}645$. Der Beta-Fehler kann dagegen nur bei großen Werten der Prüfgröße auftreten und liegt daher in der Standardnormalverteilung oberhalb des Erwartungswertes bei positiven Werten von Z. Für $F(z) = 0{,}9$ erhält man durch Interpolation den Wert $z_\beta = 1{,}2825$.

Da die Formel nur aus wenigen Einzelwerten besteht, die durch Grundrechenarten miteinander verknüpft sind, ist die Excel-Anwendung nicht wirklich nötig.

$$n \geq \left[\frac{-1{,}645 \cdot \sqrt{0{,}25 \cdot 0{,}75} - 1{,}2825 \cdot \sqrt{0{,}1875 \cdot 8125}}{0{,}0625} \right]^2 = \left[\frac{1{,}2163075}{0{,}0625} \right]^2$$

$$= 19{,}46^2 \sim 378{,}72$$

Man ermittelt einen Stichprobenumfang von mindestens 379 Personen. Dieser ist fast um den Faktor 10 größer als der beim durchgeführten Test. Das liegt an den deutlich höheren Güteanforderungen, die bei gleicher oberer Schranke für die Fehler 1. und 2. Art sich doch in der höchstzulässigen Abweichung von der Nullhypothese ganz erheblich unterscheiden. Während der durchgeführte Test die geforderte Güte erst bei einer Abweichung von 70 % erbringt, kommt der geplante Test mit einer Abweichung von 25 % aus. Dies entspricht einer Güteverbesserung von absolut 45 Prozentpunkten bzw. relativ 180 %, wenn man sie vom bislang durchgeführten Test aus bemisst. Man erkennt aber auch, dass die um den Faktor 1,8 verbesserte Testgüte nur mit einer weit überproportionalen Steigerung des Stichprobenumfangs zu erreichen ist.

11.2 Aufgabe „Kraftstoffverbrauch"

Ein Autohersteller gibt für ein neu auf den Markt gebrachtes Fahrzeug einen durchschnittlichen Kraftstoffverbrauch von 5,9 [Liter/100 km] an. Diese Angabe wird von der eigenen Entwicklungsabteilung und von Automobilclubs in Frage gestellt. Die Entwicklungsabteilung bezweifelt die Angabe, da sie von dem Zentralbereich Qualitätsmanagement stammt. Sie hält ergänzende Tests in eigener Regie für nötig. Dabei will sie nicht nur höheren, sondern auch niedrigeren Verbrauch berücksichtigen, da damit in der Regel ein höherer Verschleiß der Motoren verbunden ist. Ein europäischer und ein deutscher Automobilclub halten die Angabe für untertrieben und befürchten, dass der Durchschnittsverbrauch deutlich höher liegt. Alle testen mit der für interne Zwecke üblichen höheren Genauigkeit von zwei Dezimalstellen bei einem Signifikanzniveau von 5 %.

11.2.1 Aufgabenstellungen

A. Entwicklungsabteilung

Aus der Entwicklungsarbeit hat man noch weitere vertrauenswürdige Angaben zum Kraftstoffverbrauch: Er ist normalverteilt mit einer Standardabweichung von 1,4 [l/100 km].

Führen Sie den Test für die Entwicklungsabteilung durch, die aus der laufenden Produktion 49 Fahrzeuge zufällig auswählt und bei diesen einen durchschnittlichen Benzinverbrauch von 6,4 [l/100 km] feststellt.

1. Formulieren Sie die Hypothesen (Begründung).
2. Bestimmen Sie die Prüfgröße mit Wertebereich und Wahrscheinlichkeitsverteilung (Begründung).
3. Ermitteln und visualisieren Sie die numerische Prüfverteilung und markieren Sie darin die tendenzielle Lage des Annahme- und Ablehnbereichs.
4. Bestimmen Sie nachvollziehbar den Annahme- und den Ablehnbereich.
5. Wie lautet die Testempfehlung/-entscheidung fachgerecht in einem Satz und wie ist ihre Qualität zu beurteilen?
6. Was ändert sich an dem Test, wenn unter sonst gleich bleibenden Bedingungen der Kraftstoffverbrauch in der Grundgesamtheit nicht normalverteilt ist?

B. Automobilclubs

Die Automobilclubs verfügen über keinerlei weitere Angaben, halten aber einen annähernd normalverteilten Kraftstoffverbrauch für realistisch. Der europäische (deutsche) Club testet 36 (16) zufällig ausgewählte Fahrzeuge und stellt bei ihnen einen identischen Durchschnittsverbrauch von 6,3 [l/100 km] und eine zum Schätzen geeignete Stichprobenstandardabweichung von 1,5 (1,2) [l/100 km] fest.

1. Führen Sie für beide Clubs die Testvorbereitungen wie bei (Schritte 1–4) parallel durch.
2. Ermitteln und diskutieren Sie die Testempfehlungen/-entscheidungen.
3. Welcher Test ist besser und warum? Ermitteln, visualisieren und interpretieren Sie für den besseren Test die Gütefunktion.

LERNINHALTE	
STATISTIK	**EXCEL-UNTERSTÜTZUNG**
A. Test der Entwicklungsabteilung	
1. Hypothesen (Begründung)	
2. Prüfgröße mit Wertebereich und spezifiziertem Verteilungstyp/-modell (Begründung)	
3. Prüfverteilung a)Ermittlung (Tabelle) b)Graphische Darstellung und Charakterisierung	Statistische Funktion NORM.VERT Diagrammtyp
4. Annahme- und Ablehnbereich	Statistische Funktion NORM.INV
5. Testempfehlung/-entscheidung, Aussagequalität	
6. Teständerung bei anderer Verteilungsform	
B. Tests des Automobilclubs	
1. Testvorbereitungen (Schritte 1–4 wie bei A)	
2. Testempfehlungen und Diskussion	Statistische Funktion T.VERT.RE, Formel
3. Gütevergleich und -funktion	Formel

11.2.2 Aufgabenlösungen

A. Test der Entwicklungsabteilung

1. Hypothesen (Begründung)

H_0: $\mu_0 = 5{,}9$ [l/100 km]; H_1: $\mu_1 \neq 5{,}9$ [l/100 km]

Begründung: Nur durch das Stichprobenergebnis widerlegte Hypothesen liefern für die Grundgesamtheit gültige Aussagen mit **statistischer Signifikanz.** Die Entwicklungsabteilung befürchtet sowohl signifikant höheren als auch niedrigeren Durchschnittsverbrauch als veröffentlicht, die gleichermaßen den Qualitätsstandard nicht erfüllen (**zweiseitiger Test**). Daher muss sie das Gegenteil ihrer Befürchtung als zu testende Nullhypothese formulieren (**Punkthypothese**) mit der Zielsetzung, dass der Test diese ablehnt. Nur dann ist ihre Befürchtung mit statistischer Signifikanz zu erweisen.

2. Prüfgröße mit Wertebereich und Wahrscheinlichkeitsverteilung (Begründung)

Abbildung 11.7 enthält die dazu nötigen Angaben in Kurzform (siehe Excel-Musterlösung).

3. Prüfverteilung

3.a Ermittlung (Tabelle)

Bei rechnerunterstützter Vorgehensweise mit Excel ermittelt man die numerische Prüfverteilung in einer Tabelle, bevor man diese dann zur graphischen Darstellung benutzt. Dazu

Prüfgröße	$\bar{X}$	Durchschnittlicher Kraftstoffverbrauch
Wertebereich	$\bar{x}$	positive, rationale Zahlen mit zwei Dezimalstellen
Art der Zufallsgröße		kontinuierlich bzw. stetig
Vert.-Modell	N	Normalverteilung wegen zentralem Grenzwertsatz (ZGS)
$E(\bar{X}) = \mu_x$	5,9	bei Gültigkeit von Ho
$\sigma(\bar{x}) = \dfrac{\sigma_x}{\sqrt{n}} \quad \dfrac{1,4}{\sqrt{49}} = 0,2$		
$\bar{X} : N\,(5,9\,;\,0,2)$		Spezifizierte Prüfverteilung

Abb. 11.7 Bestimmung der Prüfgröße und -verteilung

ist zunächst der relevante Wertebereich abzuschätzen, in dem sich die möglichen Realisationen befinden. Bei der Normalverteilung ist dies das 3-SIGMA-Intervall. Bei einem Erwartungswert von 5,9 [l/100 km] und einer Standardabweichung von 0,2 [l/100 km] liegen die Grenzen dieses Intervalls bei 5,9 ± 3 · 0,2, d. h. bei 5,3 und 6,5.

In diesem Intervall hat eine kontinuierliche Variable theoretisch unendlich viele mögliche Werte. Praktisch sind jedoch nur solche Realisationen zu betrachten, die aufgrund der vom Anwender vorzugebenden Genauigkeit den Wertebereich systematisch und vollständig ausfüllen. Im vorliegenden Fall wurde der Durchschnittsverbrauch mit einer Genauigkeit von einer Dezimalstelle veröffentlicht, die auch für die Prüfverteilung ausreichend erscheint. In die erste Spalte der Prüfverteilungstabelle gibt man daher die relevanten Werte der Prüfgröße beginnend mit 5,3 ein (siehe Abb. 11.8 links, Spalte B).

Jede stetige Wahrscheinlichkeitsverteilung gibt es in zwei Formen, der Dichte- und der Verteilungsfunktion. Bei einer normalverteilten Zufallsgröße ermittelt man beide mit der statistischen Funktion NORM.VERT, deren Verwendung in Abschn. 10.2 Aufgabe „Vertreterbesuche und Aufträge" beschrieben ist. Man erhält die Werte in den Spalten C und D

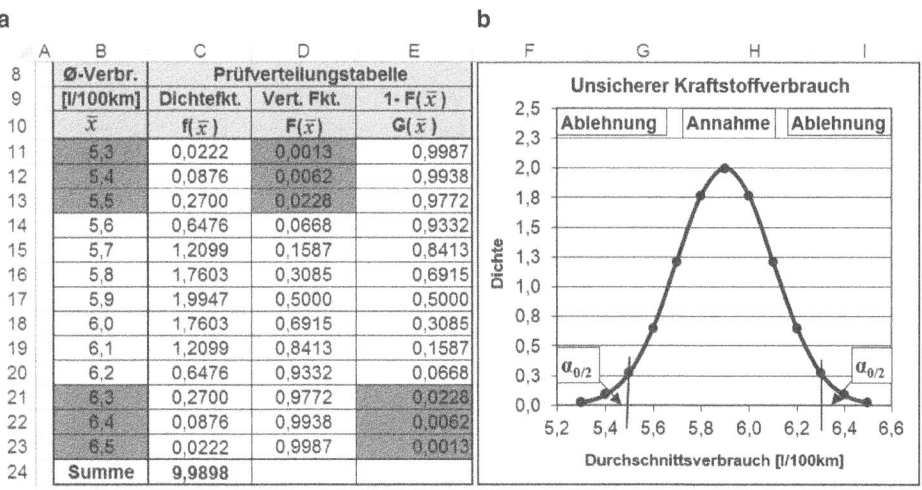

Abb. 11.8 Tabelle und graphische Darstellung der Prüfverteilung beim zweiseitigen Test

der Abb. 11.8 links (a). Beim zweiseitigen Test ist es nötig, zusätzlich das Komplement zu $F(x)$ zu ermitteln (siehe Spalte E).

3.b Graphische Darstellung und Charakterisierung

Bei einer stetigen Wahrscheinlichkeitsverteilung visualisiert man in der Regel die Dichtefunktion. Verwendet wird der Diagrammtyp *Punkte*, Untertyp *mit Linien*. Abbildung 11.8 rechts (b) zeigt die Musterlösung. Beim zweiseitigen Test liegt der Annahmebereich in der Mitte und der Ablehnbereich setzt sich zu gleichen Teilen aus den unteren und oberen Verteilungsrändern zusammen. Das vorgegebene **Signifikanzniveau** α_0 wird daher hälftig auf beide Ablehnbereiche verteilt, so wie in Abb. 11.8 rechts (b) dargestellt.

4. Annahme- und Ablehnbereich

In Abb. 11.8 links (a) sind die beiden Ablehnbereiche am Tabellenanfang und -ende markiert. Bei beiden sieht man, dass ihre Wahrscheinlichkeiten – repräsentiert durch die Werte der Funktionen $F(x)$ und $G(x)$ – jeweils kleiner als $\alpha_0 / 2 = 0{,}025 = 2{,}5\,\%$ sind. Die genauen Grenzwerte zwischen Annahme- und Ablehnbereich – kritische Werte genannt und hier mit x_k^u für den unteren und x_k^o für den oberen notiert – werden also zwischen 5,5 und 5,6 einerseits sowie 6,2 und 6,3 andererseits liegen und können z. B. durch Interpolationsrechnung ermittelt werden.

Einfacher geht es mit der in Excel verfügbaren statistischen Funktion NORM.INV, die zu vom Anwender vorzugebenden Quantilen der Normalverteilung die korrespondierenden Werte der Zufallsgröße liefert. Dabei beziehen sich die Quantile auf die Verteilungsfunktion. Die Funktion NORM.INV ist in Abschn. 10.2 Aufgabe „Vertreterbesuche und Aufträge" beschrieben und hier analog zu verwenden.

Abbildung 11.9 enthält in der Editierzeile die korrekte Formel zur Ermittlung des unteren Grenzwertes – des 2,5 %-Quantils – und in Spalte F die Ergebnisse für beide kritischen Werte. Danach erhält man bei diesem Test als Ablehnbereich $\bar{x} \leq 5{,}51$ sowie $\bar{x} \geq 6{,}29$ und als „Annahmebereich" $5{,}51 < \bar{x} < 6{,}29$.

5. Testempfehlung/-entscheidung und Aussagequalität

Der Stichprobenbefund von 6,4 [l/100 km] liegt im Ablehnbereich, die Testempfehlung lautet daher, H_0 abzulehnen. Folgt die Entwicklungsabteilung dieser Empfehlung, kann sie den Fehler 1. Art begehen, der darin besteht, eine richtige Hypothese abzulehnen. Die maximale Wahrscheinlichkeit für diesen Fehler ist jedem Signifikanztest als Signifikanzni-

F27	▼	:	×	✓	*fx*	=NORM.INV(0,025;B5;C5)

◢	A	B	C	D	E	F
27		statistische Funktion NORMINV			$\bar{x}_k^u$	**5,51**
28					$\bar{x}_k^o$	**6,29**

Abb. 11.9 Kritische Werte mit NORM.INV

veau vorgegeben und beträgt hier 5 %. Das Testergebnis der Entwicklungsabteilung lautet fachgerecht in einem Satz: „Der durchschnittliche Kraftstoffverbrauch aller Fahrzeuge ist mit einer Irrtumswahrscheinlichkeit von höchstens 5 % signifikant größer oder kleiner als 5,9 [l/100 km]". Diese Aussage ist für den Tester von hoher Qualität, da zum einen seine Befürchtung empirisch erwiesen wurde, zum anderen ihre Fehlerwahrscheinlichkeit mit höchstens 5 % sehr klein ist.

6. Teständerung bei anderer Verteilungsform

An dem Stichproben-Verteilungsmodell würde sich auch dann nichts ändern, wenn die Grundgesamt nicht „normal", sondern anders verteilt oder ihre Verteilungsform gänzlich unbekannt wäre. Theoretische Grundlage der approximativen Normalverteilung des Stichprobendurchschnittswertes ist nämlich der **zentrale Grenzwertsatz**. Dieser verlangt nur die identische Verteilung der Stichprobenvariablen, nicht aber eine bestimmte Verteilungsform, wie etwa die Normalverteilung. Voraussetzung ist zudem eine ausreichend große Stichprobe ($n \geq 30$), wie sie hier mit $n = 49$ vorliegt.

B. Tests der Automobilclubs

1. Testvorbereitung

1.a Hypothesen (Begründung)

H_0: $\mu_0 \leq 5,9$ [l/100 km]; H_1: $\mu_1 > 5,9$ [l/100 km]

   Begründung: Nur durch den Stichprobenbefund widerlegte Hypothesen liefern für die Grundgesamtheit gültige Aussagen mit **statistischer Signifikanz.** Die Automobilclubs befürchten, dass der durchschnittliche Kraftstoffverbrauch signifikant höher als veröffentlicht ist (**einseitiger Test**). Sie müssen das Gegenteil ihrer Befürchtung als zu testende Nullhypothese formulieren (**Bereichshypothese**) mit der Zielsetzung, dass der Test diese ablehnt. Nur dann ist ihre Befürchtung mit statistischer Signifikanz zu erweisen.

1.b Prüfgröße mit Wertebereich und Verteilungsmodell (Begründung)

Prüfgröße, Variablenart und Wertebereich sind identisch mit denen der Entwicklungsabteilung. Der wesentliche Unterschied zur Entwicklungsabteilung besteht hier im geringeren Wissen über weitere wichtige Eigenschaften des Kraftstoffverbrauchs in der Grundgesamtheit, nämlich der Verteilungsform und der Streuung. Die Unkenntnis über die Verteilungsform ist – wie in der vorherigen Teilaufgabe 6 behandelt – kein wesentlicher Mangel, da auch bei unbekannter Verteilungsform für $n \geq 30$ das Stichprobenmittel approximativ normalverteilt ist.

   Gravierender ist die Unkenntnis über die **Streuung in der Grundgesamtheit**, da diese gebraucht wird, um die Streuung des Stichprobenmittels zu bestimmen (siehe Teil A., Teilaufgabe 2). Dann geht man standardmäßig so vor, dass man die unbekannte Streuung in der Grundgesamtheit durch die in einer Zufallsstichprobe ermittelte Streuung abschätzt. Das nennt man **Parameterschätzung**. Die Parameterschätzung ist neben dem Testen das

zweite grundlegende Arbeitsgebiet der schließenden Statistik und in Kap. 12 behandelt.
Hier reicht es aus, wenn wir das Schätzergebnis – die in der Stichprobe ermittelte Stichprobenstandardabweichung S_n – als Punktschätzung der unbekannten Standardabweichung
in der Grundgesamtheit σ_X verwenden, d. h.

$$\hat{\sigma}_X = S_n$$

$$\sigma_{\bar{X}} = \frac{S_n}{\sqrt{n}}$$

$$t_n = \frac{\bar{X} - \mu_0}{S_n/\sqrt{n}}.$$

Standardisiert man das Stichprobenmittel mit S_n als Streuung erhält man eine Prüfgröße t, die als t-**Statistik** bezeichnet wird und die **exakt** einem anderen stetigen Verteilungsmodell folgt, der **Student- oder T-Verteilung**. Die Dichtefunktion der Studentverteilung
hat die gleiche Glockenform wie die Normalverteilung, nur ist sie – gleiche Bedingungen
vorausgesetzt – in der Mitte etwas flacher und dafür an den Rändern etwas stärker gewölbt.
Für n gegen Unendlich konvergiert sie gegen die Standardnormalverteilung.

Bei kleinen Stichproben ($n < 30$) ist die Studentverteilung zu benutzen, die in Anwenderkreisen deshalb auch zutreffend als „**Verteilung der kleinen Stichproben**" bekannt ist.
Beim deutschen Automobilclub ist der Stichprobenumfang mit $n = 16$ sehr klein, so dass er
den Test mit der Studentverteilung macht. Diese ist besonders einfach anzuwenden, da sie
nur einen Funktionsparameter hat, den **Freiheitsgrad** v. Bei der Verwendung als Stichprobenverteilung entspricht der Wert dieses Parameters dem Stichprobenumfang abzüglich
der Anzahl geschätzter Parameter, d. h. $v = n - 1$, hier also $v = 16 - 1 = 15$. Wir notieren die
vom deutschen Automobilclub benutzte Prüfgröße und -verteilung kurz wie folgt: t: $T(15)$.

Bei großen Stichproben ($n \geq 30$) wie der des europäischen Automobilclubs mit $n = 36$
ist die t-Statistik approximativ **standardnormalverteilt** und das Stichprobenmittel approximativ normalverteilt.

Die approximative Normalverteilung ist dabei wie folgt spezifiziert:
$$\bar{X} \sim N[E(\bar{X}) = \mu_0; \sigma(\bar{X}) = S_n/\sqrt{n}] \text{ hier: } N[5,9; 1,5/6 = 0,25]$$

1.c Prüfverteilung

Behandelt wird beispielhaft die Ermittlung und graphische Darstellung der oben spezifizierten approximativen Normalverteilung, die der europäische Club zum Testen benutzt.

Die Prüfverteilungstabelle in Abb. 11.10 ist identisch aufgebaut wie die der Entwicklungsabteilung. Wegen der vergleichsweise größeren Streuung erhält man über das
3-SIGMA-Intervall hier insgesamt einen größeren relevanten Wertebereich (Spalte B).
Der Ablehnbereich liegt wegen $H_0 \leq 5,9$ [l/100 km] tendenziell bei großen Werten der
Prüfgröße, d. h. in der Tabelle unten und im Bild rechts.

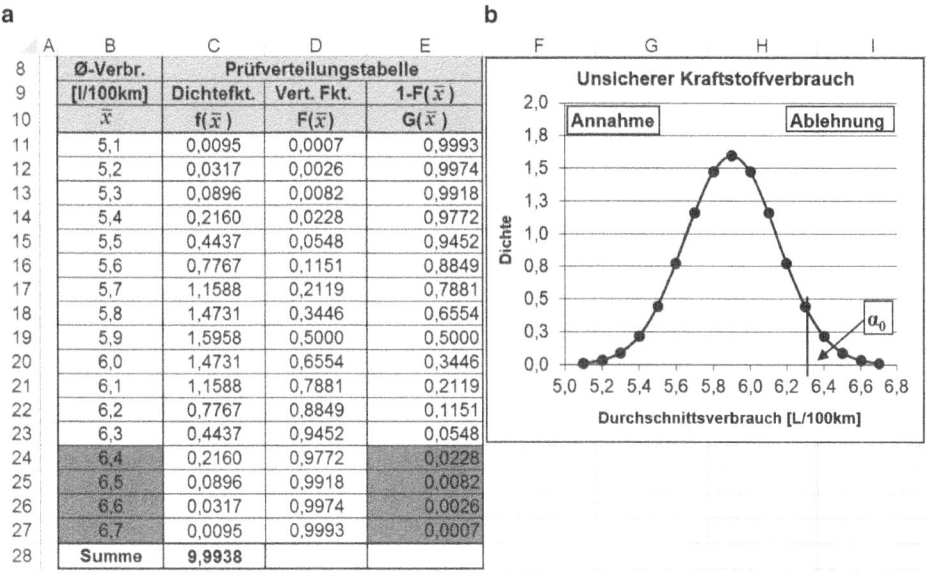

Abb. 11.10 Prüfverteilungstabelle und Diagramm beim einseitigen Mittelwerttest mit N

1.d Annahme und Ablehnbereich

Da es beim einseitigen Test nur einen Ablehnbereich gibt, gibt es auch nur einen Grenzwert oder kritischen Wert, den man mit dem vorgegebenen Signifikanzniveau $\alpha_0 = 0{,}05 = 5\,\%$ bestimmt. In Spalte E kann man ablesen, dass der kritische Wert zwischen 6,3 und 6,4 [l/100 km] liegt, und zwar ziemlich nahe bei 6,3. Seine genaue Bestimmung geht am einfachsten mit der statistischen Funktion NORM.INV (siehe Abschn. 10.2 Aufgabe „Vertreterbesuche und Aufträge"). Dabei ist im Dialogfeld „Quantil" $1 - \alpha_0 = 0{,}95$ einzugeben und man erhält $\bar{x}_k = 6{,}31$ (siehe Excel-Musterlösung). Der Ablehnbereich liegt also bei $\bar{x} \geq 6{,}31$, der Annahmebereich bei $\bar{x} < 6{,}31\,[\text{l}/100\,\text{km}]$.

2. Testempfehlungen und Diskussion

2.a Ermittlung der Testempfehlungen

Da der Stichprobenbefund von $6{,}30 < 6{,}31$ wenn auch sehr knapp noch im Annahmebereich liegt, lautet die Testempfehlung, die Nullhypothese beizubehalten.

Der deutsche Automobilclub benutzt als Prüfgröße die t-Statistik und als Prüfverteilung die Studentverteilung $T(15)$. Auf die Ermittlung und graphische Darstellung der spezifizierten Prüfverteilung wird verzichtet, da es in Excel keine statistische Funktion für die Dichte der Studentverteilung gibt und da das Bild im Übrigen der Abb. 11.10 sehr ähnlich wäre.

Den Annahme- und Ablehnbereich sowie die Testempfehlung kann man nun auf unterschiedlichen Wegen ermitteln. Bei **konventioneller Vorgehensweise** benutzt man zur

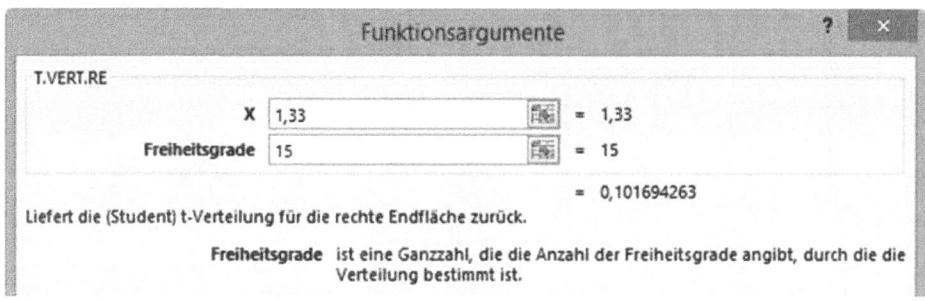

Abb. 11.11 Statistische Funktion T.VERT.RE

Bestimmung des kritischen Wertes eine einschlägige Verteilungstabelle der Studentverteilung. Dort liest man unter $F(t) = 0{,}95$ und $v = 15$ den kritischen Wert $t_k = 1{,}753$ ab. Der Test des deutschen Automobilclubs liefert also als Annahmebereich $t < 1{,}753$ und als Ablehnbereich $t \geq 1{,}753$. Um zur Testempfehlung/-entscheidung zu kommen, muss man den Wert der Prüfgröße in der Stichprobe ermitteln. Dieser beträgt

$$t = \frac{\bar{X} - \mu_0}{S_n/\sqrt{n}} \qquad t = \frac{6{,}3 - 5{,}9}{1{,}2/\sqrt{16}} = \frac{0{,}4}{0{,}3} = 1{,}3\bar{3}$$

und liegt klar im Annahmebereich.

Bei **rechnerunterstützter Vorgehensweise** ist es nicht üblich, den Annahme- und Ablehnbereich mit Hilfe der kritischen Werte explizit zu bestimmen. Vielmehr ermittelt man, Gültigkeit der Nullhypothese vorausgesetzt, die Wahrscheinlichkeit dafür, dass in einer Zufallsstichprobe der gegebenen Art und des gegebenen Umfangs der in dem Stichprobenbefund festgestellte Wert der Prüfgröße auftreten kann. Dazu benutzt man die in Excel verfügbare **statistische Funktion T.VERT.RE**, die man mit dem Funktions-Assistenten aufruft (siehe Abb. 11.11).

Im Dialogfeld „X" gibt man den Wert der Prüfgröße ein oder liest die Adresse ein, in der der Wert steht. Im Dialogfeld „Freiheitsgrade" gibt man den Parameterwert der als Prüfverteilung benutzten Studentverteilung ein, hier $v = 15$. Nach der Datenversorgung der Funktion erhält man die gesuchte Wahrscheinlichkeit, die in der Fachsprache der Statistik als **Überschreitungswahrscheinlichkeit** bezeichnet wird.

Die Testempfehlung/-entscheidung trifft man dann mit folgender Entscheidungsregel:

Bedingung	Testempfehlung/-entscheidung
Überschreitungswahrscheinlichkeit < Signifikanzniveau	Ablehnung von H_0
Überschreitungswahrscheinlichkeit ≥ Signifikanzniveau	Beibehaltung von H_0

Im vorliegenden Fall ist die Überschreitungswahrscheinlichkeit $\sim 10{,}17\,\% > 5\,\%$ und die bereits bekannte Testempfehlung lautet, die Nullhypothese beizubehalten.

2.b Diskussion

Fachgerecht ist diese Empfehlung wie folgt zu formulieren: „Ohne statistische Signifikanz ist nicht zu widerlegen, dass der durchschnittliche Kraftstoffverbrauch aller Fahrzeuge höchstens 5,9 [l/100 km] beträgt."

Beide Automobilclubs können, wenn sie der Testempfehlung gemäß entscheiden, den Fehler 2. Art begehen, der darin besteht, eine falsche Hypothese anzunehmen bzw. beizubehalten. Die Wahrscheinlichkeit für diesen Fehler kann man wie in Abschn. 11.1 Aufgabe „Einschaltquote", Teilaufgabe 5, gezeigt ermitteln. Dies ist in der Excel-Musterlösung geschehen. Sie ist bei allen Signifikanztests extrem groß. Das ist ein Hauptgrund dafür, weshalb die Annahmeempfehlung für den Tester stets minderwertiger ist als die Ablehnung. Hinzu kommt, dass die Annahme der Hypothese nicht deren Richtigkeit bedeutet. Vielmehr hat der Stichprobenbefund nur nicht ausgereicht, die Nullhypothese zu widerlegen. Dies wird vor allem beim Test des europäischen Clubs deutlich, dessen Befund nur ganz knapp noch im Annahmebereich liegt. Und last but not least hat der Test bei Annahme das Ziel verfehlt, weshalb er überhaupt durchgeführt wurde, nämlich die Befürchtung des Testers mit statistischer Signifikanz zu erweisen.

3. Gütevergleich und -funktion

Die Tests der beiden Automobilclubs weisen sehr viele Gemeinsamkeiten auf – insbesondere Nullhypothese und Signifikanzniveau – und können deshalb gut miteinander verglichen werden. Wesentliche Unterschiede gibt es nur bei der Prüfverteilung und dem Stichprobenumfang. Für den Gütevergleich ist dabei der Stichprobenumfang entscheidend. Unter sonst gleichen Bedingungen liefert ein Test mit größerem Stichprobenumfang stets das bessere Ergebnis, da er trennschärfer ist. Der Test des europäischen Clubs ist deshalb besser als der des deutschen.

3.a Ermittlung Gütefunktion

Zur Quantifizierung der Güte verwendet man die Gütefunktion. Die Gütefunktion eines Tests gibt seine Ablehnwahrscheinlichkeit in Abhängigkeit vom unbekannten Parameter in der Grundgesamtheit an. Man ermittelt sie in einer Arbeitstabelle für relevante Parameterwerte unter der Gegenhypothese. Da die Ablehnwahrscheinlichkeit α im Bereich der Gegenhypothese die Komplementärwahrscheinlichkeit von β ist, erscheint es nahe liegend und sinnvoll, beide Fehlerrechnungen in einer Tabelle vorzunehmen.

Abbildung 11.12 enthält die Fehlerrechnung für den Test des europäischen Automobilclubs unter Verwendung der approximativen Normalverteilung. Die Kopfzeile der Tabelle enthält gleichabständige Parameterwerte im Bereich der Gegenhypothese und in Zeile 7 den mit der Prüfverteilung ermittelten Beta-Fehler. Er gibt die Wahrscheinlichkeit dafür an, dass der Test die Nullhypothese annimmt – d. h. die Prüfgröße einen Wert kleiner 6,31 hat – obwohl der Durchschnittsverbrauch aller Fahrzeuge größer als unter H_0 behauptet ist. Die Sprechblase in Abb. 11.12 zeigt beispielhaft für $\mu = 6,00$ die korrekte Formel zur Ermittlung des Beta-Fehlers.

A	B	C	D	E	F	G	H	I	J	K
4	a. Fehlertabelle	kritischer Wert x_k				6,31				
5	**Fehler-**	**durchschnittlicher Kraftstoffverbauch in der Grundgesamtheit [l/100 km]**								
6	**art**	**5,90**	**6,00**	**6,10**	**6,20**	**6,30**	**6,40**	**6,50**	**6,60**	**6,70**
7	**BETA**	0,95000	0,89251	0,80090	0,67179	0,51789	0,36124	0,22508	0,12402	0,05996
8	**ALPHA**	0,05000	0,1074	0910	0,32821	0,48211	0,63876	0,77492	0,87598	0,94004

=NORM.VERT(6,31;D6;0,25;1)

Abb. 11.12 Entscheidungsfehlerberechnung und Gütefunktion

Die Ablehnwahrscheinlichkeiten α – und damit die Funktionswerte der Gütefunktion in Zeile 8 – erhält man als Komplementärwahrscheinlichkeiten zu β durch Eingabe und Kopieren der entsprechenden Formel.

3.b. Graphische Darstellung und Interpretation

Die Gütefunktionstabelle enthält einige markante Wertepaare, die als Stützpunkte des zu konstruierenden Graphen anzusehen sind. Als Diagrammtyp ist deshalb der Typ *Punkte*, Untertyp *mit Linien* geeignet. Abbildung 11.13 zeigt eine Musterlösung.

Der Graph der Gütefunktion gibt sehr anschaulich Auskunft über die Güte eines Tests. Je steiler er in unmittelbarer Nähe von H_0 im Bereich der Gegenhypothese ansteigt, umso besser der Test. Denn dann wird eine Hypothese, die auch nur geringfügig von H_0 abweicht, trotzdem bereits mit hoher Wahrscheinlichkeit abgelehnt. Dies bezeichnet man als **Trennschärfe**.

Wie leicht ersichtlich, kann man ein und dieselbe Gütefunktion allein durch geeignete Skalierung der x-Achse so darstellen, dass die Kurve flacher oder steiler verläuft und so optisch den Eindruck einer geringeren oder höheren Testgüte erwecken. Man sollte sich

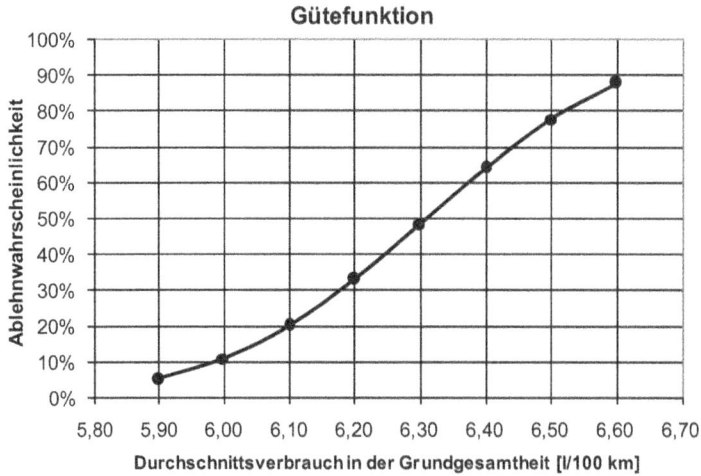

Abb. 11.13 Operationscharakteristik des Tests des EU-Clubs

deshalb bei der Beurteilung der Testgüte auf keinen Fall allein auf die Operationscharakteristik verlassen, sondern ergänzend immer zahlenmäßige Auswertungen vornehmen.

So stellt man bei genauerer Betrachtung fest, dass der vorliegende Test nicht besonders trennscharf ist, da er eine falsche Hypothese erst dann mit sehr hoher Wahrscheinlichkeit – $g(\mu) \geq 0{,}9$ – als solche erkennt und anlehnt, wenn der Durchschnittverbrauch aller Fahrzeuge ~ 6,6 [l/100 km] beträgt. Dies entspricht einer absoluten Abweichung der Wirklichkeit von der unter der Nullhypothese behaupteten von 6,6 – 5,9 = 0,7 [l/100 km] bzw. einer relativen von $0{,}7 / 5{,}9 \cdot 100$ ~ 12 %. Ob diese Abweichung von der Nullhypothese im vorliegenden Fall eher als eine kleine und übliche oder große und markante anzusehen ist, kann nur ein Sachkundiger verlässlich beurteilen.

Generell ist es üblich, eine Abweichung von H_0, die dem Durchschnitt entspricht, als tolerierbar einzustufen. Operationalisiert wird diese Regel üblicherweise durch die Standardabweichung. Im vorliegenden Fall wäre demnach $\mu_0 + \sigma\,(\bar{x}) = 5{,}9 + 0{,}25 = 6{,}15$ [l/100 km] ein auch von einem guten Test noch tolerierbarer Parameterwert. Parameterwerte, die weiter von H_0 abweichen, sollte das Verfahren mit möglichst großer Wahrscheinlichkeit erkennen und ablehnen. Wenn man dieser Regel folgt, ist der vorliegende Test eher schlecht, da $g(\mu = 6{,}15)$ gemäß Abb. 11.13 nur ~ 25 % beträgt.

11.3 Aufgabe „Landtagswahlen"

In einem westlichen Bundesland gab es bei der letzten Landtagswahl folgendes Ergebnis:

Partei	CDU	SPD	FDP	GRÜNE	Sonstige
Anteil [%]	44,5	38,2	4,8	10,5	2,0

Nun steht die nächste Wahl vor der Tür und die politischen Meinungsmacher propagieren eine signifikante Veränderung. Ein umtriebiger Politikprofessor will das Thema als studentisches Praxisprojekt nutzen und beauftragt seine Studenten mit der Konzeption, Durchführung und Auswertung einer geeigneten Stichprobenerhebung. Deren Ziel ist es, mit einer Sicherheit von mindestens 99 % zu klären, ob die propagierte signifikante Änderung der Parteienanteile auch empirisch fundiert ist.

Die Studierenden stellen 180 zufällig ausgewählten Wahlberechtigten die berühmte „Sonntagsfrage" und erhalten folgenden Befund:

Partei	CDU	SPD	FDP	GRÜNE	Sonstige
Anzahl	78	52	15	23	12

Übernehmen Sie für die Studenten die geeignete Datenanalyse.

11.3.1 Aufgabenstellungen

1. Welches statistische Schlussfolgerungsverfahren wählen Sie (Begründung)?
2. Wie lautet die Nullhypothese (Begründung)?
3. Nennen Sie die Prüfgröße und ihre Wahrscheinlichkeitsverteilung (Begründung).
4. Ermitteln Sie den Annahme und Ablehnbereich.
5. Ermitteln Sie den Wert der Prüfgröße aus dem Stichprobenbefund.
6. Ermitteln Sie die Testempfehlung, formulieren Sie diese fachgerecht in einem Satz und diskutieren Sie kurz ihre Qualität.

LERNINHALTE	
STATISTIK	**EXCEL-UNTERSTÜTZUNG**
1. Auswahl Schlussfolgerungsverfahren (Begründung)	
2. Nullhypothese (Begründung)	
3. Prüfgröße und -verteilung	
4. Annahme und Ablehnbereich	**Statistische Funktion CHIQU.INV.RE**
5. Wert der Prüfgröße	**Formeln**
6. Testempfehlung und Aussagequalität	**Statistische Funktion CHIQU.VERT.RE**

11.3.2 Aufgabenlösungen

1. Auswahl Schlussfolgerungsverfahren (Begründung)

Da das erklärte Ziel des Studentenprojektes in der Überprüfung einer Hypothese durch den Befund in einer Zufallsstichprobe ist, ist ein **Testverfahren** zu wählen. Da das Testergebnis signifikant sein soll, muss es ein **Signifikanztest** sein. Da der Hauptgrund für den Test die propagierte signifikante Änderung der gesamten Stimmenverteilung ist, handelt es sich um einen nicht-parametrischen **Verteilungstest**. Würde man nur den Anteil einer bestimmten Partei überprüfen wollen, wäre es dagegen ein parametrischer Anteilstest. Ermittelt werden soll, in wieweit die in einem aktuellen Stichprobenfund faktisch feststellbare Verteilung mit der in der Grundgesamtheit behaupteten übereinstimmt bzw. von ihr abweicht. Das kann man auch so interpretieren, dass überprüft wird, ob die empirische Verteilung in der Stichprobe sich hinreichend gut an die theoretische Verteilung anpasst (**Anpassungstest**). Die grundlegende Maßgröße zur zusammenfassenden Auswertung der Abweichungen zweier Häufigkeitsverteilungen ist **Chi-Quadrat**, das geeignete Testverfahren also der Chi-Quadrat-Anpassungstest.

2. Nullhypothese

Hauptgrund für den Test ist die propagierte wesentliche Änderung der Stimmenanteile bei der anstehenden Wahl. Um diese durch den empirischen Befund einer Zufallsstichprobe zu

	B	C	D	E
2	0. Ausgangsdaten in GG		Stichprobe	
3			absolute Häufigkeit	
4	Partei	Anteil [%]	empirisch	erwartet
5	x_j	$f(x_j)$	$h(x_j)$	$h^e(x_j)$
6	CDU	44,5	78	80,10
7	SPD	38,2	52	68,76
8	FDP	4,8	15	8,64
9	GRÜNE	10,5	23	18,90
10	Sonstige	2,0	12	3,60
11	Summe	100,0	=C6/100*$D$11	180

Abb. 11.14 Berechnung der erwarteten Häufigkeiten

erhärten, muss das Gegenteil als Nullhypothese formuliert und getestet werden. Führt der Test zur Ablehnung, so ist die wesentliche Änderung mit statistischer Signifikanz erwiesen.

Die Nullhypothese lautet daher: „H_0: Der aktuelle Stimmenanteil in der Grundgesamtheit ist identisch mit dem letzten Wahlergebnis."

3. Prüfgröße und Wahrscheinlichkeitsverteilung

Die Prüfgröße eines jeden Chi-Quadrat-Tests ist die Zufallsgröße Chi-Quadrat, die approximativ der gleichnamigen Wahrscheinlichkeitsverteilung folgt, wenn die Häufigkeiten in der unter H_0 zu erwartenden Stichprobenverteilung ausreichend groß sind. Als Approximationsbedingung gilt:

$$h^e(x_j) \geq 5 \quad \text{für alle} \quad j = 1, \ldots, m$$

mit $h^e(x_j)$ als **erwartete** absolute Häufigkeit des Merkmalswertes j.

Zur Überprüfung der Bedingung erweitert man die Ausgangsdatentabelle um eine Spalte, in der man die erwarteten Häufigkeiten durch Eingabe und Kopieren einer geeigneten Formel berechnet, so wie in Spalte E in Abb. 11.14 für die Wähler der CDU in Spalte E beispielhaft dargestellt.

Die erwartete Häufigkeit bei den „Sonstigen" erfüllt die Bedingung nicht. In dem Fall verdichtet man die Daten, indem man geeignete Merkmalswerte und ihre Häufigkeiten zusammenfasst. Wir fassen hier die beiden kleinsten Parteien – die Sonstigen und die FDP – zusammen und erhalten so eine kleinere Ausgangsverteilung, die aber die Approximationsbedingung erfüllt.

Der einzige Parameter der Chi-Quadrat-Verteilung ist der **Freiheitsgrad** v. Dieser entspricht der Anzahl der zufallsbeeinflussten Summanden bei der Berechnung von Chi-Quadrat. Beim Chi-Quadrat-Anpassungstest ist $v = m - 1$, wobei m die Anzahl der sich unterscheidenden Merkmalswerte oder Merkmalswertklassen ist. Im vorliegenden Fall ist m jetzt 4 und damit $v = 4 - 1 = 3$. Damit ist die Prüfverteilung wie folgt spezifiziert:

$$\aleph^2 \sim \mathrm{CHI}(3).$$

4. Annahme- und Ablehnbereich

Der Annahme- und Ablehnbereich der Prüfgröße in der Chi-Quadrat-Verteilung kann konventionell oder rechnerunterstützt ermittelt werden. Benötigt wird – wie bei jedem Signifikanztest – die obere Schranke für die Irrtumswahrscheinlichkeit des Fehlers 1. Art, das Signifikanzniveau. Im vorliegenden Fall ist $\alpha_0 = 0,01$ und $1 - \alpha_0 = 0,99$ die damit vorgegebene Wahrscheinlichkeit in der Verteilungsfunktion, zu der der zugehörige Chi-Quadrat-Wert zu ermitteln ist.

Bei konventioneller Vorgehensweise wird eine Chi-Quadrat-Verteilungstabelle benutzt, in der die Werte von Chi-Quadrat in Abhängigkeit von v und $1 - \alpha_0$ stehen. Für $v = 3$ und $1 - \alpha_0 = 0,99$ liest man dort den Wert 11,345 ab. Diese Zahl kennzeichnet den **kritischen Wert**, den Grenzwert zwischen Annahme- und Ablehnbereich. Gültigkeit der Nullhypothese vorausgesetzt, ist die Summe der in Chi-Quadrat verarbeiteten Abweichungen der beiden Verteilungen voneinander bis unter diesen Wert noch als zufällig anzusehen.

Annahmebereich: $0 \leq \aleph^2 < 11,345$ und Ablehnbereich $\aleph^2 \geq 11,345$

Den kritischen Wert kann man auch rechnerunterstützt mit der **statistischen Funktion CHIQU.INV.RE** bestimmen, die ganz allgemein der Ermittlung von Quantilen einer Chi-Quadrat-verteilten Zufallsgröße dient. Die Funktion wird mit dem Funktions-Assistenten aufgerufen und hat zwei Argumente (vgl. Abb. 11.15). Im Dialogfeld „Wahrsch" gibt man die Wahrscheinlichkeit als Dezimalzahl ein, zu der man den zugeordneten Wert von Chi-Quadrat sucht. Im Dialogfeld „Freiheitsgrade" gibt man den Parameterwert der benutzten Chi-Quadrat-Verteilung ein, hier $v = 3$.

Bei der einzugebenden Wahrscheinlichkeit muss man bedenken, dass die Chi-Quadrat-Verteilung – im Gegensatz zu sonstigen grundlegenden Verteilungstypen wie etwa der Normalverteilung – praktisch ausschließlich zum Testen benutzt wird. Alle Signifikanztests arbeiten jedoch mit einem vorgegebenen Signifikanzniveau und bei allen Chi-Quadrat-Tests sind nur die Quantile am rechten Verteilungsrand relevant. Aus diesem Grund ist in der statistischen Funktion CHIQU.INV.RE – im Gegensatz zu analogen Funktionen wie NORM.INV – die Wahrscheinlichkeit (das Quantil) stets vom oberen Verteilungsende her und als Risikowahrscheinlichkeit (Signifikanzniveau) definiert. Versorgt man die Funktion dergestalt korrekt – so wie in Abb. 11.15 dargestellt –, erhält man den bereits bekannten kritischen Wert.

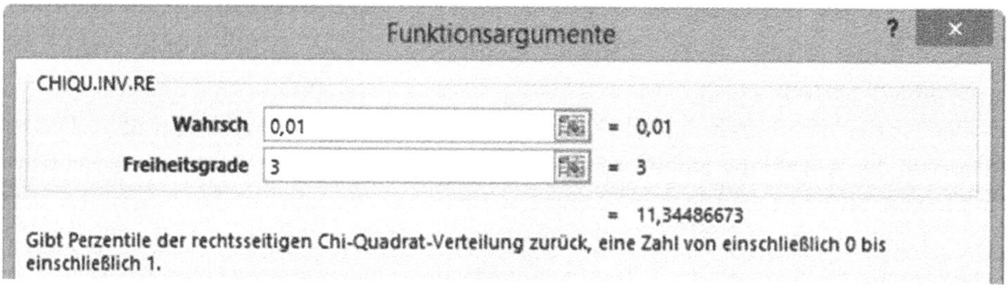

Abb. 11.15 Statistische Funktion CHIQU.INV.RE

A	B	C	D	E	F	G	H
14			absolute Häufigkeit		Berechnung von Chi-Quadrat		
15	Partei	Anteil [%]	empirisch	erwartet	Differenz	quadriert	relativiert
16	x$_j$	f(x$_j$)	h(x$_j$)	h^e(x$_j$)	h(x$_j$)- h^e(x$_j$)	[h(x$_j$)-h^e(x$_j$)]^2	[h(x$_j$)-h^e(x$_j$)]^2/h^e(x$_j$)
17	CDU	44,5	78	80,10	-2,10	4,4100	0,0551
18	SPD	38,2	52	68,76	-16,76	280,8976	4,0852
19	GRÜNE	10,5	23	18,90	4,10	16,8100	0,8894
20	FDP+Sonst.	6,8	27	12,24	14,76	217,8576	17,7988
21	Summe	100,0	180	180			22,8285

Abb. 11.16 Berechnung von Chi-Quadrat

5. Wert der Prüfgröße in der Stichprobe

Im Gegensatz zu den Parametertests ist die Ermittlung des Wertes der Prüfgröße in der Stichprobe bei Verwendung der Größe Chi-Quadrat etwas aufwendiger, da diese als komplizierte Abweichungsgröße nach folgender Formel gesondert zu berechnen ist:

$$\aleph^2 = \sum \frac{\left[h\left(x_j\right) - h^e\left(x_j\right) \right]^2}{h^e\left(x_j\right)}.$$

Darin sind $h(x_j)$ die absoluten Häufigkeiten der Ausprägungen x_j des Merkmals X in der Stichprobe und $h^e(x_j)$ die absoluten Häufigkeiten der in der Stichprobe unter der Nullhypothese erwarteten Verteilung von X.

Excel verfügt über keine statistische Funktion zur Ermittlung von Chi-Quadrat. Deshalb ist der Wert von Chi-Quadrat sowohl bei konventioneller als auch bei rechnerunterstützter Vorgehensweise durch Umsetzung der obigen Formel zu berechnen. Dies geschieht am einfachsten in der entsprechend erweiterten Arbeitstabelle. Wir zerlegen die Formel aus didaktischen Gründen und berechnen in jeweils einer Spalte die Abweichung, das Abweichungsquadrat und den Quotienten, so wie in Abb. 11.16 rechts dargestellt.

Chi-Quadrat ist dann die Summe aller quadrierten und relativierten Abweichungen in der Spalte H und beträgt hier ~ 22,83.

6. Testempfehlung/-entscheidung und Aussagequalität

Bei konventioneller Vorgehensweise stellt man fest, ob der Wert der Prüfgröße im Annahme- oder im Ablehnbereich liegt. Hier liegt er klar im Ablehnbereich und der Test empfiehlt, H_0 abzulehnen.

Bei rechnerunterstützter Vorgehensweise ermittelt man – Gültigkeit der Nullhypothese vorausgesetzt – die Wahrscheinlichkeit, mit der in einer Zufallsstichprobe der gegebenen Art und des gegebenen Umfangs in der Prüfverteilung der aus dem Stichprobenbefund ermittelte Wert der Prüfgröße auftreten kann. Diese Wahrscheinlichkeit nennt man Überschreitungswahrscheinlichkeit. Bei einem Chi-Quadrat-Test kann man sie mit der statistischen Funktion **CHIQU.VERT.RE** oder mit der statistischen Funktion **CHIQU.TEST** ermitteln, die man mit dem Funktionsassistenten aufruft. Wir verwenden hier die Funktion CHIQU.VERT.RE. Sie enthält nur zwei Funktionsparameter: im Dialogfeld X den Wert

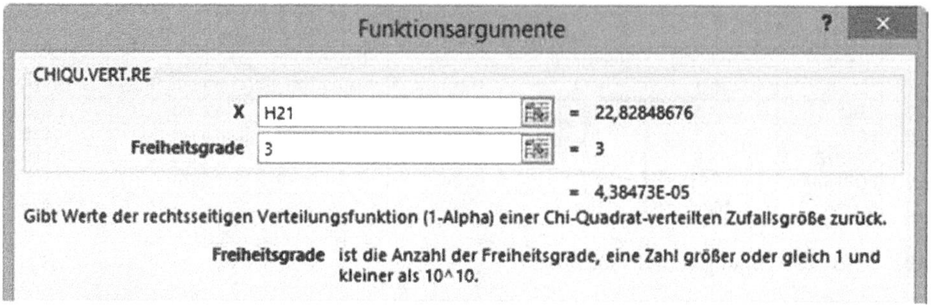

Abb. 11.17 Statistische Funktion CHIQU.VERT.RE

der Prüfgröße Chi-Quadrat und im Dialogfeld „Freiheitsgrade" den korrekten Parameterwert der Prüfverteilung, so wie in Abb. 11.17 ersichtlich.

Man erhält als Ergebnis die sogenannte **Überschreitungswahrscheinlichkeit**. Sie beträgt hier 0,0044 %. Da sie kleiner als das Signifikanzniveau von 1 % ist, führt der Test auch hier natürlich zur Ablehnung von H_0.

Die Testaussage lautet fachgerecht in einem Satz: „Mit statistischer Signifikanz haben die politischen Parteien aktuell andere Stimmenanteile als bei der letzten Landtagswahl." Dies ist zumindest für das Studienprojekt aus zwei Gründen eine qualitativ hochwertige Aussage: Zum einen wird die in der Politmeinung propagierte Änderung durch ihre Untersuchung empirisch fundiert, zum anderen ist die Irrtumswahrscheinlichkeit extrem klein. Sie ist um mehr als den Faktor 100 kleiner als die dem Verfahren vorgegebene obere Schranke von 1 %, die selbst schon als sehr klein anzusehen ist.

11.4 Aufgabe „Anfangsgehalt und Geschlecht"

Ein Studierender der BWL mit Spezialisierung im Bereich Personalwirtschaft macht sein Praktikum bei einer namhaften Personalberatungs- und -vermittlungsagentur. Er soll der immer mal wieder diskutierten Frage nachgehen, ob das Gehalt vom Geschlecht abhängig ist. Da er kurz vor dem Studienabschluss steht, interessiert ihn besonders das Anfangsgehalt der Absolventen wirtschaftswissenschaftlicher Studiengänge.

Um die Frage empirisch fundiert zu klären, hat er aus der großen Vermittlungsdatei wirtschaftswissenschaftlicher Absolventen 100 Datensätze zufällig ausgewählt und die diesbezüglichen Daten in der nebenstehende Tabelle aufbereitet.

Gehalt	Geschlecht		Summe
[€/Monat]	männlich	weiblich	
< 3000	14	16	30
< 4000	32	18	50
≥ 4000	14	6	20
Summe	**60**	**40**	**100**

11.4.1   Aufgabenstellungen

1. Stellen Sie die gemeinsame Häufigkeitsverteilung in geeigneter Form graphisch dar.
2. Welche Vermutung über Abhängigkeit oder Unabhängigkeit der beiden Größen haben Sie ganz allgemein aus sachlichen Erwägungen und speziell im vorliegenden Fall aufgrund der Daten/des Diagramms? Welche Analysen wählen Sie, um diese Vermutung mit den vorliegenden Daten empirisch zu fundieren (Begründung)?
3. Führen Sie die Analysen durch und interpretieren Sie die Ergebnisse sachgerecht.
4. Wählen Sie ein geeignetes Schlussfolgerungsverfahren begründet aus, um bei sachlich und datenmäßig indizierter Abhängigkeit in der Stichprobe diese auch für alle Absolventen wirtschaftswissenschaftlicher Studiengänge mit statistischer Signifikanz zu erweisen.
5. Führen Sie das Schlussfolgerungsverfahren mit einer Irrtumswahrscheinlichkeit von höchstens 5 % schrittweise und nachvollziehbar durch.
6. Formulieren Sie die Verfahrensaussage fachgerecht in einem Satz und diskutieren Sie kurz ihre Qualität.

LERNINHALTE	
STATISTIK	**EXCEL-UNTERSTÜTZUNG**
1. Graphische Darstellung der gemeinsamen Häufigkeitsverteilung	Säulendiagramme
2. Auswahl Analysen für (Un)abhängigkeit und Zusammenhang in der Stichprobe	
3. Durchführung der Analysen und Interpretation der Ergebnisse	Formeln
4. Auswahl geeignetes Schlussfolgerungsverfahren (Begründung)	
5. Durchführung des Schlussfolgerungsverfahrens	Statistische Funktionen CHIQU.VERT.RE und **CHIQU.TEST**
6. Aussageformulierung und -qualität	

11.4.2   Aufgabenlösungen

1. Graphische Darstellung der gemeinsamen Häufigkeitsverteilung

Zur Visualisierung zweidimensionaler Häufigkeitsverteilungen qualitativer aber auch quantitativer klassierter Merkmale eignen sich vor allem Säulendiagramme, z. B. dreidimensionale, gestapelte etc. Zu deren Erstellung und Würdigung siehe Abschn. 6.1 Aufgabe „Beschäftigungsverhältnis und Sport". Wichtig ist, dass für Vergleichszwecke generell die relativen Häufigkeiten besser geeignet sind. Da der Stichprobenumfang hier aber genau 100 beträgt, kann man die vorliegenden absoluten Häufigkeiten direkt auch zur Darstellung der gemeinsamen relativen Häufigkeiten verwenden. Abbildung 11.18 zeigt die Musterlösung eines gestapelten Säulendiagramms.

Abb. 11.18 Gemeinsame Häufigkeiten

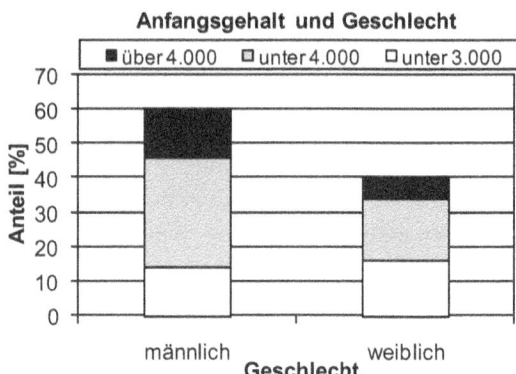

2. Auswahl Analysen

Sachanalyse (allgemein) Aufgrund von theoretischem Know-how (Arbeitsmarktfor-
schung) und praktischem Erfahrungswissen ist allgemein bekannt, dass das Geschlecht
eine wesentliche Einflussgröße (Determinante) des Gehalts sein kann. Von daher ist sachlich eine überwiegend einseitig gerichtete Abhängigkeit der Gehaltsklasse vom Geschlecht
plausibel, die durch Dependenzanalyse zu quantifizieren wäre.

Diagramminterpretation Im Diagramm fallen vor allem deutliche Anteilsunterschiede
in der niedrigsten und höchsten Gehaltsklasse ins Auge. Von daher ist im vorliegenden
Fall ergänzend zur sachlich plausiblen Dependenz auch **datenmäßig** eine statistische Abhängigkeit der Gehaltsklasse vom Geschlecht zu vermuten.

Analysearten Um zu klären, ob die sachlich ganz allgemein plausible und im vorliegenden
Fall auch im Diagramm sichtbare Abhängigkeit auch statistisch zahlenmäßig nachweisbar ist, führt man eine geeignete **(Un)abhängigkeitsanalyse** durch. Bei Vorliegen einer
gemeinsamen Häufigkeitsverteilung verwendet man dazu standardmäßig **bedingte Häufigkeiten**. Indizieren diese statistische Abhängigkeit, führt man ergänzend eine geeignete
Zusammenhangsanalyse durch. Bei Dependenz ist die Regressionsanalyse die informativste Art der Zusammenhangsanalyse. Sie setzt jedoch quantitative Merkmale voraus, die
metrisch skaliert sind. Im vorliegenden Fall ist aber ein Merkmal qualitativ und nur nominal skaliert, so dass Regression ausscheidet. Korrelation ist aus dem gleichen Grunde nicht
anwendbar. Bei Merkmalen beliebiger Merkmals- und Skalenart, deren Daten bereits in
Häufigkeiten aufbereitet vorliegen, ist die **Kontingenzanalyse** die grundlegende Art der
Zusammenhangsanalyse.

3. Durchführung der Analysen und Interpretation der Ergebnisse

3.a Bedingte Häufigkeiten

Die Ermittlung, Visualisierung und sachgerechte Interpretation von bedingten Häufigkeiten wurde in Abschn. 6.1 Aufgabe „Beschäftigungsverhältnis und Sport" behandelt. Abbildung 11.19 enthält in der mittleren Tabelle die Ergebnisse und eine Formeleingabe, die sich auf die Ausgangsdatentabelle darüber bezieht.

Interpretation Der Vergleich der bedingten Häufigkeiten in der jeweils gleichen Tabellenzeile gibt quantitativen Aufschluss darüber, ob die beiden Merkmale statistisch eher abhängig oder unabhängig voneinander sind. Bei **vollständiger Unabhängigkeit** müssen die bedingten Häufigkeiten alle genau gleich groß sein und genau so groß sein wie die relative Randhäufigkeit, die ohne besondere Berücksichtigung des bedingenden Merkmals insgesamt vorliegt. Im vorliegenden Fall weichen die bedingten Häufigkeiten in allen Zeilen von dieser idealtypischen Unabhängigkeitsbedingungen doch recht deutlich ab, was statistische Abhängigkeit indiziert. Besonders stark sind dabei die Abweichungen in der untersten Gehaltsklasse.

Abb. 11.19 Kontingenzanalyse

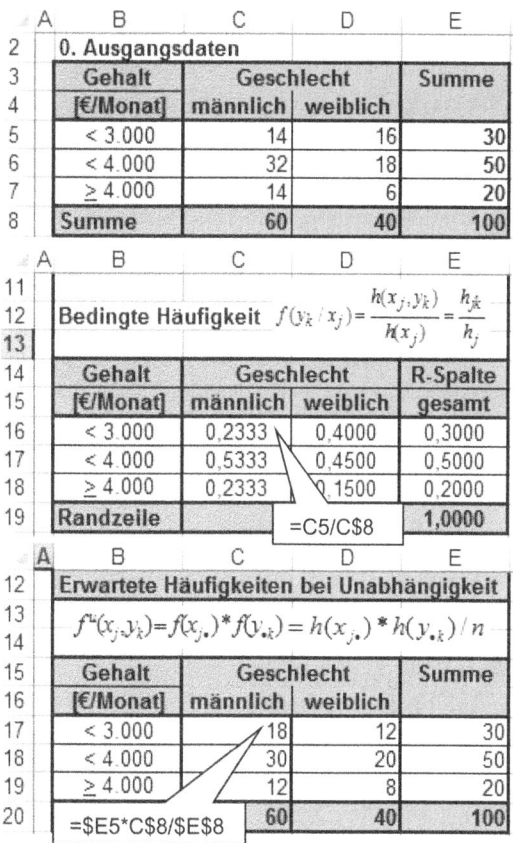

	A	B	C	D	E
22	**Ermittlung von Chi-Quadrat**				
23					
24	$\chi^2 = \sum\sum \dfrac{[h(x,y) - h^U(x,y)]^2}{h^U(x,y)}$				
25					
26	**Gehalt**		**Geschlecht**		**Summe**
27	**[€/Monat]**	**männlich**	**weiblich**	
28	< 3.000	0,8889	1,3333	2,2222
29	< 4.000	0,1333	0,2000	0,3333
30	≥ 4.000	0,3333	0,5000	0,8333
31	**Summe** =(C5-C17)^2/C17			3,3889

Abb. 11.20 Ermittlung von Chi-Quadrat

3.b Zusammenhangsanalyse

Besteht statistische Abhängigkeit, ist es sinnvoll, den Zusammenhang näher zu analysieren und insbesondere zu quantifizieren. Die hier geeignete Kontingenzanalyse quantifiziert die Stärke des Zusammenhangs in einem Kontingenzkoeffizienten C mit folgender Formel:

$$C = \sqrt{\frac{\chi^2}{\chi^2 + n}}.$$

Der Koeffizient enthält als wesentlichen Term die statistische Maßgröße Chi-Quadrat. Die Kontingenzanalyse mit Chi-Quadrat ist in Abschn. 6.1 Aufgabe „Beschäftigungsverhältnis und Sport" durchgeführt und hier analog anzuwenden.

Abbildung 11.19 enthält in der obersten Tabelle die gemeinsamen absoluten Häufigkeiten $h(x,y)$ und in der untersten die erwarteten absoluten Häufigkeiten bei Unabhängigkeit $h^U(x,y)$. Darauf aufbauend wird in Abb. 11.20 die Maßgröße Chi-Quadrat berechnet, die die Abweichungen zwischen beiden Häufigkeitsverteilungen ermittelt, quadriert, relativiert und aufsummiert.

Die Formeln zur Berechnung der Häufigkeiten bei Unabhängigkeit und für Chi-Quadrat sind über den Arbeitstabellen angegeben und in ihnen umzusetzen, so wie durch beispielhafte Formeleingabe gezeigt. Man erhält $\chi^2 \sim 3,39$.

Nach Einsetzten des Wertes in die obige Formel mit $n = 100$ erhält man $C = 0,1801$.

Damit der Koeffizient bei maximalem Zusammenhang den Wert 1 annehmen kann, ist er mit C_{max} zu normieren (siehe Excel-Musterlösung). Man erhält als Endergebnis $C^n = 0,256$.

Kontingenzkoeffizienten sind zwischen 0 und 1 ähnlich wie Korrelationskoeffizienten zu interpretieren. Danach ist der in der Stichprobe gemessene Zusammenhang zwischen Geschlecht und Anfangsgehalt insgesamt eher als schwach zu kategorisieren.

4. Auswahl geeignetes Schlussfolgerungsverfahren (Begründung)

Obwohl sachlogisch und in den Daten statistische Abhängigkeit nachzuweisen ist, wirft das Ergebnis der Zusammenhangsanalyse die Frage auf, ob diese Abhängigkeit systematisch und damit wesentlich oder eher zufällig und damit für ernsthafte Betrachtungen vernachlässigbar ist. Diese wichtige Frage klärt man in der Regel mit einem **Unabhängigkeitstest**. Bei Vorliegen einer gemeinsamen Häufigkeitsverteilung ist das der Chi-Quadrat-Unabhängigkeitstest.

5. Durchführung des Schlussfolgerungsverfahrens

Der Chi-Quadrat-Unabhängigkeitstest folgt dem Ablaufschema aller Signifikanztests.

5.a Hypothesen

Da man mit dem Test die Abhängigkeit mit Signifikanz erweisen will, muss man das Gegenteil als Nullhypothese formulieren und testen:

H_0: Die beiden Merkmale sind in der Grundgesamtheit voneinander unabhängig.
H_1: Die beiden Merkmale sind in der Grundgesamtheit voneinander abhängig.

5.b Prüfgröße und Wahrscheinlichkeitsverteilung

Gültigkeit der Nullhypothese vorausgesetzt, ist χ^2 approximativ Chi-Quadrat-verteilt mit $v = (m-1) \cdot (k-1)$ Freiheitsgraden, wenn die Ausgangsdaten die folgenden Bedingungen erfüllen:

$$h_{ij} \geq 10 \text{ und } h_{ij}^u \geq 5.$$

Im vorliegenden Fall sind beide Bedingungen erfüllt. Der Parameter **Freiheitsgrad** ergibt sich damit zu $v = (2-1) \cdot (3-1) = 2$. Damit gilt für den Test:

$$\chi^2 \sim \mathrm{CHI}^2(2).$$

5.c Annahme- und Ablehnbereich

Das Signifikanzniveau ist dem Test vorgegeben und beträgt hier 5 %, d. h. $\alpha_0 = 0,05$.

Der Annahme- und Ablehnbereich kann in der Chi-Quadrat-Verteilung mit Hilfe von v und α_0 ermittelt werden. Bei konventioneller Vorgehensweise wird eine Chi-Quadrat-Verteilungstabelle benutzt, in der die Werte von Chi-Quadrat in Abhängigkeit von v und $1 - \alpha_0$ stehen. Für $v = 2$ und $1 - \alpha_0 = 0,95$ liest man den Wert 5,99 ab. Diese Zahl kennzeichnet den kritischen Wert, bis unter den bei Gültigkeit der Nullhypothese die Summe der in der Größe Chi-Quadrat verarbeiteten Abweichungen der beiden Verteilungen voneinander noch als zufällig anzusehen sind. Daraus folgt für diesen Test:

Annahmebereich:
$$0 \leq \chi^2 < 5,99.$$

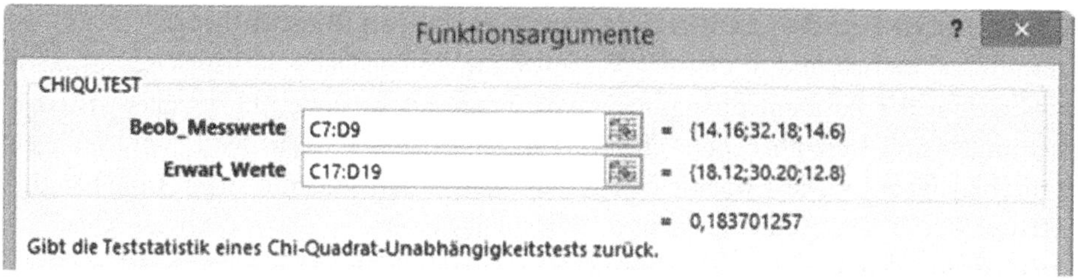

Abb. 11.21 Statistische Funktion CHIQU.TEST

Ablehnbereich:

$$\chi^2 \geq 5{,}99.$$

Der kritische Wert kann auch rechnerunterstützt mit der **statistischen Funktion CHI-QU.INV.RE** ermittelt werden. Sie ist in Abschn. 11.3 Aufgabe „Landtagswahlen" beschrieben und führt natürlich zum selben Ergebnis.

5.d Ermittlung des Wertes der Prüfgröße in der Stichprobe

Chi-Quadrat wurde bereits bei der Kontingenzanalyse ermittelt: $\chi^2 = 3{,}889$.

5.e Testempfehlung/-entscheidung

Bei konventioneller Vorgehensweise stellt man fest, ob der Wert der Prüfgröße im Annahme- oder im Ablehnbereich liegt. Hier liegt er klar im Annahmebereich und der Test empfiehlt, H_0 anzunehmen bzw. beizubehalten.

Bei rechnergestützter Vorgehensweise ermittelt man üblicherweise die **Überschreitungswahrscheinlichkeit**. In Excel nutzt man die statistischen Funktionen CHIQU.VERT.RE oder CHIQU.TEST. Da die Funktion CHIQU.VERT.RE bereits in Abschn. 11.3 Aufgabe „Landtagswahlen" beschrieben wurde, verwenden wir hier die Funktion **CHIQU.TEST**. Mit ihr kann die Überschreitungswahrscheinlichkeit direkt aus beiden für Chi-Quadrat nötigen Verteilungen ermittelt werden, ohne die Prüfverteilung zu spezifizieren und den Wert der Prüfgröße explizit zu ermitteln. Sie wird mit dem Funktions-Assistenten aufgerufen und hat zwei Argumente. Im Dialogfeld „Beob_Meßwerte" liest man die Adresse der Ausgangsdaten – der gemeinsamen Häufigkeitsverteilung – und im Dialogfeld „Erwart_Werte" die der bei Gültigkeit der Nullhypothese erwarteten absoluten Häufigkeiten ein, wie in Abb. 11.21 dargestellt.

Das Ergebnis ist mit 0,1837 größer als das dem Test vorgegebene Signifikanzniveau von 0,05. Damit kommen wir auch mit der Überschreitungswahrscheinlichkeit zur selben Testempfehlung, nämlich H_0 anzunehmen bzw. beizubehalten.

6. Aussageformulierung und -qualität

Das Testergebnis lautet fachgerecht in einem Satz: Ohne Signifikanz ist nicht zu widerlegen, dass das Anfangsgehalt wirtschaftswissenschaftlicher Akademiker unabhängig vom

Geschlecht ist. Diese Aussage ist für den Tester in mehrfacher Hinsicht nicht besonders wertvoll. Erstens entspricht sie leider nicht dem, was er durch den Test erweisen wollte, d. h. das inhaltliche Analyseziel wurde nicht erreicht. Zweitens bedeutet die Annahme oder Beibehaltung der Nullhypothese nicht, dass sie richtig ist, sondern nur, dass der empirische Befund nicht ausreichte, um sie zu widerlegen. Man kann sie daher am besten mit einer Stimmenthaltung im politischen Bereich oder einem Freispruch aus Mangel an Beweisen im Rechtsbereich vergleichen. Und drittens ist die Wahrscheinlichkeit dafür, dass sie falsch ist, in der Regel sehr groß. Auch wenn man – im Gegensatz zu Parametertests – die Größe des Fehlers nicht leicht quantifizieren kann, wird wohl kein rationaler Entscheidungsträger eine so risikoreiche Aussage als wertvolle Information betrachten.

11.5 Übungsaufgaben

11.5.1 Aufgabe „Autobahnbau"

Eine im Verkehrswegeplan der BRD bereits seit Langem vorgesehene Autobahntrasse führt auch durch ein Feuchtbiotop, dessen europaweite Einmaligkeit erst in jüngerer Zeit erkannt und deshalb bereits von der UNESCO zur Aufnahme in das Naturerbe der Menschheit vorgesehen ist. Das Biotop liegt vollständig im Hoheitsgebiet eines Landkreises. Die vorgesehene Autobahntrasse würde das Gebiet nun dergestalt beeinträchtigen, dass seine Aufnahme in das Naturerbe der Menschheit praktisch ausgeschlossen wäre. Andererseits wäre die zur Erhaltung des Biotops nötige Trassenverlegung so gravierend, dass der Landkreis aus dem Autobahnbau praktisch keine Anbindungs- und Erschließungsvorteile mehr hätte.

Der Landkreis ist der Meinung, dass die Aufnahme in das Naturerbe der Menschheit langfristig für die Region wertvoller ist als die durch die bisherige Trassenführung zu erwartenden Potenziale für die Wirtschaftsentwicklung. Er hat sich deshalb einmütig gegen den geplanten Autobahnbau entschieden. Rechtlich ist es nur dann möglich, diese Entscheidung im Planfeststellungsverfahren durchzusetzen, wenn in einem Volksentscheid auch eine qualifizierte Mehrheit von mehr als 75 % der Bevölkerung gegen den Autobahnbau ist. Um dies zu eruieren, beauftragt der Landkreis ein Meinungsforschungsinstitut zunächst mit einer kleinen Voruntersuchung. Durch eine einfache Zufallsauswahl von 25 zufällig ausgewählten Wahlberechtigten aus dem Landkreis soll mit einer Sicherheit von mindestens 95 % geklärt werden, ob es in dem gesamten Landkreis eine qualifizierte Mehrheit gegen den geplanten Autobahnbau gibt.

Aufgabenstellungen

1. Formulieren und begründen Sie die Hypothesen.
2. Nennen Sie die Prüfgröße mit Wertebereich und Variablenart sowie exakter und approximativer Wahrscheinlichkeitsverteilung (Verteilungstyp, Parameter, Begründung).
3. Ermitteln, visualisieren und charakterisieren Sie die approximative Prüfverteilung

4. Ermitteln Sie den Annahme- und den Ablehnbereich des Test sowie seine exakte Irrtumswahrscheinlichkeit.

5. Die Auswertung der Befragung ergibt 20 Gegner des Autobahnbaus.

   Welche Empfehlung liefert der Test bei diesem Befund?

   Welchen Fehler kann man machen, wenn man der Testempfehlung folgt und wie groß ist seine Wahrscheinlichkeit, wenn der Anteil der Gegner des Autobahnbaus im Landkreis bei 80 % liegt?

6. Auf einer Pressekonferenz zum Thema erklärt der Landkreisvorsitzende: „In einer repräsentativen Meinungsumfrage hat man 80 % Gegner des Autobahnbaus festgestellt. Damit ist mit statistischer Signifikanz erwiesen, dass es in der Bevölkerung eine qualifizierte Mehrheit gegen den Autobahnbau gibt." Was sagen Sie dazu?

7. Ermitteln Sie in geeigneter Weise die Güte des durchgeführten Tests. Stützen Sie Ihre Analyse auf mindestens 5 relevante Berechnungen und stellen Sie das Ergebnis in geeigneter Form graphisch dar. Beurteilen Sie durch Auswertung des Diagramms zusammenfassend die Güte des durchgeführten Tests und nennen Sie drei typische Maßnahmen, diese zu verbessern.

11.5.2 Aufgabe „Hähnchengewicht"

Eine Supermarktkette hat bisher Hähnchen der EU-Qualitätsnorm 4711 vom Großhändler A zu einem bestimmten Stückpreis bezogen. Die Norm sieht vor, dass das Gewicht normal verteilt ist, das Durchschnittsgewicht mindestens 1400 g und die Standardabweichung höchstens 50 g beträgt.

Der Großhändler B macht nun das Angebot, Hähnchen der gleichen Qualität deutlich billiger zu liefern. Die im zentralen Einkauf der Kette für Fleischwaren zuständigen Einkäufer E1 und E2 vermuten, dass das preisgünstigere Angebot allein durch ein zu geringes Durchschnittsgewicht zustande kommt, während Sie an der Einhaltung der übrigen Qualitätsaspekte nicht ernsthaft zweifeln.

Diese Vermutung wollen Sie durch Auswertung einer Zufallsstichprobe von 100 Hähnchen aus der von B vorliegenden sehr großen Probelieferung überprüfen. Das Ergebnis soll mit einer Sicherheitswahrscheinlichkeit von mindestens 95 % gültig sein.

Aufgabenstellungen

1. Stellen Sie die Hypothesen der Einkäufer auf (mit kurzer Begründung).

2. Welche Zufallsgröße ist in der Stichprobe als Prüfgröße zu betrachten, welche Werte kann sie annehmen und wie ist sie exakt verteilt (Verteilungstyp, Parameter, Begründung)?

   Was würde sich an der Prüfverteilung ändern, wenn das Gewicht der von B angebotenen Hähnchen nicht normalverteilt ist?

3. Stellen Sie die Prüfverteilung in geeigneter Form graphisch dar. Markieren Sie im Diagramm die tendenzielle Lage des Annahme- und Ablehnbereichs.

4. Ermitteln Sie nachvollziehbar den Annahme- und Ablehnbereich.

5. E1 ermittelt in seiner Zufallsstichprobe ein Durchschnittgewicht von 1391 g. Wie lautet das Testergebnis des E1 fachgerecht in einem Satz?

6. E2 zieht bei unveränderten Testbedingungen eine zweite Zufallstichprobe der gleichen Art und Größe und stellt ein Durchschnittgewicht von 1392 g fest. Wie lautet das Testergebnis des E2 fachgerecht in einem Satz?

7. Welchen Fehler kann E2 machen, wenn er der Testempfehlung folgt?

   Wie groß ist die Wahrscheinlichkeit dieses Fehlers, wenn die Hähnchen des B im Mittel nur 1397,5 g, 1395,0 g, 1392,5 g, 1390,0 g, 1387,5 g oder 1385 g wiegen sollten?

8. Beurteilen Sie die Güte des durchgeführten Tests, in dem Sie seine Gütefunktion ermitteln, in geeigneter Form graphisch darstellen und zusammenfassend sachgerecht auswerten.

   Um wie viel muss bei diesem Test das tatsächliche mittlere Hähnchengewicht unter dem Sollgewicht liegen, damit die getestete Hypothese mit sehr großer Wahrscheinlichkeit ($\geq 0{,}9$) abgelehnt wird?

11.5.3 Aufgabe „Produktvarianten"

Ein neues Körperpflegeprodukt wurde in vier Duftvarianten A, B, C und D entwickelt, die im Urteil der Konsumenten gleich attraktiv sein sollen. Nach kleineren Tests im eigenen Hause befürchtet der zuständige Produktmanager, dass das erklärte Entwicklungsziel der gleichen Duftpräferenz nicht erreicht wurde. Um diesbezüglich vor der anstehenden Markteinführung auf Nummer sicher zu gehen, beauftragt er eine Marktforschungsfirma mit einer geeigneten Untersuchung. Diese bietet in einem Store-Test die vier Varianten zum gleichen Preis an und sorgt dafür, dass das Verkaufsregal immer rechtzeitig aufgefüllt ist. Insgesamt werden folgende Verkaufszahlen festgestellt.

Produktvariante	A	B	C	D
Verkaufsmenge [Stück]	56	64	28	52

Klären Sie die Befürchtung des Produktmanagers mit 99 %iger Sicherheit.

Aufgabenstellungen

1. Welches statistische Analyseverfahren wählen Sie (Begründung)?
2. Wie lautet die Nullhypothese (Begründung)?
3. Nennen Sie die Prüfgröße und ihre Wahrscheinlichkeitsverteilung (Begründung).
4. Ermitteln Sie den Annahme und Ablehnbereich.
5. Ermitteln Sie aus dem Stichprobenbefund den Wert der Prüfgröße.
6. Ermitteln und diskutieren Sie die Testempfehlung/-entscheidung.

11.5.4 Aufgabe „Arbeitslosigkeit und Ausbildung"

In dem vom Deutschen Institut für Wirtschaftsforschung durchgeführten „Sozioökonomischen Panel" werden jedes Jahr mehrere Tausend zufällig ausgewählte Haushalte befragt und dabei Hunderte von Variablen erhoben. Die folgende Tabelle enthält die Ergebnisse einer Teilstichprobe, in der die Verteilung von 447 männlichen deutschen Arbeitslosen auf verschiedene Kategorien der Dauer der Arbeitslosigkeit und ihrer Ausbildung dargestellt sind.

Dauer der Arbeitslosigkeit	Ausbildungsniveau				Summe
	Keine Ausbildung	Lehre	Fachspez. Ausbildung	Hochschul- abschluss	
kurz	86	165	42	28	321
mittel	19	43	11	4	77
lang	18	24	5	2	49
Summe	123	232	58	34	447

Aufgabenstellungen

1. Stellen Sie die gemeinsame Häufigkeitsverteilung in geeigneter Form graphisch dar.
2. Welche Vermutungen über Abhängigkeit oder Unabhängigkeit der beiden Größen haben Sie ganz allgemein aus sachlichen Erwägungen und speziell im vorliegenden Fall aufgrund der Stichprobendaten (Diagramm)? Welche Analysen wählen Sie, um diese Vermutung mit den vorliegenden Daten empirisch zu fundieren
3. Führen Sie die Analysen durch und interpretieren Sie die Ergebnisse sachgerecht.
4. Wählen Sie ein geeignetes Schlussfolgerungsverfahren begründet aus, um bei sachlich und datenmäßig indizierter Abhängigkeit in der Stichprobe diese auch für alle männlichen Arbeitslosen mit statistischer Signifikanz zu erweisen.
5. Führen Sie das Schlussfolgerungsverfahren mit einer Irrtumswahrscheinlichkeit von höchstens 5 % schrittweise und nachvollziehbar durch.
6. Geben Sie das Verfahrensergebnis fachgerecht in einem Satz an und diskutieren Sie kurz die Aussagequalität.

Parameterschätzungen

Beim statistischen Schätzen werden besonders interessierende aber unbekannte Eigenschaften von Grundgesamtheiten aus den Realisationen von Zufallsstichproben erschlossen. Praktisch besonders bedeutsam ist vor allem die Schätzung von **Kenngrößen**, die sogenannte **Parameterschätzung**. Im univariaten Fall sind dies vor allem Anteilswerte, Durchschnittswerte und Streuungswerte. Die hier behandelten Grundzüge der statistischen Parameterschätzung zeigt folgende Übersicht.

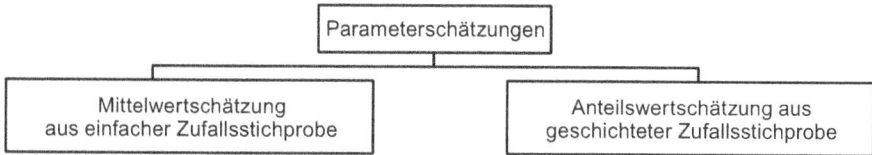

Um aus einer Zufallsstichprobe den unbekannten Parameter der Grundgesamtheit zu schätzen, muss man sie sinnvoll auswerten, d. h. eine Auswertungsgröße bestimmen, die zur Schätzung des unbekannten Parameters geeignet ist. Dazu gibt es verschiedene **Schätzmethoden**, von denen hier nur die einfachste verwendet wird. Eine Schätzmethode liefert einen **Schätzer**. Das ist eine Formel, die den Zusammenhang zwischen dem zu schätzenden Parameter in der Grundgesamtheit und der Auswertungsgröße in der Stichprobe beschreibt. Da die Auswertungsgröße in der Zufallsstichprobe eine Zufallsgröße ist, hat sie eine Wahrscheinlichkeitsverteilung. Die Schätzverteilung muss man kennen, um die **Güte** eines Schätzers beurteilen zu können. Hier werden nur Schätzer hoher Güte verwendet.

Setzt man den in einer Zufallsstichprobe ermittelten Wert der Auswertungsgröße in den Schätzer ein, führt man eine sogenannte **Punktschätzung** durch, denn man erhält nur einen einzigen **Schätzwert**. Wegen der Zufälligkeit der Stichprobe und ihres Ergebnisses ist die Punktschätzung aber weder genau noch sicher. Mit Hilfe der Wahrscheinlichkeitsverteilung des Schätzers kann man aber einen Bereich ermitteln, in dem der unbekannte Parameterwert mit einem vom Anwender gewünschten und dem Verfahren vorzugebenden

J. Meißner und T. Wendler, *Statistik-Praktikum mit Excel*,
Studienbücher Wirtschaftsmathematik, DOI 10.1007/978-3-658-04187-8_12,
© Springer Fachmedien Wiesbaden 2015

Vertrauens- bzw. **Konfindenzniveau** liegen wird. Diesen Wertebereich nennt man **Vertrauensbereich** oder**Konfindenzintervall**. Abschn. 12.1 **Aufgabe „Bildschirmlebensdauer"** behandelt das grundlegende Vorgehen bei der Parameterschätzung aus einer einfachen Zufallsstichprobe am Beispiel der **Mittelwertschätzung**. Thematisiert werden Schätzmethoden, Schätzer und ihre Güte, Schätzverteilungen sowie Punkt- und Intervallschätzungen und deren Güte.

Die **Güte** der Parameterschätzung ist von mehreren Faktoren abhängig, die der Anwender z. T. mitgestalten kann. So kann er zur Lösung einer Schätzaufgabe in der Regel die Schätzmethode und den Schätzer auswählen (s. o.) und im Rahmen der Stichprobenplanung das **Stichprobenverfahren** und den **Stichprobenumfang** sowie das **Vertrauensniveau** festlegen.

Unter den so gegebenen Bedingungen ist ein **Schätzintervall umso besser, je schmaler** es ist. Die Länge des Konfidenzintervalls ist wesentlich abhängig von der Streuung des Schätzers und diese lässt sich durch Erhöhung des Stichprobenumfangs verkleinern. Es gibt aber auch die Möglichkeit, die Streuung durch ein geeignetes Stichprobenverfahren gezielt zu verringern. Dazu wird statt der einfachen Zufallsauswahl vor allem die **geschichtete Stichprobe** verwendet. Abschn. 12.2 **Aufgabe „Rauchverbot"** behandelt Punkt- und Intervallschätzungen für den unbekannten Anteil von Rauchern in einer Grundgesamtheit aus den Befunden einer einfachen Zufallsstichprobe und einer geschichteten Stichprobe und vergleicht deren Güte.

12.1   Aufgabe „Bildschirmlebensdauer"

Ein bekannter Fernsehgerätehersteller propagiert die Güte seiner neuen Flachbildschirme, insbesondere ihre lange Lebensdauer. Die dazu veröffentlichten Angaben sind aber unvollständig. Zwei unabhängige Testinstitute A und B wollen der Sache nachgehen und haben entsprechende Geräte nach dem Zufallsprinzip in Europa eingekauft. Aus den Zufallsstichproben sollen wichtige Leistungskenngrößen geschätzt werden, insbesondere interessiert man sich für die mittlere Lebensdauer, wobei für die Veröffentlichung der Ergebnisse Stundengenauigkeit ausreichend ist.

12.1.1   Aufgabenstellungen

1. Das Institut A hat 36 Geräte geprüft und bei ihnen eine durchschnittliche Lebensdauer von 20.000 Stunden festgestellt. Auf einer Technologietagung wurde unlängst die Standardabweichung der Lebensdauer dieser Flachbildschirme mit 4200 Stunden angegeben.
   a) Welchen Schätzer verwendet A aufgrund welcher Schätzmethode und wie gut ist er?
   b) Wie ist der Schätzer verteilt (Typ, Parameter, Begründung)?

c) Ermitteln Sie mit dem Schätzer eine Punktschätzung. Wie wahrscheinlich ist sie?

d) Ermitteln Sie Bereichsschätzungen mit Vertrauensniveaus von 90 und 95 %.

e) Vergleichen Sie Ihre Bereichsschätzungen. Welche ist besser, warum und um wie viel?

f) Interpretieren Sie das bessere Schätzintervall sachgerecht.

2. Das Institut B misstraut der auf der Tagung veröffentlichten Angabe über die Streuung. Es will mit dem Befund einer kleinen Stichprobe von 16 Geräten den Mittelwert und die Streuung in der Grundgesamtheit schätzen und damit zu Bereichsschätzungen kommen. Es stellt bei seinen 16 Geräten folgende Lebensdauern fest (in Stunden).

Lebensdauer in Stunden							
20.575	18.424	22.122	16.449	24.427	15.006	26.017	13.597
19.152	21.278	17.323	23.414	15.540	25.376	14.654	26.653

a) Ermitteln Sie aus dem Stichprobenbefund Schätzwerte (Punktschätzungen) für den unbekannten Mittelwert und die unbekannte Streuung der Geräte in der Grundgesamtheit. Welchen Schätzer haben Sie für die Streuung verwendet und wie gut ist er?

b) Welchen standardisierten Schätzer verwenden Sie für die Mittelwertschätzung und wie ist er exakt verteilt (Typ, Parameter, Begründung)?

c) Ermitteln Sie Bereichsschätzungen mit einem Vertrauensniveau von 90 und 95 %.

d) Vergleichen Sie die Intervalle beider Institute mit jeweils gleichem Konfidenzniveau miteinander. Welche sind jeweils besser, warum und um wie viel?

3. Zum Zwecke der besseren Vergleichbarkeit der Institutsschätzungen erhöht B den Stichprobenumfang ebenfalls auf $n = 36$. Man erhält als Befund einen Durchschnittswert von 21.000 und eine Standardabweichung von 4500 Stunden.

a) Wie ist der von B jetzt zu verwendende Schätzer verteilt?

b) Ermitteln Sie Bereichsschätzungen mit einem Vertrauensniveau von 90 und 95 %.

c) Vergleichen Sie die Intervalle beider Institute mit jeweils gleichem Konfidenzniveau miteinander. Welche sind jeweils besser, warum und um und wie viel?

d) Stellen Sie die von A und B verwendeten Schätzverteilungen und die mit ihnen ermittelten Schätzintervalle zum Konfidenzniveau von 95 % zu Vergleichszwecken in geeigneter Form graphisch dar.

e) Werten Sie ihre Graphik für eine von beiden Instituten gemeinsam zu veröffentlichende Bereichsschätzung aus

12.1.2   Aufgabenlösungen

1. Institut *A* (*n* = 36)

1.a Schätzmethode, Schätzer, Güte

Als einfachste Methode der Parameterschätzung verwendet man die **Momentmethode**. Danach wird der unbekannte Parameter in der Grundgesamtheit abgeschätzt durch die entsprechende Kenngröße in der Stichprobe. Hier wird die unbekannte mittlere Lebensdauer aller Flachbildschirmgeräte μ abgeschätzt durch die durchschnittliche Lebensdauer in der Stichprobe $\bar{X}$. Das liefert den **Schätzer** $\hat{\mu} = \bar{X}$.

Dieser Schätzer ist **erwartungstreu**, da $E(\bar{X}) = \mu$. Er ist **effizient**, da die Streuung von $\bar{X}$ durch Vergrößerung des Stichprobenumfangs n verkleinert werden kann. Er ist **konsistent**, da bei $n \to \infty$ der Abstand zwischen dem unbekannten μ und $\bar{X}$ beliebig verkleinert werden kann.

1.b Wahrscheinlichkeitsverteilung (Begründung)

Das Stichprobenmittel ist eine **kontinuierliche** Zufallsgröße und für $n \geq 30$ approximativ normalverteilt (zentraler Grenzwertsatz ZGS) mit folgenden Funktionsparametern:

- Erwartungswert $E\left(\bar{X}\right) = \mu = 20.000\,[\mathrm{h}]$ und
- Standardabweichung

$$\sigma\left(\bar{x}\right) = \frac{\sigma\left(x\right)}{\sqrt{n}} = \frac{4200}{\sqrt{36}} = \frac{4200}{6} = 700\,[\mathrm{h}].$$

Die Wahrscheinlichkeitsverteilung des Schätzers ist also wie folgt spezifiziert:

$$\bar{X} \sim N\left(20.000;\ 700\right).$$

Standardisiert man den Schätzer, erhält man die standardnormalverteilte **Gauß-Statistik**:

$$Z = \frac{\bar{X} - \mu_X}{\sigma_X} \cdot \sqrt{n} \sim N(0;1).$$

1.c Punktschätzung und Wahrscheinlichkeit

Setzt man den Strichprobenbefund in den Schätzer ein, erhält man die Punktschätzung $\hat{\mu} = \bar{x} = 20.000\,\mathrm{h}$.

Die unbekannte mittlere Lebensdauer aller Flachbildschirme wird auf 20.000 [h] geschätzt. Für diesen **Schätzwert** kann man mit der Wahrscheinlichkeitsverteilung des Schätzers keine Wahrscheinlichkeitsaussage machen. Denn die in b. ermittelte Verteilung betrifft den (unsicheren) Durchschnittswert in einer Zufallsstichprobe, der Schätzwert dagegen betrifft den sicheren, aber unbekannten Mittelwert in der Grundgesamtheit.

1.d Bereichsschätzungen mit unterschiedlichen Vertrauensniveaus (Konfidenzintervalle)

Die Bereichsschätzungen sind üblicherweise symmetrische Intervalle um den **Erwartungswert** des Schätzers mit seiner **Standardabweichung**. Das Ausmaß, in dem die Streuung des Schätzers dabei berücksichtigt wird, hängt von dem vom Anwender vorzugebenden Vertrauens- bzw. Konfidenzniveau ab. Deshalb werden diese Schätzbereiche auch als **Vertrauensbereiche** oder **Konfidenzintervalle** bezeichnet. Das Vertrauens- bzw. Konfidenzniveau wird hier mit γ notiert. Ihm entspricht in der Standardnormalverteilung unter $D(z)$ jeweils ein bestimmter Wert von Z, der hier mit z_k notiert wird. In dieser Notation lautet die Formel für das Konfidenzintervall des unbekannten Mittelwertes μ zum Konfidenzniveau γ bei bekannter Streuung der Grundgesamtheit σ_x:

$$\bar{x} - z_k \cdot \sigma_x/\sqrt{n} \leq \mu \leq \bar{x} + z_k \cdot \sigma_x/\sqrt{n}.$$

Die Formel kann mit Excel unterschiedlich umgesetzt werden. Zur Berechnung der Streuung in Abhängigkeit des Konfidenzniveaus, die auch als **Stichprobenfehler** bezeichnet wird, gibt es die **statistische Funktion KONFIDENZ.NORM**, die man über den Funktions-Assistenten aufruft.

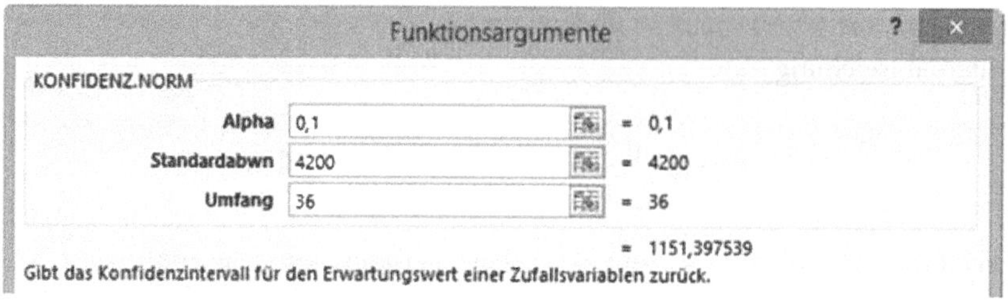

Abb. 12.1 Statistische Funktion KONFIDENZ.NORM

Sie enthält drei Funktionsargumente. Im Dialogfeld „Alpha" gibt man die Komplementärwahrscheinlichkeit zum Konfidenzniveau als Dezimalzahl ein, d. h. $\alpha = 1 - \gamma$. Im Dialogfeld „Standabwn" gibt man die Standardabweichung σ_x in der Grundgesamtheit und im Dialogfeld „Umfang_S" den Stichprobenumfang n ein. Abbildung 12.1 zeigt die Datenversorgung der Funktion für den vorliegenden Fall bei einem Konfidenzniveau von 90 %.

Sind Konfidenzintervalle für verschiedene Konfidenzniveaus zu ermitteln, erfolgt dies am besten in einer Arbeitstabelle. Diese enthält zunächst jeweils eine Spalte für die einzugebenden Ausgangsdaten – den Stichprobenmittelwert, das Konfidenzniveau und die korrespondierende Fehlerwahrscheinlichkeit – so wie jeweils eine weitere Spalte für die zu berechnenden Größen, nämlich den Stichprobenfehler sowie die Grenzen des Intervalls und seine Länge.

Abbildung 12.2 zeigt die Arbeitstabelle und in der Spalte F die mit der statistischen Funktion KONFIDENZ.NORM ermittelten Stichprobenfehler. Die übrigen Ergebnisse in den Spalten G, H und I erhält man durch Eingabe und Kopieren geeigneter Formeln.

1.e Gütevergleich

Die Güte von Bereichsschätzungen wird in der Regel unter zwei Aspekten gesehen: der **(Un)genauigkeit** und der **(Un)sicherheit**. Die (Un)genauigkeit wird immer durch die Länge des geschätzten Bereichs operationalisiert, hier also durch die Länge der Konfidenzintervalle. Die (Un)sicherheit wird bei Konfidenzintervallen entweder durch das Konfidenzniveau oder durch das komplementäre Risikoniveau operationalisiert. Mit diesen drei Kriterien kann man eine vergleichende Güteanalyse durchführen, so wie in Abb. 12.3 dargestellt.

		SP- Mittelwert	Konfidenz	Irrtumsw.	SP-Fehler	Konfidenzintervall		
						Untergrenze	Obergrenze	Länge
		[h]	[-]	[-]	[h]			
		$\bar{x}$	γ	$\alpha = 1 - \gamma$	$z_k * \sigma_x / \sqrt{n}$	$\bar{x}_k^u$	$\bar{x}_k^o$	$\bar{x}_k^o - \bar{x}_k^u$
33		20000	0,9	0,1	1.151,40	18.848,60	21.151,40	2.302,80
34		20000	0,95	0,05	1.371,97	18.628,03	21.371,97	2.743,95

Abb. 12.2 Ermittlung von Konfidenzintervallen bei bekannter Streuung in der Grundgesamtheit

G39	▼	:	×	✓	f_x	=F39/I33*100	

	A	B	C	D	E	F	G
37		**Aspekt**		**Kriterium**	**Ranking**	**Unterschied**	
38						absolut	relativ [%]
39		Genauigkeit		Länge	KI 1 > KI 2	441,15	19,16
40		Sicherheit		Konfidenz	KI 2 > KI 1	0,05	5,26
41		Unsicherheit		Irrtum	KI 2 > KI 1	0,05	100,00

Abb. 12.3 Gütevergleich

Darin sind das obere Konfidenzintervall ($\alpha_0 = 0,1$) mit K1 und das untere ($\alpha_0 = 0,05$) mit K2 abgekürzt.

K1 ist kürzer und damit genauer als K2, dafür hat es aber ein niedrigeres Konfidenzniveau und ist damit unsicherer. Die **Gegenläufigkeit der Güteaspekte** gilt nicht nur hier, sondern ganz allgemein: Höhere Genauigkeit von statistischen Bereichsschätzungen ist – unter sonst gleich bleibenden Bedingungen – nur durch größeres Risiko zu haben und umgekehrt.

Durch Quantifizierung der Genauigkeits- und (Un)sicherheitsunterschiede kann man die Entscheidungsfindung des Anwenders bei der Bestimmung der für ihn „besseren" Bereichsschätzung zahlenmäßig unterstützen. Im vorliegenden Fall ist K2 um 441 [h] länger und damit um ~19 % ungenauer als K1. Dagegen hat K1 ein um absolut 5 % und relativ um ~5,26 % geringeres Vertrauensniveau als das zweite. Misst man dagegen den Risikounterschied, so ist mit K1 ein doppelt so hohes Fehlerrisiko verbunden wie mit K2. Gewichtet man beide Güteaspekte gleich und operationalisiert die Unsicherheit über das Risiko, so ist K2 das insgesamt bessere Konfidenzintervall. Denn seiner vergleichsweise um 19 % größeren Ungenauigkeit steht als Alternative ein 100 % größeres Risiko von K1 gegenüber.

1.f Sachgerechte Interpretation

Das Konfidenzniveau ist keine Wahrscheinlichkeit und man kann deshalb über ein Konfidenzintervall **keine Wahrscheinlichkeitsaussage** machen. Vielmehr kann man ein Konfidenzintervall nur wie folgt anwendungsorientiert einigermaßen anschaulich interpretieren (am Beispiel des gemäß den obigen Überlegungen insgesamt „besseren" zweiten Konfidenzintervalls mit einem Konfidenzniveau von 95 %.):

Wenn man 100 Zufallsstichproben der gleichen Art und des gleichen Umfangs aus der laufenden Produktion ziehen würde, so würden von den mit Hilfe der jeweiligen Stichprobendurchschnittswerte konstruierten 100 Vertrauensbereichen ungefähr 95 den unbekannten Mittelwert überdecken und fünf würden ihn verfehlen. Ob das aufgrund eines konkreten Stichprobenbefundes – hier z. B. 20.000 – konstruierte Konfidenzintervall zu denen zählt, die den unbekannten Parameter überdecken, oder zu denen, die ihn verfehlen, weiß man allerdings nicht.

Abb. 12.4 Stichprobenbefund
(Auszug)

Gerät lfd. Nr.	L-Dauer [h]
i	x_i
1	20.575
2	21.278
...	...
...	...
15	14.654
16	13.597
∅	20.000
STABW.S	4.355

2. Institut B (n = 16)

Die Situation des Instituts B unterscheidet sich in zweierlei Hinsicht von A:

- Es liegt ein **kleine** Stichprobe vor ($n < 30$) und der zentrale Grenzwertsatz ist deshalb nicht anwendbar.
- Die zur Berechnung der Streuung des Stichprobenmittels nach der in 1b. verwendeten Formel nötige **Streuung in der Grundgesamtheit ist unbekannt.**

Um wie A eine Bereichsschätzung für die unbekannte mittlere Lebensdauer machen zu können, muss B also nicht nur dafür eine Punktschätzung machen, sondern zusätzlich eine für die unbekannte Streuung in der Grundgesamtheit.

2.a Punktschätzungen für Mittelwert und Streuung

Punktschätzung Mittelwert Für die Punktschätzung des Mittelwertes verwendet man denselben Schätzer wie in 1 und berechnet den konkreten Schätzwert aus dem Stichprobenbefund nach der aus der Beschreibenden Statistik bekannten Formel für das arithmetische Mittel. In Excel ist das arithmetische Mittel als statistische Funktion MITTELWERT verfügbar. Wendet man die Funktion auf die Stichprobendaten an, erhält man im vorliegenden Fall 20.000 [h] und damit zufällig genau dieselbe Punktschätzung wie A (siehe Abb. 12.4, vorletzte Zeile).

Punktschätzung Streuung Als Schätzer für die unbekannte Streuung der Lebensdauer in der Grundgesamtheit verwendet man nach der **Momentmethode** die entsprechende Streuungsgröße in der Stichprobe. Danach wird die unbekannte Varianz in der Grundgesamtheit durch die Varianz in der Stichprobe abgeschätzt. Damit der Schätzer **erwartungstreu** ist, muss man ihn allerdings geringfügig anders berechnen als die empirische Varianz einer Gesamtmasse in der beschreibenden Statistik. Die entsprechende Formel für die **Stichprobenvarianz als Schätzer für die Varianz einer Grundgesamtheit** lautet

$$\hat{\sigma}^2(x) = S_n^2(x) = \frac{1}{n-1} \cdot \sum_{i=1}^{n}(x_i - \bar{x})^2.$$

Diese Unterscheidung bei der Berechnung von Varianz/Standardabweichung aus Urlistendaten wird auch bei den in Excel dafür verfügbaren statistischen Funktion gemacht. Die entsprechenden Funktionsbezeichnungen sind zur eindeutigen Unterscheidung im Folgenden noch einmal zusammengestellt (siehe auch Abschn. 3.1 Aufgabe „Personalkenngrößen").

Streuung Gesamtmasse	Streuung Stichprobe
VAR.P, VARIANZENA	VAR.S, VARIANZA
STABW.N, STABWNA	STABW.S, STABWA

Im vorliegenden Fall benutzt man zur direkten Vergleichbarkeit mit A am besten die Standardabweichung und wendet die **statistische Funktion STABW.S** auf die Stichprobendaten an. Man erhält eine Stichprobenstandardabweichung S_n von 4355 [h] (siehe Abb. 12.4 unten). Dieser Punktschätzwert für die unbekannte Standardabweichung in der Grundgesamtheit ist deutlich größer als der auf der Tagung veröffentlichte und von A benutzte Wert.

Benutzt man in der Gleichung für die Streuung des Stichprobenmittels als Zufallsgröße in 1.b die Stichprobenstandardabweichung an Stelle der Standardabweichung der Grundgesamtheit und setzt man darin den konkret ermittelten Schätzwert von 4355 [h] ein, so erhält man

$$\sigma(\bar{x}) = \frac{S_n(x)}{\sqrt{n}} = \frac{4355}{\sqrt{16}} = \frac{4{,}355}{4} = 1088{,}725 \,[\text{h}].$$

2.b Standardisierter Mittelwertschätzer und exakte Wahrscheinlichkeitsverteilung

Standardisiert man das Stichprobenmittel mit der unsicheren Größe Sn(x) an Stelle der sicheren, aber unbekannten Größe $\sigma(x)$, so erhält man statt der Gauß-Statistik die sog. *t*-**Statistik**. Diese folgt exakt der **Student- oder *T*-Verteilung** mit $v = n - 1$ Freiheitsgraden, d. h. formal:

$$t = \frac{\bar{X} - \mu_X}{\hat{\sigma}_X} \cdot \sqrt{n} = \frac{\bar{X} - \mu_X}{S_n} \cdot \sqrt{n} : T(v = n - 1).$$

Im vorliegenden Fall folgt der zu verwendende Schätzer der spezifizierten Studentverteilung $T(16 - 1 = 15)$.

2.c Bereichsschätzungen

Das Konfidenzintervall für den unbekannten Mittelwert bei unbekannter Streuung in der Grundgesamtheit ermittelt man mit der Studentverteilung und folgender Formel:

$$\bar{x} - t_k \cdot S_n / \sqrt{n} \leq \mu \leq \bar{x} + t_k \cdot S_n / \sqrt{n}.$$

Bekannt sind bereits der Stichprobenmittelwert und die Stichprobenstandabweichung. Zu ermitteln ist noch der vom vorgegebenen Konfidenzniveau abhängige kritische Wert der Studentverteilung t_k. Bei konventioneller Arbeitsweise liest man ihn aus einer einschlägigen Stundentverteilungstabelle ab. Für $v = 15$ erhält man folgende Werte:

γ [%]	90	95
t_k [–]	1,753	2,131

Rechnerunterstützt ermittelt man ihn als entsprechendes Quantil der Studentverteilung mit der **statistischen Funktion T.INV.2S**, die man mit dem Funktions-Assistenten aufruft. Die Funktion ist in Excel zweiseitig ausgelegt und arbeitet mit der zu gleichen Teilen auf den unteren und oberen Rand verteilten Irrtumswahrscheinlichkeit. Im Dialogfeld „Wahrsch" ist daher zur Intervallschätzung mit einem Konfidenzniveau von γ der Wert 1 – α einzugeben. Im Dialogfeld „Freiheitsgrade" gibt man den Parameterwert der spezifizierten Studentverteilung $v = n - 1$ ein. Abbildung 12.5 zeigt im vorliegenden Fall korrekte Datenversorgung zur Bestimmung des kritischen Wertes bei 90 %-igen Konfidenzniveau. Das Ergebnis stimmt natürlich mit dem aus der Studentverteilungstabelle abgelesenem Wert überein.

Zur Berechnung der Konfidenzintervalle unterschiedlicher Konfidenzniveaus benutzen wir wieder eine Arbeitstabelle, die ähnlich aufgebaut ist wie die Abb. 12.2. Darin ist der **Stichprobenfehler** als Produkt aus kritischem Wert und Standardabweichung durch Eingabe und Kopieren geeigneter Formeln berechnet, so wie in Abb. 12.6 in Spalte G ersichtlich. Intervallgrenzen und -längen erhält man wie bereits in 1.d besprochen. Den Stichprobenfehler kann man einfacher auch mit der **statistischen Funktion KONFIDENZ.T** ermitteln, die wie die der Normalverteilung (s. Abb. 12.11) aufgebaut und genau so zu nutzen ist.

2.d Gütevergleich A und B

Bei gleichem Konfidenzniveau sind die Schätzintervalle von B wesentlich länger als die von A. Hauptgrund ist der Stichprobenumfang, der bei A mehr als doppelt so groß wie

Abb. 12.5 Statistische Funktion T.INV.2S

	MW	Konfidenz	Irrtumsw.	krit.	StandAbw.	SP-Fehler	Konfidenzintervall [h]		
	[h]	[–]	[–]	Wert	[h]	[h]	Untergrenze	Obergrenze	Länge
	$\bar{x}$	γ	α=1-γ	t_k	$\sigma_{\bar{x}} = S_n/\sqrt{n}$	$t_k * S_n/\sqrt{n}$	$\bar{x}_k^u$	$\bar{x}_k^o$	$\bar{x}_k^o - \bar{x}_k^u$
33	20.000	0,90	0,10	1,75	1.088,725	1.908,589	18.091	21.909	3.817
34	20.000	0,95	0,05	2,13	1.088,725	2.320,562	17.679	22.321	4.641

Abb. 12.6 Berechnung von Konfidenzintervallen mit der Studentverteilung

bei B ist und dort zu einer wesentlich kleineren Streuung in der Stichprobe führt. Ein weiterer Grund liegt in der zusätzlichen Unsicherheit, die bei B durch die Schätzung eines Parameters in das verwendete Wahrscheinlichkeitsverteilungsmodell hereingetragen wird. Diese führt bei gleichem Konfidenzniveau zu $t_k > z_k$ und damit zu längeren Intervallen.

3. Institut B ($n = 36$)

Die Situation des Instituts B bei der Intervallschätzung des unbekannten Mittelwertes ist bezüglich des verwendeten Schätzers unverändert, da es die zum Schätzen benötigte Streuung in der Grundgesamtheit weiterhin durch die in einer Stichprobe ermittelte Streuung abschätzt. Allerdings ist die in der neuen Stichprobe ermittelte und zum Schätzen geeignete Standardabweichung mit 4500 [h] größer als die in der ersten.

Der wesentliche Unterschied besteht im **größeren Stichprobenumfang** von $n = 36$, der zu einer kleineren Streuung des Stichprobenmittels führt. Im vorliegenden Fall erhält man:

$$\sigma(\bar{x}) = \frac{S_n(x)}{\sqrt{n}} = \frac{4500}{\sqrt{36}} = \frac{4500}{6} = 750\,[\text{h}].$$

3.a Standardisierter Schätzer und Wahrscheinlichkeitsverteilung

Der standardisierte Schätzer – die t-Statistik – ist wie in 2. exakt studentverteilt mit $v = 36 - 1 = 35$ Freiheitsgraden. Für $n \geq 30$ kann man die Studentverteilung jedoch mit einer für praktische Zwecke in der Regel ausreichenden Genauigkeit durch die Standardnormalverteilung approximieren. Damit gilt für den Schätzer in diesem Fall: $t \sim N(0,1)$.

3.b Bereichsschätzungen

Das Konfidenzintervall für den unbekannten Mittelwert bei unbekannter Streuung in der Grundgesamtheit und Verwendung der approximativen Standardnormalverteilung ermittelt man mit folgender Formel:

$$\bar{x} - z_k \cdot S_n/\sqrt{n} \leq \mu \leq \bar{x} + z_k \cdot S_n/\sqrt{n}.$$

Bekannt sind bereits der Stichprobenmittelwert und die Stichprobenstandabweichung. Zu ermitteln ist noch der vom vorgegebenen Konfidenzniveau abhängige kritische Wert der Standardnormalvariablen Z_k. Bei konventioneller Arbeitsweise liest man ihn aus einer Standardnormalverteilungstabelle ab und erhält folgende Werte:

γ [%]	90	95
[–]	1,645	1,96

Rechnerunterstützt ermittelt man ihn als entsprechendes Quantil der Standardnormalverteilung mit der **statistischen Funktion NORM.S.INV**, die man mit dem Funktions-Assistenten aufruft.

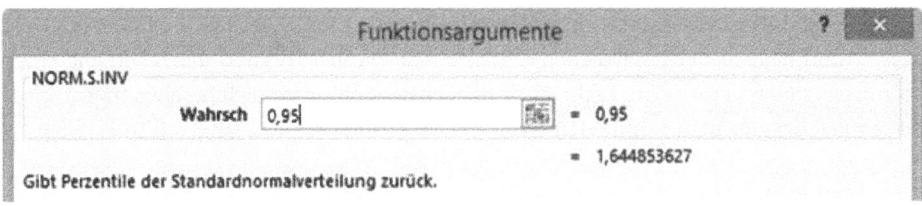

Abb. 12.7 Statistische Funktion NORM.S.INV

A	B	C	D	E	F	G	H	I	J
19	MW	Konfidenz	Irrtumsw.	krit.	StandAbw.	SP-Fehler	Konfidenzintervall [h]		
20	[h]	[-]	[-]	Wert	[h]	[h]	Untergrenze	Obergrenze	Länge
21	$\bar{x}$	γ	$\alpha = 1 - \gamma$	z_k	$\sigma_{\bar{x}} = S_n / \sqrt{n}$	$z_k * \sigma_{\bar{x}}$	$\bar{x}_k^u$	$\bar{x}_k^o$	$\bar{x}_k^o - \bar{x}_k^u$
22	21.000	0,90	0,10	1,645	750	1.234	19.766	22.234	2.467
23	21.000	0,95	0,05	1,960	750	1.470	19.530	22.470	2.940

Abb. 12.8 Berechnung von Konfidenzintervallen mit der Standardnormalverteilung

Diese ist in Excel einseitig ausgelegt, so dass sie für eine vorgegebene Wahrscheinlichkeit (Wert der Verteilungsfunktion) den entsprechenden Wert der Standardnormalvariablen liefert. Will man sie zur (zweiseitigen) Intervallschätzung nutzen, muss man daher im Dialogfeld „Wahrsch" die Irrtumswahrscheinlichkeit $\alpha / 2 = 1 - \gamma / 2$ als Dezimalzahl eingeben, so wie in Abb. 12.7 für $\alpha = 0,10$ dargestellt.

Zur Berechnung der Konfidenzintervalle unterschiedlicher Konfidenzniveaus benutzen wir wieder eine Arbeitstabelle, die wie Abb. 12.6 aufgebaut ist. Abbildung 12.8 enthält die Ergebnisse.

3.c Gütevergleich A und B

Gut vergleichbar sind die Schätzintervalle mit demselben Konfidenzniveau. Abbildung 12.9 zeigt Aufbau und Ergebnisse einer geeigneten quantitativen Güteanalyse. Danach sind die Schätzintervalle von A immer besser als die von B, und zwar im vorliegenden Fall um 7,14 %. Hauptgrund für die höhere Güte von A ist die Verwendung weiterer Information über die Grundgesamtheit, hier die Herstellerangabe über die Streuung. Bei B wird diese Angabe zusätzlich geschätzt, wobei Schätzungen naturgemäß ungenauer als Fakten sind. Die durchgeführte Analyse ist natürlich nur unter Voraussetzung gültig, dass die Angabe des Herstellers zur Streuung in der Grundgesamtheit tatsächlich stimmt. Bei ernsthaftem Zweifel daran könnten A und B ihre Stichprobenuntersuchungen und -befunde auch dazu verwenden, die Gültigkeit dieser Angabe zu testen. Dazu müssten Sie einen Varianztest machen, der im Kap. 11 „Testen" nicht behandelt wurde.

3.d Vergleichende graphische Darstellungen

Für den graphischen Vergleich der Schätzverteilungen von A und B ist es zunächst nötig, sie in einer Tabelle zu berechnen.

	A	B	C	D	E	F	G
27		K-Niveau	Intervalllänge [h]		Ranking	Differenz	
28		γ [%]	A	B		absol.	relativ [%]
29		90	2.303	2.467	A > B	164	7,14
30		95	2.744	2.940		196	7,14

Abb. 12.9 Quantitativer Gütevergleich der Konfidenzintervalle von A und B

Tab. 12.1 Dichtefunktionen der normalverteilten Schätzer

MW	Institut A W-Dichte	Institut B W-Dichte	MW	Institut A W-Dichte	Institut B W-Dichte
$\bar{x}$ [h]	$f(\bar{x})$	$f(\bar{x})$	$\bar{x}$ [h]	$f(\bar{x})$	$f(\bar{x})$
17.750	0,00000	0,00000	20.750	0,00032	0,00050
18.000	0,00001	0,00000	21.000	0,00021	0,00053
18.250	0,00003	0,00000	21.250	0,00012	0,00050
18.500	0,00006	0,00000	21.500	0,00006	0,00043
18.750	0,00012	0,00001	21.750	0,00003	0,00032
19.000	0,00021	0,00002	22.000	0,00001	0,00022
19.250	0,00032	0,00003	22.250	0,00000	0,00013
19.500	0,00044	0,00007	22.500	0,00000	0,00007
19.750	0,00053	0,00013	22.750	0,00000	0,00003
20.000	0,00057	0,00022	23.000	0,00000	0,00002
20.250	0,00053	0,00032	23.250	0,00000	0,00001
20.500	0,00044	0,00043	23.500	0,00000	0,00000

3.d.α Berechnung der Schätzverteilungen Da es sich bei beiden Schätzverteilungen um Normalverteilungen handelt, sind ihre relevanten Wertebereiche über die 3-SIGMA-Regel zu ermitteln. Für A erhält man den relevanten Wertebereich von 17.900 bis 22.100, für B den von 18.750 bis 23.250, insgesamt also den Wertebereich von ~17.900 bis ~23.250 [h] mit einer Länge von ~5350 [h.] In diesem Bereich muss man eine ausreichende, aber nicht zu große Anzahl von Variablenwerten festlegen, die man in den stetigen Wahrscheinlichkeitsverteilungen darstellen will. Empfehlenswert sind für überschlägige Betrachtungen zwischen 20 und 30 Werten, die mit gleichem Abstand voneinander den gesamten Wertebereich ausfüllen. Im vorliegenden Fall erscheinen 24 Werte im Abstand von jeweils 250 h geeignet (siehe MW-Spalte in Tab. 12.1).

Die Normalverteilung wird in der Regel durch ihre Dichtefunktion visualisiert. Die zu den vorgegebenen Werten gehörenden Wahrscheinlichkeitsdichten berechnet man mit der statistischen Funktion NORM.VERT. Als Ergebnis erhält man die Dichtewerte der Schätzer gemäß Tab. 12.1.

3.d.β Graphische Darstellung der Schätzverteilungen und Konfidenzintervalle Zur graphischen Darstellung von stetigen Verteilungen eignen sich Kurvendiagramme. In Ex-

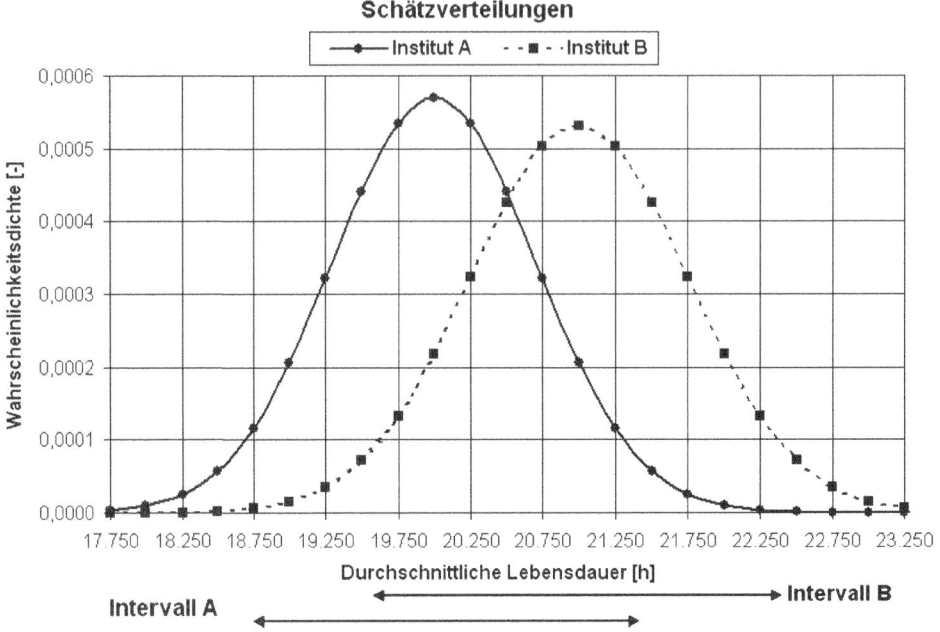

Abb. 12.10 Schätzverteilungen und Konfidenzintervalle ($\gamma = 0{,}95$)

cel wählt man den Diagrammtyp *Punkte*, Untertyp mit *Linien*. Zum direkten Vergleich ist es nötig, beide Dichtefunktionen in einem Diagramm darzustellen. Das dafür nötige Vorgehen ist in Abschn. 2.1 Aufgabe „Personalprofil" im Einzelnen beschrieben und hier analog anzuwenden.

Die mit den Schätzverteilungen konstruierten Konfidenzintervalle für die unbekannte mittlere Lebensdauer aller Flachbildschirme stellt man am besten in demselben Diagramm dar, und zwar unterhalb der waagerechten Achse als waagerechte Linien oder Balken. Dazu benutzt man am einfachsten die in MS WORD verfügbaren Autoformen – z. B. Linien mit zwei Pfeilspitzen oder Blockpfeile –, die man mit Hilfe des Textfeldes entsprechend beschriftet.

Abbildung 12.10 zeigt die beiden Schätzverteilungen und die beiden direkt miteinander vergleichbaren Konfidenzintervalle zum Konfidenzniveau von 95 %.

3.e Gemeinsame Intervallschätzung von A und B

Da beide Institute ihre Intervallschätzungen unter weitgehend übereinstimmenden Bedingungen mit den gleichen Ansätzen durchgeführt haben, ist eine zusammenfassende Auswertung der Ergebnisse nicht nur möglich, sondern auch sinn- und wertvoll. Denn durch jeden Stichprobenbefund wird die empirische Basis der Schätzungen verbreitert, was in der Regel zu genaueren Schätzungen führt. Wenn man im vorliegenden Fall beide Schätzungen als gleich valide ansieht, könnte man als besonders einfache gemeinsame

Bereichsschätzung den Deckungsbereich der beiden Konfidenzintervalle nehmen. Dann würde die unbekannte mittlere Lebensdauer der Flachbildschirme mit einem Konfidenzniveau von 95 % zwischen 19.530 und 21.372 h liegen. Dieses gemeinsame Schätzintervall wäre nur noch 1842 h lang und bei gleichem Konfidenzniveau damit um ~33 % (~37 %) genauer als die Einzelschätzung von A (B).

12.2   Aufgabe „Rauchverbot"

In einem Großunternehmen soll über die Einführung eines Rauchverbots entschieden werden. Im Zuge der Entscheidungsvorbereitung wird auch die Meinung der Belegschaft zu dem Thema erhoben. Das Ergebnis der durchgeführten Zufallsstichprobe ist in der folgenden Tabelle wiedergegeben.

Schicht (Alter in Jahren)	< 30	< 45	< 65	Summe
Umfang der Grundgesamtheit	1000	1000	2000	4000
Umfang der Stichprobe	50	50	100	200
Befürworter des Rauchverbots in der Stichprobe	10	10	40	60

12.2.1   Aufgabenstellungen

1. Charakterisieren Sie kurz das verwendete Stichprobenverfahren nach Auswahl-, Entnahme- und Auswertungsart sowie nach der vorgenommenen Schichtung. Wie beurteilen Sie die Repräsentativität der aus der Stichprobe ableitbaren Schlüsse?
2. Welche Methoden der Parameterschätzung kennen und verwenden Sie (Begründung)?
3. Schätzen Sie den Anteil der Befürworter des Rauchverbots im gesamten Unternehmen
   a) aus der **ungeschichteten** Stichprobe.
   b) aus der **geschichteten** Stichprobe.
   Welche Schätzer verwenden Sie?
4. Wie sind die verwendeten Schätzer exakt und approximativ diskret verteilt? (Verteilungstyp, Parameter, Begründung)
5. Ermitteln Sie die Kenngrößen der beiden Schätzer, d. h. ihre Erwartungswerte und Varianzen/Standardabweichungen.
6. Beurteilen Sie systematisch und vergleichend die Güte beider Schätzer. Was können Sie über die Wahrscheinlichkeit der Punktschätzungen sagen?
7. Ermitteln Sie mit beiden Schätzern und ihren approximativen stetigen Verteilungen Vertrauensbereiche/Konfidenzintervalle mit einem Vertrauensniveau von 95 %.
8. Vergleichen Sie die beiden Bereichsschätzungen. Welche ist besser, warum und um wie viel? Interpretieren Sie das bessere Schätzintervall sachgerecht.

12.2.2   Aufgabenlösungen

1. Grobcharakterisierung Stichprobenverfahren

Kriterium	Charakteristikum
Stichprobenart	Eine Stichprobe, geschichtet
Schichtungsart	Ein Kriterium, proportional
Auswahlart	Zufallsauswahl
Entnahme u. Auswertungsart	Ohne Zurücklegen und ohne Berücksichtigung der Reihenfolge
Umfang	$n = 200$
Repräsentativität	Wegen Stichprobenverfahren und Auswahlsatz gut begründet zu vermuten.

2. Schätzmethoden

Als *einfachste* Methode der Parameterschätzung verwendet man die **Momentmethode**. Danach wird der unbekannte Parameter in der Grundgesamtheit durch die entsprechende Kenngröße in der Stichprobe abgeschätzt, hier der unbekannte Anteil der Befürworter des Rauchverbots in der gesamten Belegschaft durch den Anteil der Befürworter in der Stichprobe. Weitere wichtige Schätzmethoden sind die Methode der kleinsten Quadrate und die Maximum-Likelihood-Methode. Die **Methode der kleinsten Quadrate** wird standardmäßig zur Schätzung der Parameter von Regressionsfunktionen verwendet (siehe Abschn. 6.3 Aufgabe „Farbpatronenfabrikation"). Angewendet auf die Anteilsschätzung liefert sie denselben Schätzer wie die Momentmethode. Die **Maximum-Likelihood-Methode** setzt die Kenntnis der spezifizierten Wahrscheinlichkeitsverteilung des Schätzers voraus und stellt höhere Anforderungen an die mathematischen Fähigkeiten des Anwenders. Sie wird deshalb hier nicht verwendet.

3. Schätzer und Punktschätzungen

3.a Ungeschichtete Stichprobe

$$\hat{\pi} = p = \frac{\text{Anzahl der Befürwortungen in der Stichprobe}}{\text{Stichprobenumfang}}$$

$$= \frac{60}{200} = 0,3 = 30\,\%$$

3.b Geschichtete Stichprobe

Der **Anteilsschätzer** für eine proportional geschichtete Stichprobe mit i Schichten hat ganz allgemein die Formel

$$\hat{\pi}^g = \sum a_i \cdot \hat{\pi}_i$$

mit $a_i = N_i / N$: Anteil der Schicht i in der Grundgesamtheit und

$$\hat{\pi}_i = p_i = \frac{h_i}{n_i}$$

als Schätzer in jeder Schicht bzw. Teilstichprobe i.

Die in der Formel benötigen Werte von a_i und p_i ermittelt man einer Arbeitstabelle, in die man die Ausgangsdaten in geeigneter Weise einbindet. Abbildung 12.11 enthält im oberen Teil die Angaben zur Grundgesamtheit, im unteren die zu den Stichproben, wobei die ermittelten Größen und ihre Werte fett markiert sind. Angegeben sind auch die verwendeten Symbole und beispielhafte Formeleingaben.

Man erhält mit der geschichteten Stichprobe in Zelle G36 mit 30 % den gleichen Schätzwert wie mit der ungeschichteten. Für die Punktschätzung bringt die Schichtung also kein anderes Ergebnis.

	A	B	C	D	E	F	G
24		**Grundgesamtheit GG**		**Alter [Jahre]**			**Summe**
25				≤ 35	≤ 45	≤ 65	
26		Umfang	Symbol	N_1	N_2	N_3	N
27		Schicht	Wert	1000	1000	2000	4000
28		**Anteil**	**Symbol**	**a_1**	**a_2**	**a_3**	
29		**Schicht**	**Wert**	**0,25**	**0,25**	**0,50**	**1,00**
30		**Stichprobe SP**	=D34/D32				=F27/G27
31		Umfang	Symbol	n_1	n_2	n_3	n
32		Schicht	Wert	50	50	100	200
33		Anzahl Bef.	Symbol	h1	h2	h3	h
34		Rauchverbot	Wert	10	10	40	60
35		**Anteil Bef.**	**Symbol**	**p1**	**p2**	**p3**	**p**
36		**Rauchverb**	**Wert**	**0,2**	**0,2**	**0,4**	**0,3**

=D29*D36+E29*E36+F29*F36

Abb. 12.11 Punktschätzung mit geschichteter Stichprobe

4. Diskrete Wahrscheinlichkeitsverteilungen

Für die Wahrscheinlichkeitsverteilungen der Schätzer der geschichteten und der ungeschichteten Stichprobe gelten grundsätzlich dieselben Überlegungen.

Die Schätzer sind **exakt hypergeometrisch** verteilt, da

- die an den Stichprobenelementen betrachtete Variable eine Dualvariable ist (Befürworter oder Nicht-Befürworter des Rauchverbots),
- die Erfolgswahrscheinlichkeit aus dem Stichprobenbefund ermittelt und als Schätzer für den unbekannten Anteil der Befürworter in der GG verwendet werden kann,
- eine Stichprobe ohne Zurücklegen gezogen wird.

Für den Schätzer der ungeschichteten Stichprobe gilt daher exakt folgende Verteilung:

$$P : H(n, M, N) \to H(200, 1200, 4000).$$

Das Arbeiten mit diesem vergleichsweise komplizierten Verteilungstyp wird in der Praxis wenn immer möglich vermieden, indem man die verfügbaren Approximationsmöglichkeiten nutzt. Die hypergeometrische Verteilung kann, wenn die **Auswahlsatzregel** erfüllt ist, durch die Binomialverteilung approximiert werden. Wie man leicht nachprüft, ist die Bedingung „Auswahlsatz kleiner oder gleich 5 %" sowohl bei der ungeschichteten als auch bei allen Teilstichproben der geschichteten Stichprobe erfüllt. Die Schätzer sind also in guter Näherung binomial verteilt. Es gilt:

- für die ungeschichtete Stichprobe $P \sim B(n; \hat{\pi}) \to B(200; 03)$
- für die Teilstichprobe 1: $P_1 \sim B(n_1, \hat{\pi}_1) \to B(50; 0, 2)$
- für die Teilstichprobe 2: $P_2 \sim B(n_2, \hat{\pi}_2) \to B(50; 0, 2)$
- für die Teilstichprobe 3: $P_3 \sim B(n_3, \hat{\pi}_3) \to B(100; 0, 4)$

5. Kenngrößen der Schätzer

Für die Kenngrößen Erwartungswert und Varianz des binomialverteilten Anteils P gelten ganz allgemein folgende Formeln:

$$E(P) = \pi \quad \text{sowie} \quad V(P) = \frac{\pi(1-\pi)}{n}.$$

Diese Formeln gelten exakt, wenn π bekannt und der Anteil P als Zufallsgröße bei n Zufallsvorgängen betrachtet wird.

Beim Schätzen ist die Situation gerade umgekehrt: π ist unbekannt und soll geschätzt werden, und zwar aus einer konkreten Realisation von P, die sich in einer Stichprobe aus n zufällig ausgewählten Elementen ergeben hat. Die obigen Formeln gelten beim Schätzen analog, nur mit dem aus dem Stichprobenbefund geschätzten Wert für π: $\hat{\pi}$. Zur Berechnung der Kenngrößen sind die obigen Formeln einzugeben.

5.a Erwartungswert

Ungeschichteter Schätzer: $E(P) = \hat{\pi} = 0,3$; geschichteter Schätzer $E\left(P^g\right) = \hat{\pi}^g = 0,3$.

Die beiden Schätzer haben den gleichen Erwartungswert.

5.b Varianz/Standardabweichung

5.b.α Ungeschichteter Schätzer

$$V\left(P\right) = \sigma^2\left(P\right) = \frac{\hat{\pi} \cdot \left(1 - \hat{\pi}\right)}{n} = \frac{p \cdot \left(1 - p\right)}{n} = \frac{0.3 \cdot 0,7}{200}$$

$$= 0,00105.$$

$$\sigma\left(P\right) = \sqrt{\sigma^2\left(P\right)} = \sqrt{0,00105}$$

$$= 0,03240.$$

5.b.β Geschichteter Schätzer

$$V(P^g) = \sigma^2(P^g) = \sum a_i^2 \cdot V(P_i)$$

mit

$$V(P_i) = \sigma^2(P_i) = \frac{\hat{\pi}_i \left(1 - \hat{\pi}_i\right)}{n_i}.$$

Nach der Formel setzt sich die Varianz des geschichteten Schätzers aus den Varianzen der Schichten/Teilstichproben zusammen. Im Gegensatz zum geschichteten Schätzer selbst, bei dem die Schätzungen aus den Teilstichproben mit den Anteilen der Schichten in der Grundgesamtheit gewichtet wurden (siehe Teilaufgabe 3.b), erfolgt bei den **Varianzen** die Gewichtung mit dem **Quadrat** der Anteile.

Die rechnergestützte Umsetzung der Formel erfolgt in einer Arbeitstabelle, in die die benötigten Größen und ihre Werte – soweit bereits vorhanden – übernommen werden, wie in Abb. 12.12 im oberen Teil geschehen.

Im unteren Teil sind für jede Schicht die Ergebnisse der Streuungsrechnung und exemplarische Formeleingaben dargestellt. Die Gesamtvarianz erhält man als Summe in Zelle G41 und die Standardabweichungen als Wurzel (G43).

6. Gütevergleich der Schätzer

Hauptgüteaspekte von Schätzern sind **Erwartungstreue, Wirksamkeit und Konsistenz**. Ein Schätzer ist erwartungstreu, wenn sein Erwartungswert mit dem unbekannten Parameter übereinstimmt. Er ist konsistent, wenn er stochastisch gegen den unbekannten Parameter konvergiert und er ist umso wirksamer, je kleiner seine Streuung ist. Die Stichprobentheorie hat gängige Schätzer hinsichtlich dieser Eigenschaften mathematisch untersucht und festgestellt, dass der Anteilsschätzer erwartungstreu und konsistent ist, und

A	B	C	D	E	F	G
30			Alter [Jahre]			Summe
31			≤ 35	≤ 45	≤ 65	
32	Anteil	Symbol	a_1	a_2	a_3	
33	Schicht GG	Wert	0,25	0,25	0,50	1,00
34	Umfang	Symbol	n_1	n_2	n_3	n
35	Schicht SP	Wert	50	50	100	200
36	Anteil Bef.	Symbol	$\hat{\pi}_1 = p_1$	$\hat{\pi}_2 = p_2$	$\hat{\pi}_3 = p_3$	$\hat{\pi} = p$
37	Rauchverbot	Wert	0,2	0,2	0,4	0,3
38	Ant.Gegner	Symbol	=(F33^2*F37*F39/F35		$q_3=1-p_3$	$q=1-p$
39	Rauchverbot	Wert	0,6		0,6	0,7
40	Varianz	Symbol	$V(P_1)$	$V(P_2)$	$V(P_3)$	$V(Pg)$
41	Schicht	Wert	=F41^0,5	0,00020	0,00060	**0,00100**
42	StandAbw.	Symbol	$\sigma(P_1)$	$\sigma(P_2)$	$\sigma(P_3)$	$\sigma(Pg)$
43	Schicht	Wert	0,01414	0,01414	0,02449	**0,03162**

Abb. 12.12 Streuungsrechnung mit geschichteter Stichprobe

zwar unabhängig vom Anwendungsfall und den vorhandenen Daten. Das heißt, dass auch im vorliegenden Fall sowohl der ungeschichtete als auch der geschichtete Schätzer erwartungstreu und konsistent sind und diesbezüglich kein Güteunterschied besteht.

Die Wirksamkeit oder **Effizienz** wird durch die Streuung operationalisiert und in der Regel durch Varianz/Standardabweichung quantifiziert. Sie ist abhängig vom spezifizierten Verteilungsmodell des Schätzers und damit von den im Anwendungsfall vorliegenden Daten. Vergleicht man die Streuungen der Schätzer miteinander, stellt man fest, dass die Streuung des geschichteten Schätzers kleiner als die des ungeschichteten ist. Dies ist ganz allgemein so und wird als **Schichtungseffekt** bezeichnet. Quantifiziert und relativiert man die Streuungsunterschiede, so kann man ermitteln, um wie viel besser der geschichtete Schätzer ist. In Abhängigkeit der verwendeten Streuungsmaßgröße beträgt der Schichtungseffekt hier 2,41 % (Standardabweichung) bzw. 4,76 % (Varianz).

7. Bereichsschätzungen/Konfidenzintervalle

Da man über die (Un)genauigkeit und (Un)sicherheit von **Punktschätzungen** keine quantitativen Aussagen machen kann, ermittelt man Bereichsschätzungen. Das sind typischerweise symmetrische Intervalle um den Erwartungswert des Schätzers mit seiner Standardabweichung. Das Ausmaß, in dem die Streuung des Schätzers bei der Bereichsschätzung berücksichtigt wird, hängt von dem vom Anwender vorzugebenden **Vertrauens- bzw. Konfidenzniveau** ab, das hier mit γ notiert wird. Die Bereichsschätzung wird wesentlich einfacher, wenn man statt der Binomialverteilung die Normalverteilung benutzt. Die Approximation der Binomialverteilung durch die Normalverteilung ist möglich, wenn folgende **Approximationsbedingung** erfüllt ist:

$$V(X) \geq 9.$$

	A	B	C	D	E	F	G	H	I	J
7		Punktsch.	Konfidenz	Irrtumswkt.	krit. Wert	StanAbw.	SP-Fehler	Konfidenzintervall		
8		p	γ	α_0	z_k	σ(P)	z_k * σ(P)	Untergr.	Obergr.	Länge
9		0,30	0,95	0,05	1,96000	0,0324	0,063511	0,2365	0,3635	0,1270

Abb. 12.13 Konfidenzintervall mit ungeschichteter Stichprobe

Diese Bedingung bezieht sich auf die Varianz einer binomial verteilten Zufallsgröße X, d. h. die **Anzahl** und **nicht den Anteil** P der Elemente mit der betrachteten Eigenschaft. Die entsprechende Varianzformel lautet (siehe Abschn. 9.2 Aufgabe „Baumwollfasern"):

$$V(X) = n \cdot p \cdot (1 - p).$$

7.a Ungeschichtete Stichprobe
Die Anwendung der obigen Formel liefert im vorliegenden Fall $V = 200 \cdot 0,3 \cdot 0,7 = 42 > 9$.

Der Schätzer ist also approximativ normalverteilt und der standardisierte Schätzer approximativ standardnormalverteilt. Dem vorgegebenen Konfidenzniveau entspricht in der Standardnormalverteilung unter $D(z)$ jeweils ein bestimmter Wert von Z, der hier mit z_k notiert wird. In dieser Notation lautet die Formel für das Konfidenzintervall des unbekannten Anteils π zum Konfidenzniveau γ mit p als Punktschätzung und $\sigma(P)$ als Standardabweichung des Schätzers:

$$p - z_K \cdot \sigma(P) \leq \pi \leq p + z_K \cdot \sigma(P).$$

Die Ermittlung des Konfidenzintervalls durch Umsetzung der Formel erfolgt in einer Arbeitstabelle. Diese enthält im linken Teil die benötigten Größen und ihre Werte und im rechten Teil die erforderlichen Berechnungen, so wie in Abb. 12.13 ersichtlich. Dabei entspricht dem hier vorgegebenen Konfidenzniveau von $\gamma = 0,95$ ein Z-Wert von $z_k = 1,96$, den man aus der Standardnormalverteilungstabelle abliest oder mit der statistischen Funktion NORM.S.INV ermittelt (siehe Abschn. 12.1 Aufgabe „Bildschirmlebensdauer").

7.b Geschichtete Stichprobe
Auch für die Schätzer aus den Teilstichproben ist die Approximationsbedingung zu prüfen, und zwar für jede Schicht einzeln. Dies kann auch mit Excel in einer Arbeitstabelle geschehen, so wie in Abb. 12.14 dargestellt. Im vorliegenden Fall wird die Approximationsbedingung zweimal, wenn auch nur sehr knapp, verfehlt. Trotzdem soll der Einfachheit

	A	B	C	D	E	F	G	H
15		Schicht	lfd. Nr.				1-p_i	p_i·q_i·n_i	Prüfung
16		[Jahre]	i	n_i	p_i		q_i	V_i	V≥9
17		≤ 30	1	50	20%		80%	8	☒
18		≤ 45	2	50	20%		80%	8	☒
19		≤ 65	3	100	40%		60%	24	☑
20		Summe		200					

Abb. 12.14 Überprüfung der Approximationsbedingungen beim geschichteten Schätzer

| I24 | ▾ | : | × | ✓ | *fx* | =B24+G24 | | | | |

	A	B	C	D	E	F	G	H	I	J
22		Punktsch.	Konfidenz	Irrtumswkt.	krit. Wert	StanAbw.	SP-Fehler	Konfidenzintervall		
23		p	γ	α_0	z_k	σ(P)	z_k * σ(P)	Untergr.	Obergr.	Länge
24		0,30	0,95	0,05	1,96000	0,0316	0,061981	0,2380	0,3620	0,1240

Abb. 12.15   Konfidenzintervall mit geschichteter Stichprobe

halber auch bei dem geschichteten Schätzer mit der approximativen Normalverteilung ge-
arbeitet werden.

Das Konfidenzintervall ermittelt man analog zur ungeschichteten Stichprobe, allerdings
mit veränderter Standardabweichung, siehe Abb. 12.15.

8. Gütevergleich und sachgerechte Interpretation

8.a Gütevergleich

Da die beiden Schätzungen bis auf den Aspekt der Schichtung in allen übrigen Bedingungen übereinstimmen, kann man ihre Güte allein anhand der Länge der Konfidenzintervalle
bemessen und vergleichen. Das Konfidenzintervall der geschichteten Stichprobe ist kürzer,
die Bereichsschätzung damit besser als die der ungeschichteten Stichprobe. Die quantitative Güteanalyse erbringt eine Verbesserung der Bereichsschätzung durch die Schichtung
von 2,41 % (Schichtungseffekt).

Im vorliegenden Fall ist der Schichtungseffekt vergleichsweise gering. Er ist unter sonst
gleich bleibenden Bedingungen umso größer, je mehr Kriterien zur Schichtung benutzt
werden. In der Praxis ist die Schichtung neben dem Stichprobenumfang das wichtigste Instrument, um zu Schätzungen hoher Güte zu gelangen. Ein besonders markantes Beispiel
dafür sind die Schätzungen aus politischen Meinungsumfragen. Hier werden routinemäßig
repräsentative Schätzungen mit hoher Konfidenz für alle Wahlberechtigten in Deutschland
gemacht (ca. 60 Mio.), wobei nur ca. 1000 wahlberechtigte Bürger befragt werden. Dies ist
bei dem Stichprobenumfang allein mit einem ausgefeilten Schichtungsverfahren möglich.

8.b Sachgerechte Interpretation

Mit der Wahrscheinlichkeitsverteilung des Schätzers kann man keine Wahrscheinlichkeitsaussagen über die Schätzungen machen, weder über die Punkt- noch über die Bereichsschätzungen. Konfidenzintervalle sind daher **keine Wahrscheinlichkeitsintervalle** und
müssen deshalb sachgerecht anders interpretiert werden. Die gängige **Erwartungsinter-
pretation** lautet (hier am Beispiel des besseren Konfidenzintervalls aus der geschichteten
Stichprobe):

Wenn man 100 Zufallsstichproben der gleichen Art und des gleichen Umfangs aus der
Belegschaft des Betriebes ziehen würde, so würden von den mit Hilfe der jeweiligen Stich-
probenanteilswerte konstruierten 100 Vertrauensbereichen ungefähr 95 den unbekannten
Anteil der Befürworter des Rauchverbots überdecken und fünf würden ihn verfehlen. Ob

das aufgrund eines konkreten Stichprobenbefundes – hier z. B. $p = 0{,}3$ – konstruierte Konfidenzintervall zu denen zählt, die den unbekannten Parameter überdecken, oder zu denen, die ihn verfehlen, weiß man allerdings nicht.

12.3 Übungsaufgaben

12.3.1 Aufgabe „Light Alcohol-Konsum"

Der Gesundheitssenator in Berlin verfolgt besorgt die Konsumentwicklung von leichten alkoholischen Getränken, die auch von Jugendlichen unter 18 Jahren gekauft werden können. Die zuständigen Industrie- und Handelsverbände haben über den Absatz dieser Produktgruppe an Jugendliche unter 18 Jahren im letzten Jahr unlängst einige Angaben veröffentlicht. Diesen kann man übereinstimmend entnehmen, dass der Jahreskonsum annähernd normalverteilt ist. Die Streuung wird von einem Verband mit 21 [l] angegeben. Die Angaben über den Durchschnittskonsum sind dagegen sehr widersprüchlich und erscheinen nicht valide. Um sich vor allem über den Durchschnittskonsum in Berlin ein aktuelles und verlässliches Bild zu machen, beauftragt der Senator zwei unabhängig Konsumforschungsinstitut mit der Durchführung geeigneter Stichprobenuntersuchungen. Beide Institute machen zunächst Voruntersuchungen, bei denen litergenaue Angaben ausreichend sind.

Aufgabenstellungen

1. Das Institut A wählt für seine Stichprobe zufällig 49 Jugendliche unter 18 Jahren aus und stellt einen durchschnittlichen Jahreskonsum von 75 [l] fest. Für seine Hochrechnung benutzt es die von den Verbänden veröffentlichten Angaben.
   a) Welchen Schätzer verwendet A aufgrund welcher Schätzmethode und wie gut ist er?
   b) Wie ist der Schätzer verteilt (Typ, Parameter, Begründung)?
   c) Ermitteln Sie mit dem Schätzer eine Punktschätzung. Wie wahrscheinlich ist sie?
   d) Ermitteln Sie Bereichsschätzungen mit Vertrauensniveaus von 90 und 95 %.
   e) Vergleichen Sie Ihre Bereichsschätzungen. Welche ist besser, warum und um wie viel?
   f) Interpretieren Sie das bessere Schätzintervall sachgerecht.
2. Das Institut B misstraut der veröffentlichten Angabe über die Streuung. Es will mit dem Befund einer kleinen Stichprobe von 25 zufällig ausgewählten Jugendlichen unter 18 Jahren den Mittelwert und die Streuung in der Grundgesamtheit schätzen und damit zu Bereichsschätzungen kommen. Es stellt bei den 25 Jugendlichen folgenden Jahreskonsum (in Litern) fest.

61	84	111	115	52	67	55	42	87
72	49	23	95	77	53	79	96	104
125	90	56	82	93	46	68		

3. Zum Zwecke der besseren Vergleichbarkeit der Institutsschätzungen erhöht B den Stichprobenumfang ebenfalls auf $n = 49$. Man erhält als Befund einen Durchschnittswert von 70 [l] und eine Standardabweichung von 17,5 [l].

   a) Wie ist der von B jetzt zu verwendende Schätzer verteilt?
   b) Ermitteln Sie Bereichsschätzungen mit einer Sicherheit von 90 und 95 %.
   c) Vergleichen Sie die Schätzintervalle beider Institute mit jeweils gleichem Konfidenzniveau miteinander. Welche sind besser, warum und um wie viel?
   d) Stellen Sie die von A und B verwendeten Schätzverteilungen und die mit ihnen ermittelten Schätzintervalle zum Konfidenzniveau von 95 % zu Vergleichszwecken in geeigneter Form graphisch dar.
   e) Werten Sie Ihre Graphik für eine von beiden Instituten gemeinsam zu veröffentlichende Bereichsschätzung aus.

12.3.2   Aufgabe „Statistikklausuren"

An der größten europäischen Wirtschaftshochschule wurde von dem Institut für Quantitative Methoden unlängst eine empirische Untersuchung zur Statistik-Grundausbildung durchgeführt. Dabei wurden insgesamt 400 Studierende zufällig ausgewählt und u. a. danach befragt, ob die obligatorischen Klausuren abgeschafft werden sollen. Das Erhebungsergebnis ist in folgender Tabelle zusammengestellt.

Studiengang	Grundgesamtheit	Stichprobenumfang	Befürworter
Betriebswirtschaft	4000	200	160
Wirtschaftsingenieur	2000	100	50
Sonstige	2000	100	10
Summe	8000	400	220

Aufgabenstellungen

1. Charakterisieren Sie kurz das verwendete Stichprobenverfahren nach Auswahl-, Entnahme- und Auswertungsart sowie nach der vorgenommenen Schichtung. Wie beurteilen Sie die Repräsentativität der aus der Stichprobe ableitbaren Schlüsse?
2. Welche Methoden der Parameterschätzung kennen und verwenden Sie (Begründung)?
3. Schätzen Sie den Anteil der Befürworter der Abschaffung der Klausuren
   a) aus der **ungeschichteten** Stichprobe.
   b) aus der **geschichteten** Stichprobe.

Welche Schätzer verwenden Sie?

4. Wie sind die verwendeten Schätzer exakt und approximativ diskret verteilt (Verteilungstyp, Parameter, Begründung)?

5. Ermitteln Sie die Kenngrößen der beiden Schätzer, d. h. ihre Erwartungswerte und Varianzen/Standardabweichungen.

6. Beurteilen Sie systematisch und vergleichend die Güte beider Schätzer. Was können Sie über die Wahrscheinlichkeit der Punktschätzungen sagen?

7. Ermitteln Sie mit beiden Schätzern und ihren approximativen stetigen Verteilungen Vertrauensbereiche/Konfidenzintervalle mit einem Vertrauensniveau von 95 %.

8. Vergleichen Sie die beiden Bereichsschätzungen. Welche ist besser, warum und um wie viel? Interpretieren Sie das bessere Schätzintervall sachgerecht.

Statistik in der Wertpapieranalyse 13

Für die **Informationsrecherche** über Wertpapiere stehen heutzutage viele Wege offen, insbesondere auch Portale im Internet. Diese bieten zu jedem Wertpapier verschiedene Informationsarten wie Texte, Diagramme und Zahlen, die im Wesentlichen Resultat **statistischer Analysen** sind. Sie enthalten häufig Fachbegriffe, die das Verständnis erschweren und insgesamt eine Informationsfülle, die den Blick für das Wesentliche behindert.

Wir wollen in diesem Kapitel unter Verwendung von Praxisbeispielen eine **Einführung** in die finanzwirtschaftlichen Analyse, Bewertung und Gestaltung klassischer Wertpapieranlagen geben und die dazu verwendeten gängigen statistischen Analysen verwenden. Dabei beschränken wir uns auf klassische Produkte wie **Aktien** und **Anleihen,** da sie als Stellvertreter zweier unterschiedlicher Anlagetypen gelten: Anleihen sind traditionell „**sichere Anlagen**", da sie eine vorab festgelegte Verzinsung des investierten Kapitals haben und ihre Kurse vergleichsweise stabil sind. Aktien sind traditionell „**riskante Anlagen**", da ihre Kurse erheblich schwanken und auch ihre Ausschüttungen in Form der Dividende variabel sein können.

In der **andauernden Niedrigzinsphase** erwirtschaften „sichere Anlagen" geringe Renditen, die teilweise sogar zu Realverlusten führen, so dass ein Investment in „riskante Anlagen" auch für risikobewusste Anleger tendenziell an Bedeutung gewinnt. Denn neben dem Risiko gibt es die **Chance** auf insgesamt deutlich höhere Renditen, die sich bei Aktien aus der Kursrendite und der **Dividendenrendite** zusammensetzen. In diesem Kapitel beschränken wir uns auf die Betrachtung von Chancen und Risiken, die allein auf Kursänderungen beruhen, also den **Kursrenditen**. Auch andere Analysearten zur groben Charakterisierung und Bewertung von Aktien wie die Fundamentalanalyse werden hier nicht behandelt.

Ausgangspunkt ist das finanzwirtschaftliche Verhalten des betrachteten Wertpapiers in der Vergangenheit, das in der Regel zur Abschätzung zukünftiger Entwicklungen benutzt wird. **Abschnitt 13.1 Aufgabe „Empirische Aktienkurs- und Renditeanalysen"** behandelt am Beispiel der Aktie eines namenhaften deutschen Sportartikelherstellers die gängigen Kurs- und Renditeanalysen. Bei der Kursanalyse ist die Unterscheidung in **kurz-,**

J. Meißner und T. Wendler, *Statistik-Praktikum mit Excel*,
Studienbücher Wirtschaftsmathematik, DOI 10.1007/978-3-658-04187-8_13,
© Springer Fachmedien Wiesbaden 2015

mittel- und langfristige Betrachtungen grundlegend, die jeweils aus **Trend- und Korrido-ranalysen sowie Prognosen** bestehen. Bei der Renditeanalyse geht es vorrangig um **grundlegende Kenngrößen**, mit denen **Gewinne und Verluste** aus Kursänderungen kompakt quantifiziert werden. Abschließend wird die Aktie mit einem für den betrachteten Markt geeigneten Index verglichen, was im vorliegenden Fall der Dax ist. Erst durch **Vergleich** ist eine vernünftige Beurteilung und Einordnung des betrachteten Wertpapiers möglich.

Die Renditekenngrößen reichen in der Regel nicht aus, um insbesondere das Verlustrisiko ausreichend präzise zu quantifizieren. **Abschnitt 13.2 Aufgabe „Renditemodellierung und Risikoabschätzung: Value at Risk"** behandelt den im Risikomanagement diesbezüglich gängigen Ansatz. Ausgehend von den Renditen der Vergangenheit wird eine **empirische Renditeverteilung** erstellt und über den empirischen Wahrscheinlichkeitsbegriff daraus eine **Rendite-Wahrscheinlichkeitsverteilung** modelliert. Als **Grundmodell** dient auch hier – wie in vielen anderen Analysegebieten – die Normalverteilung. Mit der **Normalverteilung** kann man einfach und schnell quantitative Aussagen mit vorgegebenen Wahrscheinlichkeiten über die **Mindestrendite** und den **maximal möglichen monetären Verlust** eines Investments machen. Die Güte des Modells wird statistisch überprüft und im vorliegenden Fall für den Worst-Case durch eine direkt aus den empirischen Daten abgeleitete Abschätzung ergänzt.

Wie man weiß, ist eine einzige volatile Wertpapieranlage ein **Klumpenrisiko**, das man durch Verteilung auf mehrere art- und wertmäßig unterschiedliche Wertpapiere reduziert. Abschnitt **13.3 Aufgabe „Portfolioanalyse"** zeigt, auf welchen „Mechanismen" dieser **Diversifikationseffekt** beruht und wie man diese nutzen kann, um beispielsweise diejenige Zusammensetzung eines Wertpapierportfolios zu ermitteln, das bei **minimalem Risiko eine Rendite** bringt.

13.1   Aufgabe „Empirische Aktienkurs- und Renditeanalysen"

Ausgangspunkt der Betrachtung sind die historischen Kurse der Aktie eines namenhaften, deutschen Sportartikelherstellers zum Untersuchungszeitpunkt (Anfang 2014) gemäß der folgenden Tabelle (Schlußkurse am Monatsende in Euro).

D	E	F	G	H	I	J	K	L	M	N
4						Jahr				
Monat	**2004**	**2005**	**2006**	**2007**	**2008**	**2009**	**2010**	**2011**	**2012**	**2013**
Jan.	22,88	28,66	43,20	36,80	42,52	27,24	38,86	45,57	55,05	68,63
Febr.	22,70	28,28	41,00	37,04	41,95	22,94	36,36	46,59	58,99	70,05
März	23,58	30,64	40,83	40,85	42,20	25,06	39,57	44,49	58,63	80,77
April	24,13	30,12	41,90	43,85	41,01	28,60	43,93	50,20	62,79	79,53
Mai	24,38	33,85	38,69	47,31	45,31	25,86	40,94	52,52	59,89	84,05
Juni	24,55	34,70	37,65	47,20	40,13	27,04	39,98	54,51	56,55	83,24
Juli	24,65	37,34	36,53	44,65	39,36	29,63	41,52	51,87	60,92	83,96
Aug.	26,39	36,15	37,33	43,29	39,96	32,85	40,21	48,28	61,80	80,22
Sept.	28,05	36,25	37,06	46,00	37,77	36,33	45,42	46,01	64,01	80,25
Okt.	27,38	34,99	39,24	45,88	27,14	31,50	46,99	51,09	65,86	84,31
Nov.	29,05	37,26	37,17	45,19	24,50	38,15	48,06	51,97	67,84	89,76
Dez.	29,97	40,09	37,83	50,93	27,09	37,94	49,29	50,40	67,35	92,59

13.1.1   Aufgabenstellungen

1. **Aktienkursverlauf**
   a) Stellen Sie den Kursverlauf des letzten Jahres (kurzfristig), der letzten 5 Jahre (mittelfristig) und der letzten 10 Jahre (langfristig) in separaten Diagrammen dar. Beachten Sie, dass es bei der 5- und 10-Jahresbetrachtung aus Aufwandsgründen sinnvoll sein kann, Quartalswerte zu verwenden. Welche Hauptbotschaften über die historische Kursentwicklung können sie den Diagrammen entnehmen?
   b) Ermitteln und interpretieren Sie geeignete Kenngrößen für die kurz- und mittel- und langfristige Kursentwicklung.
2. **Trendanalysen**
   Ermitteln, visualisieren und interpretieren Sie für den kurz- und mittelfristigen Kursverlauf jeweils
   a) Trendmuster durch geeignete gleitende Mittelwerte
   b) Trendlinien durch geeignete Trendfunktionen
   c) Trendprognosen für die erste Zeiteinheit im Prognosezeitraum
   d) Korridore bzw. Bänder ausgehend von den gleitendenden Mittelwerten mit Hilfe einer Standardabweichung (zentrale Schwankungsintervalle).
3. **Kursänderungen und Kursrenditen**
   a) Ermitteln Sie die **monatlichen** Kursänderungen in 2013 und in den Jahren 2009–2013 absolut [€] und relativ [%]. **Die relativen Änderungen in Prozent sind die Kursrenditen.**
   b) **Visualisieren** Sie die ermittelten Kursrenditen in geeigneten Formen und interpretieren und vergleichen Sie die Diagramme formal und inhaltlich.
   c) Ermitteln und vergleichen Sie folgende grundlegenden **Kenngrößen** der monatlichen Kursrenditen für das Jahr 2013 und für die Jahre 2009–2013:
   d) als Lagemasse die kleinste und die größte

e) als Mittelwerte die durchschnittliche und die mittlere

f) als Streuungs- bzw. Volalitätsmaße die Spannweite, die Standardabweichung und das zentrale Schwankungsintervall (Unter- und Obergrenze sowie Breite)

g) Ermitteln Sie aus den monatsbezogenen Kenngrößen zur besseren Vergleichbarkeit mit anderen Investments soweit möglich **jahresbezogenen Kenngrößen** und vergleichen Sie diese kurz- und mittelfristig.

h) Ermitteln und vergleichen Sie die insbesondere für Verbraucher von der Stiftung Warentest nach dem bekannten Konzept der **Best & Worst-Case-Analyse** entwickelten Maßgrößen für den **maximalen theoretischen Gewinn** ($G_{max\,t}$) und **Verlust** ($V_{max\,t}$) eines Wertpapiers. Diese erhält man, wenn man in dem Betrachtungszeitraum die Summe aller positiven (negativen) Kursrenditen als obere Schranke für deren Gewinn (Verlust) nimmt.

i) **Visualisieren** Sie beispielhaft für das letzte Jahr die prozentualen **Kursgewinne und -verluste** gemäß der Durchschnittsanalyse und der theoretischen Best & Worst-Case-Analyse (Stiftung Warentest) in einem geeigneten Diagramm. Was können Sie daraus ablesen?

j) Ermitteln und vergleichen Sie mit den Ergebnissen von c.–e. konstruierbare **Renditegewinn- und -Verlust-Verhältniszahlen.**

4. **Vergleich mit DAX**

   a) Führen Sie für den DAX die gleichen Kurs- und Renditeanalysen durch wie für die Aktie (siehe Teilaufgaben 1–3).

   b) Führen Sie einen systematischen Vergleich hinsichtlich Kursverlauf, Trend, Zusammenhang von Aktienkurs und Dax sowie Rendite durch. Was stellen Sie fest?

LERNINHALTSÜBERSICHT

STATISTIK	EXCEL-UNTERSTÜTZUNG
1. Aktienkursverlauf	
a) Visualisierung	
α. Datenaufbereitg. mittel- u. langfr. Analysen	
β. Diagrammerstellung	Liniendiagramm
γ. Interpretation	
b) Entwicklungskenngrößen (Performance)	Stat. Funktionen, Formeln
2. Trendanalysen	
a) Trendmusteranalysen	Formeln
b) Trendlinienanalysen	Trendlinie hinzufügen
c) Kurzfristige Trendprognosen	Formeln
d) Korridoranalysen	**Formeln**
3. Kursänderungen bzw. Kursrenditen	
a) Ermittlung	Formeln
b) Graphische Darstellungen	Linien- und Säulendiagramm
c) Kenngrößen der monatlichen Kursrendite	Statistische Funktionen
d) Kenngrößen der jährlichen Kursrendite	**Formeln**
e) Maximaler theoretischer Gewinn u. Verlust	**Formeln**
f) Gewinn- u. Verlust-Kenngrößen-Diagramm	Punktediagramm
g) Gewinn-Verlust-Verhältnisse	**Formeln**
4. Gegenüberstellung und Vergleich mit DAX	
a) DAX-Kurs- und Renditeanalysen	Siehe 1.–3.
b) Gegenüberstellung und Vergleich	
α. Wertentwicklung (Performance)	
β. Trendanalysen	
γ. Zusammenhangsanalysen	
δ. Renditeanalysen	

13.1.2 Aufgabenlösungen

1. Aktienkursverlauf

1.a Visualisierung

Der Kursverlauf wird üblicherweise als Liniendiagramm visualisiert. Bei einer kleineren Datenmenge – wie etwa bei der Kurzfristbetrachtung der letzten 12 Monate – ist auch der Untertyp „Linie mit Punkten" gebräuchlich.

Abb. 13.1 Datenstruktur für längere Untersuchungen (Auszug)

	D	E	F	G
20	**Jahr**	**Quart.**	**lfd. Nr.**	**Kurs[€]**
21		**1.**	1	23,58
22	**04**	**2.**	2	24,55
23		**3.**	3	28,05
24		**4.**	4	29,97

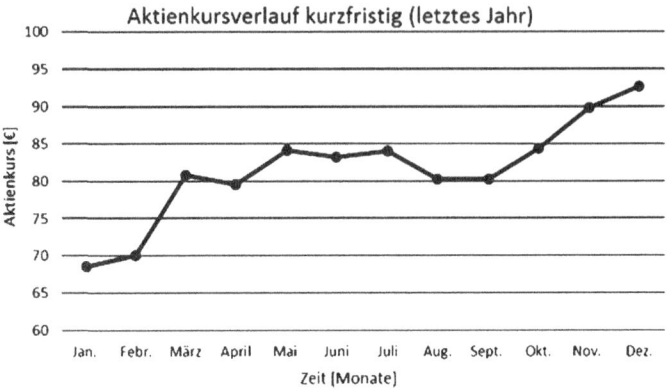

Abb. 13.2 Aktienkursverlauf kurzfristig (letztes Jahr)

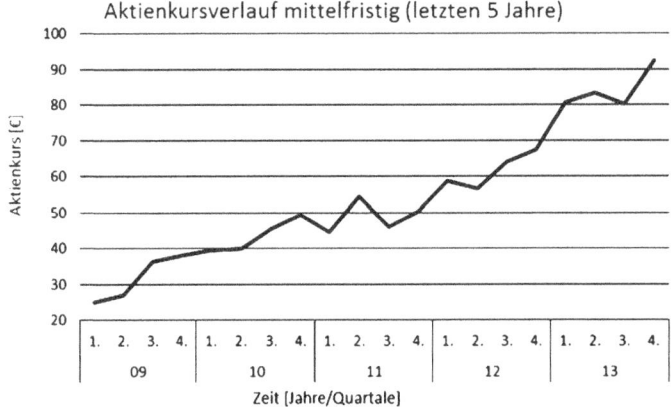

Abb. 13.3 Aktienkursverlauf mittelfristig (letzten 5 Jahre)

1.a.α Datenaufbereitung für mittel- und langfristige Untersuchung Die Quartalsdaten sind aus den gegebenen Monatsdaten zu kopieren und sinnvoller Weise in eine andere Datenstruktur zu bringen, bei der für die Diagramme auf der Zeitachse Jahre und Quartale ablesbar sind, so wie in Abschn. 7.2 Aufgabe „Energieproduktion". Abbildung 13.1 zeigt auszugsweise den Anfang der entsprechenden Tabelle für das Jahr 2004.

1.a.β Diagrammerstellung Die Erstellung von Liniendiagrammen ist in Abschn. 7.2 Aufgabe „Energieproduktion", Teilaufgabe 1 ausführlich beschrieben, worauf hier verwiesen sei. Abbildungen 13.2 und 13.3 zeigen den kurz- und mittelfristigen Kursverlauf.

1.a.γ Interpretation Der Aktienkurs ist kurz- und mittelfristig tendenziell gestiegen, d. h. die Aktie bewegte sich in den letzten 5 Jahren überwiegend in einem Aufwärtstrend. In der EXCEL-Musterlösung befindet sich auch das hier nicht gezeigte Bild der Langfristentwick-

	D	E	F	G	H	I
	Zeit-	Kurs		Zeit-	Entwicklung	
71		MIN	MAX			
72	raum			fenster	indiz.	Perf.[%]
73				1 M.	103,15	3,15
74	kurz-	68,63	92,59	3 M.	115,38	15,38
75	fristig			6	110,16	10,16
76		=N17/N16*100			37,48	37,48
77	mittel-	22,94	92,59	3 J.	187	87,85
78	fristig			5 J.	=H73-100	241,79
79	langfr.	22,70	92,59	10 J.	404,68	304,68

Abb. 13.4 Kenngrößen der Kursentwicklung

lung. Danach ist der Kurs in 2008 (Finanzkrise) stark eingebrochen, hat sich aber seitdem wie in Abb. 13.3 entwickelt. Das Muster der Aufwärtsentwicklung wird im Rahmen der Trendanalyse unter 2. noch genauer analysiert.

1.b Entwicklungskenngrößen

Als grundlegende Kenngrößen der Entwicklung von Wertpapierkursen sind der tiefste Kurs (MIN) und der höchste Kurs (MAX) in dem jeweils betrachteten Zeitraum sowie die relative Kursänderung vom Anfang bis zum Ende desselben anzusehen. Die relative Kursänderung in Prozent wird üblicherweise als **Performance** bezeichnet, wobei bei Wertpapieren mit Ertragsausschüttungen diese als wieder angelegt mit einbezogen werden.

Die Tiefst- und Höchstkurse ermittelt man mit den statistischen Funktionen MIN und Max, angewendet auf die Kurse des jeweiligen Zeitraums, die relativen Kursänderungen durch Eingabe geeigneter Formeln. Abbildung 13.4 zeigt die Ergebnisse und die beispielhafte Formeleingabe zur Berechnung der Kursentwicklung im letzten Monat des Jahres 2013. Die Adressen in den Formeln beziehen sich auf die Zeilen- und Spaltenangaben der Ausgangsdaten in der Aufgabenstellung!

Danach hat die Aktie Ende 2014 ihr bisheriges „Allzeithoch". Der Tiefstkurs des letzten Jahres lag bei 68,63 [€], der in den letzten 5 Jahren war nur knapp höher als der in den letzten 10 Jahren.

Die kurzfristige Kursentwicklung der Aktie ist sehr positiv. Im letzten Jahr ist ihr Kurs um gut 37 % gestiegen, davon allein über 15 % im letzten Vierteljahr. Auch die mittel- und langfristige Kursentwicklung kann sich sehen lassen: Die Aktie hatte Ende 2013 einen ~3,4 Mal so hohen Kurs wie vor 5 Jahren und einen ~4 Mal so hohen Kurs wie vor 10 Jahren.

Bevor man mit quantitativen Analyse des unübersehbaren Trends beginnt, sollte man sich noch Gedanken darüber machen, ob der Kursverlauf außer vom Trend eventuell noch durch andere zeitabhängige Komponenten ganz wesentlich mitbestimmt wird (vgl. Abschn. 7.2 Aufgabe „Energieproduktion", Teilaufgabe 1. Auswahl des Analysemodells). Zu denken ist vor allem an den bei ökonomischen Größen häufiger wirksamen Saisoneinfluss. Bei Wertpapierkursen ist er vor allem im letzten Quartal eines Jahres häufiger zu beobachten und in Fachkreisen als „Jahresendrallye" bekannt. Unsere Saisonanalyse auf den mittel- und langfristigen Quartalsdaten erbrachte diesbezüglich aber keine ausreichenden Ergebnisse, so dass unser Analyseansatz nur den Trend und sonstige zufällige Einflüsse berücksichtigt.

2. Trendanalysen

Bei der Trendanalyse unterscheidet man die Aspekte „Richtung" (steigend, fallend, konstant), „Muster" (linear, nicht-linear, etc.) und „Werte". Die Trendrichtung ist i.a. unschwer aus dem Kursverlaufsdiagramm ablesbar. Das Trendmuster versucht man stets durch Gleitende Mittelwerte prägnanter als bereits im Kursverlaufsdiagramm ersichtlich herauszuarbeiten. Als Trendwerte nimmt man die gleitenden Mittelwerte oder die Werte einer aus den Zeitreihendaten durch Regressionsanalyse ermittelten mathematischen Trendfunktion.

2.a Trendmusteranalysen

Bei der Methode der gleitenden Mittelwerte ist die Anzahl der Glieder sinnvoll festzulegen. In der Praxis der Kursanalyse benutzt man Tagesdaten (Tagesschlusskurse) und bildet gleitende Mittelwerte aus den letzten 20, 50, 60, 90, 100 oder 200 Tageskursen. Je größer die Gliederzahl, desto größer die „Glättungswirkung". Da hier Monats- und Quartalsdaten vorliegen, haben wir die Anzahl der Glieder entsprechend auf 3 bzw. 4 angepasst. Den 4-er-Durchschnitt haben wir zentriert, um einen eventuell vorhandenen Saisoneinfluss herausarbeiten zu können (vgl. Abschn. 7.2 Aufgabe „Energieproduktion", Teilaufgabe 2 f.). Abbildung 13.5 und 13.6 zeigen die resultierenden Trendmusterlinien.

Die Gleitenden Mittelwerte bestätigen bei der Kurzfristanalyse das schon aus dem Kursverlaufsdiagramm ablesbare Muster: Aufwärtsbewegung bis März, Seitwärtsbewegung von April bis September und erneute Aufwärtsbewegung vom Oktober bis Dezember. Bei der mittelfristigen Analyse erbringen die gleitenden Mittelwerte überwiegend einen annähernd linearen Trendverlauf, dessen Anstieg jedoch in den letzten beiden Jahren zugenommen hat.

Abb. 13.5 Gleitende Mittelwerte Teil 1 zur Trendmustererkennung

Abb. 13.6 Gleitende
Mittelwerte Teil 2 zur Trendmustererkennung

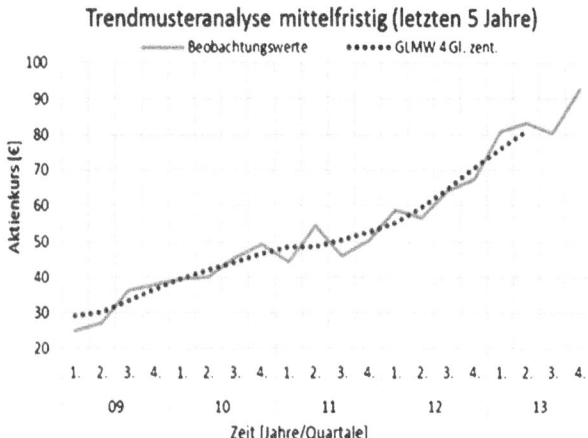

2.b Trendlinien mit Trendfunktionen

Um die erkennbaren Trendmuster in mathematische Gleichungen und deren Grafen umzusetzen benutzt man die Grafikfunktion „Trendlinie hinzufügen". Sie wird zugänglich,
wenn man in dem Diagramm auf einen der Datenpunkte der Datenreihe geht und die rechte Maustaste drückt.

Die Anwendung der Grafikfunktion ist in Abschn. 7.2 Aufgabe „Energieproduktion",
Teilaufgabe 3 ausführlich beschrieben, worauf hier verwiesen sei. Wir verwenden für beide
Analysen gleichermaßen zunächst den einfachsten Trendfunktionstyp – eine Gerade – und
ergänzend ein Polynom 3. Grades. Zu entscheiden ist dann noch, ob man die Trendlinie
auf den Beobachtungswerten oder den geglätteten Werten erzeugt. Wir plädieren generell
für die Analyse auf den Beobachtungswerten, da man damit näher an der Realität ist. Es
resultieren die Trendlinien der Abb. 13.7 und 13.8 mit Angabe der Regressionsgleichungen
und der Bestimmtheitsmaße.

Abb. 13.7 Trendlinien mit
der Grafikfunktion „Trendlinie
hinzufügen", Teil 1

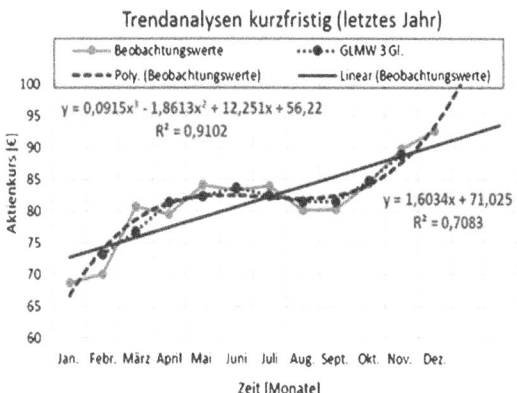

Abb. 13.8 Trendlinien mit
der Grafikfunktion „Trendlinie
hinzufügen", Teil 2

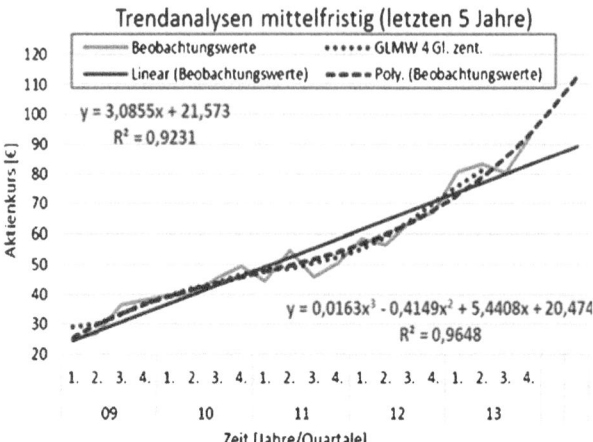

Bei der Kurzfristanalyse passt die einfache Gerade mehr schlecht als recht ($B = R^2 = 0,7$),
bei der Mittelfristanalyse dagegen sehr gut ($B = R^2 = 0,92$). Dagegen passt das Polynom 3.
Grades in beiden Fällen sehr gut ($R^2 = B = 0,91$ bzw. 0,96). Allerdings wurde bei der ausführlichen Diskussion von verschiedenen mathematischen Funktionstypen zur Modellierung von Regressionslinien (vgl. Abschn. 6.4 Aufgabe „Bierabsatz und Werbung", Teilaufgaben 4 und 7) bereits festgestellt, dass der **Modellfit** aus Praxissicht nur einer von mehreren Bewertungsaspekten ist.

1.c Trendprognosen für die 1. Zeiteinheit im Prognosezeitraum

Mit den Trendfunktionen kann man kurzfristige Trendprognosen durch simple Fortschreibung des bisherigen Trendverlaufs machen. Bei der Kurzfristanalyse ist die 1. Zeiteinheit
im Prognosezeitraum der Januar 2014, bei der Mittelfristanalyse das 1. Quartal 2014. Die
Trendprognosen sind somit Punktschätzungen für den Aktienkurs Ende Januar bzw. Ende
März 2014. Man erhält sie, in dem man die Zeiteinheitsnummer der Prognosezeiteinheit
als X-Wert in die ermittelten Trendfunktionen einsetzt. Abbildung 13.9 enthält die resultierenden Trendprognosen und beispielhafte Formeleingaben.

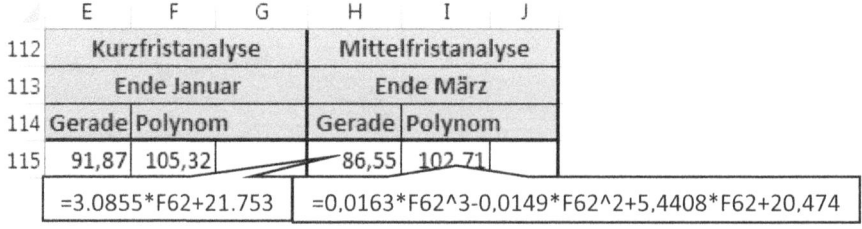

	E	F	G	H	I	J
112	Kurzfristanalyse			Mittelfristanalyse		
113	Ende Januar			Ende März		
114	Gerade	Polynom			Gerade	Polynom
115	91,87	105,32		86,55	102,71	
	=3.0855*F62+21.753			=0,0163*F62^3-0,0149*F62^2+5,4408*F62+20,474		

Abb. 13.9 Kurzfristige Trendprognosen mit Trendfunktionen

Die Trendprognosen für den Aktienkurs Ende Januar liegen bei ~92 € (linear) bzw. ~105 € (polynomisch). Bezug nehmend auf den tatsächlichen Kursverlauf bis Ende des Jahres erscheint die lineare Schätzung deutlich realistischer. Analoges gilt für die Kursschätzungen Ende März. Trendprognosen werden in der Praxis von Analysten u. a. benutzt, um **Kursziele** für ein Wertpapier zu ermitteln.

1.d Korridoranalysen

Die Diagramme des Aktienkursverlaufs enthalten auch deutliche **Kursschwankungen**. Diese sind tendenziell umso häufiger und größer, je filigraner die Daten sind. So sind sie hier bei den Monatskursen auffälliger als bei den Quartalkursen und bei den in der Praxis üblichen Tageskursen ceteris paribus noch viel markanter. Die Schwankungen entsprechen der Streuung bei Querschnittdaten. Um sie zu quantifizieren, kann man die dort üblichen Maßgrößen nutzen (vgl. Abschn. 3.1 Aufgabe „Personalkenngrößen", Teilaufgabe 4.). Bei der Analyse von Wertpapierkursen wird von den gängigen Streuungsgrößen vor allem die **Standardabweichung** benutzt. Mit ihr kann man für jede Zeiteinheit ausgehend von dem jeweiligen gleitenden Mittelwert oder Trendschätzwert einen **zentralen Schwankungsbereich** konstruieren, in dem der Kurs unter Berücksichtigung der standardmäßigen Abweichung liegt. Für die betrachteten Zeiteinheiten zusammengenommen ergeben sich im Diagramm so ergänzend zu den beobachteten Werten und zu den Trendlinien noch zwei weitere Linien. Diese werden nach ihrem Erfinder auch **BOLLINGER-Bänder** genannt und in der Praxis häufig als **Kauf- bzw. Verkaufssignale** verwendet.

Wir ermitteln die zentralen Schwankungsbereiche ausgehend von den jeweiligen gleitenden Mittelwerten, in dem wir die statistische Funktion STABW.N auf die in den jeweiligen Durchschnittskurs einbezogenen Kursdaten anwenden. Abbildung 13.10 enthält

Abb. 13.10 Zentraler Schwankungsbereich in der Kurzfristanalyse (2013)

	N	O	P	Q	R
4	**Jahr**	**GL. MW**	**SA**	**UG**	**OG**
5	**2013**	**[€]**	**[€]**	**[€]**	**[€]**
6	68,63		=(N6+N7+N8)/3		=O7-P7
7	70,05	73,15	0,64	66,51	79,79	=O7+P7
8	80,77	76,78	5,86	70,92	82,65
9	79,53	81,45	2,34	79,11	83,79
10	84,05	82,27	2,41	79,86	84,68
11	83,24	83,75	0,44	83,31	84,19
12	83,96	82,47	1,98	80,49	84,46
13	80,22	81,48	2,15	79,33	83,63
14	80,25	81,59	2,35	79,24	83,95
15	84,31	84,77	4,77	80,00	89,55
16	89,76	88,89	4,21	84,68	93,10
17	92,59		=STABW.N(N15:N17)		

Abb. 13.11 Tatsächlicher Aktienkursverlauf mit Trendlinien
und Korridor für das letzte
Jahr

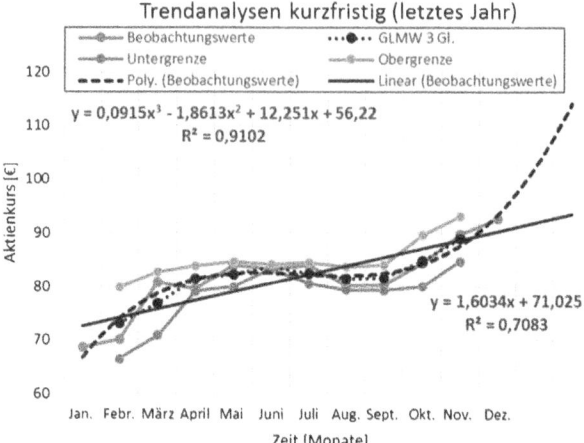

Abb. 13.12 Tatsächlicher
Aktienkursverlauf mit Trendlinien und Korridor der letzten
5 Jahre

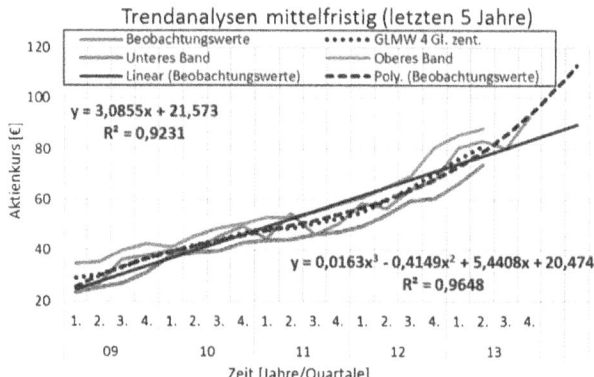

beispielhaft für die Kurzfristbetrachtung von 2013 die Ergebnisse und exemplarischen Formeleingaben für den zentralen Schwankungsbereich im Februar (Zeile 7). Darin sind SA
die Standardabweichung und UG bzw. OG die untere bzw. obere Grenze des zentralen
Schwankungsbereichs.

Die berechneten Unter- und Obergrenzen sind als weitere Datenreihen in die bislang
erstellten Diagramme aufzunehmen und mit einer passenden Bezeichnung zu versehen,
die auch in der Legende anzuzeigen ist. Abbildung 13.11 und 13.12 zeigen die Ergebnisse.

Wie man sieht, hat sich der tatsächliche Aktienkurs in der Vergangenheit sowohl
kurz auch als auch mittelfristig trotz seiner Schwankungen durchweg innerhalb der
BOLLINGER-Bänder bewegt. Das bedeutet, dass es bei der betrachteten Aktie in der
Vergangenheit bislang nicht zu außergewöhnlich großen Kursschwankungen gekommen
ist.

Was die Trendlinien angeht, sieht es dagegen anders aus. Die lineare Trendlinie hat sowohl in der kurz als auch in der mittelfristigen Betrachtung das obere BOLLINGER-Band
unübersehbar für einige Zeit überschritten und damit die Seitwärtsbewegung des Akti-

enkurses, die typischerweise Anstiegsphasen folgt, nicht ausreichend erfasst. Die polynomische Trendlinie bewegte sich dagegen in der Vergangenheit stets innerhalb der Bänder, indiziert aber mit ihrem Verlauf Ende 2013 und Anfang 2014 Kurse, die vermutlich deutlich oberhalb des oberen BOLLINGER-Bandes liegen und damit unrealistisch sein dürften.

3. Kursänderungen bzw. Renditen

Für den Kapitalanleger sind ergänzend zu den behandelten Trendaspekten Kursänderungen von zentraler Bedeutung. Denn wenn er zu einem bestimmten Zeitpunkt in ein Wertpapier investiert, bedeutet von da ausgehend eine positive Kursänderung Gewinn und damit positive Rendite, negative Kursänderung dagegen Verlust bzw. negative Rendite. Wir betrachten hier aufgrund der gegebenen monatlichen Kursdaten schwerpunktmäßig die monatlichen Kursänderungen bzw. Kursrenditen. Diese lassen sich aber bei Bedarf – insbesondere zu Vergleichszwecken – unschwer in Jahresrenditen umrechnen.

3.a Ermittlung

Kursänderungen von Monat zu Monat sind ein spezielles Anwendungsgebiet des in der Wirtschaft ganz allgemein als besonders wichtig erachteten Wachstums einer Wirtschaftsgröße. Das **Wachstum** ist in Abschn. 7.1 Aufgabe „Branchenumsatz" ausführlich behandelt, worauf hier verweisen sei. Der dort eingeführte Tabellenaufbau zur Ermittlung der Maßgrößen für das Wachstum wird auch hier verwendet. Abbildung 13.13 enthält – beispielhaft für die Kurzfristbetrachtung – die typischen Änderungsgrößen mit ihren Werten

	A	B	C	D	E	F	
4	Jahr	Monat	Kurs [€]	Änderung=Wachst.="Rendite"			
5		Jan.	68,63	abs. [€]	W-Faktor	W-Rate [%]	=C6-C5
6		Febr.	70,05	1,42	1,0207	2,07	=D6/C5*100
7		März	80,77	10,72	1,1530	15,30	
8		April	79,53	-1,24	0,9846	-1,54	
9		Mai	84,05	4,52	1,0568	5,68	=C6/C5
10	2013	Juni	83,24	-0,81	0,9904	-0,96	
11		Juli	83,96	0,72	1,0086	0,86	
12		Aug.	80,22	-3,74	0,9555	-4,45	
13		Sept.	80,25	0,03	1,0004	0,04	
14		Okt.	84,31	4,06	1,0506	5,06	
15		Nov.	89,76	5,45	1,0646	6,46	
16		Dez.	92,59	2,83	1,0315	3,15	
17			⌀	2,18	1,0288	2,88	
18			GeoM	1,0276	2,76		

Abb. 13.13 Monatlichen Kursänderungen insbes. Kursrenditen

**Abb. 13.14** Monatliche Kurs-
renditen kurzfristig

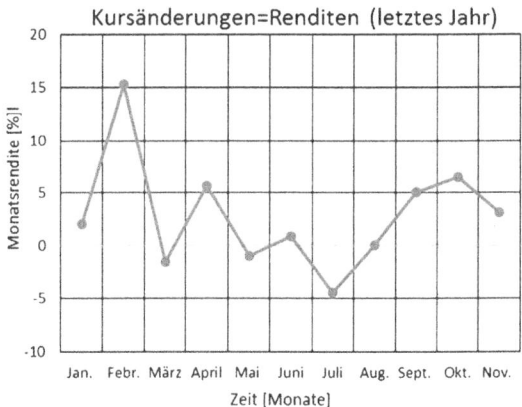

sowie exemplarische Formeleingaben. Im Folgenden interessieren ausschließlich die **monatlichen Wachstumsraten = Monatsrenditen** in der letzten Spalte.

3.b Graphische Darstellung und vergleichende Interpretation

In Abb. 13.14 sind die monatlichen Kursrenditen für die kurzfristige Analyse als Liniendiagramm und für die mittelfristige Analyse in Abb. 13.15 als Säulendiagramm visualisiert.

Beim optischen Vergleich der beiden Diagrammtypen fällt auf, dass das Säulendiagramm für die Darstellung von Kursänderungen insgesamt wohl besser geeignet ist, da
die Säulen als Flächen positive und negative Kursänderungen prägnanter visualisieren als

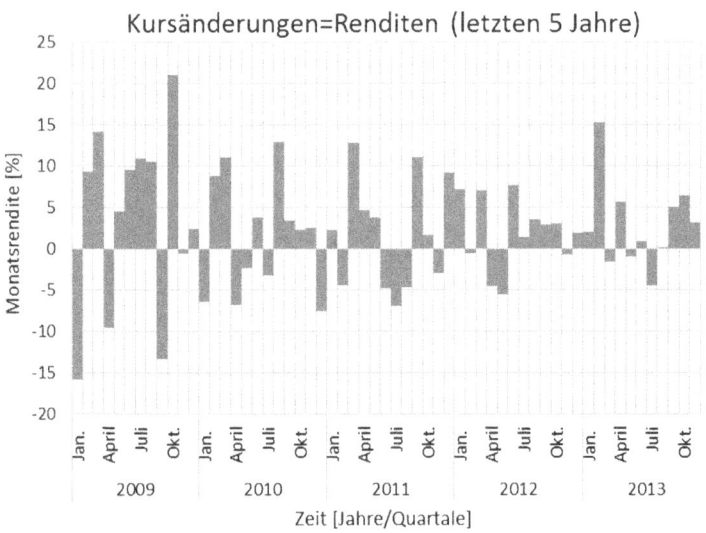

Abb. 13.15 Monatliche Kursrenditen mittelfristig

das Liniendiagramm. Ergänzend fällt auf, dass die Kursschwankungen in den Diagrammen viel häufiger und größer erscheinen als in den Kursverlaufsdiagrammen, in denen sie ja auch implizit enthalten sind. Das liegt aber nur daran, dass die Kursschwankungen hier als **relative Änderungsgrößen** in einem ganz anderen Maßstab und ohne direkten Bezug zum absoluten Kurs fokussiert werden und dadurch automatisch optisch größer erscheinen müssen.

Inhaltlich sieht man in beiden Diagrammen, dass Kursänderungen

- sehr häufig auftraten und somit als etwas alltägliches anzusehen sind,
- kleinere Änderungen sehr viel häufiger vorkamen als größere,
- positive Kursänderungen häufiger waren als negative,
- die größte positive Kursrendite deutlich größer war als die größte negative.

Sucht man nach Mustern, die auf Regelmäßigkeiten hindeuten, so ist etwa ein zeitabhängiges Trendmuster wie beim Kursverlauf nicht erkennbar. Insbesondere in der mittelfristigen Betrachtung sind aber mehrere Zeitabschnitte zu erkennen, in denen auf positive (negative) Renditen weitere positive (negative) folgten, was an der in dem Zeitabschnitt vorliegenden Trendrichtung lag.

3.c Kenngrößen der Monatsrendite

Als einfache **Lagemaße** sind die kleinste und die größte Rendite gängig, die man für den jeweiligen Betrachtungszeitraum mit den bekannten statistischen Funktionen MIN und MAX ermittelt. Als **Mittelwerte** benutzt man vor allem den Durchschnittswert (statistische Funktion MITTELWERT), daneben ergänzend auch den Zentralwert (statistische Funktion MEDIAN). Damit erhält man die durchschnittliche und die mittlere monatliche Rendite.

Was die **Streuung** angeht, so wird sie bei zeitabhängigen Betrachtungen in den Diagrammen als **Schwankungen** augenfällig und deshalb in der Finanzwelt als **Volalität** (von ital. volare-fliegen: Flatterhaftigkeit, Beweglichkeit) bezeichnet. Da die Schwankungen Kursänderungen sind, die Kursgewinne oder -verluste bedeuten, sind sie in der Renditeanalyse von zentraler Bedeutung. Von den vielen Streuungsmaßen der Statistik (Vgl. dazu Abschn. 3.1 Aufgabe Personalkenngrößen, Teilaufgabe 4. Streuungsmaße) sind in der Praxis der Renditeanalyse von Wertpapieren vor allem zwei üblich: zum einen die **Spannweite** zur groben Orientierung über die **maximale Volalität**, definiert als betragsmäßige Differenz zwischen der größten positiven und der größten negativen tatsächlichen Kursrendite, zum anderen die **Standardabweichung** zur genauen Bemessung der **durchschnittlichen Volalität**. Die Standardabweichung ermittelt man mit der statistische Funktion STABW.N (bei ausschließlich empirischer Analyse), deren relative Variante der **Variationskoeffizient** ist. Mit der Standardabweichung kann man – ausgehend von der Durchschnittsrendite – einen **zentralen Schwankungsbereich** mit Obergrenze (SA OG) und Untergrenze (SA UG) ermitteln, in dem die Rendite standardmäßig liegt. Die **Breite** des zentralen Schwankungsbereichs (**1 SA-Interv.**) ist gut mit der maximalen tatsächlichen Renditespanne vergleichbar.

L	M		M	N
2 kurzfristig (2013)			23 mittelfristig (2009-2013)	
3 Kenngröße	%-Punkte		24 Kenngröße	[%-Punkte]
4 MIN	-4,45		25 MIN	-15,79
5 MAX	15,30		26 MAX	21,11
6 ⌀	2,88		27 ⌀	2,35
7 MED	2,07		28 MED	2,42
8 Spannw.	19,76		29 Spannw.	36,90
9 SA	5,30		30 SA	7,19
10 VK [%]	183,97		31 VK [%]	306,66 =N30/N27*100
11 1 SA-Interv.	10,60		32 1 SA-Interv.	14,38
12 1 SA OG	8,18		33 1 SA OG	9,54 =N27+N30
13 1 SA UG	-2,42		34 1 SA UG	-4,85 =N27-N30

Abb. 13.16 Kenngrößen der Monatsrendite

Ermittlung Abbildung 13.16 enthält die Ermittlungsergebnisse und beispielhafte Formel-eingaben (kurzfristige Betrachtung links, mittelfristige rechts).

Interpretation und Vergleich Was die **Extremwerte** angeht, so lag die höchste positive Mo-natsrendite im letzten Jahr (in den letzten 5 Jahren) bei 15,3 % (21,11 %), die höchste ne-gative bei −4,45 % (−15,79 %). Daraus ergibt sich als Maß für die **maximale tatsächliche Schwankung** der Renditen eine **Spanne** von kurzfristig (mittelfristig) 19,75 % (36,9 %) im Monat.

Die **durchschnittliche** monatliche Rendite betrug im letzten Jahr (in den letzten 5 Jah-ren) 2,88 % (2,35 %), die **mittlere** monatliche Rendite 2,07 % (2,42 %). Dies sind in einer Niedrigzinsphase im Mittel außerordentlich hohe Renditen. Der **Mittelwertgleich** ermög-licht grobe Aussagen über die Verteilungsform (vgl. dazu Abschn. 3.1 Aufgabe „Personal-kenngrößen", Teilaufgabe 5 Schiefe). Wenn auch für die dort verwendete FECHNERsche Lageregel die häufigste Rendite hier nicht bekannt ist, so kann man dennoch nur aufgrund des Vergleichs der durchschnittlichen mit der mittleren Rendite folgende Tendenzaussagen machen: kurzfristig war die durchschnittliche monatliche Rendite größer als die mittlere, die Renditeverteilung aufgrund des deutlichen Abstands der Mittelwerte also **klar rechts-schief**. Das heißt, dass kurzfristig Monatsrenditen von höchstens ~2,2 % tendenziell am häufigsten waren. Dagegen war mittelfristig die durchschnittliche monatliche Rendite klei-ner als die mittlere, die Renditeverteilung aufgrund des nur geringfügigen Abstands der Mittelwerte also **nur ganz leicht linksschief.** Das heißt, dass mittelfristig Monatsrenditen von mindestens ~2,4 % tendenziell am häufigsten waren. Unter diesem Gesichtspunkt hat ein mittelfristiges Investment in diese Aktie im Mittel also häufiger höhere Monatsrenditen erbracht als ein kurzfristiges.

Tab. 13.1 Verteilungsformabhängige Anteile der zentralen Schwankungsintervalle

	Verteilungsanteil		
	Normalverteilung	Unimodale, symmetrische Verteilung	Beliebige Verteilung
$[\bar{x} - 1 \cdot s; \; \bar{x} + 1 \cdot s]$	68,27 %	$\geq 55,56$ %	≥ 0 %
$[\bar{x} - 2 \cdot s; \; \bar{x} + 2 \cdot s]$	95,45 %	$\geq 88,90$ %	$\geq 75,00$ %
$[\bar{x} - 3 \cdot s; \; \bar{x} + 3 \cdot s]$	99,73 %	$\geq 95,06$ %	$\geq 88,89$ %

Die **standardmäßige Abweichung** von der durchschnittlichen Monatsrendite betrug im letzten Jahr (in den letzten 5 Jahren) 5,3 %-Punkte (7,19 %-Punkte). Dies bedeutet, dass die Monatsrendite standardmäßig einerseits höher war als die Durchschnittsrendite – nämlich 2,88 + 5,3 = **8,18 %** (2,35 + 7,19 = **9,54 %**), andererseits standardmäßig aber auch niedriger war als diese, nämlich 2,88 − 5,3 = **−2,42 %** (2,35 − 7,17 = **−4,84 %**). Damit lag das **zentrale Schwankungsintervall** der Monatsrenditen im letzten Jahr (in den letzten 5 Jahren) zwischen −2,42 % und 8,18 % (−4,84 % und 9,54 %) und war damit 10,60 % (14,78 %) breit.

Mit der Standardabweichung lassen sich auch weitere zentrale Schwankungsintervalle um den Durchschnittswert herum ermitteln, in denen sich verschieden große Anteile der Gesamtverteilung in Abhängigkeit der Verteilungsform befinden. Tabelle 13.1 enthält die diesbezüglichen allgemein gültigen Gesetzmäßigkeiten der Statistik (ohne Beweis).

Würde man die kurz- und mittelfristigen Renditedaten – eventuell noch ergänzt um die Langfristdaten – zusammen analysieren, so wäre es nicht unplausibel, wenn man insgesamt eine eingipflige (unimodale) und annähernd symmetrische Renditeverteilung erhielte – die Verteilungsform in der Mitte der Tab. 13.1 – oder sogar in grober Näherung eine Normalverteilung. Bei diesen Verteilungsmodellen sind die Anteile in den zentralen Schwankungsintervallen, die man mit 1 oder 2 Standardabweichungen konstruieren kann, schon sehr hoch. Verwendet man dann den empirischen bzw. statistischen Wahrscheinlichkeitsbegriff – nachdem der Grenzwert der relativen Häufigkeit die Wahrscheinlichkeit ist – kann man aus der empirischen Renditeverteilung in guter Näherung eine passende Wahrscheinlichkeitsverteilung entwickeln, mit der man die Renditechancen und -risiken quantifizieren kann. Dieser Ansatz wird in Abschn. 13.2 Aufgabe „Renditemodellierung und Verlustabschätzung: Value at Risk" ausführlich behandelt.

3.d Kenngrößen der Jahresrendite

Bei Renditebetrachtungen für unterschiedliche Zeiträume ist es wegen der nötigen Vergleichbarkeit von Investments erforderlich, sie auf eine gängige Zeiteinheit zu normieren. Das ist üblicherweise das Jahr. Als wichtigste Kenngrößen der Jahresrendite sind die Durchschnittsrendite pro Jahr und die Standardabweichung pro Jahr als Maß für die Renditeschwankung/Volatilität gängig. Indiziert man die Monatsgrößen mit M und die Jahres-

L	M
16 kurzfristig (2013)	
17 ⌀	36,66
18 SA=Volal.	9,55
19 1 SA-Interv.	19,10
20 1 SA OG	46,21
21 1 SA UG	27,11

M	N	
37 mittelfristig (2009-2013)		=((1+(N27/100))^12-1)*100
38 Kenngröße	[%-Punkte]	
39 ⌀	32,08	=N30*12^0,5
40 SA=Volal.	24,91	
41 1 SA-Interv.	49,82	=2*N40
42 1 SA OG	56,99	
43 1 SA UG	7,17	=N39-N40

Abb. 13.17 Kenngrößen der Jahresrendite

größen mit J und verwendet bei den monatlichen Werten Prozentzahlen, so erhält man die Jahreszahlen ebenfalls in Prozent mit folgenden Formeln:

Jährliche Durchschnittsrendite:

$$r_J = \{[(1 + r_M/100) \cdot 12] - 1\} \cdot 100.$$

Jährliche Standardabweichung:

$$SA_J = SA_M \cdot \sqrt{n} \quad \text{mit} \quad n = 12.$$

Abbildung 13.17 enthält die Ergebnisse und entsprechende Formeleingaben.

Die **durchschnittliche jährliche Rendite** betrug im letzten Jahr (in den letzten 5 Jahren) 36,66 % (32,08 %). Dies sind in einer Niedrigzinsphase außerordentlich hohe Jahresrenditen. Die **standardmäßige Abweichung** von der durchschnittlichen jährlichen Rendite betrug im letzten Jahr (in den letzten 5 Jahren) 9,55 % (24,91 %). Daraus erhält man als Obergrenze des zentralen Schwankungsbereichs 46,21 % (56,99 %) und als Untergrenze 27,11 % (7,17 %). Man beachte, dass die Aktie in der standardmäßigen jährlichen Renditebetrachtung im Unterschied zur Monatsbetrachtung kurz- und mittelfristig **keine negative Rendite** mehr hatte.

3.e Maximaler theoretischer Kursgewinn ($G_{max\,t}$) und -verlust ($V_{max\,t}$)

Der Ansatz bezieht sich immer auf einen ausgewählten Betrachtungszeitraum, also etwa 1 Jahr, 3 Jahre, 5 Jahre etc. und seine Ergebnisse sind nur unter dieser Bedingung mit anderen Maßgrößen vergleichbar. Der maximale theoretische Kursgewinn ist die Summe aller positiven Kursrenditen, der maximale theoretische Verlust der aller negativen Kursrenditen in dem ausgewählten Betrachtungszeitraum. Die Maßgrößen werden deshalb hier als theoretisch bezeichnet, weil dabei unterstellt wird, dass der Anleger einerseits nur in den „Gewinnzeiten", andererseits nur in den „Verlustzeiten" investiert war, was in der Regel als unrealistisch anzusehen ist.

Abbildung 13.18 enthält für den kurzfristigen Zeitraum (Jahr 2013) die monatlichen positiven und negativen Kursrenditen der Aktie und als deren Summe den maximalen theoretischen Gewinn und Verlust in dem Betrachtungszeitraum.

Abb. 13.18 Maximaler theoretischer Kursgewinn und
-verlust der Aktie im letzten
Jahr

	O	P
3	kurzfristig	
4	G_{maxt}	V_{maxt}
5	2,07	
6	15,30	
7		-1,54
8	5,68	
9		-0,96
10	0,86	
11		-4,45
12	0,04	
13	5,06	
14	6,46	
15	3,15	
16	38,63	-6,95
17		6,95

In der Excel Musterlösung sind diese Kenngrößen auch für den mittelfristigen Zeitraum (2009–2013) berechnet und betragen $G_{max\,t} = 244,46\,\%$ und $V_{max\,t} = -107,97\,\%$.

3.f Visualisierung von Maßgrößen für Kursgewinne und -verluste

Nach dem in Teil c bis e verschiedene Maßgrößen für Kursrenditen vorgestellt und ermittelt worden sind, soll jetzt deren grundlegende Visualisierung behandelt werden. Üblich ist ein Punktediagramm mit dem Kursverslust als Risiko auf der waagerechten und dem Kursgewinn als Chance auf der senkrechten Achse. Das Diagramm wird – wie jede Statistik – informativer, wenn es Vergleiche ermöglicht, d. h. mehrere Punkte mit deren Gewinn- und Verlustinformationen. Es sollen deshalb hier bei nur einem Betrachtungsobjekt – nämlich der Aktie – mehrere Maßgrößen für deren Kursgewinn/-verlust benutzt werden, die sich allerdings – zum Zwecke der sinnvollen Vergleichbarkeit – auf die gleiche Zeiteinheit beziehen müssen. Von den hier behandelten Gewinn- u. Verlustkenngrößen kommen von daher nur die Maßgrößen 1 SA UG und 1 SA OG aus Abb. 13.17 links und $G_{max\,t}$ und $V_{max\,t}$ aus Abb. 13.18 in Frage. Abbildung 13.19 zeigt das entsprechende Diagramm.

Das Diagramm zeigt die Gewinn- und Verlustsituation ein und derselben – nämlich der hier betrachteten – Aktie im letzten Jahr anhand zweier sehr unterschiedlicher Maßgrößen. In beiden Fällen ist der Kursgewinn um ein Vielfaches höher als der Kursverlust. Andererseits ist der Unterschied insbesondere bei den Kursverlusten so groß, dass man meinen könnte, es handele sich um unterschiedliche Wertpapiere. Daran sieht man einmal mehr, wie wichtig die dem Sachverhalt angemessene Konstruktion bzw. Auswahl von Maßgrößen ist. Von der theoretischen Maßgröße wissen wir, dass sie den Best- und Worst-Case modelliert, d. h. in beiden Fällen obere Schranken berechnet, die unrealistisch ist. Von der Durchschnittsanalyse wissen wir, dass sie durchschnittliche Gewinne und Verluste mit Hilfe der

Abb. 13.19 Kursgewinn und
-verlust-Diagramm

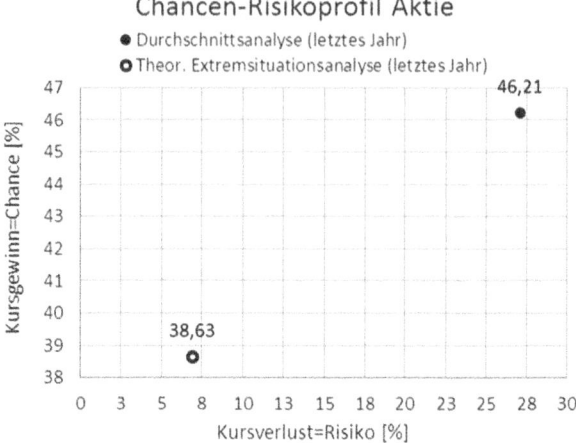

Standardabweichung ermittelt. Wie aber kann es sein, dass die standardmäßigen Gewinne und Verluste im letzten Jahr deutlich größer sind als die schon unrealistisch hohen Gewinne und Verluste der theoretischen Maßgröße? Diese Diskrepanz zeigt die Notwendigkeit, empirische Kursgewinne und -verluste von Wertpapieren nicht nur kompakt über Kenngrößen auszuwerten, sondern auch im Hinblick auf ihre Häufigkeitsverteilung genauer zu analysieren, so wie es in Abschn. 13.2 Aufgabe „Renditemodellierung und Verlustabschätzung: Value-at-Risk" geschieht.

3.g Kursgewinn-Verlust-Verhältnisse

Teilt man Kursgewinne durch -verluste, so erhält man Kennzahlen, die das Gewinn-Verlustverhältnis quantifizieren. Solche Kennzahlen kann man für alle Gewinn- und Verlustgrößen bilden, also etwa aus den tatsächlich oder theoretisch größten und kleinsten Renditen oder den mit Hilfe der Standardabweichung ermittelbaren oberen und unteren Grenzen des zentralen Schwankungsbereichs. Abbildung 13.20 enthält die Ergebnisse und beispielhafte Formeleingaben.

	S	T	U	V	
3	monatlich		kurzfr.	mittelfr.	=ABS(N26/N25)
4	maximal tatsächlich		3,44	1,34	=ABS(N33/N34)
5	standardmäßig		3,38	1,97	
6	jährlich				=N42/N43
7	standardmäßig		1,70	7,95	=O16/P17
8	gesamter Zeitraum				
9	maximal theoretisch		5,56	2,26	

Abb. 13.20 Kursgewinn-Verlust-Verhältnisse

Die Ergebnisse in der Tabelle sind alle positiv, d. h. welche Kursgewinne und -verluste man kurz- und mittelfristig auch immer betrachtet, übersteigt die Höhe der Gewinne immer die der Verluste, u. z. mindestens um das **1,3-Fache** und höchstens um das **~8-Fache**.

Geht man zunächst von der **Durchschnittbetrachtung** aus – in Abb. 13.20 als standardmäßig bezeichnet –, so liefert diese kurzfristig etwa 3 Mal höhere Gewinne als Verluste, u. z. sowohl bei der Monats- auch als bei der Jahresrendite. In der mittelfristigen Betrachtung gibt es dagegen bei den Gewinn-Verlust-Verhältnissen pro Monat und pro Jahr ganz erhebliche Unterschiede, die die höhere Volalität bei größeren Zeiteinheiten widerspiegeln. So erbrachte die Aktie in den letzten 5 Jahren jährlich standardmäßig 8 Mal so hohe Gewinne wie Verluste, im letzten Jahr dagegen monatlich standardmäßig nur ~2 Mal so hohe.

Ergänzend zur Durchschnittbetrachtung sind für den vorsichtigen Investor natürlich die **Extremsituationen** – d. h. die größten positiven und negativen Renditen – von besonderer Bedeutung. Aber auch in dieser Hinsicht liefern die Verhältniszahlen ein erfreuliches Bild. So betrug im letzten Jahr (in den letzten 5 Jahren) die tatsächlich höchste positive monatliche Kursrendite der Aktie das 3,4-Fache (1,34-Fache) der tatsächlich höchsten negativen. Auch die theoretische Zusammenfassung aller positiven und negativen Renditen liefert in der 1-Jahres- und 5 Jahresbetrachtung Ergebnisse in derselben Richtung, wenn auch die Verhältniszahlen erwartungsgemäß noch deutlich höher ausfielen.

4. Vergleich mit DAX

Aus Übungsgründen wird empfohlen, die an der Aktie durchgeführten Kurs- und Renditeanalysen auf den DAX-Daten analog auszuführen. Das erleichtert auch ganz wesentlich den eigentlich interessierenden Vergleich.

4.a Ermittlung der Vergleichsaspekte und -größen

Die DAX-Analysen gemäß dem Aktienanalyseschema (Teilaufgaben 1–3) stehen in der Excel-Musterlösung unter 4.a. DAX-Analysen und werden hier nicht wiedergegeben.

4.b Gegenüberstellung und Vergleich

4.b.α Wertentwicklung Um die Kursverläufe der Aktie [€] und des Dax [Index] direkt gegenüberstellen und miteinander vergleichen zu können, muss man beide Zeitreihen auf ein und dieselbe Zeiteinheit beziehen. Das ist in der kurzfristigen/mittelfristigen/langfristigen Betrachtung der Anfang von 2013/2009/2004. Diese Maßnahme nennt man **Indizieren** bzw. bezogen auf eine Indexgröße **umbasieren.** Sie ist in Abschn. 7.1 Aufgabe „Branchenumsatz", Teilaufgabe 4 ausführlichen beschrieben, worauf hier verwiesen sei. Abbildung 13.21 enthält für das letzte Jahr die Ergebnisse und exemplarische Formeleingaben mit den tatsächlichen Aktienkursen bzw. DAX-Werten.

In Abb. 13.22 und 13.23 sind die Kursverläufe zum direkten optischen Vergleich gegenübergestellt. Wie man sieht, hat sich die betrachtete Aktie sowohl kurz- als auch mittelfristig jeweils durchgängig deutlich besser entwickelt als der DAX. In der Excel-Musterlösung ist auch die langfristige Kursentwicklung grafisch dargestellt, bei der der Aktienkurs sich in

Abb. 13.21 Indizieren der
Zeitreihen für deren direkten
Vergleich

	A	B	C
5	**Monat**	**Aktie A**	**DAX**
6	Jan.	100,00	100,00
7	Febr.	102,07	99,56
8	März	117,69	100,25
9	April	115,88	101,77
10	Mai	122,47	107,37
11	Juni	121,29	102,36
12	Juli	122,34	106,43
13	Aug.	116,89	104,21
14	Sept.	116,93	110,52
15	Okt.	122,85	116,18
16	Nov.	130,79	120,95
17	Dez.	134,91	122,84

=70,05/68,63*100

=7741,7/7776,05*100

den Jahren bis zum Finanzcrash 2008 allerdings nicht durchgängig besser entwickelt hat als der DAX.

Abbildung 13.24 enthält für in der Praxis typische Betrachtungszeiträume links die Wertentwicklung (Performance) und rechts die Performanceunterschiede (absolut und relativ) samt beispielhafter Formeleingaben. Die Performance der Aktie ist aus der letzten Spalte der Abb. 13.14 übernommen, die des DAX aus der entsprechenden Tabelle der DAX-Analyse (siehe Excel-Musterlösung).

Bis auf die Halbjahreszahlen war die Performance der Aktie immer höher als die des DAX, u. z. in jeweils gleichen Zeiträumen um mindestens ~38 % und höchstens um 200 %.

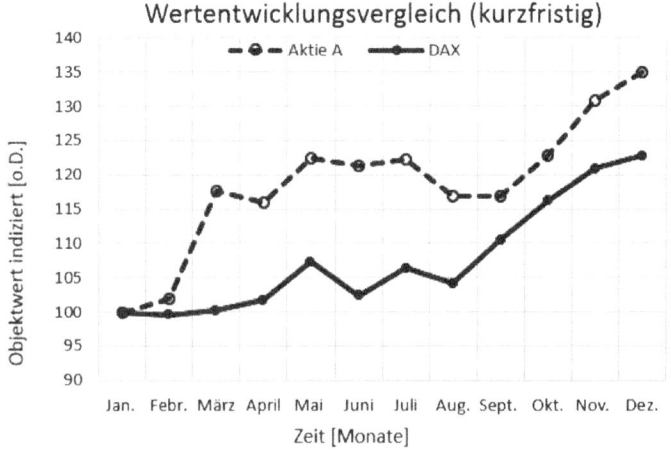

Abb. 13.22 Vergleich der Wertentwicklung kurzfristig

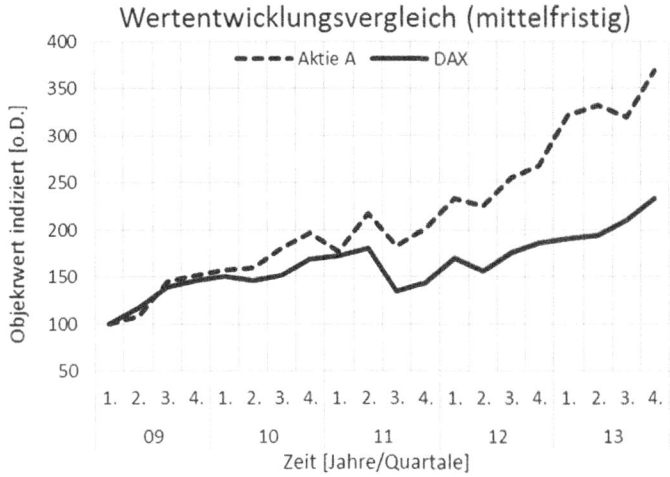

Abb. 13.23 Vergleich der Wertentwicklung mittelfristig

	H	I	J	K	L	
53	**Zeitraum**	**Aktie A**	**DAX**	**Unterschied**		=I55-J55
54				P-Punkte	Prozent	=K55/J55*100
55	**1 Mon.**	3,15	1,56	1,59	101,92	
56	**3 Mon.**	15,38	11,14	4,23	37,98	
57	**6 Mon.**	10,16	20,01	-9,85	-49,23	
58	**1 Jahr**	34,91	22,84	12,07	52,85	
59	**3 Jahre**	87,85	38,15	49,69	130,25	
60	**5 Jahre**	269,47	133,85	135,62	101,33	
61	**10 Jahre**	292,66	97,38	195,28	200,53	

Abb. 13.24 Performancevergleich

4.b.β Trendanalysen Die Trendanalysen (Trendrichtung, -muster, -linien, -korridore) führen beim DAX zu ähnlichen Ergebnissen wie bei der Aktie, so dass hier keine markanten Unterschiede auszumachen sind.

Dies führt zu der Frage, ob und wie stark die Kursentwicklung der Aktie und die Wertentwicklung des DAX zusammenhängen.

4.b.γ Zusammenhangsanalysen Aktienkurs-DAX Richtung und Stärke des quantitativen Zusammenhangs zweier metrischer Variablen ermittelt man am Einfachsten durch **Maßkorrelation** mit der statistischen Funktion KORREL. Man erhält kurzfristig/mittelfristig/langfristig folgende Koeffizienten: 0,80, 0,93, 0,85. Das bedeutet, dass seit mindestens 10 Jahren ein sehr starker gleichgerichteter quantitativer Zusammenhang zwischen den beiden Kursen besteht, der insbesondere in den letzten fünf Jahren extrem stark war.

Abb. 13.25 Lineare Einfachregression Aktienkurs-DAX

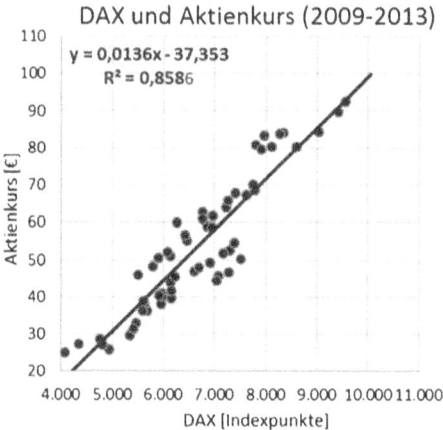

DAX und Aktienkurs (2009-2013)

$y = 0{,}0136x - 37{,}353$
$R^2 = 0{,}8586$

Das führt zu der Frage, ob sich dieser sehr starke quantitative Zusammenhang eventuell auch sachlogisch und formelmäßig fassen lässt. Sachlogisch liegt die Vermutung nahe, dass der DAX als Leitindex der 30 größten deutschen Unternehmen die Kurse seiner Mitglieder ganz wesentlich beeinflusst, d. h. determiniert. Insofern wäre sachlich **Regressionsanalyse** mit dem DAX als unabhängige und dem Kurs der Aktie als abhängige Variable nahliegend.

Abbildung 13.25 zeigt für die letzten 5 Jahre mit der höchsten Korrelation die Punktwolke von Aktienkurs und DAX sowie das Ergebnis der linearen Einfachregression mit Regressionsgleichung und Bestimmtheitsmaß. Das Ergebnis ist aus praktischer Sicht als gut zu bewerten, da das Bestimmtheitsmaß R^2 rund 0,85 beträgt. Das heißt, dass nur ~15 % der im Nachhinein insgesamt feststellbaren Abweichungen der Wirklichkeit von der Geraden durch den verwendeten regressionsanalytischen Ansatz (Einfachregression = Aktienkurs nur vom DAX abhängig, Beziehungsmuster zwischen Aktienkurs und DAX linear) nicht zu erklären sind.

Die Regressionsgleichung ermöglicht interessante **Interpretationen und Auswertungen**, die auch für kurzfristige zukünftige Entwicklungen durchaus brauchbar sein dürften (vgl. dazu Abschn. 5.3 Aufgabe „Farbpatronenfabrikation", Teilaufgaben 4 und 5). So besagt etwa der Anstieg von 0,0136 multipliziert mit 100, dass bei Änderung des DAX um 100-Punkte sich der Aktienkurs tendenziell in derselben Richtung um ~1,36 [€] verändern wird, u. z. unabhängig vom Indexstand.

Eine weitere direkt aus der Abb. 13.25 ablesbare Aussage ist etwa die, dass wenn der DAX die magische 10.000-Punkte-Marke erreicht, der Kurs der Aktie tendenziell ~100 [€] betragen dürfte. Die Berechnung mit der Regressionsgleichung (Was-wäre-wenn Analyse) erbringt eine Punktprognose von 98,65 [€].

Und last but not least erbringt eine Elastizitätsanalyse am Jahresende 2013 die Aussage, dass wenn der DAX sich um 1 % verändert, der Kurs der betrachteten Aktie sich tendenziell in der gleichen Richtung um ~1,4 % verändern wird. Nach der „Jahresend-Rallye" der deutschen Börsen in 2013 ist zu erwarten, dass es Anfang 2014 zunächst zu einer „Verschnaufpause" und zu Kursrückgängen kommen wird. Angenommen, der Dax fällt von seinem Jahresendstand 2013 von 9552,16 [Indexpunkte] Anfang 2014 auf 9000 Punkte zurück – das wäre ein Rückgang von 552,16 [Indexpunkte] bzw. 5,78 [%-Punkte] – dann würde der Kurs der Aktie über die Elastizität tendenziell um $1,4 \cdot 5,78 = 8,09$ [%-Punkte] nachgeben. Das wäre – bezogen auf den Jahresendkurs der Aktie in 2013 von 92,59 [€] – ein Kursrückgang von 7,49 [€], so dass der Aktienkurs dann tendenziell nur noch ~85,10 [€] betragen würde. Wendet man ergänzend die letzte standardmäßige Kursabweichung aus der Korridoranalyse von 2013 (s. 2.d, Abb. 13.10) von 4,21 [€] auf diesen tendenziell zu erwartenden Kurs an, so erhält man als Untergrenze des zentralen Schwankungsbereichs einen Aktienkurs von 80,89 [€]. Ein Rücksetzer der Aktie bis zu diesem Kurs wäre voll im Bereich ihrer standardmäßigen Schwankungen und damit kein Grund zur Beunruhigung. Tatsächlich gab es im März 2014 im Kontext der Krimkrise einen deutlichen Rückgang des DAX auf ~9000 [Indexpunkte] und einen Rückgang des Kurses der Aktie auf ~80 [€]. Dies bestätigt beispielhaft die Brauchbarkeit unserer statistischen Analysen für kurzfristige Prognosen.

4.b.δ Kursrenditen In Abb. 13.26 sind die Monatsrenditen der Aktie und des DAX in kurzfristiger und in Abb. 13.27 in mittelfristiger Sicht in den bereits bekannten Diagrammtypen zum direkten optischen Vergleich gegenübergestellt. In der Kurzfristbetrachtung haben die Renditen – abgesehen von der extrem positiven Rendite der Aktie Anfang 2013 – tendenziell ein ähnliches Verhalten. In der mittelfristigen Sicht fällt vor allem auf, dass die Aktie überwiegend größere – z. T. sehr viel größere – Renditeschwankungen aufzuweisen hatte.

Insgesamt bedarf es aber auch hier geeigneter Kenngrößen, um fundierte quantitative Vergleichsaussagen machen zu können. Dabei werden von den für die Aktie und den DAX gleichermaßen bereits ermittelten Renditekenngrößen nicht alle hier beim Vergleich verwendet.

Abb. 13.26 Verlauf der Monatsrenditen kurzfristig

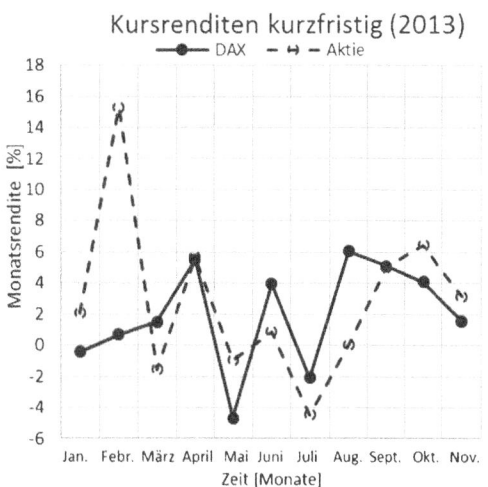

Abb. 13.27 Verlauf der Monatsrenditen mittelfristig

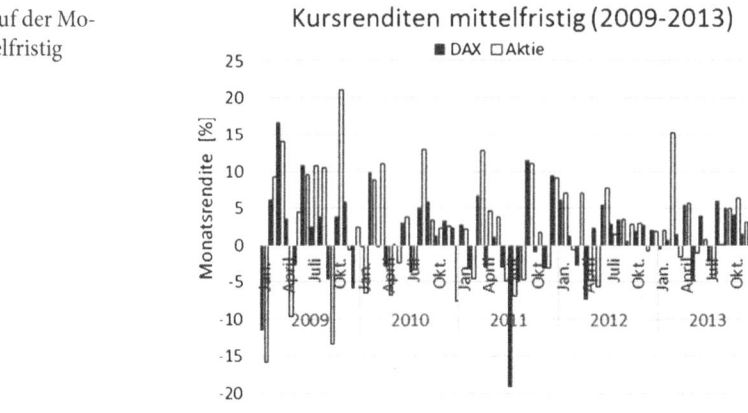

Wir konzentrieren uns auf Maßgrößen der Durchschnittsrendite sowie der Renditege-
winne- und Verluste als Indikatoren für Chancen und Risiken.

Abbildung 13.28 enthält in der ersten Spalte die ausgewählten Größen, unterschieden
nach den Zeiteinheiten Monat, Jahr und gesamter ausgewählter Betrachtungszeitraum.

In den folgenden Spalten sind dann die Werte der Größen für die Aktie und den Dax sowohl in der kurzfristigen als auch der mittelfristigen Sicht gegenübergestellt. In den rechten
Spalten befindet sich der eigentliche statistische Vergleich, in dem die absoluten und relativen Unterschiede der Größen ermittelt werden. Dabei dient der DAX als Referenzobjekt,
d. h. die Werte der Aktie sind jeweils auf die entsprechenden Dax-Werte bezogen.

Beginnen wir mit der für die Praxis gängigen **Jahresrendite** – in Abb. 13.28 in den
mittleren Zeilen – so stellt man folgendes fest: Die **durchschnittlichen Jahresrenditen** der
Aktie waren stets größer als die des Dax, u. z. um ~13 %-Punkte bzw. ~60 %. Umgekehrt

	A	B	C	D	E	F	G	H	I	J
21	Kenngröße		Aktie A		DAX		Unterschied			
22			kurzfr.	mittelfr.	kurzfr.	mittelfr.	kurzfristig		mittelfristig	
23	Monatsrendite						%-Punkte	%	%-Punkte	%
24	MIN		-4,45	-15,79	-4,67	-19,19	0,21	-4,55	3,41	-17,75
25	MAX		15,30	21,11	6,06	16,76	9,24	152,43	4,35	25,95
26	Jahresrendite									
27	⌀		36,66	32,08	23,54	19,62	13,12	55,76	12,45	63,45
28	SA=Volalität		9,55	24,91	6,43	19,47	3,12	48,45	5,44	27,92
29	1 SA OG		46,21	56,99	29,97	39,10	16,24	54,19	17,89	45,75
30	1 SA UG		27,11	7,17	17,10	0,15	10,01	58,51	7,01	4.660,26
31	Rendite Gesamtzeitraum									
32	G_{maxt}		38,63	244,46	28,54	172,95	10,10	35,38	71,51	41,35
33	V_{maxt}		-6,95	-107,97	-7,20	-85,75	0,25	-3,42	-22,23	25,92

Abb. 13.28 Gegenüberstellung und statistischer Vergleich ausgewählter Renditekenngrößen

waren die **standardmäßigen jährlichen Renditeschwankungen** der Aktie auch stets größer als beim DAX, u. z. um ~3 bis ~5,5 %-Punkte bzw. um ~28 bis 48 %. Insgesamt ist die **durchschnittliche Volalität** der Aktie in mittelfristiger Sicht mit jährlichen standardmäßigen Renditeschwankungen von ~25 %-Punkten schon recht hoch.

Die **Volalität als Eigenschaft** führt sowohl zu **Kursgewinnen wie auch -verlusten.** Deren Ausmaß kann man genauer mit darauf spezialisierten Maßgrößen fassen. Dabei ist auch hier die Unterscheidung von Durchschnitts- und Extremwertbetrachtung sinnvoll. Die Maßgrößen der Durchschnittsbetrachtung stehen in den mittleren Zeilen und sind jahresbezogen. Die Maßgrößen der Extremwertbetrachtung stehen in den ersten und letzten Zeilen und verstehen sich pro Monat bzw. für den gesamten Betrachtungszeitraum. Die Größen für Kursgewinne sind hellgrau hinterlegt, die für Verluste dunkelgrau.

Bereits ein oberflächlicher Blick auf die Kursgewinnzeilen zeigt, dass die **Kursgewinne** der Aktie stets größer waren als die des DAX, u. z. in der Durchschnittsanalyse (1 SA OG) um ~16 bis ~18 %-Punkte (~46 bis ~48 %) pro Jahr, in der tatsächlichen Extremwertanalyse (MAX) um ~4 bis ~9 %-Punkte (~26 bis ~152 %) pro Monat und in der theoretischen Best-Case-Analyse ($G_{max\ t}$) um ~10 %-Punkte (~35 %) im letzten Jahr und ~72 %-Punkte (~41 %) in den letzten 5 Jahren.

Bei den **Kursverlusten** erhält man dagegen ein **gemischtes Bild.** Hier war der Verlust der Aktie nur in der **Durchschnittsbetrachtung** (1 SA UG) stets größer als beim DAX, u. z. um ~7 – ~10 %-Punkte (~59 – ~4660 %) pro Jahr. In der **tatsächlichen Extremwertanalyse** (MIN) waren die Kursverluste des DAX dagegen stets größer als die der Aktie, u. z. um monatlich ~0,2 – ~3,4 %-Punkte (~4,5 – ~18 %). Und in der **theoretischen Worst-**

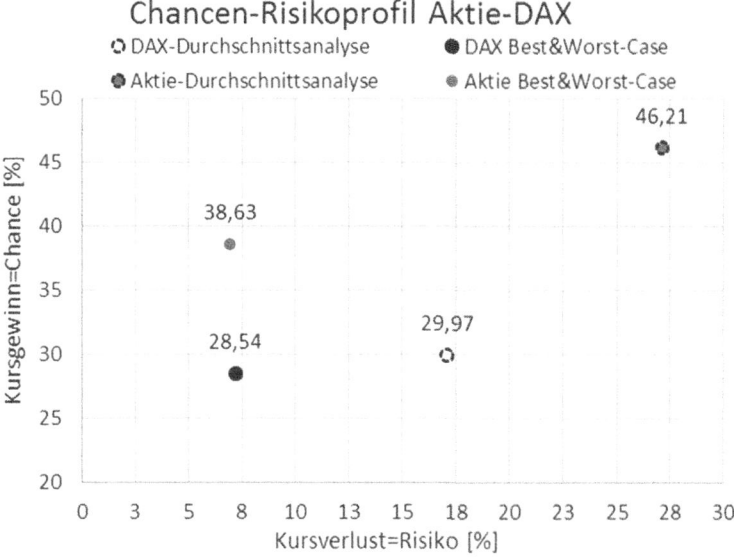

Abb. 13.29 Kursgewinn und -verlust-Diagramm von Aktie und DAX

	A	B	C	D	E	F	G	H	I	J
36	G/V-Verhältnis		Aktie A		DAX		Unterschied			
37			kurzfr.	mittelfr.	kurzfr.	mittelfr.	kurzfristig		mittelfristig	
38	monatlich						[o.D.]	%	[o.D.]	%
39	maximal tatsächlich		3,44	1,34	1,30	0,87	2,14	164,46	0,46	53,12
40	jährlich									
41	standardmäßig		1,70	7,95	1,75	259,76	-0,05	-2,73	-251,81	-96,94
42	Gesamtzeitraum									
43	maximal theoretisch		5,56	2,26	3,96	2,02	1,59	40,18	0,25	12,25

Abb. 13.30   Kursgewinn/-verlust-Verhältnisse: Gegenüberstellung und Vergleich

Case-Analyse ($V_{\text{max t}}$) waren die Kursverluste der Aktie im letzten Jahr um ~0,2 %-Punkte (~3,5 %) kleiner, in den letzten 5 Jahren insgesamt dagegen um ~22 %-Punkte (~26 %) größer als beim DAX.

Sehr informativ ist auch die **gleichzeitige Betrachtung von Gewinnen und Verlusten**, entweder in Form von Gewinn-Verlust-Diagrammen oder von Gewinn-Verlust-Verhältnissen. Abbildung 13.29 zeigt das Diagramm für die Aktie und den DAX mit zwei Kenngrößen für den Kursgewinn und -verlust in 2013, das selbsterklärend ist.

Abbildung 13.30 enthält abschließend – analog strukturiert wie in die Tabelle in Abb. 13.28 und aus den dortigen Zahlen selbst leicht zu ermitteln – die **Kursgewinn-Verlust-Verhältnisse** von Aktie und DAX, die bei beiden stets positiv waren.

Die jahresbezogene Durchschnittsbetrachtung liefert im vorliegenden Fall in der Kurzfristbetrachtung keinen signifikanten Unterschied und in der mittelfristigen Sicht kein sinnvolles Vergleichsergebnis (wegen des extremen GuV-Verhältnisses beim DAX) und wird deshalb nicht näher betrachtet. In der Extremwertbetrachtung war das GuV-Verhältnis der Aktie stets besser als das des DAX, u. z. tatsächlich um mindestens ~53 und um höchsten ~165 % und theoretisch (d. h. im Best & Worst-Case) um mindestens ~12 und um höchstens ~40 %.

13.2   Aufgabe „Renditemodellierung und Risikoabschätzung: Value at Risk (VaR)"

In dieser Aufgabe wird – ergänzend zu den gängigen empirischen Aktienkurs- und Renditeanalysen der Aufgabe Abschn. 13.1 – schwerpunktmäßig behandelt, wie man die Kursrenditen eines volatilen Wertpapiers vernünftig modelliert und mit dem Modell insbesondere dessen mögliches Verlustrisiko nachvollziehbar abschätzt. Verwendet wird dazu das Konzept des Value at Risk (VaR), das sich zwischenzeitlich dafür als Standard im Risikomanagement etabliert hat, u. z. in seiner Grundform für börsentäglich handelbare Wertpapiere.

Aus wissenschaftlichen Gründen wurde ein selbst für Langfristbetrachtungen sehr großes Zeitfenster gewählt, nämlich 20 Jahre. Dazu liegen die Kurse der BAYER-Aktie als

Monatsendwerte vom Dez. 1993 bis zum Dez. 2013 gemäß folgender Ausgangsdatentabelle vor (auszugsweise).

Datum	Aktienkurs in Euro
Dez. 93	17,42
Jan. 94	17,72
...	...
...	...
...	...
Nov. 13	98,20
Dez. 13	101,95

13.2.1 Aufgabenstellungen

1. Stellen Sie den Kursverlauf indiziert auf den Beginn des Betrachtungszeitraums (Dezember 1993) grafisch dar. Welche Hauptbotschaften über die historische Kursentwicklung können Sie dem Diagramm entnehmen.
2. Ermitteln Sie die monatlichen Kursrenditen und visualisieren und charakterisieren Sie den Renditeverlauf im Betrachtungszeitraum.
3. Ermitteln Sie die für Kursrenditen gängigen Kenngrößen und interpretieren Sie diese im Sachzusammenhang.
4. Ermitteln, visualisieren und charakterisieren Sie die Häufigkeitsverteilung der Kursrenditen und überprüfen Sie die Güte ihrer hierzu vorgenommenen Datenaufbereitung.
5. Modellieren Sie die Häufigkeitsverteilung der Renditen mit einem geeigneten Verteilungsmodell.
   Stellen sie die empirische und die modellierte (theoretische) Verteilung in einem Diagramm gegenüber und machen Sie visuell gestützte Aussagen über die Güte des Modells im vorliegenden Fall.
6. Überprüfen Sie mit einem geeigneten statistischen Schlussfolgerungsverfahren, ob die Häufigkeitsverteilung der Kursrenditen in ausreichend guter Näherung „normalverteilt" ist (Signifikanzniveau 5 %) und geben Sie das Testergebnis fachgerecht in einem Satz an.
7. Verwenden Sie bei ausreichender Güte die spezifizierte Normalverteilung als Modell für die unsichere Kursrendite der Aktie und ermitteln Sie damit …
   a) diejenigen monatlichen Renditen, die mit einer Wahrscheinlichkeit von 90 %, 95 % und 99 % nicht unterschritten werden (Mindestrenditen).
   b) die maximal möglichen Verluste, mit denen ein Großinvestor mit den o.g. Wahrscheinlichkeiten zu rechnen hätte, der 1000 Bayer-Aktien Ende Dezember 2013 gekauft hat und genau einen Monat lang zu halten gedenkt.
8. Diskutieren Sie kritisch das hier verwendete Vorgehen und das benutzte Verteilungsmodell zur Abschätzung des Risikos des Investments in eine Aktie.

LERNINHALTSÜBERSICHT	
STATISTIK	**EXCEL-UNTERSTÜTZUNG**
1. Aktienkursverlauf	
a) Indizierung der Kurswerte	Formel
b) Visualisierung und Grobcharakterisierung	Kurvendiagramm
2. Kursrendite (monatlich)	
a) Ermittlung	Formel
b) Visualisierung und Grobcharakterisierung des Renditeverlaufs	Säulendiagramm
3. Kenngrößen der Kursrendite	Stat. Funktionen, Formeln
4. Häufigkeitsverteilung der Renditen	
a) Klassierung	HÄUFIGKEIT, Formel
b) Visualisierung und Grobcharakterisierung	Säulendiagramm
c) Klassierungsgüte	Formeln
5. Mathem. Modellierung der Renditeverteilung	
a) Verteilungsmodell „Normalverteilung"	Formeln
b) Grafische Gegenüberstellung der empirischen und der theoretischen Verteilung	Verbunddiagramm
c) Optische Beurteilung der Modellgüte	
6. Statistische Überprüfung der Modellgüte	Testverfahren
7. Modellanwendung	
a) Mindestrendite mit Wahrscheinlichkeit	NORM.INV
b) Maximaler Verlust mit Wahrscheinlichkeit	Formel
8. Vorgehens- und Modellwürdigung	

13.2.2 Aufgabenlösungen

1. Aktienkursverlauf

1.a Indizierung der Kurswerte

Ergänzend zur gängigen Darstellung des Kursverlaufs an sich – das heißt der Kurse in Geld – ist auch der **indizierte Kursverlauf** häufig anzutreffen. Er ist z.B. nötig, wenn man die Kursentwicklung mehrerer Wertpapiere miteinander vergleichen will – siehe etwa Aufgabe Abschn. 13.1, Teilaufgabe 4.b – oder wenn man sich für die **Performance** interessiert. Als Basiszeit, auf die alle übrigen Werte bezogen werden, kann man theoretisch jede beliebige Zeiteinheit wählen. Üblich ist jedoch, die Kurse auf den Anfang des Betrachtungszeitraums zu beziehen, um die Entwicklung ab dann zu ermitteln. Dann wählt man den Startwert der Zeitreihe als Ausgangspunkt und rechnet alle anderen Kurswerte mit der Formel

$$x_{\text{indiziert}} = \frac{x_t}{x_{t=0}} \cdot 100$$

Abb. 13.31 Indizierung der
Aktienkurse

	A	B	C
1	**Zeit**	**Kurs**	**Kurs**
2	**Datum**	**[€]**	**indiziert**
3	**Dez 93**	**17,42**	**100,**
4	Jan. 94	17,72	101,72
5	Feb. 94	17,29	99,25
6	Mrz. 94	17,96	103,10
7	Apr. 94	18,76	107,69
8	Mai. 94	17,27	99,14
9	Jun. 94	16,71	95,92

=B4/B3*100

auf diesen um. Abbildung 13.31 zeigt auszugsweise die Ergebnisse der Indizierung und eine
beispielhafte Formeleingabe für den Kursindex Ende Januar 1994.

1.b Visualisierung und Grobcharakterisierung

Zur Visualisierung einer größeren Zahl von Zeitreihenwerten benutzt man üblicherweise
ein Kurvendiagramm, das in Excel auch als Liniendiagramm angeboten wird. Der Diagrammtyp „Linien" bietet sich vor allem dann an, wenn die Werte auf der x-Achse – hier
die Zeitangaben – Datumsangaben sind. Als Ausgangsdatentabelle dient Abb. 13.31, von
der die Spalten A und C dargestellt werden. Die Erstellung eines Liniendiagramms ist in
Abschn. 2.3 Aufgabe „Kaltmiete", Teilaufgabe 3 ausführlich demonstriert. Man erhält das
Diagramm in Abb. 13.32.

Abb. 13.32 Entwicklung des indizierten Aktienkurses

Abb. 13.33 Diagramm-
Dialogbereich „Achsenop-
tionen"

Um die Beschriftung der Zeitachse in der darin angegeben Kurzform „Monat Jahr" vorzunehmen, geht man wie folgt vor: Man führt mit der linken Maustaste auf der x-Achse
einen Doppelklick aus. Daraufhin öffnet Excel auf der rechten Bildschirmseite den Eigen-
schaftendialog „Achsenoptionen". Hier wählt man im Bereich „Zahl" den Typ „Kurzform
des Monats und Jahreszahl zweistellig". In Abb. 13.33 sind diese Einstellungen mit einem
Pfeil gekennzeichnet. Nach Bestätigung mit „OK" wird der Dialogbereich wieder geschlossen.

Grobcharakterisierung der Kursentwicklung Der Kurs der BAYER-Aktie ist Ende 2013 insgesamt **6-Mal** so hoch wie vor 20 Jahren. Allerdings war die Kursentwicklung in dem langen
Zeitraum sehr uneinheitlich: Ende 93 bis Ende 95 gab es eine „Seitwärtsbewegung" ohne
erkennbar größere Kursschwankungen, danach eine Aufwärtsbewegung bis etwa zur Jahr-
hundertwende und danach einen längeren und insgesamt massiven Kursrückgang bis zum
Februar 2003 (Krise der „neuen Technologien"). Damals erreichte der Kurs einen Tief-
stand, der sogar noch um ~40 % unter dem vom Jahresende 1993 lag. Von dieser Talsohle
aus ist der Kurs dann innerhalb von ~5 Jahren kontinuierlich und rasant um das ~3-Fache
gestiegen. 2008 kam dann die Finanzkrise, die über etwa 3 Jahre wieder zu einer Seitwärtsbewegung – diesmal allerdings mit massiven Kursschwankungen – führte. Diese waren
jedoch erstaunlicherweise nur etwa halb so groß wie die der Krise davor. Seit Anfang 2012
ist der Kurs wieder in der Aufwärtsbewegung und hat Ende des Betrachtungszeitraums
sein bisheriges Allzeithoch erreicht.

2 Kursrendite (monatlich)

2.a Ermittlung

Es soll die monatliche Kursrendite ermittelt werden. Diese ist identisch mit der Rendite, die ein Anleger erhalten hätte, wenn er am Ende eines Monates – also beispielsweise Ende Dezember 1993 – die Aktie gekauft und sie am Ende des nächsten Monats – also Ende Januar 1994 – wieder verkauft hätte. Die Kurse zu diesen Zeitpunkten betrugen 17,42 und 17,72 Euro. Um wie viel Prozent ist 17,72 nun größer als 17,42?

Die Berechnung der Differenz beider Werte, also „neuer Kurs – alter Kurs" = „17,72 – 17,42" in Relation zum alten Kurs von 17,42 führt zu der Formel

$$\frac{\text{neuer Kurs} - \text{alter Kurs}}{\text{alter Kurs}} = \frac{17,72 - 17,42}{17,42} = 0,0172 = 1,72\,\%.$$

Diese Formel ist nun in einer neuen Spalte einer Arbeitstabelle umzusetzen. Abbildung 13.34 zeigt auszugsweise die Ergebnisse und die Formeleingabe für die erste Monatsrendite der Zeitreihe vom Jan. 1994. Anschließend kopiert man die Formel mit der AutoAusfüllen-Funktionalität in alle darunterliegenden Zellen und erhält so alle anderen Monatsrenditen. Das Ergebnis für den Januar 1994 (Zelle C4) besagt, dass der Anleger in dem Monat allein aufgrund der Kurssteigerung einen Gewinn von 1,72 % hätte machen können.

2.b Visualisierung und Grobcharakterisierung des Renditeverlaufs

Zur grafischen Darstellung des Verlaufs der Kursrenditen erscheint ein Kurvendiagramm naheliegend. In Abschn. 13.1 Aufgabe „Empirische Aktienkurs- und Renditeanalyse" wurde in Teilaufgabe 3.b jedoch geklärt, dass das Säulendiagramm in diesem Fall klar besser geeignet ist und in der Praxis deshalb hierfür auch standardmäßig verwendet wird. Die Erstellung des Diagrammtyps wurde bereits in Abschn. 2.1 Aufgabe „Personalprofil" erläutert. Abbildung 13.35 zeigt das Ergebnis.

	A	B	C	D	
1	**Zeit**	**Kurs**	**Mon. Kursrendite**		=(B4-B3)/B3*100
2	**Datum**	**[€]**	**[%-Punkte]**	**sortiert**	
3	**Dez 93**	**17,42**			
4	Jan. 94	17,72	1,72	-27,97	
5	Feb. 94	17,29	-2,43	-25,21	
6	Mrz. 94	17,96	3,88	-25,19	
7	Apr. 94	18,76	4,45	-22,34	
8	Mai. 94	17,27	-7,94	-19,89	
9	Jun. 94	16,71	-3,24	-19,74	

Abb. 13.34 Berechnung der monatlichen Kursrendite (Auszug)

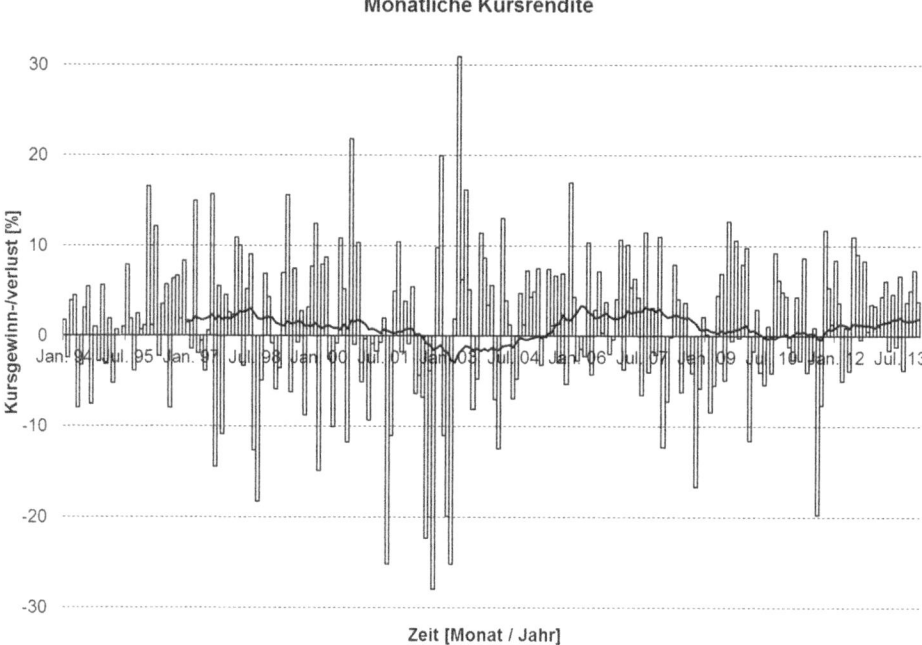

Abb. 13.35 Kursrenditen im Zeitverlauf

Grobcharakterisierung Insgesamt weist der Kursrenditeverlauf kontinuierliche Schwankungen auf, ist also durch seine Volatität (Flatterhaftigkeit) charakterisiert. Dabei fallen vor allem die besonders großen (positiven und negativen) Renditen auf. Sie sind aber vergleichsweise selten. Besonders groß und häufig sind sie um die Jahrtausendwende (Krise der neuen Technologien). Dagegen sind in der Finanzkrise (2008 ff.) zwar heftige, aber in der Langfristbetrachtung nicht ungewöhnlich negative Renditen aufgetreten.

Sucht man nach Mustern, so erkennt man unschwer, dass auf positive Renditen oft weitere positive folgen und umgekehrt. Das ist eine typische Eigenschaft von Kursrenditen volatiler Wertpapiere, die durch deren Trend hervorgerufen wird. Wenn ein positiver Trend, also eine in der Regel aufwärts gerichtete Kursentwicklung vorliegt, dann werden tendenziell mehrere Zeiteinheiten hintereinander positive Renditen zu verzeichnen sein und umgekehrt.

Betrachtet man das Ausmaß der Renditeschwankungen, so sind größere seltener als kleinere und positive insgesamt wohl etwas häufiger als negative. Glättet man die Schwankungen – in Abb. 13.35 mit Hilfe der Grafikfunktion „Trendlinie hinzufügen" und der Option „gleitender Durchschnitt" mit dem „Zeitraum" von 36 Monaten umgesetzt – so erhält man darin eine Trendmusterlinie, die tendenziell einen ziemlich konstanten Trend indiziert. Dabei sind die geglätteten Kursrenditen – bis auf das Zeitfenster um die Jahrtausendwende (Krise der neuen Technologien, s.o.) praktisch stets positiv.

Kenngröße	Dimension	Ermittlungsweg	Interpretation
Lagemaße	%-Punkte	Stat. Funktion / Formel	In den letzten 20 Jahren betrug die
xmax	30,94	stat. Fkt. MAX	monatliche Kursrendite der Bayer-Aktie…
xmin	-27,97	stat. Fkt. MIN	maximal ~31 [%-Punkte]
Mittelwerte			minimal ~ -28 [%-Punkte]
x0,5	1,27	stat. Fkt. MEDIAN	im Mittel ~ 1,3 [%-Punkte]
xquer	**1,07**	**stat. Fkt. MITTELWERT**	im Durchschnitt ~ 1,1 [%-Punkte]
Streuung			Die monatliche Kursrendite schwankte …
SW	58,91	Formel: xmax-xmin	maximal um ~ 59 [%-Punkte]
SA	**8,05**	**stat. Fkt. STABW.S**	standarmäßig um ~ 8 [%-Punkte] bzw.
VK [%]	752,42	Formel: SA/xquer*100	um ~ 750 % um die Durchschnittsrendite.

Abb. 13.36 Gängige Renditekenngrößen

Allerdings ermöglicht der Renditeverlauf allein noch keine präzisen Aussagen über wichtige quantitative Eigenschaften der Renditen, die den Anleger interessieren und ermöglicht auch keine fundierte Risikoabschätzung. Dazu müssen die ermittelten Renditen noch weiter aufbereitet und ausgewertet werden.

3 Kenngrößen der Kursrendite

Die in der Renditeanalyse von volatilen Wertpapieren gängigen Kenngrößen werden in Abschn. 13.1 Aufgabe „Empirische Aktienkurs- und Renditeanalysen", Teilaufgabe 3.d ausführlich behandelt, worauf hier verwiesen sei. Abbildung 13.36 enthält diese Kenngrößen, ihre Ermittlungswege und numerischen Ergebnisse sowie ihre sachgerechte Interpretation. Darin sind die für die mathematische Modellierung in Teilaufgabe 5 benötigen Kenngrößen fett markiert.

4. Häufigkeitsverteilung der Monatsrenditen

Zur Ermittlung der Häufigkeitsverteilung der Renditen geht man wie in Kap. 2 „Häufigkeitsanalysen" behandelt vor. Dazu sortiert man zunächst alle Beobachtungswerte aufsteigend. Ein Blick auf die geordneten Werte, die hier nicht dargestellt sind, zeigt, dass praktisch kein Beobachtungswert mehrmals vorkommt, so dass man die Werte durch **Klassieren verdichten** muss, um ein aussagefähiges Häufigkeitsprofil zu ermitteln.

4.a Klassieren

Das Klassieren von Daten ist in Abschn. 2.2 Aufgabe „Entgelt" ausführlich beschrieben, worauf hier verwiesen sei. Als **Klassierungsansatz** wählt man Klassen gleicher Breite und bestimmt die Größenordnung der Anzahl der Klassen mit der Wurzelformel. Die Wurzel aus 240 Monatswerten ergibt ~15 Klassen. Teilt man die beobachtete Renditespanne von genau 58,91, d.h. ~60 [%-Punkten] durch 15, erhält man eine Klassenbreite von 4 [%-Punkten]. Wir orientieren uns an diesen Werten und bilden **13 Klassen** mit einer **Breite von 5 [%-Punkten]**. Zur genauen Abgrenzung der Klassen wählen wir die Variante „über … bis einschließlich" und erhalten die in den Spalten B und C der Abb. 13.37 dargestellten Klassen für die Renditeverteilung.

	A	B	C	D	E	F	G	H	I	
11	Klassen-	Mon. Kursrendite [%]		Häufigkeit		Klassierungsgüte		Abwei...		=(C13-B13)/2
12	nr. k	über ...	bis einschl...	Anzahl	Anteil	RTKM	Tats...	abs.	rel. [%]	=MITTELWERT(D4:D6)
13	1	-30	-25	3	0,0125	-27,5	-26,13	1,37	-5,2600	=ABS(F14-G14)
14	2	-25	-20	1	0,0042	-22,5	-22,34	0,16	-0,7364	
15	3	-20	-15	4	0,0167	-17,5	-18,66	1,16	-6,20	=H15/G15*100
16	4	-15	-10	11	0,0458	-12,5	-12,10	0,40	-3,3181	
17	5	-10	-5	23	0,0958	-7,5	-6,83	0,67	-9,7928	
18	6	-5	0	61	0,2542	-2,5	-2,41	0,09	-3,7397	
19	7	0	5	64	0,2667	2,5	2,75	0,25	9,0093	
20	8	5	10	46	0,1917	7,5	7,05	0,45	6,4350	
21	9	10	15	19	0,0792	12,5	11,37	1,13	9,9764	
22	10	15	20	6	0,0250	17,5	16,80	0,70	4,1623	
23	11	20	25	1	0,0042	22,5	21,78	0,72	3,3265	
24	12	25	30	0	0,0000	27,5	---	NV	NV	
25	13	30	35	1	0,0042	32,5	30,94	1,56	5,0414	

Abb. 13.37 Klassierung der Monatsrenditen

Die **absoluten Häufigkeiten** in den Klassen ermittelt man mit der statistischen Funktion „HÄUFIGKEIT", die in Abschn. 2.2 Aufgabe „Entgelt", Teilaufgabe 2 ausführlich beschrieben ist. Die **relativen Häufigkeiten** ermittelt man durch Eingabe einer geeigneten Formel, die in Tab. 2.3 ausführlich beschrieben ist. Abbildung 13.37 enthält in den Spalten D und E die Ergebnisse.

4.b Visualisierung und Grobcharakterisierung

Die Visualisierung einer klassierten Häufigkeitsverteilung mit gleichen Klassenbreiten erfolgt standardmäßig im Säulendiagramm. Die darin nötige abstandslose Gestaltung der Säulen ist gemäß Abb. 2.23 „Säulen im Diagramm bündig anordnen" vorzunehmen. Abbildung 13.38 enthält eine Musterlösung mit den relativen Klassenhäufigkeiten.

Das Diagramm liefert – ergänzend zu den bereits bekannten Kenngrößen – folgende zusätzlichen Erkenntnisse über die monatlichen Renditen von 1994–2013:

- Die häufigsten Renditen lagen zwischen 0 und 5 % mit einem Anteil von knapp 27 %.
- Es gab eine Massierung der häufigsten Renditen zwischen –5 % und +10 % mit einem Anteil von insgesamt über 71 %.
- Der Wertebereich positiver Renditen war etwas größer als der negativer.
- Sehr hohe positive Renditen waren insgesamt etwas seltener als sehr hohe negative.
- Das erkennbare Verteilungsmuster war eingipflig und tendenziell symmetrisch.

4.c Klassierungsgüte

Das Klassieren von Daten ist eine gängige, aber durchgreifende Datenaufbereitungsmaßnahme, deren Ergebnisgüte bei statistisch akkuratem Arbeiten stets überprüft werden sollte. Die Standard-Vorgehensweise dazu ist in Abschn. 2.2 Aufgabe „Entgelt", Teilaufgabe 4 ausführlich beschrieben, worauf hier verwiesen sei. Abbildung 13.37 enthält im rechten Teil die Ergebnisse und beispielhafte Formeleingaben. Danach ist der relative Fehler in Prozent in der letzten Spalte betragsmäßig in keiner Klasse größer als 10 %. Nach dieser Faustregel

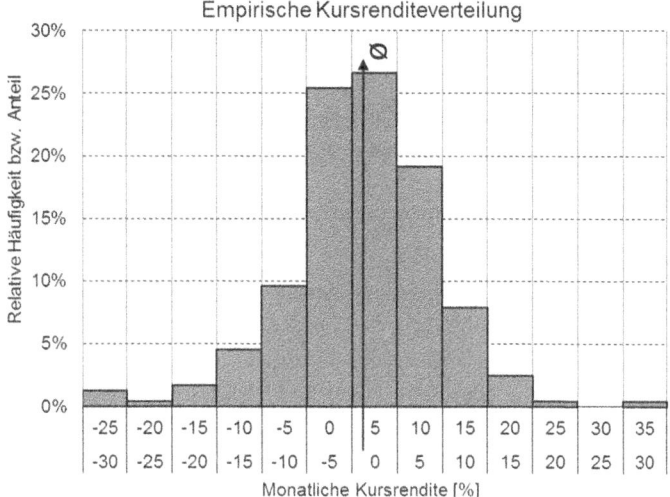

Abb. 13.38   Diagramm der klassierten Monatsrenditen

stimmt die vorgenommene Klassierung aus Praxissicht ausreichend gut mit den Beobachtungswerten überein und kann diesbezüglich ohne Bedenken für weitere Analysen benutzt werden.

5 Mathematische Modellierung der Renditeverteilung

Die klassierte Renditeverteilung soll im Folgenden schwerpunktmäßig dazu benutzt werden, das mit negativen Kursrenditen verbundene Verlustrisiko vernünftig abzuschätzen. Zur Ermittlung von Wahrscheinlichkeitsverteilungen aus Häufigkeitsverteilungen gemäß dem empirischen Wahrscheinlichkeitsbegriff sind zwei Wege gängig: die Eigenentwicklung und die Modellnutzung (siehe Einführungen Kap. 8 und 9). Bei einer kontinuierlichen Variablen – wie hier bei der Rendite – ist die Eigenentwicklung einer individuellen Wahrscheinlichkeitsverteilung aus vorhandenen empirischen Daten eine mathematisch höchst anspruchsvolle und zeitaufwendige Aufgabe. Daher nutzt man in der Praxis in einem solchen Fall wenn immer möglich vorhandene theoretische Verteilungsmodelle. Das ist auch im Risikomanagement von Wertpapieren so, weshalb auch hier so verfahren wird.

5.a Verteilungsmodell „Normalverteilung"

Abbildung 13.38 und ihre obige Grobcharakterisierung legen die Vermutung nahe, dass die monatlichen Kursrenditen auch in grober Näherung als „normalverteilt" angesehen werden können. Eine Normalverteilung spezifiziert man über genau zwei Funktionsparameter: Erwartungswert und Varianz/Standardabweichung. Im vorliegenden Fall muss die Verbindung zwischen Statistik und Wahrscheinlichkeitsrechnung hergestellt werden. Mithilfe des schwachen Gesetzes der großen Zahlen kann man hier mit hinreichender Näherung davon ausgehen, dass der Durchschnittswert der Renditen als Erwartungswert der Wahrscheinlichkeitsverteilung der Renditen benutzt werden kann. Gleiches gilt für die Standardabweichung. Der Mittelwert wurde mit 1,07 [%-Punkte] und die Standardabweichung mit 8,05 [%-Punkte] ermittelt (siehe Abb. 13.36, Werte darin fett markiert). Die Werte werden nun als Funktionsparameter der Normalverteilung benutzt. Für die Zufallsgröße X „monatliche Rendite" gilt damit $X \sim N\left(1,08; \ 8,05^2\right)$.

5.b Grafische Gegenüberstellung der empirischen und der theoretischen Verteilung

Ermittlung der numerischen theoretischen Verteilung Um die beiden Verteilungen zum direkten Vergleich in einem Diagramm zu visualisieren, muss man – ergänzend zur bereits vorliegenden Häufigkeitsverteilung der Renditen – zunächst die numerischen Werte der theoretischen Verteilung ermitteln. Da es sich bei der theoretischen Verteilung um eine stetige Verteilung handelt, sind die numerischen Werte ihrer Dichte- und Verteilungsfunktionen zu bestimmen, was in einer entsprechend aufgebauten Arbeitstabelle geschieht (siehe Abb. 13.39).

Was die Werte der Zufallsvariablen in der ersten Spalte der Verteilungstabelle angeht, muss man sich wegen der Vergleichbarkeit natürlich an die Klassierung der empirischen Variablen halten. Es ist aber bei stetigen Verteilungen nicht üblich, die numerischen Werte ihrer Dichte- und Verteilungsfunktionen für Klassen bzw. Intervalle anzugeben, sondern – wie auch bei diskreten Verteilungen – für möglich systematisch erschlossene Einzelwerte im relevanten Wertebereich. Von daher werden hier die Werte der Zufallsvariablen aus den oberen Klassengrenzen der empirischen Variablen abgeleitet und diese einheitlich für beide Verteilungen im Diagramm auch so verwendet.

Zur Ermittlung der Dichte- und Verteilungsfunktion einer spezifizierten Normalverteilung benutzt man die statistische Funktion NORM.VERT. Deren Anwendung ist in 10.2

Abb. 13.39 Numerische theoretische Renditeverteilung

	A	B	C	D
15	**Rendite**	**Dichte**	**Verteilungsfunktion**	
16	**x**	**f(x)**	**F(x)**	**G(x)**
17	-30,00	0,00003	0,00006	0,99994
18	-25,00	,00026	0,00060	0,99940
19	-20,00	,00162	0,00445	0,99555
20	-15,0	,0677	0,02301	0,97699
21	-10	,926	0,08465	0,91535
22				
23	=NORMVERT(A17;1,07;8,05;FALSCH)			
24	5,00	0,04397	0,68718	0,31282
25	10,00	0,02679	0,86621	0,13379
26	15,00	0,01110	0,95813	0,04187
27	20,00	0,00313	0,99062	0,00938
28	25,00	0,00060	0,99852	0,00148
29	30,00	0,00008	0,99984	0,00016
30	35,00	0,00001	0,99999	0,00001
31	**Summe**	**0,20000**		

„Vertreterbesuche und Aufträge", Teilaufgabe 5 ausführlich beschrieben, worauf hier verweisen sei. Abb. 13.39 enthält die numerische theoretische Renditeverteilung und eine exemplarische Formeleingabe zur Ermittlung der Dichte. Für das Diagramm der theoretischen Verteilung braucht man die Dichtewerte der Spalte B, da die typische Glockenkurve der Normalverteilung der Graf ihrer Dichtefunktion ist.

Diagrammerstellung Die empirische Renditeverteilung liegt bereits als Säulendiagramm vor (Abb. 13.38). Dieses kopiert man, um darin das Liniendiagramm der theoretischen Verteilung zu ergänzen. Dazu muss man in dem bestehenden Diagramm zunächst den Diagrammtyp „Säule" in den Typ „Verbund" ändern, der Säulen und Linien enthält. Da die empirische Verteilung auf der senkrechten Achse relative Häufigkeiten in Prozent, die theoretische Verteilung dagegen Dichtewerte ohne Maßeinheit enthält, braucht man in dem Diagramm zwei senkrechte Achsen mit unterschiedlichen Beschriftungen. Entsprechend wählt man aus den angebotenen Untertypen die „Gruppierte Säulen/Linien auf der Sekundärachse".

Für das Liniendiagramm ist eine 2. Datenreihe im unteren linken Dialogbereich des Dialogfensters „Datenquelle auswählen" anzulegen, adäquat zu beschriften und mit den Dichtewerten zu versorgen. Im unteren rechten Dialogbereich ist die bestehende Achsenbeschriftung (aus der klassierten Verteilung) durch die Variablenwerte aus der 1. Spalte der theoretischen Verteilung zu ersetzen. Abschließend ist das Diagramm noch mit den nötigen Beschriftungen und einer Legende für die beiden Datenreihen zu versehen und u. U. die Dichteachse auf der rechten Diagrammseite passend zu skalieren. Abbildung 13.40 zeigt eine Musterlösung.

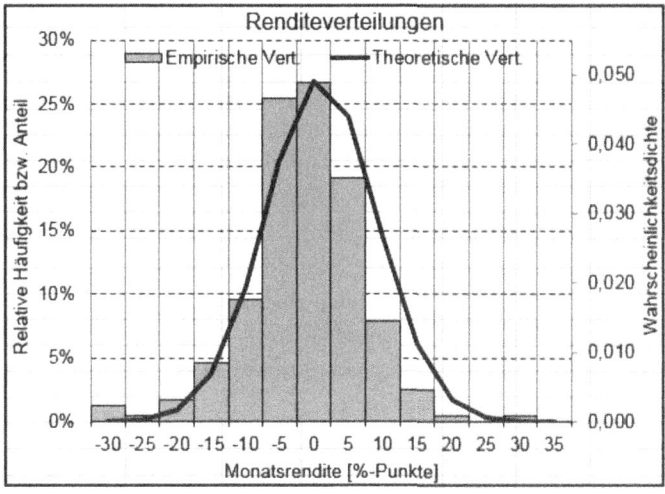

Abb. 13.40 Profile der Renditeverteilungen

Darin fällt zunächst auf, dass der Graf der theoretischen Renditeverteilung aus Gera-
denstücken besteht und nicht genau die geschwungene Kontur einer Glockenkurve hat,
die für eine Normalverteilung typisch ist. Das liegt daran, dass wir für die direkte Gegenüberstellung der beiden Verteilungen in einem Diagramm nur die durch die empirische
Verteilung vorgegeben Klassengrenzen als diskrete Stützpunkte der stetigen Normalverteilung benutzen konnten, was nicht zu ändern ist.

Beim optischen Vergleich der beiden Verteilungsprofile fällt auf, dass die Dichtekurve
der theoretischen Verteilung …

- im Bereich positiver Renditen praktisch durchgängig über der Profillinie der empirischen Verteilung liegt, u. z. beachtlich. Da die Wahrscheinlichkeit in der theoretischen
  Verteilung der Fläche unter der Dichtekurve entspricht, bedeutet dies, dass die Wahrscheinlichkeit positiver Renditen im Modell stets größer ist als in Wirklichkeit, u. z.
  erheblich.
- im Bereich negativer Renditen sehr häufig unter der Profillinie der empirischen Verteilung liegt, wenn auch in einem vergleichsweise geringen Abstand. Das bedeutet, dass
  die Wahrscheinlichkeit negativer Renditen im Modell sehr häufig kleiner ist als in Wirklichkeit, wenn auch moderat.

Diese aus einem optischen Verteilungsvergleich heraus gewonnenen Erkenntnisse sind
interessant und werfen die Frage auf, ob das für die theoretische Renditeverteilung benutzte Modell der Normalverteilung trotz der genannten Abweichungen im vorliegenden Fall
insgesamt überhaupt gut genug ist, d.h. einen ausreichenden Modellfit hat.

6.Statistische Überprüfung der Modellgüte

Diese Frage beantwortet man bei statistisch akkurater Arbeitsweise mit einem geeigneten **statistischen Testverfahren**. Im vorliegenden Fall geht es darum, zu überprüfen, ob
das oben spezifizierte Modell der Normalverteilung ausreichend gut zu der empirischen
Renditeverteilung passt. Es ist also ein sogenannter **Anpassungstest** vorzunehmen. Der
Standard-Anpassungstest bei vorliegenden Häufigkeiten ist der **CHI^2-Anpassungstest**.
Seine Durchführung ist in Abschn. 11.3 Aufgabe „Landtagswahlen" ausführlich be-
schrieben, worauf hier verwiesen sei. Abbildung 13.41 enthält die groben Schritte der
Testdurchführung im Allgemeinen (links) und für den hier vorliegenden Fall (rechts).

Die dort in Schritt 3 benötigten „**erwarteten absoluten Häufigkeiten**" (unter der Nullhypothese) befinden sich in Abb. 13.42 in den Spalten K und L samt exemplarischer Formeleingaben. Sie sind in den Randklassen 1–3 sowie 11–13 nicht groß genug, um die
CHI^2-Verteilung approximativ in guter Näherung als Prüfverteilung verwenden zu können. Daher sind für das Testverfahren die drei Randklassen mit den negativen und die vier
mit den positiven Renditen samt ihren Häufigkeiten zusammenzufassen, sowie in Spalte M unter „Reduzierte Verteilung" ersichtlich und darin fett umrandet. Die für den Test
verwendete CHI^2-Verteilung besteht also nur noch aus 8 Klassen mit den entsprechend
zusammengefassten Häufigkeiten. Die Prüfgröße und ihre approximative Wahrscheinlichkeitsverteilung sind also wie folgt zu spezifizieren: $\chi^2 \sim \text{CHI}^2\ (7)$.

	A	B	C	D
8	**Durchführung CHI²-Anpassungstest**			
9	**1. Formulierung Nullhypothese**		**1. X ~ N [1,07; 8,05]**	
10	**2. Vorgabe Signifikanzniveau**		**2. α0=0,05=5%**	
11	und Stichprobenverfahren		historische Monatsrenditen	
12	(Art u. Umfang)		1993-2013	klassiert:K=13
13	**3. Prüfgröße u. W-Verteilung**		**3. χ² ~ CHI² (v-1)=(13-1=12)**	
14	χ² ~ CHI² (v-1)		dazu Ermittlung der zu	
15	Approximationsbedingung:		erwartenden abs. Häufigkeiten	
16	he ≥ 5		**he** bei Gültigkeit v. Ho	
17			siehe Spalten K u. L	
18	wenn nicht, Klassen		hier: Klassen k=1-3 und	
19	zusammenfassen		k=10-13 zusammenfassen	
20			dann: χ² ~ CHI² (8-1=7)	
21	**4. Festlegung des "Entschei-**		**4. stat.Funktion CHI.INV**	
22	dungsbereichs"		**χ²k =**	**14,07**
23	"Annahmebereich"		"Annahme"	χ² < 14,07
24	Ablehnbereich		Ablehnung	χ² > 14,07
25	**5. Ermittlung des Wertes der**		**5. Ermittlung v. χ² in in klass.**	
26	Prüfgröße in der Stichprobe		Häufigkeitsverteilung	
27			s. Spalte N u.O	**χ² = 8**
28	**6. Testempfehlung und**		**6. Ho "annehmen",**	
29	/-entscheidung		da χ² im "Annahmenbereich"	

Abb. 13.41 Durchführung des CHI^2-Anpassunsgtests

Nach der Testvorbereitung ist aus den empirischen Daten der **Wert der Prüfgröße** zu ermitteln, um zu einer Testempfehlung und -entscheidung zu kommen (siehe Schritt 5 in Abb. 13.41). Die Berechnung der empirischen Abweichungsgröße χ^2 ist in Abschn. 11.3 Aufgabe „Landtagswahlen", Teilaufgabe 5 ausführlich beschrieben, worauf hier verweisen sei. Abbildung 13.42 enthält in den Spalten N und O die Berechnungsergebnisse pro Klasse samt exemplarischer Formeleingabe und in der Zelle O24 als deren Summe für die korrekte Prüfverteilung den Wert von $\chi^2 = 8$. Da dieser Wert kleiner als der mit Hilfe des Signifikanzniveaus ermittelte kritische Wert des Tests ist (s. Abb. 13.41 unter 4 : $\chi^2_K = 14{,}07$), lautet die Testempfehlung, die Nullhypothese „anzunehmen" bzw. „beizubehalten".

Das Ergebnis unseres statistischen Tests lautet also fachgerecht in einem Satz: Ohne Signifikanz ist nicht zu widerlegen, dass die monatlichen Kursrenditen der Bayer-Aktie im Zeitraum vom Dez.93 bis zum Dez.13 normalverteilt sind. Dieses Ergebnis versieht das hier für die Aktie benutzte Rendite-Verteilungsmodell nicht mit einem Gütesiegel 1. Klasse. Trotzdem soll es im Folgenden bei der Risikoabschätzung von Renditeverlusten benutzt werden, da es als **Grundmodell** zentraler Bestandteil des Value at Risk-Konzeptes ist.

	E	F	G	H	I	J	K	L	M	N	O
8	**Empirische Renditen: klassierte Verteilung**						**Erwartete "normalverteilte" Renditen**				
9	Klassen-	Mon. Kursrendite [%]		Häufigkeit		Reduz.	Erwartete Häufigk.		Reduz.	Chi²	
10	nr. k	über ...	bis einschl....	Anzahl	Anteil	Vert.	Anteil	Anzahl	Verteilg.	v=13	v=7
11	1	-30	-25	3	0,0125	(Anzahl)	0,0005	0,13		63	
12	2	-25	-20	1	0,0042		,0038	0,92		0,01	
13	3	-20	-15	4	0,0167	8,0	0,0186	4,45	5,51	0,05	1,13
14	4	-15	-10	11	0,0458		0,0616	14,79	14,79	0,97	0,97
15	5	-10	-5	23	0,0958		0,1409	33,81	33,81	3,46	3,46
16	6	-5	0	61	0,25		0,221	53,19	53,19	1,15	1,15
17	7	0	5	64	0,			57,61	57,61	0,7	0,71
18	8	5	10	46		=K11*240		42,97	42,97	0,2	0,21
	=NORMVERT(G1;1,07;8,05;WAHR)-NORMVERT(F1;1,07;8,05;WAHR)							22,06	22,06	0,	0,43
								7,80	10,05	0,	0,42
21	11	20	25	1	0,0042		0,0079	1,9	=(J13-M13)^2/M13		
22	12	25	30	0	0,0000		0,0013	0,3			
23	13	30	35	1	0,0042		0,0002	0,04		26	
24	**Summe**			240	1,0000		0,9999	239,98		96	8

Abb. 13.42 Nötige Berechnungen beim CHI^2-Anpassunsgtest

7. Modellanwendung: Value at Risk

7.a Mindestrendite mit vorgegebener Wahrscheinlichkeit

Gefragt ist nach den monatlichen Renditen der Aktie, die mit einer Wahrscheinlichkeit von 90 %, 95 % und 99 % nicht unterschritten werden. Vorgegeben sind also Sicherheitswahrscheinlichkeiten, die mindestens einzuhalten sind, und gesucht sind die zugeordneten Renditen, die dabei nicht unterschritten werden. Die gesuchten Untergrenzen bestimmt man durch Ermittlung der entsprechenden **Quantile**. Diese werden standardmäßig ausgehend von kleinen hin zu großen Werten der Analysegröße hin betrachtet und spezifiziert. Bei Wahrscheinlichkeitsverteilungen hat das zur Folge, dass bei der Bestimmung einer Untergrenze mit Hilfe einer vorgegebenen Sicherheitswahrscheinlichkeit die dazu komplementäre Risikowahrscheinlichkeit zu verwenden ist.

Bei Verwendung der Normalverteilung benutzt man zur Ermittlung von Quantilen die statistische Funktion NORM.INV. Diese ist in Abschn. 10.2 Aufgabe „Vertreterbesuche und Aufträge", Teilaufgabe 7 ausführlich beschrieben, worauf hier verwiesen sei. Sind mehrere Quantile zu bestimmen, geschieht das am besten in einer kleinen Arbeitstabelle. Diese enthält in den ersten Spalten die zur Quantilsermittlung benötigten Größen. Abbildung 13.43 enthält in Spalte E die Ergebnisse und eine beispielhafte Formeleingabe.

Danach wird die monatliche Rendite der Aktie mit 90 %-iger (99 %-iger) Wahrscheinlichkeit nicht kleiner sein als −9,25 (−17,66) %-Punkte. Der letzte Wert bedeutet, dass man praktisch sicher sein kann, dass die monatlichen Verluste im worst-case – d.h. bei massivem Kursverfall und entsprechend negativer Kursrendite – innerhalb eines Monats absolut nicht größer sein werden als 17,66 % vom investierten Kapital.

	A	B	C	D	E	F	G	H	I	J
5	Sicherheits-	Risiko-	Erwartungs-	Standard-	Quantile		Max. Verlust d. Investments		Abw. Modell-Empirie	
6	wahrsch.	wahrsch.	wert	abweichung	Modell	Empirie	Modell	Empirie	absolut	relativ
7	[%]	[%]	[%-Punkte]	[%-Punkte]	[%-Punkte]	[%-Punkte]	[€]	[€]	[%-Punkte]	%
8	90,00	10,00	1,07	8,05	-9,25	-7,99	-9.426,80	-8.144,43	1,26	-15,75
9	95,00	5,00	1,07	8,05	-12,17	-12,49	-12.408,41	-12.734,27	-0,32	2,56
10	99,00	1,00	1,07	8,05	-17,66	-25,20	-18.001,41	-25,..	-7,55	29,94

=NORM.INV(0,01;C10;D10)	=QUANTIL.EXKL.(Adresse Urlistendaten; 0,01)	=101.950*E8/100

Abb. 13.43 Mindestrenditen u. Maximalverluste m. vorgegebenen Wahrscheinlichkeiten

7.b Maximaler Verlust mit vorgegebener Wahrscheinlichkeit

Die vorangegangene Risikobetrachtung beinhaltet ausschließlich prozentuale Angaben. Den Anleger interessiert darüber hinaus aber auch, wie viel von einem getätigten Investment mit einem entsprechenden Geldwert aufgrund des Kursrendite-Risikos maximal verloren gehen kann. Dazu betrachten wir einen Großinvestor, der am Ende des Analysezeitraums – d.h. Ende Dezember 2013 – 1000 Bayer-Aktien zum Kurs von 101,95 [€/Stück] erworben hat. Damit beträgt der Wert dieses Investments bei Kauf 1000 * 101,95 = **101.950 [€]**.

Wie groß ist sein maximal möglicher Verlust bei einer Haltedauer von einem Monat? Mit Sicherheit kann man diese Frage nicht beantworten, wohl aber mit sehr hoher Wahrscheinlichkeit. Man muss nur den Einstandswert des Investments mit den in 7.a ermittelten Mindestrenditen multiplizieren. Abbildung 13.43 enthält in Spalte G die Ergebnisse und eine beispielhafte Formeleingabe für den maximalen Verlust, mit dem er am Ende der Haltedauer mit 90 % Wahrscheinlichkeit rechnen kann: ~9425 €.

8. Kritische Würdigung der Vorgehensweise und des Verteilungsmodells

Von den Kursdaten zur Häufigkeitsverteilung der Renditen Die zentrale statistische Analyse dieser Aufgabe – die Modellierung der Kursrendite eines volatilen Wertpapiers – erfolgte durch Aufbereitung und Auswertung seiner historischen Kursdaten. Diese Vorgehensweise ist gängig, hat sich bewährt und ist prinzipiell auch nicht anders vernünftig möglich. Wahlmöglichkeiten bestehen allerdings beim Beobachtungszeitraum und bei den verwendeten Zeiteinheiten. Hier wurde aus wissenschaftlichem Interesse ein sehr langer Zeitraum von 20 Jahren gewählt, um auch extreme Marktphasen abzudecken. Monatswerte wurden verwendet, damit die Datenmenge trotz des langen Zeitraums für Übungszwecke ausreichend, aber noch hantierbar blieb. Andere Zeiträume und Zeiteinheiten hätten natürlich zu anderen strukturellen und quantitativen Ergebnissen geführt.

Von der empirischen Renditeverteilung zum Modell Datengrundlage der Modellierung war die klassierte Häufigkeitsverteilung der Renditen, bei der auf ausreichende Übereinstimmung mit den Beobachtungswerten geachtet wurde. Die eigentliche Modellierung mittels eines verfügbaren Verteilungsmodells der Statistik ist gängige Praxis, die verwendete Normalverteilung das im Risikomanagement übliche Grundmodell. Trotzdem erbrachte

die optische Gegenüberstellung von empirischer und theoretischer Verteilung im vorliegenden Fall deutlich sichtbare Abweichungen des Modells von der Wirklichkeit, die z. T.
durchgängig und quantitativ erheblich waren.

Statistische Überprüfung der Goodness-of-Fit und Testgüte Deshalb wurde das verwendete Modell im Nachgang auf statistisch ausreichende Übereinstimmung mit der Wirklichkeit überprüft, u. z. mit dem für den Vergleich von Häufigkeitsverteilungen üblichen
Testverfahren, dem CHI^2-Anpassungstest. Er erbrachte mit einem Signifikanzniveau von
5 %, dass die Normalverteilungshypothese im vorliegenden Fall nicht abzulehnen ist. Dieses Ergebnis ist aus verschiedenen Gründen leider nicht besonders wertvoll. Zum einen
bedeutet es nicht, dass die getestete Hypothese richtig ist, sondern nur, dass die Daten
nicht ausgereicht haben, sie zu widerlegen. Zum anderen hat es keine Signifikanz, d.h. es
hat eine hohe Fehlerwahrscheinlichkeit. Und last but not least musste man für den Test die
Randklassen zusammenfassen, um die für eine akkurate Testdurchführung nötigen Klassenhäufigkeiten zu erreichen. Gerade die Häufigkeiten in den Randklassen weichen aber
teilweise besonders stark von der Profillinie der Normalverteilung ab. Der verwendete Test
erscheint daher im vorliegenden Fall nicht 1. Wahl zu sein, um eine Aussage hoher Güte
über die „Goodness-of-Fit" der Normalverteilung zu machen.

Es gibt eine Vielzahl anderer Tests auf Normalverteilung, die eine höhere Güte haben,
da sie trennschärfer sind. Diese gehören jedoch nicht zu den grundlegenden statistischen
Verfahre, werden von Excel nicht unterstützt und deshalb hier auch nicht verwendet. Wenn
ein Test hoher Güte nicht zu einer signifikanten Aussage über die Normalverteilung führt,
werden in der wissenschaftlichen Diskussion geeignete Modellerweiterungen (wie z.B. für
Schiefe, fat-tails etc.) oder die Verwendung eines anderen Verteilungsmodells mit besserem
Modellfit empfohlen (z.B. die Studentverteilung).

Modell für die Wirklichkeit, die Unsicherheit und die Prognose Das mathematische
Modell der Normalverteilung ist ein theoretisches, formales, quantitatives Modell mit vielen Vorzügen für den Anwender. Es kann sowohl zur Modellierung einer empirischen
Verteilung, als auch zur Modellierung einer Wahrscheinlichkeitsverteilung benutzt werden. Im vorliegenden Fall entsteht es aus der Häufigkeitsverteilung der Renditen und ist
zunächst einmal das Modell dieser empirischen Verteilung. Erst über den statistischen
Wahrscheinlichkeitsbegriff – der Grenzwert der relativen Häufigkeit ist die Wahrscheinlichkeit – kann man es auch direkt als Modell für die unsichere monatliche Kursrendite
nehmen. Faktisch muss man nur den Inhalt der Variablen und die Bedeutung der den Variablenwerten zugeordneten Zahlen ändern: aus der empirischen Variablen wird eine Zufallsvariable und aus der relativen Häufigkeit wird bei einer kontinuierlichen Variablen die
Wahrscheinlichkeitsdichte. Man sollte sich aber stets bewusst sein, dass das so gewonnene
Wahrscheinlichkeitsverteilungsmodell auf Daten der Vergangenheit beruht und genau nur
für diese gültig ist. Nur unter der Bedingung der „Zeitstabilitätshypothese" – d.h. der Annahme, dass sich die Bedingungen der betrachteten Variablen zukünftig nicht wesentlich
von denen des Analysezeitraums der Vergangenheit unterscheiden – kann man das Modell

auch sinnvoll zur Prognose der unsicheren zukünftigen Rendite benutzen. Diese Bedingung ist in der Regel bei kurzfristigen Prognosen, die sich wie hier etwa auf die nächsten Monate beziehen, eher erfüllt als bei längerfristigen.

Modellnutzung: Renditeverlustabschätzung im Worst-Case Was die Validität des Normalverteilungsmodells im vorliegenden Fall angeht, so ist sie auch unter dem Aspekt zu beurteilen, welche Teile des Modells schwerpunktmäßig benutzt werden. So sind z.B. die Profileigenschaften, die Kenngrößen und der relevante Wertebereich der empirischen Verteilung und der Normalverteilung tendenziell gleich und das Modell ist diesbezüglich valide. Hier soll das Modell aber schwerpunktmäßig für die Risikoabschätzung der unsicheren negativen Renditen – d.h. der Renditeverluste – benutzt werden. Diese befinden sich auf der linken Modellseite. Hier konnte man aus Abb. 13.40 als Hauptbotschaft ablesen, dass die Wahrscheinlichkeit von Renditeverlusten im Modell häufig wahrnehmbar kleiner ist als deren relative Häufigkeit in der Wirklichkeit. Das galt im vorliegenden Fall insbesondere für extrem hohe Renditeverluste, die natürlich nur mit entsprechend kleiner Wahrscheinlichkeit zu erwarten sind. Es besteht von daher die begründete Vermutung, dass das Modell gerade diesen worst-case **systematisch unterschätzt**.

Worst-case-Verlustabschätzung mit den empirischen Daten In einem solchen Fall ist es ratsam, ergänzend zur gängigen Modellrechnung noch eine kleine **Nebenrechnung** anzustellen, die sich direkt auf die empirischen Daten stützt. Der entsprechend zu fokussierende Bereich ist in Abb. 13.44 am unteren Verteilungsrand markiert. Dort ist beispielhaft die Sicherheitswahrscheinlichkeit von 95 % bzw. ihr Komplement von 5 % eingetragen und man kann an den summierten Anteilen der Säulen optisch abschätzen, bei welcher Rendite die 5 %-Grenze in etwa erreicht ist. Man erkennt, dass dies bei einer Rendite > −15 % sein wird, die irgendwo in der Klasse von −10 bis −15 % liegen muss.

Zur präzisen Bestimmung ist das der vorgegebenen Wahrscheinlichkeit zugeordnete Quantil zu ermitteln. Dazu kann man **bei Urlistendaten** die statistische Funktion QUAN-

Abb. 13.44 Visualisierung der direkten Worst-Case-Abschätzung

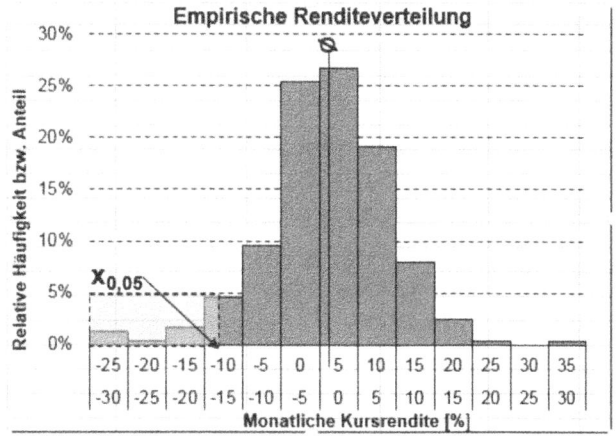

TILE.EXCL. benutzen, die man über den Funktions-Assistenten aufruft. Man erhält als Ergebnis, dass mit 95 %-iger Wahrscheinlichkeit der monatliche Renditeverlust nicht größer sein wird als −12,49 [%-Punkte] und hat damit ein Ergebnis, das nur unwesentlich von der Modellrechnung abweicht. Wenn man hingegen die Renditeuntergrenze praktisch sicher haben will (99 %) erhält man −25,02 [%-Punkte]. Im Vergleich zu den 17,66 [%-Punkten] aus der Modellrechnung ist der Renditeverlust im worst-case also realistisch um 7,55 [%-Punkte] bzw. um ~30 % größer. Für die Depotposition bedeutet dies im worst-case mit gleicher Wahrscheinlichkeit einen Verlust von maximal ~25.695 [€], statt „nur" von ~18.000 [€].

13.3   Aufgabe „Portfolioanalyse"

Nachdem in den vorangegangenen Aufgaben die grundlegenden Ansätze zur Chancen- und Risikoermittlung und -bewertung einer Aktie mit statistischen Methoden und Modellen gezeigt wurden, soll nun der sog. „Portfolioeffekt" behandelt werden. Er tritt auf, wenn zwei oder mehr Finanzprodukte miteinander kombiniert werden. Dabei beschränken wir uns der Einfachheit halber auf nur zwei verschiedene Aktien. Die Anzahl der gekauften Aktien ist dabei vernachlässigbar, lediglich der **Wertanteil** der Aktien im Portfolio ist relevant. Im vorliegenden Fall werden Aktien eines Autokonzerns („Autoaktie") und eines Ölkonzerns („Ölaktie") betrachtet. Diese sollen zunächst mit Wertanteilen von 75 % und 25 % im Portfolio enthalten sein. Später wird der Wertanteil variiert.

Gegeben seien die monatlichen Kursrenditen der beiden Aktien für die letzten drei Monaten gemäß folgender Ausgangsdatentabelle:

Wertpapier	Autoaktie	Ölaktie
Anteil im Portfolio	75,00%	25,00%
Zeit [Monat]	Monatliche Kursrendite	
Oktober 2013	-2,24%	4,74%
November 2013	3,50%	3,11%
Dezember 2013	2,65%	-1,62%

13.3.1   Aufgabenstellungen

1. Berechnen Sie **für jede Aktie** als Maß für ihre monatliche Renditechance den Erwartungswert μ und als Maß für ihr monatliches Renditerisiko die Volalität gemessen mit der Standardabweichung σ.
2. Ermitteln Sie nun den Erwartungswert und die Standardabweichung der monatlichen **Portfoliorendite** und interpretieren Sie diese Werte sachlogisch.
3. Erstellen Sie ein **Chance-Risiko-Profil** in Form eines Diagramms, in das die Kenngrößen der Aktien und des Portfolios eingetragen werden. Welche Effekte der Portfoliozusammenstellung können Sie im Diagramm erkennen?

4. Nun soll der „Portfolioeffekt" strukturiert untersucht werden. Führen Sie dazu zunächst eine geeignete **Zusammenhangsanalyse** der Renditen beider Aktien durch und interpretieren Sie deren Ergebnis im Sachzusammenhang.

5. Der Wertanteil der Autoaktie soll nun beginnend von Null bis 100 Prozent in 10-Prozentschritten systematisch geändert werden. Dadurch verringert sich natürlich entsprechend der Wertanteil der Ölaktie im Portfolio. Berechnen Sie für jedes der „Mischungsverhältnisse" den Erwartungswert und die Standardabweichung der Portfoliorendite (**Sensibilitätsanalyse**).

6. Erstellen Sie nun ein **Rendite-Risiko-Profil** für alle gerade ermittelten Portfolien (Diagramm) und interpretieren Sie die Rendite-Risiko-Kurve mit eigenen Worten.

7. Ein Portfolio wird als **effizient** bezeichnet, wenn es kein anderes Portfolio aus den gleichen Bestandteilen gibt, welches bei gleichem Risiko (!) die gleiche Rendite generiert. Welche Portfolien ihres Diagramms sind effizient?

8. Welche **Auswirkungen** haben folgende **Zusammenhangsmuster** der Aktienrenditen auf die Rendite-Risiko-Kurve der Portfolien und was bedeuten die Ergebnisse für die Auswahl von Aktien in Portfolien aus Sicht des Anlegers?

   a) vollständig gegenläufiger Zusammenhang

   b) vollständig gleichgerichteter Zusammenhang

LERNINHALTSÜBERSICHT	
STATISTIK	**EXCEL-UNTERSTÜTZUNG**
1. Parameterschätzungen der Aktienrenditen	MITTELWERT, STABW.S
2. Parameterschätzungen der Portfoliorendite **a) über Parameter der Aktienrendite** **b) über Auswertung der Portfoliorenditen**	 Formeln Formeln
3. Visualisierung und Grobcharakterisierung der Parameterschätzungen	Diagrammtyp: Punkt (XY)
4. Zusammenhangsanalyse der Aktienrenditen	Stat. Funkt. KORREL
5. Sensitivitätsanalysen mit unterschiedlichen Aktienanteilen (Portfolien)	Formeln
6. Visualisierung und Grobcharakterisierung der Chance-Risiko-Kurve	Diagrammtyp: Kurvendiagramm
7. Ermittlung effizienter Portfolien	
8. Sensitivitätsanalysen mit dem Zusammenhang der Aktienrenditen **a) vollständig gegenläufiger Zusammenhang** **b) vollständig gleichgerichteter Zusammenhang**	 Formeln Formeln

13.3.2 Aufgabenlösungen

Bevor man mit den Analysen beginnt, ist es sinnvoll, die im Sachstand gegebenen Ausgangsdaten – die monatlichen Aktienkursrenditen in Prozent – zur Verwendung in Tabellenberechnungen in Dezimalzahlen umzuwandeln.

1. Parameterschätzungen der Aktienrenditen

Die aus den vorliegenden empirischen Kursrenditen zu schätzenden Parameter der unsicheren Rendite jeder Aktie sind einerseits der Erwartungswert und anderseits die Streuung bzw. Volalität gemessen mit der Standardabweichung. Da der Erwartungswert der Mittelwert der (unbekannten) Wahrscheinlichkeitsverteilung der Renditen ist, handelt es sich also um eine **Mittelwertschätzung.** Diese wird in Abschn. 12.1 Aufgabe „Bildschirmlebensdauer" ausführlich behandelt. In deren Teilaufgabe 1.a ist auch der gängige Mittelwertschätzer mit seinen Eigenschaften angegeben. Danach entspricht die erwartete (unsichere) Rendite der durchschnittlichen empirischen Rendite. Die Punktschätzung für den Erwartungswert erhält man daher einfach mit der statistischen Funktion MITTELWERT.

Die **Streuungs- bzw. Volalitätsschätzung** erfolgt analog. In der Teilaufgabe 2.a der Referenzaufgabe werden der gängige Schätzer für die Varianz/Standardabweichung sowie die korrespondierenden Excel-Funktionen behandelt. Danach benutzt man zur Streuungsschätzung aus empirischen, aber unvollständigen Daten mit der Standardabweichung die statistische Funktion STABW.S.

Abbildung 13.45 enthält im unteren Teil die Punktschätzungen und beispielhafte Umsetzungen der genannten Funktionen.

Die Autoaktie besitzt demnach einen Erwartungswert für die Monatsrendite von 1,30 [%-Punkte] bei einer Standardabweichung von 3,10 [%-Punkte]. Die Volalität der Ölaktie ist mit 3,30 [%-Punkte] etwas höher, sie bietet aber auch eine höhere monatliche Rendite von 2,08 [%-Punkte]

A	B	C	D	E
13	**Wertpapier**	**Autoaktie**	**Ölaktie**	**Portfolio**
14	**Anteil im Portfolio**	0,75	0,25	
15	**Zeit [Monat]**	**Monatliche Kursrend**	=$C$14*C19+$D$14*D19	
16	Oktober 2013	-0,0224	0,0474	
17	November 2013	0,0350	0,0311	
18	Dezember 2013	0,0265	-0,0162	
19	**Erwartungswert μ**	0,0130	0,0208	0,0150
20	**Volatilität σ**	0,0310	0,0330	0,0247
21	**Volatilität σ²**	0,0009597	0,00109132	0,00060804
	=MITTELWERT(C16:C18)	=STABW.S(C16:C18	=C14^2*C21+D14^2*D21	

Abb. 13.45 Parameterschätzungen der Aktien- und der Portfoliorendite (direkt)

2. Parameterschätzungen der Portfoliorendite

Zu schätzen sind der Erwartungswert und die Standardabweichung der Portfoliorendite. Dazu gibt es ganz allgemein zwei Wege, die hier als **direkt** und **indirekt** bezeichnet und beide begangen werden.

2.a Direkter Weg über die Parameter der Aktienrendite

Der **direkte Weg** geht über die geeignete **Zusammenfassung** der bereits ermittelten Parameter der Aktienrenditen. Die dazu nötige Zusammenführung von Einzelschätzungen eines Parameters zu einer Gesamtschätzung wurde ähnlich bereits in Abschn. 12.2 Aufgabe „Rauchverbot", Teilaufgabe 3.b und 5.b behandelt, worauf hier verwiesen sei.

Danach ergibt sich für den **Erwartungswert** die Gesamtschätzung durch Addition der Einzelschätzungen unter Berücksichtigung ihrer Anteile. Der Erwartungswert der Portfoliorendite ist also das **gewogene arithmetische Mittel** der Erwartungswerte der Aktienrenditen, wobei die Wertanteile der Aktien im Portfolio als Gewichte fungieren. In Abb. 13.45 ist dies in der Zelle E19 umgesetzt und man erhält als Erwartungswert der monatlichen Portfoliorendite den Wert 1,5 [%-Punkte]. Diese Rendite ist niedriger als die der Ölaktie, aber höher als die der Autoaktie.

Bei der Zusammenfassung der **Streuung bzw. Volatilität** der Aktien gemessen mit der Standardabweichung kann man nicht ganz so einfach vorgehen. Denn die Varianzen (als Ausgangsgrößen der Standardabweichungen) sind quadratische Abweichungsgrößen und dementsprechend mit dem Quadrat der Gewichte zu berücksichtigen. Dies gilt jedenfalls, wenn die zusammenzufassenden Größen unabhängig voneinander sind. In Abb. 13.45 unten sind in Zeile 21 die Varianzen der Aktienrenditen mit der statistischen Funktion VAR.S ermittelt und die Varianz der Portfoliorendite mit der angegebenen Formel. Zieht man aus der Varianz in der Zelle E21 die Wurzel, erhält man die Standardabweichung der monatlichen Portfoliorendite. Diese ist mit 2,47 [%-Punkte] deutlich kleiner als die jeder einzelnen Aktie mit 3,10 bzw. 3,30 [%-Punkte].

2.b Indirekter Weg über die Portfoliorenditen

Bei der obigen Ermittlung der Volatität der Portfoliorendite wurde unterstellt, dass die Renditen der beiden Aktien **voneinander unabhängig** sind. Die Unabhängigkeitsannahme macht das Rechnen mit unsicheren Größen immer besonders einfach, sie ist aber sachlogisch und statistisch stets kritisch zu überprüfen. Dies erfolgt hier auch in den nächsten Teilaufgaben und wird teilweise zu anderen Ergebnissen führen.

Wenn man von Anfang an und ohne Berücksichtigung irgendwelcher Annahmen zu korrekten Ergebnissen kommen will, kommt man nicht umhin, einen **indirekten Weg** zu beschreiten: Man ermittelt zunächst die Portfoliorenditen in den einzelnen Monaten und danach auf ihrer Basis die Parameterschätzungen.

Die **monatlichen Portfoliorenditen** erhält man mit dem gleichen Ansatz, der oben bereits beim Erwartungswert verwendet wurde. Rechnerisch ist die monatliche Portfoliorendite also das gewogene arithmetische Mittel der monatlichen Aktienrenditen mit den Anteilen der Aktien als Gewichte. Die Portfoliorendite des ersten Monats im Analysezeit-

⩗ A	B	C	D	E
24	**Wertpapier**	**Autoaktie**	**Ölaktie**	**Portfolio**
25	**Anteil im Portfolio**	0,75	0,25	
26	**Zeit [Monat]**	**Monatliche Kursrend**	=$C$25*C27+$D$25*D27	
27	Oktober 2013	-0,0224	0,0474	-0,0050
28	November 2013	0,0350	0,0311	0,0340
29	Dezember 2013	0,0265	-0,0162	0,0158
30	**Erwartungswert μ**	**0,0130**	**0,0208**	**0,0150**
31	**Volatilität σ**	**0,0310**	**0,0330**	**0,0195**
32	**Volatilität σ²**	**0,000959703**	**0,001091323**	**0,00060804**

Abb. 13.46 Parameterschätzungen der Portfoliorendite (indirekt)

raum – dem Oktober – erhält man daher wie folgt:

$$0{,}75 \cdot (-0{,}0224) + 0{,}25 \cdot 0{,}0474 = -0{,}00495.$$

Abbildung 13.46 enthält in Spalte E die Ergebnisse und beispielhaft die Formel für den Oktober. Die monatliche Portfoliorendite, die man – wie die Formel zeigt – durch das Summieren von Produkten erhält, kann man auch mit der Funktion „SUMMENPRODUKT" aus dem Bereich „Math. & Trigonom." ermitteln. Deren Anwendung wurde in Abschn. 9.1 Aufgabe „Unsichere Tagesproduktion", Teilaufgabe 4.a verwendet, worauf hier verwiesen sei. Sie führt natürlich zu denselben Ergebnissen.

Aus den Monatsrenditen des Portfolios kann man nun leicht die Parameter der monatlichen Portfoliorendite schätzen, u. z. mit denselben statistischen Funktionen, die dazu auch bei den einzelnen Aktien verwendet wurden. Die Zwischen- und Endergebnisse des beschriebenen indirekten Weges stehen in Abb. 13.46 in der Spalte E und sind darin grau hinterlegt. Das Schätzergebnis ist beim Erwartungswert dasselbe wie in 2.a, die Standardabweichung fällt dagegen mit nur 1,95 [%-Punkte] deutlich kleiner aus. Da der indirekte Berechnungsweg über die monatlichen Portfoliorenditen auf jeden Fall korrekt ist, werden wir seine Ergebnisse im Weiteren verwenden.

3. Visualisierung und Grobcharakterisierung der Parameterschätzungen
Zur Visualisierung von Maßgrößen der Chancen und Risiken von Wertpapieren sind Chance-Risiko-Diagramme üblich. Diese wurden in Abschn. 13.1 Aufgabe „Empirische Aktienkurs- und Kursrenditeanalysen", Teilaufgaben 3.f und 4.b bereits verwendet, worauf hier verwiesen sei. Man erhält ein Diagramm gemäß Abb. 13.47.

Grobcharakterisierung Die Portfoliorendite liegt zwischen den Renditen der einzelnen Aktien. Aufgrund des höheren Anteils der Autoaktie von 75 % liegt sie näher an deren Monatsrendite als an der der Ölaktie. Die Beimischung der Ölaktie zu 25 % im Portfolio führt jedoch erstens zu einer leicht höheren Monatsrendite (als bei der Autoaktie allein) und **reduziert gleichzeitig die Volatilität**, u. z. erheblich.

Abb. 13.47 Chance-Risiko-
Profil der Aktien und des
Portfolios

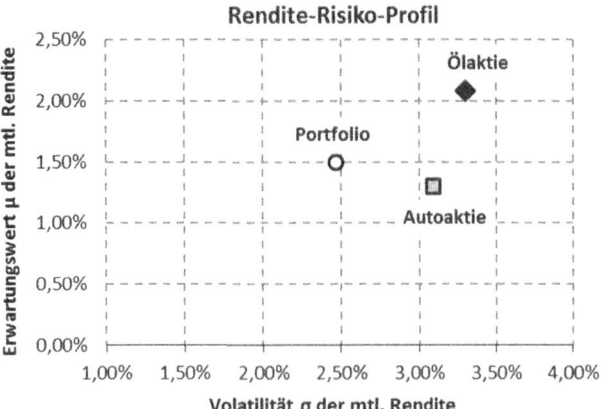

Ursächlich hierfür ist, dass die Renditen der beiden Aktien ganz offensichtlich **nicht un-abhängig** voneinander sind, sondern vielmehr eine **teilweise gegenläufige** Rendite- oder Kursentwicklung besteht. Dies kann man an den Monatswerten vom Oktober und Dezember recht gut erkennen: während die Autoaktie im Oktober eine negative Rendite von −2,24 % aufweist, steuert die Ölaktie in diesem Monat eine positive Rendite von 4,74 % zur Portfoliorendite bei. Im Dezember erkennt man ein ähnliches Bild, nur mit umgekehrten Vorzeichen. Im Portfolio werden also Renditeverluste einer Aktie zumindest teilweise durch Renditegewinne anderer Aktien kompensiert, woraus sich für das Portfolio als Ganzes eine geringere Volatilität und damit ein geringeres Risiko ergibt. Das bezeichnet man als „**Portfolioeffekt**". Dass dieser Effekt nicht zwangsläufig bzw. in jedem Fall so wie hier auftreten muss folgt aus der Überlegung, dass bei einer allgemein schlechten Marktentwicklung auf breiter Front natürlich auch beide Aktien zugleich an Wert verlieren können und damit im gleichen Monat beide negative Renditen aufweisen. Nur führt der „Portfolioeffekt" eben dazu, dass solche Konstellationen seltener auftreten als bei einzelnen Wertpapieren, die ein „Klumpenrisiko" darstellen.

4. Zusammenhangsanalyse der Aktienrenditen

Die für den Portfolioeffekt maßgebliche Ursache, dass sich die Renditeschwankungen der Aktien gegenseitig beeinflussen, kann statistisch analysiert und quantifiziert werden. Geeignet dafür sind grundsätzlich Korrelationsanalysen, wie sie in Abschn. 6.2 Aufgabe „Inflation und Arbeitslosigkeit" ausführlich beschrieben sind. Da die Kursrenditen quantitativ und metrisch skaliert sind, bietet sich die Maßkorrelation an. Den Maßkorrelationskoeffizienten ermittelt man am Einfachsten mit der statistischen Funktion KORREL. Wendet man sie auf die monatlichen Renditen beider Aktien an, erhält man als Ergebnis den Wert − 0,59.

Der Wert ist negativ, was einen gegenläufigen Zusammenhang der Renditen beider Aktien bedeutet. Der Betrag von ~0,6 (im Wertebereich von 0 bis +−1) indiziert tendenziell einen Zusammenhang mittlerer Stärke. Auch wenn der Maßkorrelationskoeffizient lediglich den linearen Anteil dieses Zusammenhangs misst, ist sein Wert doch ein deutlicher quantitativer Indikator für die gegenläufigen Renditen und Volalitäten beider Aktien im vorliegenden Fall. Interessant wird sein, später noch zu untersuchen, welchen Einfluss Richtung und Stärke des Zusammenhangs auf die Portfoliorendite haben.

5. Sensitivitätsanalysen mit unterschiedlichen Aktienanteilen (Portfolien)

Bislang waren die Wertanteile beider Aktien fixiert und es war so gut möglich, die grundlegenden Berechnungsansätze für die Parameter der Portfoliorendite zu erarbeiten.

Eine Portfoliozusammenstellung ist aber insbesondere dann interessant, wenn der Anteil seiner einzelnen Bestandteile je nach Einschätzung der Marktsituation variiert werden kann. Um die Abhängigkeit der Parameter der Portfoliorendite von der Portfoliozusammensetzung strukturiert zu untersuchen, soll im Folgenden das Portfolio zunächst überhaupt keine Autoaktie enthalten, sondern zu 100 % aus Ölaktien bestehen. Im Rahmen der Sensitivitätsanalyse wird der Anteil der Autoaktie sodann systematisch in 10 %-Schritten erhöht, wodurch sich der Anteil der Ölaktie entsprechend verringert. Die Auswirkungen der unterschiedlichen Portfoliozusammensetzungen auf die Parameter der Portfoliorendite werden in einer Arbeitstabelle berechnet. Sie enthält in der Kopfspalte die vorgesehenen Anteile der Autoaktie und in den folgenden Spalten den Erwartungswert und die Standardabweichung der Portfoliorendite, die aus den verschiedenen „Mischungsverhältnissen" resultieren und zu ermitteln sind (vgl. Abb. 13.48).

Den Erwartungswert der Portfoliorendite ermittelt man, wie in 2.a beschrieben und umgesetzt. Zur korrekten Ermittlung der Volalität der Portfoliorendite gemessen mit der Standardabweichung ist die dort angegebene Vorgehensweise – die nur bei Unabhängigkeit gültig ist – um einen Term für die durch Abhängigkeit vorhandene gemeinsame Streuung zu ergänzen. Sie ist damit insgesamt nach folgender Formel zu berechnen:

$$\sigma = \sqrt{w^2 \cdot \sigma_{A1}^2 + (1-w)^2 \cdot \sigma_{A2}^2 + 2w(1-w) \cdot \rho_{A1,A2} \cdot \sigma_{A1} \cdot \sigma_{A2}}.$$

In der Formel ist w der Anteil der Autoaktie und $(1-w)$ der Anteil der Ölaktie, σ^2 die Varianz und ρ der Maßkorrelationskoeffizient. Die tiefgestellten Appendices A1 bzw. A2 stehen für die beiden Aktien.

Die Formel besteht aus drei Termen, die additiv verknüpft sind. Das bedeutet, dass sich die Renditestreuung bzw. -volalität des gesamten Portfolios additiv aus folgenden drei Komponenten zusammensetzt:

1. Term: Renditestreuung/-volalität Aktie A1
2. Term: Renditestreuung/-volalität Aktie A2
3. Term: Gemeinsame Renditestreuung/-volalität Aktie A1 und Aktie A2

Der 1. und der 2. Term werden bei der Zusammenfassung mit dem Quadrat ihrer Gewichte einbezogen. Dies entspricht dem gängigen und auch in 2.a verwendeten Ansatz zur Zusammenfassung von Varianzen bei Unabhängigkeit. Der 3. Term berücksichtigt, dass die

	A	B	C	D	E	F
3		**Nötige Ausgangsdaten**	**Autoaktie A1**		**Ölaktie A2**	
4		Wertanteil in Portfolio	w	variabel	1-w	variabel
5		Erwartungswert	μ_{A1}	0,0130	μ_{A2}	0,0208
6		Standardabweichung	σ_{A1}	0,0310	σ_{A2}	0,0330
7		Maßkorrelationskoeffizient		$\rho_{A1,A2}$	-0,59	
8				=B13*$D$5+(1-B13)*$F$5		
9		**Berechnun**				
10		**Varierender Parameter**	**Po...**	**Renditeparameter**		
11		**Anteil von Aktie A1**	**Erwa...gswert**		**Standardabw.**	
12		**w**	μ_p		σ_p	
13		0,0	0,0208	2,08	0,0330	3,30
14		0,1	0,0200	2,00	0,0280	2,80
15		0,2	0,0192	1,92	0,0233	2,33
16		0,3	0,0184	1,84	0,0191	1,91
17		0,4	0,0177	1,77	0,0160	1,60
18		0,5	0,0169	1,69	0,0145	1,45
19		0,6	0,0161	1,61	0,0151	1,51
20		0,7	0,0154	1,54	0,0177	1,77
21		0,8	0,0146	1,46	0,0215	2,15
22		0,9	0,0138	1,38	0,0261	2,61
23		1,0	0,0130	1,30	0,0310	3,10

Abb. 13.48 Sensitivitätsanalysen mit unterschiedlichen Aktienanteilen (Portfolien)

Renditen verschiedener Wertpapiere in der Regel **nicht unabhängig** und damit quantitativ auch **nicht unkorreliert** sind. Deshalb ist die **gemeinsame Streuung/Volalität** ihrer Renditen ergänzend als **Kovarianz** zu erfassen und – da sie das Produkt der Einzelstreuungen ist – sind deren Gewichte adäquat zu berücksichtigen.

Abbildung 13.48 enthält oberhalb der Arbeitstabelle eine Zusammenstellung der für die auszuführenden Berechnungen nötigen Größen und in der Berechnungstabelle selbst die Ergebnisse mit beispielhafter Formeleingabe für den Erwartungswert.

Auf die Umsetzung der oben angegebenen Formel für die Standardabweichung der Portfoliorendite soll hier noch etwas näher eingegangen werden. Die darin verwendeten Standardabweichungen und Varianzen der Aktienrenditen sowie der Korrelationskoeffizient sind absolut zu adressieren, während die Wertanteile der Aktien relativ einzubinden sind, da sie beim Kopieren der Formel variieren. Die quadratischen Terme sind jeweils in Klammern zu setzen, um die Grundlegel „Punktrechnung geht vor Strichrechnung" einzuhalten. Die Wurzelformel selbst eröffnet man am Einfachsten mir der Funktion „WURZEL", die man über den Funktions-Assistenten aufruft. Die erste Standardabweichung der Portfoliorendite in Zelle E 13 der Berechnungstabelle erhält man dann mit folgender Formel:

$$= WURZEL((B13^2) * (\$D\$6^2) + ((1 - B13)^2) * \$F\$6^2$$
$$+ 2 * B13 * (1 - B13) * \$E\$7 * \$D\$6 * \$F\$6).$$

Danach kopiert man die korrekte Formel in die darunterliegenden Zellen und erhält in Spalte E alle Ergebnisse, die man in Spalte F noch anwenderfreundlich als Prozentzahlen angeben kann.

6. Visualisierung und Grobcharakterisierung der Rendite-Risiko-Kurve

Die Ergebnisse der Sensitivitätsanalyse sollen nun anschaulich grafisch dargestellt werden. Da die Mischungsverhältnisse aus didaktischen Gründen nur in groben 10 %-Schritten variiert wurden, ist es einleuchtend, dass sie in Wirklichkeit auch viel detaillierter betrachtet werden können und das Diagramm vom Typ her daher genau genommen kein „Punktediagramm" sein darf, sondern ein „Kurvendiagramm" sein muss.

Die Erstellung von Chance-Risiko-Diagrammen ist in Abschn. 13.1 Aufgabe „Empirische Aktienkurs- und Kursrenditeanalysen", Teilaufgaben 3.f und 4.b ausführlich beschrieben, worauf hier verwiesen sei. Man erhält die Chance-Risiko-Kurve gemäß Abb. 13.49.

Grobcharakterisierung Ausgangs- und Endpunkt der eigentlichen Kurve sind die aus Abb. 13.45 bereits bekannten Profilpunkte für die beiden Aktien. Die durchgeführte Sensitivitätsanalyse begann bei einem Anteil der Autoaktie von NULL, d.h. bei einem „Portfolio", das nur aus der Ölaktie besteht. Erhöht man von diesem Profilpunkt ausgehend nach und nach den Anteil der Autoaktie – geht also im Diagramm auf der Kurve der Portfolien nach links – so sinken die Renditechancen und -risiken zunächst kontinuierlich. Bei einem Anteil von ca. 50 % hat die Kurve einen Wendepunkt. Hier liegt die erwartete Portfoliorendite bei ~1,7 [%-Punkte] und die standardmäßige Renditeschwankung bei ~1,45 [%-Punkte]. Erhöht man von diesem Wendepunkt aus weiterhin sukzessive den Anteil der Autoaktie – geht also im Diagramm auf dem unteren Teil der Kurve nach rechts – so wird der Erwartungswert der Portfoliorendite kontinuierlich immer kleiner und die standardmäßige Renditeschwankung immer größer, bis man bei einem „Portfolio" ist, das zu 100 % aus der Autoaktie besteht.

Abb. 13.49 Rendite-Risiko-Kurve der Portfolien

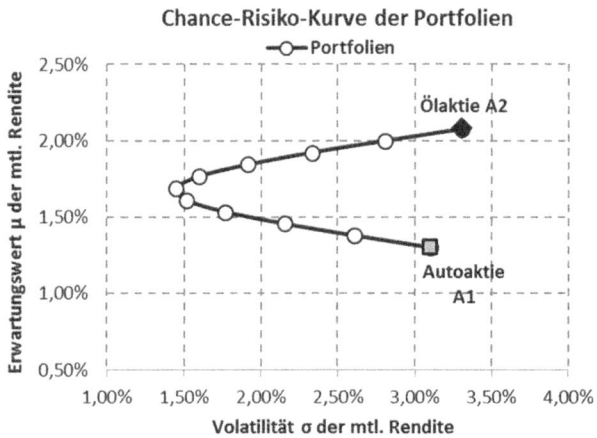

Das erkennbare Muster der Portfolienkurve ähnelt im vorliegenden einfachen Fall mit nur zwei Wertpapieren dem mathematischen Funktionstyp einer Parabel. Ein für den Anleger besonders markanter und interessanter Punkt der Kurve ist ihr Wendepunkt, d.h. mathematisch gesehen der Scheitelpunkt der Parabel. Hier hat die Portfoliorendite die geringste Volatilität.

7. Ermittlung effizienter Portfolien

Gemäß Definition wird ein Portfolio als effizient bezeichnet, wenn es kein anderes Portfolio aus den gleichen Bestandteilen gibt, welches bei gleichem Risiko (!) die gleiche Rendite generiert.

Die Ermittlung effizienter Portfolien soll hier rein optisch an Hand der Rendite-Risiko-Kurve der Abb. 13.49 geschehen. Darin sind Gitternetzlinien eingezeichnet. Betrachtet man die senkrechten Linien – die Volalitäts- bzw. Risikoniveaus markieren – so gibt es immer genau zwei Schnittpunkte mir der Rendite-Risiko-Kurve der Portfolien. Dabei sind alle Schnittpunkte auf dem oberen Teil der Parabel gekennzeichnet durch einen höheren Erwartungswert für die Rendite bei jeweils gleichem Risiko! Demzufolge ist ein Anleger gut beraten, lediglich Portfoliozusammenstellungen zu wählen, deren Verhältnis von Risiko und Rendite sich auf dem oberen Teil der Risiko-Rendite-Kennlinie befinden. Denn alle Portfolien auf dem unteren Teil der Parabel besitzen einen geringeren Erwartungswert bei gleicher Volatilität und sind damit nicht effizient. Im vorliegenden Fall ist der Anleger also gut beraten, mindestens 50 % (Scheitel der Kurve) oder mehr von der Ölaktie dem Portfolio beizumischen.

8. Sensitivitätsanalysen mit dem Zusammenhang der Aktienrenditen

In der Ausgangssituation des vorliegenden Falls gibt es einen tendenziell negativen Renditezusammenhang mittlerer Stärke (siehe Teilaufgabe 4). Jetzt soll analysiert werden, welche tendenziellen Wirkungen andere Korrelationen auf die Rendite-Risiko-Kurve der Portfolien hat. Dabei wollen wir uns bespielhaft mit zwei Extrembetrachtungen begnügen. Diese ergeben sich aus dem möglichen Wertebereich des Maßkorrelationskoeffizienten, der bekanntermaßen Werte zwischen −1 und +1 annehmen kann. Für jeden dieser beiden Fälle braucht man zur quantitativen Analyse eine Arbeitstabelle gemäß Abb. 13.48, die hier nicht abgebildet, in der Excel-Musterlösung aber enthalten sind. Die bereits bekannten Berechnungen von Erwartungswert und Standardabweichung bei verschiedenen Portfolien sind darin nunmehr mit Korrelationskoeffizienten von −1 und +1 vorzunehmen.

8.a Vollständig gegenläufiger Zusammenhang

Der Korrelationskoeffizient nimmt den Extremwert von −1 genau dann an, wenn beide Aktien zu jedem Erhebungszeitpunkt im Betrachtungszweitraum gegenläufige Renditen haben und das quantitative Verhältnis ihrer Renditen stets gleich groß ist. Hingegen ist es nicht nötig, dass die Renditen absolut betrachtet genau gleich groß sind, d.h. wenn etwa die Autoaktie eine Rendite von +5 % erzielt hat, muss der gleichzeitige Renditeverlust der Ölaktie nicht ebenfalls genau so groß sein. Lediglich das Verhältnis beider Renditen muss

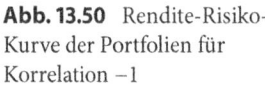

Abb. 13.50 Rendite-Risiko-
Kurve der Portfolien für
Korrelation −1

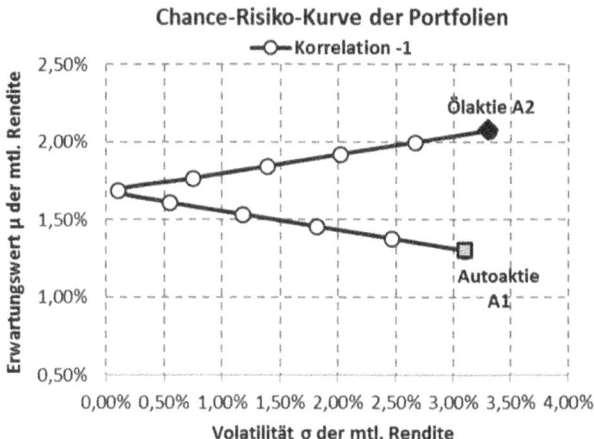

stets gleich sein! Abbildung 13.50 visualisiert das Ergebnis dieser Sensitivitätsanalyse im vorliegenden Fall.

Danach ist die Kurve von Form und Lage aus unverändert, nur insgesamt weiter nach links gezogen, so dass ihr Wendepunkt in diesem Extremfall in der Nähe der Volatilität von NULL liegt. Dies ist ein höchst interessanter numerischer Befund, der ganz allgemein gültig ist. Er besagt, dass es eine Portfoliozusammenstellung gibt, bei der man unter Vermeidung fast jeglichen Risikos (Volatilität gleich oder gegen Null) eine Rendite erwirtschaften könnte. Man beachte ergänzend, dass die Höhe der erwarteten Portfoliorenditen von der Korrelation überhaupt nicht berührt wird, sondern nur von den Mischungsverhältnissen in den Portfolien.

Wenn dies auch Aussagen sind, die auf einer theoretischen Extremsituation beruhen, die so in der Praxis nicht vorkommen dürfte, sind sie zumindest als Faustregeln zur Portfoliogestaltung durchaus verwendbar. Dem risikobewussten Anleger ist zu empfehlen, möglichst unterschiedliche volatile Wertpapiere ins Portfolio zu nehmen, deren Marktentwicklungen deutliche Unterschiede erwarten lassen, so dass man tendenziell stärker mit gegenläufige Renditen rechnen kann, die insbes. das Gesamtrisiko reduzieren.

8.b Vollständig gleichgerichteter Zusammenhang

Zur Erläuterung dieser theoretischen Extremsituation sind die in 8.a. gegebene Erläuterungen analog anzuwenden. Die Ergebnisse der Sensitivitätsanalyse mit einem Maßkorrelationskoeffizienten von +1 sind für den vorliegenden Fall in Abb. 13.51 visualisiert.

Das Ergebnis der Sensitivitätsanalyse dieser Extremsituation unterscheidet sich gänzlich von dem der vorherigen. Die Rendite-Risiko-Kurve weist weder vom Muster (Form) noch von der Lage her irgendwelche Ähnlichkeiten mit den bisherigen Kurven auf. Vielmehr liegen die Parameter der Portfolien nun auf der **geraden Verbindungslinie** der beiden Aktien-Profilpunkte. Das hat zur Folge, dass durch die Variation von Mischungsverhältnissen man nur mit Portfoliorenditen und deren standardmäßigen Schwankungen rechnen muss, die zwischen den bereits bekannten Parametern der Aktien im Portfolio liegen. Man kann also in diesem Extremfall durch die Wahl von Portfolien nur ganz begrenzt Einfluss nehmen auf die insgesamt zu erwartende Rendite und das damit verbundene Risiko.

Abb. 13.51 Rendite-Risiko-
Kurve der Portfolien für
Korrelation +1

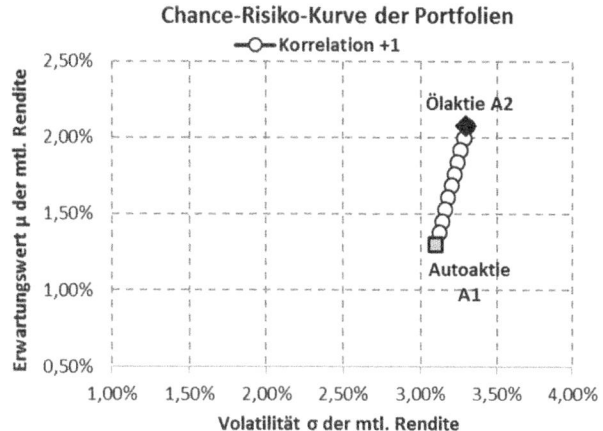

Auch dieses Ergebnis einer theoretischen Extremwertanalyse lässt sich verallgemeinern.
Ein risikobewusster Anleger sollte bei der Auswahl von Wertpapieren darauf achten, dass
sie möglichst keine ähnlichen Kurs- und Renditemuster aufweisen.

13.4 Übungsaufgaben

13.4.1 Aufgabe „Software AG und DAX: Empirische Kurs- und Renditeanalysen"

Gegeben sind die Monatsendkurse der Software AG von 2004 bis 2013.

Monat	Jahr									
	2004	2005	2006	2007	2008	2009	2010	2011	2012	2013
Jan.	6,00	8,40	14,85	19,60	17,10	15,95	27,47	38,49	24,91	28,40
Febr.	7,50	8,72	16,12	19,30	16,00	16,48	28,38	38,97	28,49	30,31
März	7,03	8,40	15,27	21,33	16,12	17,93	29,27	39,04	28,10	30,30
April	7,85	8,81	14,77	21,70	14,28	15,97	28,68	42,24	26,35	26,50
Mai	7,37	10,37	13,42	23,43	16,03	17,10	26,98	38,63	23,93	26,59
Juni	7,67	11,38	13,61	23,98	12,78	16,77	28,19	41,61	24,39	22,86
Juli	9,37	12,40	14,75	24,67	16,30	17,50	28,49	33,94	26,51	22,87
Aug.	8,22	12,77	15,12	24,40	16,83	17,83	27,68	30,95	27,40	23,00
Sept.	8,83	12,87	16,12	21,95	13,38	19,37	29,48	23,80	28,50	26,22
Okt.	7,57	12,67	17,99	21,57	12,95	20,23	33,56	29,50	30,98	27,49
Nov.	7,67	13,73	18,08	18,60	13,41	23,63	31,58	31,70	32,35	28,22
Dez.	7,96	13,74	19,78	20,01	13,40	25,46	36,27	28,32	32,07	25,38

Aufgabenstellungen

1. **Aktienkursverlauf**
   a) Stellen Sie den Kursverlauf des letzten Jahres (kurzfristig), der letzten 5 Jahre (mittelfristig) und der letzten 10 Jahre (langfristig) in separaten Diagrammen dar. Beachten Sie, dass es bei der 5- und 10-Jahresbetrachtung aus Aufwandsgründen sinnvoll sein kann, Quartalswerte zu verwenden. Welche Hauptbotschaften über die historische Kursentwicklung können sie den Diagrammen entnehmen?
   b) Ermitteln und interpretieren Sie geeignete Kenngrößen für die kurz- und mittel- und langfristige Kursentwicklung.

2. **Trendanalysen**
   Ermitteln, visualisieren und interpretieren Sie für den kurz- und mittelfristigen Kursverlauf jeweils
   a) Trendmuster durch geeignete gleitende Mittelwerte
   b) Trendlinien durch geeignete Trendfunktionen
   c) Trendprognosen für die erste Zeiteinheit im Prognosezeitraum
   d) Korridore bzw. Bänder ausgehend von den gleitendenden Mittelwerten mit Hilfe einer Standardabweichung (zentrale Schwankungsintervalle).

3. **Kursänderungen und Kursrenditen**
   a) Ermitteln Sie die **monatlichen** Kursänderungen in 2013 und in den Jahren 2009–2013 absolut [€] und relativ [%]. **Die relativen Änderungen in Prozent sind die Kursrenditen.**
   b) **Visualisieren** Sie die ermittelten Kursrenditen in geeigneten Formen und interpretieren und vergleichen Sie die Diagramme formal und inhaltlich.
   c) Ermitteln und vergleichen Sie folgende grundlegenden **Kenngrößen** der monatlichen Kursrenditen für das Jahr 2013 und für die Jahre 2009–2013:
      - als Lagemasse die kleinste und die größte,
      - als Mittelwerte die durchschnittliche und die mittlere,
      - als Streuungs- bzw. Volalitätsmaße die Spannweite, die Standardabweichung und das zentrale Schwankungsintervall (Unter- und Obergrenze sowie Breite).
   d) Ermitteln Sie aus den monatsbezogenen Kenngrößen zur besseren Vergleichbarkeit mit anderen Investments soweit möglich **jahresbezogenen Kenngrößen** und vergleichen Sie diese kurz- und mittelfristig.
   e) Ermitteln und vergleichen Sie die insbesondere für Verbraucher von der Stiftung Warentest nach dem bekannten Konzept der **Best & Worst-Case-Analyse** entwickelten Maßgrößen für den **maximalen theoretischen Gewinn** ($G_{max\ t}$) und **Verlust** ($V_{max\ t}$) eines Wertpapiers. Diese erhält man, wenn man in dem Betrachtungszeitraum die Summe aller positiven (negativen) Kursrenditen als obere Schranke für deren Gewinn (Verlust) nimmt.
   f) **Visualisieren** Sie beispielhaft für das letzte Jahr die prozentualen **Kursgewinne und -verluste** gemäß der Durchschnittsanalyse und der theoretischen Best & Worst-Case-Analyse (Stiftung Warentest) in einem geeigneten Diagramm. Was können Sie daraus ablesen?

g) Ermitteln und vergleichen Sie mit den Ergebnissen von c.–e. konstruierbare **Renditegewinn- und -Verlust-Verhältniszahlen.**

4. **Vergleich mit DAX**
    a) Führen Sie für den DAX die gleichen Kurs- und Renditeanalysen durch wie für die Aktie (siehe Teilaufgaben 1–3).
    b) Führen Sie einen systematischen Vergleich hinsichtlich Kursverlauf, Trend, Zusammenhang von Aktienkurs und Dax sowie Rendite durch. Was stellen Sie fest?

13.4.2 Aufgabe „Portfolio aus einer Anleihe und einer Aktie"

Ein Portfolio enthält eine Aktie (A) und eine Anleihe (Bond B) mit folgenden jährlichen Renditekenngrößen.

Werte p. a.	Aktie A	Anleihe (Bond) B
Erwartungswert	$\mu_A = 0{,}18$	$\mu_B = 0{,}08$
Standardabweichung	$\sigma_A = 0{,}20$	$\sigma_B = 0{,}00$

Aufgabenstellungen

1. Diskutieren Sie die in den Ausgangsdaten enthaltenen Aussagen:
    • Der Erwartungswert der Rendite von Aktien ist größer als der von Anleihen.
    • Das Kursrenditerisiko von Anleihen ist praktisch Null.
2. Variieren Sie den Anteil der Aktie im Portfolio systematisch in 10%-Schritten zwischen 0 und 100% und berechnen Sie den Erwartungswert und die Standardabweichung der Portfoliorenditen.
3. Erstellen Sie mit den Ergebnissen ein Rendite-Risiko-Profil der Portfolien. Welche Hauptbotschaften entnehmen Sie dem Diagramm?

13.4.3 Aufgabe „Portfolio aus einer Anleihe und zwei Aktien"

Portfolien bestehen in der Regel aus mehr als zwei verschiedenen Finanzprodukten (Anleihen, Aktien, ...). Um die Diversifikationseffekte solch realistischer Portfolien zu zeigen, betrachten wir ein Portfolio aus einer Anleihe und zwei Aktien mit folgenden Renditekenngrößen.

Werte pro Monat	Aktie A_1	Aktie A_2	Anleihe (Bond B)
Erwartungswert	$\mu_{A1} = 0{,}08$	$\mu_{A2} = 0{,}18$	$\mu_B = 0{,}04$
Standardabweichung	$\sigma_{A1} = 0{,}20$	$\sigma_{A2} = 0{,}30$	$\sigma_B = 0{,}00$

Zudem sei bekannt, dass die Renditen der Aktien eine Korrelation aufweisen, die durch den Maßkorrelationskoeffizienten mit **0,20** angegeben werden kann. Der Wertanteil der Anleihe am Gesamtwert des Portfolios betrage 20%, der Wertanteil der Aktie A_1 60%.

Aufgabenstellungen

1. Betrachten Sie zunächst nur den **Aktienteil** des Portfolios und fassen Sie die beiden Aktien A_1 und A_2 zu einer „**virtuellen Aktie A**" zusammen.
   a) Ermitteln Sie die **Anteile** der Aktien A_1 und A_2 an der „virtuellen Aktie A" (dem Aktienteil).
   b) Ermitteln Sie die **Renditekenngrößen** (Erwartungswert und Standardabweichung) der „virtuellen Aktie A" (des Aktienteils).
2. Betrachten Sie nun das **Gesamtportfolio** mit den Wertanteilen gemäß Sachstand und ermitteln Sie seine **Renditekenngrößen** (Erwartungswert und Standardabweichung).
3. Es sollen nun **zwei Szenarien** abschließend betrachtet werden: Erstens variiert der Aktienanteil im Portfolio, wobei das „Mischungsverhältnis" der Aktien untereinander konstant bleibt mit 75 : 25. Zweitens wird der Aktienanteil konstant gehalten und das „Mischungsverhältnis" der Aktien A_1 und A_2 variiert.
   a) Zunächst soll der Aktienanteil am Portfolio zwischen 0 und 100 Prozent variieren. Ermitteln Sie dazu den Erwartungswert und die Standardabweichung der Portfoliorendite (vgl. dazu Aufgabe 13.4.2).
   b) Wie aus Abschn. 13.3 Aufgabe „Portfolioanalyse" bekannt, soll abschließend der Anteil der Aktien untereinander variiert werden. Berechnen Sie die resultierenden Renditekenngrößen des Aktienteils.
4. Erstellen Sie ein **Diagramm** mit dem Rendite-Risiko-Profil der in 3. durchgeführten Sensibilitätsanalysen, das zudem die Renditekenngrößen des Portfolios enthält, wenn es nur aus der Anleihe B oder der Aktie A_1 oder A_2 besteht.
   Welche Hauptbotschaften über die Mischungswirkungen von verschiedenen Wertpapierarten vermittelt das Diagramm?

Übersicht der verwendeten Excel-Funktionen

Funktionsname	Aufgabenbezeichnung	Teilaufgabe
ABS	2.2 Aufgabe „Entgelt"	4
ACHSENABSCHNITT	6.3 Aufgabe „Farbpatronenfabrikation"	3
AutoSumme	2.1 Aufgabe „Personalprofil"	2
BESTIMMTHEITSMASS	6.3 Aufgabe „Farbpatronenfabrikation"	6
BINOM.INV	9.2 Aufgabe „Baumwollfasern"	5
BINOM.VERT	9.2 Aufgabe „Baumwollfasern"	2
CHIIQU.INV.RE	11.3 Aufgabe „Landtagswahlen"	4
CHIQU.TEST	11.4 Aufgabe „Anfangsgehalt und Geschlecht"	5
CHIQU.VERT.RE	11.3 Aufgabe „Landtagswahlen"	4
GEOMITTEL	7.1 Aufgabe „Branchenumsatz"	3
HÄUFIGKEIT	2.2 Aufgabe „Entgelt"	2
HISTOGRAMM	2.2 Aufgabe „Entgelt"	2
HYPGEOM.VERT	9.3 Aufgabe „Feuerwerkskörper"	2
KOMBINATIONEN	9.2 Aufgabe „Baumwollfasern"	2
KONFIDENZ.NORM	12.1 Aufgabe „Bildschirmlebensdauer"	1
KONFIDENZ.T	12.1 Aufgabe „Bildschirmlebensdauer"	2
KORREL	6.2 Aufgabe „Inflation und Arbeitslosigkeit"	3
KRITBINOM	9.2 Aufgabe „Baumwollfasern"	5
MAX	3.1 Aufgabe „Personalkenngrößen"	2
MEDIAN	3.1 Aufgabe „Personalkenngrößen"	3
MIN	3.1 Aufgabe „Personalkenngrößen"	2
MITTELABW	3.1 Aufgabe „Personalkenngrößen"	4
MITTELWERT	3.1 Aufgabe „Personalkenngrößen"	3
MODALWERT	3.1 Aufgabe „Personalkenngrößen"	3
NORM.INV	10.2. Aufgabe „Vertreterbesuche und Aufträge"	7
NORM.VERT	10.2. Aufgabe „Vertreterbesuche und Aufträge"	5
NORM.S.INV	12.1 Aufgabe „Bildschirmlebensdauer"	3
POPULATIONSKENNGRÖSSEN	3.1 Aufgabe „Personalkenngrößen"	6
POTENZ	3.2 Aufgabe „Haushaltseinkommen"	4

J. Meißner und T. Wendler, *Statistik-Praktikum mit Excel*,
Studienbücher Wirtschaftsmathematik, DOI 10.1007/978-3-658-04187-8,
© Springer Fachmedien Wiesbaden 2015

Funktionsname	Aufgabenbezeichnung	Teilaufgabe
QUARTILE.INKL	3.1 Aufgabe „Personalkenngrößen"	2
RANG.GLEICH	4.2 Aufgabe „Inflation und Arbeitslosigkeit"	3.b
SCHIEFE	3.1 Aufgabe „Personalkenngrößen"	5
SORTIEREN	2.1 Aufgabe „Personalprofil"	2
STABW.N	3.1 Aufgabe „Personalkenngrößen"	4
STABW.S	12.1 Aufgabe „Bildschirmlebensdauer"	2
STEIGUNG	6.3 Aufgabe „Farbpatronenfabrikation"	3
SUMMENPRODUKT	9.1 Aufgabe „Unsichere Tagesproduktion"	4
T.INV.2S	12.1 Aufgabe „Bildschirmlebensdauer"	2
TREND	6.3 Aufgabe „Farbpatronenfabrikation"	5
TRENDLINIE HINZUFÜGEN	6.4 Aufgabe „Bierabsatz und Werbung"	3
T.VERT.RE	11.2 Aufgabe „Kraftstoffverbrauch"	B.2
VARIANZ	12.1 Aufgabe „Bildschirmlebensdauer"	2
VARIANZEN	3.1 Aufgabe „Personalkenngrößen"	4
WAHRSCHBEREICH	9.1 Aufgabe „Unsichere Tagesproduktion"	5
WENN	7.2 Aufgabe „Energieproduktion"	4
WURZEL	3.2 Aufgabe „Haushaltseinkommen"	4
ZÄHLENWENN	2.1 Aufgabe „Personalprofil"	2

Übersicht der verwendeten Diagrammtypen

Diagrammbezeichnung	Aufgabenbezeichnung	Teilaufgabe
Balkendiagramm	5.1 „Geschäftsbericht"	4
Baumdiagramm	8.2 „Managementprozess und Produktinnovation"	2
Box-Plot	3.1 „Personalkenngrößen"	7
Histogramm	2.3 „Kaltmiete"	2
Kreisdiagramm	2.1 „Personalprofil"	3
Liniendiagramm		
… mit Datenpunkten	2.3 „Kaltmiete"	4
… mit 2 Größenachsen	5.1 „Geschäftsbericht"	4
Lorenzkurve	4.1 „Kapitalvermögen"	3
Netzdiagramm	5.2 „Menschliche Entwicklung u. Lebensqualität"	1
Punktediagramm	6.2 „Inflation und Arbeitslosigkeit"	1
Säulendiagramm	2.1 „Personalprofil"	3
… gestapelt	6.1. „Beschäftigungsverhältnis und Sportintensität"	2
… dreidimensional	6.1. „Beschäftigungsverhältnis und Sportintensität"	2
Stabdiagramm	2.1 „Personalprofil"	3
Treppenkurve	9.1 „Unsichere Tagesproduktion"	3
VENN-Diagramm	8.1 „Systemanalytiker-Grundqualifikationen"	2

Literatur

Statistische Methodenlehre

Bamberg, G.; Baur, F.; Krapp, M.: Statistik, 15. Auflage, Oldenbourg, 2009.

Bleymüller, J.; Gehlert, G.; Gülicher, H.: Statistik für Wirtschaftswissenschaftler, 14. Auflage, Vahlen, 2004.

Fahrmeir, L.; Künstler, R.; Pigeot, I.; Tutz, G.: Statistik – Der Weg zur Datenanalyse, 6. Auflage, Springer, 2007.

Hartung, J.; Elpelt, B.; Klösener, K.-H.: Statistik, Lehr- und Handbuch der angewandten Statistik, 14. Auflage, Oldenbourg, 2005.

Keller, G.; Warrak, B.: Statistics for Management and Economics, 7. Ausgabe, South-Western Publications, 2004.

Lind, D.A.; Marchal, W.G.; Mason, R.D.: Statistical Techniques in Business and Economics, 12. Ausgabe, McGraw-Hill, 2005.

Meißner, J.-D.: Statistik verstehen und sinnvoll nutzen, Oldenbourg, 2004.

Rinne, H.: Taschenbuch der Statistik, 3. Auflage, Harri Deutsch, 2003.

Sachs, L.: Angewandte Statistik – Anwendung statistischer Methoden, 11. Auflage, Springer, 2004.

Voß, W.: Taschenbuch der Statistik, 2. Auflage, Fachverlag Leipzig, 2003.

Statistik mit EXCEL

Duller, C.: Einführung in die Statistik mit Excel und SPSS. Ein anwendungsorientiertes Lehr- und Arbeitsbuch, 2. Auflage, Springer, 2007.

Levine, D.M.; Berenson, M.L.; Stephan, D.: Statistics for Managers Using Microsoft Excel, 4. Ausgabe, Prentice Hall, 2004.

Matthäus, W.-G.; Schulze, J.: Statistik mit Excel. Beschreibende Statistik für Jedermann, 2. Auflage, Teubner, 2005.

Monka, M.; Voss, W.: Statistik am PC, 4. Auflage, Hanser, 2005.

Schmuller, J.: Statistik mit Excel für Dummies, Wiley, 2005.

Voß, W.; Schöneck, N.: Statistische Grafiken mit EXCEL, Hanser, 2003.

Zwerenz, K.: Statistik verstehen mit EXCEL, 2. Auflage, Oldenbourg, 2008.

Internetquellen

Microsoft-Link/Analysefunktionen: http://office.microsoft.com/de-de/excel-help/laden-der-analyse-funktionen-HP010342659.aspx, zuletzt aktualisiert 18.11.2013.

Sachverzeichnis

The manufacturer's authorised representative in the EU is Springer
Nature Customer Service Centre GmbH, Europaplatz 3, 69115 Heidelberg,
Germany. If you have any concerns regarding our products, please
contact ProductSafety@springernature.com

Printed and bound by CPI Group (UK) Ltd, Croydon, CR0 4YY

27/04/2026

02097643-0012